증보판

친절한 수론 길라잡이

A Friendly Introduction to Number Theory, 4th

조셉 실버만 지음

김병찬 | 김지영 | 이종규 | 박부성 옮김

Pearson

KM 경문사

서문

1990년대에 단순히 공식을 기억하고 맹목적으로 대수적인 조작만 하는 대신, 학생 스스로 생각하고 필수적인 문제를 풀 수 있도록 미적분학 교육을 개혁하려는 움직임이 있었습니다. 어떤 면에서 더 야심적이기도 하지만, 이 책의 목표도 이와 비슷합니다. 독자들이 수학적으로 생각하고 독립적으로 지적인 발견을 하는 전율을 느껴 보기를 원합니다. 우리가 다룰 주제인 수론은 이러한 목적에 특히 잘 맞습니다. 자연수 1, 2, 3, …은 아름다운 규칙성과 연관성이 풍부하고, 이 가운데 많은 것은 한눈에 알아볼 수 있으며, 어떤 것은 매우 미묘해서 그 사실을 알아냈다는 것이 놀라울 수도 있습니다. 이러한 규칙성을 찾는 실험에는 종이와 연필만 있으면 되지만, 빈약한 증거에 의존하여 추측을 만든다면 수많은 잘못된 갈림길에 빠질 수도 있습니다. 수치적 증거가 보편적 진리를 반영하는지는 최종적으로 엄밀한 증명으로만 확신할 수 있습니다. 이 책은 수론의 가장 찬란한 꽃들이 숨어있는 작은 덤불로 여러분을 이끌 것입니다. 그러면서 동시에, 여러분이 연구하고, 분석하고, 추측하고, 궁극적으로는 수론에서 당신 스스로 찾은 아름다운 결과를 증명하도록 격려합니다.

이 책은 원래 1990년대 초 브라운 대학교(Brown University)에서 제프 호프스틴(Jeff Hoffstein)이 개설한 Math 42 과목에서 교재로 사용하기 위해 쓰였습니다. Math 42는 표준적인 미적분학 과정을 수강하는 데 흥미를 거의 느끼지 못하는 과학 이외 학문 전공자들이 대학 수학을 공부하도록 만드는 강의로 구상되었습니다. "모차르트의 음악"이나 "엘리자베스 시대의 연극"과 같은 교양 과목들은 이 수강생들을 전반적인 주제로 안내하고, 그 주제의 특정한 면을 세부적으로 공부함으로써 학제 전체의 방법론을 알게 하는 것과 같이, 수학을 주제로 하여 이와 비슷한 과목을 개설하는 것이 우리의 의도였습니다. 이러한 Math 42는 놀라울 정도로 성공적이어서, 의도했던 비과학 전공 학생뿐 아니라 과학을 지향하는 학생 중에서도 대형 강의와 요리책 같은 강의에서 벗어나고 싶어하는 학생들이 많이 수강하였습니다.

이 책을 읽기 위한 전제 조건은 거의 없습니다. 고등학교 대수학에 대한 지식이 필요하고, 컴퓨터 프로그래밍을 할 줄 아는 사람은 자료를 잔뜩 만들고 갖가지 알고리듬을 구현하며 즐거워할 수 있지만, 사실 독자들에게 단순한 계산기 이외의 장비는 필요하지 않습니다. 미적분학에서 나오는 개념들이 가끔 언급되지만 필수적인 것은 아닙니다. 그러나, 미리 경고하건대, 수론을 진짜로 즐기려면 열정, 호기심, 그리고 두려워 하지 않는 정신이 있어야 합니다. 실험하고, 실수하더라도 그것을 이용하고, 좌절을 감수하여 최후의 승리까지 인내하기를 두려워 하지 않는 정신 말입니다. 이러한 자질을 익히는 독자들은 수론 공부를 잘하는 것뿐만 아니라, 인생에서 일어나는 일들을 충분히 잘 알게 되는 보상이 있을 것입니다.

한국어판 서문

1997년 A Friendly Introduction to Number Theory의 제1판을 쓸 무렵, 저자는 여러 분야의 학생들이 정수론의 전경을 즐겁게 살펴보고, 수학의 여러 분야 중에서 가장 매력적인 분야 중 하나인 정수론의 진가를 알아주기를 희망했습니다. 지금까지 제가 받은 여러 의견들과, 제가 가르쳤던 경험에 의하면 이 희망은 이루어진 것 같습니다. 그래서 저자는 이 책의 한국어 번역본을 낼 수 있게 되어 한국 학생들이 이 아름다운 과목을 모국어로 배울 수 있게 된 것을 매우 기쁘게 생각합니다. 그리고 이 한국어판을 완성한 김병찬, 김지영, 박부성, 이종규 이 네 분의 노력에 매우 깊은 감사를 전합니다.

초판에 대한 감사의 글

도움을 주신 여러 분들께 감사를 드리고 싶습니다. — Math 42에서 Jeff Hoffstein, Karen Bender, Rachel Pries의 선구적인 업적, 멋진 FoxTrot 만화를 사용하도록 허락해 준 Bill Amend, 수론에서 최고의 계산 능력을 제공하는 PARI 프로그램을 만든 분들, 초고를 읽고 헤아릴 수 없이 귀중한 조언을 해 준 Nick Fiori, Daniel Goldston, Rob Gross, Matt Holford, Alan Landman, Paul Lockhart, Matt Marcy, Patricia Pacelli, Rachel Pries (한 번 더), Michael Schlessinger, Thomas Shemanske, Jeffrey Stopple, Chris Towse, Roger Ware, Larry Washington, Yangbo Ye, Karl Zimmerman, 수많은 조언을 해 준 Michael Artin, Richard Guy, Marc Hindry, Mike Rosen, Karl Rubin, Ed Scheinerman, John Selfridge, Sam Wagstaff, 출판 과정에서 탁월한 조언과 안내를 해 준 Prentice Hall의 George Lobell과 Gale Epps입니다.

끝으로, 그리고 가장 중요하게, 이 책을 쓰는 동안 참고 이해해 준 아내 Susan과 아이들 Debby, Daniel, Jonathan에게 감사하고 싶습니다.

2판에 대한 감사의 글

2판을 준비하는 동안 헤아릴 수 없이 귀중한 수정 사항과 제안을 보내는 데 시간을 내어 준 Arthur Baragar, Aaron Bertram, Nigel Boston, David Boyd, Seth Braver, Michael Catalano-Johnson, L. Chang, Robin Chapman, Miguel Cordero, John Cremona, Jim Delany, Lisa Fastenberg, Nicholas Fiori, Fumiyasu Funami, Jim Funderburk, Andrew Granville, Rob Gross, Shamita Dutta Gupta, Tom Hagedorn, Ron Jacobowitz, Jerry S. Kelly, Hershy Kisilevsky, Hendrik Lenstra, Gordon S. Lessells, Ken Levasseur, Stephen Lichtenbaum, Nidia Lopez Jerry Metzger, Jukka Pihko, Carl Pomerance, Rachel Pries, Ken Ribet, John Robeson, David Rohrlich, Daniel Silverman, Alfred Tang, Wenchao Zhou를 비롯한 모든 분들에게 감사를 드리고 싶습니다.

3판에 대한 감사의 글

제 책을 일본어로 아름답게 번역한 스즈키 지로(鈴木治郎)[†]에게 감사 드립니다. 3판을 준비하는 동안 헤아릴 수 없이 귀중한 수정 사항과 제안을 보내는 데 시간을 내어준 Bill Adams, Autumn

---

[†]鈴木治郎, はじめての数論, Pearson Education, 2007.

Alden, Robert Altshuler, Avner Ash, Joe Auslander, Dave Benoit, Jürgen Bierbrauer, Andrew Clifford, Keith Conrad, Sarah DeGooyer, Amartya Kumar Dutta, Laurie Fanning, Benji Fisher, Joe Fisher, Jon Graff, Eric Gutman, Edward Hinson, Bruce Hugo, Ole Jensen, Peter Kahn, Avinash Kalra, Jerry Kelly, Yukio Kikuchi, Amartya Kumar, Andrew Lenard, Sufatrio Liu, Troy Madsen, Russ Mann, Gordon Mason, Farley Mawyer, Mike McConnell, Jerry Metzger, Steve Paik, Nicole Perez, Dinakar Ramakrishnan, Cecil Rousseau, Marc Roth, Ehud Schreiber, Tamina Stephenson, Jiro Suzuki, James Tanton, James Tong, Chris Towse, Roger Turton, Fernando Villegas, Chung Yi를 비롯한 모든 분들께도 감사 드립니다.

3판 교정판에 적용된 의견과 수정 사항을 보내 준 Arthur Baragar, Rachel Cywinski, Ann Bledsoe, Jim Brennan, Pete Clark, Gove Effinger, F. Izadi, Lars Hellvig, Alex Kraus, David Marshall, Colm Mulcahy, Russ Merris, Sarah Meiklejohn, Colm Mulcahy, Jeffrey Nunemacher, Steve Paik, Erik Rosenthal, Yuan-Yuan Shen, Michael Somos, Paul Stanford, Paul van Wamelen을 비롯한 여러 분들께도 감사 드립니다.

4판에 대한 감사의 글

의견과 제안을 보내주고 4판 초고를 검토해 준 다음 분들께 감사 드립니다. Joseph Bak, Hossein Behforooz, Henning Broge, Lindsay Childs, Keith Conrad, David Cox, Thomas Cusick, Gove Effinger, Lenny Fukshansky, Darren Glass, Alex Martsinkovsky, Alan Saleski, Yangbo Ye, 그리고 익명의 비평가들.

4판의 변경 내용

4판에는 큰 변화가 많이 있습니다.

- 수학적 귀납법에 대한 새로운 장(26장)을 추가하였습니다.
- 귀류법에 대한 내용을 8장으로 옮겼습니다. 이것은 차수 d인 다항식이 법 p에 대하여 많아야 d 개의 해를 가짐을 증명할 때 사용합니다. 21장에서 오일러의 이차잉여 공식을 증명하는 도구로서 원시근을 대신하여 이 사실을 사용합니다. (이전 판에서는 이 증명에 원시근을 사용하였습니다.)
- 원시근에 대한 장(28–29장)은 이차잉여와 제곱수의 합에 대한 장 (20–25장) 뒤로 옮겼습니다. 이 변화는 저자의 경험에 따른 것으로, 학생들이 원시근 정리를 이 책에서 가장 어려운 것 가운데 하나로 생각하기 때문입니다. 강사들은 새로운 순서에 따라 이차잉여의 상호법칙을 먼저 다룰 수 있고, 원한다면 원시근을 모두 생략할 수 있습니다.
- 22장은 이제 야코비 기호에 대한 상호법칙을 부분적으로 증명하는 것도 포함합니다. 나머지 부분은 연습문제에 포함하였습니다.
- 이차잉여의 상호법칙은 이제 완전한 형태로 증명합니다. $\left(\frac{-1}{p}\right)$과 $\left(\frac{2}{p}\right)$에 대한 증명은 21장 이전에 남아있고, 새로운 장(23장)에서는 $\left(\frac{p}{q}\right)\left(\frac{q}{p}\right)$에 대한 아이젠슈타인의 증명을 제시합니

다. 23장은 이전 장에 비해 확연히 어렵지만, 이후 장에 영향을 미치지 않아서 생략해도 됩니다.

- 원시근을 응용하여, 28장에서는 코스타스 배열의 구성을 논합니다.
- 39장에서는, p가 법 5에 대해 1 또는 4와 합동일 때, 법 p에 대한 피보나치 수열의 주기가 $p-1$을 나눔을 증명합니다.
- 교재 전체적으로 새로운 연습문제를 많이 추가하였습니다.
- ix쪽에는 장들 사이의 의존성을 나타내는 흐름도를 넣었습니다.
- 수론은 광대하며 확장되고 있는 주제여서, 수년 동안 이 책에 새로운 장을 많이 추가하였습니다. 이 판본의 두께를 적당하게 유지하기 위해 47–50장은 인쇄본에서 삭제하였습니다. 생략된 장은 온라인으로

  `http://www.math.brown.edu/~jhs/frint.html`

  `http://www.pearsonhighered.com/mathstatsresources`

  에서 자유롭게 사용할 수 있습니다.

이메일과 전자자료

앞에서 나열한 모든 분들이 수많은 오류를 수정하고 설명을 다듬을 수 있게 도와주었습니다만, 어떤 책도 실수가 없을 수 없고 더 개선될 여지가 있습니다. 독자들로부터 호평이든 악평이든 의견과 수정 사항을 받는 것은 기쁜 일입니다. 여러분도 저에게

`jhs@math.brown.edu`

로 메일을 보낼 수 있습니다. 추가된 내용, 여분의 장들, 정오표, 흥미로운 수론 사이트 링크, 다양한 컴퓨터 연습문제의 다운로드 가능한 버전들은 *Friendly Introduction to Number Theory* 홈페이지

`www.math.brown.edu/~jhs/frint.html`

에서 사용할 수 있습니다.

Joseph H. Silverman

역자서문

이 책의 번역은 박부성 교수의 "기초부터 고급 수준까지 아우르는 정수론 교재가 뭐가 있을까?" 하는 질문과, 이종규 교수의 "실버만 교수님 60 세 기념으로 할 게 뭐가 있을까?" 하는 생각에서 시작되었습니다.

"May I translate your number theory book?" "Sure!"

2012년 미국수학회 연례발표회에서 뵈었던 실버만 교수님은 그 분의 성격대로 너무나 쉽게 허락해 주셨습니다. 특히, 한국어판 서문을 써 주십사하는 부탁에 단 삼십 분만에 답장을 주셨습니다. 실버만 교수님의 허락을 득한 뒤, 바로 그곳에 설치된 출판사 부스로 달려가 저작권에 대한 문의를 하고, 귀국하여 작업을 구상하였습니다. 정수론 교재에 관심이 많던 김지영 교수와 김병찬 교수가 합류하여 작업이 시작되었습니다. 각자의 직장에서 일하는 네 사람이 모이기 위해 서울, 부산, 제주도, 마산 등 각지에서 힘들게 작업한 결과가 이렇게 빛을 보게 되어 무척 기쁘게 생각합니다.

실버만 교수님은 아이비리그에서 우수강사상을 받을 정도로 명강사이고, 그분의 수업은 잘 조직되고 재미있기로 유명합니다. 이 책은 이러한 실버만 교수님의 강의 특징을 잘 살리는 교재로서, 미국에서도 큰 호평을 받았습니다. 특히, 이 책은 정수론에 대한 배경 지식이 없어도 읽기 편하게 쓰였을 뿐만 아니라. 그 효용이 정수론에만 국한되지 않고 기초적인 수학 지식과 사고력을 길러주는 데 매우 좋다고 생각됩니다. 실제로 역자들은 번역하는 과정에서 수학적 아름다움을 발견하는 즐거움, 그냥 지나쳤던 길가의 꽃을 다시 유심히 볼 수 있는 행복감 등 많은 것을 얻을 수 있었습니다.

이 번역본을 만드는 데 도와주신 여러분들, 특히 이 책의 출판에 힘써주신 경문사 관계자분과 책의 디자인 등 TEX의 기술적인 문제를 도와주신 권현우 학생, 영시 번역에 도움을 주신 고은강 교수님, 흔쾌히 교재로 쓸 터이니 빨리 만들어 달라고 등을 밀어주신 여러 교수님들께 감사드립니다. 무엇보다, 이 책을 읽는 독자들이 마치 실버만 교수님의 무릎에 앉아 옛날 이야기를 듣는 기분으로 즐거운 마음으로 정수론이라는 수학의 여왕님과 만나는 계기가 되기를 기대합니다.

김병찬, 김지영, 이종규, 박부성 배상

차 례

교재 흐름도

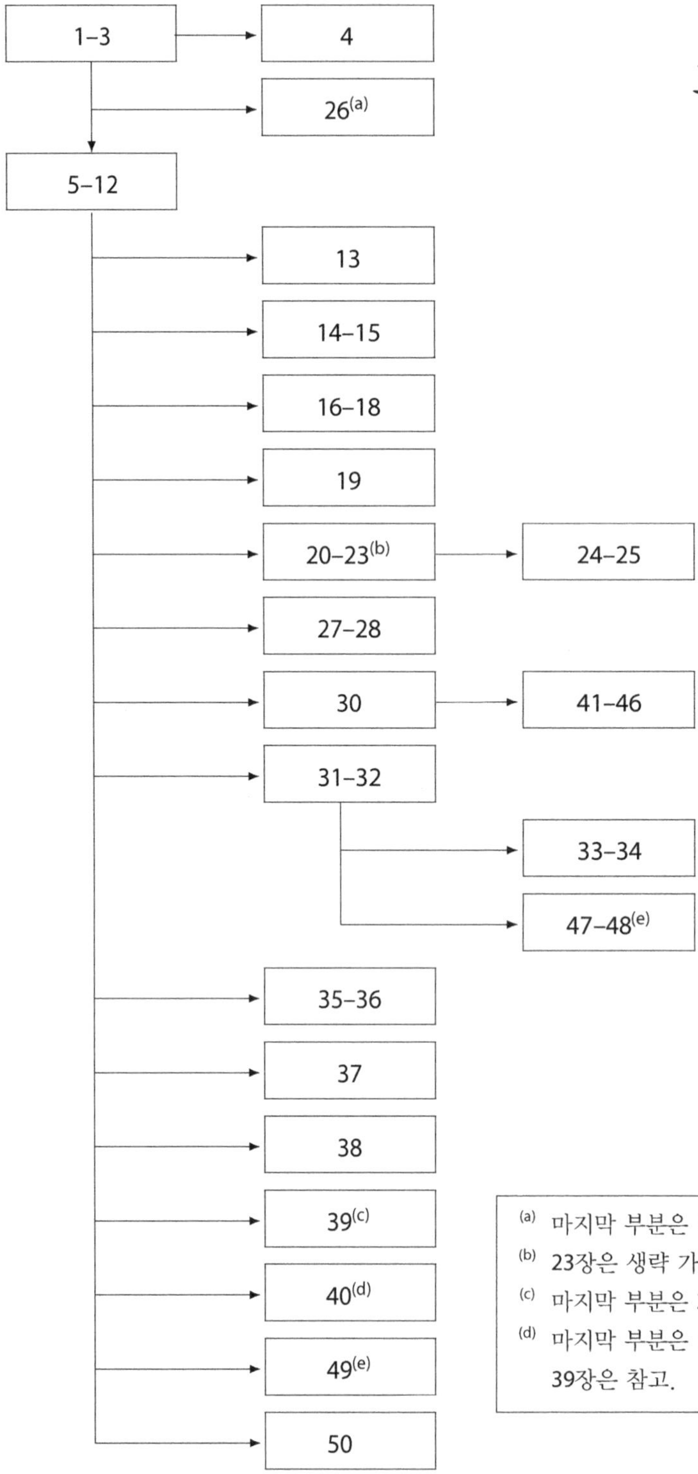

(a) 마지막 부분은 13장과 21장 필요.
(b) 23장은 생략 가능.
(c) 마지막 부분은 22장 필요.
(d) 마지막 부분은 16장 필요.
39장은 참고.

도입

오직 유클리드만이 보았다.
맨발의 미녀를
운이 좋구나, 무거운 샌들로 돌 길 위를
걸어오는 미녀라도 본 사람들은.
Edna St. Vincent Millay (1923)

자연수 1, 2, 3, 4, 5, 6, ⋯의 기원은 역사의 안개 속으로 묻혀 버렸다. 우리는 "셋"이라는 개념이 세 개의 바위, 세 개의 별, 세 명의 사람에 대해서 똑같이 적용될 수 있다는 것을 누가 처음으로 깨달았는지 알지 못한다. 역사 시대가 태동할 때부터 수들은 신비롭고 아름다우면서도 실용적인 매력을 발산해 왔다. 물론 수 자체만이 관심을 받은 것은 아니다. 훨씬 더 호기심을 자극하는 것은 수들 사이에서 관찰할 수 있는 관계들이었다. 에드나 세인트 빈센트 밀레이(Edna St. Vincent Millay)의 시에서 두드러지게 묘사된 아름다움을 발견할 수 있는 곳이 바로 심오하면서도 섬세한 관계들 속에서이다.[1] 여기 20 세기 저명 철학자의 또 다른 묘사가 있다.

> 제대로 수학을 보면 진실뿐만 아니라 숭고한 아름다움을 지니고 있다. 그 아름다움은 조각처럼 냉철하면서도 엄격하고, 우리의 어떤 미약한 본성에도 호소하지 않으며, 음악이나 그림처럼 화려한 장식도 없다. 그러면서도 장엄하리만큼 순수하며, 최상의 예술만이 보여줄 수 있는 엄격한 완벽에 도달할 수 있다.
>
> 버트런드 러셀(Bertrand Russell), 1902

수론은 수들 사이의 섬세하면서도 깊이있는 관계들을 찾는 것을 목적으로 하는 수학의 한 종류이다. 간단한 예를 들면, 여러 시대 동안 많은 사람들이 제곱수 1, 4, 9, 16, 25, ⋯에 매료되었다. 제곱수 두 개를 더하는 실험을 해 보면 가끔 그 합 자체가 제곱수가 되는 것을 알 수 있다. 이러한 현상의 가장 유명한 예는

$$3^2 + 4^2 = 5^2$$

[1] 사실 유클리드(Euclid)는 대부분의 사람들이 생각하는 것처럼 기하학의 아름다움만을 발견한 것이 아니라 아름다움 그 자체를 찾았다. 수론은 유클리드의 유명한 저서 《원론(Elements)》 중 VII, VIII, IX 권의 주요 부분을 차지하고 있다.

이지만,

$$5^2 + 12^2 = 13^2, \quad 20^2 + 21^2 = 29^2, \quad 28^2 + 45^2 = 53^2$$

과 같은 많은 다른 예들이 있다. $(3,4,5)$, $(5,12,13)$, $(20,21,29)$, $(28,45,53)$과 같은 세 수를 피타고라스 세 수라고 부른다. 호기심이 남다른 사람이라면, 이 실험에 기초해서, "피타고라스 세 수는 무한히 많은가?", 그리고 "그렇다면, 모든 피타고라스 세 수를 설명하는 공식을 찾을 수 있을까?"와 같은 의문을 가질 수 있다. 이러한 의문들이 수론에서 다루는 질문의 예이다.

다른 예로, 엄청나게 큰 수

$$32478543^{743921429837645}$$

를 54817263으로 나눈 나머지를 찾는 문제를 생각해 보자. 이 문제를 푸는 한 가지 방법은 이렇다. 32478543을 743921429837645 번 곱한 다음에 54817263으로 나누고 나머지를 찾는다. 원칙적으로는 이 방법으로 풀 수 있지만, 실제로는 세상에서 가장 빠른 컴퓨터를 이용한다고 할지라도 죽기 전에 계산을 끝낼 수 없다. 수론은 이 문제를 풀 수 있는 방법 또한 제공한다. "피타고라스 세 수에는 눈을 즐겁게 하는 우아함이 있다고 얘기했잖아요. 그런데 나눗셈과 나머지 계산에서 대체 어디에 아름다움이 있다는 거지요?"라고 독자 여러분들이 말할지도 모르겠다. 이 질문에 대한 대답은 나머지 자체에 있지 않고, 그 나머지를 찾는 과정에 있다. 일련의 놀라운 과정들을 통해서 수학자들은 이 기초적인 나머지 문제(와 그 역)의 해답이 미국 국가안보국(National Security Agency)[2]조차 해독할 수 없는 암호문을 만드는 데 이용할 수 있다는 것을 알아냈다. 하디(G.H. Hardy)의 말 "아직 아무도 수론과 그 연관 분야에서 전쟁과 관련 있는 것을 찾지 못했고 앞으로도 찾아낼 수 있을 것 같지 않다."[3]는 현실과 동떨어진 예언이 되었다.

수론의 세상에는 온갖 종류의 이국적인 동식물들이 살고 있다. 여기에는 제곱수, 소수, 홀수, 완전수 들이 (그러나 제곱수인 소수는 없고, 홀수인 완전수를 본 사람은 아직 없다.) 포함된다. 여기에는 또한 페르마 방정식, 펠 방정식, 피타고라스 세 수, 타원 곡선, 피보나치의 토끼, 해독 불가능한 암호 외에도 수많은 다른 것들이 있다. 수론의 세상을 탐험하는 우리의 여정에서는 이러한 모든 생명체들과 그외 다른 피조물들을 만날 것이다.

강의자를 위한 안내

이 책은 학부생을 위한 단학기 혹은 통년 수론 수업, 학부생의 독립 연구 혹은 세미나 수업을 염두에 두고 저술되었습니다. 따라서 약 두 학기 분량을 담고 있으니, 단학기 수업을 계획하고 있는 강사들은 수업 주제를 유연하게 선택하면 되겠습니다. 처음 11 개의 장은 기초적인 내용을 담고 있고, 18장에 소개되는 RSA 암호체계는 제 경험상 학생들이 가장 좋아하는 주제이므로 아마 대부분의 강사분들께서 18장까지는 강의를 진행하게 될 것입니다.

수업 계획은 여러 가지로 생각할 수 있습니다. 여기에 몇 가지 제안을 소개하지만, 이 책을 사용할 강사들께서는 후반부 내용들을 입맛에 맞게 재단하여 사용하기 바랍니다.

---

[2]National Security Agency (NSA)는 미국 정부에서 자료 수집, 암호 개발, 암호 해독을 담당하는 축이다. CIA보다 많은 예산을 사용하는 NSA는 단일 조직으로는 세계에서 수학자들을 가장 많이 고용하고 있다.

[3]《수학자의 변명(A Mathematician's Apology)》, §28, G.H. Hardy, Camb. Univ. Press, 1940.

20–26장, 31–34장,47–48장. 이차 상호법칙, 제곱수들의 합, 펠 방정식, 디오판토스 근사 정리, 연분수(continued fraction)

30–34장, 41–46장. 4차 페르마 방정식, 펠 방정식, 디오판토스 근사 정리, 타원 곡선, 페르마의 마지막 정리

26장, 31–39장, 47–48장. 수학적 귀납법, 펠 방정식, 디오판토스 근사 정리, 가우스 정수, 연분수

19–22장, 26–29장, 38–40장. 소수 판정, 이차 상호법칙, 수학적 귀납법, 원시근, 이항계수, 일차 점화식, O-표기 (이 예시안은 전산 혹은 암호학을 공부하려는 학생들을 위한 계획입니다.)

어떤 수업 계획을 세우더라도, 수업 계획에서 생략된 몇몇 장을 선택하여 학생들에게 읽고 연습문제를 풀어 보게 하는 것은 기말 수행 평가로 적당할 것입니다.

이 책에 수록된 프로그램 문제와 계산 문제를 제외한 연습문제들은 실험과 토의를 할 수 있도록 만들어졌습니다. 이 문제들에 옳은 답, 혹은 완벽한 답만을 달아야 할 필요는 없습니다. 많은 학생들이 처음에는 무척 당황하고 스트레스를 받을지 모릅니다. 이럴 때 강사께서 먼저 "이 문제에 대해 네가 생각나는 대로 한번 말해 보렴." 등의 말로 학생들이 좀더 편하게 생각할 수 있도록 유도해 보십시오. 그리고, 학생들이 자료를 축적하거나 특별한 경우를 계산하는 것은 해 보면 좋은 정도가 아니라, 꼭 하도록 권장되는 것임을 말해 주십시오. 한편, 좋은 문제의 답은 계속 연관되는 문제들을 제시하기 때문에, 완결되는 답이라는 것은 존재하지 않는다는 점을 학생들에게 설명해 주십시오. 학생들이 연습문제에 대한 답을 찾았다면 이를 좀 더 일반화하고, 그들의 답이 어떤 범위까지 유효한지를 알아내는 것이 다음 과제입니다.

표시되어 있는 몇몇 연습문제를 제외하면, 전반적인 내용의 이해를 위해 미적분학 지식이 필요한 부분은 후반부 두 개의 장(40장, 49장)입니다. 만일 학생들이 미적분학을 수강하지 않았다면, 이 두 개의 장을 제외하여도 전체 교재의 흐름에 영향을 주지 않습니다.

수론은 쉽지 않은 과목이므로, 학생들에게 수론이 쉽다고 납득시키려 노력해봐도 별 효과가 없을 것입니다. 대신, 이 교재는 학생들이 스스로 어려운 주제를 이해하고 지적 발견에 대한 높은 성취감을 경험하게 해 줄 것입니다. 강사분께서는 학생들의 이러한 성취 과정을 바로 옆에서 바라보는 기쁨을 얻을 수 있을 것입니다.

컴퓨터, 수론, 그리고 본 교재

이쯤에서 저자는 이 책과 컴퓨터 활용에 대해 몇 가지 이야기하고자 합니다. 본 저자는 이 책으로 공부할 학생이 Maple, Mathematica, PARI, Derive와 같은 고급 계산 프로그램을 사용할 것이라고 생각하지도 않고 원하지도 않습니다. (달리 지시가 없다면) 대부분의 연습문제는 휴대용 계산기를 이용해서 풀 수 있습니다. 보다 구체적인 예를 들자면, 컴퓨터에 **GCD[M,N]**이라고 입력하는 것으로 최대공약수(5장)를 공부하는 것은, 텔레비전을 껐다 켰다 하는 것으로 전자공학을 공부한다는 것과 마찬가지입니다. 물론, 컴퓨터가 큰 수들의 최대공약수를 구하는 데 있어 매우 유용하고, 그렇게 만든 예들을 이 교재의 곳곳에 소개하고 있습니다. 하지만 우리의 궁극적인 목적은 항상 개념과 관계를 이해하는 데 있습니다. 따라서 꼭 컴퓨터 사용에 대한 가부를 결정해야 한다면, 주저없이 '안 됩니다' 라고 하겠습니다.

물론, 예외없는 규칙은 없습니다. 일례로, 어떤 주제를 이해하는 가장 좋은 방법은 그 주제를 다른 이에게 설명해 보는 것입니다. 만일 독자가 프로그램에 대해 좀 알고 있다면, 이 책에 소개된 알고리듬을 어떻게 수행해야 하는지를 컴퓨터에게 설명해 보는 과정을 통해 스스로 알고리듬에 대해 명확하게 이해할 수 있을 것입니다. 다시 말해, 이미 구현된 함수를 절대로 사용하지 말고 직접 프로그램을 만들어 보시기 바랍니다. 본문에 소개될 다음 문제들은 이러한 경험에 대한 좋은 예가 될 것입니다. — 유클리드 호제법(5–6장), RSA 암호체계(16–18장), 소수 판정(19장), 이차 상호법칙 (22장), 자연수를 두 제곱수의 합으로 표현하기(24–25장), 연분수와 펠 방정식 풀기(47장–48장), 타원 곡선의 유리수점 찾기(41장).

“컴퓨터 사용금지”의 두 번째 예외는 자료의 일반화입니다. 수론에서 많은 발견은 대량의 자료를 검토하여 일정한 규칙성을 찾는 실험에 기반을 두고 있습니다. 컴퓨터는 그러한 자료를 만드는 데 적합하고 또한 규칙성을 찾는 데 도움을 주기도 합니다. 이러한 실험을 위한 컴퓨터의 사용에는 저자도 동의합니다.

수론 연구와 이해를 위한 보조 도구로서의 컴퓨터 활용을 장려하기 위해, 저자는 많은 수의 프로그램 관련 연습문제를 수록하였습니다. 이러한 연습문제 중에 몇몇은 고급 프로그래밍 언어, 혹은 고사양의 컴퓨터를 요구하지만, 대부분은 개인용 컴퓨터(혹은 공학용 계산기)만 있어도 가능합니다. 프로그램 관련 연습문제는 기호 로 표시하였습니다.

많은 프로그램 연습문제에서 저자는 정확한 규격을 제시하지 않았습니다. 독자가 정확히 어떤 값을 입력하여, 어떤 결과를 얻게 될지에 대해 스스로 결정하는 것도 이러한 프로그램 프로젝트의 일부입니다. 참고로, 좋은 프로그램이 되기 위해서는 다음과 같은 점을 반영해야만 합니다.

- 이 프로그램이 정확히 어떤 기능을 하는지, 어떻게 사용하여야 하는지, 어떤 값을 입력받기를 원하며, 어떤 값이 결과로 얻어지는지에 대해 명확히 기술된 사용 설명서.
- 이 프로그램이 어떻게 작동하는지에 대한 주석.
- 에러에 대한 정보를 주는 완벽한 에러 처리. 예를 들어, $a = b = 0$인 경우 $\gcd(a, b)$ 값을 구하는 함수는 무한 반복을 하게 되거나 “0으로 나누었다”라는 에러를 출력하는 대신 “**gcd(0,0)는 정의되지 않습니다.**”라는 에러 메시지를 반환하여야 한다.

독자가 자신만의 프로그램을 만든다면, 사용자 편의성을 우선시하고, 되도록 다양한 기능을 탑재하려고 노력하기 바랍니다. 궁극적으로, 이렇게 구현한 수론 함수를 모아 자신만의 프로그램 패키지를 만들 수도 있기 때문입니다.

결론적으로, 컴퓨터는 실험을 위한 도구로는 유용하고, 컴퓨터에게 수론의 계산을 어떻게 수행하는지를 가르치면서 독자가 많이 배울 수 있는 반면, 어떤 주제를 처음 배울 때, 이미 구현되어 있는 컴퓨터 프로그램은 걷는 방법을 배울 때 방해가 되는 목발과 같습니다.

제 **1** 장

수론이란?

수론은 자연수라 불리는 양의 정수의 집합

$$1, 2, 3, 4, 5, 6, 7, \ldots$$

에 대한 연구이다. 우리는 특히 다양한 수 사이의 관계에 대해 알고 싶어한다. 사람들은 고대로부터 다양하게 수를 분류하였다. 이러한 분류의 예를 몇 가지 들어보자.

홀수	$1, 3, 5, 7, 9, 11, \ldots$
짝수	$2, 4, 6, 8, 10, \ldots$
제곱수(사각수)[†]	$1, 4, 9, 16, 25, 36, \ldots$
세제곱수	$1, 8, 27, 64, 125, \ldots$
소수	$2, 3, 5, 7, 11, 13, 17, 19, 23, 29, 31, \ldots$
합성수	$4, 6, 8, 9, 10, 12, 14, 15, 16, \ldots$
법 4에 대해 1과 합동인 수	$1, 5, 9, 13, 17, 21, 25, \ldots$
법 4에 대해 3과 합동인 수	$3, 7, 11, 15, 19, 23, 27, \ldots$
삼각수	$1, 3, 6, 10, 15, 21, \ldots$
완전수	$6, 28, 496, \ldots$
피보나치 수	$1, 1, 2, 3, 5, 8, 13, 21, \ldots$

이중 많은 경우는 독자도 잘 알 것이다. 하지만 다른 몇 가지 경우, 예를 들어 "법 4 (modulo 4)"에 대해 분류하는 경우는 아마 낯설 것이다. 법 4에 대해 1과 합동인 수(1 (modulo 4))는 4로 나누었을 때 나머지가 1인 수를 지칭한다. 비슷하게, 법 4에 대해 3과 합동인 수(3 (modulo 4))는 4로 나누어 3이 남는 수이다. 삼각수라 하는 것은, 조약돌을 맨 위에 하나, 다음에 두 개 놓는 식으로 계속하여 정삼각형 모양으로 배열할 때 필요한 돌의 개수이다. 피보나치 수(Fibonacci numbers)는 첫 번째와 두 번째 수를 1이라 하고, 그 이후의 수는 바로 이전 두 개의 수를 더하여 만든다. 마지막으로, 완전수는 자기 자신을 제외한 모든 약수의 합이 자신과 같아지는 수를 말한다. 예를 들어, 6의 약수는 자신을 제외하면 $1, 2, 3$이고, $1 + 2 + 3 = 6$ 이다. 비슷하게, 28의 약수들은 $1, 2, 4, 7, 14$이고

$$1 + 2 + 4 + 7 + 14 = 28$$

이다. 우리는 수론의 세계를 탐험하는 동안 이러한 수들 외에도 여러 가지 종류의 수들과 마주치게 될 것이다.

[†]square number의 경우 어떤 수의 제곱이라는 대수적 의미와, 정사각형 모양으로 배열된 조약돌의 개수라는 기하적 의미를 동시에 가진다. 본문에서는 상황에 맞게 번역하였다.

전형적인 수론 질문들 몇 가지

수론의 주 목적은 서로 다른 종류의 수 사이에서, 예상치 못했던 흥미로운 관계들을 발견하고 이것이 참임을 증명하는 것이다. 이번 절에서는 전형적인 수론 문제 몇 가지를 소개한다. 몇 개는 우리가 나중에 풀 문제들이고, 다른 몇 개는 알려진 풀이가 너무 어려워서 수록하지 못하였으며, 또 다른 몇 개는 아직도 미해결 문제로 남아 있다.

제곱수들의 합 I. 두 개의 제곱수들의 합이 다시 제곱수가 될 수 있을까? 답은 "예"이다. 예를 들어, $3^2 + 4^2 = 5^2$ 또는 $5^2 + 12^2 = 13^2$ 이다. 이러한 수를 피타고라스 세 수(Pythagorean triples)라 부르며, 이에 대해서는 2장에서 자세하게 소개하겠다.

거듭제곱수들의 합. 두 개의 세제곱수의 합은 세제곱수가 될 수 있을까? 두 개의 네제곱수의 합은? 보다 일반적으로, 두 개의 n제곱수의 합은 n제곱수가 될 수 있을까? 답은 "아니오"이다. 이것이 그 유명한 페르마의 마지막 정리(Fermat's Last Theorem)이다. 이 문제는 17세기 피에르 드 페르마(Pierre de Fermat)가 제시하였는데, 1994년 앤드루 와일스(Andrew Wiles)가 풀기 전까지 미해결 문제로 남아 있었다. 와일스의 풀이는 정말 심오한 수학적 방법을 사용하였기에 이 책에서 세부적인 내용을 다 소개할 수는 없지만, 30장에서 두 네제곱수의 합이 네제곱수가 될 수 없다는 사실을 증명하고, 46장에서 와일스의 증명과 관련된 아이디어를 소개하겠다.

소수의 무한성. 소수(prime number)란 오직 1과 자기 자신으로만 나누어지는 수이다.

- 소수는 무한히 많을까?
- 법 4에 대해 1과 합동인 소수는 무한히 많을까?
- 법 4에 대해 3과 합동인 소수는 무한히 많을까?

이 질문들의 답은 모두 "그렇다"이다. 우리는 12장과 21장에서 이를 증명하고, 또한 1839년 르죈 디리클레(Lejeune Dirichlet)가 발견한 보다 일반적인 결과에 대해 논의할 것이다.

제곱수들의 합 II. 어떤 자연수가 두 개의 제곱수의 합으로 표현될까? 좀 더 쉬운 문제로, 어떤 (홀수인) 소수가 두 개의 제곱수의 합으로 표현될까? 예를 들어 보자.

$$\begin{array}{llll} 3 = \text{NO}, & 5 = 1^2 + 2^2, & 7 = \text{NO}, & 11 = \text{NO}, \\ 13 = 2^2 + 3^2, & 17 = 1^2 + 4^2, & 19 = \text{NO}, & 23 = \text{NO}, \\ 29 = 2^2 + 5^2, & 31 = \text{NO}, & 37 = 1^2 + 6^2, & \ldots \end{array}$$

일정한 규칙을 찾을 수 있는가? 규칙을 찾기에는 예가 아직 부족한 것 같다. 하지만 만일 좀 더 많은 예를 살펴본다면 1 (modulo 4)인 소수들은 두 개의 제곱수의 합으로 표시된다는 추측을 세울 수 있다. 다시 말하면, 4로 나누어 나머지가 1인 수는 두 개의 제곱수의 합으로 표현되고, 나머지가 3인 수는 두 개의 제곱수의 합으로 표현되지 않는다는 것이다. 이 추측이 옳음을 24장에서 증명할 것이다.

도형수. 사각수(square)[†]는, $1, 4, 9, 16, \ldots$과 같이, 정사각형 모양으로 늘어 놓을 수 있는 조약돌의 개수이고, 삼각수는 $1, 3, 6, 10, \ldots$과 같이 정삼각형 모양으로 늘어 놓을 수 있는 조약돌의 개수이다. 처음 몇 개의 삼각수와 사각수가 어떤 수인지 그림 1.1로 표현하였다.

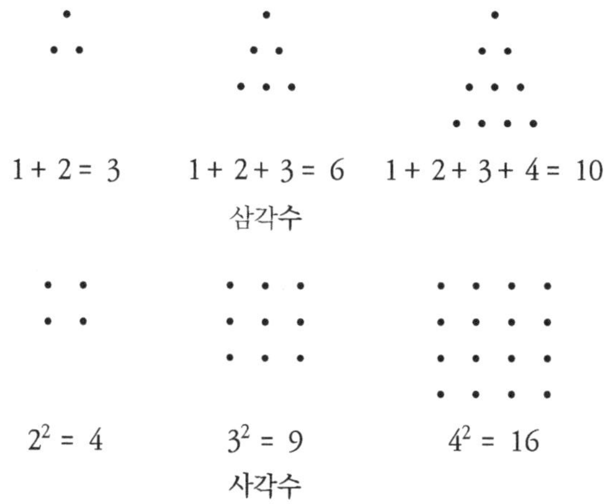

그림 1.1. 여러 가지 도형수들

이 그림을 보면, '혹시 (1이 아닌) 삼각수이면서 동시에 사각수인 수는 없을까?' 라는 질문이 자연스레 나온다. 답은 "예"이며, 가장 작은 예는

$$36 = 6^2 = 1 + 2 + 3 + 4 + 5 + 6 + 7 + 8$$

이다. 또 다른 예가 있을까? 그리고, 이러한 예를 무수히 많이 찾을 수 있을까? 다음 공식이 이에 대한 답을 찾는 데 유용하게 쓰인다.

$$1 + 2 + 3 + \cdots + (n - 1) + n = \frac{n(n+1)}{2}$$

> 이 공식과 관련된 재미있는 일화가 있다. 어린 카를 프리드리히 가우스(Carl Friedrich Gauss, 1777–1855)가 초등학교에 다니던 어느날, 그의 선생님께서 수업 시간에 매우 화가 나서 1부터 100까지 모든 수를 더하라는 문제를 벌칙으로 내렸다. 가우스의 학급 친구들이 충실하게 더하기를 시작하려고 할 때, 가우스는 선생님께 가서 5050이라는 답을 제시하였다. 이 일화에서 그 선생님은 감명받거나 재미있어 하지 않았다고 하는데, 벌칙으로 주어진 다음 과제가 무엇이었는지는 전해지지 않는다!

다음과 같은 기하적인 방법을 사용하면 가우스의 공식을 쉽게 확인할 수 있는데, 어쩌면 이 방법이 가우스 자신이 이 공식을 발견한 방법일 수도 있다. 아이디어는 $1 + 2 + \cdots + n$개의 조약돌로 만들어진 삼각형 두 개 사이에 $n + 1$개의 조약돌로 이루어진 대각선을 하나 끼워 합치는 것이다. 그림 1.2는 $n = 6$일 때를 나타낸다.

[†]앞에서 나온 제곱수와 사각수는 같은 종류의 수이다. 여기서는 삼각수와의 비교가 목적이므로, '사각수'라고 하겠다.

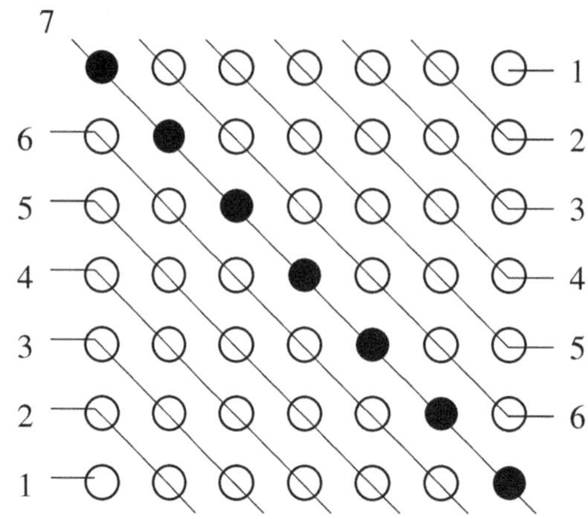

$$(1+2+3+4+5+6)+7+(6+5+4+3+2+1)=7^2$$

그림 1.2. 1부터 n까지의 합

그림에서, 두 삼각형 사이에 추가로 끼워 넣은 $n+1$개의 조약돌은 검은 점으로 표시하였다. 이렇게 만들어진 사각형은 한 변이 $n+1$ 개의 조약돌로 이루어진 정사각형이 되고, 따라서 다음과 같은 수식을 얻는다.

$$2(1+2+3+\cdots+n)+(n+1)=(n+1)^2$$
$$\text{두 삼각형} \qquad + \text{대각선} = \text{정사각형}$$

이제 양변에서 $n+1$을 빼고 2로 나누면 가우스의 공식을 얻을 수 있다.

쌍둥이 소수. 소수의 목록 안에는 인접한 홀수 두 개가 모두 소수인 경우가 있다. 100 이하의 소수 중에서 이러한 쌍둥이 소수(twin primes)에 네모 표시를 하였다.

$$\boxed{3},\boxed{5},\boxed{7},\quad \boxed{11},\boxed{13},\quad \boxed{17},\boxed{19},\quad 23,\quad \boxed{29},\boxed{31},\quad 37,$$
$$\boxed{41},\boxed{43},\quad 47,53,\quad \boxed{59},\boxed{61},\quad 67,\quad \boxed{71},\boxed{73},\quad 79,83,89,97$$

쌍둥이 소수는 무수히 많이 있을까? 다시 말해, $p+2$도 역시 소수인 소수 p가 무수히 많이 있을까? 현재는, 이 질문에 대한 답은 아무도 모른다.

N^2+1 형태의 소수. $N=1,2,3,\ldots$을 대입하여 얻은 N^2+1 형태의 수를 나열해 보면, 우리는 이들 중에서 몇몇의 소수를 발견한다. 물론, N이 홀수이면 N^2+1이 짝수이므로 $N=1$일 때를 제외하고는 N^2+1은 소수일 수 없다. 따라서 N에 짝수를 대입하는 경우에만 흥미가 생긴다. 다음 목록에서 N^2+1이 소수인 경우 강조하여 표시하였다.

$$2^2+1=\mathbf{5} \quad 4^2+1=\mathbf{17} \quad 6^2+1=\mathbf{37} \quad 8^2+1=65=5\cdot 13$$
$$10^2+1=\mathbf{101} \quad 12^2+1=145=5\cdot 29 \quad 14^2+1=\mathbf{197}$$
$$16^2+1=\mathbf{257} \quad 18^2+1=325=5^2\cdot 13 \quad 20^2+1=\mathbf{401}$$

꽤 많은 소수가 있는 것처럼 보이지만, 좀 더 긴 목록을 만들어 보면, 소수가 매우 드물어짐을 알 수 있다. 과연 N^2+1 형태인 소수는 무한히 많을지에 대한 의문이 생긴다. 이 역시, 현재까지는 이 질문에 대한 답을 아무도 모른다.

지금까지 우리는 수론에서 연구하는 몇 가지 유형의 문제들을 둘러보았다. 이러한 문제들에 대해 답하기 위해 어떠한 시도를 하고 있을까? 답을 말하면, 수론 연구는 부분적으로 실험적이고, 부분적으로 이론적이다. 일반적으로 실험적인 부분이 선행된다. 이 실험이 질문으로 이어지고 질문에 대한 답을 제안한다. 이후 이론적인 방법이 따른다. 이 과정에서 우리는 질문에 대한 확답을 위한 논거를 찾기 위해 노력한다. 이러한 문제풀이 과정은 다음과 같이 요약할 수 있다.

1. 자료를 모아라. 보통 자료는 수치적이지만 추상적인 경우도 있다.
2. 모은 자료를 조사하고 규칙성과 관련성을 찾아보아라.
3. 규칙성 및 관련성을 설명하는 추측(conjecture)을 만들어 보아라. 이런 추측은 보통 공식으로 나타낼 수 있다.
4. 추가 자료를 모으고 새로운 정보가 추측에 부합하는지 확인하여 추측을 검증하여라.
5. 추측이 참임을 보일 방법(즉, 증명)을 고안하여라.

이 다섯 단계는 수론과 수학에서 중요하다. 보다 일반적으로, 과학적인 방법은 항상 최소한 앞의 네 가지 단계를 거친다. 이것은 진정한 과학 분야에서는 모두 통용되는 진실이다. 소위 “과학자”를 자처하는 사람들이 첫 세 가지 단계만을 거치고 무엇인가 증명했다고 하는 것은 신뢰할 수 없다. 일반적으로, 주어진 자료에 대한 여러 가지 설명을 고안해 내는 것은 크게 어렵지 않다. 과학 이론의 진정한 검증은 아직 일어나지 않은 것에 대해 실험 결과를 예측하는 능력에 있다. 다시 말해, 과학 이론은 새로운 자료에 의해 확인되어야 설득력을 가진다. 이것은 진정한 과학 분야에서는 모두 통용되는 진실이다. 수학에서는 알고있는 사실에서부터 출발하여 원하는 결과를 논리적으로 도출하는, 증명이라는 단계를 하나 더 거쳐야 한다.

연습문제

1.1. 사각수이자 삼각수인 첫 번째, 두 번째 수는 1과 36이다. 이러한 세 번째 수, 가능하다면 네 번째 수를 찾아보아라. 삼각–사각수를 찾는 효과적인 방법을 생각해 낼 수 있는가? 이러한 수가 무한히 많다고 생각하는가?

1.2. 처음 몇 개의 홀수들을 더해 보고 여기에 일정한 규칙이 있는지 찾아보아라. 규칙을 찾았다면, 이를 공식으로 나타내어라. 그리고 이 공식이 맞는지 기하적인 방법을 제시하여라.

1.3. 인접한 세 개의 홀수 3, 5, 7은 모두 소수이다. 이러한 “세쌍둥이 소수”가 무한히 많이 존재하는가? 즉, $p+2$와 $p+4$도 소수가 되는 무수히 많은 소수 p가 존재하는가?

1.4. 아무도 확신하지는 못하지만, 우리는 무한히 많은 소수가 N^2+1의 형태로 표시될 것이라 믿고 있다.

(a) N^2-1 형태인 소수는 무한히 많이 있을까?

(b) N^2-2 형태인 소수는 무한히 많이 있을까?

(c) N^2-3, N^2-4 형태인 소수는 무한히 많이 있을까?

(d) N^2-a 형태인 소수가 무한히 많이 존재하는 a의 값은 어떤 것일까?

1.5. 다음 두 줄은 더하는 순서를 바꾸어 1부터 n까지의 합을 구하는 공식을 유도하는 또 다른 방법이다.

$$\begin{aligned} 1+2+3+\cdots+n &= (1+n)+(2+(n-1))+(3+(n-2))+\cdots \\ &= (1+n)+(1+n)+(1+n)+\cdots \end{aligned}$$

두 번째 줄에 $(n+1)$은 몇 번 나타나는가? n이 홀수일 때와 짝수일 때를 나누어 생각해 볼 필요가 있을지도 모른다. 만일 잘 모르겠다면, $n=6,7$ 같은 구체적인 경우를 먼저 시도하여라.

1.6. 다음 각 문장의 빈 칸에 확인하기 쉬운 판정법으로 채워 보아라.

(a) M이 삼각수라는 것과 ________________________ 이(가) 홀수인 제곱수라는 것은 동치이다.

(b) N이 홀수인 제곱수라는 것과 ________________________ 이(가) 삼각수라는 것은 동치이다.

(c) 위의 두 판정법을 증명하여라.

제 2 장

피타고라스 세 수

중고등학교 기하 수업에서 학생들이 "애용"하는 피타고라스의 정리는 직각삼각형의 빗변의 길이의 제곱은 다른 두 변의 제곱의 합과 같다는 것이다. 기호로 표현하면 다음과 같다.

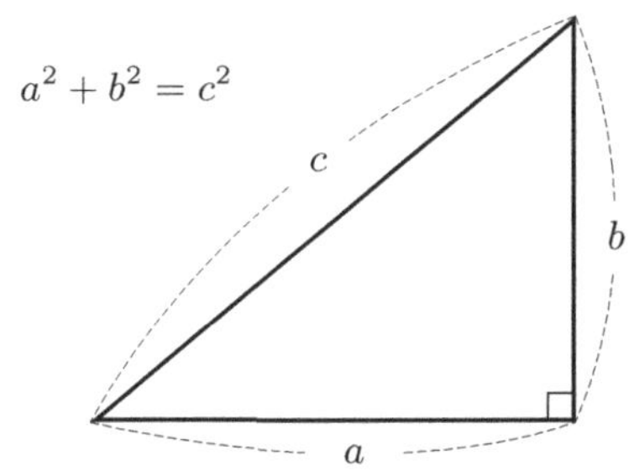

그림 2.1. 피타고라스 삼각형

우리는 수론, 즉 자연수에 대한 이론에 관심이 있으니, 모든 변의 길이가 자연수인 피타고라스 삼각형이 있을지 대해 생각해 보자. 이러한 삼각형은 많이 있다. 그중 가장 유명한 것은 변의 길이가 각각 3, 4, 5인 삼각형이다. 여기에 처음 몇 개의 예가 있다.

$$3^2 + 4^2 = 5^2, \quad 5^2 + 12^2 = 13^2, \quad 8^2 + 15^2 = 17^2, \quad 28^2 + 45^2 = 53^2$$

이러한 피타고라스 세 수(Pythagorean triple)에 대한 연구는 피타고라스의 시대 훨씬 이전부터 시작되었다. 바빌로니아에서 발견된 점토판에는 피타고라스 세 수의 목록이 기록되어 있는데, 그중에는 상당히 큰 수도 있다. 이로 짐작컨대 바빌로니아 시절에도 피타고라스 세 수를 찾는 체계적인 방법이 있었던 것 같다. 더 놀라운 것은 바빌로니아 인이 피타고라스 세 수의 목록을 원시적인 삼각비 표로 사용한 것 같다는 사실이다. 피타고라스 세 수는 고대 이집트에서도 사용되었다. 예를 들어, 임시변통으로 직각을 만드는 방법은 그림 2.2처럼 12 등분된 밧줄의 양 끝을 연결한 뒤 변의 길이가 3-4-5인 삼각형을 만드는 것이다. 이 방법은 (사유지 경계 측정, 피라미드 건설 등의) 소규모의 공사현장에서 큰 비용을 들이지 않고 직각을 만들 수 있게 하였다.

바빌로니아인과 이집트인은 피타고라스 세 수를 연구해야 할 실용적인 이유가 있었다. 현재에도 이렇게 실용성의 측면에서 피타고라스 세 수를 연구해야 할 이유가 있을까? 이러한 특별한 문제라면, 그 답은 "아마 아니겠지?"이다. 하지만, 렘브란트(Rembrandt)의 그림, 또는 베토벤(Beethoven)의 음악이 연구할 가치가 있는 것과 같은 이유로, 피타고라스 세 수도 연구해야 할

12개의 매듭이 있는 줄　　　　팽팽히 당겨진 줄

그림 2.2. 매듭지어진 줄을 이용한 직각 표현

가치가 있다. 마치 교향곡, 또는 그림과 같은 예술 작품의 구성이 아름다운 것과 같이, 여러 수들 사이의 상호 작용 규칙은 매우 아름답다. 이러한 아름다움을 감상하기 위해서는 어느 정도의 정신 노동을 감수해야 한다. 그러나 그 결과는 여러분의 노력에 충분한 보상이 될 것이다. 이 책을 통해 우리는 몇 가지 아름다운 수학 결과들을 이해하고 감상하며, 이러한 수학 결과들이 어떻게 발견되고 증명되어 왔는지를 배우고, 가능하다면 우리 스스로 독창적인 수학적 발견을 시도해 보고자 한다.

잡담이 길었지만 독자들은 공감했을 것이라 믿는다. 다시 구체적인 문제로 돌아오자. 우리의 첫 번째 순진한 질문은 피타고라스 세 수, 즉 방정식 $a^2 + b^2 = c^2$을 만족하는 자연수 (a, b, c)가 무한히 많은가 하는 것이다. 바보 같은 이유로, 답은 "예"이다. 만일 하나의 피타고라스 세 수 (a, b, c)가 있다면, 이들에 적당한 수 d를 곱한 (da, db, dc)도 역시 피타고라스 세 수가 된다. 이것은

$$(da)^2 + (db)^2 = d^2(a^2 + b^2) = d^2c^2 = (dc)^2$$

이기 때문에 참이 된다. 당연히 이러한 피타고라스 세 수는 별로 흥미로울 것이 없다. 그래서 우리는 공약수가 없는 피타고라스 세 수에 집중하려 한다. 게다가 이것에 이름도 붙이려 한다.

원시 피타고라스 세 수(primitive Pythagorean triple, PPT)는 공약수[1]를 가지지 않고, 다음 등식을 만족하는 세 자연수 a, b, c이다.

$$a^2 + b^2 = c^2$$

1장에서 논의했던 우리의 문제 해결 단계를 상기하자. 첫 번째 단계는 자료의 축적이다. 저자는 컴퓨터를 사용하여 a와 b에 값을 대입하여 $a^2 + b^2$이 제곱수가 되는지 확인하였다. 다음은

---

[1] a, b, c의 공약수란 a, b, c를 모두 배수로 갖는 수 d를 의미한다. 예를 들어, 3은 30, 42, 105의 공약수이다. 실제로 $30 = 3 \cdot 10$, $42 = 3 \cdot 14$, $105 = 3 \cdot 35$임을 확인해 보면 3은 가장 큰 공약수임을 알 수 있다. 다른 한편, 서로소라 함은 오직 1 만을 공약수로 가짐을 의미한다. 또는, 10, 12, 15는 1 이외의 공약수를 갖지 않음을 알 수 있다. 우리의 목적은 형식적인 것에 빠져 허우적대는 일 없이, 흥미롭고 아름다운 수론 세계를 탐험하는 것이다. 그래서 여기에서 공약수, 서로소, 나누기 등에 대해 대략적인 개념만 제시하고 사용하려고 한다. 약수, 배수와 관련된 자세한 정의는 5장에서 다루겠다.

저자가 찾은 몇 가지 원시 피타고라스 세 수이다.

$$\begin{array}{llll}(3,4,5), & (5,12,13), & (8,15,17), & (7,24,25), \\ (20,21,29), & (9,40,41), & (12,35,37), & (11,60,61), \\ (28,45,53), & (33,56,65), & (16,63,65) & \end{array}$$

이 짧은 목록에서도 몇 가지 결론을 도출할 수 있다. 예를 들어, 항상 a와 b 중 하나는 홀수, 하나는 짝수인 것처럼 보인다. 또한 c는 항상 홀수인 것 같다.

이러한 추측들이 옳다는 것은 쉽게 증명할 수 있다. 우선, 만일 a와 b가 모두 짝수라면, c도 역시 짝수가 된다. 이것은 a, b, c는 2라는 공약수를 가져야 한다는 뜻이 되고, 따라서 세 수는 서로소가 아니다. 다음으로 a와 b가 모두 홀수라면, c는 짝수여야 한다. 따라서 우리는 다음을 만족하는 수 x, y, z를 찾을 수 있다.

$$a = 2x + 1, \qquad b = 2y + 1, \qquad c = 2z$$

이를 방정식 $a^2 + b^2 = c^2$에 대입하면,

$$(2x + 1)^2 + (2y + 1)^2 = (2z)^2$$

$$4x^2 + 4x + 4y^2 + 4y + 2 = 4z^2$$

이 된다. 양변을 2로 나누면,

$$2x^2 + 2x + 2y^2 + 2y + 1 = 2z^2$$

이다. 마지막 등식은 어떤 홀수가 짝수와 같아야 한다는 뜻이 되는데, 이는 불가능하므로 a와 b는 동시에 홀수일 수 없다. 이제 우리는 a, b 모두 짝수이거나 모두 홀수일 수 없다는 사실, 즉 a, b 중 하나는 짝수, 하나는 홀수임을 증명하였다. 또한 등식 $a^2 + b^2 = c^2$에 의해 c가 홀수인 것도 자명하다.

a와 b는 순서를 바꿀 수 있으므로, 우리의 문제는 이제 다음 조건을 만족하는 수를 찾는 것이 된다.

$$a^2 + b^2 = c^2 \qquad \text{그리고} \quad \begin{cases} a\text{는 짝수}, \\ b\text{는 홀수}, \\ a, b, c\text{는 서로소} \end{cases}$$

여기에 소인수분해와 가약성을 이용해 보자.

먼저, (a, b, c)를 원시 피타고라스 세 수라 한다면, 다음과 같이 인수분해할 수 있다.

$$a^2 = c^2 - b^2 = (c - b)(c + b)$$

여기 앞에서 얻은 목록에 있는 몇 가지 예가 있다. 단 여기서는 항상 a는 홀수, b는 짝수를 선택하였다.

$$3^2 = 5^2 - 4^2 = (5-4)(5+4) = 1 \cdot 9$$

$$15^2 = 17^2 - 8^2 = (17-8)(17+8) = 9 \cdot 25$$

$$35^2 = 37^2 - 12^2 = (37-12)(37+12) = 25 \cdot 49$$

$$33^2 = 65^2 - 56^2 = (65-56)(65+56) = 9 \cdot 121$$

위의 예들을 보면, 마치 $c-b$, $c+b$가 모두 제곱수인 것 같다. 몇 가지 예를 더 확인해 보자.

$$21^2 = 29^2 - 20^2 = (29-20)(29+20) = 9 \cdot 49$$

$$63^2 = 65^2 - 16^2 = (65-16)(65+16) = 49 \cdot 81$$

$c-b$와 $c+b$가 모두 제곱수라는 사실을 어떻게 증명할 수 있을까? 위의 목록을 다른 면에서 관찰하면 $c-b$와 $c+b$가 공약수가 없는 것 같다. 이 추측은 다음과 같이 증명할 수 있다. 만일 d가 $c-b$ 와 $c+b$의 공약수, 즉 $c-b$와 $c+b$를 모두 나누는 수라면, $c-b$와 $c+b$의 합과 차

$$(c+b)+(c-b) = 2c, \qquad (c+b)-(c-b) = 2b$$

는 d로 나누어진다. 따라서 d는 $2b$와 $2c$의 공약수이다. 하지만 (a,b,c)는 원시 피타고라스 세 수라 가정하였으므로 b와 c는 공약수가 없다. 따라서 d는 1 또는 2여야 한다. 하지만 d는 $(c-b)(c+b) = a^2$의 약수이고 a는 홀수이므로, d는 1일 수밖에 없다. 다시 말해, $c-b$와 $c+b$의 공약수는 1뿐이고, 따라서 $c-b$와 $c+b$ 의 공약수는 없다.

우리는 $c-b$와 $c+b$는 공약수가 없는 양의 정수이고, $(c-b)(c+b) = a^2$이므로 $c-b$와 $c+b$는 제곱수이다. 이러한 결과는 오직 $c-b$와 $c+b$가 원래 제곱수일 때만 가능하다.[2] 따라서 우리는 $c-b$와 $c+b$를

$$c+b = s^2, \qquad c-b = t^2$$

과 같이 공약수가 없는 홀수 $s > t \geq 1$의 제곱으로 표현할 수 있다. 이 두 등식을 b와 c에 대해 정리하면

$$c = \frac{s^2+t^2}{2}, \quad b = \frac{s^2-t^2}{2}$$

이 되고, 따라서

$$a = \sqrt{(c-b)(c+b)} = st$$

이다.

---

[2]이는 $c-b$와 $c+b$의 소인수분해를 생각해 보면 직관적으로 자명하다. $c-b$의 소수인 인수와 $c+b$의 소수인 인수는 서로 다르다. 하지만, 소인수분해의 존재성과 유일성은 보이는 것처럼 자명하지 않다. 이에 대해서는 7장에서 자세히 다루겠다.

이제 첫 번째 증명을 (거의) 완성하였다! 다음 정리가 지금까지 우리가 성취한 결과이다.

정리 2.1 (피타고라스 세 수 정리)

서로소인 두 개의 홀수 $s > t$가 주어지면, 우리는 다음 공식을 사용하여 a가 홀수이고 b가 짝수인 원시 피타고라스 세 수 (a, b, c)를 얻을 수 있다.

$$a = st, \qquad b = \frac{s^2 - t^2}{2}, \qquad c = \frac{s^2 + t^2}{2}$$

그런데, 왜 증명을 "거의" 완성하였다고 했을까? 우리는 a가 홀수인 원시 피타고라스 세 수(a, b, c)가 주어진다면, 1보다 크고 서로소인 홀수 $s > t$를 찾아 위의 공식으로 a, b, c를 표현할 수 있음을 증명하였다. 하지만, 우리는 이 공식이 항상 원시 피타고라스 세 수를 만드는지 확인하여야 한다. 일단, 다음 계산으로부터 이 공식이 항상 피타고라스 세 수를 만든다는 것을 확인할 수 있다.

$$(st)^2 + \left(\frac{s^2 - t^2}{2}\right)^2 = s^2t^2 + \frac{s^4 - 2s^2t^2 + t^4}{4} = \frac{s^4 + 2s^2t^2 + t^4}{4} = \left(\frac{s^2 + t^2}{2}\right)^2$$

또한 st, $\frac{s^2-t^2}{2}$, $\frac{s^2+t^2}{2}$은 공약수가 없음을 확인하여야 한다. 이는 소수의 중요한 성질을 이용하는 것이 가장 쉬운 증명이므로, 7장을 배워 증명을 완성할 수 있을 때까지 미뤄두려 한다. (연습문제 7.3)

예를 들어, 정리 2.1의 공식에서 $t = 1$일 때 만들어지는 피타고라스 세 수 $\left(s, \frac{s^2-1}{2}, \frac{s^2+1}{2}\right)$을 보면 b와 c의 차는 1이다. 이는 왜 우리의 목록에서 이러한 예를 자주 발견할 수 있는지를 설명해준다. 다음 표는 $s \le 9$인 모든 가능한 경우이다.

s	t	$a = st$	$b = \frac{s^2-t^2}{2}$	$c = \frac{s^2+t^2}{2}$
3	1	3	4	5
5	1	5	12	13
7	1	7	24	25
9	1	9	40	41
5	3	15	8	17
7	3	21	20	29
7	5	35	12	37
9	5	45	28	53
9	7	63	16	65

표기법을 위한 간주곡

수학자들은 표준화된 표기법을 고안하여 여러 가지 내용을 간략하게 표기하고 있다. 우리는 이러한 표기법을 가능한한 적게 사용할 계획이지만, 다음과 같이 일반적으로 쓰이는 유용한 기호 몇 가지는 소개하려 한다.

$$\mathbb{N} = \text{자연수의 집합} = 1, 2, 3, 4, \ldots$$

$$\mathbb{Z} = \text{정수의 집합} = \ldots, -3, -2, -1, 0, 1, 2, 3, \ldots$$

$$\mathbb{Q} = \text{유리수(분수)의 집합}$$

덧붙여, 수학자들은 실수는 $\mathbb{R}$, 복소수는 $\mathbb{C}$로 나타내는데, 이 책에서는 필요치 않을 것이다. 그런데, 왜 이런 문자들이 선택되었을까? $\mathbb{N}$, $\mathbb{R}$, $\mathbb{C}$는 자연수(natural number), 실수(real number), 복소수(complex number)의 머리글자에서,[†] 정수를 의미하는 $\mathbb{Z}$는 '수'를 의미하는 독일어 "Zahlen"에서 유래하였다. 비슷하게, 유리수 기호 $\mathbb{Q}$는 나눈다는 의미의 독일어 "Quotient"에서 왔다. (영어에서도 이 단어를 그대로 쓰고 있다.) "집합의 원소이다"를 의미하는 표준적인 수학기호 $\in$도 역시 사용할 것이다. 예를 들어, '$a \in \mathbb{N}$'는 'a는 자연수이다'를, '$x \in \mathbb{Q}$'는 'x는 유리수이다'를 의미한다.

연습문제

2.1. **(a)** 우리는 임의의 원시 피타고라스 세 수 (a, b, c)에 대해 a 또는 b가 짝수임을 보였다. 비슷한 방법으로 a 또는 b가 3의 배수임을 보여라.

(b) 앞에 등장했던 원시 피타고라스 세 수의 목록을 살펴보고, 언제 a, b 또는 c가 5의 배수인지 추측하여라. 그리고 그 추측이 옳음을 보여라.

2.2. 우리는 '0이 아닌 정수 d가 정수 m을 나눈다'라고 하면, 적당한 정수 k에 대하여 $m = dk$를 만족함을 의미한다. 만일 d가 m과 n을 모두 나누면, d는 $m + n$과 $m - n$도 나눔을 보여라.

2.3. 다음의 질문들에 대해 자료들을 모으고, 그 자료들을 확인하여 추측을 세운 뒤, 그 추측을 증명해 보아라. (그렇다고 이 문제의 모든 것들을 증명하지 못한다고 해서 걱정하지 말자. 몇몇 문제는 매우 어려운 문제다.)

(a) 어떤 홀수 a가 원시 피타고라스 세 수 (a, b, c)에 등장할 수 있을까?

(b) 어떤 짝수 b가 원시 피타고라스 세 수 (a, b, c)에 등장할 수 있을까?

(c) 어떤 정수 c가 원시 피타고라스 세 수 (a, b, c)에 등장할 수 있을까?

2.4. 앞에서 주어진 목록에는 다음의 원시 피타고라스 세 수가 있다.

$$33^2 + 56^2 = 65^2, \qquad 16^2 + 63^2 = 65^2$$

동일한 c 값을 갖는 원시 피타고라스 세 수의 예를 최소한 하나 더 찾아보아라. 동일한 c 값을 가지는 세 가지의 원시 피타고라스 세 수를 찾을 수 있는가? 세 가지 이상의 경우도 찾을 수 있는가?

[†] 원문은 "The choice of $\mathbb{N}$, $\mathbb{R}$, and $\mathbb{C}$ needs no explanation." 영어가 모국어인 원저자에게는 설명이 필요 없겠지만 우리는 설명이 필요하다.

2.5. 우리는 1장에서 n번째 삼각수 T_n은 다음 공식과 같이 주어진다는 것을 알았다.

$$T_n = 1 + 2 + 3 + \cdots + n = \frac{n(n+1)}{2}$$

처음 네 삼각수는 1, 3, 6, 10이다. 그리고 원시 피타고라스 세 수 (a, b, c)의 목록 처음에는 $(3, 4, 5)$, $(5, 12, 13)$, $(7, 24, 25)$, $(9, 40, 41)$이 등장한다. 여기서, b는 모두 삼각수의 네 배가 됨에 주목하자.

(a) $b = 4T_5$인 원시 피타고라스 세 수 (a, b, c)를 찾아보아라. 그리고, $b = 4T_6$, $b = 4T_7$인 경우도 찾아보아라.

(b) 과연 모든 삼각수 T_n에 대해, $b = 4T_n$인 원시 피타고라스 세 수 (a, b, c)를 찾을 수 있다고 생각하는가? 만일 이것이 참이라고 생각한다면 증명하여라. 아니라면, 반례로 적당한 삼각수를 찾아보아라.

2.6. 이번 장에 소개된 원시 피타고라스 세 수 목록을 살펴보면, 여러 곳에서 c가 a 보다 2만큼 큰 경우들을 발견할 수 있다. 예를 들어, $(3, 4, 5)$, $(15, 8, 17)$, $(35, 12, 37)$, $(63, 16, 65)$는 모두 $c = a + 2$와 같은 성질을 가진다.

(a) $c = a + 2$를 만족하는 원시 피타고라스 세 수 (a, b, c)를 두 개 더 찾아보아라.

(b) $c = a + 2$, $c > 1000$을 만족하는 원시 피타고라스 세 수 (a, b, c)를 찾아보아라.

(c) $c = a + 2$를 만족하는 모든 원시 피타고라스 세 수 (a, b, c)에 대한 공식을 만들어 보아라.

2.7. 목록에 주어진 모든 원시 피타고라스 세 수 (a, b, c)에 대해 $2c - 2a$ 값을 계산하여라. 이 값에서 특정한 규칙을 찾을 수 있는가? 독자의 관찰이 모든 원시 피타고라스 세 수에 대해 성립하는지 증명해 보아라.

2.8. m과 n은 차가 2인 수라고 가정하자. 그리고 m과 n의 역수의 합을 기약분수로 나타내 보자. 예를 들어, $\frac{1}{2} + \frac{1}{4} = \frac{3}{4}$, $\frac{1}{3} + \frac{1}{5} = \frac{8}{15}$이다.

(a) 다른 세 가지 예를 더 찾아 계산해 보아라.

(b) (a)에서 계산한 분수들의 분자와 분모를 확인하고 15쪽의 피타고라스 세 수 목록과 비교해 보자. 그리고 이러한 분수들에 대한 추측을 만들어 보아라.

(c) 자신의 추측이 옳음을 증명하여라.

2.9. **(a)** 바빌로니아의 수 표기 형식에 대해 읽어 보고 짧게 설명하여라. 특히 1부터 10까지 수, 그리고 20에서 50까지 10의 배수는 어떤 기호들로 표시하는지 설명하여라.

(b) 플림프톤 322 (Plimpton 322)이라 불리는 바빌로니아의 점토판에 대해 조사해 보고, 제작 시기 등의 자료를 간략히 작성하여라.

(c) 플림프톤 322의 두 번째, 세 번째 열은 $c^2 - a^2$가 완전제곱수가 되는 정수의 쌍 (a, c)를 소개하고 있다. 여기에서 소개된 바빌로니아 수를 십진법으로 변환하고, 피타고라스 세 수 (a, b, c)가 되는 b를 계산하여라.

제 **3** 장

피타고라스 세 수와 단위원

이전 장에서 우리는 다음 방정식의 모든 자연수 해를 찾는 방법을 제시하였다.

$$a^2 + b^2 = c^2$$

이 등식의 양변을 c^2으로 나누면 다음 식을 얻는다.

$$\left(\frac{a}{c}\right)^2 + \left(\frac{b}{c}\right)^2 = 1$$

즉, 유리수 쌍 $(a/c, b/c)$는 다음 방정식의 해가 된다.

$$x^2 + y^2 = 1$$

우리는 방정식 $x^2+y^2 = 1$이 어떻게 생겼는지 알고 있다. 이는 $(0,0)$을 중심으로 하는 단위원 C이다. 단위원 C의 기하적 성질을 이용하여, C 위의 점들 중에서 xy-좌표가 모두 유리수인 점을 찾아보자. 먼저, 이 단위원 위에는 자명하게 유리수 좌표를 갖는 네 점 $(\pm 1, 0)$, $(0, \pm 1)$이 있다. 이 중 점 $(-1,0)$을 지나고 기울기가 유리수 m인 직선 L을 생각해 보자. (그림 3.1 참고) 이 직선 L의 방정식은 다음과 같다.

$$L : y = m(x+1) \qquad \text{(점-기울기 공식)}$$

그림에서 알 수 있듯이, 원과 직선의 교점 $C \cap L$은 정확히 두 개이고, 그중 한 점은 자명하게 $(-1,0)$이다. 이제 또 다른 교점이 무엇인지 찾아보자.

C와 L의 교점을 찾으려면 우리는 방정식

$$x^2 + y^2 = 1, \qquad y = m(x+1)$$

을 x와 y에 대하여 풀어야 한다. 두 번째 방정식을 첫 번째 방정식에 대입하고 정리하여,

$$x^2 + \big(m(x+1)\big)^2 = 1$$

$$x^2 + m^2(x^2 + 2x + 1) = 1$$

$$(m^2+1)x^2 + 2m^2x + (m^2-1) = 0$$

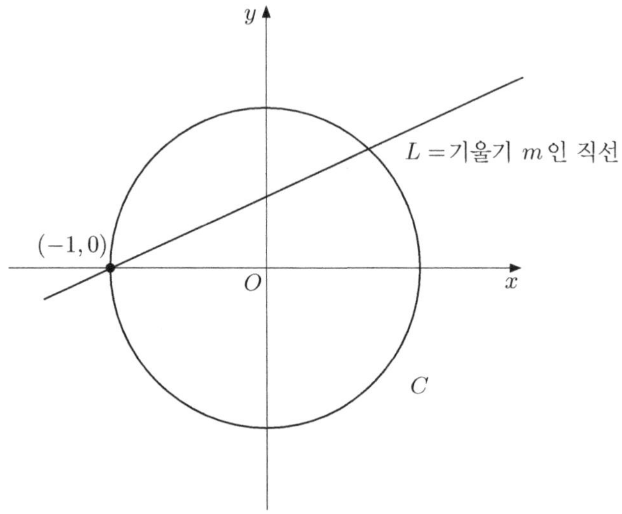

그림 3.1. 단위원과 직선의 교점

을 풀어야 한다. 이는 이차방정식이므로, 우리는 근의 공식을 이용하여 x값을 구할 수 있다. 하지만, 이 경우 훨씬 쉬운 방법이 있다. $(-1, 0)$이 C와 L 위의 점이므로, $x = -1$은 반드시 해가 되어야 한다. 따라서 주어진 이차방정식을 $x+1$ 로 나누면, 나머지 하나의 해를 찾을 수 있다.†

$$\begin{array}{r} (m^2+1)x + (m^2-1) \\ x+1\overline{\big)\,(m^2+1)x^2 + 2m^2x + (m^2-1)} \end{array}$$

그러므로 다른 하나의 해는 방정식 $(m^2+1)x + (m^2-1) = 0$의 해, 즉

$$x = \frac{1-m^2}{1+m^2}$$

이다. 이것을 직선의 방정식 $y = m(x+1)$에 대입하면 y-좌표

$$y = m(x+1) = m\left(\frac{1-m^2}{1+m^2} + 1\right) = \frac{2m}{1+m^2}$$

을 찾을 수 있다. 따라서 우리는 모든 유리수 m에 대해,

$$\text{방정식} \quad x^2 + y^2 = 1\text{의 유리수 해} \quad \left(\frac{1-m^2}{1+m^2}, \frac{2m}{1+m^2}\right)$$

을 얻었다.

한편, 단위원 C 위의 유리수 좌표 점 (x_1, y_1)이 하나 주어진다면, 이 점과 $(-1, 0)$을 잇는 직선의 기울기는 반드시 유리수여야 한다. 따라서 가능한 모든 값 m을 취하면, $x^2 + y^2 = 1$의 모든 유리수 해를 위의 과정으로 찾을 수 있다. [기울기 "$m = \infty$"인 수직선에 해당하는 $(-1, 0)$을 제외하고.] 이 결과를 요약하여 정리로 만들자.

---

†또는 근과 계수와의 관계를 이용해도 좋다.

정리 3.1

원 $x^2 + y^2 = 1$ 위의 모든 점 중에서 좌표가 유리수인 점은 공식

$$(x, y) = \left(\frac{1 - m^2}{1 + m^2}, \frac{2m}{1 + m^2}\right)$$

에 유리수 m을 대입하여 얻을 수 있다. [$m \to \infty$일 때의 극한값 $(-1, 0)$을 제외하고.]

원 위의 유리수 점을 찾아 주는 이 공식은 '피타고라스 세 수'를 찾는 공식과 어떤 연관이 있을까? 유리수 m을 분수 v/u로 쓰면, 이전 공식은

$$(x, y) = \left(\frac{u^2 - v^2}{u^2 + v^2}, \frac{2uv}{u^2 + v^2}\right)$$

가 된다. 여기서 분모를 따로 쓰면 피타고라스 세 수

$$(a, b, c) = (u^2 - v^2, 2uv, u^2 + v^2)$$

을 얻을 수 있다. 피타고라스 세 수를 이러한 방법으로도 설명할 수 있다. 물론 이 경우 원시 피타고라수 수를 위해서는 u와 v에 다른 제한 조건이 필요하다. 이 공식에서

$$u = \frac{s + t}{2}, \qquad v = \frac{s - t}{2}$$

라 두면, 2장에서 만든 공식과 관련지을 수 있다.

연습문제

3.1. 이 장에서 확인한 바와 같이, 우리는 b가 짝수인 모든 피타고라스 세 수(a, b, c)를 다음 공식에 정수 u와 v를 대입하여 얻을 수 있었다.

$$(a, b, c) = (u^2 - v^2, 2uv, u^2 + v^2)$$

예를 들어, $(u, v) = (2, 1)$을 대입하면 가장 작은 피타고라스 세 수 $(3, 4, 5)$를 얻는다.

(a) 만일 u와 v가 공약수를 갖는다면, (a, b, c)는 원시 피타고라스 세 수가 아님을 설명하여라.

(b) 공약수가 없는 두 정수 $u > v > 0$ 중에서, 세 수 $(u^2 - v^2, 2uv, u^2 + v^2)$이 원시 피타고라스 세 수가 아닌 예를 찾아보아라.

(c) $1 \le v < u \le 10$인 u와 v의 값을 대입하여, 피타고라스 세 수의 목록을 만들라.

(d) (c)에서 만든 피타고라스 세 수의 목록을 이용하여, $(u^2 - v^2, 2uv, u^2 + v^2)$이 원시 피타고라스 세 수가 되는 간단한 u와 v의 조건을 찾아보아라.

(e) (d)에서 찾은 조건이 잘 작동함을 증명하여라.

3.2. **(a)** 점 $(1, 1)$을 지나는 직선을 이용하여, 주어진 원

$$x^2 + y^2 = 2$$

위의 모든 유리수 점을 찾아보아라.

(b) 원 $x^2 + y^2 = 3$ 위의 점 중에서 유리수 좌표를 가지는 모든 점을 같은 과정을 통해 찾을 수 없는 이유는 무엇인지 설명하여라.

3.3. 다음과 같이 주어진 쌍곡선

$$x^2 - y^2 = 1$$

위의 모든 유리수 점을 찾는 공식을 찾아보아라. [도움말. 기울기가 유리수이고 $(-1, 0)$을 지나는 직선과 쌍곡선의 교점을 찾는 공식을 찾아보아라.]

3.4. 다음과 같이 주어진 곡선

$$y^2 = x^3 + 8$$

은 두 점 $(1, -3)$, $(-7/4, 13/8)$을 포함한다. 이 두 점을 잇는 직선은 주어진 곡선과 만나는 교점이 정확히 하나 더 있다. 이 세 번째 점을 찾아 보아라. 세 번째 교점이 왜 유리수 점인지 설명할 수 있는가?

3.5. 우리는 1장, 특히 연습문제 1.1에서 삼각수이자 사각수인 수에 대해 알아보았다.

(a) 모든 사각–삼각수는 방정식 $x^2 - 2y^2 = 1$의 양의 정수해를 이용하여 표현할 수 있음을 증명하여라. [도움말. 방정식 $m^2 = \frac{1}{2}(n^2 + n)$을 재배열하여라.]

(b) 쌍곡선 $x^2 - 2y^2 = 1$은 점 $(1, 0)$을 포함한다. 이 점을 지나고 기울기가 m인 직선을 L이라 할 때, L과 주어진 쌍곡선의 다른 교점을 찾아라.

(c) $u^2 - 2v^2 = 1$의 정수해 (u, v)를 생각해 보자. 이때, (b)에서 고려한 직선 L의 기울기가 $m = v/u$일 때, L과 쌍곡선 $x^2 - 2y^2 = 1$의 또 다른 교점이 정수점이 됨을 증명하여라. 또한, 필요하다면 이렇게 찾은 정수점의 부호를 바꿔서, 방정식 $x^2 - 2y^2 = 1$ 의 양의 정수해를 찾을 수 있음을 증명하여라.

(d) 쌍곡선 $x^2 - 2y^2 = 1$ 위의 한 점 $(3, 2)$에서 시작하여, (b), (c) 과정을 반복 적용하여 $x^2 - 2y^2 = 1$의 자연수 해를 몇 개 더 찾아보아라. 그리고, 이 결과를 이용하여 사각–삼각수를 더 찾아라.

(e) 이러한 풀이가 무한히 많은 '삼각–사각수'인 수를 찾아 준다는 것을 증명하여라.

(f) 모든 사각–삼각수는 이러한 방법으로 찾을 수 있음을 증명하여라. (이 문제는 매우 어려우므로, 풀지 못했다고 걱정하지 말자.)

제 4 장

고차 제곱수의 합과 페르마의 마지막 정리

우리는 1장과 2장에서 방정식

$$a^2 + b^2 = c^2$$

이 여러 개의 정수해를 갖는다는 것을 확인하였다. 그렇다면 지수가 2보다 큰 수일 경우에는 어떨까 하는 질문은 자연스러운 것이다. 예를 들어, 다음 방정식

$$a^3 + b^3 = c^3, \qquad a^4 + b^4 = c^4, \qquad a^5 + b^5 = c^5$$

들은 0이 아닌 정수해를 가질 수 있을까? 답은 "아니오"이다. 1673년 즈음, 피에르 드 페르마(Pierre de Fermat)는 지수가 4인 경우 0이 아닌 정수해가 없음을 증명하였다. 18세기와 19세기, 카를 프리드리히 가우스(Carl Friedrich Gauss)와 레온하르트 오일러(Leonhard Euler)는 지수가 3인 경우에 대해 0이 아닌 정수해가 없음을 보였고, 르죈 디리클레(Lejeune Dirichlet)와 아드리앵 르장드르(Adrien Legendre)는 지수가 5인 경우를 다루었다. 방정식

$$a^n + b^n = c^n$$

은 $n \geq 3$인 경우 양의 정수해가 없음을 증명하는 일반화된 문제는 "페르마의 마지막 정리(Fermat's last theorem)"로 알려져 있다. 이 문제는 페르마가 그의 책 여백에 다음과 같은 낙서를 남긴 이후 350여 년 동안 숭배의 대상이 되었다.[†]

> 세제곱수를 두 개의 세제곱수로, 네제곱수를 두 개의 네제곱수로 쪼개는 것은 불가능하다. 혹은 일반적으로, n-제곱수를 두 개의 n-제곱수로 나누는 것은 불가능한 일이다. 나는 이에 대해 놀라운 증명을 발견했지만, 이를 남기기에는 여백이 너무 부족하다.[1]

오늘날 페르마가 "정리"에 대한 유효한 증명을 했을 것이라 믿는 수학자들은 거의 없다. 이 정리가 페르마의 마지막 정리라 불리는 이유는, 페르마가 주장한 문제들 중에서 가장 마지막까지 풀리지 않고 남아 있던 문제였기 때문이다. 페르마의 마지막 정리에 대한 역사는 매우 매력적인

[†] 덕 중의 덕은 양덕이다.

[1] 원문은 라틴어로 쓰여 있다: *"Cubum autem in duos cubos, aut quadrato quadratum in duos quadrato quadratos, & generaliter nullam in infinitum ultra quadratum potestatem in duos ejusdem nominis fas est dividere; cujus rei demonstrationem mirabilem sane detexi. Hanc marginis exiguitas non caperet."*

데, 그야말로 수백 명의 수학자들이 이 문제를 푸는 데 중요한 공헌을 하였다. 이에 대한 간단한 소개만으로도 책 한 권은 가볍게 쓸 수 있을 것이다. 이 책의 주 목적은 이 정리에 대한 소개가 아니므로, 간단하게 몇 가지만 언급하려고 한다.

페르마의 마지막 정리에 대한 결과 중에서 특정한 지수 n에 대해서만 증명한 것이 아닌, 일반화된 결과는 1823년 소피 제르맹(Sophie Germain)에 의해 처음으로 제시되었다. 그녀는 만일 p와 $2p+1$이 모두 소수인 경우, 방정식 $a^p + b^p = c^p$은 곱 abc가 p로 나누어지지 않는 정수해 a, b, c가 없다는 것을 증명하였다. 1909년, 비페리히(A. Wieferich)는 비슷한 방향의 결과를 발표하였는데, 만일 p가 소수이고 $2^p - 2$가 p^2에 의해 나누어지지 않는다면 같은 결론을 낼 수 있다는 것이었다. 한편, 19세기 후반 리하르트 데데킨트(Richard Dedekind), 레오폴트 크로네커(Leopold Kronecker), 그리고 특히 에른스트 쿰머(Ernst Kummer)와 같은 여러 수학자들은 "대수적 정수론"이라는 수학의 새로운 분야를 발전시켰고, 페르마의 마지막 정리를 여러 가지 지수에 대해 증명하는 데 그들의 이론을 이용하였다. 하지만 여전히 유한 개의 지수에 대해서만 증명하였다. 이후 1985년에 이르러 에이들먼(L.M. Adleman), 히스브라운(D.R. Heath-Brown), 푸브리(E. Fouvry)는 강화된 제르맹의 판정법과 고난도의 해석적 근사를 이용하여 소수 p가 abc를 나누지 않을 때 방정식 $a^p + b^p = c^p$의 정수해가 존재하지 않는 무한히 많은 p가 존재함을 증명하였다.

> **소피 제르맹** (1776–1831) 프랑스의 여성 수학자로서 수론과 미분방정식에 중요한 기여를 하였다. 제르맹은 페르마의 마지막 정리와 관련된 업적으로 가장 잘 알려졌는데, 이것은 소수 p에 대해 p가 abc를 나누지 않는 a, b, c는 방정식 $a^p + b^p = c^p$의 해가 될 수 없음을 보이는 데 충분한, 간단한 판정법을 준 것이다. 이외에도 제르맹은 음향과 탄성, 특히 진동판과 관련된 이론에도 많은 기여를 하였다. 그 당시 파리 에콜 폴리테크니크(École Polytechnique)는 여학생의 입학을 허용하지 않았기 때문에, 제르맹은 모든 과목들을 통신 수업으로 들어야만 했다. 비슷한 이유로, 제르맹은 가우스와의 통신 수업을 르블랑(Monsieur Le Blanc)[†]이라는 가명으로 수강하였다. 후에 르블랑이 여학생임이 밝혀졌을 때 가우스는 크게 기뻐하였으며, 제르맹을 괴팅겐 대학(University of Göttingen)의 명예 학위자로 추천할 만큼 그 결과에 매우 감명 받았다.

1986년 게르하르트 프라이(Gerhard Frey)는 '모듈라(modular)'라는 개념을 이용하여 페르마의 마지막 정리에 대한 새로운 공략 방법을 제시하였다. 프라이의 아이디어는 장피에르 세르(Jean-Pierre Serre)에 의해 좀더 구체화 되고, 이어 켄 리벳(Ken Ribet)에 의해 모듈라 추측이 옳다면, 페르마의 마지막 정리도 옳다는 것이 증명되었다. 구체적으로, 리벳이 증명한 것은 만일 반안정적(semistable)인 타원곡선[2]이 모듈라[3] 조건을 만족한다면 페르마의 마지막 정리가 참이 된다는 사실이었다. 모듈라 추측은 모든 유리 계수 타원곡선이 모듈라 성질을 갖는다는

[†]Monsieur는 영어의 Mr.에 해당하는 호칭

[2]타원곡선은, 타원이 아닌 특별한 종류의 곡선으로, a, b, c가 정수일 때, 다음과 같은 식 $y^2 = x^3 + ax^2 + bx + c$으로 표현된다. 타원 곡선이 반안정적이라는 것은 두 값 $3b - a^2$과 $27c - 9ab + 2a^3$이 2 이외의 공약수를 갖지 않고, 기술적인 조건들을 몇 가지 더 만족한다는 의미이다. 우리는 41장–46장에서 타원곡선에 대해 배울 것이다.

[3]타원곡선이 모듈라라고 불리는 것은 모듈라 곡선이라고 불리는 특별한 곡선에서 주어진 타원곡선으로의 사상이 존재한다는 뜻이다.

추측으로서, 시무라 고로(志寸五郎, Goro Shimura)와 타니야마 유타카(谷山豊, Yutaka Taniyama)에 의해 처음 만들어졌다. 드디어 1994년, 앤드루 와일스가 모든 유리 계수 반안정 타원곡선이 모듈라 성질을 갖는다는 증명을 발표함으로써 350년간 해결되지 못하던 페르마의 마지막 정리의 증명이 완결되었다. 와일스의 증명은 현대 수론과 대수 기하의 방대한 계산을 통해 만들어진 놀라운 결과로서, 우리가 자세히 설명하기에는 너무 복잡하다. 하지만 46장에서 그의 증명의 맛을 전달하려 노력할 것이다.

수학적 혹은 과학적 발견이 무에서 창조되는 경우는 거의 없다. 탁월한 천재였던 아이작 뉴턴(Isaac Newton) 경*은 그리 겸손한 사람이 아니었음에도 "내가 더 멀리 볼 수 있는 이유는, 내가 거인의 어깨 위에 서 있기 때문이다."†라고 썼다. 여기 와일스가 빛나는 증명을 할 수 있도록 직접적으로 혹은 간접적으로 기여했던 거인들, 현대 수학자들의 목록을 만들어 보았다.‡ 이 목록에 보이는 다양한 국적은 현대 수학에 많은 나라의 글자들이 사용되고 있는 이유를 알려준다.¶Spencer Bloch (미국), Henri Carayol (프랑스), John Coates (호주), Pierre Deligne (벨기에), Ehud de Shalit (이스라엘), Fred Diamond (미국), Gerd Faltings (독일), Matthias Flach (독일), Gerhard Frey (독일), Alexander Grothendieck (프랑스), Yves Hellegouarch (프랑스), Haruzo Hida (일본), Kenkichi Iwasawa (일본), Kazuya Kato (일본), Nick Katz (미국), V.A. Kolyvagin (러시아), Ernst Kunz (독일), Robert Langlands (캐나다), Hendrik Lenstra (네덜란드), Wen-Ch'ing Winnie Li (미국), Barry Mazur (미국), André Néron (프랑스), Ravi Ramakrishna (미국), Michel Raynaud (프랑스), Ken Ribet (미국), Karl Rubin (미국), Jean-Pierre Serre (프랑스), Goro Shimura (일본), Yutaka Taniyama (일본), John Tate (미국), Richard Taylor (영국), Jacques Tilouine (프랑스), Jerry Tunnell (미국), André Weil (프랑스), Andrew Wiles (영국).

연습문제

4.1. 다음에 나열된 수학자들에 대해 짧은 전기를 써 보아라. 이들의 인생에 대한 일화, 수학적 업적(특히 수론적 업적)을 조사하고, 그들의 인생을 과학적, 정치적 또는 사회적인 측면에서 역사적인 맥락에 첨가해 보자. (a) Niels Abel, (b) Claude Gaspar Bachet de Meziriac, (c) Richard Dedekind, (d) Diophantus of Alexandria, (e) Lejeune Dirichlet, (f) Eratosthenes, (g) Euclid of Alexandria, (h) Leonhard Euler, (i) Pierre de Fermat, (j) Leonardo Fibonacci, (k) Carl Friedrich Gauss, (l) Sophie Germain, (m) David Hilbert, (n) Carl Jacobi, (o) Leopold Kronecker, (p) Ernst Kummer, (q) Joseph-Louis Lagrange, (r) Adrien-Marie Legendre, (s) Joseph Liouville, (t) Marin Mersenne, (u) Hermann Minkowski, (v) Sir Isaac Newton, (w) Pythagoras, (x) Srinivasa Ramanujan, (y) Bernhard Riemann, (z) P.L. Tchebychef (Chebychev로 쓰기도 한다).

4.2. 방정식 $a^2 + b^2 = c^2$은 많은 자연수 해를 가지지만, 방정식 $a^3 + b^3 = c^3$은 자연수 해를 가지지 않는다. 방정식 $a^3 + b^3 = c^2$의 경우는 어떨지 알아보아라.

$$a^3 + b^3 = c^2 \qquad (*)$$

*뉴턴 경은 과학자 최초로 영국 왕실로부터 작위를 받았다.

†"If I have seen further, it is by standing on the shoulders of giants."

‡다양한 국적의 수학자의 이름이라 한글 표기는 생략한다.

¶최근 일본의 한 수학자가 자신의 논문에 한자를 첨가한 수식을 선보였다.

(a) 방정식 $(*)$은 하나의 자연수해 $(a, b, c) = (2, 2, 4)$를 갖는다. 다른 자연수 해를 세 개 더 찾아라. [도움말. $(a, b, c) = (xz, yz, z^2)$ 형태의 자연수 해를 찾아보아라. 물론 모든 x, y, z에 대해 해가 되지는 않지만, 어떤 경우에 해가 되는지 쉽게 확인할 수 있을 것이다.]

(b) 만일 (A, B, C)가 방정식 $(*)$의 자연수 해일 때, 모든 자연수 n에 대해 (n^2A, n^2B, n^3C)도 방정식 $(*)$의 해가 됨을 증명하여라. 앞으로 $(*)$의 자연수 해 (a, b, c)가 (n^2A, n^2B, n^3C)의 형태가 아닐 때 (a, b, c)를 $(*)$의 "원시해"라고 하자.

(c) $(*)$의 원시해 네 개를 찾아라. [즉, (a)단계를 원시해에 대해서만 시행하여라.]

(d) 자연수 해 $(2, 2, 4)$는 $a = b$를 만족한다. 이러한 성질$(a = b)$을 갖는 $(*)$의 모든 원시해를 찾아라.

(e) $a > 10000$을 만족하는 $(*)$의 원시해를 찾아라.

제 **5** 장

가약성과 최대공약수

앞에서 피타고라스 세 수를 공부하며 경험한 것과 같이, 가약성과 소인수분해는 수론에서 매우 유용한 도구이다. 이번 장에서는 이에 대해 좀 더 자세히 알아보자.

$m \neq 0$인 정수 m과 n이 있다고 가정하자. 만일 n이 m의 배수라면, 다시 말해 적당한 정수 k가 존재하여 $n = mk$를 만족한다면 'm이 n을 나눈다'라고 한다. 만일 m이 n을 나눌 때, 우리는 $m|n$이라고 쓴다. 비슷하게, 만일 m이 n을 나누지 않을 때, $m \nmid n$이라고 쓴다. 예를 들어,

$$6 = 3 \cdot 2, \quad 132 = 12 \cdot 11 \text{ 이므로 } \quad 3|6, \quad 12|132 \text{ 이다.}$$

6의 약수로는 1, 2, 3, 6이 있다. 한편, 5의 배수는 7이 될 수 없으므로 $5 \nmid 7$이다. n을 나누는 수를 n의 약수라 부른다.

만일 우리가 두 개의 정수를 가지고 있다면, 우리는 이 두 정수를 모두 나누는 수, 공약수(common divisor)를 찾을 수 있다. 예를 들어, $4|12$이고 $4|20$이므로 4는 12와 20의 공약수이다. 4는 12와 20의 공약수 중에서 가장 큰 수임을 확인하자. 비슷하게, 3은 18과 30의 공약수이지만 6 또한 공약수이므로, 공약수 중에서 가장 큰 수는 아니다. 두 수의 최대공약수는 우리가 수론 탐험을 하는 동안 자주 사용할 매우 중요한 도구이다.

> 모두 0은 아닌 두 수 a와 b의 최대공약수는 a와 b를 모두 나누는 수 중에서 가장 큰 수이다. 기호로는 $\gcd(a, b)$로 표기한다. 만일 $\gcd(a, b) = 1$일 때, 우리는 'a와 b는 서로소이다'라고 한다.

앞에서 우리가 언급한 두 가지 예는

$$\gcd(12, 20) = 4, \qquad \gcd(18, 30) = 6$$

이었다. 또 다른 예는

$$\gcd(225, 120) = 15$$

이다. 이 답이 옳음은 225와 120을 $225 = 3^2 \cdot 5^2$와 $120 = 2^3 \cdot 3 \cdot 5$로 인수분해 하여 확인할 수 있다. 하지만, 일반적으로 a와 b를 인수분해하는 것은 최대공약수를 구하는 효율적인 방법은 아니다.[1]

---

[1] a와 b의 최대공약수를 계산하는 훨씬 덜 효율적인 방법은 우리 딸이 4학년 때 선생님께 배운 방법인데, 그 선생님은 주어진 두 수의 모든 약수의 목록을 만든 다음 두 목록 모두에 등장하는 가장 큰 수를 찾게 하였다!

최대공약수를 찾는 가장 효율적인 방법은 유클리드 호제법(Euclidean algorithm)이다. 이 방법은 나머지가 0이 될 때까지 나눗셈을 반복하는 것이다. 일반적인 설명을 하기 전에 두 가지 예를 들어 보자.

첫 번째 예로, $\gcd(36, 132)$를 계산해 보자. 먼저, 132를 36으로 나누면, 몫이 3이고 나머지가 24가 된다.

$$132 = 3 \times 36 + 24$$

다음으로, 36을 앞에서 얻은 나머지 24로 나눈다. 그러면 새로운 나머지 12를 얻고

$$36 = 1 \times 24 + 12$$

이 된다. 다음으로, 24를 12로 나누면, 이번엔 나머지가 0이 된다.

$$24 = 2 \times 12 + 0$$

유클리드 호제법은, 나머지가 0이 되는 나눗셈을 하기 바로 전단계의 나머지로 최대공약수를 찾는 방법이다. 즉, 여기서는 $\gcd(132, 36) = 12$를 찾은 것이다.

조금 더 큰 수를 다루어 보자. 우리는

$$\gcd(1160718174, 316258250)$$

을 계산하려 한다. 이렇게 큰 수를 예로 드는 이유는 독자가 최대공약수를 찾을 때 유클리드 호제법이 소인수분해에 의한 방법보다 훨씬 효과적인 방법임을 확신하는 데 도움을 주기 때문이다. 먼저 1160718174를 316258250으로 나누어, 몫 3, 나머지 211943424를 얻는다. 다음은 316258250을 211943424로 나눈다. 이 작업을 나머지가 0이 될 때까지 반복한다. 각 계산을 목록으로 표시해 보자.

$$\begin{aligned}
1160718174 &= 3 \times 316258250 + 211943424 \\
316258250 &= 1 \times 211943424 + 104314826 \\
211943424 &= 2 \times 104314826 + 3313772 \\
104314826 &= 31 \times 3313772 + 1587894 \\
3313772 &= 2 \times 1587894 + 137984 \\
1587894 &= 11 \times 137984 + 70070 \\
137984 &= 1 \times 70070 + 67914 \\
70070 &= 1 \times 67914 + 2156 \\
67914 &= 31 \times 2156 + \boxed{1078} \leftarrow \text{gcd} \\
2156 &= 2 \times 1078 + 0
\end{aligned}$$

각각의 단계에서 어떻게 수 A를 수 B로 나누어 몫 Q와 나머지 R를 얻는지 상기하자.

$$A = Q \times B + R$$

각 단계의 나누는 수 B와 나머지 R를 다음 단계의 새로운 A와 B로 바꾸어 나눗셈을 한다. 이 작업을 나머지가 0이 될 때까지 반복한다. 나머지가 0이 되는 시점에서, 바로 전 단계의 나머지가 처음에 주어진 두 수의 최대공약수가 된다. 즉, 위에 주어진 나눗셈 목록은

$$\gcd(1160718174, 316258250) = 1078$$

임을 보여주는 것이다. 우리는 이를 1078이 주어진 두 수의 공약수라는 것을 확인함으로써, 위의 계산을 검산해 볼 수 있다. (이러한 확인은 매우 바람직하다.)

$$1160718174 = 1078 \times 1076733, \quad 316258250 = 1078 \times 293375$$

유클리드 호제법을 이론적으로 분석해 보기 전에, 한 가지만 더 짚고 넘어가자. 두 수 A와 B가 주어져 있을 때, 어떻게 몫 Q와 나머지 R를 계산하는가? 물론 우리는 나눗셈을 손으로 직접 계산할 수 있다. 하지만, 두 수가 크면 클수록 시간은 많이 들고 실수할 가능성은 커진다. 가장 좋은 방법은 이러한 몫 Q와 나머지 R를 자동으로 계산해 주는 계산기 또는 컴퓨터를 사용하는 것이다. 하지만, 조악한 계산기밖에 없을지라도, 몫 Q와 나머지 R를 쉽게 계산하는 방법이 있다.

> 계산기로 $A = B \times Q + R$의 몫 Q와 나머지 R 계산하기
>
> 1. 계산기에 A / B =를 입력해서 소수로 표현된 결과를 얻는다.
> 2. 소수점 밑의 수를 버려 몫 Q를 얻는다.
> 3. 나머지를 계산하기 위해서는 공식 $R = A - B \times Q$를 사용한다.

예를 들어, $A = 12345$, $B = 417$인 경우, 계산기로 $A/B = 29.6043\ldots$를 얻는다. 따라서 $Q = 29$, $R = 12345 - 417 \cdot 29 = 252$이다.

이제, 유클리드 호제법을 분석할 준비가 되었다. 일반적인 방법은 다음과 같다.

$$\begin{aligned}
a &= q_1 \times b + r_1 \\
b &= q_2 \times r_1 + r_2 \\
r_1 &= q_3 \times r_2 + r_3 \\
r_2 &= q_4 \times r_3 + r_4 \\
&\vdots \\
r_{n-3} &= q_{n-1} \times r_{n-2} + r_{n-1} \\
r_{n-2} &= q_n \times r_{n-1} + \boxed{r_n} \leftarrow \text{gcd} \\
r_{n-1} &= q_{n+1} r_n + 0
\end{aligned}$$

만일, $r_0 = b$, $r_{-1} = a$라 한다면, 모든 행은 다음과 같이 쓸 수 있다.

$$r_{i-1} = q_{i+1} \times r_i + r_{i+1}$$

그렇다면, 왜 0이 아닌 마지막 나머지 r_n이 a와 b의 공약수인가? 이를 위해 마지막 행에서 시작하여 거꾸로 계산해 보자. 마지막 행 $r_{n-1} = q_{n+1} r_n$은 r_n이 r_{n-1}을 나눈다는 것을 보여준다. 따라서 바로 이전 행

$$r_{n-2} = q_n \times r_{n-1} + r_n$$

에서 r_n은 r_{n-2}도 나눈다는 것을 확인할 수 있다. 이제 한 행 더 올라가면, r_n은 r_{n-1}과 r_{n-2}를 모두 나누므로 r_{n-3} 또한 나눈다. 이렇게 한 행, 한 행 위로 올라가서 위에서 두 번째 행까지 올라가면 r_n은 r_1과 r_2를 나눈다. 그러면 두 번째 행 $b = q_2 \times r_1 + r_2$는 r_n이 b를 나눈다는 것을 알려준다. 마지막으로, 맨 처음 행으로 가면 r_n이 r_1과 b를 나누고, 따라서 r_n은 a도 나누게 된다. 즉, 0이 아닌 마지막 나머지 r_n은 a와 b의 공약수라는 것이 증명된다.

하지만, 왜 r_n이 최대공약수가 되는 것일까? 만일 d가 a와 b의 임의의 공약수라 하자. 이번엔 위에서 아래로 검산해 보자. 첫 번째 행 $a = q_1 \times b + r_1$에서, a와 b를 나누는 d는 r_1도 나눔을 확인할 수 있다. 이제 바로 아래 행 $b = q_2 r_1 + r_2$로 이동하면 d는 r_2도 나누어야 한다. 이 과정을 반복하여 한 행에서 d가 r_{i-1}과 r_i를 모두 나눈다면, 다음 행 $r_{i-1} = q_{i+1} \times r_i + r_{i+1}$로 이동하여 d가 나머지 r_{i+1}도 나눔을 증명할 수 있다. 마지막으로, 끝에서 두 번째 행에서 우리는 d가 r_{n-2}와 r_{n-1}을 나누므로, d는 r_n을 나눈다는 결론을 얻게 된다. 즉, a와 b의 모든 공약수는 r_n을 나누어야 하므로, r_n이 가장 큰 공약수여야만 한다.

우리는 유클리드 호제법을 이용하여 최대공약수를 계산할 수 있다는 것을 증명하였다. 이것은 공식적으로 기록될 만큼 중요한 사실이다.

정리 5.1 (유클리드 호제법)

두 개의 수 a와 b의 최대공약수를 계산하려면, $r_{-1} = a$, $r_0 = b$라 놓고, 다음의 몫과 나머지 구하는 과정

$$r_{i-1} = q_{i+1} \times r_i + r_{i+1}, \quad i = 0, 1, 2, \ldots$$

을 계속하여 나머지 r_{n+1}이 0이 될 때까지 반복한다. 이때, 0이 아닌 마지막 나머지 r_n이 a와 b의 최대공약수이다.

남은 질문은 왜 유클리드 호제법이 유한번의 단계로 끝나는지이다. 다시 말해, 0이 아닌 마지막 나머지가 최대공약수가 되는 것은 알았지만, 나머지가 언젠가 0이 된다는 것을 어떻게 알 수 있을까? 종료되지 않는 알고리듬도 있고, 단순한 알고리듬이지만 종료될지 예측할 수 없는 예도 많기 때문에, 이것은 절대 무의미한 질문이 아니다. 다행히도, 유클리드 호제법이 항상 종료되어 결과를 얻을 수 있다는 것은 쉽게 확인할 수 있다. 그 이유는 매우 간단하다. 몫과 나머지를 계산하는 각 단계

$$A = Q \times B + R$$

에서, 나머지 R는 항상 0과 $B-1$ 사이에 존재한다. 만일 $R \geq B$이면, Q를 하나 늘리고 R에서 B를 빼는 작업을 반복하면 0과 $B-1$ 사이의 나머지를 얻을 수 있다. 따라서 유클리드 호제법 각 단계의 나머지들은 순감소한다.

$$b = r_0 > r_1 > r_2 > r_3 > \cdots$$

하지만, 나머지들은 자연수이거나 0이어야 하므로, r_n은 0 이상의 정수로 이루어진 순감소하는 수열이다. 즉, 이 수열의 제일 마지막은 0이 되어야만 한다. 좀더 구체적으로, 우리는 최대 b번의 나눗셈을 하면 나머지가 0이 된다는 것을 쉽게 확인할 수 있다. 다행히도 유클리드 호제법은 이보다 훨씬 효율적이다. 연습문제에서, 우리는 유클리드 호제법이 b의 자릿수의 일곱배 이내 나눗셈의 반복으로 가능함을 확인할 것이다. 따라서 컴퓨터를 이용하면 a와 b가 수백 자리, 수천 자리의 수일지라도 $\gcd(a,b)$를 매우 빠르게 계산할 수 있다!

연습문제

5.1. 유클리드 호제법을 이용하여 각각의 최대공약수를 구하여라.
(a) $\gcd(12345, 67890)$ **(b)** $\gcd(54321, 9876)$

5.2. 최대공약수를 계산하는 프로그램을 만들어 보아라. a 또는 b가 0인 경우에도 올바르게 작동하도록, 특히 둘 다 0인 경우 무한 반복하지 않도록 주의하자.

5.3. 유클리드 호제법을 a와 b에 적용할 때 나오는 나머지들을 $b = r_0$, r_1, r_2, $\cdots$이라 하자. 이때, 나눗셈을 두 번 반복하면 나머지의 크기가 반 이하로 줄어듦을 보여라. 다시 말해, 다음을 증명하여라.

$$\text{모든 } i = 0, 1, 2, \ldots \text{에 대하여} \qquad r_{i+2} < \frac{1}{2} r_i$$

결론으로, 유클리드 호제법이 최대 $2\log_2(b)$번의 나눗셈으로 계산됨을 보이고, 나눗셈의 횟수는 최대 b의 자리수의 일곱 배임을 증명하여라. [도움말. $\log_2(10)$은 얼마인가?]

5.4. 정수 L이 m과 n의 공배수라고 할 때는 m과 n이 모두 L을 나눌 때이다. 그리고 m과 n의 공배수 중 가장 작은 수를 최소공배수(least common multiple)라 하고, $\mathrm{LCM}(m,n)$이라 표기한다. 예를 들어, $\mathrm{LCM}(3,7) = 21$, $\mathrm{LCM}(12,66) = 132$이다.

(a) 다음 최소공배수를 찾아보아라.
(i) $\mathrm{LCM}(8,12)$ (ii) $\mathrm{LCM}(20,30)$ (iii) $\mathrm{LCM}(51,68)$ (iv) $\mathrm{LCM}(23,18)$

(b) (a)에서 계산한 각각의 LCM에 대해, $\mathrm{LCM}(m,n)$과 m, n, $\gcd(m,n)$을 비교하여라. 그리고 어떤 관계가 있는지 찾아보아라.

(c) 관계식을 찾았다면, 그 관계가 모든 m, n에 대해 성립함을 증명하여라.

(d) (b)의 결과를 이용하여 $\mathrm{LCM}(301337, 307829)$를 계산하여라.

(e) $\gcd(m,n) = 18$, $\mathrm{LCM}(m,n) = 720$을 만족하는 m과 n을 찾아보아라. 혹시 여러 가지 경우가 가능하다면, 모두 찾아보아라.

5.5. "$3n+1$ 알고리듬"은 다음과 같이 작동한다. 임의의 수 n에서 시작한다. n이 짝수라면 2로 나누고, n이 홀수라면 $3n+1$로 대체한다. 이를 반복하여 하나의 수열을 얻는다. 예를 들어, 만일 5에서 시작했다면 수열

$$5, 16, 8, 4, 2, 1, 4, 2, 1, 4, 2, 1, \ldots$$

을 얻고, 7에서 시작했다면 수열

$$7, 22, 11, 34, 17, 52, 26, 13, 40, 20, 10, 5, 16, 8, 4, 2, 1, 4, 2, 1, \ldots$$

을 얻는다. 만일 수열에 숫자 1이 나타나면 계속 4, 2, 1이 반복해서 나타나는 것을 확인할 수 있다. 일반적으로는 다음 두 가지의 경우가 가능하다.[2]

(i) 몇 개의 수가 반복하여 나오는 경우이다. 이 경우 우리는 이 알고리듬이 반복되지 않는 마지막 값에서 종료된다고 하고, 이 수열에 나타나는 서로 다른 수의 개수를 알고리듬의 길이라고 정의한다. 예를 들어, 5와 7의 경우는 모두 1에서 종료되고, 5에 대한 알고리듬의 길이는 6, 7에 대한 알고리듬의 길이는 17이다.

(ii) 같은 수가 절대 반복되어 나타나지 않는 경우이다. 이 경우에는 알고리듬이 끝나지 않는다고 한다.

(a) 다음에 대하여 $3n + 1$ 알고리듬을 적용하고 길이와 마지막 값을 구하여라.

(i) $n = 21$ (ii) $n = 13$ (iii) $n = 31$

(b) 추가 실험을 하여 $3n + 1$ 알고리듬을 적용할 때 언제 마지막 값을 가지는지 알아보고, 그 마지막 값을 찾아보아라.

(c) 알고리듬이 마지막 값 1을 가진다고 가정하자. $L(n)$이 n으로 시작했을 때의 알고리듬의 길이라 하자. 예를 들어, $L(5) = 6$, $L(7) = 17$이다. 만일 $n = 8k + 4$이면, $L(n) = L(n + 1)$임을 보여라. [도움말. $8k + 4$와 $8k + 5$의 경우 알고리듬이 어떻게 작용하는지 살펴보아라.]

(d) $n = 128k + 28$이면 $L(n) = L(n + 1) = L(n + 2)$임을 보여라.

(e) (c)와 (d)에서처럼, 연속한 n에 대하여 같은 길이를 가질 수 있는 n의 조건을 찾아보아라. (다음 연습문제가 자료를 모으는 데 도움이 될 것이다.)

5.6. 앞의 연습문제에서 다루었던 $3n + 1$ 알고리듬을 적용하는 프로그램을 작성하여라. 사용자가 n을 입력하면 독자의 프로그램은 $3n + 1$ 알고리듬에서 길이 $L(n)$과 마지막 값 $T(n)$을 출력하도록 만들어 보아라. 독자의 프로그램을 이용하여 $1 \le n \le 100$ 범위에서 길이와 마지막 값을 표로 만들어 보아라.

---

[2]물론 세 번째 가능성도 있다. 계산에 지쳐 그만 두는 경우도 있을 것이다. 이 경우 컴퓨터가 탈진해서 알고리듬이 멈췄다고 말할 수도 있다.

제 6 장

선형방정식과 최대공약수

두 개의 정수 a, b가 주어졌을 때, a의 배수와 b의 배수의 합으로 만들 수 있는 수를 모두 찾아보자. 다시 말해, 다음 식

$$ax + by$$

에서 변수 x와 y에 모든 가능한 정수를 대입해 만들 수 있는 모든 수를 찾아보자. 여기서 x와 y에 대입할 수는 양수와 음수를 모두 허용한다. 예를 들면, $a = 42$, $b = 30$으로 선택하여 몇 가지 $ax + by$ 값을 다음과 같이 표로 만들었다.

	$x = -3$	$x = -2$	$x = -1$	$x = 0$	$x = 1$	$x = 2$	$x = 3$
$y = -3$	-216	-174	-132	-90	-48	-6	36
$y = -2$	-186	-144	-102	-60	-18	24	66
$y = -1$	-156	-114	-72	-30	12	54	96
$y = 0$	-126	-84	-42	0	42	84	126
$y = 1$	-96	-54	-12	30	72	114	156
$y = 2$	-66	-24	18	60	102	144	186
$y = 3$	-36	6	48	90	132	174	216

$42x + 30y$ 값의 표

먼저, 목록에 나오는 모든 수가 6으로 나누어짐을 관찰할 수 있다. 42와 30이 모두 6으로 나누어지기 때문에, $42x + 30y = 6(7x + 5y)$이 모두 6의 배수인 것은 놀랄 만한 일이 아니다. 보다 일반적으로, 임의의 a, b가 $\gcd(a, b)$에 의해 나누어지므로, $ax + by$로 표현되는 수 역시 $\gcd(a, b)$로 나누어지는 것은 명확하다.

다음으로, 더욱 주목할 만한 사실은, 42와 30의 최대공약수인 6을 우리의 표에서 찾을 수 있다는 점이다. 표에 나타난 것처럼, 6을 다음과 같이 계산할 수 있다.

$$42 \cdot (-2) + 30 \cdot 3 = 6 = \gcd(42, 30)$$

조금 더 많은 예를 살펴보면, 다음을 기대할 수 있다.

> $ax + by$로 표현되는 가장 작은 양의 정수는 $\gcd(a, b)$이다.

이 사실은 여러 가지 방법으로 증명할 수 있다. 우리는 유클리드 호제법을 이용하여, 실제로 적당한 x와 y를 찾는 과정을 보여주는 구성적인 증명을 하려고 한다. 다시 말해, 다음 방정식

$$ax + by = \gcd(a, b)$$

의 정수해 x와 y를 찾는 방법을 설명할 것이다. 앞에서 확인한 바와 같이 $\gcd(a, b)$는 $ax + by$를 나누므로, $ax + by$ 중에서 가장 작은 양의 정수가 정확히 $\gcd(a, b)$이다.

주어진 방정식 $ax + by = \gcd(a, b)$는 어떻게 풀어야 할까? 만일 a와 b가 작은 수라면, 해를 적당히 추측할 수도 있다.† 예를 들어, 다음 방정식

$$10x + 35y = 5$$

의 해는 $x = -3$, $y = 1$이다. 또한, 다음 방정식

$$7x + 11y = 1$$

의 해는 $x = -3$, $y = 2$ 또는 $x = 8$, $y = -5$이다.

하지만, a와 b가 큰 수라면, 막연하게 추측하거나 맞는 답을 찾을 때까지 시행착오를 거치는 것은 도움이 되지 않는다. 유클리드 호제법을 이용하여 $ax + by = \gcd(a, b)$의 해를 찾는 방법을 특별한 예를 들어 설명하려 한다. 다음 예를 살펴보자.

$$22x + 60y = \gcd(22, 60)$$

첫번째 단계로, 유클리드 호제법을 이용하여 최대공약수를 구한다.

$$\begin{aligned} 60 &= 2 \times 22 + 16 \\ 22 &= 1 \times 16 + \ \ 6 \\ 16 &= \ \ 2 \times 6 + \ \ 4 \\ 6 &= \ \ 1 \times 4 + \ \ 2 \\ 4 &= \ \ 2 \times 2 + \ \ 0 \end{aligned}$$

유클리드 호제법 적용 결과 $\gcd(22, 60) = 2$를 얻었다. 물론 유클리드 호제법을 이용하지 않아도 이를 확인할 수는 있다. 유클리드 호제법 계산이 중요한 이유는 이 계산 과정에 등장하는 몫과 나머지를 이용하여, 방정식 $22x + 60y = 2$의 해를 찾을 수 있기 때문이다. 첫 번째 단계는 처음 식을 다음과 같이 고쳐쓰는 것이다.

$$16 = 60 - 2 \times 22 = a - 2b \qquad (\text{단, 여기서 } a = 60,\ b = 22\text{이다.})$$

다음으로 이 결과를 두 번째 식에 나오는 16에 대입한다. ($b = 22$임을 잊지 말자.)

$$b = 1 \times 16 + 6 = 1 \times (a - 2b) + 6$$

---

† 해가 될 수 있는 조합이 그리 많지 않으므로, 적당한 값을 대입해 찾을 수 있다.

이 식을 나머지 6에 대해 다시 정리하면,

$$6 = b - (a - 2b) = -a + 3b$$

이다. 이 결과를 세 번째 식 $16 = 2 \times 6 + 4$의 6과 16에 대입하면

$$a - 2b = 16 = 2 \times 6 + 4 = 2(-a + 3b) + 4$$

이다. 다시 한번, 나머지 4에 대해 식을 전개하면

$$4 = (a - 2b) - 2(-a + 3b) = 3a - 8b$$

이다. 드디어, 마지막 식 $6 = 1 \times 4 + 2$에 위 결과를 대입하여

$$-a + 3b = 6 = 1 \times 4 + 2 = 1 \times (3a - 8b) + 2$$

를 얻는다. 이를 정리하면 우리는 원하는 해를 구할 수 있다.

$$-4a + 11b = 2$$

(이 결과가 맞는지 검산해 보자. $-4 \times 60 + 11 \times 22 = -240 + 242 = 2$)

위 계산을 다음과 같이 효과적인 도식으로 정리해 보자. 왼쪽은 유클리드 호제법에서 등장한 식이고, 오른쪽은 방정식 $ax + by = \gcd(a, b)$의 해를 찾기 위한 식이다.

$$\begin{array}{rl|l}
a = & 2 \times b + 16 & 16 = a - 2b \\
b = & 1 \times 16 + \ \ 6 & \ \ 6 = b - 1 \times 16 \\
 & & \quad = b - 1 \times (a - 2b) \\
 & & \quad = -a + 3b \\
16 = & 2 \times 6 + \ \ 4 & \ \ 4 = 16 - 2 \times 6 \\
 & & \quad = (a - 2b) - 2 \times (-a + 3b) \\
 & & \quad = 3a - 8b \\
6 = & 1 \times 4 + \ \ 2 & \ \ 2 = 6 - 1 \times 4 \\
 & & \quad = (-a + 3b) - 1 \times (3a - 8b) \\
 & & \quad = -4a + 11b \\
4 = & 2 \times 2 + \ \ 0 &
\end{array}$$

왜 이 방법이 답을 찾아주는가? 다음 표를 보면 명확해지겠지만, 우리는 a와 b가 포함된 처음 두 식에서 출발하여, 위의 식을 변형하며 내려간다.

$$\begin{array}{r|l} a = \ \ q_1 b + r_1 & r_1 = a - q_1 b \\ b = q_2 r_1 + r_2 & r_2 = b - q_2 r_1 \\ & \quad\ = b - q_2(a - q_1 b) \\ & \quad\ = -q_2 a + (1 + q_1 q_2) b \\ r_1 = q_3 r_2 + r_3 & r_3 = r_1 - q_3 r_2 \\ & \quad\ = (a - q_1 b) - q_3\big(-q_2 a + (1 + q_1 q_2) b\big) \\ & \quad\ = (1 + q_2 q_3) a - (q_1 + q_3 + q_1 q_2 q_3) b \\ \vdots & \qquad\qquad \vdots \end{array}$$

한 줄 한 줄 아래로 내려갈 때, 다음과 같은 형태로 변형할 수 있다.

$$\text{다음 식의 나머지} = a\text{의 배수} + b\text{의 배수}$$

마침내 $\gcd(a, b)$와 같다고 알고 있는 0이 아닌 마지막 나머지에 이르게 되면, 우리가 원하는 결과인 방정식 $\gcd(a, b) = ax + by$의 정수해를 얻는다.

다음 페이지의 표는 조금 더 큰 수 $a = 12453$, $b = 2347$에 대한 계산 결과를 소개한 것이다. 앞의 예제와 마찬가지로, 왼쪽은 유클리드 호제법 계산, 오른쪽은 방정식 $ax + by = \gcd(a, b)$의 해를 찾기 위한 계산이다. 이에 따르면, $\gcd(12453, 2347) = 1$이고, $(x, y) = (304, -1613)$이 방정식 $12453x + 2347y = 1$의 해임을 알 수 있다.

이제 방정식

$$ax + by = \gcd(a, b)$$

가 언제나 해를 가짐을 알았다. 마지막으로, 이 방정식이 얼마나 많은 해를 가질 수 있는지, 모든 해를 어떻게 표현하는지 알아보자. a와 b가 서로소인 경우, 즉 $\gcd(a, b) = 1$인 경우부터 확인해 보자. (x_1, y_1)이 방정식

$$ax + by = 1$$

의 해라고 가정하자. 그러면 x_1에 b의 배수를 더하고, 동시에 y_1에서 a의 같은 배수를 빼서 새로운 해를 찾을 수 있다. 다시 말해, 임의의 정수 k에 대해 $(x_1 + kb, y_1 - ka)$가 주어진 방정식의 새로운 해가 된다.[1] 다음 계산을 통하여 이것도 해가 됨을 확인할 수 있다.

$$a(x_1 + kb) + b(y_1 - ka) = ax_1 + akb + by_1 - bka = ax_1 + by_1 = 1$$

---

[1]기하적으로, 주어진 직선 $ax + by = 1$ 위의 한 점 (x_1, y_1)을 잡고, 직선의 기울기가 $-a/b$임을 이용하여 직선 위의 점들을 $(x_1 + t, y_1 - (a/b)t)$ 의 형태로 표현할 수 있다. 이때, 이 점이 정수 좌표를 가지려면 t가 b 의 배수이어야 한다. 이제 $t = kb$로 치환하면 새로운 정수점 $(x_1 + kb, y_1 - ka)$를 찾을 수 있다.

$a = 5 \times b + 718$	$718 = a - 5b$
$b = 3 \times 718 + 193$	$193 = b - 3 \times 718$ $= b - 3 \times (a - 5b)$ $= -3a + 16b$
$718 = 3 \times 193 + 139$	$139 = 718 - 3 \times 193$ $= (a - 5b) - 3 \times (-3a + 16b)$ $= 10a - 53b$
$193 = 1 \times 139 + 54$	$54 = 193 - 139$ $= (-3a + 16b) - (10a - 53b)$ $= -13a + 69b$
$139 = 2 \times 54 + 31$	$31 = 139 - 2 \times 54$ $= (10a - 53b) - 2 \times (-13a + 69b)$ $= 36a - 191b$
$54 = 1 \times 31 + 23$	$23 = 54 - 31$ $= -13a + 69b - (36a - 191b)$ $= -49a + 260b$
$31 = 1 \times 23 + 8$	$8 = 31 - 23$ $= 36a - 191b - (-49a + 260b)$ $= 85a - 451b$
$23 = 2 \times 8 + 7$	$7 = 23 - 2 \times 8$ $= (-49a + 260b) - 2 \times (85a - 451b)$ $= -219a + 1162b$
$8 = 1 \times 7 + 1$	$1 = 8 - 7$ $= 85a - 451b - (-219a + 1162b)$ $= 304a - 1613b$
$7 = 7 \times 1 + 0$	

예를 들어, 방정식 $5x + 3y = 1$에서 하나의 해 $(-1, 2)$를 알고 있다면, 새로운 해 $(-1 + 3k, 2 - 5k)$를 구할 수 있다. 여기서 정수 k는 양수, 음수, 0 모두 허용한다. 적당한 k값을 대입하면 다음과 같이 해를 찾을 수 있다.

$$\ldots, (-13, 22),\ (-10, 17),\ (-7, 12),\ (-4, 7),\ (-1, 2),$$

$$(2, -3),\ (5, -8),\ (8, -13),\ (11, -18), \ldots$$

여전히 $\gcd(a, b) = 1$ 조건 아래에서, 위와 같은 과정을 통해 모든 가능한 해를 구할 수 있음을 증명하려 한다. (x_1, y_1)과 (x_2, y_2)가 서로 다른 해라고 가정하자. 다시 말해, 다음 식이 성립한다고 가정하자.

$$ax_1 + by_1 = 1, \qquad ax_2 + by_2 = 1$$

첫 번째 식에 y_2를 곱하고, 두 번째 식에는 y_1을 곱한 뒤, 이 두 식의 차를 구해 보자. 그러면 b가 지워지고, 정리하면 다음 식을 얻는다.

$$ax_1y_2 - ax_2y_1 = y_2 - y_1$$

비슷하게 첫 번째 식에 x_2를 곱하고, 두 번째 식에는 x_1을 곱한 뒤, 두 식의 차를 구해 보자.

$$bx_2y_1 - bx_1y_2 = x_2 - x_1$$

이제 $k = x_2y_1 - x_1y_2$라 하면, 다음 결과를 얻는다.

$$x_2 = x_1 + kb, \qquad y_2 = y_1 - ka$$

즉, 두 번째 해 (x_2, y_2)가 첫 번째 해 (x_1, y_1)에서 x_1에 b의 배수 kb를 더하고 y_1에 ka를 빼서 얻을 수 있다. 따라서 방정식 $ax + by = 1$ 의 모든 정수해는 처음 방정식의 해 (x_1, y_1)에서 시작하여 식 $(x_1 + kb, y_1 - ka)$에 적당한 정수 k를 대입하여 얻을 수 있다.

$\gcd(a, b) > 1$의 경우는 어떨까? 계산상의 편의를 위해 $g = \gcd(a, b)$라 하자. 유클리드 호제법에 의해 다음 방정식

$$ax + by = g$$

는 적어도 하나의 정수해 (x_1, y_1)을 갖는다. 이때, g는 a, b를 모두 나누므로, (x_1, y_1)은 보다 간단한 방정식

$$\frac{a}{g}x + \frac{b}{g}y = 1$$

의 해가 된다. 이제, 이전 결과를 이용하면, 이 방정식의 모든 정수해는 식

$$\left(x_1 + k \cdot \frac{b}{g},\ y_1 - k \cdot \frac{a}{g}\right)$$

에서 k에 값을 대입하여 찾을 수 있다. 선형방정식 $ax + by = g$의 정수해를 찾는 방법을 다음 정리로 요약하며 마무리하자.

정리 6.1 (선형방정식 정리)

a와 b가 0이 아닌 정수이고, $g = \gcd(a, b)$라 하자. 선형방정식

$$ax + by = g$$

는 항상 정수해 (x_1, y_1)을 가지며, 이는 앞서 기술한 바와 같이 유클리드 호제법을 이용하여 찾을 수 있다. 또한, 주어진 방정식의 모든 정수해는 다음 공식에 정수값 k를 대입하여 찾을 수 있다.

$$\left(x_1 + k \cdot \frac{b}{g},\ y_1 - k \cdot \frac{a}{g}\right)$$

예를 들어, 앞에서 우리는 $x = -4$, $y = 11$이 다음 방정식

$$60x + 22y = \gcd(60, 22) = 2$$

의 해가 됨을 확인하였다. 여기에 선형방정식 정리를 적용하면, 이 방정식의 모든 해는 다음 공식으로 찾을 수 있다.

$$(-4 + 11k, 11 - 30k) \qquad (\text{단, } k\text{는 임의의 정수})$$

특히, x가 양수인 해를 원한다면, k에 1을 대입하여 원하는 해 중에서 x가 가장 작은 해인 $(x, y) = (7, -19)$를 얻는다.

이번 장에서 우리는 다음 방정식

$$ax + by = \gcd(a, b)$$

가 항상 해를 가짐을 확인하였다. 이는 이론적, 실용적 양쪽으로 매우 중요한 사실이다. 수론을 공부하면서 우리는 이 결과를 자주 사용할 것이다. 예를 들어, 18장에서 암호를 공부할 때, 방정식 $ax + by = 1$을 풀어야 한다. 또한 다음 장에서 소인수분해 이론을 공부할 때도 이러한 선형방정식을 이용할 예정이다.

연습문제

6.1. **(a)** 다음 방정식의 정수해를 찾아보아라.

$$12345x + 67890y = \gcd(12345, 67890)$$

(b) 다음 방정식의 정수해를 찾아보아라.

$$54321x + 9876y = \gcd(54321, 9876)$$

6.2. 다음 방정식들의 모든 정수해를 찾아보아라.

(a) $105x + 121y = 1$

(b) $12345x + 67890y = \gcd(12345, 67890)$

(c) $54321x + 9876y = \gcd(54321, 9876)$

6.3. 이번 장에서 배운 선형방정식 $ax + by = \gcd(a, b)$의 풀이법에는 적당한 식의 변환과 대입이 필요하다. 이번 연습문제를 통해 다른 풀이법을 알아보자. 이 방법은 컴퓨터로 최대공약수를 구할 때 쓰면 매우 간단하고 편리하다.

(a) 그림 6.1에 소개된 알고리듬으로 두 양의 정수 a와 b의 최대공약수 g와 방정식 $ax + by = \gcd(a, b)$의 정수해 (x, y)를 계산할 수 있는지 증명하여라.

(b) 컴퓨터에서 사용되는 프로그램 언어 하나를 골라 프로그램을 만들어 보아라.

(1) $x = 1, g = a, v = 0, w = b$ 입력.
(2) 만일 $w = 0$이면 y에 $(g - ax)/b$ 대입 후 (g, x, y) 값을 결과로 출력.
(3) g를 w로 나누어 $g = qw + t$ 나머지 계산 (단, $0 \le t < w$).
(4) s에 $x - qv$를 대입.
(5) (x, g)에 (v, w)를 대입.
(6) (v, w)에 (s, t)를 대입.
(7) (2)로 돌아감.

그림 6.1. $ax + by = \gcd(a, b)$의 풀이를 위한 효과적인 알고리듬

(c) 직접 만든 프로그램을 이용하여 다음 (a, b)에 대하여 $g = \gcd(a, b)$와 $ax + by = g$의 정수해를 구하여라.

(i) $(19789, 23548)$ (ii) $(31875, 8387)$ (iii) $(22241739, 19848039)$

(d) 직접 만든 프로그램으로 $b = 0$인 경우를 계산하면 어떤 결과가 나오는가? 이러한 경우도 올바르게 실행되도록 프로그램을 수정하여라.

(e) 방정식의 해 중에서 x가 양수인 것을 찾는 것이 나중에 도움이 된다. 항상 $x > 0$을 만족하는 해를 찾을 수 있도록 자신의 프로그램을 수정하여라. [도움말. 만일 (x, y)가 하나의 해라면, $(x + b, y - a)$도 해가 된다.]

6.4. **(a)** 방정식

$$6x + 15y + 20z = 1$$

을 만족하는 정수 x, y, z를 찾아보아라.

(b) 방정식

$$ax + by + cz = 1$$

이 정수해를 가지는 a, b, c의 조건은 무엇인가? 해가 존재한다면 그 해를 찾는 일반적인 방법에 대해 설명하여라.

(c) (b)에서 설명한 방법으로 방정식

$$155x + 341y + 385z = 1$$

의 정수해를 찾아보아라.

6.5. $\gcd(a, b) = 1$이라 가정하자. 이때, 모든 정수 c에 대해 방정식 $ax + by = c$가 정수해를 가짐을 증명하여라. [도움말. 방정식 $au + bv = 1$의 해를 찾고 c를 곱해 보자.] 방정식 $37x + 47y = 103$의 정수해를 찾아보고, 그중 가능한 가장 작은 해 x와 y를 찾아보아라.

6.6. 방정식 $ax + by = c$의 음이 아닌 정수해에만 흥미를 가질 때가 있다.†

(a) 방정식 $3x + 5y = 4$는 음이 아닌 정수해를 가질 수 없음을 설명해 보아라.

---

†50원짜리와 10원짜리만으로 180원을 만들었을 때, 각 동전의 개수는?

(b) 음이 아닌 두 정수 x, y에 대하여 $3x + 5y$로 표현되는 수의 목록을 만들어 보아라. 이를 보고 이러한 형태로 표현되지 못하는 수에 대해 추측을 세워 보고 이를 증명하여라.

(c) 각각의 (a, b)에 대해, 음이 아닌 두 정수 x, y에 대해 $ax + by$으로 표현되지 못하는 가장 큰 수를 찾아보아라.

(i) $(a, b) = (3, 7)$ (ii) $(a, b) = (5, 7)$ (iii) $(a, b) = (4, 11)$

(d) $\gcd(a, b) = 1$이라 가정하자. (c)의 결과를 이용하여, 음이 아닌 두 정수 x, y에 대하여 $ax + by$로 표현되지 못하는 가장 큰 수를 추측하여 a, b에 대한 식으로 나타내어라. 이것을 두 개 이상의 다른 예 (a, b)에 대해 확인하여라.

(e) (d)에서 추측한 식이 옳음을 증명하여라.

(f) 이 문제를 $x \geq 0$, $y \geq 0$, $z \geq 0$ 조건을 만족하는 세 항의 합 $ax + by + cz$로 확장해 보아라. 예를 들어, 음이 아닌 세 정수 x, y, z에 대하여 $6x + 10y + 15z$로 표현되지 않는 가장 큰 수는 무엇인가?

제 **7** 장

인수분해와 산술의 기본정리

2 이상인 정수 p의 (양의) 약수가 1과 p 뿐일 때 p를 소수(prime number)라 부른다. 2 이상인 정수 m이 소수가 아닐 때 합성수(composite number)라 부른다. 예를 들면,

소수	$2, 3, 5, 7, 11, 13, 17, 19, 23, 29, 31, \ldots$
합성수	$4, 6, 8, 9, 10, 12, 14, 15, 16, 18, 20, \ldots$

이다. 소수는 1과 자기 자신만으로 나누어진다는 성질을 특징으로 가진다. 따라서 소수가 자신이 나누는 수에 대해 특별한 성질을 갖는다는 것은 자명하지는 않다. 다음에 소개할 소수와 관련된 사실도 자명하지 않은 중요한 결과이다.[1]

보조정리 7.1

소수 p가 곱 ab를 나눈다고 가정하자. 그러면 p는 a를 나누거나, b를 나눈다. (또는 a와 b를 모두 나눈다.)[2]

증명 p가 곱 ab를 나눈다고 하자. 만일 p가 a를 나눈다면 증명이 끝난다. 그러므로 p가 a를 나누지 않는다고 가정하자. 이제 $\gcd(p, a)$가 어떤 수가 될 수 있을지 생각해 보자. 이 수는 p를 나누므로, 1 또는 p이다. 한편, $\gcd(p, a)$는 a도 나누어야 하지만, p는 a를 나누지 않는다고 가정하였으므로, $\gcd(p, a)$는 p가 아니다. 즉, $\gcd(p, a)$는 1일 수밖에 없다.

이제 선형방정식 정리(6장)를 p와 a에 적용해 보자. 선형방정식 정리에 의하면 방정식

$$px + ay = 1$$

의 정수해 x와 y를 찾을 수 있다. [$\gcd(p, a) = 1$임을 이용한다.] 이 방정식의 양변에 b를 곱하면

$$pbx + aby = b$$

가 된다. pbx는 당연히 p로 나누어지고, p가 ab를 나누므로 aby 또한 p로 나누어진다. p는 합

$$pbx + aby$$

---

[1] 보조정리(lemma)는 다른 결과를 증명하기 위한 디딤돌에 해당하는 결과이다.

[2] 독자가 a와 b의 소인수분해를 고려한다면 이 보조정리가 자명하다고 할 수 있다. 하지만 어떤 수의 소인수분해가 항상 유일하게 결정된다는 사실은 자명하지 않다. 이에 대해 이번 장 후반에서 다룰 것이다.

도 나누므로, 따라서 p는 b를 나눈다. 따라서 주어진 조건에 따라 보조정리를 증명하였다.[3] □

이 보조정리는, 두 수의 곱 ab를 나누는 소수 p는 인수 a 또는 b 중 반드시 하나는 나눈다는 것을 알려준다. 이것은 소수가 갖는 특별한 성질임에 주의하자. 합성수는 이러한 성질을 갖지 못한다. 예를 들어, 6은 두 수의 곱 $14 \cdot 15$를 나누지만, 6은 14도 15도 나누지 못한다. 이 보조정리는 두 개 이상의 수의 곱에 대해서도 어렵지 않게 확장할 수 있다.

정리 7.2 (소수의 가약성)

소수 p가 곱 $a_1 a_2 \cdots a_r$를 나눈다고 하자. 그러면 p는 인수 $a_1, a_2, \ldots, a_r$ 중 최소한 하나를 나눈다.

증명 만일 p가 a_1을 나눈다면, 원하는 결론을 얻는다. 만일 p가 a_1을 나누지 않는다면, 위에서 증명한 보조정리를 다음 곱

$$a_1(a_2 a_3 \cdots a_r)$$

에 적용하면, p가 $a_2 a_3 \cdots a_r$를 나누어야 한다. 다시 말해, 위의 보조정리를 $a = a_1$, $b = a_2 a_3 \cdots a_r$인 경우에 적용한 것이다. 우리는 $p|ab$라고 가정하였으므로, $p \nmid a$면 p는 반드시 b를 나누어야 한다.

이제, p가 $a_2 a_3 \cdots a_r$를 나눈다는 것을 안다. 만일 p가 a_2를 나눈다면, 우리가 원하는 결론에 도달한다. 만일 아니라면, 다시 보조정리를 $a_2(a_3 \cdots a_r)$인 경우에 적용하면 p가 $a_3 \cdots a_r$를 나눈다는 것을 안다. 이를 반복하면, 결국 p가 나누는 a_i를 찾을 수 있다. □

이 장의 후반부에서 우리는 '소수의 가약성'을 이용하여 모든 자연수는 소수들의 곱으로 표현되고 그 방법은 유일하다는 사실을 증명할 것이다. 유감스럽게도, 대부분의 독자들은 이미 이 중요한 사실에 너무 익숙해서 왜 증명해야만 하는지에 대해 의문이 생길 것이다. 따라서 증명을 소개하기 전에, 저자는 왜 소인수분해의 유일성이 자명하지 않은지 여러분을 납득시키고자 한다. 이를 위해, 저자는 여러분을 상식밖의 세계[†],

짝수의 세계("$\mathbb{E}$-Zone")

로 초대하려 한다.[4]

짝수의 세계에 오신 걸 환영해요. 이 세상에는 오직 짝수밖에 없지요.

$$\mathbb{E} = \{\ldots, -8, -6, -4, -2, 0, 2, 4, 6, 8, 10, \ldots\}$$

[3]명제를 증명할 때, 우리는 작은 사각형 □으로 증명의 마침을 표시한다. 어떤 책에서는 증명의 마침을 표시하기 위해서 QED를 대신 사용하기도 한다. QED는 라틴어 문장 *Quod erat demonstrandum*을 나타내는 것으로, 의역하자면 "이것이 우리가 증명하려던 것이다"이다. 이 구절은 그리스어로 쓰인 유클리드의 저서 《원론(Elements)》의 문장 *ωπερ εδει δειξαι*에서 유래되었다.

[†]원 구절 "I invite you to leave the familiar behind and enter the twilight zone."은 미국의 유명한 드라마 시리즈 "Twilight Zone"에서 판타지 세계로 초대하는 유명한 대사를 패러디한 것이다. 국내에서는 '환상 특급'이라는 제목으로 소개되었다.

[4]이 책에는 오디오 기능이 없는 관계로 환상특급(Twilight Zone)의 배경음악은 알아서 상상하도록 하자.

이 세상에서도 우리는 두 수를 더하고, 빼고 곱할 수 있어요. 짝수끼리 더하고, 빼고, 곱해도 여전히 짝수니까요. 물론 약수에 대해서도 말할 수 있지요. 우리는 적당한 수 k에 대해 $n = mk$를 만족하면, m은 n의 짝약수라고 불러요. 우리가 지금 짝수의 세계에 와 있음을 잊지 마세요. 모든 수는 짝수예요. 예를 들어, 6은 12의 짝약수예요. $12 = 2 \cdot 6$이니까요. 하지만, 6은 18의 짝약수가 아니에요. 어떤 짝수 k도 $18 = 6k$를 만족하지 않으니까요.

물론 소수도 정의할 수 있지요. 우리는 어떤 수 p가 어떤 (짝)수에 대해서도 나누어지지 않으면 짝소수라고 불러요. (짝수의 세계에서는, 어떤 수도 자기 자신의 짝약수가 될 수 없어요!) 예를 들어, 몇 가지 짝소수를 찾아볼까요?

$$2, 6, 10, 14, 18, 22, 26, 30.$$

앞에서 우리가 증명한 보조정리는 상식의 세계, 즉 일반적인 정수에 대해 증명되었지요. 어떤 소수 p가 ab의 약수이면 p는 a 또는 b의 약수예요. 짝수의 세계에서는 어떨까요? 하나의 짝소수 6과 두 수 $a = 10$, $b = 18$에 대해 살펴봐요. 6은 $ab = 180$의 짝약수가 맞아요. $180 = 6 \cdot 30$이니까요. 하지만, 6은 10에 대해서도, 18에 대해서도 짝약수가 아니에요. 상식의 세계에서는 자명해 보이던 그 보조정리는 짝수의 세계에서는 허풍에 불과하지요.

소인수분해도 상식의 세계에서는 매우 자명해 보이지만, 짝수의 세계에서는 통하지 않아요. 예를 들어, 모든 수는 소수의 곱으로 유일하게 표현된다지요? (곱의 순서를 바꾸는 건 무시하고요.) 짝수의 세계에서도 짝소인수분해를 할 수 있어요. 하지만, 다음 짝소인수분해를 보아요.

$$180 = 6 \cdot 30 = 10 \cdot 18$$

여기 등장하는 모든 수들, 6, 30, 10, 18은 짝소수예요. 즉, 180은 두 가지 방법의 짝소인수분해를 갖는 거죠. 사실은, 한 가지 방법이 더 가능해요. 보세요.

$$180 = 2 \cdot 90$$

이제 우리는 짝수의 세계를 떠나 일상으로, 홀수와 짝수가 평화롭게 공존하는 세상으로 돌아갈 거예요. 하지만, 짝수의 세계 여행에서 자명해 보이는 명제에 대해서도 다시 한번 생각해봐야 한다는 것을 배웠길 바라요. 특히, 어떤 사실이 진실이라는 이유가 친숙하거나 남들이 사실이라고 말하기 때문이라고 한다면, 더 정확히 따져볼 필요가 있어요.[5]

짝수의 세계 국경—귀환을 환영합니다.

모든 양의 정수가 소수들의 곱으로 인수분해되고 그 방법은 유일하다는 사실은 누구나 "알고" 있다. 하지만, 우리는 짝수의 세계 여행을 통해, 이 자명해 보이는 사실도 세심한 증명이 필요하다는 설득력 있는 증거를 얻었다.

---

[5]유명하거나, 자주 사실이라고 주장되는 '사실'들도 엄격하게 검증되어야 한다는 원리는 수학 밖에서도 적용되어야 한다. 정치, 언론, 그 외에도 여러분이 많이 찾을 수 있을 것이다.

정리 7.3 (산술의 기본정리)

2보다 크거나 같은 모든 정수 n은 소수들의 곱

$$n = p_1 p_2 \cdots p_r$$

로 표현되며, 그 표현은 유일하다.

산술의 기본정리의 증명을 시작하기 전에, 몇 가지 언급이 필요하다. 첫째, n 자신이 소수이면, 간단히 $n = n$이라고 표기하고 n은 하나의 수의 곱으로 표현된 것으로 간주한다. 둘째, $n = p_1 p_2 \cdots p_r$로 표현할 때, 각각의 p_i들이 서로 다른 소수를 의미하지 않는다. 예를 들어, $300 = 2 \cdot 2 \cdot 3 \cdot 5 \cdot 5$라 표현한다. 셋째, n이 소수들의 곱으로 유일하게 표현된다고 할 때는 소수의 곱하는 순서를 재배열하는 것은 고려하지 않는다. 즉, $12 = 2 \cdot 2 \cdot 3$, $12 = 2 \cdot 3 \cdot 2$, $12 = 3 \cdot 2 \cdot 2$ 들은 모두 같은 인수분해로 취급한다.

증명 산술의 기본정리는 두 가지 주장을 내포하고 있다.

주장 1. 정수 n은 소수의 곱으로 표현할 수 있다.
주장 2. 곱하는 소수를 재배열하는 방법을 제외하면 그 방법은 유일하다.

주장 1부터 살펴보자. 우리는 이를 수학적 귀납법으로 증명하려 한다.[6] 그렇다고 겁먹지 말자. 단지 $n = 2$인 경우를 증명하고, 다음은 $n = 3$인 경우를, $n = 4$인 경우를, 순서대로 증명하겠다는 뜻일 뿐이다. $2 = 2$, $3 = 3$, $4 = 2^2$의 경우를 살펴보는 것으로 시작하자. 이 경우들은 소수들의 곱으로 표현된다. 즉, $n = 2, 3, 4$에 대해 주장 1이 성립한다. 이제, 주장 1이 N보다 작거나 같은 모든 양의 정수 n에 대해 성립한다고 가정하자. 즉, $n \le N$을 만족하는 양의 정수 n은 소수들의 곱으로 표현할 수 있다고 가정하자. 그리고, 이 주장이 $N + 1$에 대해서도 성립함을 증명해 보자.

두 가지 가능성이 있다. 우선 $N+1$이 소수라면, $N+1$은 이미 소수의 곱으로 표현되어 있다. 다음은 $N + 1$이 합성수, 즉 $2 \le n_1, n_2 \le N$를 만족하면서 $N + 1 = n_1 n_2$와 같이 인수분해될 때이다. n_1, n_2는 N보다 작거나 같으므로, 가정에 의해 주장 1이 n_1, n_2에 대해 성립한다. 즉, n_1, n_2는

$$n_1 = p_1 p_2 \cdots p_r, \qquad n_2 = q_1 q_2 \cdots q_s$$

와 같이 소수들의 곱으로 표현된다. 이 두 곱을 곱하면

$$N + 1 = n_1 n_2 = p_1 p_2 \cdots p_r q_1 q_2 \cdots q_s$$

이다. 따라서 $N+1$도 역시 소수의 곱으로 표현된다. 즉, 주장 1이 $N+1$에 대해서도 성립한다.

요약하면, 주장 1이 N보다 작거나 같은 모든 자연수에 대해 성립한다면 $N + 1$에 대해서도 성립함을 보였다. 그리고, 주장 1이 $n = 2, 3, 4$에 대해 성립함을 확인하였다. 따라서 $N = 4$라고

[6]수학적 귀납법에 대해서는 26장에서 좀더 구체적으로 다루기로 하자.

한다면, 5에 대해서 주장 1이 성립한다. 다시, $N = 5$이라 하여도 주장 1이 참이므로, 주장 1은 6에 대해서도 성립한다. $N = 6$인 경우에도, 주장 1은 7에 대해 성립하게 된다. 이렇게 계속 반복할 수 있으므로, 주장 1은 모든 양의 정수에 대해 성립한다.

이번에는 주장 2의 증명에 도전해 보자. 이 주장도 역시 수학적 귀납법으로 증명할 수 있지만, 보다 직접적인 증명을 해 보자. n이 두 가지 방법의 소수의 곱으로 표현되었다고 가정하자. 즉,

$$n = p_1 p_2 p_3 p_4 \cdots p_r = q_1 q_2 q_3 q_4 \cdots q_s$$

라 하자. 이 두 가지 방법이 단지 곱하는 순서를 바꾼 것이라는 사실을 증명하여야 한다. 먼저, $p_1|n$이고 따라서 $p_1|q_1 q_2 \cdots q_s$이다. 이번 장의 전반부에서 다룬 소수의 가약성에 의해, p_1은 적어도 하나의 q_i를 나누어야 한다. 편의상 q_i들을 재배열하여 $p_1|q_1$이라 하자. 한편, q_1도 역시 소수이므로, 1과 자기 자신만을 약수로 갖는다. 따라서 $p_1 = q_1$이어야만 한다.

이제 p_1로 양변을 나누면 다음 등식을 얻는다.

$$p_2 p_3 p_4 \cdots p_r = q_2 q_3 q_4 \cdots q_s$$

이 작업을 다시 반복하자. p_2에 대해 소수의 가약성을 이용하여 p_2를 약수로 하는 q_i를 찾고, q_i들을 재배열하여 q_2가 p_2의 약수가 되도록 한 뒤, 소수의 정의를 이용하여 $p_2 = q_2$임을 확인하고, 다시 양변을 p_2로 나눈다.

$$p_3 p_4 \cdots p_r = q_3 q_4 \cdots q_s$$

이 작업을 모든 p_i가 없어지거나 모든 q_i가 없어질 때까지 반복하자. 만일 모든 p_i를 없앨 수 있었다면, 좌변은 1이 된다. 따라서 우변에 q_i가 남아 있을 수 없다. 반대로, 모든 q_i를 없앨 수 있다면, 우변이 1이 되고 따라서 어떤 p_i도 좌변에 없다. 즉, p_i의 개수와 q_i의 개수가 같아야만 한다. 요약하자면, 모든 p_i와 q_i가 소수이면서

$$n = p_1 p_2 p_3 p_4 \cdots p_r = q_1 q_2 q_3 q_4 \cdots q_s$$

를 만족한다면, $r = s$여야 하고, q_i를 재배열하면,

$$p_1 = q_1, \quad p_2 = q_2, \quad p_3 = q_3, \quad \ldots, \quad p_r = q_s$$

를 만족한다. 따라서 n을 소수의 곱으로 표현하는 방법은 오직 한 가지의 방법 뿐이라는 것을 증명하였다. □

산술의 기본정리는 $n \geq 2$인 모든 정수는 소수의 곱으로 표현됨을 알려준다. 어떤 정수 n이 주어져 있다고 가정하자. 그렇다면, n의 소인수분해를 실제로 어떻게 계산해야 할까? 만일 n이 180과 같이 적당한 크기의 수라면, 몇 번의 시도를 거쳐

$$180 = 2 \cdot 90 = 2 \cdot 2 \cdot 45 = 2 \cdot 2 \cdot 3 \cdot 15 = 2 \cdot 2 \cdot 3 \cdot 3 \cdot 5$$

와 같이 소인수분해할 수 있다.

만일 n이 큰 수라면 (예를 들어, $n = 9105293$) 소인수분해는 어려울 수도 있다. 한 가지 방법은 약수를 찾을 때까지 n을 소수 $2, 3, 5, 7, 11, \ldots$로 나누어 보는 것이다. 예를 들어, $n = 9105293$인 경우 이 작업을 하여 n을 나누는 가장 작은 소수는 37임을 알게 된다. 37로 묶으면

$$9105293 = 37 \cdot 246089$$

이다. 이후 다시 소수의 크기를 늘려가며 246089의 약수를 찾는다. 이를 반복하여 43이라는 246089의 약수를 찾을 수 있고($246089 = 43 \cdot 5723$), 다시 59가 $5723 = 59 \cdot 97$의 약수임을 찾으면 소인수분해가 완성된다.

$$9105293 = 37 \cdot 43 \cdot 59 \cdot 97$$

만일 n이 소수가 아니라면, $p \leq \sqrt{n}$을 만족하는 소수 중 하나가 n의 약수가 되어야 한다. 이 사실을 확인하기 위해 p가 n을 나누는 가장 작은 소수라 가정하면, $n = mp$이고 $m \geq p$이므로, $n = mp \geq p^2$이 성립한다. 양변에 근호를 씌우면 $p \leq \sqrt{n}$임을 확인할 수 있다. 이 결과로부터 누구라도 임의의 자연수를 소인수분해할 수 있는 쉬운 방법을 찾을 수 있다.

> n을 소수의 곱으로 표현하기 위해, $\sqrt{n}$보다 작거나 같은 소수들로 n을 나눈다. 만일 그러한 소수가 없다면, n은 소수이다. 만일 n을 나누는 소수를 찾았다면, 그중 가장 작은 p를 잡아 $n = pm$인 몫 m을 찾고 이 방법을 m에 다시 적용하는 과정을 반복한다.

이 방법은 효율적이지는 않지만, 컴퓨터에서 대략 10자리 자연수의 소인수분해를 계산할 수 있을 정도는 된다. 하지만, $n = 10^{128} + 1$과 같이 큰 수에 대해서는 어떨까? 만일 n이 소수라면, $\sqrt{n} \approx 10^{64}$ 번 정도의 나눗셈을 해 보기 전까지는 n이 소수라는 사실을 알 수 없다. 하지만, 이 정도의 계산은 거의 불가능하다. 만일 우리가 초당 1,000,000,000번 가량의 나눗셈을 할 수 있을지라도, 약 $3 \cdot 10^{48}$년의 시간이 걸린다. 따라서 이와 밀접하게 관련된 다음 문제들에 대해 생각해 볼 필요가 있다.

질문 1. 주어진 수가 소수인지 합성수인지 어떻게 판별할 수 있을까?

질문 2. 만일 n이 합성수라면, 어떻게 소인수분해를 계산할 수 있을까?

위의 두 질문은 비슷해 보이지만, 질문 1이 답하기에 훨씬 쉽다. 나중에 우리는 큰 수가 소수인지 아닌지 판별하는 방법을 알아볼 것이다. 하지만, 이 방법은 소수인지 아닌지는 판별해 주지만, 어떤 약수를 갖는지는 알려주지 않는다. 비슷한 관점에서, 두 개의 큰 소수 p와 q를 찾아 이들을 곱하면, 이렇게 만들어진 수 $n = pq$는 소인수분해가 거의 불가능하다. 두 수를 곱하는 건 쉽지만 소인수분해는 어렵다는 이 신기한 사실은 수론 분야에서 가장 주목할 만한 응용인 안전한 암호를 만들 때 가장 핵심적인 부분이다. 우리는 이에 대해 18장에서 만나볼 예정이다.

연습문제

7.1. a가 두 수의 곱 bc의 약수라 하자. 만일 a와 b가 서로소라면, a는 c의 약수임을 보여라.

7.2. 주어진 정수 c의 약수 a, b가 있다. 만일, $\gcd(a, b) = 1$이라면, 두 수의 곱 ab도 c의 약수임을 보여라.

7.3. 서로소인 두 홀수 s, t가 있다. $s > t$일 때, 다음의 세 수

$$st, \qquad \frac{s^2 - t^2}{2}, \qquad \frac{s^2 + t^2}{2}$$

가 각각 서로소(어떤 두 수를 골라도 서로소)임을 증명하여라. 이 사실은 15쪽에서 소개된 정리 2.1의 증명에 필요하다. [도움말. 소수인 공약수 하나를 고르고, 앞 장에서 소개한 보조정리 7.1을 사용하여라.]

7.4. 수학적 귀납법을 이용하여 다음 공식들을 증명하여라. [참고로, (a)는 1장에서 기하적인 방법으로 증명하였던 공식이고, (c)는 기하급수의 부분합이다.]

(a) $1 + 2 + 3 + \cdot + n = \dfrac{n(n+1)}{2}$

(b) $1^2 + 2^2 + 3^2 + \cdots + n^2 = \dfrac{n(n+1)(2n+1)}{6}$

(c) $1 + a + a^2 + a^3 + \cdots + a^n = \dfrac{1 - a^{n+1}}{1 - a} \qquad (a \neq 1)$

(d) $\dfrac{1}{1 \cdot 2} + \dfrac{1}{2 \cdot 3} + \dfrac{1}{3 \cdot 4} + \cdots + \dfrac{1}{(n-1)n} = \dfrac{n-1}{n}$

7.5. 이 연습문제에서는 짝수의 세계에 대해 조금 더 알아보자. 즉, 이 문제에서 홀수는 고려하지 않는다.

(a) 모든 짝소수를 찾아 보아라.

(b) 모든 짝수는 짝소수의 곱으로 표현할 수 있음을 보여라. [도움말. 일반적인 소인수분해에 대한 증명을 흉내내어라.]

(c) 우리는 180이 세 가지의 짝소인수분해를 가짐을 확인하였다. 비슷하게, 두 가지의 짝소인수분해를 갖는 가장 작은 짝수를 찾아보아라. 그리고, 180은 세 가지의 짝소인수분해를 갖는 가장 작은 수일까? 네 가지 짝소인수분해를 갖는 가장 작은 수는 무엇일까?

(d) 12는 유일한 짝소인수분해를 갖는다. 이와 같이 유일한 짝소인수분해를 갖는 짝수를 모두 찾아보아라.

7.6. 또 다른 세계로 가 봅시다. 이 세계에는 4로 나누어 나머지가 1인 자연수로만 이루어져 있습니다. 예를 들어, 이런 수들만 존재합니다.

$$\mathbb{M}\text{-수} := \{1, 5, 9, 13, 17, 21, \ldots\}$$

즉, $4t + 1$ $t = 0, 1, 2, \ldots$ 형태의 수만 있습니다. 이 세상에서는 수를 더할 수는 없지만, 곱할 수는 있습니다. a, b가 4로 나누어 나머지가 1이면, 두 수의 곱 ab도 4로 나눈 나머지가 1이 됩니다. (왜 그런지 이해가 되나요?)

주어진 m, n에 대해 나눗셈이 가능할 때, 다시 말해 어떤 $\mathbb{M}$-수 k에 대해 $n = mk$를 만족하면, m이 n의 $\mathbb{M}$- 약수라고 부릅시다. 그리고, n이 1과 자기 자신만을 $\mathbb{M}$-약수로 가지면 $\mathbb{M}$-소수라 합시다.

(a) $\mathbb{M}$-소수를 여섯 개 찾아봅시다.

(b) 두 개의 서로 다른 $\mathbb{M}$-소인수분해를 갖는 $\mathbb{M}$-수를 찾아봅시다.

7.7. 주어진 양수 n의 소인수분해를 찾는 프로그램을 만들어보자. (주의, $n = 0$일 때 프로그램이 무한 반복하지 않도록 에러를 표시하는 것을 잊지 말자.) n의 소인수분해를 쉽게 표현하는 방법은 $2 \times r$ 행렬로 나타내는 것이다. 예를 들어, n의 소인수분해가 다음과 같다면,

$$n = p_1^{k_1} p_2^{k_2} \cdots p_r^{k_r}$$

다음 행렬로 저장하려고 한다.

$$\begin{pmatrix} p_1 & p_2 & \cdots & p_r \\ k_1 & k_2 & \cdots & k_r \end{pmatrix}$$

(만일, 독자가 쓰려고 하는 프로그램 언어에 동적 메모리 할당 기능(dynamical storage allocation)[†]이 없는 경우, 사전에 어느 정도 크기의 수만을 허용할 것인지 정해야 한다.)

(a) 주어진 n을 모든 가능한 수로 나누어 보고 약수를 구하는 프로그램을 만들어 보아라. (물론 이 경우는 극악하게 비효율적이지만, 본 게임 전 몸풀기라 생각하자.)

(b) 첫 100개(또는 더 많은 개수)의 소수를 미리 저장해 놓고, 저장된 소수들 중에서 n의 약수를 찾은 뒤 더 큰 소수인 약수를 찾도록 프로그램을 수정해 보아라. 만일 저장된 소수보다 큰 d가 주어진 수의 약수인지 확인하기 전에, d가 $2, 3$ 혹은 5의 배수인지 확인할 수 있다면 프로그램 실행속도는 더 빨라질 것이다. 또한 m이 2부터 $\sqrt{m}$ 사이의 약수를 갖지 않으면 소수라는 사실을 이용하면 좀더 효율적인 프로그램이 될 것이다. 이 수정된 프로그램을 이용하여 1,000,000과 1,000,030 사이의 수들을 소인수분해하여라.

(c) 위에서 행렬로 저장한 소인수분해를 보기 좋게 인쇄하는 기능을 설계하여라. 우리가 실제로 쓰는 것처럼 지수와 밑을 구분하면 좋겠지만, 이것이 힘들다면 다음과 같이 하자. 예를 들어 $n = 75460 = 2^2 \cdot 5 \cdot 7^3 \cdot 11$의 경우

2^2 * 5 * 7^3 * 11

과 같이 표현하도록 하자. (보기 편하게 지수가 1인 경우는 생략하자.)

[†]프로그램 시작 전에 얼마나 큰 저장 공간이 필요한지 알 수 없는 경우, 프로그램 안에서 원하는 크기의 저장 공간을 요구하는 기능.

제 8 장

합동

가약성은 수론 연구에 있어 매우 강력한 도구이다. 우리는 피타고라스 세 수, 최대공약수, 소인수분해를 공부하면서 가약성은 강력한 도구라는 것을 알 수 있었다. 이번 장에서 우리는 합동에 대한 이론을 논의할 것이다. 합동은 수의 가약성을 설명하는 편리한 방법이다. 사실, 합동은 가약성 이론을 방정식 이론과 매우 비슷하게 만들어 주는 편리하고 자연스러운 방법이다.

만일 m이 $a-b$를 나눌 때, a와 b가 법 m에 대해 합동이다(a is congruent to b modulo m)라고 하고

$$a \equiv b \pmod{m}$$

이라 표기한다. 예를 들어,

$$5|(7-2), \quad 6|(47-35)$$

이므로

$$7 \equiv 2 \pmod{5}, \quad 47 \equiv 35 \pmod{6}$$

이다. 특히, a를 m으로 나눈 나머지가 r면, a와 r는 법 m에 대해 합동이다. 이때, 나머지 r는 $0 \le r < m$을 만족하므로, 모든 정수들은 0과 $m-1$ 사이의 수와 법 m에 대해 합동이다.

합동 계산에 사용되는 m을 합동의 법(modulus)이라 부른다. 정해진 법에 의한 합동은 여러 가지 의미에서 일반적인 방정식과 비슷하다. 예를 들어,

$$a_1 \equiv b_1 \pmod{m}\text{이고} \quad a_2 \equiv b_2 \pmod{m}\text{이면,}$$
$$a_1 \pm a_2 \equiv b_1 \pm b_2 \pmod{m}\text{이고} \quad a_1a_2 \equiv b_1b_2 \pmod{m}\text{이다.}$$

주의! 합동식을 항상 나눌 수 있는 것은 아니다. 다시 말해, 합동식 $ac \equiv bc \pmod{m}$이 성립한다고 하여 $a \equiv b \pmod{m}$도 성립하는 것은 아니다. 예를 들어, $15 \cdot 2 \equiv 20 \cdot 2 \pmod{10}$은 성립하지만, $15 \not\equiv 20 \pmod{10}$이다. 더 곤란하게도 다음이 가능하기도 하다.

$$uv \equiv 0 \pmod{m}\text{ 이지만, } u \not\equiv 0 \pmod{m}\text{이고 } v \not\equiv 0 \pmod{m}\text{이다.}$$

예를 들어 $6 \cdot 4 \equiv 0 \pmod{12}$이지만, $6 \not\equiv 0 \pmod{12}$이고 $4 \not\equiv 0 \pmod{12}$이다. 하지만 만일 $\gcd(c, m) = 1$이면 합동식 $ac \equiv bc \pmod{m}$에서 c를 소거할 수 있다. 이것을 증명하는 것은 연습문제에서 다룰 것이다.

합동방정식을 푸는 것도 방정식을 푸는 것과 비슷하다. 예를 들어, 합동방정식

$$x + 12 \equiv 5 \pmod{8}$$

을 풀려면, 양변에서 12를 빼고

$$x \equiv 5 - 12 \equiv -7 \pmod{8}$$

과 같이 정리한다. 이 결과도 좋지만, 우리는 이와 합동인 해 $x \equiv 1 \pmod{8}$을 쓸 수도 있다. -7과 1의 차는 8이므로, 이 두 수는 법 8에 대해 합동이다.

다른 예를 보자. 합동방정식

$$4x \equiv 3 \pmod{19}$$

의 해를 찾기 위해 양변에 5를 곱하면,

$$20x \equiv 15 \pmod{19}$$

를 얻는다. 그러나 $20 \equiv 1 \pmod{19}$이므로, $20x \equiv x \pmod{19}$를 만족한다. 따라서 합동방정식의 해는

$$x \equiv 15 \pmod{19}$$

이다. 처음의 합동방정식에서 x에 15를 대입하여 확인해 보자. $4 \cdot 15 \equiv 3 \pmod{19}$인가? 그렇다. $4 \cdot 15 - 3 = 57 = 3 \cdot 19$는 19로 나누어진다.

앞의 합동방정식은 기발한 방법으로 해결되었다. 물론 이런 기발한 방법이 통하지 않아도, "모든 산에 올라가 보는 방법"은 항상 가능하다.[1,†] 법 m의 합동방정식을 풀고 싶다면, 모든 변수에 0부터 $m-1$ 사이의 값을 대입해 보면 된다. 예를 들어, 합동방정식

$$x^2 + 2x - 1 \equiv 0 \pmod{7}$$

을 풀려면 $x = 0$, $x = 1$, $\cdots$, $x = 6$을 모두 대입하여 확인하면 된다. 이러한 방법으로 $x \equiv 2 \pmod{7}$, $x \equiv 3 \pmod{7}$ 두 개의 해를 찾을 수 있다. 물론, 또 다른 해, 예를 들어 $x \equiv 9 \pmod{7}$도 있다. 하지만 9와 2는 법 7에 대해 합동이므로, 본질적으로는 다른 해가 아니다. 따라서 우리가 합동방정식에서 "모든 해"를 찾겠다고 하는 것의 일반적인 의미는 모든 비합동해, 즉 서로 합동이 아닌 모든 해를 찾는 것을 의미한다.

또한 $x^2 \equiv 3 \pmod{10}$과 같이, 해를 갖지 않는 많은 합동방정식이 있다는 것도 관찰할 수 있다. 어쨌든 $x^2 = -1$과 같이 (실수인) 해를 갖지 않는 방정식도 있으므로 크게 놀라운 일은 아니다.

이 장의 마지막 과제는 합동방정식

$$ax \equiv c \pmod{m}$$

---

[1]고산병보다는 발이 젖는 쪽을 택하는 사람들에게는 "모든 개울을 건너 보는 방법"으로도 알려져 있다.

[†]시행 착오.

의 해를 구하는 것이다. 이러한 합동방정식이 항상 해를 가지는 것은 아니다. 예를 들어, 합동방정식

$$6x \equiv 15 \pmod{514}$$

가 해를 가진다면, 514는 $6x - 15$를 나누어야 한다. 그러나 $6x - 15$는 항상 홀수이므로, 짝수인 514로 나누어질 수 없다. 따라서 합동방정식 $6x \equiv 15 \pmod{514}$는 해를 갖지 않는다.

일반적인 이론을 세우기 전에 다른 예를 살펴 보자. 다음 합동방정식을 풀어 보자.

$$18x \equiv 8 \pmod{22}$$

이것의 의미는 22가 $18x - 8$을 나누는 x를 찾아야 한다는 뜻으로, 적당한 y에 대해 $18x - 8 = 22y$를 만족하는 x를 찾아야 한다. 다시 말해, 우리는 일차방정식

$$18x - 22y = 8$$

의 해를 찾으면 된다. 우리가 6장에서 배운 바와 같이 다음 방정식

$$18u - 22v = \gcd(18, 22) = 2$$

는 해가 있고, 실제로 해 $u = 5$, $v = 4$를 쉽게 찾을 수 있다. 우리가 찾고자 하는 것은 방정식의 우변이 8인 경우이므로, 양변에 4를 곱하면

$$18 \cdot (5 \cdot 4) - 22 \cdot (4 \cdot 4) = 8$$

이 된다. 따라서 $18 \cdot 20 \equiv 8 \pmod{22}$이므로 $x \equiv 20 \pmod{22}$가 처음에 주어진 합동방정식의 해가 된다. 조금 뒤에 이 합동방정식이 법 22로 두 개의 다른 해를 가진다는 것을 배울 것이다. 다른 해는 $x \equiv 9 \pmod{22}$이다.

이제, 임의의 합동방정식

$$ax \equiv c \pmod{m}$$

을 풀어 보자. m이 $ax - c$를 나누도록 하는 x를 찾아야 한다. m이 $ax - c$를 나눈다는 것은 어떤 정수 y에 대해 $ax - c = my$를 만족한다는 뜻이다. 정리하면 합동방정식 $ax \equiv c \pmod{m}$이 해를 갖는다는 것과 일차방정식 $ax - my = c$가 정수해를 갖는다는 것은 동치이다. 이 낯익은 일차방정식의 해를 찾는 문제는 분명히 6장에서 배운 문제이다.

공식을 깔끔하게 만들기 위해, $g = \gcd(a, m)$이라 하자. 모든 $ax - my$ 모양의 수는 g의 배수여야 한다는 것을 관찰할 수 있다. 따라서 g가 c를 나누지 못한다면, $ax - my = c$는 해를 갖지 못하고, 따라서 합동방정식 $ax \equiv c \pmod{m}$ 또한 해를 갖지 못한다.

다음으로 g가 c를 나눈다고 가정하자. 6장의 일차방정식 정리에 의해 다음과 같은 일차방정식의 해를 항상 찾을 수 있다는 것을 안다.

$$au + mv = g$$

시행 착오를 통해 또는 6장의 유클리드 호제법을 이용하여 찾은 해가 $u = u_0$, $v = v_0$라고 가정하자. g가 c를 나눈다고 가정하였으므로 위의 방정식에 정수 c/g를 곱하여 방정식

$$a\frac{cu_0}{g} + m\frac{cv_0}{g} = c$$

를 얻는다. 즉,

$$x_0 \equiv \frac{cu_0}{g} \pmod{m}\text{은 합동방정식 } ax \equiv c \pmod{m}\text{의 해이다.}$$

다른 해가 더 있을까? x_1이 합동방정식 $ax \equiv c \pmod{m}$의 다른 해라고 가정하자. 그러면 $ax_1 \equiv ax_0 \pmod{m}$ 을 만족해야 하고, 따라서 m이 $ax_1 - ax_0$을 나눈다. 그러면

$$\frac{m}{g}\text{은 } \frac{a(x_1 - x_0)}{g}\text{을 나누고,}$$

m/g과 a/g는 공약수가 없음을 알고 있으므로, m/g은 반드시 $x_1 - x_0$을 나누어야 한다. 다시 말해, 적당한 정수 k에 대해

$$x_1 = x_0 + k \cdot \frac{m}{g}$$

을 만족한다. 하지만 차가 m의 배수인 임의의 두 해는 법 m의 합동방정식에서는 같은 해로 간주하므로, $k = 0, 1, \ldots, g-1$일 때 정확히 g개의 서로 다른 해를 갖는다.

지금까지 우리는 합동방정식 $ax \equiv c \pmod{m}$을 분석하였다. 이 결과를 다음과 같이 요약해 보자.

정리 8.1 (선형 합동방정식 정리)

정수 a, c, m은 $m \geq 1$이고 $\gcd(a, m) = g$를 만족한다고 하자.

(a) 만일 $g \nmid c$이면, 합동방정식 $ax \equiv c \pmod{m}$은 해를 가지지 않는다.

(b) 만일 $g | c$이면, 합동방정식 $ax \equiv c \pmod{m}$은 정확히 g개의 서로 다른 해를 가진다. 모든 해를 찾으려면, 먼저 일차방정식

$$au + mv = g$$

의 해 (u_0, v_0)를 찾는다. (이 방정식의 풀이법은 6장을 참고 하자.) 그러면 $x_0 = cu_0/g$가 $ax \equiv c \pmod{m}$의 해가 되고, 모든 합동이 아닌 해는

$$x = x_0 + k \cdot \frac{m}{g} \pmod{m} \quad k = 0, 1, 2, \ldots, g-1$$

과 같이 나타낼 수 있다.

예를 들어, 합동방정식

$$943x \equiv 381 \pmod{2576}$$

은 $\gcd(943, 2576) = 23$이 381을 나누지 못하므로, 해를 갖지 않는다. 한편, 합동방정식

$$893x \equiv 266 \pmod{2432}$$

는 $\gcd(893, 2432) = 19$가 266을 나누므로 19개의 서로 다른 해를 갖는다. 실제로 이 19개의 해를 찾기 위해서, 먼저 일차방정식

$$893u - 2432v = 19$$

의 해를 찾아보자. 6장에서 소개한 방법을 이용하면 하나의 해 $(u, v) = (79, 29)$를 찾을 수 있고, 양변에 $266/19 = 14$를 곱하면

$$893x - 2432y = 266\text{의 해} \qquad (x, y) = (1106, 406)\text{을 얻는다.}$$

따라서 합동방정식

$$893x \equiv 266 \pmod{2432}$$

의 서로 다른 모든 해는 $x \equiv 1106 \pmod{2432}$에 $2432/19 = 128$의 배수를 더해 찾을 수 있다. (법 2432로 계산하고 있으므로, 2432보다 큰 수는 2432의 배수를 빼야 함을 잊지 말자.) 19개의 서로 다른 해는 다음과 같다.

$$1106, 1234, 1362, 1490, 1618, 1746, 1874, 2002, 2130, 2258,$$

$$2386, 82, 210, 338, 466, 594, 722, 850, 978$$

주의. 선형 합동방정식 정리에서 가장 중요한 경우는 $\gcd(a, m) = 1$인 경우이다. 이 경우, 합동방정식

$$ax \equiv c \pmod{m} \qquad (*)$$

은 단 하나의 해를 가진다. 따라서 우리는 그 유일한 해를 분수처럼

$$x \equiv \frac{c}{a} \pmod{m}$$

과 같이 쓰려 하지만, 기호 "$\frac{c}{a} \pmod{m}$"은 합동방정식 $(*)$의 해를 단순하게 표현한 기호임을 명심해야 한다.

고차 합동방정식도 수론에서 매우 중요하다. 예를 들어, 합동방정식

$$x^2 + 1 \equiv 0 \pmod{m}$$

의 해는 법 m에 대해 -1의 제곱근이 된다. $m = 5, 13$과 같은 경우에는

$$2^2 + 1 \equiv 0 \pmod{5}, \qquad 5^2 + 1 \equiv 0 \pmod{13}$$

과 같은 해가 존재하지만, $m = 3, 7$과 같은 경우에는 해가 존재하지 않는다.

독자들은 아마 실수 계수의 d차 방정식은 최대 d개의 실수 해를 갖는다는 사실을 알고 있을 것이다.[2] 이 유명한 결과는 합동방정식의 경우엔 성립하지 않는다. 예를 들어 설명하면, 합동방정식

$$x^2 + x \equiv 0 \pmod 6$$

은 네 개의 서로 다른 해, 0, 2, 3, 5를 갖는다. 하지만, 소수 p에 대한 합동방정식에서는 유명한 사실이 그대로 성립한다. 다음 정리가 별 의미가 없어 보일지라도, 나중에 중요한 결과들을 증명할 때 이 정리가 매우 유용하게 쓰일 것이다.

정리 8.2 (법 p에 대한 합동다항식의 근 정리)

소수 p와 정수 계수의 다항식

$$f(x) = a_0x^d + a_1x^{d-1} + \cdots + a_d$$

에 대하여 차수가 $d \geq 1$이고 $p \nmid a_0$을 만족한다면, 합동방정식

$$f(x) \equiv 0 \pmod p$$

은 최대 d개의 서로 다른 해를 가진다.

이 중요한 정리를 증명하는 다양한 방법 중에 독자들에게 새로운 증명법을 소개하는 의미에서 우리는 "귀류법(proof by contradiction)"[3]에 의한 증명을 소개하려고 한다. 귀류법은 하나의 명제를 가정하고, 그 명제를 전제로 한 추론을 하면 명백하게 잘못된 결론이 나오게 됨을 보이는 것이다. 이것은 원래의 명제가 거짓이어서 잘못된 결론에 도달하였다는 추론을 가능하게 한다.[4]

다음 명제를 가정함으로써 증명을 시작해 보자.

명제: 소수 p에 대하여 적어도 하나의 정수 계수 다항식 $F(x)$가 존재하여 최고차항의 계수는 p로 나누어지지 않고 합동방정식 $F(x) \equiv 0 \pmod p$는 $F(x)$의 차수보다 많은 서로 다른 해를 가진다.

이 명제의 조건을 만족하는 다항식 중에서 차수가 가장 낮은 다항식을 하나 고르자.

$$F(x) = A_0x^d + A_1x^{d-1} + A_2x^{d-2} + \cdots + A_d$$

---

[2]사실은, 대수학의 기본정리(정리 35.1 p. 266)에 의하면, 복소수 계수의 d 차 다항식은 중근을 포함하여 정확히 d개의 복소수 해를 가진다.

[3]귀류법은 고전적인 라틴어 문구 *reductio ad absurdum*에 해당하고, 문자 그대로는 "모순으로의 귀결"이라 해석할 수 있다. 수학자 고드프리 해럴드 하디는 자신의 저서 《어느 수학자의 변명(A Mathematician's Apology)》에서 "귀류법은 수학자의 정교한 무기 중 하나이다."라고 소개하였다. 이 방법은 체스의 어떤 전술보다 더 고급 전술이라 해도 좋다. 체스 기사가 말 한 개를 희생하는 작전을 쓴다면, 수학자는 게임(결론) 전체를 희생하는 증명법을 쓰기 때문이다.

[4]297쪽에 소개된 귀류법 배후의 철학에 대한 간단한 논의를 참고하라.

그리고

$$r_1, r_2, \ldots, r_{d+1}$$

을 합동방정식

$$F(x) \equiv 0 \pmod{p}$$

의 서로 다른 해라고 하자.

우리는 어떤 r가 주어지더라도, 차 $F(x) - F(r)$를 인수분해할 수 있다는 사실을 이용하려 한다. 이 사실을 확인하기 위해 $F(x) - F(r)$를 다음과 같이 정리해 보자.

$$F(x) - F(r) = A_0(x^d - r^d) + A_1(x^{d-1} - r^{d-1}) + \cdots + A_{d-1}(x - r)$$

$$x^i - r^i = (x - r)(x^{i-1} + x^{i-2}r + x^{i-3}r^2 + \cdots + xr^{i-2} + r^{i-1})$$

이기 때문에 $F(x) - F(r)$의 각 항에 나타나는 $x^i - r^i$은 $x - r$로 나누어진다. 모든 항을 $x - r$로 묶을 수 있으므로,

$$F(x) - F(r) = (x - r)(\text{복잡한 } d - 1\text{차 다항식})$$

으로 쓸 수 있다. 즉,

$$F(x) = F(r) + (x - r)G(x)$$

를 만족하는 $d - 1$차 다항식

$$G(x) = B_0x^{d-1} + B_1x^{d-2} + \cdots + B_{d-2}x + B_{d-1}$$

을 찾을 수 있다. 특히, $r = r_1$이라 하고 $F(r_1) \equiv 0 \pmod{p}$임을 이용하면 다음의 합동식을 얻는다.

$$F(x) \equiv (x - r_1)G(x) \pmod{p}$$

우리는 $x = r_1, \cdots, r_{d+1}$이 $F(x) \equiv 0 \pmod{p}$의 서로 다른 해라고 가정하였다. 이들 중 r_k를 위에서 얻은 합동방정식에 대입하면

$$0 \equiv F(r_k) \equiv (r_k - r_1)G(r_k) \pmod{p}$$

가 되고, $k \geq 2$이면, 서로 다르다는 가정에 의해 $r_1 \not\equiv r_k \pmod{p}$이다. 따라서 소수의 가약성 정리(정리 7.2)에 의해 $G(r_k) \equiv 0 \pmod{p}$이다. (법 p에 대한 합동식을 생각하는 이유가 바로 이 소수의 가약성 정리를 쓰기 위해서 이다. 합성수에 대한 합동식인 경우 성립하지 않는 이유를 알 수 있겠는가?)

이제, $r_2, \ldots, r_{d+1}$이 $G(x) \equiv 0 \pmod{p}$의 해가 됨을 확인하였다. 즉, $G(x)$는 적어도 d개의 서로 다른 근을 갖는 $d - 1$차 다항식이다. 하지만, $F(x)$가 자신의 차수보다 많은 서로 다른 해를 가지는 다항식 중에서 가장 낮은 차수의 다항식이라는 가정에 모순이 된다. 따라서 우리의 처음 명제는 잘못된 것이고, 법 p에 대해 자신의 차수보다 많은 해를 가지는 다항식은 없다는 것을 증명하였다. 긍정적인 명제로 다시 쓰면, 모든 d차 다항식은 법 p에 대해 최대 d 개의 해를 가질 수 있다. 이렇게 우리는 정리 8.2를 증명하였다.

연습문제

8.1. $a_1 \equiv b_1 \pmod{m}$, $a_2 \equiv b_2 \pmod{m}$이라 가정하자.

(a) $a_1 + a_2 \equiv b_1 + b_2 \pmod{m}$, $a_1 - a_2 \equiv b_1 - b_2 \pmod{m}$임을 증명하여라.

(b) $a_1 a_2 \equiv b_1 b_2 \pmod{m}$임을 증명하여라.

8.2. $ac \equiv bc \pmod{m}$이라 가정하자. 만일 $\gcd(c, m) = 1$이면, $a \equiv b \pmod{m}$임을 증명하여라.

8.3. 다음 합동식의 해를 모두 찾아보아라.

(a) $7x \equiv 3 \pmod{15}$ **(b)** $6x \equiv 5 \pmod{15}$

(c) $x^2 \equiv 1 \pmod{8}$ **(d)** $x^2 \equiv 2 \pmod{7}$

(e) $x^2 \equiv 3 \pmod{7}$

8.4. 다음 배수 판정 공식들을 증명하여라.

(a) a의 마지막 두 자리 수가 4의 배수인 것은 a가 4의 배수인 것과 동치이다.

(b) a의 마지막 세 자리 수가 8의 배수인 것은 a가 8의 배수인 것과 동치이다.

(c) a를 이루는 모든 숫자의 합이 3의 배수인 것은 a가 3의 배수인 것과 동치이다.

(d) a를 이루는 모든 숫자의 합이 9의 배수인 것은 a가 9의 배수인 것과 동치이다.

(e) a를 이루는 모든 숫자의 교대합이 11의 배수인 것은 a가 11의 배수인 것과 동치이다. (a가 $a_1 a_2 a_3 \ldots a_{d-1} a_d$ 숫자 배열로 쓰인다면, 교대합은 $a_1 - a_2 + a_3 - \cdots$ 과 같이 교대로 더하고 빼는 것이다.)

[도움말. (a)는 법 100에 대한 합동식을 쓰면 되고 (b)도 비슷한 방법으로 해결할 수 있다. (c), (d), (e)에 대해서는 10의 거듭제곱의 배수의 합으로 표현하여 법 $3, 9, 11$에 대한 합동식을 계산하여라.]

8.5. 다음 일차 합동방정식의 모든 해를 찾아보아라.

(a) $8x \equiv 6 \pmod{14}$

(b) $66x \equiv 100 \pmod{121}$

(c) $21x \equiv 14 \pmod{91}$

8.6. 다음 합동식의 다른 모든 해의 개수를 찾아보아라. 어떤 해를 갖는지는 실제로 구하지 않아도 좋다.

(a) $72x \equiv 47 \pmod{200}$

(b) $4183x \equiv 5781 \pmod{15087}$

(c) $1537x \equiv 2863 \pmod{6731}$

8.7. 다음 합동방정식의 해를 구하는 프로그램을 만들어 보아라.

$$ax \equiv c \pmod{m}$$

[만일 $\gcd(a, m)$이 c를 나누지 않으면, $\gcd(a, m)$ 값과 함께 에러 메시지가 나오도록 하여라.] 연습문제 8.6을 풀어 보면서 독자의 프로그램을 시험하여라.

8.8. 자연수 m과 정수 계수 다항식 $f(X)$를 입력하면, 합동방정식

$$f(X) \equiv 0 \pmod{m}$$

의 모든 해를 찾는 프로그램을 만들어 보아라. (어렵게 생각하지 말고 $X = 0, 1, 2, \ldots, m-1$을 대입하여 어떤 것이 해가 되는지 확인하는 프로그램이면 족하다.) 이 프로그램을 다음 다항식

$$f(X) = X^{11} + 21X^7 - 8X^3 + 8$$

과 다음 m에 대하여 시험해 보아라.

$$m \in \{130,\ 137,\ 144,\ 151,\ 158,\ 165,\ 172\}$$

8.9. **(a)** 다음 합동방정식은 몇 개의 서로 다른 해를 갖는가?

$$X^4 + 5X^3 + 4X^2 - 6X - 4 \equiv 0 \pmod{11} \quad 0 \le X < 11$$

4개의 서로 다른 해를 가지는가? 아니면 세 개 이하의 서로 다른 해를 가지는가?

(b) 합동방정식 $X^2 - 1 \equiv 0 \pmod 8$을 살펴보아라. $0 \le X < 8$ 범위에서 몇 개의 해를 가지는가? 이 합동방정식은 세 개 이상의 해를 가질 수 있음을 확인할 수 있을 것이다. 이 결과는 왜 법 p 합동다항식 정리(정리 8.2)에 위배되지 않는가?

8.10. p, q가 서로 다른 소수라 가정하자. 다음 합동방정식은 서로 다른 해를 최대 몇 개 가질 수 있는가?

$$x^2 - a \equiv 0 \pmod{pq}$$

단, 항상 그렇듯이 우리가 관심있는 해는 법 pq에 대해 서로 다른 해이다.

제 **9** 장

합동, 거듭제곱, 그리고 페르마의 소정리

정수 a를 선택하여 거듭제곱 $a^2, a^3, \ldots$을 법 m에 대해 계산해 보자. 여기에 어떤 규칙성이 존재할까? 우리는 p가 소수일 때 법 $m = p$에 대한 합동식을 관찰하는 것부터 시작하려 하는데, 이 경우 규칙성을 조금 더 쉽게 찾을 수 있기 때문이다. 이러한 방법은 수론에서, 특히 합동과 관련된 문제에서 쓰이는 일반적인 접근 방법이다. 합동과 관련된 규칙성을 찾는 문제를 접할 경우, 먼저 소수 p에 대한 합동을 먼저 확인해 보는 것은 좋은 생각이다.

소수 $p = 3$, $p = 5$, $p = 7$에 대해 정수 $a = 0, 1, 2, \ldots$의 거듭제곱을 법 p에 대한 합동을 계산하여 표로 만들었다. 설명을 더 읽기 전에, 먼저 다음 표를 보고 규칙성을 찾아 공식으로 만들어 보아라. 그리고 $p = 11$에 대해 표를 만들어 보고 만든 공식이 잘 적용되는지 시험하여라.

a	a^2	a^3	a^4
0	0	0	0
1	1	1	1
2	1	2	1

a^k (mod 3)

a	a^2	a^3	a^4	a^5	a^6
0	0	0	0	0	0
1	1	1	1	1	1
2	4	3	1	2	4
3	4	2	1	3	4
4	1	4	1	4	1

a^k (mod 5)

a	a^2	a^3	a^4	a^5	a^6	a^7	a^8
0	0	0	0	0	0	0	0
1	1	1	1	1	1	1	1
2	4	1	2	4	1	2	4
3	2	6	4	5	1	3	2
4	2	1	4	2	1	4	2
5	4	6	2	3	1	5	4
6	1	6	1	6	1	6	1

a^k (mod 7)

위의 표에서 여러 가지 흥미로운 규칙성을 발견할 수 있을 것이다. 그 중에서 이번 장에서 다룰 규칙성은 표의 다음 열에서 찾을 수 있다.

$$a^2 \pmod 3, \qquad a^4 \pmod 5, \qquad a^6 \pmod 7)$$

각 열의 항목들을 살펴보면, 0의 거듭제곱을 제외하고는 모두 1과 합동이다. 이러한 규칙성이 더 큰 소수에 대해서도 성립하는가? $p = 11$인 경우의 표를 만들어 보면,

$$1^{10} \equiv 1 \pmod{11}, \quad 2^{10} \equiv 1 \pmod{11}, \quad 3^{10} \equiv 1 \pmod{11}, \ldots,$$
$$9^{10} \equiv 1 \pmod{11}, \quad 10^{10} \equiv 1 \pmod{11}$$

임을 확인할 수 있을 것이다. 이러한 관찰을 바탕으로 다음 추측을 만들 수 있다.

$$\text{모든 정수 } 1 \le a < p \text{에 대해 } a^{p-1} \equiv 1 \pmod{p} \text{ 이다.}$$

물론, a를 1과 $p-1$ 사이의 정수로 제한할 필요는 없다. 만일 a_1과 a_2의 차가 p의 배수이면, 각각의 거듭제곱도 법 p에 대해 합동이다. 따라서 a에 대한 진짜 조건은 a가 p의 배수가 아니라는 것이다. 이 결과는 1640년경 페르마가 프레니클 드 베시(Frénicle de Bessy)에게 보낸 편지에서 처음 언급되었지만, 페르마는 이에 대한 증명은 하지 않았다.처음으로 알려진 증명은 고트프리트 라이프니츠(Gottfried Leibniz)에 의한 것으로 보인다.[1]

정리 9.1 (페르마의 소정리(Fermat's Little Theorem))

p가 소수이고, a는 $a \not\equiv 0 \pmod{p}$인 정수라 하자. 그러면,

$$a^{p-1} \equiv 1 \pmod{p}$$

가 성립한다.

페르마의 소정리를 증명하기 전에, 이 정리가 얼마나 강력한지 확인하고, 어떻게 계산을 간단히 만들어 주는지 알아보자. 특별한 예로, 합동식

$$6^{22} \equiv 1 \pmod{23}$$

을 생각해 보자. 이 합동식은 $6^{22} - 1$이 23의 배수임을 의미한다. 만일 이 합동식을 페르마의 소정리를 쓰지 않고 확인하려면, 6^{22}을 계산하고 여기서 1을 빼서 23으로 나누어야 한다. 이 결과는 다음과 같다.

$$6^{22} - 1 = 23 \cdot 5722682775750745$$

비슷하게, 만일 $73^{100} \equiv 1 \pmod{101}$을 직접 계산으로 확인하려면 $73^{100} - 1$을 먼저 계산해야만 한다. 불행히도 $73^{100} - 1$은 187자리의 수이다! 하지만, 페르마의 소정리를 적용하면, $73^{100} - 1$에 비해 매우 작은 소수 $p = 101$ 만 이용하면 된다. 즉, 페르마의 소정리는 매우 큰 수에 대한 놀라운 사실을 설명해 준다.

우리는 계산을 단순화하기 위해 페르마의 소정리를 사용할 수 있다. 예를 들어, $2^{35} \pmod{7}$을 계산할 때, $2^6 \equiv 1 \pmod{7}$이라는 사실을 이용한다. 따라서 $35 = 6 \cdot 5 + 5$와 지수법칙을 사용하면, 다음과 같이 계산할 수 있다.

$$2^{35} = 2^{6 \cdot 5 + 5} = (2^6)^5 \cdot 2^5 \equiv 1^5 \cdot 2^5 \equiv 32 \equiv 4 \pmod{7}$$

---

[1] 고트프리트 라이프니츠(1646–1716)는 미적분학의 발견자 중 하나로 잘 알려져 있다. 그는 아이작 뉴턴과 같은 시기에 독립적으로 미적분학의 기본정리를 발견하였다. 독일 수학회와 영국 수학회는 이후 2세기 동안 누가 이 결과를 처음으로 발견한 사람인지를 가리기 위해 논쟁을 벌였다. 현재는 두 사람 모두 미적분학의 발견에 대해 (독립적으로) 기여한 것으로 합의되었다.

비슷하게, 합동방정식 $x^{103} \equiv 4 \pmod{11}$을 풀어보자. 물론 $x \not\equiv 0 \pmod{11}$이어야 하므로, 페르마의 소정리에 의해

$$x^{10} \equiv 1 \pmod{11}$$

이다. 양변을 열 번 곱하면 $x^{100} \equiv 1 \pmod{11}$을 얻고, 다시 양변에 x^3을 곱하면 $x^{103} \equiv x^3 \pmod{11}$이 된다. 따라서 주어진 합동방정식을 풀기 위해서는 합동방정식 $x^3 \equiv 4 \pmod{11}$만 풀면 된다. 이것은 x에 $1, 2, \ldots$를 차례대로 대입하여 풀 수 있다.[†]

$x \pmod{11}$	0	1	2	3	4	5	6	7	8	9	10
$x^3 \pmod{11}$	0	1	8	5	9	4	7	2	6	3	10

따라서 합동방정식 $x^{103} \equiv 4 \pmod{11}$의 해 $x \equiv 5 \pmod{11}$을 구할 수 있다.

이제 페르마의 소정리를 증명해 보자. 증명 방법에 대한 전체적인 그림을 그려 보기 위해 먼저 $3^6 \equiv 1 \pmod 7$임을 증명할 것이다. 물론, 이 사실을 보이는 데 멋진 증명이 필요하지는 않다. $3^6 - 1 = 728 = 7 \cdot 104$이므로. 하지만, 어떤 증명을 이해하거나 어떤 사실의 증명을 시도할 때, 이렇게 구체적인 예를 다루어 보는 것이 도움이 되는 경우가 많다. 이때, 주의할 점은 특정한 수에 의존하지 않는 일반적인 증명을 고안해야 한다는 것이다.

$3^6 \equiv 1 \pmod 7$이 성립함을 보이기 위해,

$$1, 2, 3, 4, 5, 6$$

에 3을 곱하고,법 7에 대해 계산해 보자.

$x \pmod 7$	1	2	3	4	5	6
$3x \pmod 7$	3	6	2	5	1	4

처음 수들 $1, 2, 3, 4, 5, 6$이 다음 행에서 정확히 한 번씩 나타남에 주목하자. 따라서 첫 행에 나온 수를 모두 곱한 것과 두 번째 행에 나온 모든 수를 곱한 것은 법 7에 대해 합동이다. 따라서

$$\underbrace{(3\cdot 1)(3\cdot 2)(3\cdot 3)(3\cdot 4)(3\cdot 5)(3\cdot 6)}_{\text{두 번째 행의 수들}} \equiv \underbrace{1\cdot 2\cdot 3\cdot 4\cdot 5\cdot 6}_{\text{첫 번째 행의 수들}} \pmod 7$$

이다. 지면을 아끼기 위해 $1, 2, \ldots, n$의 곱은 표준 기호 $n!$, n-차례곱(factorial)을 사용하자. 즉,

$$n! = 1 \cdot 2 \cdot 3 \cdots (n-1) \cdot n$$

이다. 좌변에 곱해진 여섯 개의 3을 모두 묶어 정리하면 다음과 같다.

$$3^6 \cdot 6! \equiv 6! \pmod 7$$

$6!$은 7과 서로소임을 상기하자. 따라서 양변을 $6!$로 나눌 수 있다. 그러면 $3^6 \equiv 1 \pmod 7$을 얻고, 이것은 정확히 페르마의 소정리이다.

이제, 우리는 페르마의 소정리를 일반적으로 증명할 준비가 되었다. 앞에서 $3^6 \pmod 7$의 증명의 핵심은 3을 곱하는 것이 $1, 2, 3, 4, 5, 6 \pmod 7$을 재배열하는 것과 같다는 것이다. 따라서 다음 주장이 성립함을 먼저 증명하려 한다.

[†]물론 주어진 합동방정식을 대입하여 풀 수도 있지만, 103제곱은 세제곱에 비해 '쉽게' 풀 수는 없다.

보조정리 9.2

p는 소수이고, a는 $a \not\equiv 0 \pmod{p}$를 만족하는 정수라고 하자. 그러면 a의 배수들

$$a, 2a, 3a, \ldots, (p-1)a \pmod{p}$$

는

$$1, 2, 3, \ldots, (p-1) \pmod{p}$$

를 재배열한 것이다.

증명 $(p-1)$개의 수 $a, 2a, 3a, \ldots, (p-1)a$는 모두 p의 배수가 아님은 자명하다. 이 중에서 두 개의 수 ja와 ka가 법 p에 대해 합동이라 가정해 보자.

$$ja \equiv ka \pmod{p}$$

그러면 $p \mid (j-k)a$이고 p는 a를 나누지 못한다고 가정하였으므로 $p \mid (j-k)$이다. 여기서는 7장에서 다룬 소수의 가약성, 즉 소수 p가 수들의 곱을 나눈다면 p는 적어도 하나의 인수를 나눈다는 성질을 이용하였다. 한편, $1 \le j, k \le p-1$이라고 가정하였으므로, $|j-k| < p-1$이다. 절대값이 $p-1$보다 작으면서 p로 나누어지는 수는 0뿐이다. 따라서 $j = k$이다. 이는 $a, 2a, 3a, \ldots, (p-1)a$가 모두 법 p에 대해 서로 합동이 아님을 증명한 것이다.

위의 결과를 정리하면, 수의 목록 $a, 2a, 3a, \ldots, (p-1)a$는 법 p에 대해 서로 합동이 아닌 $p-1$개의 수로 이루어져 있다. 하지만, 0이 아닌 $p-1$개의 서로 합동이 아닌 수의 목록은 오직 하나 $1, 2, 3, \ldots, (p-1)$이다. 즉, $a, 2a, 3a, \ldots, (p-1)a$와 $1, 2, 3, \ldots, (p-1)$은 순서는 바뀌었을지라도, 법 p에 대해 합동인 수들의 목록이다. 이로서 보조정리의 증명이 끝났다.

이 보조정리를 이용하면 페르마의 소정리를 간단히 증명할 수 있다. 보조정리에 의하면 다음 두 목록

$$a, 2a, 3a, \ldots, (p-1)a \pmod{p}, \qquad 1, 2, 3, \ldots, (p-1) \pmod{p}$$

는 같고 따라서 첫 번째 목록의 수들의 곱은 두 번째 목록의 수들의 곱과 법 p에 대해 합동이다.

$$a \cdot (2a) \cdot (3a) \cdots ((p-1)a) \equiv 1 \cdot 2 \cdot 3 \cdots (p-1) \pmod{p}$$

좌변에 등장하는 $p-1$개의 a를 묶어 정리하면

$$a^{p-1} \cdot (p-1)! \equiv (p-1)! \pmod{p}$$

를 얻는다. 마지막으로, $(p-1)!$과 p는 서로소이므로 양변을 이 값으로 나눌 수 있고, 그 결과 페르마의 소정리

$$a^{p-1} \equiv 1 \pmod{p}$$

를 얻는다. □

페르마의 소정리는 주어진 수가 소수인지 아닌지를 소인수분해를 하지 않고도 판별할 수 있게 해 준다. 예를 들어,

$$2^{1234566} \equiv 899557 \pmod{1234567}$$

은 1234567이 소수가 아님을 보여 준다. 만일 1234567이 소수라면, 페르마의 소정리에 의해 $2^{1234566}$은 1과 법1234567로 합동이어야만 한다. [$2^{1234566} \pmod{1234567}$의 계산을 어떻게 해야 할지 막막하지 않은가? 조바심 낼 필요는 없다. 16장에서 어떻게 계산하는지 설명할 것이다.] 실제로 $1234567 = 127 \cdot 9721$이고, 이 경우 직접 인수를 찾을 수 있다. 하지만, 다음의 수를 고려해 보자.

$$m = 10^{100} + 37$$

$2^{m-1} \pmod{m}$을 계산하고자 한다면

$$\begin{aligned} 2^{m-1} \equiv 3626360327545861062487760199633583910&8\\ 368732530191513801283208240911248594&63\\ 5794590597300702318443&97 \pmod{m} \end{aligned}$$

을 계산해야 한다. 페르마의 소정리로부터, $10^{100} + 37$이 소수가 아님은 알 수 있다. 하지만 어떻게 약수를 찾을 수 있는지에 대해서는 명확하지 않다. 사무용 컴퓨터로 간단히 확인한 결과 200,000보다 작은 소수인 약수는 없다. 어떤 수가 합성수인지 판별하는 것은 쉽지만, 인수를 찾는 것은 어렵다는 것은 다소 놀라운 사실이다.

연습문제

9.1. 페르마의 소정리를 이용하여 다음을 계산하여라.

(a) $0 \le a < 73$ 범위에서 $a \equiv 9^{794} \pmod{73}$을 만족하는 a를 찾아라.

(b) $x^{86} \equiv 6 \pmod{29}$를 풀어라.

(c) $x^{39} \equiv 3 \pmod{13}$을 풀어라.

9.2. 페르마의 소정리 증명에 등장하는 $(p-1)! \pmod{p}$ 값은 어떤 값인지에 대한 설명은 없었다.

(a) 적당한 작은 소수 p에 대해 $(p-1)! \pmod{p}$를 계산하고 규칙성을 찾아 본 뒤, 추측을 만들어 보아라.

(b) 세운 추측이 참임을 증명하여라. [작은 소수 p에 대해 계산한 $(p-1)! \pmod{p}$가 왜 그 값을 갖는지 설명해 보고, 그것이 모든 소수 p에 대해서도 설명할 수 있도록 일반화하여라.]

9.3. 연습문제 9.2에서 소수 p에 대해 $(p-1)! \pmod{p}$를 계산해 보았다.

(a) 적당히 작은 합성수 m에 대해 $(m-1)! \pmod{m}$을 계산하여라. 소수의 경우와 같은 규칙성을 찾을 수 있는가?

(b) $(n-1)! \pmod{n}$을 계산하여, 주어진 n이 소수인지 합성수인지 정확히 구분할 수 있을까?

9.4. p가 소수이고 $a \not\equiv 0 \pmod{p}$라면, 페르마의 소정리는 $a^{p-1} \equiv 1 \pmod{p}$가 성립함을 알려준다.

(a) 합동식 $7^{1734250} \equiv 1660565 \pmod{1734251}$은 참이다. 그렇다면, 1734251은 합성수인가?

(b) 합동식 $129^{64026} \equiv 15179 \pmod{64027}$은 참이다. 그렇다면, 64027은 합성수일까?

(c) 합동방정식 $2^{52632} \equiv 1 \pmod{52633}$은 참이다. 그렇다면, 52633은 소수일까?

제 10 장

합동, 거듭제곱, 그리고 오일러 공식

이전 장에서 우리는 페르마의 소정리를 증명하였다. 즉, p가 소수이고 $p \nmid a$이면, $a^{p-1} \equiv 1 \pmod{p}$가 성립한다. 이 식은 p가 합성수이면 더 이상 참이 아니다. 예를 들어, $5^5 \equiv 5 \pmod{6}$, $2^8 \equiv 4 \pmod{9}$이다. 따라서 다음과 같이 법 m에 대해 페르마의 소정리와 비슷한 결과를 가져오는 거듭제곱이 있을지 궁금해진다.

$$a^{???} \equiv 1 \pmod{m}$$

한눈에 알 수 있는 것은, $\gcd(a, m) > 1$이면 불가능하다는 것이다. 그 이유를 확인하기 위해 $a^k \equiv 1 \pmod{m}$이라 가정해 보자. 그렇다면, 적당한 정수 y에 대해 $a^k = 1 + my$가 성립하므로, $\gcd(a, m)$이 $a^k - my = 1$을 나누어야 한다. 즉, a의 적당한 거듭제곱이 법 m에 대해 1과 합동이면, $\gcd(a, m) = 1$이어야만 한다. 따라서 페르마의 소정리와 비슷한 결과를 원한다면, 다음과 같이 m과 서로소인 a에 대해서만 고려하면 된다.

$$\{a : 1 \le a \le m, \gcd(a, m) = 1\}$$

예를 들면 각 m에 대해 다음 a만 고려하면 된다.

m	$\{a : 1 \le a \le m, \gcd(a, m) = 1\}$
1	$\{1\}$
2	$\{1\}$
3	$\{1, 2\}$
4	$\{1, 3\}$
5	$\{1, 2, 3, 4\}$
6	$\{1, 5\}$
7	$\{1, 2, 3, 4, 5, 6\}$
8	$\{1, 3, 5, 7\}$
9	$\{1, 2, 4, 5, 7, 8\}$
10	$\{1, 3, 7, 9\}$

1과 m 사이의 수 중에서 m과 서로소인 수의 개수는 수론에서 유용하게 쓰이는 값으로, 이를 다음과 같은 함수

$$\phi(m) = \#\{a : 1 \le a \le m, \gcd(a, m) = 1\}$$

로 정의하고, 이를 오일러(Euler) ϕ 함수라 부른다. 앞에 등장한 표를 참고하면, $1 \le m \le 10$인 m에 대하여 $\phi(m)$의 값을 계산할 수 있다.

m	1	2	3	4	5	6	7	8	9	10
$\phi(m)$	1	1	2	2	4	2	6	4	6	4

p가 소수이면 $1 \le a < p$를 만족하는 모든 정수 a가 p와 서로소이다. 따라서 소수에 대해서는

$$\phi(p) = p - 1$$

을 얻는다.

이제. 페르마의 소정리의 증명을 응용해 보려 한다. 예를 들어, 7의 거듭제곱 중에서 법 10에 대해 1과 합동인 것을 찾아보자. $1 \le a < 10$인 모든 수를 고려하는 대신, 1과 10 사이에서 10과 서로소인 수들을 선택하자.

$$1, 3, 7, 9 \pmod{10}$$

이렇게 찾은 수들에 7을 곱하면,

$$7 \cdot 1 \equiv 7 \pmod{10}, \qquad 7 \cdot 3 \equiv 1 \pmod{10},$$
$$7 \cdot 7 \equiv 9 \pmod{10}, \qquad 7 \cdot 9 \equiv 3 \pmod{10}$$

이다. 곱셈 결과, 같은 수들이 위치만 바뀌어 나타남을 알 수 있다. 따라서 위 식들의 좌변의 곱과 우변의 곱은 같아진다.

$$(7 \cdot 1)(7 \cdot 3)(7 \cdot 7)(7 \cdot 9) \equiv 1 \cdot 3 \cdot 7 \cdot 9 \pmod{10}$$

$$7^4(1 \cdot 3 \cdot 7 \cdot 9) \equiv 1 \cdot 3 \cdot 7 \cdot 9 \pmod{10}$$

이제 $1 \cdot 3 \cdot 7 \cdot 9$로 양변을 나누면 $7^4 \equiv 1 \pmod{10}$을 얻는다.

위 식에서 지수 4는 어디서 왔는가? 이 수는 0과 10 사이에서 10과 서로소인 정수의 개수이다. 즉, 지수가 4인 이유는 $\phi(10) = 4$이기 때문이다. 이 관찰은 다음이 성립함을 기대하게 한다.

정리 10.1 (오일러 공식)

만약 $\gcd(a, m) = 1$이라면,

$$a^{\phi(m)} \equiv 1 \pmod{m}$$

이다.

증명 이제, 우리는 고려해야 할 정수의 집합이 무엇인지 알고 있고, 오일러 공식의 증명은 페르마의 소정리의 증명과 거의 같다. 따라서 주어진 m에 대해,

$$1 \le b_1 < b_2 < \cdots < b_{\phi(m)} < m$$

과 같이 0과 m 사이의 m과 서로소인 $\phi(m)$개의 수를 고려하자.

보조정리 10.2

만약 $\gcd(a, m) = 1$ 이라면,

$$b_1a,\ b_2a,\ b_3a,\ \ldots,\ b_{\phi(m)}a \pmod{m}$$

은

$$b_1,\ b_2,\ b_3,\ \ldots,\ b_{\phi(m)} \pmod{m}$$

과 배열한 순서를 무시하면 같다.

보조정리 증명 만일 b가 m과 서로소라면, ab도 여전히 m과 서로소이다. 다음 목록에 있는

$$b_1a, b_2a, b_3a, \ldots, b_{\phi(m)}a \pmod{m}$$

각각의 수들은 다음 목록의 수들 중 하나와 합동이어야 한다.

$$b_1, b_2, b_3, \ldots, b_{\phi(m)} \pmod{m}$$

또한, 위의 두 목록에는 각각 $\phi(m)$개의 수가 등장한다. 만일, 첫 번째 목록의 수가 법 m에 대해 서로 다른 수라는 것을 보인다면 두 목록은 (순서를 무시하면) 같은 수들의 목록임을 보일 수 있다.

첫 번째 목록에서 선택한 두 수 b_ja, b_ka가 법 m에 대해 합동이라 가정하자.

$$b_ja \equiv b_ka \pmod{m}$$

즉, $m|(b_j - b_k)a$가 성립한다고 가정하자. 이때, a는 m과 서로소이므로 $m|(b_j - b_k)$이다. 한편, b_j, b_k는 1과 m 사이의 수이므로, $|b_j - b_k| \leq m - 1$이다. 절대값이 m보다 작으면서 m으로 나누어지는 수는 0밖에 없다. 따라서 $b_j = b_k$이다. 즉, 첫 번째 목록의 수들

$$b_1a, b_2a, b_3a, \ldots, b_{\phi(m)}a \pmod{m}$$

은 법 m에 대해 모두 다른 수이므로, 이로써 보조정리가 증명된다.

이 보조정리를 이용하면, 우리는 오일러 공식을 쉽게 증명할 수 있다. 보조정리는 다음 두 목록

$$b_1a,\ b_2a,\ b_3a, \ldots,\ b_{\phi(m)}a \pmod{m}$$

과

$$b_1,\ b_2,\ b_3, \ldots,\ b_{\phi(m)} \pmod{m}$$

이 같은 집합임을 알려준다. 따라서 첫 번째 목록의 수들의 곱과 두 번째 목록의 수들의 곱은 법 m에 대해 합동이어야 한다.

$$(b_1a) \cdot (b_2a) \cdot (b_3a) \cdots (b_{\phi(m)}a) \equiv b_1 \cdot b_2 \cdot b_3 \cdots b_{\phi(m)} \pmod{m}$$

좌변에서 $\phi(m)$개의 a를 묶어내면

$$a^{\phi(m)}B \equiv B \pmod{m}, \qquad B = b_1 b_2 b_3 \cdots b_{\phi(m)}$$

을 얻는다. 마지막으로 각각의 b_i들은 m과 서로소이므로 B도 m과 서로소이다. 따라서 양변을 B로 나누어 오일러 공식

$$a^{\phi(m)} \equiv 1 \pmod{m}$$

을 얻을 수 있다. □

연습문제

10.1. $b_1 < b_2 < \cdots < b_{\phi(m)}$이 1과 m 사이에서 (1을 포함한) m과 서로소인 수의 목록이라고 하고, 이들의 곱을 $B = b_1 b_2 b_3 \cdots b_{\phi(m)}$이라고 하자. 이 수 B는 오일러 공식의 증명에 등장한 그 수이다.

(a) $B \equiv 1 \pmod{m}$ 또는 $B \equiv -1 \pmod{m}$임을 증명하여라.

(b) 적당히 작은 m에 대해 B를 계산해 보고, 언제 $+1 \pmod{m}$과 같은지, 언제 $-1 \pmod{m}$과 같은지에 대한 규칙성을 찾아보아라.

10.2. 3750의 오일러 ϕ 함수값은 $\phi(3750) = 1000$이다. [다음 장에서 $\phi(3750)$을 간단하게 구하는 방법을 배울 것이다.] 이때 다음 세 가지 성질을 만족하는 정수 a를 찾아보아라.

(i) $a \equiv 7^{3003} \pmod{3750}$

(ii) $1 \le a \le 5000$

(iii) a는 7로 나누어지지 않는다.

10.3. 합성수 m이 m과 서로소인 모든 a에 대해 합동식 $a^{m-1} \equiv 1 \pmod{m}$을 만족하면 카마이클 수(Carmichael number)라고 부른다.

(a) $m = 561 = 3 \cdot 11 \cdot 17$이 카마이클 수임을 증명하여라. [도움말. 가능한 모든 320개의 a에 대하여 $a^{m-1} \pmod{m}$을 계산할 필요는 없다. 실제로, 페르마의 소정리를 이용하여 m을 나누는 각각의 소수 p에 대하여 $a^{m-1} \equiv 1 \pmod{p}$임을 확인하고, 이것이 왜 $a^{m-1} \equiv 1 \pmod{m}$을 유도하는지 설명하여라.]

(b) 다른 카마이클 수를 찾아보아라. 카마이클 수가 무한히 많을까?

제 **11** 장

오일러 ϕ 함수와 중국인의 나머지 정리

오일러 공식

$$a^{\phi(m)} \equiv 1 \pmod{m}$$

은 아름답고 강력한 공식이다. 하지만, $\phi(m)$ 값을 계산하는 효율적인 방법을 찾을 수 없다면 쓸모없는 공식일 것이다. 당연히 1과 $m-1$ 사이의 모든 정수를 늘어 놓고 어떤 수가 m과 서로소인지 확인해 보고 싶지는 않을 것이다. 예를 들어, m이 대략 네 자리의 수만 되어도 이 작업은 무척 많은 시간이 필요하고, m이 백 자리의 수라면 거의 불가능하다. 하지만, 이전 장에서 본 것과 같이, $\phi(m)$은 $m=p$가 소수인 경우에는 쉽게 알 수 있다. $1 \le a \le p-1$인 모든 정수 a는 p와 서로소이므로, $\phi(p)=p-1$이다.

m이 소수의 거듭제곱, $m=p^k$인 경우에도 식을 유도할 수 있다. 1과 p^k 사이에서 p^k과 서로소인 수를 세어 보는 대신, 1과 p^k 사이의 수 중에서 p^k과 서로소가 아닌 수를 찾아보려 한다.

언제 자연수 a가 p^k과 서로소가 아닐까? p^k의 인수들은 p의 거듭제곱밖에 없으므로, a가 p^k과 서로소가 아닌 경우는 a가 p로 나누어지는 경우밖에 없다. 다시 말해,

$$\phi(p^k) = p^k - \#\{a : 1 \le a \le p^k, \quad p \mid a\}$$

이다. 따라서 1과 p^k 사이의 정수 중에서 p로 나누어지는 수가 몇 개나 되는지 세어 봐야 한다. 이것은 단순히 p 의 배수를 세는 것이므로 매우 쉽다. 즉,

$$p,\ 2p,\ 3p,\ 4p,\ \ldots,\ (p^{k-1}-2)p,\ (p^{k-1}-1)p,\ p^k = (p^{k-1})p$$

와 같이 p^{k-1}개의 p의 배수를 찾을 수 있다. 따라서 p^k과 서로소인 수의 개수는 다음과 같다.

$$\phi(p^k) = p^k - p^{k-1}$$

예를 들어,

$$\phi(2401) = \phi(7^4) = 7^4 - 7^3 = 2058$$

이다. 이것은 1과 2401 사이에는, 2401과 서로소인 수가 2058개 있다는 뜻이다.

이제 m이 소수의 거듭제곱이면 $\phi(m)$을 어떻게 계산하는지 알았다. 다음으로 m이 두 개의 소수의 거듭제곱의 곱, $m = p^j q^k$인 경우를 생각해 보자. 추측을 세우기 위해, 작은 수에 대해 $\phi(p^j q^k)$을 계산해 보고 이를 $\phi(p^j)$, $\phi(q^k)$의 값과 비교해 보자.

p^j	q^k	$p^j q^k$	$\phi(p^j)$	$\phi(q^k)$	$\phi(p^j q^k)$
2	3	6	1	2	2
4	5	20	2	4	8
3	7	21	2	6	12
8	9	72	4	6	24
9	25	225	6	20	120

이 표를 보면, 마치 $\phi(p^j q^k) = \phi(p^j)\phi(q^k)$이 성립하는 것 같다. 또한 소수의 거듭제곱은 아니지만, 예를 들어

$$\phi(14) = 6, \qquad \phi(15) = 8, \qquad \phi(210) = \phi(14 \cdot 15) = 48$$

임을 알 수 있고, 이러한 예들은 다음의 추측이 참이라고 추측하게 한다.

$$\gcd(m, n) = 1 \text{ 이면, } \phi(mn) = \phi(m)\phi(n) \text{ 이다.}$$

이러한 곱셈 공식을 증명하기에 앞서, 주어진 m에 대하여, 보다 정확하게는 소인수분해할 수 있는 m에 대하여 $\phi(m)$을 곱셈 공식을 활용하여 얼마나 쉽게 계산할 수 있는지 보이려 한다.

주어진 m이 소인수분해되어 있다고 가정하자. 즉, 서로 다른 소수 $p_1, p_2, \ldots, p_r$에 대하여

$$m = p_1^{k_1} \cdot p_2^{k_2} \cdots p_r^{k_r}$$

이라 가정하자. 여기에 곱셈 공식을 적용하여 계산하면,

$$\phi(m) = \phi(p_1^{k_1}) \cdot \phi(p_2^{k_2}) \cdots \phi(p_r^{k_r})$$

이다. 여기에 소수의 거듭제곱에 대한 공식 $\phi(p^k) = p^k - p^{k-1}$을 적용하면

$$\phi(m) = (p_1^{k_1} - p_1^{k_1-1}) \cdot (p_2^{k_2} - p_2^{k_2-1}) \cdots (p_r^{k_r} - p_r^{k_r-1})$$

이 된다. 이 공식이 복잡해 보이긴 하지만, $\phi(m)$을 계산하는 과정은 실제로는 매우 간단하다. 예를 들어,

$$\begin{aligned}\phi(1512) &= \phi(2^3 \cdot 3^3 \cdot 7) = \phi(2^3) \cdot \phi(3^3) \cdot \phi(7) \\ &= (2^3 - 2^2) \cdot (3^3 - 3^2) \cdot (7 - 1) = 4 \cdot 18 \cdot 6 = 432\end{aligned}$$

이다. 이 결과에 따르면, 1과 1512 사이에서 1512와 서로소인 자연수는 432개이다.

이제, 오일러 ϕ 함수의 곱셈 공식을 증명하려 한다. 편리하도록 소수의 거듭제곱에 대한 공식도 같이 기록한다.

정리 11.1 (오일러 ϕ 공식)

(a) 만일 p가 소수이고 $k \geq 1$이면 , 다음이 성립한다.

$$\phi(p^k) = p^k - p^{k-1}$$

(b) 만일 $\gcd(m, n) = 1$이면, $\phi(mn) = \phi(m)\phi(n)$이다.

증명 소수의 거듭제곱에 대한 식 (a)는 이 장의 앞부분에서 증명하였으므로, 곱셈 공식 (b)에 대해서만 증명하면 된다. 우리는 수론에서 가장 강력한 도구 중 하나를 쓸 것이다.

세어 보기 (COUNTING)

일일이 세어 보는 것이 왜 강력한 도구인지 의아해할 수도 있을 것이다. 어쨌든, 우리가 유치원에서 제일 먼저 배우는 것 중 하나가 세어 보는 것이다.[1]

간단하게 설명하자면, 우리는 $\phi(mn)$ 개의 원소를 갖는 집합 하나와 $\phi(m)\phi(n)$개의 원소를 갖는 다른 집합 하나를 찾을 것이다. 그리고, 사실은 두 집합의 원소의 개수가 같음을 증명할 것이다.

첫 번째 집합은

$$\{a : 1 \leq a \leq mn, \quad \gcd(a, mn) = 1\}$$

이다. 자명하게 이 집합은 $\phi(mn)$의 정의에 의해 정확히 $\phi(mn)$개의 원소를 갖는다. 두 번째 집합은

$$\left\{(b, c) : \begin{array}{ll} 1 \leq b \leq m, & \gcd(b, m) = 1 \\ 1 \leq c \leq n, & \gcd(c, n) = 1 \end{array}\right\}$$

이다. 이 집합은 몇 개의 순서쌍 (b, c)를 가지고 있는가? 어디 보자. 오일러 ϕ 함수의 정의에 의해, 가능한 b의 가짓수가 $\phi(m)$이고, 가능한 c의 가짓수가 $\phi(n)$이다. 따라서 순서쌍 (b, c)의 첫 번째 자리의 가능한 가짓수는 $\phi(m)$, 두 번째 자리의 가능한 가짓수는 $\phi(n)$이므로, 정확히 $\phi(m)\phi(n)$개의 순서쌍 (b, c)가 가능하다.

예를 들어, $m = 4$, $n = 5$라 하자. 첫 번째 집합은 20과 서로소인 수의 집합,

$$\{1, 3, 7, 9, 11, 13, 17, 19\}$$

이고, 두 번째 집합은 다음과 같은 순서쌍의 집합이다.

$$\{(1, 1), (1, 2), (1, 3), (1, 4), (3, 1), (3, 2), (3, 3), (3, 4)\}$$

각각의 순서쌍에서 순서쌍의 첫 번째 자리의 수는 4와 서로소인 수이고, 두 번째 자리의 수는 5와 서로소인 수이다.

[1] 로버트 풀검(Robert Fulghum)의 내가 정말 알아야 할 모든 것은 유치원에서 배웠다라는 주장을 뒷받침하는 또 다른 예이다. 물론 그가 수론 정리의 증명이 정말 알아야 하는 기본적인 것에 해당한다고 생각한 것은 아니었겠지만...

이제 일반적인 경우로 돌아와서, 첫 번째 집합에서 두 번째 집합으로 가는 대응을 다음과 같이 만들어 보자.

$$\begin{array}{ccc} \left\{a : \begin{array}{c} 1 \le a \le mn \\ \gcd(a, mn) = 1 \end{array}\right\} & \longrightarrow & \left\{(b, c) : \begin{array}{cc} 1 \le b \le m, & \gcd(b, m) = 1 \\ 1 \le c \le n, & \gcd(c, n) = 1 \end{array}\right\} \\ a \bmod mn & \longmapsto & (a \bmod m, a \bmod n) \end{array}$$

즉, 첫 번째 집합의 원소 a를 다음 조건을 만족하는 순서쌍 (b, c)에 대응시키는 것이다.

$$a \equiv b \pmod{m}, \qquad a \equiv c \pmod{n}$$

$m = 4$, $n = 5$인 예를 다시 살펴보면 더 명확해진다. 예를 들어, 첫 번째 집합에서 13을 고르면 $13 \equiv 1 \pmod 4$, $13 \equiv 3 \pmod 5$이므로, 이 수는 두 번째 집합의 순서쌍 $(1, 3)$에 대응된다. 첫 번째 집합의 다른 수들에 대해서도 다음과 같이 확인할 수 있다.

$\{1, 3, 7, 9, 11, 13, 17, 19\} \longrightarrow$	$\{(1,1), (1,2), (1,3), (1,4), (3,1), (3,2), (3,3), (3,4)\}$
$1 \longmapsto (1,1)$	$11 \longmapsto (3,1)$
$3 \longmapsto (3,3)$	$13 \longmapsto (1,3)$
$7 \longmapsto (3,2)$	$17 \longmapsto (1,2)$
$9 \longmapsto (1,4)$	$19 \longmapsto (3,4)$

이 예제에서는 두 번째 집합의 각각의 순서쌍은 첫 번째 집합의 수에 정확히 하나씩 대응됨을 알 수 있다. 우리는 일반적인 경우에도 이러한 대응이 성립되기를 원한다.

다음 두 명제가 참임을 확인하여야 한다.

(1) 첫 번째 집합에서 서로 다른 두 수를 고르면, 이들은 각각 두 번째 집합의 다른 두 개의 순서쌍에 대응된다.

(2) 두 번째 집합의 모든 순서쌍은 이에 대응되는 첫 번째 집합의 수를 찾을 수 있다.

우리가 두 개의 명제를 증명한다면, 두 집합의 원소의 개수가 같다는 것을 확인할 수 있을 것이다. 그리고 첫 번째 집합의 원소의 개수는 $\phi(mn)$이고, 두 번째 집합의 원소의 개수는 $\phi(m)\phi(n)$임을 알고 있다. 따라서 (1)과 (2)를 증명하기만 하면, $\phi(mn) = \phi(m)\phi(n)$의 증명을 끝낼 수 있다.

명제 (1)을 증명하기 위해, 첫 번째 집합에서 a_1, a_2를 고르고, 이 두 원소가 두 번째 집합에서 같은 순서쌍에 대응된다고 가정하자. 즉,

$$a_1 \equiv a_2 \pmod{m}, \qquad a_1 \equiv a_2 \pmod{n}$$

이라고 가정하자. 그러면, $a_1 - a_2$는 m과 n 모두로 나누어진다. 하지만, m과 n은 서로소이므로, $a_1 - a_2$는 반드시 mn으로 나누어져야 한다. 다시 말해,

$$a_1 \equiv a_2 \pmod{mn}$$

이 성립하고, a_1과 a_2는 첫 번째 집합 안에서 같은 원소라는 것이 증명된다. 즉, 명제 (1)은 참이다.

명제 (2)를 증명하기 위해, 주어진 b, c에 대하여

$$a \equiv b \pmod{m}, \qquad a \equiv c \pmod{n}$$

을 만족하는 정수 a를 찾을 수 있다는 것을 보여야만 한다. 이러한 연립 합동방정식이 해를 갖는다는 사실은 매우 중요해서 이를 부르는 명칭이 있을 정도이다.

정리 11.2 (중국인의 나머지 정리(Chinese Remainder Theorem))

두 정수 m, n이 $\gcd(m, n) = 1$을 만족한다고 하자. 임의의 정수 b, c에 대해, 다음 연립 합동방정식

$$x \equiv b \pmod{m}, \qquad x \equiv c \pmod{n}$$

은 $0 \le x < mn$ 범위에서 정확히 하나의 해를 가진다.

증명 앞에서 했던 대로, 예를 먼저 살펴보자. 다음 연립 합동방정식

$$x \equiv 8 \pmod{11}, \qquad x \equiv 3 \pmod{19}$$

를 생각해 보자. 첫 번째 합동방정식의 모든 해는 $x = 11y + 8$로 표현된다. 이를 두 번째 합동방정식에 대입하고 정리해서 해를 구해 보자. 그러면

$$11y + 8 \equiv 3 \pmod{19}$$

$$11y \equiv 14 \pmod{19}$$

이다. 우리는 이러한 종류의 합동방정식(8장의 선형 합동방정식 정리를 참고하라.)의 해를 구하는 방법을 알고 있다. 해는 $y_1 \equiv 3 \pmod{19}$이고, $x_1 = 11y_1 + 8 = 11 \cdot 3 + 8 = 41$을 이용하면 원래 합동방정식의 해를 구할 수 있다. 마지막으로 검산을 해야 하는데, 해가 $(41 - 8)/11 = 3$, $(41 - 3)/19 = 2$를 만족한다.

일반적인 경우에 대해서도, 첫 번째 합동방정식 $x \equiv b \pmod{m}$의 해를 구하는 것으로 시작하자. 이것의 모든 해는 $x = my + b$의 형식으로 표현된다. 이 결과를 두 번째 합동방정식에 대입하면 새로운 합동방정식

$$my \equiv c - b \pmod{n}$$

을 얻는다. $\gcd(m, n) = 1$이라 가정하였으므로, 8장의 선형 합동방정식 정리에 의해 $0 \le y_1 < n$을 만족하는 해가 유일하게 존재한다. 이를 이용하면, 처음 주어진 연립 합동방정식의 해

$$x_1 = my_1 + b$$

를 구할 수 있고, 이는 $0 \le x_1 < mn$ 범위에서 유일한 해가 된다. 그 이유는 y_1이 0과 n 사이에서 유일하고, 이러한 y_1에 m을 곱하여 x_1을 만들었기 때문이다. 따라서 우리는 중국인의 나머지 정리를 증명하였고, 이를 이용하면, $\phi(mn) = \phi(m)\phi(n)$의 증명도 마무리된다. □

역사적 간주곡 중국인의 나머지 정리에 대한 최초의 기록은 3세기 후반 혹은 4세기 초반 즈음에 기록된 중국의 수학책이다. 다소 놀랍게도 이 책에서는 세 개의 식으로 이루어져서 더 어려운 연립 합동방정식을 다루고 있다.

> "우리는 몇 개의 물건을 가지고 있는데, 정확히 몇 개인지 모른다. 만일 이들을 세 개씩 묶어서 세면 두 개가 남고, 다섯 개씩 묶어 세면 세 개가 남고, 일곱 개씩 묶어 세면 두 개가 남는다. 과연 몇 개가 있을까?"
>
> –《손자산경(Sun Tzu Suan Ching, 孫子算經)》
> AD 300년경, 3권, 26번 문제.

연습문제

11.1. **(a)** $\phi(97)$을 계산하여라.
(b) $\phi(8800)$을 계산하여라.

11.2. **(a)** $m \geq 3$이면, $\phi(m)$은 항상 짝수임을 증명하여라.
(b) "대부분"의 m에 대해 $\phi(m)$은 4로 나누어진다. $\phi(m)$이 4로 나누어지지 않는 모든 m을 구하여라.

11.3. 주어진 m에 대해 $p_1, p_2, \ldots, p_r$는 m을 나누는 서로 다른 소수라 하자. $\phi(m)$에 대한 다음 공식이 참임을 증명하여라.

$$\phi(m) = m\left(1 - \frac{1}{p_1}\right)\left(1 - \frac{1}{p_2}\right)\cdots\left(1 - \frac{1}{p_r}\right)$$

그리고 이 공식을 이용하여 $\phi(1000000)$을 계산하여라.

11.4. 오일러 함수의 함수값인 $\phi(n)$을 계산하는 프로그램을 만들어 보아라. 1과 n 사이의 모든 수들에 대해 n과 서로소인 수 a를 찾는 방법 대신, n의 소인수분해를 이용하는 방법을 사용해 $\phi(n)$을 계산하여라.

11.5. 각각의 연립 합동방정식의 해 x를 찾아보아라.
(a) $x \equiv 3 \pmod{7}$, $x \equiv 5 \pmod{9}$
(b) $x \equiv 3 \pmod{37}$, $x \equiv 1 \pmod{87}$
(c) $x \equiv 5 \pmod{7}$, $x \equiv 2 \pmod{12}$, $x \equiv 8 \pmod{13}$

11.6. 76쪽에서 소개한 1700년 전《손자산경》의 문제를 풀어 보아라.

11.7. 한 농부가 시장에 팔 계란을 트럭에 싣고 가던 중 유성이 트럭에 떨어져 계란이 깨지고 말았다. 보험 청구를 위해서는 몇 개의 계란이 깨졌는지 알아야 한다. 이 농부가 아는 것은, 계란을 두 개씩 세면 하나가 남고, 세 개씩 세면 하나가 남으며, 네 개씩 세면 하나가 남고, 다섯 개씩 세면 하나가 남으며, 여섯 개씩 세어도 하나가 남지만, 일곱 개씩 세면 남는 계란이 없다는 것이다. 이 농부의 트럭에는 계란이 최소한 몇 개 있었겠는가?

11.8. $\gcd(m, n) = 1$을 만족하는 네 개의 수 (b, m, c, n)를 입력하면 $0 \leq x < mn$ 범위에서

$$x \equiv b \pmod{m}, \qquad x \equiv c \pmod{n}$$

를 만족하는 정수 x를 계산하는 프로그램을 만들어 보아라.

11.9. 이 연습문제에서 독자는 세 개의 합동식으로 이루어진 중국인의 나머지 정리를 증명하게 될 것이다. m_1, m_2, m_3을 각각 서로소인 양의 정수라 가정하자.

$$\gcd(m_1, m_2) = 1, \qquad \gcd(m_1, m_3) = 1, \qquad \gcd(m_2, m_3) = 1$$

a_1, a_2, a_3를 세 개의 정수라고 하자. 다음 합동방정식

$$x \equiv a_1 \pmod{m_1}, \qquad x \equiv a_2 \pmod{m_2}, \qquad x \equiv a_3 \pmod{m_3}$$

을 동시에 만족하는 정수 x가 $0 \le x < m_1 m_2 m_3$ 범위에서 정확히 하나만 존재함을 증명하여라. 여러 개의 합동방정식

$$x \equiv a_1 \pmod{m_1}, \qquad x \equiv a_2 \pmod{m_2}, \quad \ldots \quad x \equiv a_r \pmod{m_r}$$

를 다룰 수 있도록 어떻게 일반화할 수 있는가? 특히, 법 $m_1, m_2, \ldots, m_r$에 대해서는 어떤 조건이 필요한가?

11.10. 만일 $\phi(n)$이 소수라면, n은 어떤 수인가? 또는, $\phi(n)$이 소수의 제곱이면 n은 어떤 수인가?

11.11. **(a)** $\phi(n) = 160$을 만족하는 정수 n을 최소 다섯 개를 찾아보아라. 얼마나 더 많이 찾을 수 있는가?

(b) 정수 n은 $\phi(n) = 1000$을 만족한다고 가정하자. n을 나누는 가능한 모든 소수의 목록을 만들어 보아라.

(c) (b)의 정보를 이용하여 $\phi(n) = 1000$을 만족하는 모든 정수 n을 찾아보아라.

11.12. 다음 식을 만족하는 모든 n을 찾아보아라.

(a) $\phi(n) = n/2$ **(b)** $\phi(n) = n/3$ **(c)** $\phi(n) = n/6$

[도움말. 연습문제 11.3의 공식이 유용할 수 있다.]

11.13. **(a)** $2 \le a \le 10$인 정수 a에 대하여 a^{1000}의 마지막 네 자리 숫자를 찾아보아라.

(b) (a)의 결과를 이용하고 부족하다면 조금 더 많은 예를 계산하여, a로부터 a^{1000}의 마지막 네 자리 숫자를 찾는 간단한 판별법을 만들어 보아라.

(c) (b)에서 만든 판별법이 맞는지 확인하여라.

제 12 장

소수

소수는 수론의 기본 구성 요소이다. 이것이 7장에서 소개된 산술의 기본정리가 알려주는 것이다. 모든 정수는 소수의 곱으로 유일하게 표현된다. 다른 과학의 분야에서도 유사한 현상이 발생하는데, 이러한 기본 구성 요소의 발견과 이에 대한 설명은 예외 없이 그 분야 연구에 매우 심오한 영향을 끼친다. 예를 들어, 화학 분야에서는 모든 화학 물질이 몇 가지 기본적인 원소들의 결합으로 이루어진다는 사실을 발견한 것과 멘델레예프(Mendeleev)가 이러한 원소를 주기에 따라 분류한 것은 혁명적인 일이었다. 우리가 소수들의 집합을 여러 개의 다른 집합으로 분류할 수 있다는 것, 예를 들어 법 4에 대해 1과 합동인 소수들의 집합과 법 4에 대해 3과 합동인 소수들의 집합으로 분류할 수 있는 것과 비슷하다. 유사하게, 물리 분야에서 놀랄 만한 발전이 있었던 때는 원자들이 세 개의 기본 입자인 양성자, 중성자, 전자로 이루어져 있다는 것을 발견하고,[1] 양성자, 중성자, 전자의 개수는 원자의 화학적, 물리적 특징을 결정한다는 것을 발견했을 때이다. 예를 들어, 양성자 92개와 전자 143개로 이루어진 원자는 여기에 3개의 중성자가 더해진 동위원소와 확실히 구분되는 성질을 갖는다.[†]

소수가 수론의 기본 요소라는 사실은 우리가 소수의 성질을 연구해야 할 충분한 이유가 된다. 물론, 연구할 필요가 있다는 것이 흥미롭다는 것을 보장하지는 않는다. 언어를 배울 때, 불규칙 동사의 시제 변환을 어떻게 하는지 공부해야 하지만, 그렇다고 해서 그 불규칙 변환을 공부하고 싶은 마음이 저절로 우러나지는 않는다. 다행히도, 소수에 대한 연구를 거듭할수록 더 흥미로운 점이 발견되고, 또한 발견되는 성질들 사이의 관계들은 더욱 아름답고 놀랍다는 것을 알게 된다. 이번 장에서는 소수에 대한 많은 중요한 성질 중에서 간단히 몇 가지만 소개하겠다.

이제, 작은 소수들을 몇 개 나열하는 것으로 본론을 시작해 보자.

$$2, 3, 5, 7, 11, 13, 17, 19, 23, 29, 31, 37, 41, 43, 47, 53, 59, 61, \ldots$$

이 목록에서 우리가 쉽게 얻을 수 있는 것은 무엇인가? 일단 2는 위의 목록에서 유일한 짝수인 것 같다. 물론, 이것은 참이다. 2가 아닌 짝수 n은 $n = 2 \cdot (n/2)$이라 쓸 수 있다. 즉, 2 이외의 모든 소수는 홀수이다. 이 사실은 2가 소수 중에서 뭔가 특별해 보이게 하고 그래서 사람들은 다음과 같은 말을 하곤 한다.

"2 is the oddest prime! (2는 가장 특이한(홀수스러운) 소수이다)"[2]

[1]이 원자의 구조 묘사는 단순해 보이지만, 20세기 초에 발전되었던 고전 원자 이론을 상당히 자세히 소개한 것이다.

[†]중성자 3개의 차이가 원자폭탄을 만들 수 있는지를 결정한다.

[2]물론, 이런 웃기지도 않는 농담을 다시 반복하고픈 마음은 없다. 이건 영어가 아니면 농담이라 하기도 어렵다. 예를 들어, 한국어로만 해도, 홀수(odd)와 이상하다(odd)는 같은 단어가 아니지 않은가!

이 소수의 목록에서 주목할 다른 점은, 목록 맨 뒤에 붙은 말줄임표(점 세 개)이다. 이는 목록이 완성되지 않았음을 의미한다. 예를 들어, 이 목록 다음에 나올 소수는 67과 71이다. 하지만, 진짜 문제는 과연 이 목록이 끝날지, 아니면 끝없이 이어질지이다. 즉, 무한히 많은 소수가 있겠는가? 답은 '예'이다. 이에 대해 2000여 년 전에 유클리드의 《원론(Elements)》에 기록된 아름다운 증명을 소개한다.

정리 12.1 (무한 소수 정리)

소수는 무한히 많다.

유클리드의 증명 만일 누군가가 유한 개의 소수의 목록을 가지고 있다면, 그 목록에 적혀 있지 않은 새로운 소수를 찾는 방법을 보여주려 한다. 그 목록에 새로운 소수를 추가하고, 이렇게 얻은 목록에 또 새로운 소수를 계속 추가하는 것을 반복할 수 있기 때문에 이것은 무한히 많은 소수가 있다는 것을 증명한 것이다.

먼저, 유한 개의 소수 목록 $p_1, p_2, \ldots, p_r$가 있다고 가정하자. 그리고, 이 목록에 있는 모든 소수를 곱한 뒤 1을 더하자.

$$A = p_1 p_2 \cdots p_r + 1$$

이렇게 만들어진 A가 소수이면, A는 처음에 주어진 목록에 들어있는 어떤 수보다도 크기 때문에 A는 목록에 없는 새로운 소수이다. A가 소수가 아니라면, 모든 수는 소수들의 곱으로 나타낼 수 있고, 따라서 A는 적당한 소수로 나누어진다. A를 나누는 소수 중에서 가장 작은 소수를 q라 하자. 이렇게 찾은 q는 처음 소수 목록에 있지 않은 소수로서, 우리가 찾고자 하는 새로운 소수이다.

왜 q는 처음 목록에 있는 소수가 아닌가? q는 A를 나눈다는 것을 안다. 따라서

$$q\text{는 } p_1 p_2 \cdots p_r + 1\text{을 나눈다.}$$

만일, q가 p_i 중 하나와 같다면, q는 1도 나누어야 하는데 이는 불가능하다. 따라서 q는 목록에 있는 소수가 아니므로, 이 소수 q를 주어진 목록에 추가하여 새로운 소수의 목록을 얻을 수 있다. 이 과정을 반복하면, 우리는 원하는 만큼 긴 소수의 목록을 만들 수 있다. 따라서 무한히 많은 소수가 존재한다. □

유클리드의 증명은 매우 기발하고 아름답다. 유클리드의 증명에 사용된 아이디어를 사용하여 소수의 목록을 만들어 보자. 하나의 소수로 이루어진 소수 목록 $\{2\}$에서 시작하자. 유클리드의 아이디어에 따라 $A = 2+1 = 3$을 계산할 수 있다. 이때는 A가 이미 소수이므로, 이 소수를 원래 목록에 첨가하여 새로운 소수의 목록 $\{2, 3\}$을 얻는다. 다시 유클리드의 아이디어를 적용하면 $A = 2 \cdot 3 + 1 = 7$을 얻는다. 이 결과도 소수이므로 목록에 첨가하여 세 개의 소수로 이루어진 목록 $\{2, 3, 7\}$을 얻는다. 다시 반복하면, 또 다른 소수 $A = 2 \cdot 3 \cdot 7 + 1 = 43$을 얻는다! 따라서 네 개의 소수의 목록 $\{2, 3, 7, 43\}$이 만들어진다. 이 문제로 다시 돌격하면,‡ $A = 2 \cdot 3 \cdot 7 \cdot 43 = 1807$

‡원문은 "into the breach once more". 백년 전쟁에서 헨리 5세가 아르플뢰르(Harfleur) 공성전 때 병사들을 돌격시키며 했던 격려사였다.

을 얻는다. 이번에 얻는 A는 소수가 아니고, $A = 13 \cdot 139$로 인수분해된다. 여기서 얻은 새로운 소수 13을 추가하면 이제 목록은 $\{2, 3, 7, 43, 13\}$이 된다. 한 번만 더 해 보자. 이번에는 $A = 2 \cdot 3 \cdot 7 \cdot 43 \cdot 13 + 1 = 23479$를 얻는다. 이번에도 A는 $A = 53 \cdot 443$으로 인수분해된다. 따라서 소수 목록 $\{2, 3, 7, 43, 13, 53\}$을 얻는데, 여기까지만 하자. 하지만, 원칙적으로는 이 과정을 반복하면 우리는 원하는 만큼 긴 소수의 목록을 만들 수 있다.

이제, 소수 목록은 끝없이 이어지고, 2가 유일한 짝수인 소수라는 것을 알았다. 모든 홀수는 법 4에 대해 1 또는 3과 합동이므로, 홀수인 소수 중 어떤 소수가 법 4에 대해 1과 합동인지, 또는 3과 합동인지 궁금해진다. 화학에서 주기율표에 따라 비슷한 성질을 갖는 원자들로 분류하는 것처럼, 이 기준에 따라 홀수인 소수를 두 개의 집합으로 나눌 수 있다. 다음 목록에서, 법 4에 대해 1과 합동인 소수에 네모 표시를 하였다.

$$3, \boxed{5}, 7, 11, \boxed{13}, \boxed{17}, 19, 23, \boxed{29}, 31, \boxed{37}, \boxed{41}, 43, 47, \boxed{53}, 59,$$
$$\boxed{61}, 67, 71, \boxed{73}, 79, 83, \boxed{89}, \boxed{97}, \boxed{101}, \ldots$$

두 개의 집합 모두 충분히 많은 소수가 있어 보이지만, 눈에 띄는 규칙은 없어 보인다. 더 긴 소수의 목록을 보자.

$p \equiv 1 \pmod 4$	$5, 13, 17, 29, 37, 41, 53, 61, 73, 89, 97, 101, 109,$ $113, 137, 149, 157, 173, 181, 193, 197, \ldots$
$p \equiv 3 \pmod 4$	$3, 7, 11, 19, 23, 31, 43, 47, 59, 67, 71, 79, 83, 103,$ $107, 127, 131, 139, 151, 163, 167, 179, \ldots$

위의 목록이 둘 다 무한히 길지, 또는 하나라도 유한할지 짐작이 가는가? 알려진 결과는 두 목록 모두 끝없이 이어진다는 것이다. 여기서는 법 4에 대해 3과 합동인 소수가 무한히 많다는 것을 유클리드의 증명을 변형하여 증명하려 한다. 21장에서는 법 4에 대해 1과 합동인 소수도 무한히 많다는 사실을 약간 다른 방법을 이용해 확인해 볼 것이다.

정리 12.2 (3 (mod 4) **소수 정리)**

법 4에 대해 3과 합동인 소수는 무한히 많다.

증명 법 4에 대해 3과 합동인 소수 유한 개로 이루어진 목록이 있다고 가정하자. 우리의 목표는 법 4에 대해 3과 합동인 목록에 있지 않은 새로운 소수를 찾아 목록의 길이를 늘이는 것이다. 이러한 과정을 반복하여 목록의 길이를 우리가 원하는 만큼 늘일 수 있음을 보여 법 4에 대해 3과 합동인 소수가 무한히 많음을 증명하려 한다.

처음에 유한하다고 가정한 법4에 대해 3과 합동인 소수의 목록을 다음과 같이 표기하자.

$$3,\ p_1,\ p_2, \ldots,\ p_r$$

다음과 같이 A를 계산하자.

$$A = 4p_1p_2 \cdots p_r + 3$$

(A를 만드는 곱에는 소수 3을 포함시키지 않았음에 주의하라.) 우리는 A를 다음과 같이 소수의 곱으로 나타낼 수 있음을 알고 있다.

$$A = q_1q_2 \cdots q_s$$

이때, 소수 $q_1, q_2, \ldots, q_s$ 중에서 하나는 반드시 법 4에 대해 3과 합동이어야 한다. 이 명제가 이번 증명의 핵심이다. 왜 이 명제가 참인가? 만일 참이 아니라면, $q_1, q_2, \ldots, q_s$는 법 4에 대해 1과 합동이어야 한다. 당연히 그들의 곱인 A도 법 4에 대해 1과 합동이다. 하지만, A의 정의에 따르면, 당연히 A는 법 4에 대해 3과 합동이다. 따라서 $q_1, q_2, \ldots, q_s$ 중에서 최소한 하나의 소수는 법 4에 대해 3과 합동이어야 한다. 편의상 $q_i \equiv 3 \pmod 4$ 라 하자.

이렇게 만들어진 q_i는 기존 목록에 있지 않은 소수이다. 왜 그런가? 우리는 q_i가 A의 약수임을 알고 있다. 하지만, A의 정의에 따르면, $3, p_1, p_2, \ldots, p_r$는 A를 나눌 수가 없다. 따라서 기존 목록에 없는 소수이므로, 이를 추가하여 목록의 길이를 늘일 수 있다. 이러한 과정을 반복하면 목록의 길이를 원하는 만큼 늘일 수 있고, 이것으로 법 4에 대해 3과 합동인 소수는 무한히 많다는 것을 증명할 수 있다. □

3 (mod 4) 소수 정리의 증명에 쓰인 아이디어는, 법 4에 대해 3과 합동인 소수의 목록을 만들수 있게 해 준다. 이를 위해, 법 4에 대해 3과 합동이지만 3은 아닌 소수를 하나는 포함하는 목록이 필요하다. 우리는 소수 하나를 포함하는 목록, $\{7\}$부터 시작해 보자. 이 목록으로부터 $A = 4 \cdot 7 + 3 = 31$을 계산하자. 이미 A는 소수이고, 이 새로운 법 4에 대해 3과 합동인 소수를 추가하자. 새 목록 $\{7, 31\}$에서 계산한 $A = 4 \cdot 7 \cdot 31 + 3 = 871$은 $A = 13 \cdot 67$이므로 소수가 아니다. 정리의 증명에 의하면, A는 법 4에 대해 3과 합동인 소수를 약수로 가져야 한다. 이 경우에는 67이 3 (mod 4)인 소수이므로, 67을 목록에 추가하자. 이제 새로운 소수 목록 $\{7, 31, 67\}$으로부터, $A = 4 \cdot 7 \cdot 31 \cdot 67 + 3 = 58159$를 계산하고, 이를 $A = 19 \cdot 3061$과 같이 소인수분해하자. 이번에는 첫 번째 인수 19가 3 (mod 4)인 소수이므로, 새로운 목록 $\{7, 31, 67, 19\}$를 얻는다. 한 번 더 계산을 반복하면,

$$A = 4 \cdot 7 \cdot 31 \cdot 67 \cdot 19 + 3 = 1104967 = 179 \cdot 6173$$

이고 따라서 새로운 소수 179를 추가하여 목록 $\{7, 31, 67, 19, 179\}$을 얻는다.

왜 이와 같은 방법을 법 4에 대해 1과 합동인 소수들에 대해서는 적용할 수 없을까? 이것은 쓸데없는 질문이 아니다. 어떠한 논리의 한계를 이해하는 것은 그 논리가 왜 유효한지를 이해하는 것만큼이나 중요하다. 따라서 만일 우리가 법 4에 대해 1과 합동인 소수의 목록을 만든다고 가정해 보자. 만일 처음 주어진 소수의 목록이 $\{p_1, p_2, \ldots, p_r\}$라고 한다면, $A = 4p_1p_2 \cdots p_r + 1$

을 계산하고, 이것을 소인수분해해서 그 중에서 법 4에 대해 1과 합동인 새로운 소수를 찾아야 할 것이다. 그런데, 만일 $\{5\}$에서 시작한다면 어떤 일이 일어나는가? $A = 4 \cdot 5 + 1 = 21 = 3 \cdot 7$을 계산하면, 이것의 인수 $3, 7$ 모두 법 4에 대해 1과 합동이 아니다. 더 이상의 진행이 불가하다. 문제가 무엇일까? 3과 7 같이 법 4에 대해 3과 합동인 두 수를 곱하면 $A = 21$과 같이 법 4에 대해 1과 합동인 수를 얻는다. 일반적으로 $A \equiv 1 \pmod 4$로부터 법 4에 대해 1과 합동인 A의 소인수를 얻을 수 있다는 추론을 할 수 없고, 이것이 법 4에 대해 1과 합동인 소수에 대한 증명에는 적용이 불가능한 이유다.

앞에서 소수의 분류를 법 4에 대해서만 해야 할 이유는 없다. 예를 들어, 모든 수는 법 5에 대해 $0, 1, 2, 3, 4$ 중 하나와 합동이어야 한다. 따라서 5 이외의 모든 소수는 법 5에 대해 $1, 2, 3, 4$ 중 하나와 합동이어야 한다. (왜 그런지 생각해 보라.) 즉 소수의 목록을 법 5에 대해 합동인 집합 네 개로 분류할 수 있다. 여기 각각에 대한 소수의 목록이 있다.

$p \equiv 1 \pmod 5$	$11, 31, 41, 61, 71, 101, 131, 151, 181, 191, 211, 241$
$p \equiv 2 \pmod 5$	$2, 7, 17, 37, 47, 67, 97, 107, 127, 137, 157, 167, 197$
$p \equiv 3 \pmod 5$	$3, 13, 23, 43, 53, 73, 83, 103, 113, 163, 173, 193, 223$
$p \equiv 4 \pmod 5$	$19, 29, 59, 79, 89, 109, 139, 149, 179, 199, 229, 239$

여기서도 각각의 목록에는 많은 소수들이 있는 것 같다. 따라서 이번에도 모든 목록은 무한히 많은 소수를 포함할 것이라 추측할 수 있다.

일반적으로, 법 m과 하나의 수 a를 고정했을 때, 법 m에 대해 a와 합동인 소수가 무한히 많을 것이라 기대하는가? 한 가지 불가능한 상황은 a와 m이 (1 보다 큰) 공약수를 갖는 경우이다. 예를 들어, 어떤 소수 p가 $p \equiv 35 \pmod{77}$을 만족한다고 하자. 그렇다면, 적당한 y에 대해 $p = 35 + 77y = 7(5 + 11y)$를 만족한다는 뜻인데, 이 상황을 만족시키는 소수는 7 뿐이고, $p = 7$일지라도, $(5 + 11y) = 1$을 만족하는 y는 없다. 일반적으로, 어떤 소수 p가 $p \equiv a \pmod m$을 만족한다면, $\gcd(a, m)$은 p를 나누어야 한다. 따라서 $\gcd(a, m) = 1$이거나 $\gcd(a, m) = p$이고, 이는 많아야 하나의 소수 p에 대해서 가능성이 있다. 따라서 법 m에 대해 a와 합동인 소수를 찾는 문제는 오직 $\gcd(a, m) = 1$임을 가정해야만 흥미로운 질문이 된다. 1837년 이래 잘 알려진 디리클레의 정리는 위와 같은 가정 아래, 법 m에 대해 a와 합동인 소수들은 항상 무수히 많이 존재한다는 것이다.

정리 12.3 (디리클레의 등차수열 정리[3])

a와 m은 $\gcd(a, m) = 1$인 정수라고 하자. 그러면 법 m에 대해 a와 합동인 소수는 무한히 많이 있다. 즉, 무한히 많은 소수 p가

$$p \equiv a \pmod m$$

을 만족한다.

이 장의 앞부분에서 $(a, m) = (3, 4)$인 경우의 디리클레 정리를 증명하였고, 연습문제 12.2를 통해 $(a, m) = (5, 6)$인 경우에 대해 물어볼 것이다. 21장에서는 $(a, m) = (1, 4)$인 경우를 다룰 예정이다. 유감스럽게도, 디리클레의 정리를 모든 (a, m)에 대해 증명하는 것은 매우 복잡해서 이 책에서는 증명을 소개할 수는 없다. 이것의 증명을 위해서는 고등 미적분학, 특히 복소수에서의 미적분이 필요하다는 점만 언급해 두겠다!

연습문제

12.1. 소수가 무한히 많음을 증명하는 유클리드의 아이디어를 이용하여, 소수 목록 $\{5\}$로부터 새로운 소수들을 찾아보아라. 찾아낸 수들이 너무 커서 소인수분해하기 힘들 때까지 반복해 보자. (1000보다 작은 수는 소인수분해를 할 수 있으리라 기대한다.)

12.2. **(a)** 법 6에 대해 5와 합동인 소수가 무한히 많다는 것을 보여라.[도움말. $A = 6p_1p_2\cdots p_r + 5$를 이용하여라.]

(b) 같은 아이디어를 이용하여 $A = 5p_1p_2\cdots p_r + 4$라 하고 법 5에 대해 4와 합동인 소수가 무한히 많다는 증명을 해 보아라. 어디서 문제가 발생하는가? 예를 들어, 소수 목록 $\{19\}$에서 시작해서, 이 목록을 늘리려 한다면 어떻게 되는가?

12.3. 홀수인 소수 p가 주어질 때,

$$1 + \frac{1}{2} + \frac{1}{3} + \frac{1}{4} + \cdots + \frac{1}{p-1}$$

을 기약분수 A_p/B_p로 표현하여라.

(a) $A_p \pmod{p}$를 찾아보고, 자신의 답이 맞는지 증명하여라.

(b) $A_p \left(\bmod p^2\right)$값에 대한 가설을 만들어 보아라.

(c) (b)에서 세운 가설을 증명하여라. (난이도가 생각보다 높은 문제이다.)

12.4. m이 양의 정수이고, $a_1, a_2, \ldots, a_{\phi(m)}$은 1과 m 사이에 있는 m과 서로소인 수라 하자. 그리고, 다음 값

$$\frac{1}{a_1} + \frac{1}{a_2} + \frac{1}{a_3} + \cdots + \frac{1}{a_{\phi(m)}}$$

을 기약분수 A_m/B_m으로 표시하였다고 가정하자.

(a) $A_m \pmod{m}$을 구하고, 자신의 답이 맞음을 증명하여라.

(b) $A_m \left(\bmod m^2\right)$에 대한 자료를 만들고, 여기에서 규칙성을 찾아본 뒤, 이 규칙성이 일반적으로 성립하는지를 증명해 보아라. 특히, $A_m \equiv 0 \left(\bmod m^2\right)$은 언제 성립하는가?

12.5. $n!$이라 표기되는 n-차례곱이

$$n! = 1 \cdot 2 \cdot 3 \cdots (n-1) \cdot n$$

임을 상기하자.

---

[3]등차수열은 인접한 수의 차가 항상 일정한 수열이다. 예를 들어 $2, 7, 12, 17, 22, \cdots$은 공차가 5인 등차수열이다. 법 m에 대해 a와 합동인 수들은 공차가 m인 등차수열이라 이해할 수 있기에 이러한 이름이 붙여졌다.

(a) $1!, 2!, 3!, \ldots, 10!$ 을 나누는 가장 큰 2의 거듭제곱을 찾아보아라.

(b) $n!$ 을 나누는 가장 큰 2의 거듭제곱을 찾는 규칙을 만들어 보아라. 이를 이용하여 100!, 1000! 을 나누는 가장 큰 2의 거듭제곱을 찾아라.

(c) (b)에서 찾은 규칙이 옳음을 증명하여라.

(d) $n!$ 을 나누는 가장 큰 3의 거듭제곱에 대해서도 (a), (b) (c)의 답을 찾아보아라.

(e) $n!$ 를 나누는 가장 큰 p의 거듭제곱을 찾는 규칙을 만들어 보아라. 이를 이용하여 1000! 을 나누는 가장 큰 7의 거듭제곱을 찾고, 5000! 을 나누는 가장 큰 11의 거듭제곱도 찾아라.

(f) (e)에서 만든 규칙, 또는 다른 방법을 이용하여 p가 소수이고, p^m 이 $n!$ 을 나눈다면 $m < n/(p-1)$ 임을 증명하여라. (이 부등식은 고등 수론의 많은 분야에서 매우 중요하게 쓰인다.)

12.6. **(a)** $p \equiv 1338 \pmod{1115}$ 를 만족하는 소수 p를 찾아보아라. 이런 소수가 무한히 많이 존재하는가?

(b) $p \equiv 1438 \pmod{1115}$ 를 만족하는 소수 p를 찾아보아라. 이런 소수가 무한히 많이 존재하는가?

제 13 장

소수 세기

소수는 얼마나 많이 있을까? 우리는 이미 소수가 무한히 많다는 사실을 알고 있다.물론 합성수 또한 무한히 많이 존재한다. 그럼, 소수와 합성수 중 어떤 쪽이 많을까? 양쪽 다 무한히 많다는 사실에도 불구하고, 우리는 이 둘의 개수를 셈 함수(counting function)를 이용하여 비교할 수 있다.

첫째, 기본 아이디어를 설명해 줄 수 있는 쉬운 질문으로 시작하자. 직관적으로, 정수의 대략 절반 정도는 짝수이다. 짝수 셈 함수를 이용하여 이 직관을 더 확실하게 하자.

$$E(x) = \#\{\ 1 \leq n \leq x \text{를 만족하는 짝수 } n\ \}$$

이 함수는 x보다 작거나 같은 짝수가 몇 개인지 세어 주는 함수이다. 예를 들어 보자.

$$E(3) = 1, \quad E(4) = 2, \quad E(5) = 2, \quad \ldots$$

$$E(100) = 50, \quad E(101) = 50, \quad \ldots$$

전체 자연수 중에서 짝수가 차지하는 비율을 알아보려면, $E(x)/x$ 값을 확인해야 한다.

$$\frac{E(3)}{3} = \frac{1}{3}, \quad \frac{E(4)}{4} = \frac{1}{2}, \quad \frac{E(5)}{5} = \frac{2}{5}, \quad \ldots$$

$$\frac{E(100)}{100} = \frac{1}{2}, \quad \frac{E(101)}{101} = \frac{50}{101}, \quad \ldots$$

당연히, $E(x)/x$ 값이 항상 $\frac{1}{2}$인 것은 아니다. 하지만, x가 커지면 $E(x)/x$ 값은 $\frac{1}{2}$에 매우 가까워진다. 만일 약간의 미적분학을 접하였다면, 우리가 다음 극한계산을 하려 한다는 것을 눈치챌 수 있을 것이다.

$$\lim_{x\to\infty} \frac{E(x)}{x} = \frac{1}{2}$$

이 명제[1]는 x가 커지면 커질수록 $E(x)/x$와 $\frac{1}{2}$의 차이가 0에 가까워진다는 의미이다.

---

[1]이 수학 명제는 "x가 무한대로 갈 때, $E(x)/x$의 극한값은 $1/2$이 된다."라고 읽는다.

이제, 소수에 대해서도 같은 작업을 해 보자. 소수 셈 함수는 $\pi(x)$라 하는데, "π(파이, pi)"는 "prime"의 줄임말이다. (이 그리스 문자 π는 원주율 3.14159...과 아무런 관련이 없다.) 따라서

$$\pi(x) = \#\{p \leq x\text{를 만족하는 소수 } p\}$$

이다. 예를 들어, 10보다 작은 소수는 2, 3, 5, 7이므로, $\pi(10) = 4$이다. 비슷하게, 60보다 작은 소수는

$$2, 3, 5, 7, 11, 13, 17, 19, 23, 29, 31, 37, 41, 43, 47, 53, 59$$

이므로 $\pi(60) = 17$이다. 다음은 $\pi(x)$ 값과 $\pi(x)/x$의 계산 결과이다.

x	10	25	50	100	200	500	1000	5000
$\pi(x)$	4	9	15	25	46	95	168	669
$\pi(x)/x$	0.400	0.360	0.300	0.250	0.230	0.190	0.168	0.134

보면, x가 커질수록 비율 $\pi(x)/x$는 점점 작아지는 것처럼 보인다. 만일 이 패턴이 지속된다면, 우리는 "대부분의 정수는 소수가 아니다."라고 말할 근거가 될 것이다. 더 나아가, $\pi(x)/x$가 얼마나 빨리 감소하는지에 대해 알아보고 싶어진다. 이에 대한 답은 다음에 소개할 유명한 결과가 알려주는데, 이는 19세기 수론 연구의 절정 중 하나라 할 수 있다.

정리 13.1 (소수 정리)

x가 충분히 클 때, x보다 작은 소수의 개수는 약 $x/\ln(x)$이다. 다시 말해,

$$\lim_{x\to\infty} \frac{\pi(x)}{x/\ln(x)} = 1$$

이 성립한다.

자연로그 x라 불리는 $\ln(x)$의 값은 밑이 $e = 2.7182818\ldots$인 x의 로그 값이다.[2] 여기 $\pi(x)$와 $x/\ln(x)$를 비교하는 표가 있다.

x	10	100	1000	10^4	10^6	10^9
$\pi(x)$	4	25	168	1229	78498	50847534
$x/\ln(x)$	4.34	21.71	144.76	1085.74	72382.41	48254942.43
$\pi(x)/(x/\ln(x))$	0.921	1.151	1.161	1.132	1.084	1.054

[2]만일 독자가 상용로그에 익숙하다면, 대략 밑이 10인 상용로그의 2.30259배 정도의 값($2.30259\log(x)$)이라 생각해도 좋다. 자연로그는 수학 및 과학에서 매우 중요한 함수로서, 대부분의 공학용 계산기에 자연로그를 쉽게 계산하는 버튼이 있다. 자연로그는 합성물의 증가, 인구 증가, 이자 계산 및 방사성 물질의 감소 등의 문제에서 '자연스레' 나타난다. 이렇게 여러 가지로 쓰이는 함수가 순수하게 수학적인 문제인 소수 셈 문제에서도 쓰일 수 있다는 것은 멋진 일이다.

1800년 경, 카를 프리드리히 가우스와 아드리앵-마리 르장드르는 각각 독립적으로, 이와 비슷한 (하지만 더 짧은) 표를 연구하여 소수 정리가 참이라는 추측에 이르렀다. 그 증명을 찾는 데는 거의 한 세기가 소요되었다. 1896년 자크 아다마르(Jacques Hadamard)와 드 라 발레 푸생(Ch. de la Vallée Poussin)은 소수 정리 증명에 성공하였다. 앞에서 소개한 디리클레의 경우와 유사하게, 복소해석학(즉, 복소수 위에서의 미적분학)을 이용하여 증명하였다. 보다 근대로 와서, 1948년에 폴 에르되시(Paul Erdős)와 아틀레 셀베르그(Atle Selberg)는 조금 더 "기초적인" 증명을 제시하였다. 여기서 기초적이라 함은 복소해석학의 방법을 쓰지 않았다는 의미이지, 결코 간단하게 해결되었다는 의미는 아니다. 실제로 이 책에 소개할 수 있을 정도로 쉬운 증명은 아니다.†

디리클레의 정리 또는 소수 정리와 같이, 모든 정수와 관련된 정리들이 미적분학의 방법으로 증명된다는 것은 꽤 놀라운 일이다. 미적분학의 방법을 사용하여 수론의 문제를 해결하는 분야를 수학에서는 해석적 정수론(Analytic Number Theory)이라 부른다.

수론에는 소수와 관련된 유명한 미해결 문제들이 많이 있다. 그 중 세 가지를 소개하며 이번 장을 마치고자 한다.

추측 13.2 (골드바흐 추측(Goldbach's Conjecture))

4 이상의 모든 짝수는 두 개의 소수의 합으로 표현된다.

골드바흐(Goldbach)는 오일러에게 보낸 1742년 6월 7일자 편지에서 이 가설을 제안하였다. 골드바흐 추측이 작은 짝수들에 대해 성립한다는 것을 확인하는 것은 별로 어려울 것도 없다.

$$4 = 2 + 2, \quad 6 = 3 + 3, \quad 8 = 3 + 5, \quad 10 = 3 + 7, \quad 12 = 5 + 7,$$

$$14 = 3 + 11, \quad 16 = 3 + 13, \quad 18 = 5 + 13, \quad 20 = 7 + 13, \ldots$$

이것은 20보다 작거나 같은 짝수들에 대해 골드바흐 추측이 옳음을 보여준다. 골드바흐 추측이 $2 \cdot 10^{10}$ 이내의 짝수들에 대해서 성립한다는 것이 컴퓨터를 이용하여 확인되었다. 더 희망적인 것은, 많은 수학자들이 골드바흐 추측과 유사한 결과들을 증명했다는 것이다. 이 결과들은 골드바흐 추측을 뒷받침해 준다. 이런 정리들 중 하나는 1937년 비노그라도프(I.M. Vinogradov)가 증명한 결과이다. 그는 (충분히 큰) 모든 홀수들은 세 개의 소수의 합으로 나타낼 수 있음을 보였다. 1966년 천징룬(陳景潤, Chen Jing-run)도 골드바흐 추측을 뒷받침하는 정리를 증명하였는데, (충분히 큰) 모든 짝수들은 두 소수의 합 또는 두 소수의 곱과 다른 하나의 소수를 합한 것으로 나타낼 수 있다는 결과이다.

추측 13.3 (쌍둥이 소수 추측(Twin Primes Conjecture))

$p + 2$도 소수가 되는 소수 p가 무한히 많이 존재한다.

---

†사실 복소해석학을 이용한 증명보다 어렵다. 여기서 어렵다는 말은 대학원 정수론에서는 복소해석학을 이용한 증명을 배운다는 뜻이다. 기초적인 증명이 아니라.

소수의 목록은 매우 불규칙하고, 인접한 두 소수의 차이가 매우 큰 경우도 종종 발생한다. 예를 들어, 소수 370,261과 그 다음 소수 사이에는 111개의 합성수가 존재한다. 한편으로는, p와 $p+2$가 동시에 소수가 되는 경우도 자주 발견된다. (물론 $p+1$은 짝수이므로 소수가 아니다.) 이러한 소수쌍을 쌍둥이 소수(twin primes)라 한다. 쌍둥이 소수 추측은 이러한 쌍둥이 소수의 목록의 끝이 없을 것이라 예측한다. 처음 몇 개의 쌍둥이 소수의 예를 보자.

$$(3,5),\ (5,7),\ (11,13),\ (17,19),\ (29,31),\ (41,43),\ (59,61),\ (71,73),$$
$$(101,103),\ (107,109),\ (137,139),\ (149,151),\ (179,181),\ (191,193),$$
$$(197,199),\ (227,229),\ (239,241),\ (269,271),\ (281,283),\ (311,313)$$

골드바흐 추측처럼, 컴퓨터를 이용하여 매우 긴 쌍둥이 소수의 목록이 만들어졌다. 그중에는 다음과 같이 거대한 쌍둥이 소수도 있다.

$$242206083 \cdot 2^{38880} - 1, \qquad 242206083 \cdot 2^{38880} + 1$$

이 추측을 뒷받침하는 증거로서, $p+2$가 소수 또는 두 소수의 곱이 되는 소수 p가 무한히 많다는 사실을 중국 수학자 천징룬(陳景潤)이 1966년에 증명하였다.

추측 13.4 (N^2+1 **추측**)

N^2+1 형태의 소수는 무한히 많다.

만일 N이 홀수이면, N^2+1은 짝수이므로 $N=1$인 경우를 제외하고는 소수가 될 수 없다. 하지만, N이 짝수이면 N^2+1이 소수가 되는 경우가 자주 있다. N^2+1 추측은 이러한 경우가 무한히 많다고 주장한다. 이러한 소수들을 몇 개 살펴보자.

$$2^2+1=5, \quad 4^2+1=17, \quad 6^2+1=37, \quad 10^2+1=101,$$
$$14^2+1=197, \quad 16^2+1=257, \quad 20^2+1=401, \quad 24^2+1=577,$$
$$26^2+1=677, \quad 36^2+1=1297, \quad 40^2+1=1601$$

이와 관련된 가장 좋은 결과는 1976년 헨리크 이바니에츠(Henryk Iwaniec)에 의해 증명되었다. 그는 무한히 많은 N에 대해 N^2+1이 소수이거나 두 소수의 곱이라는 사실을 증명하였다.

쌍둥이 소수가 무한히 많다는 것, 또는 N^2+1 형태의 소수가 무한히 많다는 것은 아무도 증명하진 못했지만, 수학자들은 이러한 소수의 셈 함수가 어떻게 생겼을지 추측해왔다. 셈 함수를

$$T(x) = \#\{p \le x \text{를 만족하며, } p\text{와 } p+2\text{가 모두 소수인 } p\},$$

$$S(x) = \#\{p \le x,\ p = N^2+1 \text{을 만족하는 소수 } p\}$$

라고 하자. 그러면, 이 셈 함수는 다음과 같을 것으로 추측된다.

$$\lim_{x\to\infty} \frac{T(x)}{x/(\ln x)^2} = C, \qquad \lim_{x\to\infty} \frac{S(x)}{\sqrt{x}/\ln x} = C'$$

상수 C와 C'을 정확하게 설명하기는 어렵다. C는 대략 0.66016 정도의 수라는 사실만 언급하겠다.

연습문제

13.1. **(a)** “모든 정수의 1/5이 법 5에 대해 2와 합동이다.”라는 명제가 참임을 다음 셈 함수를 이용하여 설명하여라.

$$F(x) = \#\{n \le x,\ n \equiv 2 \ (\mathrm{mod}\ 5)\text{를 만족하는 정수 } n\}$$

(b) “대부분의 정수는 제곱수가 아니다.”라는 명제가 참임을 다음 셈 함수를 이용하여 설명하여라.

$$S(x) = \#\{x\text{보다 작은 제곱수}\}$$

x가 큰 수일 때 $S(x)$와 근사적으로 같은 간단한 x의 함수를 찾아보아라.

13.2. **(a)** 70과 100 사이의 모든 짝수가 두 소수의 합임을 확인하여라.

(b) 70을 $70 = p + q$와 같이 $p \le q$인 두 소수의 합으로 표현하는 서로 다른 방법은 몇 가지가 있는가? 90, 98에 대해서는?

13.3. 차례곱 $n!$은 1부터 n까지의 모든 정수를 곱한 수이다. 예를 들어, $4! = 1 \cdot 2 \cdot 3 \cdot 4 = 24$이고 $7! = 1 \cdot 2 \cdot 3 \cdot 4 \cdot 5 \cdot 6 \cdot 7 = 5040$이다. 만일 $n \ge 2$라면, 다음 수들은 모두 합성수임을 증명하여라.

$$n! + 2, \quad n! + 3, \quad n! + 4, \quad \ldots, \quad n! + (n-1), \quad n! + n$$

13.4. **(a)** $N^2 + 2$ 형태의 소수는 무한히 많을 것이라 생각하는가?

(b) $N^2 - 2$ 형태의 소수는 무한히 많을 것이라 생각하는가?

(c) $N^2 + 3N + 2$ 형태의 소수는 무한히 많을 것이라 생각하는가?

(d) $N^2 + 2N + 2$ 형태의 소수는 무한히 많을 것이라 생각하는가?

13.5. 소수 정리에 의하면 x보다 작은 소수의 개수는 근사적으로 $x/\ln(x)$이다. 이번 연습문제에서는 주어진 명제가 왜 일리가 있는지 묻고 있다. 엄밀한 수학적 증명 대신, 소수 정리가 다음 각각의 명제들을 타당하게 만드는 이유를 최대한 그럴싸하게 설명하시오.

(a) 1과 x 사이의 정수를 하나 골랐을 때, 그 자연수가 소수일 확률은 근사적으로 $1/\ln(x)$이다.

(b) 1과 x 사이의 정수를 두 개 골랐을 때, 둘 다 소수일 확률은 근사적으로 $1/(\ln x)^2$이다.

(c) 1과 x 사이의 쌍둥이 소수의 개수는 근사적으로 $x/(\ln x)^2$이다. [이 결과가 쌍둥이 소수의 셈 함수 $T(x)$의 극한 공식에 대한 추측을 설명하고 있음을 상기하자.]

13.6. (이 연습문제는 미적분학을 배운 이들을 위한 문제이다.) 소수 정리는 x가 클 때 소수의 셈 함수 $\pi(x)$는 대략 $x/\ln(x)$와 같다라고 말한다. $\pi(x)$는 정적분 $\int_2^x dt/\ln(t)$와 더 가깝다는 것이 알려져 있다.

(a) 다음을 증명하여라.

$$\lim_{x\to\infty} \left(\int_2^x \frac{dt}{\ln(t)}\right) \bigg/ \left(\frac{x}{\ln(x)}\right) = 1$$

이 결과는 x가 크면 $\int_2^x dt/\ln(t)$와 $x/\ln(x)$는 근사적으로 같다는 것을 의미한다. [도움말. 로피탈(L'Hôpital)의 정리와 두 번째 미적분학의 기본정리(The Second Fundamental Theorem of Calculus)를 이용해 보자.]

(b) 다음 등식이 주어져 있다.

$$\int \frac{dt}{\ln(t)} = \ln(\ln(t)) + \ln(t) + \frac{(\ln(t))^2}{2 \cdot 2!} + \frac{(\ln(t))^3}{3 \cdot 3!} + \frac{(\ln(t))^4}{4 \cdot 4!} + \cdots$$

이 급수를 이용하여 $\int_2^x dt/\ln(t)$ 의 근삿값을 $x = 10,\ 100,\ 1000,\ 10^4,\ 10^6,\ 10^9$ 인 경우에 대해 계산하여라. 그리고 이 값과 88쪽에 수록된 $\pi(x)$, $x/\ln(x)$ 값을 비교하여라. $\int_2^x dt/\ln(t)$ 와 $x/\ln(x)$ 중 어느 쪽이 $\pi(x)$ 에 더 가까운가? (이 문제는 일반 계산기로도 계산할 수 있지만, 공학용 계산기 또는 컴퓨터를 이용하는 것이 더 편할 것이다.)

(c) (b)에 제시된 급수를 미분하면 $1/\ln(t)$ 을 얻을 수 있음을 증명하여라. [도움말. e^x 의 급수를 이용해 보자.]

제 **14** 장

메르센(Mersenne) 소수

이번 장에서는 $n \geq 2$인 경우 $a^n - 1$ 형태로 표현할 수 있는 소수에 대해 공부할 것이다. 예를 들면, $31 = 2^5 - 1$과 같이 쓸 수 있는 소수이다. 먼저, 자료를 관찰해 보자.

$2^2 - 1 = 3$	$2^3 - 1 = 7$	$2^4 - 1 = 3 \cdot 5$	$2^5 - 1 = 31$
$3^2 - 1 = 2^3$	$3^3 - 1 = 2 \cdot 13$	$3^4 - 1 = 2^4 \cdot 5$	$3^5 - 1 = 2 \cdot 11^2$
$4^2 - 1 = 3 \cdot 5$	$4^3 - 1 = 3^2 \cdot 7$	$4^4 - 1 = 3 \cdot 5 \cdot 17$	$4^5 - 1 = 3 \cdot 11 \cdot 31$
$5^2 - 1 = 2^3 \cdot 3$	$5^3 - 1 = 2^2 \cdot 31$	$5^4 - 1 = 2^4 \cdot 3 \cdot 13$	$5^5 - 1 = 2^2 \cdot 11 \cdot 71$
$6^2 - 1 = 5 \cdot 7$	$6^3 - 1 = 5 \cdot 43$	$6^4 - 1 = 5 \cdot 7 \cdot 37$	$6^5 - 1 = 5^2 \cdot 311$
$7^2 - 1 = 2^4 \cdot 3$	$7^3 - 1 = 2 \cdot 3^2 \cdot 19$	$7^4 - 1 = 2^5 \cdot 3 \cdot 5^2$	$7^5 - 1 = 2 \cdot 3 \cdot 2801$
$8^2 - 1 = 3^2 \cdot 7$	$8^3 - 1 = 7 \cdot 73$	$8^4 - 1 = 3^2 \cdot 5 \cdot 7 \cdot 13$	$8^5 - 1 = 7 \cdot 31 \cdot 151$

쉽게 관찰할 수 있는 것은, a가 홀수이면 $a^n - 1$이 짝수이므로, $a^n - 1$은 소수가 될 수 없다. 표를 살펴보면, $a^n - 1$은 항상 $a - 1$로 나누어진다는 것 또한 알 수 있다. 이러한 관찰은 실제로 참이다. 우리는 이를 잘 알려진 등비급수(geometric series)의 합의 공식으로 증명할 수 있다.

$$x^n - 1 = (x-1)(x^{n-1} + x^{n-2} + \cdots + x^2 + x + 1) \ : \qquad \text{등비급수}$$

등비급수 공식을 증명하기 위해, 우변을 전개하자. 그러면 가운데 항들이 다 상쇄되어 다음을 얻는다.

$$\begin{aligned}
&(x-1)(x^{n-1} + x^{n-2} + \cdots + x^2 + x + 1) \\
&\quad = x \cdot (x^{n-1} + x^{n-2} + \cdots + x^2 + x + 1) \\
&\qquad\qquad - 1 \cdot (x^{n-1} + x^{n-2} + \cdots + x^2 + x + 1) \\
&\quad = (x^n + x^{n-1} + \cdots + x^3 + x^2 + x) \\
&\qquad\qquad - (x^{n-1} + x^{n-2} + \cdots + x^2 + x + 1) \\
&\quad = x^n - 1
\end{aligned}$$

등비급수 공식에 $x = a$를 대입하면, $a^n - 1$은 $a - 1$로 항상 나누어짐을 알 수 있다. 따라서 $a - 1 = 1$이 아니라면, 즉 $a = 2$가 아니라면 $a^n - 1$은 합성수이다.

하지만, $a = 2$일 때도 $2^n - 1$은 종종 합성수가 된다. 다시 다음 자료를 살펴보자.

n	2	3	4	5	6	7	8	9	10
$2^n - 1$	3	7	$3 \cdot 5$	31	$3^2 \cdot 7$	127	$3 \cdot 5 \cdot 17$	$7 \cdot 73$	$3 \cdot 11 \cdot 31$

이 짧은 자료에서도 우리는 다음을 확인할 수 있다.

n이 짝수일 때, $2^n - 1$은 $3 = 2^2 - 1$의 배수이다.
n이 3의 배수일 때, $2^n - 1$은 $7 = 2^3 - 1$의 배수이다.
n이 5의 배수일 때, $2^n - 1$은 $31 = 2^5 - 1$의 배수이다.

따라서 n이 m의 배수일 때, $2^n - 1$은 $2^m - 1$의 배수가 될 것이라 추측된다.

이러한 관찰을 했다면, 이것이 참임을 확인하는 것은 쉽다. $n = mk$라 가정해 보자. 그렇다면 $2^n = 2^{mk} = (2^m)^k$이 성립하므로, 등비급수 공식에 $x = 2^m$을 대입하여 다음 결과를 얻게 된다.

$$2^n - 1 = (2^m)^k - 1 = (2^m - 1)\big((2^m)^{k-1} + (2^m)^{k-2} + \cdots + (2^m)^2 + (2^m) + 1\big)$$

따라서 n이 합성수이면 $2^n - 1$도 합성수이다. 이로써 우리는 다음 결과를 증명하였다.

명제 14.1

$n \geq 2$일 때, 적당한 수 $a \geq 2$에 대해 $a^n - 1$이 소수이면, $a = 2$이고 n은 반드시 소수이다.

이 결과는, $a^n - 1$ 형태의 소수에 관심이 있다면 $a = 2$이고 n이 소수인 경우에 대해서만 고려하면 된다는 뜻이다. 우리는 이러한 형태의 소수

$$2^p - 1$$

을 메르센 소수(Mersenne prime)라 부른다. 처음 몇 개의 메르센 소수는

$$2^2 - 1 = 3, \quad 2^3 - 1 = 7, \quad 2^5 - 1 = 31, \quad 2^7 - 1 = 127, \quad 2^{13} - 1 = 8191$$

이다. 당연히, $2^p - 1$이 항상 소수인 것은 아니다. 예를 들어,

$$2^{11} - 1 = 2047 = 23 \cdot 89, \qquad 2^{29} - 1 = 536870911 = 233 \cdot 1103 \cdot 2089$$

들은 소수가 아니다.

메르센 소수는 마랭 메르센(Marin Mersenne, 1588–1648) 신부의 이름을 따라 붙여진 것으로, 그는 1644년 $2^p - 1$이 다음 소수들

$$p = 2, 3, 5, 7, 13, 17, 19, 31, 67, 127, 257$$

에 대해 소수가 되고, 258보다 작은 소수 중 $2^p - 1$이 소수가 되는 p는 이들뿐이라고 주장하였다. 그가 어떻게 이 '사실'을 발견하였는지는 알 수 없지만, 실은 그의 소수 목록은 정확하지도 않았다. 10000보다 작은 소수 p 중에서 메르센 소수 $2^p - 1$을 만드는 소수의 완전한 목록은 다음과 같다.[1]

$$p = 2, 3, 5, 7, 13, 17, 19, 31, 61, 89, 107, 127, 521, 607, 1279,$$

$$2203, 2281, 3217, 4253, 4423, 9689, 9941$$

큰 수가 소수인지 판별하는 것은 자명하지 않은 문제이며, 실제로 $2^{127} - 1$이 소수인지는 1876년 에두아르 뤼카(É. Lucas)가 증명하기 전까지 알려지지 않았다. 뤼카가 계산한 이 39자리 소수는 1950년대 컴퓨터의 등장으로 수백 자리의 수가 소수인지 확인할 수 있게 되기 전까지 알려진 소수 중 가장 큰 소수였다. 표 14.1은 최근 컴퓨터로 확인된 메르센 소수를 발견자의 이름과 함께 소개하고 있다. 알려진 것들 중 가장 큰 메르센 소수는 1200만 자리의 수이다![*]

표 14.1에서 가장 최근에 발견된 메르센 소수는 월트만(Woltman)의 Great Internet Mersenne Prime Search 프로젝트의 일환인 특별한 프로그램에 의해 발견되었다. 이 책을 읽는 독자 여러분도 GIMPS 웹사이트

`www.mersenne.org/prime.htm`

에서 프로그램을 받아 설치하면 거대한 소수[2]를 찾는 이 프로젝트에 참가할 수 있다. 메르센 소수에 대한 역사적 배경 및 관련 자료는 아래 사이트에서 찾아볼 수 있다.

`www.utm.edu/research/primes/mersenne.shtml`

물론, 세상에서 가장 큰 소수의 목록을 보는 것이 흥미로운 일이겠지만, 메르센 소수 몇 개를 더 찾는 것이 수학적으로 큰 의미가 있는 것은 아니다. 수학적으로는 다음 질문이 더 흥미로울 것이고, 답은 아직 알려져 있지 않다.

질문 14.2. 메르센 소수는 무한히 많을까, 아니면 유한개뿐일까?

연습문제

14.1. 적당한 수 $a \ge 2$와 $n \ge 1$에 대해 $a^n + 1$이 소수라면, n은 2의 거듭제곱임을 증명하여라.

14.2. $F_k = 2^{2^k} + 1$라 정의하자. 예를 들어, $F_1 = 5$, $F_2 = 17$, $F_3 = 257$, $F_4 = 65537$이다. 페르마는 모든 F_k가 소수라고 생각했다. 하지만 1732년 오일러는 F_5가 $641 \cdot 6700417$로 소인수분해 됨을 보였고, 1880년 랜드리(Landry)가 F_6도 합성수임을 보였다. 우리는 F_k 형태의 소수를 페르마 소수(Fermat prime)라 부른다. 만일 $k \ne m$이라면 F_k와 F_m은 공약수가 없음을 증명하여라. 즉, $\gcd(F_k, F_m) = 1$임을 증명하여라. [도움말. 만일 $k > m$을 만족한다면, F_m이 $F_k - 2$를 나눔을 증명하여라.]

---

[1] 메르센 신부는 다섯 개의 실수를 범했는데, 목록에서 61, 89, 107 세 개를 빠뜨리고 67, 257 두 개를 더 넣었다.

[*] 2013년에 1700만 자리를 넘는 새로운 메르센 소수가 발견되었다.

[2] 앤디 워홀(Andy Warhol)은 미래에는 모든 이들이 15분 동안 유명해질 수 있을 것이라고 의견을 피력했다. 이러한 명성을 얻는 길 중의 하나가 알려진 소수보다 더 큰 (메르센) 소수를 찾는 것이다. 더 크고 더 좋은 소수를 찾는 탐사는 계속될 것이다.

p	발견자	연도
521, 607 1279, 2203 2281	Robinson	1952
3217	Riesel	1957
4253 4423	Hurwitz	1961
9689 9941 11213	Gillies	1963
19937	Tuckerman	1971
21707	Noll Nickel	1978
23209	Noll	1979
44497	Noll Slowinski	1979
86243	Slowinski	1982
132049	Slowinski	1983
216091	Slowinski	1985
110503	Colquitt Welsch	1988

p	발견자	연도
756839	Slowinski Gage	1992
859433	Slowinski Gage	1994
1257787	Slowinski Gage	1996
1398269*	Armengaud	1996
2976221*	Spence	1997
3021377*	Clarkson	1998
6972593*	Hajratwala	1999
13466917*	Cameron	2001
20996011*	Shafer	2003
24036583*	Findley	2004
25964951*	Nowak	2005
30402457*	Boone, Cooper	2005
32582657*	Boone, Cooper	2006
37156667*	Elvenich	2008
42643801*	Strindmo	2009
43112609*	Smith	2008
57885161*	Cooper	2013

표 14.1. $2^p - 1$이 소수라고 알려진 $p \geq 500$인 소수 p
*GIMPS(Woltman, Kurokowski,⋯)에 의해 발견된 소수

14.3. ($n \geq 2$이면) $3^n - 1$은 항상 짝수이므로 소수가 될 수 없다. 하지만, $(3^n - 1)/2$가 소수인 경우는 종종 있다. 예를 들어, $(3^3 - 1)/2 = 13$은 소수이다.

(a) $(3^n - 1)/2$ 형태의 다른 소수를 찾아보아라.

(b) 만일 n이 짝수이면, $(3^n - 1)/2$은 항상 4의 배수가 되어 소수가 될 수 없음을 증명하여라.

(c) 비슷한 방법으로, 만일 n이 5의 배수이면 $(3^n - 1)/2$은 소수가 될 수 없음을 증명하여라.

(d) $(3^n - 1)/2$ 형태의 소수가 무한히 많이 존재할 것이라 생각하는가?

제 **15** 장

메르센 소수와 완전수

고대 그리스인들은 6이라는 수의 놀라운 성질을 알고 있었다. 만일 6의 진약수, 즉 6의 약수 중에서 6 자신은 아닌 약수를 모두 더하면, 6을 다시 얻는다. 다시 말해, 6의 진약수는 1, 2, 3이고, 이를 모두 더하면 6이 된다.

$$1 + 2 + 3 = 6$$

이러한 성질은 다음 몇 가지 예에서 볼 수 있듯이 매우 드물다.

n	n의 진약수들의 합	
6	$1+2+3=6$	합과 일치!
10	$1+2+5=8$	합이 부족
12	$1+2+3+4+6=16$	합이 초과
15	$1+3+5=9$	합이 부족
20	$1+2+4+5+10=22$	합이 초과
28	$1+2+4+7+14=28$	합과 일치!
45	$1+3+5+9+15=33$	합이 부족

그리스인들은 이러한 특별한 성질을 갖는 수를 완전하고다고 불렀다. 즉, 완전수(perfect number)는 그 수의 진약수들의 합이 자신과 같은 수이다. 지금까지 우리는 두 개의 완전수, 6과 28을 알고 있다. 이외에 다른 완전수가 있을까?

그리스인들은 완전수를 찾는 한 가지 방법을 알고 있었는데, 흥미롭게도, 그 방법은 우리가 이전 장에서 공부한 메르센 소수와 밀접한 관련이 있다. 다음 주장은 유클리드의 《원론(Elements)》 XI권 명제 36에 소개된 것이다.

정리 15.1 (유클리드의 완전수 공식)

만일 $2^p - 1$이 소수라면, $2^{p-1}(2^p - 1)$은 완전수이다.

처음 두 메르센 소수는 $3 = 2^2 - 1$과 $7 = 2^3 - 1$이다. 유클리드의 완전수 공식을 이 두 메르센 소수에 적용해 보면 다음과 같이 우리가 이미 알고 있는 완전수를 얻게 된다.

$$2^{2-1}(2^2 - 1) = 6 \qquad 2^{3-1}(2^3 - 1) = 28$$

다음 메르센 소수는 $2^5 - 1 = 31$이고, 유클리드의 공식으로부터 새로운 완전수

$$2^{5-1}(2^5 - 1) = 496$$

을 얻는다. 496이 완전수인지 확인하기 위해, 496의 진약수들을 더해 봐야 한다. 소인수분해 $496 = 2^4 \cdot 31$로부터 496의 진약수를 다음과 같이 찾을 수 있다.

$$1, 2, 2^2, 2^3, 2^4, \quad \text{그리고} \quad 31, 2 \cdot 31, 2^2 \cdot 31, 2^3 \cdot 31$$

이 수들을 그냥 다 더해 볼 수도 있겠지만, 일반적인 증명의 아이디어를 얻기 위해 이 합을 두 단계로 나누어 더해 보자. 먼저 앞의 네 수를 더하면

$$1 + 2 + 2^2 + 2^3 + 2^4 = 31$$

이고, 다음으로 뒤의 네 수를 더하면

$$31 + 2 \cdot 31 + 2^2 \cdot 31 + 2^3 \cdot 31 = 31(1 + 2 + 2^2 + 2^3) = 31 \cdot 15$$

이다. 이제 두 결과를 다시 더해 보면 $31 + 31 \cdot 15 = 31 \cdot 16 = 496$을 얻고, 496이 실제로 완전수임을 확인할 수 있다.

같은 방법으로, 우리는 유클리드의 완전수 공식이 일반적으로 참임을 쉽게 증명할 수 있다. $q = 2^p - 1$이 소수라면, $2^{p-1}q$가 완전수인지 확인해야 한다. $2^{p-1}q$의 진약수는 다음과 같다.

$$1, 2, 4, \ldots, 2^{p-1}, \quad \text{그리고} \quad q, 2q, 4q, \ldots, 2^{p-2}q$$

이 진약수들의 합을 앞에서 소개한 등비급수의 합을 구하는 공식을 이용하여 찾아보자. 등비급수의 합을 구하는 공식은 (살짝 바꾸면) 다음과 같다.

$$1 + x + x^2 + \cdots + x^{n-1} = \frac{x^n - 1}{x - 1}$$

$x = 2$, $n = p$라 하면 다음을 얻는다.

$$1 + 2 + 4 + \cdots + 2^{p-1} = \frac{2^p - 1}{2 - 1} = 2^p - 1 = q$$

그리고 $x = 2$, $n = p - 1$일 때 등비급수 공식을 이용하면 다음을 계산할 수 있다.

$$\begin{aligned} q + 2q + 4q + \cdots + 2^{p-2}q &= q(1 + 2 + 4 + \cdots + 2^{p-2}) \\ &= q\left(\frac{2^{p-1} - 1}{2 - 1}\right) = q(2^{p-1} - 1) \end{aligned}$$

이제, $2^{p-1}q$의 모든 진약수를 더하면 그 결과는 다음과 같다.

$$1 + 2 + 4 + \cdots + 2^{p-1} + q + 2q + 4q + \cdots + 2^{p-2}q = q + q(2^{p-1} - 1) = 2^{p-1}q$$

즉, $2^{p-1}q$는 완전수이다.

유클리드의 완전수 공식을 이용하여 더 많은 완전수를 찾을 수 있다. 사실은, 우리가 찾은 각각의 메르센 소수에 대해 그에 대응하는 완전수를 얻는다. 다음 표의 완전수들은 이러한 방법으로 구한 것이다. 표를 살펴보면, 이렇게 구한 완전수는 매우 빠르게 커진다.

p	2	3	5	7	13	17
$2^{p-1}(2^p-1)$	6	28	496	8128	33550336	8589869056

또한, 우리는 믿기 힘들 만큼 거대한 완전수를 찾을 수 있다. 예를 들어, 다음 두 수

$$2^{756838}(2^{756839}-1), \qquad 2^{859432}(2^{859433}-1)$$

은 완전수이다. 특히 두 번째 수는 약 50만 자리의 수이다!

이 지점에서 유클리드의 완전수 공식으로 모든 완전수를 찾을 수 있을까 하는 질문을 자연스럽게 떠올릴 수 있다. 즉, 2^p-1이 소수일 때 모든 완전수는 $2^{p-1}(2^p-1)$의 형태로 표현할 수 있는가? 아니면 다른 형태의 완전수가 있는가? 유클리드가 세상을 떠나고 2000여 년이 흐른 뒤, 레온하르트 오일러는 유클리드의 완전수 공식으로 짝수인 완전수를 모두 찾을 수 있음을 증명하였다.

정리 15.2 (오일러의 완전수 정리)

만일 n이 짝수인 완전수라면, n은

$$n = 2^{p-1}(2^p-1)$$

와 같은 형태이다. 단, 2^p-1은 메르센 소수이다.

이번 장 마지막에서 오일러의 정리를 증명할 것이지만, 우선 이 증명에 필요한 함수를 소개할 필요가 있다. 그리스 문자 σ(시그마)로 표기하는 이 함수의 정의는 다음과 같다.

$$\sigma(n) = (1\text{과 } n\text{도 포함한})\ n\text{의 모든 약수의 합}$$

몇 가지 예를 들어보자.

$$\begin{aligned}\sigma(6) &= 1+2+3+6 &&= 12\\ \sigma(8) &= 1+2+4+8 &&= 15\\ \sigma(18) &= 1+2+3+6+9+18 &&= 39\end{aligned}$$

우리는 일반적인 공식도 만들 수 있다. 예를 들어, p가 소수이면 이 소수의 약수는 오직 1과 p뿐이므로 $\sigma(p) = p+1$이다. 더 일반적으로, 소수의 거듭제곱 p^k의 약수는 $1, p, p^2, \ldots, p^k$이므로 다음이 성립한다.

$$\sigma(p^k) = 1+p+p^2+\cdots+p^k = \frac{p^{k+1}-1}{p-1}$$

σ(시그마) 함수에 대해 조금 더 알아보기 위해 다음 표를 계산해 보았다.

$$\begin{array}{lllll}
\sigma(1)=1 & \sigma(2)=3 & \sigma(3)=4 & \sigma(4)=7 & \sigma(5)=6 \\
\sigma(6)=12 & \sigma(7)=8 & \sigma(8)=15 & \sigma(9)=13 & \sigma(10)=18 \\
\sigma(11)=12 & \sigma(12)=28 & \sigma(13)=14 & \sigma(14)=24 & \sigma(15)=24 \\
\sigma(16)=31 & \sigma(17)=18 & \sigma(18)=39 & \sigma(19)=20 & \sigma(20)=42 \\
\sigma(21)=32 & \sigma(22)=36 & \sigma(23)=24 & \sigma(24)=60 & \sigma(25)=31 \\
\sigma(26)=42 & \sigma(27)=40 & \sigma(28)=56 & \sigma(29)=30 & \sigma(30)=72 \\
\sigma(31)=32 & \sigma(32)=63 & \sigma(33)=48 & \sigma(34)=54 & \sigma(35)=48 \\
\sigma(36)=91 & \sigma(37)=38 & \sigma(38)=60 & \sigma(39)=56 & \sigma(40)=90 \\
\sigma(41)=42 & \sigma(42)=96 & \sigma(43)=44 & \sigma(44)=84 & \sigma(45)=78 \\
\sigma(46)=72 & \sigma(47)=48 & \sigma(48)=124 & \sigma(49)=57 & \sigma(50)=93 \\
\sigma(51)=72 & \sigma(52)=98 & \sigma(53)=54 & \sigma(54)=120 & \sigma(55)=72 \\
\sigma(56)=120 & \sigma(57)=80 & \sigma(58)=90 & \sigma(59)=60 & \sigma(60)=168 \\
\sigma(61)=62 & \sigma(62)=96 & \sigma(63)=104 & \sigma(64)=127 & \sigma(65)=84
\end{array}$$

이 표를 자세히 들여다 보면, $\sigma(mn)$이 $\sigma(m)\sigma(n)$과 같은 경우가 종종 발견된다. 조금 더 확인해 보면, 이 사실은 m과 n이 서로소인 경우에 성립한다는 것을 확인할 수 있다. 따라서 11장에서 공부한 오일러 ϕ 함수가 갖는 곱셈 공식이 σ 함수에서도 성립하는 듯 보인다. 이 곱셈 공식을 $\sigma(p^k)$값과 연계하여 써 보자.

정리 15.3 (σ **함수 공식**)

(a) 만일 p가 소수이고 $k \geq 1$이면, 다음 등식이 성립한다.

$$\sigma(p^k) = 1 + p + p^2 + \cdots + p^k = \frac{p^{k+1}-1}{p-1}$$

(b) 만일 $\gcd(m,n) = 1$을 만족한다면, 다음 등식이 성립한다.

$$\sigma(mn) = \sigma(m)\sigma(n)$$

ϕ 함수와 마찬가지로, 우리는 큰 수 n에 대해서 $\sigma(n)$ 값을 공식으로 쉽게 계산할 수 있다. 예를 들어 보자.

$$\begin{aligned}
\sigma(16072) &= \sigma(2^3 \cdot 7^2 \cdot 41) \\
&= \sigma(2^3) \cdot \sigma(7^2) \cdot \sigma(41) \\
&= (1 + 2 + 2^2 + 2^3)(1 + 7 + 7^2)(1 + 41) \\
&= 15 \cdot 57 \cdot 42 = 35910
\end{aligned}$$

그리고

$$\begin{aligned}\sigma(800000) &= \sigma(2^8 \cdot 5^5)\\ &= \left(\frac{2^9-1}{2-1}\right)\left(\frac{5^6-1}{5-1}\right)\\ &= 511 \cdot \frac{15624}{4} = 1995966\end{aligned}$$

이다.

독자들은 이 시점에서 필자가 σ 함수의 곱셈 공식을 어떻게 증명하는지 보여줄 것이라 기대할지도 모르겠다. 하지만, 필자는 하지 않을 것이다! 독자들은 이미 수론에 대해 충분히 공부하였고, 이제는 한 사람의 수학자로서 행동할 때가 되었다.[1] 따라서 필자는 독자들이 σ 함수의 곱셈 공식, $\sigma(mn) = \sigma(m)\sigma(n)$이 서로소인 m, n에 대해 성립함을 증명하길 권한다. 첫 시도에서 실패하였다 해도 너무 실망하지 말자. 한 가지 조언을 한다면, 일반적인 증명을 시도하기 전에, 왜 이 공식이 사실인지 그 이유를 생각해 보자. 예를 들어, $21 = 3 \cdot 7$이나 $65 = 5 \cdot 13$과 같이 두 소수의 곱으로 표현되는 수를 정하고, 그 수의 약수들을 찾아보자. p와 q가 서로 다른 소수일 때, $\sigma(pq) = \sigma(p)\sigma(q)$가 성립함을 증명할 수 있을 것이다. 이제, 두세 개의 약수를 갖는 m, n에 대해 m과 n의 약수들이 mn의 약수와 어떤 관계를 갖는지 찾아보자. 이 관계를 바르게 찾는다면, $\sigma(mn) = \sigma(m)\sigma(n)$임을 증명할 수 있을 것이다. 잊지 말자. m, n이 서로소라는 사실이 증명에 반드시 필요할 것이다.

σ 함수와 완전수는 어떤 관련이 있을까? n이 완전수라 함은, n의 약수 중 n을 제외한 것의 합이 n과 같음을 의미한다. $\sigma(n)$은 n을 포함한 모든 약수의 합으로 정의되므로, n이 한 번 더 더해진다. 따라서 우리는 다음과 같이 말할 수 있다.

$\sigma(n) = 2n$을 만족하는 n은 완전수이다.

이제, 짝수인 완전수에 대한 오일러의 완전수 공식을 증명할 준비가 되었다. 독자의 편의를 위해 다시 한번 기술하겠다.

정리 15.4 (오일러의 완전수 정리)

만일 n이 짝수인 완전수이면, n은 어떤 메르센 소수 $2^p - 1$에 대하여 다음과 같이 표현된다.

$$n = 2^{p-1}(2^p - 1)$$

증명 n이 짝수인 완전수라고 가정하자. n이 짝수라 가정하였으므로, 우리는 다음과 같이 쓸 수 있다.

$$n = 2^k m \qquad (\text{단, } k \geq 1 \text{이고 } m\text{은 홀수})$$

[1] 귀 요원에게 부여된 임무는 사그마 함수의 곱셈 공식을 증명하는 것이다. 이 임무중에 요원이 체포되거나 살해 될 경우 우리는 요원의 존재를 부인할 것이다. 행운을 빈다![†]

[†] 영화 Mission Impossible의 유명한 대사.

그리고, $\sigma(n)$을 계산하기 위해 σ 함수의 공식을 사용하자.

$$\begin{aligned}
\sigma(n) &= \sigma(2^k m) && n = 2^k m \\
&= \sigma(2^k)\sigma(m) && \sigma \text{ 함수의 곱셈 공식과} \\
& && \gcd(2^k, m) = 1 \text{ 라는 사실을 이용} \\
&= (2^{k+1}-1)\sigma(m) && p = 2 \text{일때 } \sigma(p^k)\text{의 공식 이용}
\end{aligned}$$

하지만, 우리는 n이 완전수라 가정하였다. 따라서 $\sigma(n) = 2n = 2^{k+1}m$을 만족하여야 한다. 따라서 우리는 $\sigma(n)$을 표현하는 서로 다른 두 가지 방법을 얻었고, 이 둘은 반드시 같아야 한다.

$$2^{k+1}m = (2^{k+1}-1)\sigma(m)$$

$2^{k+1}-1$은 당연히 홀수이다. 그리고 $(2^{k+1}-1)\sigma(m)$은 2^{k+1}의 배수이므로, $\sigma(m)$은 2^{k+1}의 배수여야 한다. 따라서 어떤 자연수 c에 대해 $\sigma(m) = 2^{k+1}c$를 만족하여야 한다. 이 결과를 위의 등식에 대입하면 다음과 같다.

$$2^{k+1}m = (2^{k+1}-1)\sigma(m) = (2^{k+1}-1)2^{k+1}c$$

이제 양변에서 2^{k+1}을 지우면 $m = (2^{k+1}-1)c$를 얻는다. 요약컨대, 우리는 다음을 만족하는 정수 c가 있음을 보였다.

$$m = (2^{k+1}-1)c, \qquad \sigma(m) = 2^{k+1}c$$

이제, 우리는 $c > 1$이면 모순이 생김을 보임으로써 $c = 1$이라는 사실을 증명하려 한다. (이러한 증명을 "귀류법"이라 부른다.) $c > 1$이라 가정하자. 그렇다면, $m = (2^{k+1}-1)c$는 다음과 같은 서로 다른 약수를 갖는다.

$$1, \quad c, \quad m$$

(주의. n이 짝수라는 사실로부터 $k \geq 1$을 만족하여야 한다. 따라서 c와 m은 다른 수이다.) 물론 m은 다른 많은 약수들을 가질 수 있지만, 어떠한 경우라도 이들의 합이 $\sigma(m)$보다 클 수 없다.

$$\sigma(m) \geq 1 + c + m = 1 + c + (2^{k+1}-1)c = 1 + 2^{k+1}c$$

하지만, 우리는 $\sigma(m) = 2^{k+1}c$임을 알고 있으므로, 다음 부등식

$$2^{k+1}c \geq 1 + 2^{k+1}c$$

을 얻는다. 따라서 $0 \geq 1$이고, 이는 모순이다. 이러한 모순으로부터 반드시 $c = 1$임을 증명하였고, 이는

$$m = (2^{k+1}-1), \qquad \sigma(m) = 2^{k+1} = m + 1$$

임을 의미한다.

그렇다면, 어떤 자연수 m이 $\sigma(m) = m+1$을 만족할까? 이 결과는 명확하게 m의 약수가 1과 m뿐이라 말한다. 만일 더 있다면 약수의 합이 $m+1$보다 커야만 한다. 즉, m이 소수일 때만 $\sigma(m) = m+1$을 만족한다. 따라서 이제까지 우리가 증명한 것은 n이 짝수인 완전수라면

$$n = 2^k(2^{k+1}-1)\text{이고} \qquad 2^{k+1}-1\text{은 소수}$$

라는 것이다. 14장에서 우리는 $2^{k+1}-1$이 소수이면 $k+1$도 소수라는 것을 확인하였다. 따라서 모든 짝수인 완전수는 어떤 메르센 소수 2^p-1에 대해 $n = 2^{p-1}(2^p-1)$로 표현된다. 이렇게 우리는 오일러의 완전수 정리를 증명하였다. □

오일러의 완전수 정리는 모든 짝수인 완전수에 대해서는 훌륭하게 묘사하지만, 홀수인 완전수에 대해서는 어떠한 것도 알려 주지 않는다.

질문 15.5 (홀수인 완전수라는 곤경). 홀수인 완전수가 존재할까?

오늘날까지 많은 시도가 있었지만, 그 누구도 홀수인 완전수를 발견하지 못했다. 많은 수학자들이 이 환상의 수에 대한 연구를 해오며 (최근 50년 간 50편 이상의) 연구 논문을 발표하였다. 현재까지 알려진 바는 10^{300}보다 작은 홀수인 완전수는 없다는 것이다. 하지만, 현재까지 아무도 홀수인 완전수가 존재할 수 없다는 증명을 할 수 없었고, 홀수인 완전수는 다음 시에 나오는 난쟁이와 같다.

> 어젯밤 나는 층계에서 만났지,
> 거기 없는 난장이.
> 그는 오늘도 역시나 없나봐,
> 에이, 가버렸나봐.
>
> 작자미상

만일 작은 수들에 대해 시험 삼아 계산해 본다면, 모든 홀수는 $\sigma(n) < 2n$을 만족하지 않을까 의심할 수 있다. 이 명제가 참이라면, 홀수인 완전수는 존재할 수 없다는 것을 증명할 수 있겠지만, 불행히도 그렇지는 않다. 가장 작은 반례로서, $n = 945 = 3^3 \cdot 5 \cdot 7$, $\sigma(945) = 1920$이 있다. 이 예는 작은 수에 대해 많이 확인했다고 해서 참이라고 믿어서는 안 된다는 경고이다. 수치 데이터를 기반으로 추측을 하는 것은 문제될 것이 없지만, 이러한 데이터로 잘못된 결론을 내릴 수도 있기 때문에 수학자들은 엄밀한 증명을 요구한다.[†]

[†] 저자는 201쪽에서 이 경고를 한 번 더 반복한다.

연습문제

15.1. m과 n이 서로소인 정수일 때, 등식 $\sigma(mn) = \sigma(m)\sigma(n)$이 성립함을 증명하여라.

15.2. 다음 σ 함수 값을 계산하여라.
(a) $\sigma(10)$ **(b)** $\sigma(20)$ **(c)** $\sigma(1728)$

15.3. **(a)** 3의 거듭제곱수는 완전수가 될 수 없음을 증명하여라.
(b) 보다 일반적으로, p가 홀수인 소수일 때, 그 소수의 거듭제곱 p^k은 완전수가 될 수 없음을 증명하여라.
(c) $3^i \cdot 5^j$ 형태의 수는 완전수가 될 수 없음을 증명하여라.
(d) 보다 일반적으로, p가 3보다 큰 소수일 때, $3^i p^j$이 완전수가 될 수 없음을 증명하여라.
(e) 훨씬 더 일반적으로, p, q가 서로 다른 홀수인 소수일 때, $q^i p^j$이 완전수가 될 수 없음을 증명하여라.

15.4. $3^m \cdot 5^n \cdot 7^k$ 형태의 수는 완전수가 될 수 없음을 증명하여라.

15.5. 제곱수는 완전수가 될 수 없음을 증명하여라. [도움말. 작은 n에 대해 $\sigma(n^2)$ 값을 계산하여라. 결과가 홀수인가 짝수인가?]

15.6. 완전수는 자신의 진약수의 합과 같다. 만일, 합 대신 곱의 경우를 고려할 때, 우리는 어떤 수가 자신의 진약수의 곱과 같을 때, 이를 곱셈완전수(product perfect)라 이름짓자. 예를 들어

m	진약수들의 곱	
6	$1 \cdot 2 \cdot 3 = 6$	곱셈완전수
9	$1 \cdot 3 = 3$	곱이 작음
12	$1 \cdot 2 \cdot 3 \cdot 4 \cdot 6 = 144$	곱이 큼
15	$1 \cdot 3 \cdot 5 = 15$	곱셈완전수

6과 15는 곱셈완전수이지만, 9와 12는 아니다.
(a) 2와 50 사이의 곱셈완전수를 모두 찾아보아라.
(b) 모든 곱셈완전수를 찾는 방법을 기술하여라. 특히, "35710은 곱셈완전수인가?", "10000보다 작은 곱셈완전수를 모두 찾아라"와 같은 질문의 답을 찾을 수 있을 만큼 유용한 방법을 찾아보아라.
(c) (b)에서 제시한 방법이 참임을 증명하여라.

15.7. 💻 **(a)** (1과 n 자신도 포함한) n의 모든 약수의 합, $\sigma(n)$을 계산하는 프로그램을 만들어 보아라. n보다 작은 모든 약수를 찾아 모두 더하는 방법 대신, n을 소인수분해하여 계산하는 프로그램을 만들어 보아라.
(b) 알려진 바와 같이, 고대 그리스인들은, $\sigma(n) = 2n$을 만족하는 n을 완전수라 불렀다. 또한 그들은 $\sigma(n) > 2n$을 만족하는 n은 초과수, $\sigma(n) < 2n$을 만족하는 n은 부족수라 불렀다. 2와 100 사이에 얼마나 많은 완전수, 초과수, 부족수가 있는지 세어 보아라. 물론, 완전수는 드물게 존재한다. 그렇다면, 초과수와 부족수 중 어떤 쪽이 더 많다고 생각하는가? 100과 200 사이에서도 초과수와 부족수를 찾아보고, 독자의 추측이 여전히 맞는지 확인하여라.

15.8. 고대 그리스인들은, m의 진약수의 합이 n이고 n의 진약수의 합이 m인 두 수 m, n을 친화수(amicable pair)라 불렀다. (진약수는 n의 약수 중 n 자신은 제외한 것이다.) 첫 번째이자 (이제까지 알려진 바로는)

유일하게 고대 그리스 시대에 알려져 있었던 친화수는 $(220, 284)$이다. 이 수가 친화수라는 것은 다음과 같이 확인할 수 있다.

$$284 = 1+2+4+5+10+11+20+22+44+55+110 \qquad (220\text{의 약수들})$$

$$220 = 1+2+4+71+142 \qquad (284\text{의 약수들})$$

(a) 수 (m, n)이 친화수가 되기 위한 필요충분조건은 $\sigma(n)$과 $\sigma(m)$이 모두 $n+m$임을 증명하여라.

(b) 다음 수들이 친화수임을 확인하여라.

$$(220, 284),\ (1184, 1210),\ (2620, 2924),\ (5020, 5564),\ (6232, 6368),$$
$$(10744, 10856),\ (12285, 14595)$$

(c) 모든 친화수를 생성하지는 않지만, 친화수를 생성하는 공식이 있다. 이 공식은 9세기경 아불 하산 타비트 벤 코라(Abu-l-Hasan Thabit ben Korrah)에 의해 발견되었고, 그 이후 페르마, 데카르트 등 다른 수학자들에 의해서 재발견되었다.† 이 공식은 다음 세 수

$$p = 3 \cdot 2^{e-1} - 1,$$

$$q = 2p + 1 = 3 \cdot 2^{e} - 1,$$

$$r = (p+1)(q+1) - 1 = 9 \cdot 2^{2e-1} - 1$$

을 이용하는 것으로, 만일 p, q, r 모두가 홀수인 소수라면, $m = 2^e pq$와 $n = 2^e r$가 친화수가 된다. 타비트 벤 코라의 공식이 친화수를 생성함을 증명하시오.

(d) 타비트 벤 코라의 공식에 $e = 2$를 대입하면 친화수 $(220, 284)$를 얻는다. 이 방법을 이용하여 두 번째 친화수를 찾아보자. 만일 컴퓨터로 소인수분해를 계산할 수 있다면, 타비트 벤 코라의 공식을 이용하여 더 많은 친화수를 찾아보아라.

15.9. 진약수의 합을 구하는 함수를 정의하자.

$$s(n) = \sigma(n) - n = n\text{의 진약수의 합}$$

즉, $s(n)$은 n의 약수 중에서 n 자신을 제외한 모든 약수를 더하는 함수이다. 따라서 n이 완전수이면 $s(n) = n$이고, (m, n)이 친화수이면 $s(n) = m$ 이고 $s(m) = n$이다. 보다 일반적으로, 수들의 모임 $n_1, n_2, \ldots, n_t$가 다음 조건을 만족하면, 이를 위수(order)가 t인 사교수(sociable numbers)라 부른다.

$$s(n_1) = n_2, \quad s(n_2) = n_3, \quad \ldots, \quad s(n_{t-1}) = n_t, \quad s(n_t) = n_1$$

(이러한 수열을 예전에는 진약수 순환(aliquot cycle)이라 불렀다.) 예를 들어, 다음 수들

$$14316,\ 19116,\ 31704,\ 47616,\ 83328,\ 177792,\ 295488,$$
$$629072,\ 589786,\ 294896,\ 358336,\ 418904,\ 366556,\ 274924,$$
$$275444,\ 243760,\ 376736,\ 381028,\ 285778,\ 152990,\ 122410,$$
$$97946,\ 48976,\ 45946,\ 22976,\ 22744,\ 19916,\ 17716$$

은 위수가 28인 사교수이다.

---

† 학술지가 생기기 전에는 누가 어떤 발견을 했는지가 널리 알려지기 어려웠다.

(a) 16000보다 작은 수 중에서 5개의 수로 이루어진 사교수가 있다. 이 사교수를 찾아보아라.

(b) 1970년 전까지 알려진, 위수가 3 이상인 사교수는 앞에 소개한 위수 5인 것과 위수 28인 것, 두 가지뿐이었다. 다음 사교수는 위수 4인 것으로, 이 사교수는 모두 백만보다 큰 수로 이루어져 있다. 이를 찾아보아라.

(c) 8억보다 큰 수로 이루어진 위수 9인 사교수를 찾아보아라. 이 사교수는 현재까지 알려진 위수 9인 사교수의 유일한 예이다.

(d) 900억보다 큰 수로 이루어진 위수 6인 사교수를 찾아보아라. 위수 6인 사교수는 현재 2개가 알려져 있는데, 이 예는 그중 작은 것이다.

제 **16** 장

법 m에 대한 거듭제곱과 연속제곱법

다음을 어떻게 계산하면 좋을까?

$$5^{100000000000000} \pmod{12830603}$$

만일 12830603이 소수라면, 페르마의 소정리(9장)를 이용할 수 있을 것이고, 소수가 아니어도, 오일러의 공식(10장)도 이용할 수 있을 것이다. 실제로, $12830603 = 3571 \cdot 3593$와 같이 소인수분해 되어,

$$\phi(12830603) = \phi(3571)\phi(3593) = 3570 \cdot 3592 = 12823440$$

을 얻는다. 오일러의 공식이 알려주는 것은,

$$\gcd(a,m) = 1\text{을 만족하는}\quad a\text{와}\quad m\text{에 대하여}\quad a^{\phi(m)} \equiv 1 \pmod{m}$$

이므로,

$$100000000000000 = 7798219 \cdot 12823440 + 6546640$$

라는 사실을 이용하여 다음과 같이 우리의 문제를 조금 더 "간단하게" 만들 수 있다.

$$\begin{aligned} 5^{100000000000000} &= (5^{12823440})^{7798219} \cdot 5^{6546640} \\ &\equiv 5^{6546640} \pmod{12830603} \end{aligned}$$

이제, 우리는 "단지" 5를 6546640번 곱한 다음 12830603으로 나눈 나머지만 구하면 된다. 불행히도, $5^{6546640}$도 400 만 자리의 수이고, 따라서 컴퓨터를 이용한다 할지라도 계산이 어려울 것이다. 이 장의 후반부에서는 대략 백자리 수 a, k, m에 대해 $a^k \pmod{m}$을 계산할 것인데, 이때 a^k의 자리수는 우주에 존재하는 것으로 알려진 원자 구성 요소의 수보다 많다! 따라서 우리는 더 좋은 방법을 찾을 필요가 있다.

아마도 독자들은 왜 이렇게 거대한 수의 계산을 해야 하는지 의아할 것이다.[1] '이렇게 큰 수의 계산도 가능한가?' 하는 본질적인 흥미는 제쳐 놓더라도, 이 계산에는 매우 실용적인 의미가 있다. 후반부에 소개하겠지만, $a^k \pmod{m}$의 계산은 어떤 정보를 암호화하고 해독하는 데 사용할 수 있다. 놀랍게도, 이 계산에 의해 암호화된 정보는 현재까지 알려진 고도의 해독 기술로도 해독이 거의 불가능하다. 이에 대한 독자들의 호기심을 모르는 바 아니지만, 이번 장과 다음 장에서는 법

[1] 4학년 학생의 질문: "수학자는 무슨 일을 하나요? 무지하게 큰 수들을 곱하나요?"

m에 대해 거대한 거듭제곱을 계산하는 방법에 대해 소개하고자 한다. 그 다음 18장에서 이러한 계산이 어떻게 "해독불가능한" 암호를 생성하는지에 대해 설명할 것이다.

$a^k \pmod{m}$을 계산하는 재치있는 아이디어는 연속제곱법(Method of Successive Squaring)이다. 일반적인 방법을 설명하기 전에, 다음 계산으로 연속제곱법의 아이디어를 알아보자.

$$7^{327} \pmod{853}$$

첫 단계는 거듭제곱 $7, 7^2, 7^4, 7^8, 7^{16}, \ldots \pmod{853}$의 표를 만드는 것이다. 이 표를 만들 때, 이전 수를 제곱하면 다음 수를 얻을 수 있음을 상기하자. 또한, 우리는 제곱하기 전에 법 853에 대한 계산을 하기 때문에, 852^2보다 큰 수는 고려할 필요가 없다. 다음은 7의 2^k 거듭제곱을 법 853에 대해 계산한 결과를 표로 나타낸 것이다.

$$\begin{aligned}
7^1 & & &\equiv 7 &&\equiv 7 \pmod{853}\\
7^2 &\equiv \left(7^1\right)^2 &&\equiv 7^2 &&\equiv 49 &&\equiv 49 \pmod{853}\\
7^4 &\equiv \left(7^2\right)^2 &&\equiv 49^2 &&\equiv 2401 &&\equiv 695 \pmod{853}\\
7^8 &\equiv \left(7^4\right)^2 &&\equiv 695^2 &&\equiv 483025 &&\equiv 227 \pmod{853}\\
7^{16} &\equiv \left(7^8\right)^2 &&\equiv 227^2 &&\equiv 51529 &&\equiv 349 \pmod{853}\\
7^{32} &\equiv \left(7^{16}\right)^2 &&\equiv 349^2 &&\equiv 121801 &&\equiv 675 \pmod{853}\\
7^{64} &\equiv \left(7^{32}\right)^2 &&\equiv 675^2 &&\equiv 455625 &&\equiv 123 \pmod{853}\\
7^{128} &\equiv \left(7^{64}\right)^2 &&\equiv 123^2 &&\equiv 15129 &&\equiv 628 \pmod{853}\\
7^{256} &\equiv \left(7^{128}\right)^2 &&\equiv 628^2 &&\equiv 394384 &&\equiv 298 \pmod{853}
\end{aligned}$$

다음으로, 지수 327을 2의 거듭제곱의 합으로 표현해 보자. 이를 327의 2진법 전개(binary expansion) 라 한다. 327보다 작은 2의 거듭제곱 중 가장 큰 것은 $2^8 = 256$이므로, $327 = 256 + 71$과 같이 쓴다. 다음으로, 71보다 작은 2의 거듭제곱 중 가장 큰 것은 $2^6 = 64$이므로, $327 = 256 + 64 + 7$이다. 이를 반복하면, 다음과 같다.

$$\begin{aligned}
327 &= 256 + 71\\
&= 256 + 64 + 7\\
&= 256 + 64 + 4 + 3\\
&= 256 + 64 + 4 + 2 + 1
\end{aligned}$$

이제, 327의 2진법 전개를 이용하여

$$\begin{aligned}
7^{327} &= 7^{256+64+4+2+1}\\
&= 7^{256} \cdot 7^{64} \cdot 7^4 \cdot 7^2 \cdot 7^1\\
&\equiv 298 \cdot 123 \cdot 695 \cdot 49 \cdot 7 \pmod{853}
\end{aligned}$$

을 계산하자. 마지막 등식은 앞에서 계산한 7의 거듭제곱을 계산한 표를 이용하였다.

7^{327} (mod 853)의 계산을 완결짓기 위해, 이제 마지막 다섯 수를 곱하고 법 853에 대해 줄이기만 하면 된다. 만일 이 다섯 수의 곱이 너무 커서 입맛에 맞지 않다면, 먼저 두 수를 곱한 뒤 법 853에 대해 줄이고, 다시 곱한 뒤 줄이는 과정을 반복하자. 이렇게 계산하면, 우리는 여전히 852^2보다 큰 수를 다루지 않아도 된다.

$$298 \cdot 123 \cdot 695 \cdot 49 \cdot 7 \equiv 828 \cdot 695 \cdot 49 \cdot 7 \equiv 538 \cdot 49 \cdot 7$$

$$\equiv 772 \cdot 7 \equiv 286 \pmod{853}$$

드디어, 계산이 완료되었다!

$$7^{327} \equiv 286 \pmod{853}$$

이러한 연속제곱법은 많은 계산을 요구하는 것 같지만, 연속제곱법으로 계산하는 대신 직접 7^{327} (mod 853)을 계산하기 위해 7^{327}을 먼저 계산하고, 그 결과를 853으로 나눈 나머지를 구한다고 가정해 보자. 이 계산은 소형 컴퓨터로도 가능하기는 하다.

$$7^{327} = 22236123868955180582\underbrace{\ldots\ldots\ldots\ldots}_{237\text{개의 숫자가 생략됨}}3258493799550987954 3$$

$$\equiv 286 \pmod{853}$$

하지만, 독자도 알다시피 위의 수들은 상당히 크다. 그리고, 안전한 암호 체계를 만들려면 a^k의 계산시 k가 약 수백 자리 수 정도는 되어야 하는데, 이보다 훨씬 작은 20자리 수만 되어도 a^k를 계산하는 것은 완전히 실행불가능하다.†

한편, 연속제곱법을 이용하면 수백, 또는 수천 자리의 수 k에 대해서도 a^k (mod m)의 계산이 가능한데, 그 이유를 꼼꼼하게 분석해 보면 a^k (mod m)을 계산하기 위해서는 대략 $\log_2(k)$ 번 단계의 계산‡을 수행하면 되기 때문이다. 이 책에서는 이러한 분석까지는 하지 않겠지만, 대략적으로 $\log_2(k)$가 k의 자리수의 3.322 배 정도 된다는 것만 밝히겠다. 즉, k가 천 자리의 수라면, a^k (mod m) 계산을 하는 데 약 3322 단계의 계산이 필요하다. 물론 손으로 계산하기에는 많은 횟수지만, 소형 컴퓨터를 이용하면 눈 깜빡할 사이에 할 수 있는 계산이다. 소요 시간에 대해 알려주기 위해, 필자의 노트북(사양을 꼭 알고 싶은 사람에게 알려 주자면, 1500-MHz 펜티엄 프로세서가 내장되었다.)으로 거듭제곱법을 이용하여 계산해 보니, 다음과 같았다.

$$7^{10^{200,000}} \equiv 787 \pmod{853}\text{은 0.36초 소요}$$

$$7^{10^{2,000,000}} \equiv 303 \pmod{853}\text{은 4.48초 소요}$$

이제, 연속제곱법으로 거듭제곱을 계산하는 일반적인 방법을 설명해 보자.

---

†소형컴퓨터를 사용할 때.

‡소형 컴퓨터도 수행하기 쉬운 정도의 계산

알고리듬 16.1 (연속제곱법을 이용한 $a^k \pmod{m}$ 계산)

다음 과정을 통해 $a^k \pmod{m}$을 계산할 수 있다.

1. k를 2의 거듭제곱의 합으로 표현한다.

$$k = u_0 + u_1 \cdot 2 + u_2 \cdot 4 + u_3 \cdot 8 + \cdots + u_r \cdot 2^r$$

단, 여기서 각각의 u_i는 0 또는 1이다. (이것이 k의 이진법 전개이다.)

2. 연속제곱법을 이용하여 법 m에 대해 a의 거듭제곱을 계산하여 표를 만든다.

$$\begin{aligned}
a^1 & & &\equiv A_0 \pmod{m}\\
a^2 &\equiv (a^1)^2 &\equiv A_0^2 &\equiv A_1 \pmod{m}\\
a^4 &\equiv (a^2)^2 &\equiv A_1^2 &\equiv A_2 \pmod{m}\\
a^8 &\equiv (a^4)^2 &\equiv A_2^2 &\equiv A_3 \pmod{m}\\
&\vdots & &\vdots\\
a^{2^r} &\equiv \left(a^{2^{r-1}}\right)^2 &\equiv A_{r-1}^2 &\equiv A_r \pmod{m}
\end{aligned}$$

표의 각 행을 계산하려면, 먼저 이전 행의 제일 마지막 수를 찾아 제곱을 한 뒤, 이를 법 m에 대해 계산하면 된다. 또한, 이 표는 $r+1$ 행으로 이루어져 있는데, 여기서 r는 위의 k의 이진법 전개에서 나타났던 2의 가장 큰 지수이다.

3. 다음의 곱

$$A_0^{u_0} \cdot A_1^{u_1} \cdot A_2^{u_2} \cdots A_r^{u_r} \pmod{m}$$

은 법 m에 대해 a^k과 합동이다. 그리고, 모든 u_i는 0 또는 1이므로 이 곱은 $u_i = 1$인 A_i들만 곱하면 충분하다.

증명 왜 이 방법이 유효할까? 다음을 계산해 보자.

$$\begin{aligned}
a^k &= a^{u_0+u_1\cdot 2+u_2\cdot 4+u_3\cdot 8+\cdots+u_r\cdot 2^r} && \text{1단계 이용.}\\
&= a^{u_0} \cdot (a^2)^{u_1} \cdot (a^4)^{u_2} \cdots (a^{2^r})^{u_r}\\
&\equiv A_0^{u_0} \cdot A_1^{u_1} \cdot A_2^{u_2} \cdots A_r^{u_r} \pmod{m} && \text{2단계의 표를 이용.} \quad \square
\end{aligned} \tag{16.1}$$

이전에 언급한 것과 같이, 지수가 큰 $a^k \pmod{m}$을 계산하는 것은 실생활에서 안전한 암호를 만드는 데 사용된다. 이러한 안전한 암호를 만들기 위해 어느 정도 큰 소수, 말하자면 100에서 200 자리의 소수를 찾을 필요가 있다. 이 사실은, 주어진 수 m이 소수인지 아닌지를 어떻게 확인하느냐는 질문을 유발하게 된다. 확실하지만 비효율적인 방법은 $\sqrt{m}$보다 작은 모든 수들로 m을 나누어 인수가 있는지 확인하는 것이다. 만일 없다면 m은 소수이다. 유감스럽게도, 이 방법은 그리 크지 않은 m에 대해서도 비실용적이다.

연속제곱법과 페르마의 소정리(9장)를 이용하면, m의 인수를 찾지 않고서도 합성수인지 아닌지 확인할 수 있다! 방법은 다음과 같다. m보다 작은 수 a를 선택하자. 우선 $\gcd(a, m)$을 계산하자. 만일, 최대공약수가 1보다 크다면, 우리는 m의 약수를 찾은 것이고, 따라서 m은 합성수이다. 한편, 만일 $\gcd(a, m) = 1$이면, 연속제곱법을 이용하여

$$a^{m-1} \pmod{m}$$

을 계산하자. 페르마의 소정리에 의하면, m이 소수일 경우 위의 값은 1이 되어야 한다. 따라서 위의 값이 1이 아니라면, 실제로 m의 어떠한 인수도 알지 못하더라도 m이 합성수라는 것을 알 수 있다.

예를 하나 들어 보자. 연속제곱법을 이용하여

$$2^{283976710803262} \equiv 280196559097287 \pmod{283976710803263}$$

을 계산하면, 283976710803263은 확실히 소수가 아님을 알 수 있다. 실제로,

$$283976710803263 = 104623 \cdot 90437 \cdot 30013$$

으로 소인수분해 된다.

$m = 630249099481$에 대해서도 확인해 보자. 연속제곱법을 이용하면,

$$2^{630249099480} \equiv 1 \pmod{630249099481}$$

$$3^{630249099480} \equiv 1 \pmod{630249099481}$$

이다. 이 결과로부터 $m = 630249099481$이 소수라고 할 수 있는가? 아직 분명하지는 않지만, 소수일 가능성이 크다. 만일, $a = 5, 7, 11$에 대해 여전히 $a^{m-1} \equiv 1 \pmod{m}$을 얻는다면, 630249099481이 소수일 가능성은 더 커진다. 이와 같이 페르마의 소정리를 이용하면, 어떤 수가 소수라고 증명하는 것은 불가능할지라도, 많은 a에 대해 $a^{m-1} \equiv 1 \pmod{m}$이 성립한다면 m이 실제로 소수일 것이라는 느낌이 강하게 든다. 이와 같이 페르마의 소정리와 연속제곱법을 이용하여 어떤 수가 합성수인지, 또는 어떤 수가 소수일 가능성이 높은지 판별할 수 있다. 유감스럽게도, $\gcd(a, m) = 1$을 만족하는 모든 a에 대해 $a^{m-1} \equiv 1 \pmod{m}$을 만족하는 합성수 m이 존재한다. 우리는 이러한 수 m을 카마이클 수(Carmichael number)라 부른다. 연습문제 10.3에서 다루었듯이 가장 작은 카마이클 수는 561이다. 카마이클 수와 소수 판정법에 대해서는 19장에서 조금 더 다룰 것이다.

연습문제

16.1. 다음 거듭제곱을 연속제곱법을 이용하여 계산하여라.
(a) $5^{13} \pmod{23}$ **(b)** $28^{749} \pmod{1147}$

16.2. 본문에 소개된 연속제곱법은 $a^k \pmod{m}$을 계산할 때 상당히 효과적으로 수행하게 해 준다. 그러나 이 방법은 법 m에 대해 a의 거듭제곱 표를 만드는 과정이 수반된다.

(a) 다음 알고리듬 또한 $a^k \pmod{m}$을 계산하는 것임을 증명하여라. 이것은 컴퓨터로 계산하는 데 적합하여 연속제곱법보다 더 효과적인 방법이다.

(1) $b = 1$라 설정한다.

(2) $k \geq 1$을 만족하는 동안 반복한다.

(3) 　　만일 k가 홀수이면, $b = a \cdot b \pmod{m}$을 대입한다.

(4) 　　$a = a^2 \pmod{m}$라 설정한다.

(5) 　　$k = k/2$라 설정한다. (k가 홀수이면 소수점 아래는 버린다.)

(6) 반복 구간 종료

(7) 결과로 b 값을 출력한다. (이 값이 $a^k \pmod{m}$이다.)

(b) 선택한 컴퓨터 언어를 이용하여 위의 알고리듬을 프로그램으로 구현하여라.

(c) 독자의 프로그램을 이용하여 다음을 계산하여라.

(i) $2^{1000} \pmod{2379}$　(ii) $567^{1234} \pmod{4321}$　(iii) $47^{258008} \pmod{1315171}$

16.3. **(a)** $7^{7386} \pmod{7387}$을 연속제곱법을 이용하여 계산하여라. 7387은 소수인가?

(b) $7^{7392} \pmod{7393}$을 연속제곱법을 이용하여 계산하여라. 7393은 소수인가?

16.4. 다음과 같이 주어진 수 n이 합성수인지 아니면 소수일 수도 있는지를 판정하는 프로그램을 만들어 보자. 2와 $n-1$ 사이에서 10개의 수 $a_1, a_2, \ldots, a_{10}$을 고르고, 각각의 a_i에 대하여 $a_i^{n-1} \bmod n$을 계산한다. 만일 어떤 a_i에 대해서 $a_i^{n-1} \not\equiv 1 \pmod{n}$이라면 "$n$**은 합성수**"를 출력하여라. 만일 모든 a_i에 대하여 $a_i^{n-1} \equiv 1 \pmod{n}$ 이라면 "n**은 아마도 소수**"를 출력하여라.

이 프로그램을 연습문제 7.7에서 만들었던 소인수분해 프로그램 안에서 주어진 큰 수가 소수인지 확인하는 방법으로 작동하도록 통합하여라.

16.5. $2^{9990} \pmod{9991}$을 연속제곱법을 이용하여 계산해 보고 그 결과를 이용하여 9991이 소수라고 믿을 수 있는지에 대하여 답하여라.

제 **17** 장

법 m에 대한 k-제곱근 구하기

이전 장에서 우리는 큰 수 m, k에 대해 법 m에 대해 k-제곱을 계산하는 방법을 공부하였다. 이번에는 반대 방향으로 여행을 해 보려 하는데, 법 m에 대해 k-제곱근 계산을 시도하려 한다. 즉, 주어진 수 b에 대해 다음 합동방정식의 해를 구하려 한다.

$$x^k \equiv b \pmod{m}$$

우리는 이 합동방정식의 해를 찾을 때까지 $x = 0, 1, 2, \ldots$을 대입하는 것을 시도해 볼 수 있을 것이지만, 만일 m이 크다면 이 방법은 많은 시간이 소요될 것이다. 그 대신, $\phi(m)$을 알고 있다면, 법 m에 대해 b의 k-제곱근을 비교적 쉽게 구할 수 있다. 늘 하던 대로, 예를 들어 방법을 설명하는 것으로 시작하자.

우리는 다음 합동방정식의 해를 구하려고 한다.

$$x^{131} \equiv 758 \pmod{1073}$$

첫 단계는 $\phi(1073)$을 계산하는 것이다. m을 소인수분해하면 11장에서 배운 ϕ 함수의 공식을 이용하여 계산할 수 있다. $1073 = 29 \cdot 37$이고 따라서 $\phi(1073) = \phi(29)\phi(37) = 28 \cdot 36 = 1008$을 쉽게 계산할 수 있다.

다음 단계는 다음 방정식의 (양의) 정수해를 구하는 것이다.

$$ku - \phi(m)v = 1 \qquad \text{다시 말해,} \qquad 131u - 1008v = 1$$

이다. 우리는 이 방정식의 해가 존재한다는 것을 알고 있는데, 그 이유는

$$\gcd(k, \phi(m)) = \gcd(131, 1008) = 1$$

이고, 6장에서 공부한 방법에 의하면 해 $u = 731$, $v = 95$를 찾을 수 있기 때문이다. 조금 더 정확히 말하면, 6장의 방법은 하나의 해

$$131 \cdot (-277) + 1008 \cdot 36 = 1$$

을 찾아준다. 양의 해 u와 v를 얻기 위해서,

$$u = -277 + 1008 = 731, \qquad v = -36 + 131 = 95$$

와 같이 변형한다. 이렇게 찾은 등식

$$131 \cdot 731 - 1008 \cdot 95 = 1$$

은 처음 문제를 해결하는 핵심이 된다.

x^{131}의 u제곱, 즉, 731제곱을 계산하자. 다음을 확인하자.

$$(x^{131})^{731} = x^{131 \cdot 731} = x^{1+1008 \cdot 95} = x \cdot (x^{1008})^{95}$$

하지만, $1008 = \phi(1073)$이므로, 오일러의 공식(10장)에 의하여

$$x^{1008} \equiv 1 \pmod{1073}$$

을 얻는다. 즉, $(x^{131})^{731} \equiv x \pmod{1073}$을 만족한다. 따라서 합동식 $x^{131} \equiv 758 \pmod{1073}$의 양변을 731제곱하면 우리는 다음 결과를 얻는다.

$$x \equiv (x^{131})^{731} \equiv 758^{731} \pmod{1073}$$

이제 연속제곱법(16장)을 이용하여 $758^{731} \pmod{1073}$을 계산하면 된다. 이렇게 우리는 $x \equiv 905 \pmod{1073}$이라는 답을 얻는다. 마지막으로, 확인해 보면, 905^{131}이 법 1073에 대해 758과 합동임을 연속제곱법을 이용하여 확인할 수 있다.

이제, 법 m에 대한 거듭제곱근을 계산하는 일반적인 방법을 소개하려 한다.

알고리듬 17.1 (법 m에 대한 k-제곱근 구하기)

주어진 b, k, m이 다음을 만족하는 정수라 가정하자.

$$\gcd(b, m) = 1, \qquad \gcd\big(k, \phi(m)\big) = 1.$$

다음 과정을 통해 우리는 합동방정식

$$x^k \equiv b \pmod{m}$$

의 해를 구할 수 있다.

1. $\phi(m)$을 계산한다. (11장을 참조하자.)
2. $ku - \phi(m)v = 1$을 만족하는 양의 정수해 u와 v를 구한다. [6장을 참조하자. 또는 $ku \equiv 1 \pmod{\phi(m)}$을 만족하는 양의 정수 u를 구한다. 그러면 u는 실제로 법 $\phi(m)$에 대해 k의 역수가 된다.]
3. $b^u \pmod{m}$을 연속제곱법으로 계산한다. (16장을 참조하자.) 이렇게 얻은 결과가 해 x가 된다.

왜 이 방법이 유효한가? 이렇게 얻은 $x = b^u$이 합동식 $x^k \equiv b \pmod{m}$의 해가 됨을 확인해야 한다.

$$\begin{aligned} x^k &= (b^u)^k && x = b^u \text{로 치환} \\ &= b^{uk} \\ &= b^{1+\phi(m)v} && \text{2단계에서 } ku - \phi(m)v = 1 \text{임을 확인} \\ &= b \cdot \left(b^{\phi(m)}\right)^v \\ &\equiv b \pmod{m} && \text{오일러 공식(10장)에 의해서 } b^{\phi(m)} \equiv 1 \pmod{m} \end{aligned}$$

따라서 $x = b^u$이 합동방정식 $x^k \equiv b \pmod{m}$의 해가 됨을 확인할 수 있다. □

16장에서 소개한 연속제곱법은 매우 큰 k와 m에 대해서도 $a^k \pmod{m}$을 계산할 수 있는 실용적인 방법이었다. 우리가 다룬 법 m에 대해 k-제곱근을 구하는 방법도 실용적인 방법일까? 다시 말해, 실제로 $a^k \pmod{m}$을 계산하는 것이 얼마나 어려울까? k-제곱근을 구하는 세 가지 단계를 반대 방향으로 검토해 보자. 3단계에서는 $b^u \pmod{m}$을 연속제곱법으로 계산한다. 따라서 이 부분은 문제될 것이 없다. 2단계에서는 $ku - \phi(m)v = 1$을 풀어야 한다. 이러한 방정식을 풀기 위해 6장에서 다루었던 방법은 유클리드 호제법에 기초한 것으로, 큰 수 k와 $\phi(m)$에 대해서도 제법 유용하다.

마지막으로, 만만하게 보이는 1단계, $\phi(m)$을 구하는 것이 남았다. 만일 m을 소인수분해하는 방법을 알고 있다면, $\phi(m)$을 11장에서 다룬 공식을 이용하여 쉽게 계산할 수 있다. 하지만, 만일 m이 매우 큰 수라면, 적당한 시간 내에 인수분해를 하는 것은 불가능하지는 않더라도 매우 어렵다. 예를 들어, 다음 합동식의 해를 구한다고 가정해 보자.

$$x^{3968039} \equiv 34781 \pmod{27040397}$$

컴퓨터가 없다면, 27040397이 두 개의 소수의 곱 $27040397 = 4409 \cdot 6133$이라는 것을 알아내는 데에 꽤 시간이 걸리겠지만,

$$\phi(27040397) = 4408 \cdot 6132 = 27029856$$

임을 알 수 있다. $\phi(m)$을 찾았으므로 2단계 계산을 하여

$$3968039 \cdot 17881559 - 27029856 \cdot 2625050 = 1$$

을 얻고, 3단계를 계산을 하여

$$x \equiv 34781^{17881559} \equiv 22929826 \pmod{27040397}$$

을 찾을 수 있다.

이제, 8자리 수 m을 선택하는 대신 각각 백 자리의 소수 p와 q를 선택하여 이 두 소수의 곱으로 이루어진 수 $m = pq$를 생각해 보자. 만약 p와 q가 알려져 있지 않다면 $x^k \equiv b \pmod{m}$

을 푸는 것은 사실상 불가능하다. p와 q를 알지 못한 채 $\phi(m)$ 값을 계산할 수는 없을 것이기 때문이다.[†]

요약하자면, 이번 장에서는 $\phi(m)$ 값을 계산할 수 있다면 다음 합동방정식

$$x^k \equiv b \pmod{m}$$

을 효율적이면서 현실적으로 풀 수 있는 방법을 다루었다. 지금은 $\phi(m)$을 계산할 수 없다면 이 방법을 쓸 수 없다는 것이 불행하게 느껴지지만, 정확히 이 "약점"이 다음 장에서 매우 안전한 암호를 만드는 데 활용될 것이다.

연습문제

17.1. 합동식 $x^{329} \equiv 452 \pmod{1147}$의 해를 찾아보아라. [도움말. 1147은 소수가 아니다.]

17.2. **(a)** 합동식 $x^{113} \equiv 347 \pmod{463}$의 해를 찾아보아라.

(b) 합동방정식 $x^{275} \equiv 139 \pmod{588}$의 해를 찾아보아라.

17.3. 이번 장에서 우리는 법 m에 대해 b의 k-제곱근을 구하는 방법을 설명하였다. 그러나, 혹시 b가 하나 이상의 k-제곱근을 갖지 않을까 하고 스스로 물어봤을지도 모른다. 실제로, 그럴 수 있다! 예를 들어 a가 법 m에 대한 b의 제곱근이면, $-a$도 법 m에 대한 b의 제곱근이다.

(a) b, k, m이 다음을 만족하는 정수라고 하자.

$$\gcd(b, m) = 1, \qquad \gcd\big(k, \phi(m)\big) = 1$$

그러면 b는 m의 유일한 k-제곱근임을 보여라.

(b) 이번에는 $\gcd\big(k, \phi(m)\big) > 1$이라 가정해 보자. 그러면 b는 법 m에 대해 k-제곱근을 갖지 않거나, 적어도 두 개 이상의 k-제곱근을 가짐을 증명하여라. (이 문제는, 이제까지 우리가 알고 있는 것만으로는 해결하기 어려운 문제이다.)

(c) $m = p$가 소수일 때, 몇 가지 예를 계산해 보고, 법 p에 대해 b의 k-제곱근을 계산하는 공식을 만들어 보아라.

17.4. 합동식 $x^k \equiv b \pmod{m}$을 풀기 위해 우선 $ku - \phi(m)v = 1$을 만족하는 정수 u, v를 찾고, 이를 이용하여 $x \equiv b^u \pmod{m}$의 해를 찾았다. 하지만, 오일러의 공식 $b^{\phi(m)} \equiv 1 \pmod{m}$을 적용하려면 $\gcd(b, m) = 1$이라는 조건이 필수적이었다.

(a) 만일 m이 서로 다른 소수의 곱이라면, $x \equiv b^u \pmod{m}$은 $\gcd(b, m) > 1$인 경우에도 $x^k \equiv b \pmod{m}$의 해가 됨을 증명하여라.

(b) 이 방법은 합동식 $x^5 \equiv 6 \pmod{9}$의 경우에는 성립하지 않음을 보여라.

17.5. **(a)** 이번 장에서 다루었던 방법을 이용하여 법 1279에 대한 23의 제곱근을 구하여라. (1279는 소수이다.) 무엇이 문제가 되는가?

[†] $\phi(m)$를 계산한다는 것은 m의 약수가 몇 개인지 찾는 것이므로, m의 모든 약수를 찾는 것, 즉 m을 소인수분해하는 것과 거의 동치이다.

(b) 일반적으로, p가 홀수인 소수일 때, 왜 이번 장에서 다루었던 방법으로 제곱근을 구할 수 없는지 설명해 보아라. 법 p에 대한 제곱근을 구하는 문제에 대해서는 후에 더 자세히 다룰 예정이다.

(c) 더 일반적으로, $\gcd\big(k, \phi(m)\big) > 1$인 경우에는 왜 이번 장에서 다루었던 방법으로 k-제곱근을 구할 수 없는지 설명하여라.

17.6. $x^k \equiv b \pmod{m}$의 해를 찾는 프로그램을 만들어라. 선택 사양으로 m의 소인수분해를 입력받아 $\phi(m)$을 계산할 수 있게 하여라.

제 **18** 장

거듭제곱, 제곱근, 그리고 "공략불가" 암호

이전 두 장에서 우리는 매우 큰 수 m에 대하여 법 m에 대한 거듭제곱과 제곱근을 찾는 방법에 대하여 배웠다. 간단히 돌아보면, 임의의 a, k, m에 대해 $a^k \pmod{m}$을 계산하는 방법과, $\phi(m)$을 계산할 수 있다면 어떻게 $x^k \equiv b \pmod{m}$을 푸는지 알게 되었다. 이것이 어떤 정보를 암호화하고 복호화(해독)하는 기본적인 아이디어이다.[1]

어떤 정보를 암호화하기 위한 첫 단계는, 정보를 수의 배열로 전환하는 것이다. 우리는 이를 위해 가능한 가장 간단한 방법을 쓰려 한다. $\mathrm{A} = 11$, $\mathrm{B} = 12$, $\cdots$, $\mathrm{Z} = 36$이라고 설정하자. 편의를 위해 다음과 같이 표를 만들었다.

A	B	C	D	E	F	G	H	I	J	K	L	M
11	12	13	14	15	16	17	18	19	20	21	22	23

N	O	P	Q	R	S	T	U	V	W	X	Y	Z
24	25	26	27	28	29	30	31	32	33	34	35	36

예를 들어 "To be or not to be"라는 문장은 다음과 같이 바꿀 수 있다.

T	O	B	E	O	R	N	O	T	T	O	B	E
30	25	12	15	25	28	24	25	30	30	25	12	15

이제 우리의 정보는 수의 배열 30251215252824253030251215가 된다. 물론, 이 숫자의 배열이 원 문장의 의미를 감추었다는 점에서, 우리의 정보는 암호화되었다고 할 수 있다. 하지만, 아마추어 암호 해독가라도 이 암호는 몇 분 이내에 쉽게 해독할 수 있을 것이다.[2]

이제, 암호화와 복호화 과정의 핵심에 대해 알아보자. 처음 해야할 것은 두 개의 (큰) 소수 p와 q를 선택하는 것이다. 그 다음으로 이 두 소수를 곱하여 법 $m = pq$를 정한다. 우리는

[1]기술적인 측면에서, 우리가 소개할 것은 부호(code)가 아니고 암호(cipher)이다. 즉, 우리는 정보를 실제로 암호화하고 복호화할 것이다. 역사적으로, 부호화(coding)는 단어나 구절을 하나의 기호(symbol)나 숫자로 치환하는 것이고, 암호(cipher)는 각각의 문자를 다른 기호나 숫자로 치환하는 것이다. 최근 수학에서는 부호(code)라는 용어가 다른 문맥에서 여러 의미로 쓰이고 있다. 이 책에서는 설명상의 편의를 위해 이 두 가지 용어를 혼용해서 쓰겠다.

[2]우리는 띄어쓰기를 표현하기 위해, 예를 들어 '99'와 같은 수를 할당할 수 있고, 심지어 여러 문장 부호에 해당하는 수를 정할 수도 있다. 그러나, 상황을 단순하게 하게 위하여, 우리는 이러한 세부 사항을 무시하고 정보를 띄어쓰기 없는 문자열로 나타내기로 한다.

$\phi(m) = \phi(p)\phi(q) = (p-1)(q-1)$ 또한 계산 할 수 있고, $\phi(m)$과 서로소인 수 k를 선택한다. 이제, m과 k를 누구나 알 수 있게 공개하되, p와 q는 비밀로 유지한다. 내게 정보를 보내고 싶은 사람은 m과 k를 이용하여 다음과 같이 정보를 암호화한다.

먼저, 보낼 정보를 앞에서 설명한 것처럼 수의 배열로 전환한다. 그리고 그 수의 배열을 m보다 작은 숫자가 되게 쪼갠다. 예를 들어, m이 약 백만 정도의 숫자라면, 수로 바꾼 정보를 여섯 자리씩 쪼갠다. 이제, 보낼 정보는 수열 $a_1, a_2, \ldots, a_r$가 되었다. 다음 단계는 연속제곱법을 적용하여 $a_1^k \pmod{m}$, $a_2^k \pmod{m}$, $\cdots$, $a_r^k \pmod{m}$을 계산한다. 이렇게 하여 새로운 수열 $b_1, b_2, \ldots, b_r$를 얻고, 이것이 암호화된 정보이다. 다시 말해, 우리가 받을 정보는 수열 $b_1, b_2, \ldots, b_r$이다.

위와 같이 암호화된 정보를 받았다면 어떻게 복호화 할 수 있을까? 우리가 받은 정보는 수열 $b_1, b_2, \ldots, b_r$이고 이것을 복원하여 원래 정보 $a_1, a_2, \ldots, a_r$를 찾아야 한다. 각각의 b_i는 $a_i^k \pmod{m}$과 합동이므로, a_i를 찾기 위해서 합동식 $x^k \equiv b_i \pmod{m}$을 풀어야 한다. 이 문제는 이전 장에서 다루었던 $\phi(m)$을 안다면 계산할 수 있는 바로 그 문제이다. 그런데 우리는 $m = pq$인 p와 q를 이미 알고 있으므로, $\phi(m)$을 다음과 같이 쉽게 계산할 수 있다.

$$\phi(m) = \phi(p)\phi(q) = (p-1)(q-1) = pq - p - q + 1 = m - p - q + 1$$

이제, 17장에서 소개한 방법을 이용하여 각각의 합동식 $x^k \equiv b_i \pmod{m}$을 풀어야 한다. 합동식의 해는 $a_1, a_2, \ldots, a_r$이고, 그 다음 과정으로 이 수열로부터 처음의 수들의 배열을 얻고 원래 정보를 복원하는 것은 쉽게 할 수 있다.

두 소수 $p = 12553$과 $q = 13007$을 이용하여 암호화와 복호화를 해 보자. 두 소수를 곱하여 법 $m = pq = 163276871$을 얻고, 뒤에 사용하기 위해 $\phi(m)$ 값을 또한 기록한다.

$$\phi(m) = (p-1)(q-1) = 163251312$$

그리고 $\phi(m)$과 서로소인 k를 하나 골라야 하는데 여기서는 $k = 79921$로 선택하자. 요약하면, 우리는 다음 수들을 골랐다.

$$p = 12553, \quad q = 13007, \quad m = pq = 163276871, \quad k = 79921$$

이제, "To be or not to be"라는 정보를 보내고 싶다고 가정하자. 앞서 설명한 것처럼, 이 문장은 수의 배열

$$3025121525282425303025121$5$$

로 변환된다. m은 9자리 수이므로, 주어진 수의 배열을 다음과 같이 8자리 수로 나눈다.

$$30251215, \quad 25282425, \quad 30302512, \quad 15$$

이제, 연속제곱법을 이용하여 법 m에 대해 k-거듭제곱을 계산하자.

$$30251215^{79921} \equiv 149419241 \pmod{163276871}$$

$$25282425^{79921} \equiv 62721998 \pmod{163276871}$$

$$30302512^{79921} \equiv 118084566 \pmod{163276871}$$

$$15^{79921} \equiv 40481382 \pmod{163276871}$$

이제 암호화된 정보는 다음과 같다.

149419241, 62721998, 118084566, 40481382

이제, 새로운 정보를 복호화해 보자. 자정이 지난 늦은 밤, 의문의 정보원이 당신을 찾아와 다음 암호문을 전해 준다.

145387828, 47164891, 152020614, 27279275, 35356191

망설일 틈도 없이, 당신은 복호화 방법이 담긴 수론 포켓북을 펼치고 작업을 시작한다. 17장에 소개된 방법대로, 다음 합동식을 풀어야 한다.

$$\begin{aligned}
x^{79921} &\equiv 145387828 \pmod{163276871} && \Longrightarrow && x \equiv 30182523\\
x^{79921} &\equiv 47164891 \pmod{163276871} && \Longrightarrow && x \equiv 26292524\\
x^{79921} &\equiv 152020614 \pmod{163276871} && \Longrightarrow && x \equiv 19291924\\
x^{79921} &\equiv 27279275 \pmod{163276871} && \Longrightarrow && x \equiv 30282531\\
x^{79921} &\equiv 35356191 \pmod{163276871} && \Longrightarrow && x \equiv 122215
\end{aligned}$$

그 결과 당신은 다음과 같은 숫자의 배열을 얻는다.

30182523262925241929192430282531122215

이제 숫자-문자 대응표를 이용하여 완전한 문장으로 변환한다.

30	18	25	23	26	29	25	24	19	29	19	24	30	28	25	31	12	22	15
T	H	O	M	P	S	O	N	I	S	I	N	T	R	O	U	B	L	E

적절히 띄어 쓰면,

"Thompson is in trouble"

이라는 메세지를 읽게 되고, 이제 당신은 그를 구출하기 위해 나선다.†

과연 이 암호화 방법은 안전할까? 당신이 입수한 암호가 법 m에 대해 k-거듭제곱하여 암호화되었다는 것을 알고 있다고 하자. 과연 복호화하여 정보를 확인하는 작업이 얼마나 어려울까? 현재, 우리가 할 수 있는 유일한 방법은 $\phi(m)$을 알아내어 복호화 작업을 진행하는 것이다. 만일 m이 두 소수 p와 q의 곱이라면, $\phi(m)$은 다음과 같다.

$$\phi(m) = (p-1)(q-1) = pq - p - q + 1 = m - p - q + 1$$

†만화 《피너츠》에서 스누피가 받은 비밀 암호문이었다.

이미 우리는 m의 값을 알고 있으므로, $p+q$의 값만 알면 된다. 그러나 $p+q$를 찾을 수 있다면, 우리는 p와 q의 값도 각각 찾을 수 있다. 그 이유는 이 두 소수가 다음 이차방정식의 해이기 때문이다.

$$X^2 - (p+q)X + m = 0$$

따라서 우리가 입수한 암호문을 해독하기 위해서는, m의 소인수 p와 q를 찾는 것이 반드시 필요하다.

만일 m이 크지 않은 수라면, 말하자면 5자리 또는 10자리의 수라면, 컴퓨터를 이용하여 즉각 인수들을 찾을 수 있을 것이다. 수학자들은 수론의 발전된 방법을 이용하여 조금 더 큰 수, 말하자면 50에서 100자리 정도의 수에 대해서도 소인수분해 하는 방법을 고안해냈다. 따라서 p와 q가 각각 50자리 보다 작은 소수라면, 이 암호는 안전하지 않다. 하지만, 만일 우리가 100자리 이상의 소수를 고른다면, 지금으로서는 우리가 p와 q를 누설하지 않는 이상 복호화는 불가능하다. 물론, 미래에는 수학이 더 발전하여 200자리의 수를 인수분해할 수도 있을 것이다. 하지만, 그때는 각각 200자리의 소수 p와 q를 선택하면, 법 m은 400자리의 수가 되므로, 이 암호는 여전히 안전할 것이다. 이 암호 체계의 근본적인 아이디어는 매우 단순하다. 큰 수를 곱하는 것은 어렵지 않지만, 큰 수를 인수분해하는 것은 어렵다는 것이다.

이번 장에서 우리가 기술한 암호 체계는 공개키 암호체계(public key cryptosystem)이다. 이 이름은 복호화 정보는 비밀에 붙이지만, 법 m과 지수 k와 같은 암호화에 필요한 열쇠는 공개된다는 점을 반영한 것이다. 암호화 방법을 알아도 복호화할 수 없는 암호가 가능하다는 아이디어는 1976년 휫필드 디피(Whitfield Diffie)와 마틴 헬만(Martin Hellman)이 제시하였다. 디피와 헬만은 공개키 암호 체계가 어떻게 성립할 수 있는지를 이론적으로 설명하였다. 그 이듬해, 로널드 리베스트(Ronald Rivest), 아디 샤미르(Adi Shamir), 레너드 에이들먼(Leonard Adleman) 세 사람이 실용적인 공개키 암호를 발표하였다.이번 장에 소개된 이들의 아이디어는 이 세 사람의 창안자를 기념하기 위해 RSA 공개키 암호 체계라 불린다.

연습문제

18.1. 법 $m = 7081$과 지수 $k = 1789$를 이용하여 암호화된 다음 암호문을 해독하여라. (먼저 m을 소인수분해하는 것을 잊지 말자.)

$$5192, \qquad 2604, \qquad 4222$$

18.2. RSA 암호체계를 살펴보면, 선택한 암호문 a가 m과 서로소가 아니라면 해독할 수 없을 것처럼 보인다. 물론, $m = pq$이고 p와 q가 매우 큰 소수이므로 이런 경우는 거의 발생하지 않는다.

(a) 실제로는, RSA 복호화는 암호문 a가 m과 공통인수가 있거나 없거나 상관없이 모두 가능하다는 것을 증명하여라.

(b) 보다 일반적으로, m이 서로 다른 여러 소수의 곱이라고 해도, RSA 복호화는 모든 암호문 a에 대해 작동할 수 있음을 증명하여라.

(c) $m = 18$, $a = 3$을 가지고 RSA 복호화가 되지 않는 예를 만들어 보아라. [k는 반드시 $\phi(m) = 6$과 서로소여야 함을 기억하자.]

18.3. 다음 주제 중에서 하나 이상의 주제에 관한 간략한 보고서를 써라.

(a) 공개키 암호의 역사

(b) RSA 공개키 암호 체계

(c) 공개키 전자 서명

(d) 저비용 보안 암호의 이용 가능성에 따른 정치적, 사회적 결과와 정부의 반응

18.4. 컴퓨터를 다루기 좋아한다면, 다음 두 정보를 해독해 보아라.

(a) 다음 암호문을 가지고 있다고 하자.

$$5272281348,\quad 21089283929,\quad 3117723025,\quad 26844144908,\quad 22890519533,$$
$$26945939925,\quad 27395704341,\quad 2253724391,\quad 1481682985,\quad 2163791130,$$
$$13583590307,\quad 5838404872,\quad 12165330281,\quad 28372578777,\quad 7536755222$$

이 암호문은 $p = 187963$, $q = 163841$, $m = pq = 30796045883$, $k = 48611$을 이용하여 암호화 되었다. 이 암호문을 해독하여라.

(b) 당신은 법 $m = 956331992007843552652604425031376690367$과 지수 $k = 12398737$을 이용하여 암호화된 정보를 입수하였다. 다음 암호를 풀어 정보를 해독하여라.

$$821566670681253393182493050080875560504,$$
$$87074173129046399720949786958511391052,$$
$$552100909946781566365272088688468880029,$$
$$491078995197839451033115784866534122828,$$
$$172219665767314444215921020847762293421$$

(이 연습문제와 관련된 정보는 서문에 소개한 이 책의 영문 홈페이지에서 찾을 수 있다.)

18.5. RSA 암호 체계를 반영하는 프로그램을 만들어 보아라. 가능한 사용자 친화적 프로그램을 만들어 보아라. 특히, 단어, 띄어쓰기와 문장 부호를 포함한 정보를 입력하여 암호화 할 수 있도록 하여라. 마찬가지로, 복호화 한 정보에도 단어, 띄어쓰기와 문장 부호가 포함되도록 하여라.

18.6. 큰 수를 인수분해하는 문제는 암호학에서의 중요성으로 인해 최근 많은 연구가 이루어졌다. 다음 소인수분해 방법 중 하나를 골라 어떻게 소인수분해하는지 설명해 보아라. (이에 대한 정보는 수론 교재나 인터넷에서 찾을 수 있다.)

(a) 폴라드(Pollard)의 ρ 방법 (그리스 문자 rho)

(b) 폴라드(Pollard)의 $p - 1$ 방법

(c) 이차 체 소인수분해법(quadratic sieve factorization method)

(d) 렌스트라(Lenstra)의 타원곡선 소인수분해법(elliptic curve factorization method)

(e) 수체 체(number field sieve)

(마지막 두 가지 방법은 더 많은 배경 지식이 필요하다. 이들을 이해하기 위해서는 타원곡선이나 수체에 대해 배워야 한다.) 수체 체를 이용한 소인수분해는 현재 알려진 방법 중 가장 강력한 방법이다. 이 방법으로 약 150자리의 수를 소인수분해할 수 있다.

18.7. 폴라드의 ρ 방법, 폴라드의 $p - 1$ 방법 또는 이차 체와 같이 앞의 연습문제에서 공부했던 인수분해방법 중 하나를 구현하는 프로그램을 만들어 보아라. 이를 이용하여 다음 수를 인수분해 하여라.

(a) 47386483629775753

(b) 1834729514979351371768185745442640443774091

제 19 장

소수 판정과 카마이클 수

소수는 정수를 구성하는 가장 기본적인 요소이다. 무한히 많은 소수들 안에는 수론에서, 어쩌면 수학 전 분야에서 가장 깊이 있고 아름다운 패턴이 펼쳐져 있는 것을 볼 수 있다. 그리고 소수, 특히 매우 큰 소수는 18장에서 다룬 RSA 암호 체계를 만드는 것과 같이 실용적인 면도 가지고 있다. 이러한 면은 다음 질문으로 이어진다.

주어진 (큰) 수가 소수인지 어떻게 확인할 수 있을까?

작은 수들은, 예를 들어

$$8629, \qquad 8633, \qquad 8641$$

과 같은 수들은 단순하게 $\sqrt{n}$보다 작은 약수가 있는지 확인해 보면 된다. 이 방법은 n의 약수를 찾아주거나, n이 소수인지 확인해 준다. 이 방법으로 예를 들었던 수들을 확인해 보면, 8629와 8641은 소수이지만 8633은 $89 \cdot 97$로 소인수분해되는 합성수임을 알 수 있다.

다음과 같이 큰 수의 경우에는

$$m = 1137369476253104052311779730283443758629640001$$

$$n = 1137369476253104052311779730283443758629535603$$

컴퓨터로 계산하더라도 $\sqrt{n}$보다 작은 수들이 약수인지 아닌지 일일이 확인하는 것은 매우 방대한 작업이다. 하지만 16장에서 소개한, 매우 큰 거듭제곱을 매우 큰 수의 법으로 계산하는 방법은 (컴퓨터로 계산한다면) 크게 어렵지 않다. 예를 들어, 컴퓨터를 사용하면 다음 계산은 금방 끝난다.

$$\begin{aligned} 2^m &= 2^{1137369476253104052311779730283443758629640001} \\ &\equiv 392419708153934990601200436926306159617900020 \pmod{m}. \end{aligned}$$

언뜻 보기에는, 이 계산은 별로 의미가 없어 보이지만 사실 이 계산에는 매우 실용적인 의미가 있다.

그 이유를 설명하기 위해, 페르마의 소정리(정리 9.1)를 상기해 보자. 이 정리는 소수 p에 대해 다음 합동식이 성립함을[1] 알려준다.

$$\text{모든 정수 } a\text{에 대해} \qquad a^p \equiv a \pmod{p}\text{이다.}$$

[1]정리 9.1은 실제로 $p \nmid a$이면 $a^{p-1} \equiv 1 \pmod{p}$가 성립한다고 쓰여 있다. 이 식의 양변에 a를 곱하면 이번에 소개한 페르마 소정리를 얻을 수 있는데, 이는 모든 a에 대해서도 참이다. 이번 장에서는 이 합동식을 쓰는 것이 더 편리하다.

따라서 2^m이 법 m에 대해 2와 합동이 아니다라는 것은, m은 소수가 아니다라고 분명히 알려준다. 다시 말해, 합동식 $2^m \not\equiv 2 \pmod{m}$은 m이 소수가 아니라는 증명이다. 이 결론이 얼마나 놀라운지 잠시 감상해 보자. 우리는 m을 어떻게 인수분해하는지 몰라도 m이 소수가 아니라는 사실을 증명하였다. 심지어, 이 증명은 m의 인수를 어떻게 찾을지에 대해서는 아무런 단서를 제공하지 않는다.[2] 즉, 인수분해를 할 수 없을지라도 주어진 수가 합성수인지 판단할 수 있다.

이번엔 다른 예를 살펴보자.

$$n = 113736947625310405231177973028344375862953603$$

앞서와 비슷하게 계산해 보면, 다음을 얻는다.

$$2^n = 2^{113736947625310405231177973028344375862953603} \equiv 2 \pmod{n}$$

우리는 페르마의 소정리를 사용하여 n이 소수라고 주장할 수 있을까? 절대 아니다. 페르마의 소정리의 역은 성립하지 않기 때문이다. 100보다 작은 a에 대하여 계산을 해 보면 다음을 얻게 된다.

$$3^n \equiv 3 \pmod{n}, \quad 4^n \equiv 4 \pmod{n}, \quad 5^n \equiv 5 \pmod{n},$$
$$\ldots \quad 100^n \equiv 100 \pmod{n}$$

물론 아직도 페르마의 소정리를 써서 n이 소수라고 주장할 수는 없다. 하지만, 99개의 다른 a에 대해 합동식 $a^n \equiv a \pmod{n}$이 성립한다는 사실은 아마도 n이 소수일 것이라 추측하게 만든다.

어쩌면 이것은 이상한 주장이다. "아마도 소수"라는 것이 어디에 있겠는가? 소수이거나 소수가 아닐 수는 있어도, 화요일과 목요일에는 소수고, 다른 날에는 합성수일 수는 없다.[3]

만일 자연수 n을 자연현상이라고 하고, 우리는 실험하는 과학자 정신으로 n을 공부한다고 생각해 보자. 우리는 다른 a를 선택하여 다음 합동식

$$a^n \pmod{n}$$

을 계산하는 실험을 한다. 단 하나의 경우라도 a와 합동이 아니라는 결과가 나왔다면, 당연히 n은 합성수라는 결론을 내릴 수 있다. 따라서 여러 번의 실험(계산)에서 매번 a와 합동이라는 결과를 얻었다면, 우리는 n이 소수라는 "증거"를 수집했다고 간주할 수 있다.

---

[2] m은 매우 큰 두 소수의 곱이다.

$$40103836670582470495139653, \quad 2836061511010998317$$

[3] 험프티 덤프티(Humpty Dumpty)† 가 약간 경멸하는 투로 말했다. "내가 숫자를 쓸 때는, 내가 의미하고자 하는 그 수 그대로를 의미하는 거야. 더 적거나 많지 않지."

엘리스가 되물었다. "내가 묻고 싶은 건, 네가 숫자로 다른 것을 의미하게 할 수 있느냐는 거야."

험프티 덤프티가 답했다. "내가 말하고 싶은 건, 이 말이 누가 하는 말인가 하는거야. 그것뿐이야."

아니면 햄릿이 버릇처럼 되뇌이길, "나는 북북서풍이 불 때만 미쳐. 남풍이 불 때는 나도 합성수와 소수쯤은 분간할 수 있거든. "

† 이상한 나라의 앨리스에 나오는 계란 캐릭터

우리는 이러한 논증을 확고히 하기 위해, a의 n제곱이 a와 합동이 아닌 a를 찾아보자. a가 다음 조건

$$a^n \not\equiv a \pmod{n}$$

을 만족하면 n의 증인이라 부르겠다. 만일 n이 소수를 사칭한다면, 검사는 a를 증인석에 세워 n이 사실은 합성수임을 증명할 수 있을 것이므로, 이 이름은 매우 적절하다.

만일 n이 소수라면, 당연히 어떤 증인도 없다. 128쪽 표에서 20보다 작은 수에 대해 그들의 증인을 기록해 놓은 표가 수록되어 있는데, 합성수들은 상당수의 증인이 있는 것을 볼 수 있다.

이러한 관찰을 뒷받침하기 위해, 100과 $1,000$ 사이의 임의의 합성수 n을 골라 얼마나 많은 증인을 갖는지 세어보고, 그 증인들이 1과 n 사이의 수 중에서 비율이 얼마나 되는지도 계산해 보자.

n	287	190	314	586	935	808	728	291
증인 수	278	150	310	582	908	804	720	282
증인 비율	96.9%	78.9%	98.7%	99.3%	97.1%	99.5%	98.9%	96.9%

n이 합성수이면 대다수의 a가 증인이 되는 것 같다. 예를 들어, $n = 287$인 경우 임의의 a가 n의 증인일 확률은 96.9%이다. 따라서 n 이 합성수임을 증명하기 위해 많은 실험이 필요하지는 않을 것이다.

지금까지 제시된 증거로부터 상식적으로 생각하면 합성수는 많은 증인을 가지는 것으로 보인다. 하지만, 이 생각이 정말 옳은 생각일까? 만일 우리가 모든 수들을 그 증인들과 같이 적어본다면, 매우 유감스러운 예 $n = 561$과 마주치게 된다. $561 = 3 \cdot 11 \cdot 17$은 합성수이다. 하지만, 불행하게도 561의 증인은 단 하나도 없다! 561 의 증인이 없음을 증명하기 위한 한 가지 방법은 561개의 a에 대해 $a^n \pmod{n}$을 계산하는 것이다. 이보다는 쉬운 접근 방법을 선택해 보자. 합동식

$$a^{561} \equiv a \pmod{561}$$

이 성립하는지 확인하고 싶다면,

$$a^{561} \equiv a \pmod{3}, \quad a^{561} \equiv a \pmod{11}, \quad a^{561} \equiv a \pmod{17}$$

이 성립하는지만 확인하면 된다. 그 이유는, 어떤 수가 3, 11, 17로 나누어진다면, 그 수는 당연히 $3 \cdot 11 \cdot 17$ 로도 나누어지기 때문이다. 첫 번째 합동식에서, 3이 a를 나눈다면, 양변이 법 3에 대해 0과 합동이고, 3이 a를 나누지 못한다면, 페르마의 소정리에 의해 $a^2 \equiv 1 \pmod{3}$이 성립한다. 따라서 다음과 같이 계산할 수 있다.

$$a^{561} = a^{2 \cdot 280+1} = (a^2)^{280} \cdot a \equiv 1 \cdot a \equiv a \pmod{3}$$

두 번째와 세 번째 합동식도 비슷한 방법으로 확인할 수 있다. 11이 a를 나누어 양변이 법 11에 대해 0과 합동이거나, 또는 합동식 $a^{10} \equiv 1 \pmod{11}$을 이용하여 다음을 계산할 수 있다.

$$a^{561} = a^{10 \cdot 56+1} = (a^{10})^{56} \cdot a \equiv 1 \cdot a \equiv a \pmod{11}$$

n	n의 증인
3	소수
4	$2, 3$
5	소수
6	$2, 5$
7	소수
8	$2, 3, 4, 5, 6, 7$
9	$2, 3, 4, 5, 6, 7$
10	$2, 3, 4, 7, 8, 9$
11	소수
12	$2, 3, 5, 6, 7, 8, 10, 11$
13	소수
14	$2, 3, 4, 5, 6, 9, 10, 11, 12, 13$
15	$2, 3, 7, 8, 12, 13$
16	$2, 3, 4, 5, 6, 7, 8, 9, 10, 11, 12, 13, 14, 15$
17	소수
18	$2, 3, 4, 5, 6, 7, 8, 11, 12, 13, 14, 15, 16, 17$
19	소수
20	$2, 3, 4, 6, 7, 8, 9, 10, 11, 12, 13, 14, 15, 17, 18, 19$

마지막으로 17이 a를 나누어 양변이 법 17에 대해 0과 합동이거나, 합동식 $a^{16} \equiv 1 \pmod{17}$을 이용하여 다음을 계산할 수 있다.

$$a^{561} = a^{16\cdot 35+1} = (a^{16})^{35} \cdot a \equiv 1 \cdot a \equiv a \pmod{17}$$

따라서 합성수 561의 증인은 없다.

1910년 카마이클(R.D. Carmichael)은 561과 또 다른 14개의 이러한 예를 처음으로 소개하였다. 이를 기념하기 위해 이러한 수를 카마이클 수(Carmichael number)라고 부른다. 카마이클 수 n은 합성수 중에서

$$1 \le a \le n\text{인 모든 자연수 } a\text{에 대하여} \qquad a^n \equiv a \pmod{n}$$

를 만족하는 수이다. 다시 말해, 카마이클 수는 합성수이지만, 합성수라 증언해 줄 증인이 없어 소수로 가장할 수 있는 수이다. 앞에서 561이 카마이클 수임을 확인하였는데, 실제로 561이 가장 작은 카마이클 수이다.

다음은 10000보다 작은 모든 카마이클 수의 목록이다.

$$561, \quad 1105, \quad 1729, \quad 2465, \quad 2821, \quad 6601, \quad 8911$$

이들을 소인수분해 해 보면,

$$561 = 3 \cdot 11 \cdot 17 \qquad 2821 = 7 \cdot 13 \cdot 31$$
$$1105 = 5 \cdot 13 \cdot 17 \qquad 6601 = 7 \cdot 23 \cdot 41$$
$$1729 = 7 \cdot 13 \cdot 19 \qquad 8911 = 7 \cdot 19 \cdot 67$$
$$2465 = 5 \cdot 17 \cdot 29$$

이들 모두 세 개의 서로 다른 홀수인 소수의 곱으로 이루어져 있음을 관찰할 수 있다. 따라서 우리는 모든 카마이클 수는 세 개의 서로 다른 홀수인 소수의 곱이라는 가설을 세워 볼 수 있다.

우리의 가설이 맞다고 하기에는 어려움이 있는데,

$$62745 = 3 \cdot 5 \cdot 47 \cdot 89$$

는 카마이클 수로, 네 개의 소수의 곱으로 이루어져 있다. 하지만 이것이 가설이 틀렸다는 것을 의미하지는 않는다. 단지 적당한 수정을 해야할 필요가 있는 것이다. 우리의 가설은 실제로 세 개의 가설로 이루어져 있다. 1) 카마이클 수는 세 개의 소수의 곱으로 이루어져 있다. 2) 세 소수는 모두 다르다. 3) 세 소수는 모두 홀수이다. 따라서 반례가 있는 가설을 제외하고 나머지를 수정하여 적어 보자.

(A) 모든 카마이클 수는 홀수이다.

(B) 모든 카마이클 수는 서로 다른 소수의 곱이다.

이 두 가지 주장을 증명하자. (A)를 증명하기 위해, $a = n - 1 \equiv -1 \pmod{n}$인 경우, 카마이클 합동식

$$a^n \equiv a \pmod{n}$$

을 계산하면,

$$(-1)^n \equiv -1 \pmod{n}$$

을 얻는다. 따라서 n은 홀수이다(또는 $n = 2$이다).

다음으로 (B)를 증명하자. n이 카마이클 수라고 가정하자. p는 n을 나누는 소수이고

$$p^{e+1}\text{은 } n\text{을 나누는 가장 큰 } p\text{의 거듭제곱}$$

이라고 하자. 우리는 $e = 0$임을 보이고자 한다. n이 카마이클 수이므로, $a^n \equiv a \pmod{n}$이 모든 a에 대해 성립하여야 한다. 특히, 이 결과는 $a = p^e$일 때도 성립하여야 하므로

$$p^{en} \equiv p^e \pmod{n}$$

이다. 따라서 n은 $p^{en} - p^e$은 나누어야 하고, 가정에 의해 p^{e+1}도 n을 나누어야 하므로, 다음을 얻는다.

$$p^{e+1}\text{은 } p^{en} - p^e\text{을 나눈다.}$$

따라서

$$\frac{p^{en}-p^e}{p^{e+1}}=\frac{p^{en-e}-1}{p}$$

은 정수이다. 이를 만족하는 경우는 $e=0$뿐이므로 (B)가 증명되었다.

카마이클 수의 성질 (A)와 (B)는 매우 유용하지만, 주어진 수가 카마이클 수인지 아닌지를 확인하는 방법을 고안해 낸다면, 이 성질들이 더 유용할 것이다. 앞의 561이 카마이클 수인지 확인한 방법에서 힌트를 얻을 수 있다. 즉, 합동식 $a^n \equiv a \pmod{n}$을 증명하기 보다는, 각각의 n을 나누는 모든 소수 p에 대하여 $a^n \equiv a \pmod{p}$가 성립하는지를 확인하였고, 각각의 합동식은 페르마의 소정리를 적용하여 n과 p의 관계를 찾을 수 있었다. 이것이 우리가 기술하고 증명하려는 카마이클 수 판정법이다.

정리 19.1 (코어젤트(Korselt)의 카마이클 수 판정법)

n이 합성수라 가정하자. n이 카마이클 수이기 위한 필요충분조건은 n은 홀수이고 n을 나누는 모든 소수는 다음 두 조건을 만족한다.
(1) p^2은 n을 나누지 못한다.
(2) $p-1$은 $n-1$을 나눈다.

증명 먼저 n이 합성수이고, n의 소수인 약수 p는 조건 (1), (2)를 만족한다고 가정하면 n이 카마이클 수임을 증명하자. 우리가 하려는 증명은 561이 카마이클 수라는 것을 증명할 때 사용한 것과 같은 방법을 이용한다.

n을 다음과 같이 소인수분해 한다.

$$n=p_1p_2p_3\cdots p_r$$

조건 (1)에 의해, $p_1,p_2,\ldots,p_r$는 모두 다른 소수이어야 한다. 또한, 조건 (2)를 만족하므로, 모든 i에 대해 p_i-1은 $n-1$을 나누어야 하고 따라서 다음과 같이 분해할 수 있다.

적당한 정수 k_i에 대해 $\quad n-1=(p_i-1)k_i \quad$ 이다.

이제 임의의 a를 선택하고 다음과 같이 법 p_i에 대해 a^n을 계산하자. 우선, p_i가 a를 나눈다면,

$$a^n \equiv 0 \equiv a \pmod{p_i}$$

가 성립한다. 만일 p_i가 a를 나누지 않는다면, 페르마의 소정리를 이용하여 다음을 계산하자.

$$\begin{aligned} a^n &= a^{(p_i-1)k_i+1} && n-1=(p_i-1)k_i \text{ 이므로} \\ &= \left(a^{p_i-1}\right)^{k_i}\cdot a \\ &\equiv 1^{k_i}\cdot a \pmod{p_i} && \text{페르마의 소정리에 의해} \\ & && a^{p_i-1}\equiv 1 \pmod{p_i} \end{aligned}$$

$$\equiv a \pmod{p_i}$$

이제까지 우리가 증명한 것은

$$a^n \equiv a \pmod{p_i} \quad i = 1, 2, \ldots, r$$

이다. 다시 말해, $a^n - a$가 소수 $p_1, p_2, \ldots, p_r$의 배수가 되므로 $a^n - a$는 그들의 곱인 $n = p_1 p_2 \cdots p_r$의 배수이기도 하다. (여기에서 모든 소수 $p_1, p_2, \ldots, p_r$이 서로 다르다는 가정을 사용해야 한다.) 따라서 모든 a에 대하여 다음 합동식

$$a^n \equiv a \pmod{n}$$

이 성립함을 증명하였으므로 n은 카마이클 수이다.

이렇게 코어젤트의 판정법의 한쪽 방향—홀수인 합성수가 조건 (1), (2)를 만족하면, 카마이클 수이다—을 증명하였다. 반대 방향의 증명 중에서, 모든 카마이클 수는 조건 (1) 을 만족하여야 한다는 것은 이미 앞에서 증명하였다. 그리고, 모든 카마이클 수는 조건(2)도 만족하여야 한다는 증명은 연습문제 19.1로 남긴다. □

코어젤트의 판정법이 얼마나 유용한지 분명히 보여주기 위해, 이전에 예로 들었던 수 중에서 두 개가 진짜 카마이클 수라는 것을 증명하려 한다. 먼저,

$$\frac{1729-1}{7-1} = 288, \quad \frac{1729-1}{13-1} = 144, \quad \frac{1729-1}{19-1} = 96$$

이므로 코어젤트의 판정법에 의해 $1729 = 7 \cdot 13 \cdot 19$는 카마이클 수이다. 다음으로,

$$\frac{62745-1}{3-1} = 31372, \qquad \frac{62745-1}{5-1} = 15686,$$
$$\frac{62745-1}{47-1} = 1364, \qquad \frac{62745-1}{89-1} = 713$$

이므로 $62745 = 3 \cdot 5 \cdot 47 \cdot 89$도 카마이클 수이다.

1910년 카마이클은 그의 연구 논문에서 카마이클 수는 무한히 많을 것이라는 가설은 세웠다. (물론, 그 당시 그는 이러한 수를 카마이클 수라고 부르지 않았다!) 이 가설은 70여년 동안 미해결 문제로 남아 있다가, 1994년 알포드(W.R. Alford), 그랜빌(A. Granville), 포머런스(C. Pomerance)에 의해 마침내 증명되었다.

카마이클 수가 존재한다는 사실은 우리가 주어진 n이 합성수인지 확인할 수 있는 보다 좋은 방법이 필요함을 알려준다. 라빈–밀러(Rabin–Miller)의 합성수 판정법은 다음 사실을 기반으로 한다.

정리 19.2 (소수의 성질)

p는 홀수인 소수일 때, 적당한 홀수 q에 대하여 다음과 같이 표현하자.

$$p-1=2^k q$$

a는 p로 나누어지지 않는 임의의 수라면, 다음 두 명제 중 하나는 참인 명제이다.

(i) a^q은 법 p에 대해 1과 합동이다.

(ii) $a^q,\ a^{2q},\ a^{4q},\dots,a^{2^{k-1}q}$ 중 하나는 법 p에 대해 -1과 합동이다.

증명 페르마의 소정리에 의해 합동식 $a^{p-1}\equiv 1 \pmod p$가 성립한다. 즉, 다음 수의 목록을 살펴보면,

$$a^q,\ a^{2q},\ a^{4q},\dots,\ a^{2^{k-1}q},\ a^{2^k q}$$

제일 마지막 수가 법 p에 대해 1과 합동임을 알 수 있다. ($2^k q$는 $p-1$과 같다.) 더 나아가 위의 목록에 있는 각각의 수는 바로 앞의 수의 제곱이다. 따라서 다음 두 가지 가능성 중에서 반드시 하나는 참이어야 한다.

(i) 목록의 첫 번째 수가 법 p에 대해 1과 합동이다.

(ii) 목록의 수 중 어떤 수는 법 p에 대해 1과 합동은 아니지만, 제곱하면 법 p에 대해 1과 합동이 된다. 이러한 조건을 만족하는 수는 오직 법 p에 대해 -1 과 합동인 경우 밖에 없으므로, 주어진 목록에 p로 -1과 합동인 수가 존재한다.

따라서 우리는 원하는 결과를 증명하였다. □

이렇게 증명한 소수의 성질을 다른 방향에서 보면, 우리는 라빈–밀러 합성수 판정법을 얻는다. 즉, n이 합성수라면 앞에서 언급한 소수의 성질을 갖지 않을 것이고, 따라서 우리는 n이 합성수라고 확신할 수 있을 것이다. 더 나아가, n이 많은 a에 대해 소수의 성질을 만족한다면, n이 소수일 가능성은 매우 높아질 것이다.

정리 19.3 (라빈–밀러 합성수 판정법(Rabin–Miller Test for Composite Numbers))

n은 홀수이고, 적당한 홀수 q에 대하여 $n-1=2^k q$로 표현하자. n의 배수가 아닌 적당한 a가 다음 두 조건을 만족하다면, n은 합성수이다.

(a) $a^q\not\equiv 1 \pmod n$

(b) 모든 $i=0,1,\dots,k-1$에 대해 $a^{2^i q}\not\equiv -1 \pmod n$을 만족한다.

우리는 이미 라빈–밀러 판정법이 참임을 확인하였다. 조건 (a), (b)를 만족하는 n은 정리 19.2에서 언급된 소수의 성질을 만족하지 못하므로 합성수여야 한다. 라빈–밀러 판정법은 $a^q \pmod n$을 계산한 뒤 몇 개의 제곱수만 계산해 보면 되므로, 컴퓨터로 계산한다면 매우 빠르고 쉽게 처리할 수 있다.

어떠한 a를 선택하라도, 라빈–밀러 판정법은 n이 합성수인지, 아니면 소수일 가능성이 있는지 판정해준다. 라빈–밀러 판정법에서 n이 합성수임을 확인해 주는 a를 n의 라빈–밀러 증인(Rabin–Miller witness)이라 부르자. 라빈–밀러 판정법이 매우 유용한 이유는 고등 수론 교재에서 소개되는 다음 사실 때문이다.

> 만일 n이 홀수인 합성수라면, 1과 $n-1$사이에 적어도 75%의 수가 라빈–밀러 증인이 된다.

다시 말해, 모든 합성수는 많은 라빈–밀러 증인을 가지고 있다. 따라서 라빈–밀러 판정법에서는 "카마이클 수와 유사한" 경우는 발생하지 않는다.

예를 들어, 만일 우리가 100개의 서로 다른 a를 임의로 골랐는데 이들이 전부 라빈–밀러 증인이 아니라면, n이 합성수일 확률[4]은 0.25^{100}, 약 $6 \cdot 10^{-61}$보다 작다. 만일, 여러분이 이 확률이 무시하기 힘들 정도로 크다고 생각한다면, 다른 수백개의 a에 대해 판정법을 사용해 보면 된다. 실제로는, n이 합성수라면 약간의 라빈–밀러 판정법으로 합성수인지 금방 확인이 가능하다.

이를 확인해 보기 위해, 카마이클 수라고 알고 있는 $n = 561$에 대해 $a = 2$를 가지고 라빈–밀러 판정법을 적용해 보자. $n - 1 = 560 = 2^4 \cdot 35$이므로, 우리는 다음과 같은 계산 결과를 얻는다.

$$2^{35} \equiv 263 \pmod{561},$$

$$2^{2\cdot 35} \equiv 263^2 \equiv 166 \pmod{561},$$

$$2^{4\cdot 35} \equiv 166^2 \equiv 67 \pmod{561},$$

$$2^{8\cdot 35} \equiv 67^2 \equiv 1 \pmod{561}$$

맨 처음 수 $2^{35} \pmod{561}$은 1도 아니고 -1도 아니다. 또한 다른 수들도 -1과 합동이 아니므로, 2는 561은 합성수라는 라빈–밀러 증인이 된다.

두 번째 예로서, 큰 수인 $n = 172947529$를 선택하자. $n - 1$은

$$n - 1 = 172947528 = 2^3 \cdot 21618441$$

이고, $a = 17$에 대해 라빈–밀러 판정법을 적용하면, 처음 계산에서

$$17^{21618441} \equiv 1 \pmod{172947529}$$

를 얻는다. 따라서 17은 라빈–밀러 증인이 될 수 없다. 다음으로 $a = 3$에 대하여 적용하면, 불행히도

$$3^{21618441} \equiv -1 \pmod{172947529}$$

---

[4]우리는 약간의 속임수를 썼다. 우리에게 정말 필요한 계산은 조건부 확률을 계산하는 것으로, 주어진 100개의 a가 증인이 아닐 때, n이 합성수일 확률을 계산하는 것이다. 확률의 적절한 범위는 대략 $0.25^{100} \cdot \ln(n)$ 정도가 된다.

를 얻고, 따라서 3도 라빈–밀러 증인이 되지 못한다. 이 시점에서 우리는 n이 소수가 아닐까 기대해 보지만, $a = 23$과 같은 다른 a에 대하여 판정법을 적용하면,

$$23^{21618441} \equiv 40063806 \pmod{172947529},$$

$$23^{2\cdot 21618441} \equiv 2257065 \pmod{172947529},$$

$$23^{4\cdot 21618441} \equiv 1 \pmod{172947529}$$

와 같은 결과를 얻어 23은 라빈–밀러 증인이 되고 따라서 n은 합성수이다. 실제로, 이 n은 카마이클 수인데, 이를 손으로 인수분해하는 것은 쉽지 않다.

연습문제

19.1. 주어진 정수 n이 카마이클 수이고, 소수 p는 n의 약수라 하자.

(a) $p-1$이 $n-1$을 나눈다는 사실을 증명하여 코어젤트의 판정법의 증명을 완성하여라. [도움말. 우리는 28장에서 모든 소수 p에 대하여, 거듭제곱 $g, g^2, g^3, \ldots, g^{p-1}$이 법 p에 대해 모두 다른 g가 존재함을 증명할 것이다. (이러한 수를 원시근(primitive root)이라 부른다.) 이러한 g를 카마이클 합동식 $a^n \equiv a \pmod{n}$에 대입해 보자.]

(b) $p-1$이 사실은 보다 작은 수, $\frac{n}{p} - 1$을 나눔을 증명하여라.

19.2. 오직 두 개의 소수의 곱으로 이루어진 카마이클 수가 존재하는가? 예를 하나 찾거나, 아니면 존재하지 않음을 증명하여라.

19.3. 코어젤트의 판정법을 사용하여 다음 수가 카마이클 수인지 판정하여라.

(a) 1105	**(b)** 1235	**(c)** 2821	**(d)** 6601
(e) 8911	**(f)** 10659	**(g)** 19747	**(h)** 105545
(i) 126217	**(j)** 162401	**(k)** 172081	**(l)** 188461

19.4. 다음 세 수

$$6k+1, \quad 12k+1, \quad 18k+1$$

가 모두 소수가 되도록 k를 선택하였다고 하자.

(a) 이들의 곱 $n = (6k+1)(12k+1)(18k+1)$은 카마이클 수가 됨을 보여라.

(b) 이러한 조건을 만족하는 k를 다섯 개 찾아보고, 이 방법으로 만들어지는 카마이클 수를 계산하여라.

19.5. 다섯 개의 소수의 곱으로 이루어진 카마이클 수를 찾아라.

19.6. **(a)** 코어젤트의 판정법을 이용하여, 주어진 n이 카마이클 수인지 판정해주는 프로그램을 만들어 보아라.

(b) 본문에서 우리는 $10,000$보다 작은 카마이클 수의 목록을 보았다. 독자가 만든 프로그램을 이용하여 $100,000$ 보다 작은 모든 카마이클 수의 목록을 만들어 보아라.

(c) 독자가 만든 프로그램을 이용하여 1,000,000보다 큰 수 중에서 가장 작은 카마이클 수를 찾아보아라.

19.7. **(a)** $n = 1105$라 하면 $n - 1 = 2^4 \cdot 69$이다. 이때 다음을 계산하고

$$2^{69} \pmod{1105}, \quad 2^{2 \cdot 69} \pmod{1105}, \quad 2^{4 \cdot 69} \pmod{1105}, \quad 2^{8 \cdot 69} \pmod{1105}$$

라빈–밀러 판정법을 써서 n이 합성수임을 증명하여라.

(b) $n = 294409$가 합성수임을 $a = 2$인 경우의 라빈–밀러 판정법을 사용하여 증명하여라. 그리고 n을 소인수분해하여, n이 카마이클 수임을 증명하여라.

(c) $n = 118901521$에 대해서도 (b)의 과정을 반복하여라.

19.8. 다정도 정수[†](multiprecision integers)를 이용하여 라빈–밀러 판정법 프로그램을 만들고, 이를 이용하여 다음의 수들이 합성수인지 조사하여라.

(a) 155196355420821961

(b) 155196355420821889

(c) 285707540662569884530199015485750433489

(d) 285707540662569884530199015485751094149

[†]대부분의 프로그래밍 언어는 정수를 저장하는 변수의 크기를 정해놓는다. 다정도 정수는 일반적으로 정해진 크기보다 훨씬 더 큰 정수를 계산하기 위해 변수의 크기를 가변적으로, 예를 들어 자리수만큼 메모리를 확보하는 방식으로 정수를 저장하고 처리한다.

제 **20** 장

법 p에 대해 제곱인 수

오래전 8장에서 우리는 선형 합동식

$$ax \equiv c \pmod{m}$$

을 푸는 방법에 대해 배웠다. 지금부터는 한 걸음 더 나아가 이차방정식의 영역으로 확장하려 한다. 다음 세 장에 걸쳐 다음과 같은 유형의 질문에 대한 답을 찾아보고자 한다.

- 법 7에 대해 3은 어떤 수의 제곱과 합동인가?
- 합동식 $x^2 \equiv -1 \pmod{13}$의 해는 존재하는가?
- 합동식 $x^2 \equiv 2 \pmod{p}$의 해가 존재하는 소수 p는 무엇인가?

우리는 첫 번째, 두 번째 질문에 대한 답은 당장 찾을 수 있다. 3이 법 7에 대해 어떤 수의 제곱과 합동인지 확인하기 위해, 우리는 0부터 6까지의 수를 제곱해서 법 7에 대해 정리하고, 그중 어떤 것이 3과 합동인지 확인해 보면 된다.

$$0^2 \equiv 0 \pmod{7}$$

$$1^2 \equiv 1 \pmod{7}$$

$$2^2 \equiv 4 \pmod{7}$$

$$3^2 \equiv 2 \pmod{7}$$

$$4^2 \equiv 2 \pmod{7}$$

$$5^2 \equiv 4 \pmod{7}$$

$$6^2 \equiv 1 \pmod{7}$$

위의 결과를 보면, 3은 어떤 제곱수와도 법 7에 대해 합동이 아님을 알 수 있다. 비슷한 방법으로, 만일 0부터 12까지의 수를 제곱해서 법 13에 대해 정리해 보면 합동식 $x^2 \equiv -1 \pmod{13}$은 두 개의 해 $x \equiv 5 \pmod{13}$과 $x \equiv 8 \pmod{13}$을 가짐을 알 수 있다.[1]

늘 하던 대로, 패턴을 파악하거나 가설을 세우기에 앞서, 먼저 자료를 관찰하자. 다음은 $p = 5,\ 7,\ 11,\ 13$에 대해 법 p에 대해 제곱수인 수를 정리한 것이다.

---

[1] 19세기에는, 수학자들은 $\sqrt{-1}$에 대한 개념을 잘 받아들이지 못했다. 현재의 명칭 "허수(imaginary number)"는 그 당시의 이러한 불안감을 반영하고 있다. 하지만, 예를 들어, 만일 법 13에 대해 계산한다면, $\sqrt{-1}$에 대한 신비감은 없다. 실제로, 5와 8은 법 13에 대해 -1의 제곱근이다.

b	b^2
0	0
1	1
2	4
3	4
4	1

Mod 5

b	b^2
0	0
1	1
2	4
3	2
4	2
5	4
6	1

Mod 7

b	b^2
0	0
1	1
2	4
3	9
4	5
5	3
6	3
7	5
8	9
9	4
10	1

Mod 11

b	b^2
0	0
1	1
2	4
3	9
4	3
5	12
6	10
7	10
8	12
9	3
10	9
11	4
12	1

Mod 13

표 20.1. $p = 5, 7, 11, 13$에 대해 법 p에 대해 제곱인 수

이 목록만 봐도 꽤 흥미로운 패턴이 보인다. 예를 들어, 제곱수로 나타난 0 이외의 수는 정확히 두 번 나타난다. 5는 4^2, 7^2과 법 11에 대해 합동이고, 3은 4^2, 9^2과 법 13에 대해 합동이다. 사실은, 이 제곱수의 목록을 반으로 접으면, 제곱수들이 정확하게 일치한다.

이 현상을 어떻게 식으로 설명할 수 있을까? 우리는 b의 제곱과 $p-b$의 제곱이 법 p에 대해 합동임을 보이고 싶다. 이는 다음 식을 이용하면 쉽게 보일 수 있다.

$$(p-b)^2 = p^2 - 2pb + b^2 \equiv b^2 \pmod{p}$$

따라서 법 p에 대해 (0이 아닌) 제곱수의 목록을 만들고자 한다면, 우리는 오직 절반의 수에 대해서만 계산하면 된다.

$$1^2 \pmod{p}, \quad 2^2 \pmod{p}, \quad 3^2 \pmod{p}, \quad \ldots, \quad \left(\frac{p-1}{2}\right)^2 \pmod{p}$$

우리의 목적은 법 p에 대해 제곱인 수와 제곱수가 아닌 수를 구분하는 패턴을 찾는 것이다. 궁극적으로, 우리는 이차상호법칙(Law of Quadratic Reciprocity)이라 불리는 수론에서 가장 아름다운 정리와 만나게 될 것이다. 하지만, 그전에 우리가 공부할 대상에 이름을 붙이는 재미없는 작업을 먼저 해야 한다.

법 p에 대해 어떤 제곱수와 합동인 수를 법 p에 대한 이차잉여(quadratic residue modulo p)라 한다. 법 p에 대해 어떤 제곱수와도 합동이 아닌 수를 법 p에 대한

이차비잉여((quadratic) nonresidue modulo p)라 부른다. 이러한 긴 이름을 우리는 이차잉여는 QR로, 비이차잉여는 NR로 나타내자. 그리고, 법 p에 대해 0과 합동인 수는 이차잉여도, 비이차잉여도 아니다.

이러한 용어를 설명하기 위해 우리의 표를 이용하면, 3과 12는 법 13에 대한 QR이고, 2와 5는 표에 등장하지 않으므로 법 13에 대한 NR이다. 법 13에 대한 QR인 수는 $\{1, 3, 4, 9, 10, 12\}$이고, NR인 수는 $\{2, 5, 6, 7, 8, 11\}$이다. 법 7에 대해 $\{1, 2, 4\}$가 QR, $\{3, 5, 6\}$이 NR이다.

법 13에 대한 이차잉여가 여섯 개, 이차비잉여가 여섯 개이고, 법 7에 대한 이차잉여가 세 개, 이차비잉여가 세 개임에 주목하여라. 앞에서 보았던 합동식 $(p-b)^2 \equiv b^2 \pmod{p}$를 생각해 보면, 임의의 (홀수인) 소수에 대한 이차잉여와 이차비잉여의 개수가 같다는 사실을 쉽게 확인할 수 있다.

정리 20.1

p를 홀수인 소수라 가정하자. 이때, 법 p에 대한 이차잉여의 개수는 $(p-1)/2$이고, 이차비잉여의 개수도 $(p-1)/2$이다.

증명 이차잉여는 법 p에 대해 0이 아닌 제곱인 수이다. 따라서 이들은 다음과 같이 나열할 수 있다.

$$1^2, 2^2, \ldots, (p-1)^2 \pmod{p}$$

하지만, 앞서 언급한 대로 이 중 절반인

$$1^2, 2^2, \ldots, \left(\frac{p-1}{2}\right)^2 \pmod{p}$$

만 확인해 보면 되는데, 이유는 나머지 절반의 수를 제곱하면 반대 순서로 같은 수가 다음과 같이 반복되기 때문이다.

$$\left(\frac{p+1}{2}\right)^2, \ldots, (p-2)^2, (p-1)^2 \pmod{p}$$

따라서 정확히 $(p-1)/2$개의 이차잉여가 있다는 사실을 확인하기 위해서는, $1^2, 2^2, \ldots, \left(\frac{p-1}{2}\right)^2$이 법 p에 대해 모두 다르다는 것을 증명하여야 한다.

1과 $(p-1)/2$ 사이에 있는 두 수 b_1과 b_2가 $b_1^2 \equiv b_2^2 \pmod{p}$를 만족한다고 가정하고, $b_1 = b_2$가 성립함을 증명하자. 합동식 $b_1^2 \equiv b_2^2 \pmod{p}$로부터 다음이 성립한다.

$$p\text{는} \quad b_1^2 - b_2^2 = (b_1 - b_2)(b_1 + b_2)\text{를 나눈다.}$$

하지만, $b_1 + b_2$는 2와 $p-1$ 사이의 수이므로, p로 나누어지지 않는다. 따라서 p는 $b_1 - b_2$를 반드시 나누어야 한다. 하지만 $|b_1 - b_2| < (p-1)/2$이 성립하므로, $b_1 - b_2$가 p의 배수가 되려면 $b_1 = b_2$일 수밖에 없다. 따라서 $1^2, 2^2, \ldots, \left(\frac{p-1}{2}\right)^2$은 법 p에 대해 모두 다르고, 법 p에 대해 정확히 $(p-1)/2$개의 이차잉여가 존재한다. 즉, 1과 $p-1$ 사이의 수 중에서 정확히 절반이 이차잉여이고, 나머지 절반은 반드시 이차비잉여가 되어야 한다. □

두 개의 이차잉여를 골라 둘을 곱해 보자. 이것의 결과는 QR일까, NR일까? 아니면 경우에 따라 다를까? 예를 들어, 3과 10은 법 13에 대해 이차잉여이다. 그리고 이 둘의 곱 $3 \cdot 10 = 30 \equiv 4$도 역시 법 13에 대해 이차잉여다. 사실은, 이 질문에 대한 답은 계산 없이도 명확한데, 그 이유는 제곱수의 곱은 여전히 제곱수이기 때문이다. 다음과 같이 엄밀하게 확인해 보자. 만일 a_1, a_2가 법 p에 대해 QR라고 가정하자. 즉, 어떤 수 b_1과 b_2가 있어 합동식 $a_1 \equiv b_1^2 \pmod{p}$와 $a_2 \equiv b_2^2 \pmod{p}$를 만족한다고 하자. 두 개의 합동식을 곱하면 새로운 합동식 $a_1a_2 \equiv (b_1b_2)^2 \pmod{p}$를 얻을 수 있는데, 이는 a_1a_2가 QR가 됨을 보여준다.

만일 QR와 NR를 곱하거나, 또는 NR끼리 곱한다면 상황은 덜 명확하다. 표에 있는 자료로 만든 몇 가지 예가 여기 있다.

QR × NR ≡ ?? (mod p)	
$2 \times 5 \equiv 3 \pmod{7}$	NR
$5 \times 6 \equiv 8 \pmod{11}$	NR
$4 \times 5 \equiv 7 \pmod{13}$	NR
$10 \times 7 \equiv 5 \pmod{13}$	NR

NR × NR ≡ ?? (mod p)	
$3 \times 5 \equiv 1 \pmod{7}$	QR
$6 \times 7 \equiv 9 \pmod{11}$	QR
$5 \times 11 \equiv 3 \pmod{13}$	QR
$7 \times 11 \equiv 12 \pmod{13}$	QR

이 표를 살펴보면, 이차잉여와 이차비잉여를 곱한 결과는 이차비잉여 같아 보이고, 반면에 두 개의 이차비잉여를 곱한 결과는 이차잉여 같아 보인다. 이를 기호로는

$$\text{QR} \times \text{QR} = \text{QR}, \qquad \text{QR} \times \text{NR} = \text{NR}, \qquad \text{NR} \times \text{NR} = \text{QR}$$

와 같이 쓸 수 있을 것이다. 첫 번째는 참임을 확인하였고, 이제 나머지 두 경우를 확인하자.

정리 20.2 (이차잉여 곱셈 법칙 – 버전 1)

p를 홀수인 소수라 하면 다음이 성립한다.

(i) 두 개의 이차잉여의 곱은 이차잉여이다.

(ii) 이차잉여와 이차비잉여의 곱은 이차비잉여이다.

(iii) 이차비잉여의 곱은 이차잉여이다.

이 세 가지 법칙을 기호로 표현하면 다음과 같다.

$$\text{QR} \times \text{QR} = \text{QR}, \qquad \text{QR} \times \text{NR} = \text{NR}, \qquad \text{NR} \times \text{NR} = \text{QR}$$

증명 QR × QR = QR의 경우는 이미 설명하였다. 두 번째 경우를 보이기 위해, a_1이 QR, 즉 $a_1 \equiv b_1^2 \pmod{p}$이고, a_2가 NR 라 가정하자. 이때, 만일 a_1a_2가 QR라 가정하면 모순이 생김을 보이려 한다. a_1a_2가 QR라는 가정으로부터, 적당한 b_3에 대하여 a_1a_2가 b_3^2과 합동이 된다. 따라서 다음 합동식이 성립한다.

$$b_3^2 \equiv a_1a_2 \equiv b_1^2a_2 \pmod{p}$$

이때, $p \nmid a_1$, $a_1 = b_1^2$이므로, $\gcd(b_1, p) = 1$이 성립한다. 따라서 선형 합동식 정리(정리 8.1)에 의해 법 p에 대한 b_1의 역원을 찾을 수 있다. 즉, $c_1 b_1 \equiv 1 \pmod p$를 만족하는 적당한 c_1을 찾을 수 있다. 이제 양변에 c_1^2을 곱하면 다음을 얻는다.

$$c_1^2 b_3^2 \equiv c_1^2 a_1 a_2 \equiv (c_1 b_1)^2 a_2 \equiv a_2 \pmod p$$

그 결과, $a_2 \equiv (c_1 b_3)^2 \pmod p$가 QR가 되는데, 이는 a_2가 NR라는 사실에 모순이다. 따라서 우리는 원하는 결과

$$\text{QR} \times \text{NR} = \text{NR}$$

를 증명하였다.

이제, 두 개의 이차비잉여를 곱하는 경우만 남았다. a를 NR이라 가정하고, 다음 목록을 생각해 보자.

$$a,\ 2a,\ 3a, \ldots, (p-2)a,\ (p-1)a \pmod p$$

우리가 전에 이용했던 방법을 사용하면(64페이지의 따름정리 9.2를 참조하자.) 이 목록은 $1, 2, \ldots, (p-1)$을 순서를 바꿔 다시 쓴 것이다. 특히, 이 목록은 $\frac{1}{2}(p-1)$개의 QR와 $\frac{1}{2}(p-1)$개의 NR로 이루어져 있다. 그렇지만, 바로 전에 증명한 사실에 의하면, a에 QR를 곱하면 NR가 된다. 따라서 $\frac{1}{2}(p-1)$개의 곱

$$a \times \text{QR}$$

는 목록 안에 있는 모든 $\frac{1}{2}(p-1)$개의 NR들이 된다. 따라서 $a \times$ QR가 모든 NR에 대응되므로, a를 NR에 곱한 결과는 오직 QR 중 하나와 대응될 수밖에 없다.[2] □

이렇게 우리는 이차잉여의 곱셈법칙을 증명하였다. 잠시 그 결과를 들여다 보자.

$$\text{QR} \times \text{QR} = \text{QR}, \qquad \text{QR} \times \text{NR} = \text{NR}, \qquad \text{NR} \times \text{NR} = \text{QR}$$

이 법칙으로부터 어떤 것이 생각나는가? 없다면, 여기 힌트가 있다. 기호 QR, NR를 수로 바꾸어 생각해 보자. 어떤 수를 넣으면 될까? 빙고! QR는 $+1$, NR는 -1과 비슷하다. 의미를 이해하기 쉽지 않은 세 번째 법칙, 이차비잉여의 곱은 이차잉여라는 사실은 또 다른 알쏭달쏭한 법칙[3]

$$(-1) \times (-1) = +1$$

을 반영한다.

QR는 $+1$과, NR는 -1과 비슷한 역할을 한다는 사실로부터, 르장드르는 다음과 같은 유용한 기호를 도입하였다.

---

[2] "만일 우리가 모든 이차잉여를 제거한다면, 남은 수들은, 얼마나 가능성이 낮은지에 관계없이, 이차비잉여여야만 하지!"(셜록 홈즈(Sherlock Holmes)와 아서 코난 도일 경(Sir Arthur Conan Doyle)께 마음대로 인용한 점을 사과드린다.)

[3] 공식 $(-1) \times (-1) = +1$이 너무 친숙하여 별 이상한 점을 느끼지 못할지도 모른다. 하지만, 이 공식을 처음 보았을 때는 뭔가 이상하다는 것을 느꼈어야 했다. 만일, 이에 대해 이상하게 느껴 깊이 생각해 본 적이 있다면, 두 음수의 곱이 양수라는 분명한 이유가 없을 것이다. 혹시, $(-1) \times (-1)$이 $+1$과 같다는 사실을 명쾌하게 설명할 수 있는가?

a의 법 p에 대한 르장드르 기호(Legendre symbol)

$$\left(\frac{a}{p}\right) = \begin{cases} 1 & a\text{가 법 } p\text{에 대한 이차잉여일 때} \\ -1 & a\text{가 법 } p\text{에 대한 이차비잉여일 때} \end{cases}$$

예를 들어, 이전에 만든 표에 의하면 다음과 같이 쓸 수 있다.

$$\left(\frac{3}{13}\right) = 1, \qquad \left(\frac{11}{13}\right) = -1, \qquad \left(\frac{2}{7}\right) = 1, \qquad \left(\frac{3}{7}\right) = -1$$

르장드르 기호를 사용하면, 이차잉여의 곱셈 법칙은 다음과 같이 간단히 표현된다.

정리 20.3 (이차잉여 곱셈 법칙 – 버전 2)

p가 홀수인 소수이면

$$\left(\frac{a}{p}\right)\left(\frac{b}{p}\right) = \left(\frac{ab}{p}\right)$$

가 성립한다.

르장드르 기호는 계산에 매우 유용하다. 예를 들어, 75가 법 97에 대하여 이차잉여인지 확인하고 싶다면, 다음과 같이 계산하면 된다.

$$\left(\frac{75}{97}\right) = \left(\frac{3\cdot 5\cdot 5}{97}\right) = \left(\frac{3}{97}\right)\left(\frac{5}{97}\right)\left(\frac{5}{97}\right) = \left(\frac{3}{97}\right)$$

위 계산에서, $\left(\frac{5}{97}\right)$이 $+1$인지 또는 -1인지는 중요하지 않음에 주목하자. 위 계산에서는 $\left(\frac{5}{97}\right)$이 두 번 나타나므로, 그 값이 무엇이든 간에 $(+1)^2 = (-1)^2 = 1$이 된다. 그리고, $10^2 \equiv 3 \pmod{97}$이라는 사실로부터, 3은 QR이다. 따라서 계산 결과는

$$\left(\frac{75}{97}\right) = \left(\frac{3}{97}\right) = 1$$

이다. 물론, 3이 QR라는 사실을 확인할 수 있었던 것은 운이 좋았기 때문이다. 운에 의존하거나 시행 착오를 거치지 않고 르장드르 기호를 계산할 수 있는 방법이 없을까? 답은 '예'이고, 이에 대해 다음 장에서 다룰 것이다.

연습문제

20.1. 법 19에 대한 이차잉여와 이차비잉여의 목록을 만들어 보아라.

20.2. 각각의 홀수인 소수 p에 대해 다음 두 개의 수를 생각해 보자.

$$A = 1 \le a < p \text{ 범위에서 법 } p\text{에 대한 모든 이차잉여의 합}$$

$$B = \ 1 \le a < p\text{의 범위에서 법 } p\text{에 대한 모든 이차비잉여의 합}$$

예를 들어 $p = 11$인 경우, 이차잉여는 다음과 같다.

$$1^2 \equiv 1 \pmod{11}, \qquad 2^2 \equiv 4 \pmod{11}, \qquad 3^2 \equiv 9 \pmod{11},$$
$$4^2 \equiv 5 \pmod{11}, \qquad 5^2 \equiv 3 \pmod{11}$$

따라서

$$A = 1 + 4 + 9 + 5 + 3 = 22, \qquad B = 2 + 6 + 7 + 8 + 10 = 33$$

이다.

(a) $p < 20$인 모든 홀수인 소수 p에 대해 A, B의 목록을 만들어 보아라.

(b) $A + B$ 값은 얼마인지 추측해 보고, 그 추측이 옳다는 것을 증명하여라.

(c) $A \pmod p$, $B \pmod p$를 계산하여라. 이에 대한 공식을 찾아보고, 이 공식이 옳다는 것을 증명하여라. [도움말. 연습문제 7.4에서 다루었던 $1^2 + 2^2 + \cdots + n^2$를 계산하는 공식이 유용할 것이다.]

(d) 자료를 조금 더 축적하여, $A = B$가 성립하는 p에 대한 판정법을 만들어 보아라. 21장을 다룬 뒤에, 이 판정법을 증명하게 될 것이다.

(e) A, B를 계산하는 프로그램을 만들고 이를 이용하여 $p < 100$인 홀수인 소수에 대해 A, B를 계산하여라. 만일 $A \ne B$라면, A와 B 중 어떤 것이 더 큰 수인가? 추측해 보고 이를 증명해 보아라. 증명을 시도하기 전에, 이 문제는 "매우" 어려운 문제임을 명심하자.

20.3. a가 법 p에 대한 삼차잉여(cubic residue modulo p)라 함은, a가 법 p로 어떤 세제곱수와 합동이라는 의미로 즉, 적당한 수 b에 대해 합동식 $a \equiv b^3 \pmod p$가 성립한다는 뜻이다.

(a) 법 5, 법 7, 법 11, 법 13에 대하여 삼차잉여의 목록을 만들어 보아라.

(b) 법 19에 대하여 두 수 a_1과 b_1은 삼차잉여는 아니지만, 이들의 곱 a_1b_1이 삼차잉여가 되는 수 a_1, b_1을 찾아보아라. 비슷하게, 법 19에 대해 a_2, b_2, a_2b_2 모두 삼차잉여가 아닌 두 수 a_2, b_2를 찾아보아라.

(c) $p \equiv 2 \pmod 3$일 때, 어떤 a가 법 p로 삼차잉여가 되는지 가설을 세워 보고, 그 가설이 옳음을 증명하여라.

제 **21** 장

-1은 법 p에 대해 제곱수일까? 2는?

이전 장에서 우리는 여러 가지 소수 p를 선택하여, 이에 대해 이차잉여인 a와 비이차잉여인 a를 살펴보았다. 예를 들어, 법 13에 대해 제곱수인 수의 표를 만들어, 3과 12가 QR이고, 2와 5는 NR임을 확인하였다.

이제까지 우리가 경험한 전통적인 수학적 문제 접근법을 유지하면서, 이 문제에 접근해 보자. 특정한 소수를 정하고 이에 대해 이차잉여, 이차비잉여인 수를 분류하는 대신, a를 고정하고 a가 QR가 되는 소수 p를 다룰 것이다. 문제를 명확히 파악하기 위해 먼저 $a = -1$인 경우부터 시작하자. 우리가 답을 찾고자 하는 질문은 다음과 같다.

-1이 QR가 되는 소수 p는 무엇인가?

우리는 이 질문을 "어떤 소수 p에 대해 다음 합동식 $x^2 \equiv -1 \pmod{p}$의 해가 존재하는가?" 또는 "$\left(\frac{-1}{p}\right) = 1$이 성립하는 소수 p는 무엇인가?"와 같이 쓸 수도 있다.

늘 하던 대로, 일반적인 추정을 하기 전에 먼저 자료를 모아 보자. 일단 작은 소수 p에 대해서 $1^2, 2^2, 3^2, \ldots \pmod{p}$ 표를 만들어 그중 -1과 합동인 것이 있는지 확인하면 그리 어렵지 않게 답할 수 있다. 예를 들어, 법 3에 대해 -1은 이차잉여가 아니다. 왜냐하면, $1^2 \not\equiv -1 \pmod{3}$이고 $2^2 \not\equiv -1 \pmod{3}$이기 때문이다. 하지만 법 5에 대해서는 $2^2 \equiv -1 \pmod{5}$가 성립하므로 -1은 이차잉여이다. 다음 표는 더 많은 경우에 대해 계산한 결과이다.

p	3	5	7	11	13	17	19	23	29	31
$x^2 \equiv -1 \pmod{p}$의 해	NR	2, 3	NR	NR	5, 8	4, 13	NR	NR	12, 17	NR

이 표를 잘 살펴보면, 다음과 같은 자료를 얻을 수 있다.

$$-1\text{이 이차잉여인 } p = 5, 13, 17, 29$$
$$-1\text{이 이차비잉여인 } p = 3, 7, 11, 19, 23, 31$$

여기서 패턴을 알아차리는 것은 어렵지 않다. 만일 p가 법 4에 대해 1과 합동이면 -1이 이차잉여이고, p가 법 4에 대해 3과 합동이면 -1이 이차비잉여인 것 같이 보인다. 이 추측을 다음과 같이 르장드르 기호로 표현할 수 있다.

$$\left(\frac{-1}{p}\right) \stackrel{?}{=} \begin{cases} 1 & p \equiv 1 \pmod{4}\text{일 때} \\ -1 & p \equiv 3 \pmod{4}\text{일 때} \end{cases}$$

이제 우리의 가설을 다음 몇몇 경우에 대해 확인해 보자. 다음에 오는 법 4에 대해 1과 합동인 소수는 37과 41이고, 예상대로

$$x^2 \equiv -1 \pmod{37}\text{은 두 개의 해 } x \equiv 6,\ 31 \pmod{37}\text{을 갖고,}$$

$$x^2 \equiv -1 \pmod{41}\text{은 두 개의 해 } x \equiv 9,\ 32 \pmod{41}\text{을 갖는다.}$$

비슷하게, 다음에 오는 법 4에 대해 3과 합동인 소수는 43, 47이고, 법 43과 법 47에 대해서 모두 -1이 이차비잉여임을 확인할 수 있다. 우리의 가설이 꽤 그럴듯하게 보인다!

우리의 가설을 확인하기 위해 쓸 수 있는 도구는 "페르마 소정리의 제곱근(Square Root of Fermat's Little Theorem)"이라 부르면 좋을 듯하다. 그런데, "어떻게 정리에 제곱근을 취하지?" 라는 의문이 들 것이다. 페르마의 소정리(9장)를 되돌아 보자.

$$a^{p-1} \equiv 1 \pmod{p}$$

우리는 이 정리에 진짜로 근호를 씌울 생각은 없다. 대신, a^{p-1}의 제곱근이 무엇인지 계산하려고 한다. 즉, 우리는 다음 질문의 답을 찾으려고 한다.

$$\boxed{A = a^{(p-1)/2}\text{은 법 } p\text{에 대해 무엇과 합동인가?}}$$

한 가지는 분명하다. 만일 A를 제곱하면, 페르마의 소정리에 의해,

$$A^2 = a^{p-1} \equiv 1 \pmod{p}$$

가 된다. 따라서 $A^2 - 1 = (A-1)(A+1)$은 p의 배수이고 따라서 $A-1$ 또는 $A+1$이 p의 배수이다. (여기서 우리가 43페이지에서 증명한 보조정리 7.1, 소수의 가약성 정리를 어떻게 적용하였는지 살펴보자.) 따라서 A는 법 p에 대해 1 또는 -1과 합동이다.

임의의 p, a에 대해 A를 계산한 것이다. 비교를 하기 위해 르장드르 기호 $\left(\frac{a}{p}\right)$의 값도 포함하였다. 일정한 패턴이 보이는가?

p	11	31	47	97	173	409	499	601	941	1223
a	3	7	10	15	33	78	33	57	222	129
$A \pmod{p}$	1	1	-1	-1	1	-1	1	-1	1	1
$\left(\frac{a}{p}\right)$	1	1	-1	-1	1	-1	1	-1	1	1

a가 이차잉여이면 $A \equiv 1 \pmod{p}$이고, a가 이차비잉여이면 $A \equiv -1 \pmod{p}$임이 확연히 드러난다. 다시 말해, $A \pmod{p}$의 값이 르장드르 기호 $\left(\frac{a}{p}\right)$의 값과 일치하는 것처럼 보인다. 이 주장을 확인하기 위해 오일러 판정법이라 불리는 방법, 즉 개수를 실제로 헤아려 보는 방법을 사용한다. [이와 같이 중요한 결과의 다른 풀이는 연습문제 28.8(c)를 참조하자.]

정리 21.1 (오일러 판정법)

p가 홀수인 소수이면 다음 합동식이 성립한다.

$$a^{(p-1)/2} \equiv \left(\frac{a}{p}\right) \pmod{p}$$

증명 먼저, a가 이차잉여라 가정하자. 즉, 적당한 b에 대해 합동식 $a \equiv b^2 \pmod{p}$가 성립한다고 하자. 그렇다면, 페르마의 소정리(정리 9.1)에 의해 다음 합동식이 성립한다.

$$a^{(p-1)/2} \equiv (b^2)^{(p-1)/2} = b^{p-1} \equiv 1 \pmod{p}$$

따라서 a가 이차잉여이면 오일러 판정법 $a^{(p-1)/2} \equiv \left(\frac{a}{p}\right) \pmod{p}$를 얻는다.

이번엔 다음 합동식을 고려해 보자.

$$X^{(p-1)/2} - 1 \equiv 0 \pmod{p}$$

우리는 방금 모든 이차잉여가 위의 합동식을 만족함을 보였고, 또한 정리 20.1에 의해 정확히 $\frac{1}{2}(p-1)$개의 이차잉여가 있음을 알고 있다. 또한, 법 p에 대한 합동식의 근 정리(56페이지 정리 8.2)에 의해 이 합동식은 최대 $\frac{1}{2}(p-1)$개의 서로 다른 근을 가질 수 있다. 따라서 다음을 얻을 수 있다.

$$\{X^{(p-1)/2} - 1 \equiv 0 \pmod{p}\text{의 근}\} = \{\text{법 } p\text{에 대한 이차잉여}\}$$

이번엔, a가 이차비잉여라 가정하자. 페르마의 소정리에 의해 합동식 $a^{p-1} \equiv 1 \pmod{p}$가 성립하므로, 다음을 얻을 수 있다.

$$0 \equiv a^{p-1} - 1 \equiv (a^{(p-1)/2} - 1)(a^{(p-1)/2} + 1) \pmod{p}$$

앞에서 합동방정식 $X^{(p-1)/2} - 1 \equiv 0 \pmod{p}$의 근은 모두 이차잉여이므로, 위의 경우 첫 번째 인수는 법 p에 대해 0과 합동일 수 없다. 따라서 두 번째 인수가 법 p로 0이 되어야만 한다. 따라서 다음 합동식

$$a^{(p-1)/2} \equiv -1 = \left(\frac{a}{p}\right) \pmod{p}$$

을 얻고, 이차비잉여에 대해서도 오일러 판정법이 성립함이 확인된다. □

법 p에 대해 -1이 이차잉여라면, 오일러 판정법을 써서 쉽게 확인할 수 있다. 예를 들어, 법 6911에 대해 -1이 이차잉여인지 확인하고 싶다면, 우리는 단지

$$(-1)^{(6911-1)/2} = (-1)^{3455} = -1$$

만 계산하며 된다. 따라서 오일러 판정법에 의해

$$\left(\frac{-1}{6911}\right) \equiv -1 \pmod{6911}$$

임을 확인할 수 있다. 하지만 $\left(\frac{a}{p}\right)$은 항상 $+1$ 또는 -1과 같으므로, $\left(\frac{-1}{6911}\right) = -1$이고 따라서 -1은 법 6911에 대해 이차비잉여이다.

비슷한 방법에 의해, 소수 $p = 7817$인 경우에도,

$$(-1)^{(7817-1)/2} = (-1)^{3908} = 1$$

이다. 따라서 $\left(\frac{-1}{7817}\right) = 1$이고 따라서 -1은 법 7817에 대해 이차잉여이다. 이 결과로, 우리는 다음 합동식

$$x^2 \equiv -1 \pmod{7817}$$

은 해를 가지고 있다는 것을 알고 있음에도 불구하고, 우리는 여전히 해를 찾는 효율적인 방법을 모른다는 것을 확인하자. 이 합동식의 해는 $x \equiv 2564 \pmod{7817}$, $x \equiv 5253 \pmod{7817}$라고 알려져 있다.

이 두 가지 예에서 본 것처럼, 오일러 판정법은 정확히 어떤 소수 p에 대해 -1이 이차잉여가 되는지 정확히 판별하는 데 쓰일 수 있다. 이 우아한 결과는, 우리가 이번 장에서 만든 첫 질문에 대한 답이 될 것으로, 이차상호법칙(Law of Quadratic Reciprocity)의 일부이다.

정리 21.2 (이차상호법칙 – 1부)

p가 홀수인 소수라면 다음이 성립한다.

$p \equiv 1 \pmod 4$이면 -1은 법 p에 대해 이차잉여이고,

$p \equiv 3 \pmod 4$이면 -1은 법 p에 대해 이차비잉여이다.

이것을 르장드르 기호를 이용하면

$$\left(\frac{-1}{p}\right) = \begin{cases} 1 & p \equiv 1 \pmod 4 \text{일 때} \\ -1 & p \equiv 3 \pmod 4 \text{일 때} \end{cases}$$

와 같이 쓸 수 있다.

증명 오일러 판정법에 의하면, 다음 합동식이 성립한다.

$$(-1)^{(p-1)/2} \equiv \left(\frac{-1}{p}\right) \pmod p$$

우선 $p \equiv 1 \pmod 4$, 다시 말해 $p = 4k+1$이라 가정하자. 그렇다면,

$$(-1)^{(p-1)/2} = (-1)^{2k} = 1\text{이므로} \quad 1 \equiv \left(\frac{-1}{p}\right) \pmod p\text{이다.}$$

하지만 $\left(\frac{-1}{p}\right)$는 $+1$ 또는 -1과 같으므로, 이 경우에는 반드시 1이어야 한다. 따라서 $p \equiv 1 \pmod 4$이면 $\left(\frac{-1}{p}\right) = 1$이 된다.

이번엔 $p \equiv 3 \pmod 4$, 즉 $p = 4k + 3$이라 가정하자. 그러면,

$$(-1)^{(p-1)/2} = (-1)^{2k+1} = -1, \quad \text{따라서} \quad -1 \equiv \left(\frac{-1}{p}\right) \pmod p$$

가 성립하는데, 이는 $(\frac{-1}{p})$이 -1이어야 함을 보여준다. 따라서 우리는 이차상호법칙의 첫 번째 부분을 증명하였다. □

우리는 이 이차상호법칙의 첫 번째 부분을 이용하여 12장에서 남겨놓았던 문제에 대한 답을 찾을 수 있다. 되짚어 보면, 우리는 법 4에 대해 3과 합동인 소수가 무한히 많다는 사실은 증명했지만, 법 4에 대해 1과 합동인 소수가 무한히 많은가에 대한 답은 하지 않았다.

정리 21.3 (법 4에 대해 1과 합동인 소수 정리)

법 4에 대해 1과 합동인 소수는 무한히 많이 존재한다.

증명 $p_1, p_2, \ldots, p_r$이 법 4에 대해 1과 합동인 소수의 목록이라 가정하자. 우리는 법 4에 대해 1과 합동이면서, 주어진 목록에 포함되지 않은 새로운 소수가 있음을 보이려고 한다. 이를 반복하면 우리는 원하는 만큼 긴 소수의 목록을 만들 수 있다.

다음 수를 생각해 보자.

$$A = (2p_1p_2 \cdots p_r)^2 + 1$$

이 수는 소인수분해할 수 있음을 알고,

$$A = q_1q_2 \cdots q_s$$

로 쓸 수 있다. 당연히, 모든 p_i는 A의 약수가 아니므로, $q_1, q_2, \ldots, q_s$는 우리의 목록에 없는 소수일 것이다. 우리는 이들 중 하나가 법 4에 대해 1과 합동임을 보이면 된다. 실제로는 모든 q_i가 법 4에 대해 1과 합동이 된다는 것을 알게 될 것이다.

먼저 A가 홀수이므로, 따라서 모든 q_i도 홀수이다. 그리고, q_i는 A의 약수이므로, 다음 합동식이 성립한다.

$$(2p_1p_2 \cdots p_r)^2 + 1 = A \equiv 0 \pmod{q_i}$$

따라서 $x = 2p_1p_2 \cdots p_r$은 다음 합동식의 해가 되고,

$$x^2 \equiv -1 \pmod{q_i}$$

-1은 법 q_i에 대해 이차잉여이고, 이차상호법칙에 의해 $q_i \equiv 1 \pmod 4$를 만족한다. □

우리는 이 증명에 사용된 방법을 이용하면 법 4에 대해 1과 합동인 소수의 목록을 만들 수 있다. $p_1 = 5$ 부터 시작한다면, $A = (2p_1)^2 + 1 = 101$을 얻을 수 있고, 따라서 우리의 다음 소수는 $p_2 = 101$이다. 또 다시

$$A = (2p_1p_2)^2 + 1 = 1020101$$

는 소수이고 따라서 우리의 세 번째 소수는 $p_3 = 1020101$이다. 이를 한 번 더 반복하면

$$\begin{aligned} A &= (2p_1p_2p_3)^2 + 1 \\ &= 1061522231810040101 \\ &= 53 \cdot 1613 \cdot 12417062216309 \end{aligned}$$

를 얻는다. 이때, 여기서 발견되는 모든 소수들 53, 1613, 12417062216309는 정리에서 확인된 것처럼 모두 법 4에 대해 1과 합동임을 확인하자.

이번 장의 제목에 제시한 두 질문 중 첫 번째 질문에 대한 답을 찾았으니, 이제 두 번째 질문, 가장 홀수스러운(oddest,이상한) 소수 $a = 2$에 대한 질문으로 넘어가자. $a = -1$의 경우처럼, 2가 법 p에 대해 이차잉여가 되는 p에 대한 간단한 기준을 찾아보자. 다음 표는 2가 이차잉여이면 $x^2 \equiv 2 \pmod p$의 해를 제시하고, $x^2 \equiv 2 \pmod p$가 이차비잉여이면 NR라 표시한 자료이다. 여기서 독자들은 어떤 일정한 패턴을 찾을 수 있는가?

p	3	5	7	11	13	17	19	23	29	31
$x^2 \equiv 2$	NR	NR	3, 4	NR	NR	6, 11	NR	5, 18	NR	8, 23

p	37	41	43	47	53	59	61	67	71	73
$x^2 \equiv 2$	NR	17, 24	NR	7, 40	NR	NR	NR	NR	12, 59	32, 41

p	79	83	89	97	101	103	107	109	113	127
$x^2 \equiv 2$	9, 70	NR	25, 64	14, 83	NR	38, 65	NR	NR	51, 62	16, 111

다음은 2가 이차잉여인지 이차비잉여인지에 따라 소수를 분류한 것이다.

$$\begin{aligned} 2\text{가 이차잉여가 되는 법 } p &= 7, 17, 23, 31, 41, 47, 71, 73, \\ &\qquad 79, 89, 97, 103, 113, 127 \\ 2\text{가 이차비잉여가 되는 법 } p &= 3, 5, 11, 13, 19, 29, 37, 43, 53, 59, \\ &\qquad 61, 67, 83, 101, 107, 109 \end{aligned}$$

$a = -1$인 경우는 소수 p를 법 4에 대한 합동류로 분류한 것이 결정적이었다. 만일 위의 두 목록을 법 4에 대하여 분류한다면 비슷한 패턴을 기대할 수 있을까? 시도해 보자.

$$\begin{aligned} &7, 17, 23, 31, 41, 47, 71, 73, 79, 89, 97, 103, 113, 127 \\ &\qquad \equiv 3, 1, 3, 3, 1, 3, 3, 1, 3, 1, 1, 3, 1, 3 \pmod 4) \\ &3, 5, 11, 13, 19, 29, 37, 43, 53, 59, 61, 67, 83, 101, 107, 109 \\ &\qquad \equiv 3, 1, 3, 1, 3, 1, 1, 3, 1, 3, 1, 3, 3, 1, 3, 1 \pmod 4 \end{aligned}$$

이 방법으로는 별 소득을 얻을 수 없다. 법 3에 대하여 분류해 보자.

$$7, 17, 23, 31, 41, 47, 71, 73, 79, 89, 97, 103, 113, 127$$
$$\equiv 1, 2, 2, 1, 2, 2, 2, 1, 1, 2, 1, 1, 2, 1 \pmod 3$$
$$3, 5, 11, 13, 19, 29, 37, 43, 53, 59, 61, 67, 83, 101, 107, 109$$
$$\equiv 0, 2, 2, 1, 1, 2, 1, 1, 2, 2, 1, 1, 2, 2, 2, 1 \pmod 3$$

이 결과도 그리 나아보이지 않는다. 포기하기 전에, 한번 더 시도를 해 보자. 법 8에 대하여 분류하면 어떨까?

$$7, 17, 23, 31, 41, 47, 71, 73, 79, 89, 97, 103, 113, 127$$
$$\equiv 7, 1, 7, 7, 1, 7, 7, 1, 7, 1, 1, 7, 1, 7 \pmod 8$$
$$3, 5, 11, 13, 19, 29, 37, 43, 53, 59, 61, 67, 83, 101, 107, 109$$
$$\equiv 3, 5, 3, 5, 3, 5, 5, 3, 5, 3, 5, 3, 3, 5, 3, 5 \pmod 8$$

유레카(Eureka)! 첫 행은 모두 1과 7이고, 두 번째 행은 모두 3과 5인 것은 우연의 일치가 아닌 것 같다. 이 결과는 p가 법 8에 대해 1, 7과 합동이면 2가 법 p에 대해 이차잉여이고, p가 법 8에 대해 대해 3, 5와 합동이면 2가 법 p에 대해 이차비잉여일 것이라 기대하게 한다. 르장드르 기호를 이용하여

$$\left(\frac{2}{p}\right) \stackrel{?}{=} \begin{cases} 1 & p \equiv 1 \text{ 또는 } 7 \pmod 8 \text{ 일 때} \\ -1 & p \equiv 3 \text{ 또는 } 5 \pmod 8 \text{ 일 때} \end{cases}$$

와 같이 쓸 수 있을 것이다.

여기에 오일러 판정법을 쓸 수 있을까? 불행히도 $2^{(p-1)/2} \pmod p$ 계산이 쉽지 않아 보이므로, 답은 '아니다' 또는 '매우 쉽지는 않다' 일 것이다. 하지만, 9장에서 다루었던 페르마의 소정리의 증명을 되돌아보면 힌트를 얻을 수 있다. 그 증명에서 우리는 $1, 2, \ldots, p-1$에 a를 곱하고, 다시 이 결과들을 모두 곱한 뒤 a^{p-1}을 인수로 묶어내었다. 만일 a를 $\frac{1}{2}(p-1)$개만 묶어내는 방법이 있다면, 이 값으로부터 오일러 판정법을 적용할 수 있을 것이다. 따라서 $1, 2, \ldots, p-1$ 대신, 1부터 $\frac{1}{2}(p-1)$까지의 수만을 골라내어 해 보자. 가우스가 처음 고안한 이 방법을 이해하기 위해, 2가 법 13에 대해 이차잉여인지 확인해 보자.

먼저, 1부터 12까지의 수 중 절반, $1, 2, 3, 4, 5, 6$을 골라, 각각에 2를 곱한 뒤 이를 모두 곱해 보자.

$$\begin{aligned} 2 \cdot 4 \cdot 6 \cdot 8 \cdot 10 \cdot 12 &= (2 \cdot 1)(2 \cdot 2)(2 \cdot 3)(2 \cdot 4)(2 \cdot 5)(2 \cdot 6) \\ &= 2^6 \cdot 1 \cdot 2 \cdot 3 \cdot 4 \cdot 5 \cdot 6 \\ &= 2^6 \cdot 6! \end{aligned}$$

여기서 우리는 묶어낸 항 $2^6 = 2^{(13-1)/2}$에 관심을 두고 있음을 잊지 말자.

한편, 가우스의 아이디어는 이 숫자들을 법 13에 대해 -6과 6 사이의 수로 나타내 보는 것이다. 처음 셋은 손댈 필요가 없고, 나중 셋은 13을 빼면 이 범위 안에 들어오게 된다.

$$\begin{array}{ccc} 2 \equiv 2 \pmod{13} & 4 \equiv 4 \pmod{13} & 6 \equiv 6 \pmod{13} \\ 8 \equiv -5 \pmod{13} & 10 \equiv -3 \pmod{13} & 12 \equiv -1 \pmod{13} \end{array}$$

이들을 모두 곱하면 다음과 같다.

$$\begin{aligned} 2 \cdot 4 \cdot 6 \cdot 8 \cdot 10 \cdot 12 &\equiv 2 \cdot 4 \cdot 6 \cdot (-5) \cdot (-3) \cdot (-1) \\ &\equiv (-1)^3 \cdot 2 \cdot 4 \cdot 6 \cdot 5 \cdot 3 \cdot 1 \\ &\equiv -6! \pmod{13} \end{aligned}$$

이 결과를 앞에서 얻은 결과와 비교하면, 다음 합동식을 얻는다.

$$2^6 \cdot 6! \equiv -6! \pmod{13}$$

이 결과 $2^6 \equiv -1 \pmod{13}$임을 확인할 수 있고, 오일러 판정법에 의해 2는 이차비잉여이다.

이 아이디어를 비슷하게 적용하여 2가 법 17에 대해서는 어떤지 확인해 보자. 요약건대, 1부터 8까지의 수에 2를 곱하고, 이 결과를 모두 곱하는 계산을 두 가지 방법으로 정리하자. 첫 번째 방법으로 한 계산은 다음과 같다.

$$2 \cdot 4 \cdot 6 \cdot 8 \cdot 10 \cdot 12 \cdot 14 \cdot 16 = 2^8 \cdot 8!$$

두 번째 방법, 법 17에 대해 -8과 8 사이의 어떤 수와 합동일지 확인해 보면,

$$\begin{array}{ccc} 2 \equiv 2 \pmod{17} & 4 \equiv 4 \pmod{17} & 6 \equiv 6 \pmod{17} \\ 8 \equiv 8 \pmod{17} & 10 \equiv -7 \pmod{17} & 12 \equiv -5 \pmod{17} \\ 14 \equiv -3 \pmod{17} & 16 \equiv -1 \pmod{17} & \end{array}$$

임을 알 수 있다. 이들을 모두 곱하자.

$$\begin{aligned} 2 \cdot 4 \cdot 6 \cdot 8 \cdot 10 \cdot 12 \cdot 14 \cdot 16 &\equiv 2 \cdot 4 \cdot 6 \cdot 8 \cdot (-7) \cdot (-5) \cdot (-3) \cdot (-1) \\ &\equiv (-1)^4 \cdot 8! \pmod{17} \end{aligned}$$

따라서 $2^8 \cdot 8! \equiv (-1)^4 \cdot 8! \pmod{17}$이 성립하므로, $2^8 \equiv 1 \pmod{17}$이고 따라서 2는 법 17에 대해 이차잉여이다.

이제, 가우스의 방법을 보다 일반적으로 생각해 보자. p가 임의의 홀수인 소수라 하자. 공식을 단순화하기 위해

$$P = \frac{p-1}{2}$$

라고 놓자. 이제, 짝수 $2, 4, 6, \ldots, p-1$을 모두 곱하고 2를 묶어 내면 다음 결과를 얻는다.

$$2 \cdot 4 \cdot 6 \cdots (p-1) = 2^{(p-1)/2} \cdot 1 \cdot 2 \cdot 3 \cdots \frac{p-1}{2} = 2^P \cdot P!.$$

한편, $2, 4, 6, \ldots, p-1$을 법 p에 대해 $-P$와 P 사이, 다시말해 $-(p-1)/2$과 $(p-1)/2$의 수로 바꾸어 보자. 첫 절반은 그대로이겠지만, 원래 숫자가 $(p-1)/2$보다 커지는 순간 각각에서 p를 빼야 할 것이다. 이때 생성되는 음수 기호의 개수는 p를 빼 주어야 하는 횟수와 일치함에 주목하자. 다시 말해

$$\text{음수 기호의 개수} = \begin{pmatrix} 2, 4, 6, \ldots, (p-1)\text{중에서} \\ \frac{1}{2}(p-1)\text{보다 큰 수의 개수} \end{pmatrix}.$$

다음 설명이 이 과정을 이해하는 데 도움이 될 것이다.

$$\underbrace{2 \cdot 4 \cdot 6 \cdot 8 \cdot 10 \cdot 12 \cdots}_{\substack{\le (p-1)/2\text{인 수는} \\ \text{그대로 둔다.}}} \;\Big|\; \underbrace{\cdots (p-5) \cdot (p-3) \cdot (p-1)}_{\substack{> (p-1)/2\text{인 수는} \\ p\text{를 빼 준다.}}}$$

이제 두 가지 결과를 비교하면, 다음 합동식을 얻는다.

$$2^P \cdot P! = 2 \cdot 4 \cdot 6 \cdots (p-1) \equiv (-1)^{(\text{음수 기호의 개수})} \cdot P! \pmod p$$

이제 양변에서 $P!$을 지우면 기본 공식을 얻는다.

$$2^{(p-1)/2} \equiv (-1)^{(\text{음수 기호 개수})} \pmod p$$

이 공식을 쓰면, 우리의 이전 추측, 이번 장 제목의 두 번째 질문의 답을 얻을 수 있다.

정리 21.4 (이차상호법칙 – 2부)

p가 홀수인 소수라 가정하자. 그렇다면, p가 법 8에 대해 1 또는 7과 합동이면, 2는 법 p에 대해 이차잉여이고, p가 법 8에 대해 3 또는 5와 합동이면, 2는 법 p에 대해 이차비잉여이다.

$$\left(\frac{2}{p}\right) = \begin{cases} 1 & p \equiv 1 \text{ 또는 } 7 \pmod 8 \text{일 때} \\ -1 & p \equiv 3 \text{ 또는 } 5 \pmod 8 \text{일 때} \end{cases}$$

증명 이 증명을 위해 우리는 p가 법 8에 대해 무엇과 합동인가에 따라 네 가지 경우로 나누어야 한다. 여기서는 그 중 두 가지 경우에 대해 확인해 보고, 나머지 두 가지 경우에 대해서는 독자들에게 맡기기로 하자.

먼저 $p \equiv 3 \pmod 8$, 즉 $p = 8k+3$인 경우에 대해 살펴보자. 먼저 숫자들 $2, 4, \ldots, p-1$ 중에서 얼마나 많은 수가 $\frac{1}{2}(p-1)$보다 큰지 세어 보자. 이 경우, $p-1 = 8k+2$이므로 $\frac{1}{2}(p-1) = 4k+1$이고, 따라서 어디서 나누어지는지는 아래에 표시된 것과 같다.

$$2 \cdot 4 \cdot 6 \cdots 4k \;\Big|\; (4k+2) \cdot (4k+4) \cdots (8k+2).$$

이제, 작대기 오른쪽에 몇 개의 수가 있는지 세어 보자. 다시 말해, 몇 개의 수가 $4k+2$와 $8k+2$ 사이에 있는가? 그 답은 $2k+1$이다. (만일 이 계산이 명확하게 이해되지 않는다면, 몇 개의 k에 대해 확인해 보면 왜 그런지 알 수 있을 것이다.) 따라서 우리는 $2k+1$개의 음수 기호를 얻게 되고, 기본 공식에 의해 다음이 성립한다.

$$2^{(p-1)/2} \equiv (-1)^{2k+1} \equiv -1 \pmod{p}$$

오일러 판정법을 적용하면, 2가 이차비잉여임을 확인할 수 있다. 따라서 p가 법 8에 대해 3과 합동인 소수라면 2는 이차비잉여임을 증명하였다.

이번엔, p가 법 8에 대해 7과 합동, 즉 $p=8k+7$인 경우를 살펴보자. 이제 $2,4,\ldots,p-1$이 2와 $8k+6$ 사이에 있는 짝수라 하고, 나누는 기준점 $\frac{1}{2}(p-1)=4k+3$을 잡으면, 다음과 같이 나누어진다.

$$2\cdot 4\cdot 6\cdots(4k+2) \;\Big|\; (4k+4)\cdot(4k+6)\cdots(8k+6)$$

이제, 작대기 오른쪽에 $2k+2$개의 수가 있고, 따라서 $2k+2$개의 음수 기호가 나타난다. 따라서 다음 합동식

$$2^{(p-1)/2} \equiv (-1)^{2k+2} \equiv 1 \pmod{p}$$

가 성립하고, 오일러 판정법에 의해 2는 이차 잉여가 된다. 즉, p가 법 8에 대해 7과 합동인 소수인 경우 2는 법 p에 대해 이차잉여임을 증명하였다. □

연습문제

21.1. 다음 합동방정식이 해를 갖는지 판정하여라. (합동식의 법은 모두 소수이다.)

(a) $x^2 \equiv -1 \pmod{5987}$ **(c)** $x^2+14x-35 \equiv 0 \pmod{337}$

(b) $x^2 \equiv 6780 \pmod{6781}$ **(d)** $x^2-64x+943 \equiv 0 \pmod{3011}$

[도움말. (c)의 경우는 근의 공식을 이용하여 법 337에 대해 제곱근을 구할 필요가 있는 수를 찾아라. (d)도 비슷한 방법으로 해결된다.]

21.2. 법 4에 대해 1과 합동인 소수 정리에서 소개된 방법을 이용하여, $p_1=17$부터 시작되는, 법 4에 대해 1과 합동인 소수의 목록을 만들어 보아라.

21.3. 3이 이차잉여, 또는 이차비잉여가 되게 하는 몇 개의 소수의 목록이 있다.

이차잉여: $p=11,13,23,37,47,59,61,71,73,83,97,107,109$

이차비잉여: $p=5,7,17,19,29,31,41,43,53,67,79,89,101,103,113,127$

일정 패턴을 찾을 때까지 이 목록을 여러 m에 대해 법 m에 대해 분류해 보고, 3을 이차잉여로 만드는 소수에 대한 가설을 세워 보아라.

21.4. 두 번째 이차상호법칙의 증명의 나머지 두 가지 경우, 법 8에 대해 1과 합동인 소수와 5와 합동인 소수의 경우에 대해 마무리지어 보아라.

21.5. 두 번째 이차상호법칙의 증명에 사용된 아이디어를 이용하여 다음 두 주장을 확인하여라.

(a) 만일 p가 법 5에 대해 1과 합동이면, 5는 법 p에 대해 이차잉여이다.

(b) 만일 p가 법 5에 대해 2와 합동이면, 5는 법 p에 대해 이차비잉여이다.

[도움말. 5의 배수의 목록 $5, 10, 15, \ldots, \frac{5}{2}(p-1)$을 $-\frac{1}{2}(p-1)$ 부터 $\frac{1}{2}(p-1)$ 사이의 수로 바꾼 뒤 음수 기호가 얼마나 많이 발생하는지 세어 보아라.]

21.6. 연습문제 20.2에서 우리는 A와 B를 법 p에 대해 이차잉여인 수의 합과 이차비잉여인 수의 합이라 정의하였다. 그 연습문제의 (d)항은 $A = B$가 성립할 조건을 찾아보라는 문제였다. 이번 장의 내용을 사용하여, 독자의 판정법이 옳음을 증명하여라. [도움말. 제일 중요한 점은 -1이 언제 이차잉여인지이다.]

제 22 장

이차상호법칙

이제 우리의 목표는 정수 a가 주어졌을 때 정확히 어떤 소수 p에 대해서 a가 이차잉여(quadratic residue)인지 알아내는 것이다. 지난 장에서 우리는 $a = -1$인 경우와 $a = 2$인 경우에 대해서 알아보았다. 이 두 경우 모두 a가 p에 대하여 이차잉여인지 아닌지는 작은 수 m에 대해서 $p \pmod{m}$을 살펴봄으로써 알 수 있었다. 정확하게는 $m = 4$ 또는 $m = 8$을 이용하였다.

이제 다른 a에 대해서 르장드르 기호(Legendre symbol) $\left(\frac{a}{p}\right)$를 계산하는 방법을 살펴보고자 한다. 예를 들어, $\left(\frac{70}{p}\right)$를 계산하고 싶다고 하자. 이차잉여 곱셈법칙(Quadratic Residue Multiplication Rules)(20장)을 이용하여

$$\left(\frac{70}{p}\right) = \left(\frac{2 \cdot 5 \cdot 7}{p}\right) = \left(\frac{2}{p}\right)\left(\frac{5}{p}\right)\left(\frac{7}{p}\right)$$

을 계산할 수 있다. 이미 $\left(\frac{2}{p}\right)$를 계산하는 방법은 알고 있으므로 $\left(\frac{5}{p}\right)$와 $\left(\frac{7}{p}\right)$만을 계산하면 된다.

일반적으로, 임의의 a에 대해 $\left(\frac{a}{p}\right)$를 계산하고자 한다면, 먼저 a를 소인수분해하여

$$a = q_1 q_2 \cdots q_r$$

로 나타낸다. (모든 q_i가 다를 필요는 없다.) 그러면 이차잉여 곱셈법칙에 의하여

$$\left(\frac{a}{p}\right) = \left(\frac{q_1}{p}\right)\left(\frac{q_2}{p}\right)\cdots\left(\frac{q_r}{p}\right)$$

가 된다.

이로부터 알 수 있는 것: 만약 우리가 소수 q에 대해서 $\left(\frac{q}{p}\right)$를 계산할 수 있다면 모든 정수 a에 대해서 $\left(\frac{a}{p}\right)$를 계산할 수 있다.[1] 지금까지 우리가 배운 것들만으로는 (고정된 q에 대해서 p가 변하는 경우) $\left(\frac{q}{p}\right)$를 계산할 수 없기 때문에 이제는 데이타를 모아서 적당한 추측을 만들 때가 되었다.[2] 다음 표 22.1은 37 이하의 모든 홀수인 소수 p, q에 대한 르장드르 기호(Legendre symbol) $\left(\frac{q}{p}\right)$의 값이다.

더 읽기 전에, 시간을 들여서 이 표를 살펴보고 규칙성을 찾아보기 바란다. 한눈에 답을 찾지 못한다고 걱정할 것은 없다. 이 표에 숨어 있는 가장 중요한 규칙성은 꽤 찾기 어렵다. 하지만,

---

[1] 소수들은 수론을 구성하고 있는 기본 조각이라는 원리의 또 다른 예이다. 만약 소수에 대해서 문제를 풀 수 있다면 모든 정수에 대해서도 보통은 풀린다.

[2] "때가 되었다." 바다코끼리가 말했다. "많은 것들을 이야기 할 때. 신발을, 소수를, 잉여를, 그리고 양배추과 왕을."†

† 《거울 나라의 앨리스》에 나오는 난센스 시의 한 구절을 변형한 것. 아무 얘기나 하자는 정도의 뜻.

$p \backslash q$	3	5	7	11	13	17	19	23	29	31	37
3		−1	1	−1	1	−1	1	−1	−1	1	1
5	−1		−1	1	−1	−1	1	−1	1	1	−1
7	−1	−1		1	−1	−1	−1	1	1	−1	1
11	1	1	−1		−1	−1	−1	1	−1	1	1
13	1	−1	−1	−1		1	−1	1	1	−1	−1
17	−1	−1	−1	−1	1		1	−1	−1	−1	−1
19	−1	1	1	1	−1	1		1	−1	−1	−1
23	1	−1	−1	−1	1	−1	−1		1	1	−1
29	−1	1	1	−1	1	−1	−1	1		−1	−1
31	−1	1	1	−1	−1	−1	1	−1	−1		−1
37	1	−1	1	1	−1	−1	−1	−1	−1	−1	

표 22.1. 르장드르 기호 $\left(\frac{q}{p}\right)$의 값

독자 스스로 숨겨져 있는 규칙성을 찾기 위해 노력하여, 르장드르(Legendre)와 가우스(Gauss)가 느꼈던 발견의 기쁨을 독자들도 맛보기를 바란다.

독자 스스로 나름의 추측을 만들어 보았을 테니‡, 이제는 표와 함께 살펴보자. 행과 열의 값들을 대조하여, 표에서 대각선에 대해 대칭인 값들을 비교해 보자. 예컨대, $p = 5$인 행의 값은 아래와 같다.

q	3	5	7	11	13	17	19	23	29	31	37
$\left(\frac{q}{5}\right)$	−1		−1	1	−1	−1	1	−1	1	1	−1

한편, $q = 5$인 열의 값은 (종이를 절약하기 위해서 가로로 나열하면) 아래와 같다.

p	3	5	7	11	13	17	19	23	29	31	37
$\left(\frac{5}{p}\right)$	−1		−1	1	−1	−1	1	−1	1	1	−1

똑같다! 따라서 우리는 모든 소수 p에 대해서

$$\left(\frac{5}{p}\right) = \left(\frac{p}{5}\right)$$

‡실버만 교수님은 독자 스스로 추측을 만들었으리라고 강하게 믿고 계신 듯하다.

가 성립한다고 추측할 수 있다. 이러한 규칙이 얼마나 유용할지 알겠는가? 우리는 르장드르 기호 $\left(\frac{5}{p}\right)$를 계산하는 방법을 찾고 있다. 이는 어려운 문제이다. 그러나 르장드르 기호 $\left(\frac{p}{5}\right)$는 소수 p를 5로 나눈 나머지에만 의존하기 때문에 계산이 매우 간단하다. 즉, 우리는

$$\left(\frac{p}{5}\right) = \begin{cases} 1 & \text{만약 } p \equiv 1 \text{ 또는 } 4 \pmod 5 \\ -1 & \text{만약 } p \equiv 2 \text{ 또는 } 3 \pmod 5 \end{cases}$$

임을 알고 있다. 따라서 만약 우리의 추측 $\left(\frac{5}{p}\right) = \left(\frac{p}{5}\right)$이 옳다면

$$\left(\frac{5}{3593}\right) = \left(\frac{3593}{5}\right) = \left(\frac{3}{5}\right) = -1$$

이고, 따라서 5가 법 3593에 대해 이차비잉여임을 알 수 있다. 같은 방법으로

$$\left(\frac{5}{3889}\right) = \left(\frac{3889}{5}\right) = \left(\frac{4}{5}\right) = 1$$

이고, 따라서 5는 법 3889에 대해서 이차잉여이고 실제로도 $5 \equiv 2901^2 \pmod{3889}$임을 확인할 수 있다.

이러한 성공에 들떠서, 모든 소수 p와 q에 대해서

$$\left(\frac{q}{p}\right) = \left(\frac{p}{q}\right)$$

가 성립하기를 기대할지도 모르겠다. 불행히도, 위 식은 표의 첫 번째 행과 열만 살펴보아도 사실이 아니라는 것을 알 수 있다. 예를 들어,

$$\left(\frac{3}{7}\right) = -1 \quad \text{이고} \quad \left(\frac{7}{3}\right) = 1$$

이다. 따라서 때로는 $\left(\frac{q}{p}\right)$는 $\left(\frac{p}{q}\right)$와 같고, 때로는 $-\left(\frac{p}{q}\right)$와 같다. 다음 표 22.2가 두 값이 언제 같고, 언제 반대인지를 설명해 주는 규칙을 찾는 데 도움이 될 것이다.

이 표를 살펴보면, ♡로 채워진 행과 열을 가지는 소수들

$$p = 5, 13, 17, 29, 37$$

을 고를 수 있다. 행과 열이 똑같지는 않은 (즉, 행과 열이 ★을 포함하고 있는) 소수들

$$p = 3, 7, 11, 19, 23, 31$$

도 보인다. 지금까지의 경험으로 이 두 목록의 규칙성을 한 눈에 찾을 수 있다. 처음 목록의 소수들은 법 4에 대해 1과 합동인 소수들이고, 두 번째 목록의 소수들은 법 4에 대해 3과 합동인 소수들이다.

따라서 우리의 첫 번째 추측은 만약 $p \equiv 1 \pmod 4$이거나 $q \equiv 1 \pmod 4$이면, 행과 열이 똑같다는 것이 될 것이다. 르장드르 기호를 이용하면 이 추측을 아래와 같이 정리할 수 있다.

$p \backslash q$	3	5	7	11	13	17	19	23	29	31	37
3		♡	★	★	♡	♡	★	★	♡	★	♡
5	♡		♡	♡	♡	♡	♡	♡	♡	♡	♡
7	★	♡		★	♡	♡	★	★	♡	★	♡
11	★	♡	★		♡	♡	★	★	♡	★	♡
13	♡	♡	♡	♡		♡	♡	♡	♡	♡	♡
17	♡	♡	♡	♡	♡		♡	♡	♡	♡	♡
19	★	♡	★	★	♡	♡		★	♡	★	♡
23	★	♡	★	★	♡	♡	★		♡	★	♡
29	♡	♡	♡	♡	♡	♡	♡	♡		♡	♡
31	★	♡	★	★	♡	♡	★	★	♡		♡
37	♡	♡	♡	♡	♡	♡	♡	♡	♡	♡	

표 22.2. $\left(\frac{q}{p}\right) = \left(\frac{p}{q}\right)$ 인 경우는 ♡로 $\left(\frac{q}{p}\right) = -\left(\frac{p}{q}\right)$ 인 경우는 ★로 표시한 표

추측: 만약 $p \equiv 1 \pmod 4$ 이거나 $q \equiv 1 \pmod 4$ 이면 $\left(\dfrac{q}{p}\right) = \left(\dfrac{p}{q}\right)$ 이다.

두 소수 p와 q가 모두 법 4에 대해 3과 합동인 경우에는 어떻게 되는가? 표를 살펴보면 우리는 이 경우에 $\left(\frac{q}{p}\right)$와 $\left(\frac{p}{q}\right)$의 부호가 반대라는 것을 알 수 있다. 따라서 우리는 또 다른 추측을 하게 된다.

추측: 만약 $p \equiv 3 \pmod 4$ 이고 $q \equiv 3 \pmod 4$ 이면 $\left(\dfrac{q}{p}\right) = -\left(\dfrac{p}{q}\right)$ 이다.

그럴듯해 보이는 이 두 관계식이 이차상호법칙의 핵심이다.

정리 22.1 (이차상호법칙(Law of Quadratic Reciprocity))

서로 다른 홀수인 소수 p와 q에 대하여 다음이 성립한다.

$$\left(\frac{-1}{p}\right) = \begin{cases} 1 & p \equiv 1 \pmod 4 \text{ 인 경우} \\ -1 & p \equiv 3 \pmod 4 \text{ 인 경우} \end{cases}$$

$$\left(\frac{2}{p}\right) = \begin{cases} 1 & p \equiv 1 \text{ 이거나 } 7 \pmod 8 \text{ 인 경우} \\ -1 & p \equiv 3 \text{ 이거나 } 5 \pmod 8 \text{ 인 경우} \end{cases}$$

$$\left(\frac{q}{p}\right) = \begin{cases} \left(\frac{p}{q}\right) & p \equiv 1 \pmod 4 \text{이거나 } q \equiv 1 \pmod 4 \text{인 경우} \\ -\left(\frac{p}{q}\right) & p \equiv 3 \pmod 4 \text{이고 } q \equiv 3 \pmod 4 \text{인 경우} \end{cases}$$

우리는 이차상호법칙을 $\left(\frac{-1}{p}\right)$인 경우와 $\left(\frac{2}{p}\right)$인 경우에 대해서는 이미 증명하였다. $\left(\frac{q}{p}\right)$와 $\left(\frac{p}{q}\right)$ 사이의 관계에 대한 다양한 증명들이 있지만, 그 중 어떤 것도 쉽지는 않다. 다음 장에서 우리는 아이젠슈타인(Eisenstein)의 증명을 소개할 예정이다. 이차상호법칙을 처음으로 생각한 수학자는 오일러와 라그랑주이지만 가우스가 그의 유명한 책 《수론 연구(Disquisitiones arithmeticae)》를 1801년에 출판하면서 그 증명이 비로소 이루어졌다. 가우스는 19세에 상호 법칙을 스스로 발견하였고 평생 동안 서로 다른 증명을 7개나 발견하였다! 그의 뒤를 이어서 19 세기 수학자들은 3차와 4차 상호 법칙(Cubic and Quartic Reciprocity Laws)을 발견하고 증명하였다. 그리고 이와 같은 연구는 힐베르트(David Hilbert)와 아틴(Emil Artin)을 비롯한 여러 수학자들의 1890년대부터 1930년대까지 지속된 노력으로 유체론(Class Field Theory)으로 발전하였다. 1960년대와 1970년대에 많은 수학자들이 유체론을 엄청나게 확장하는 일련의 추측들을 형식화하였고 오늘날 랭런즈 프로그램(Langlands Program)이라는 이름으로 계속 진행되고 있다. 1995년에 앤드루 와일즈(Andrew Wiles)에 의해서 증명된 중요한 정리는 랭런즈 프로그램의 일부분에 불과하지만, 350년간이나 미해결 문제였던 "페르마의 마지막 정리"를 증명하는 데는 충분하였다.

카를 프리드리히 가우스(Carl Friedrich Gauss) (1777–1855) 카를 프리드리히 가우스는 역사상 가장 위대한 수학자 중 한 명이고 아마도 역사상 가장 뛰어난 수론 연구자이다. 어린 시절부터 그는 가족, 친구들, 선생님들을 놀라게 한 수학 영재였고, 자라면서 그의 재능 역시 나날이 늘어만 갔다. 수론 분야에서 그의 가장 영향력 있는 저작은 1801년에 《수론 연구(Disquisitiones arithmeticae)》라는 제목으로 출판되었다. 여기에는 이차상호법칙, 이변수 이차형식(binary form)으로 표현되는 수에 대한 결과가 다른 많은 결과들과 함께 실려 있다. 《수론 연구》의 많은 내용은 시대를 앞서간 것이었고 이후 150년간 수론 연구자들의 길라잡이였다. 가우스는 수론 외에도, 기하학과 미분방정식 같은 다른 수학 분야에도 중요한 공헌을 하였다. 이외에도 가우스는 1801년에 새롭게 발견된 소행성 세레스의 위치를 찾는 데 사용한 궤도 계산 방법을 비롯하여 물리학과 천문학 영역에서도 많은 기여를 하였다. 그는 결정학, 광학, 유체물리학 같은 다양한 분야에서 중요한 논문을 발표하였고, 1833년에 빌헬름 베버(Wilhelm Weber)와 함께 전자기 전신을 발명하였다. 그는 일생 동안 155편의 논문을 발표하였고, 그의 작업들은 너무나 엄청나서 그의 《논문모음집(Collected Works)》은 1863년부터 1933년까지 계속 출간되었다.

이차상호법칙은 수에 대한 형이상학적 아름다움을 지닌 정리일 뿐만 아니라 어떠한 수가 이차잉여인지 아닌지를 판별하는 유용한 도구이기도하다. 이차상호법칙의 핵심은 르장드르 기호 $\left(\frac{q}{p}\right)$를 뒤집어서 $\pm\left(\frac{p}{q}\right)$로 바꿀 수 있다는 것이다. 그러면 이제 p를 q로 나눈 나머지만 살펴보면 된다. 이러한 과정을 반복하면 점점 더 작은 수로 이루어진 르장드르 기호를 얻게 되고, 결국에는 우리가 계산할 수 있는 르장드르 기호에 도달하게 된다. 이제 각 단계별로 상세한 설명을 곁들인 예를 하나 살펴보기로 하겠다.

$$\begin{aligned}
\left(\frac{14}{137}\right) &= \left(\frac{2}{137}\right)\left(\frac{7}{137}\right) && \text{이차잉여 곱셈 법칙}\\
&= \left(\frac{7}{137}\right) && 137 \equiv 1 \pmod{8}\text{이므로}\\
& && \text{이차상호법칙에 의하여 } \left(\frac{2}{137}\right) = 1\\
&= \left(\frac{137}{7}\right) && \text{이차상호법칙과 } 137 \equiv 1 \pmod{4}\text{로부터}\\
&= \left(\frac{4}{7}\right) && 137\text{을 } 7\text{로 나눈 나머지}\\
&= 1 && 4 = 2^2\text{은 제곱수}
\end{aligned}$$

따라서 14는 법 137에 대해서 이차잉여이다. 실제로 합동식 $x^2 \equiv 14 \pmod{137}$의 해는 $x \equiv 39 \pmod{137}$과 $x \equiv 98 \pmod{137}$이다.

다음의 두 번째 예는 각 단계에서 부호가 여러 번 바뀔 수도 있다는 것을 보여준다.

$$\begin{aligned}
\left(\frac{55}{179}\right) &= \left(\frac{5}{179}\right)\left(\frac{11}{179}\right)\\
&= \left(\frac{179}{5}\right) \times (-1) \times \left(\frac{179}{11}\right) && 5 \equiv 1 \pmod{4}\text{이고}\\
& && \quad 11 \equiv 179 \equiv 3 \pmod{4}\text{이므로}\\
&= \left(\frac{4}{5}\right) \times (-1) \times \left(\frac{3}{11}\right) && 179 \equiv 4 \pmod{5}\text{이고}\\
& && \quad 179 \equiv 3 \pmod{11}\text{이므로}\\
&= 1 \times (-1) \times \left(\frac{3}{11}\right) && 4 = 2^2\text{는 제곱수이므로}\\
&= 1 \times (-1) \times (-1) \times \left(\frac{11}{3}\right) && 3 \equiv 11 \equiv 3 \pmod{4}\text{이므로}\\
&= 1 \times (-1) \times (-1) \times \left(\frac{2}{3}\right) && 11 \equiv 2 \pmod{3}\text{이므로}\\
&= 1 \times (-1) \times (-1) \times (-1) && 2\text{는 법 } 3\text{에 대해 이차비잉여이므로}\\
&= -1
\end{aligned}$$

따라서 55는 법 179에 대해 이차비잉여이다.

주어진 르장드르 기호 $\left(\frac{a}{p}\right)$를 계산하기 위하여 이차상호법칙을 적용하는 방법은 여러 가지이다. 예컨대, 등식 $\left(\frac{p}{q}\right) = \left(\frac{p-q}{q}\right)$를 이용할 수 있다. 즉, $\left(\frac{299}{397}\right)$를

$$\begin{aligned}\left(\frac{299}{397}\right) &= \left(\frac{13}{397}\right)\left(\frac{23}{397}\right) = \left(\frac{397}{13}\right)\left(\frac{397}{23}\right) = \left(\frac{7}{13}\right)\left(\frac{6}{23}\right)\\ &= \left(\frac{13}{7}\right)\left(\frac{2}{23}\right)\left(\frac{3}{23}\right) = \left(\frac{-1}{7}\right) \times 1 \times -\left(\frac{23}{3}\right) = -1 \times -\left(\frac{2}{3}\right) = -1\end{aligned}$$

과 같이 계산해도 되고,

$$\left(\frac{299}{397}\right) = \left(\frac{-98}{397}\right) = \left(\frac{-1}{397}\right)\left(\frac{2}{397}\right)\left(\frac{7}{397}\right)^2 = 1 \times (-1) \times (\pm 1)^2 = -1$$

과 같이 계산할 수도 있다. 물론, 어떤 방법으로 계산하든 최종적으로 얻게 되는 값은 항상 같다.

매우 큰 수 a와 p에 대해서도 이차상호법칙은 르장드르 기호 $\left(\frac{a}{p}\right)$를 효율적으로 계산할 수 있게 해 준다. 사실 $\left(\frac{a}{p}\right)$를 계산하는 데 필요한 단계의 수는 p 의 자릿수 정도이다. 따라서 수백 자리의 수에 대해서도 르장드르 기호를 계산하는 것이 가능하다. 하지만 그렇게 큰 수를 계산하는 데 시간을 보내는 대신 다음의 예 정도로 만족하기로 하자.

$$\begin{aligned}\left(\frac{37603}{48611}\right) &= \left(\frac{31}{48611}\right)\left(\frac{1213}{48611}\right) = -\left(\frac{48611}{31}\right)\left(\frac{48611}{1213}\right)\\ &= -\left(\frac{3}{31}\right)\left(\frac{91}{1213}\right) = \left(\frac{31}{3}\right)\left(\frac{7}{1213}\right)\left(\frac{13}{1213}\right)\\ &= \left(\frac{1}{3}\right)\left(\frac{1213}{7}\right)\left(\frac{1213}{13}\right) = \left(\frac{2}{7}\right)\left(\frac{4}{13}\right) = 1\end{aligned}$$

따라서 37603은 법 48611에 대해 이차잉여이다.

$\left(\frac{a}{p}\right)$를 계산하는 데 있어서 가장 어려운 점은 이차상호법칙을 사용하는 것이 아니라, 상호법칙을 쓰기 전에 a를 인수분해할 필요가 있다는 점이다. 위의 예에서 37603을 $31 \cdot 1213$과 같이 인수분해하는 것은 어렵지 않았다. 그러나 만약 a가 수백 자리 수라면 a를 인수분해하는 것은 거의 불가능할 것이다. 놀랍게도, 어려운 인수분해 없이 $\left(\frac{a}{p}\right)$를 계산할 수 있다. 아이디어는 a가 양의 홀수이면, 소수여부에 상관없이 $\left(\frac{a}{p}\right)$를 뒤집는 것이다. 물론 이전과 마찬가지로 a와 p가 모두 4로 나눈 나머지가 3이면 부호는 바꾼다. 보다 일반적으로, 모든 정수 a와 b에 대해 르장드르 기호 $\left(\frac{a}{b}\right)$를 정의할 수 있다. (단, b는 양수이면서 홀수일 때만 정의된다. 이 일반화된 르장드르 기호를 야코비 기호(Jacobi symbol)라고 한다.) 먼저 b를 소수들의 곱 $b = p_1p_2\cdots p_r$로 나타낸 후 $\left(\frac{a}{b}\right)$를 르장드르 기호들의 곱

$$\left(\frac{a}{b}\right) = \left(\frac{a}{p_1}\right)\left(\frac{a}{p_2}\right)\cdots\left(\frac{a}{p_r}\right)$$

으로 정의하면 된다. 우리는 르장드르 또는 야코비 기호를 다음의 일반화된 이차상호법칙(Generalized Law of Quadratic Reciprocity)을 반복적용해서 계산할 수 있다.

정리 22.2 (일반화된 이차상호법칙(Generalized Law of Quadratic Reciprocity))

주어진 정수 a 와 b가 홀수라면, 다음이 성립한다.

$$\left(\frac{-1}{b}\right) = \begin{cases} 1 & b \equiv 1 \pmod 4 \text{인 경우} \\ -1 & b \equiv 3 \pmod 4 \text{인 경우} \end{cases}$$

$$\left(\frac{2}{b}\right) = \begin{cases} 1 & b \equiv 1 \text{이거나 } 7 \pmod 8 \text{인 경우} \\ -1 & b \equiv 3 \text{이거나 } 5 \pmod 8 \text{인 경우} \end{cases}$$

$$\left(\frac{a}{b}\right) = \begin{cases} \left(\frac{b}{a}\right) & a \equiv 1 \pmod 4 \text{이거나 } b \equiv 1 \pmod 4 \text{인 경우} \\ -\left(\frac{b}{a}\right) & a \equiv b \equiv 3 \pmod 4 \text{인 경우} \end{cases}$$

놀랍게도 곱셈 공식$\left(\frac{a_1a_2}{b}\right) = \left(\frac{a_1}{b}\right)\left(\frac{a_2}{b}\right)$와 $\left(\frac{a}{b}\right)$는 a를 b로 나눈 나머지에만 의존한다는 사실을 이용하면 르장드르 기호의 정확한 값을 얻을 수 있다. 유일한, 하지만 중요한 주의 사항은 양수이면서 홀수인 a에 대해서만 $\left(\frac{a}{b}\right)$를 뒤집을 수 있다는 것이다. 만약 a가 짝수라면, 먼저 $\left(\frac{2}{b}\right)$의 곱들을 분리해서 계산해야 하고, 만약 a가 음수라면 $\left(\frac{-1}{b}\right)$을 따로 계산해야만 한다.

이전에 계산했던 예제들을 새로 배운 개선된 이차상호법칙을 이용해서 다시 계산해 보자.

$$\begin{aligned}\left(\frac{37603}{48611}\right) &= -\left(\frac{48611}{37603}\right) = -\left(\frac{11008}{37603}\right) = -\left(\frac{2^8 \cdot 43}{37603}\right) = -\left(\frac{43}{37603}\right) \\ &= \left(\frac{37603}{43}\right) = \left(\frac{21}{43}\right) = \left(\frac{43}{21}\right) = \left(\frac{1}{21}\right) = 1\end{aligned}$$

이전의 계산보다 그리 짧아 보이지 않을지도 모르지만, 37603을 소인수분해할 필요가 없기 때문에 실제로는 계산이 매우 간략해졌다.

37603이 법 48611에 대해 이차잉여이기 때문에, 합동식

$$x^2 \equiv 37603 \pmod{48611}$$

은 해를 가진다. (사실 두 개의 해를 가진다.) 불행히도, 지금까지 우리가 배운 방법들로는 이 합동식의 해

$$x \equiv 17173 \pmod{48611} \text{ 와 } \qquad x \equiv 31438 \pmod{48611}$$

을 찾을 수 없다. 그러나 실제로 합동식 $x^2 \equiv a \pmod p$를 풀 수 있는 고등의 방법이 알려져 있다. 그리고 특별한 종류의 소수들에 대해서는, 그 해를 구체적으로 나타내는 것이 가능하다. (연습문제 22.7과 연습문제 22.8을 보아라.)

일반화된 이차상호법칙(정리 22.2)의 첫 번째 부분을 증명하는 것으로 이번 장을 마치고자 한다. 남아있는 두 번째와 세 번째 부분은 독자를 위해 남겨 놓겠다. (연습문제 22.6) 양의 홀수

b에 대해서 $\left(\frac{-1}{b}\right)$을 계산해 보려 한다. b를 소인수분해하면, 몇몇 인수들은 4로 나눈 나머지가 1이고, 다른 몇몇은 4로 나눈 나머지가 3일 것이다. 즉,

$$b = p_1p_2\cdots p_rq_1q_2\cdots q_s \quad (\text{단, } p_i \equiv 1 \pmod 4 \text{이고 } q_j \equiv 3 \pmod 4)$$

라고 하자. 우리는

$$b \equiv \begin{cases} 1 \pmod 4 & s\text{가 짝수일 때} \\ 3 \pmod 4 & s\text{가 홀수일 때} \end{cases}$$

임을 알 수 있다. 야코비 기호의 정의로부터

$$\left(\frac{-1}{b}\right) = \left(\frac{-1}{p_1}\right)\left(\frac{-1}{p_2}\right)\cdots\left(\frac{-1}{p_r}\right)\left(\frac{-1}{q_1}\right)\left(\frac{-1}{q_2}\right)\cdots\left(\frac{-1}{q_s}\right)$$

을 얻는다. 이차상호법칙 (정리 22.1)에 의하여 $\left(\frac{-1}{p_i}\right) = 1$이고 $\left(\frac{-1}{q_j}\right) = -1$이므로,

$$\left(\frac{-1}{b}\right) = (-1)^s = \begin{cases} 1 & s\text{가 짝수일 때} \\ -1 & s\text{가 홀수일 때} \end{cases}$$

임을 알 수 있다. 이를 $b \pmod 4$로 나타낸 결과와 비교하면,

$$b \equiv 1 \pmod 4 \iff s\text{는 짝수} \iff \left(\frac{-1}{b}\right) = 1$$

$$b \equiv 3 \pmod 4 \iff s\text{는 홀수} \iff \left(\frac{-1}{b}\right) = -1$$

임을 알 수 있고, 이것으로 우리는 원하는 결과를 증명하였다.

연습문제

22.1. 이차상호법칙을 사용해서 다음 르장드르 기호를 계산하여라.

(a) $\left(\frac{85}{101}\right)$ **(b)** $\left(\frac{29}{541}\right)$ **(c)** $\left(\frac{101}{1987}\right)$ **(d)** $\left(\frac{31706}{43789}\right)$

22.2. 합동식

$$x^2 - 3x - 1 \equiv 0 \pmod{31957}$$

은 해를 가지는가?

[도움말. 근의 공식을 사용해서 소수인 법 31957에 대해서 제곱근인 수를 찾아 보아라.]

22.3. 3으로 나눈 나머지가 1인 소수가 무한히 많음을 보여라. [도움말. 21장에 있는 "1 (mod 4) 소수 정리"의 증명을 참조하여라. $A = (2p_1p_2\cdots p_r)^2 + 3$임을 이용하고 A를 나누는 적당한 소수를 찾아보아라.]

22.4. p는 소수이고 (단, $p \neq 2$이고 $p \neq 5$) A는 주어진 수라고 하자. 만약 p가 $A^2 - 5$를 나눈다면 p를 5로 나눈 나머지는 반드시 1 또는 4임을 보여라.

22.5. 이차상호법칙을 사용해서 르장드르 기호 $\left(\frac{a}{p}\right)$, 또는 보다 일반적으로 야코비 기호 $\left(\frac{a}{b}\right)$를 계산하는 프로그램을 만들어라.

22.6. **(a)** 일반화된 이차상호법칙(정리 22.2)의 두 번째 부분을 증명하여라. 즉, $\left(\frac{2}{b}\right)$가 법 8에 대해서 $b \equiv 1$이거나 7이면 1이고, $b \equiv 3$이거나 5이면 -1임을 보여라.

(b) 일반화된 이차상호법칙(정리 22.2)의 세 번째 부분을 증명하여라. 즉, $\left(\frac{a}{b}\right)$가 a 또는 b가 4로 나눈 나머지가 1이면 $\left(\frac{b}{a}\right)$와 같고, a와 b모두 4로 나눈 나머지가 3이라면 $-\left(\frac{b}{a}\right)$와 같음을 보여라.

22.7. 소수 p는 $p \equiv 3 \pmod 4$를 만족하고, a는 법 p에 대해 이차잉여라고 하자.

(a) $x = a^{(p+1)/4}$가 합동식

$$x^2 \equiv a \pmod p$$

의 한 근임을 보여라. 이것은 법 4에 대해 3과 합동인 소수 p에 대해서 법 p에 대한 제곱근을 찾는 구체적인 방법을 제시한다.

(b) 합동식 $x^2 \equiv 7 \pmod{787}$의 한 근을 찾아라. (단, 1과 786 사이에서)

22.8. 소수 p는 $p \equiv 5 \pmod 8$을 만족하고, a는 법 p에 대해 이차잉여라고 하자.

(a) 다음

$$x = a^{(p+3)/8} \qquad \text{또는} \qquad x = 2a \cdot (4a)^{(p-5)/8}$$

중에서 하나는 합동식

$$x^2 \equiv a \pmod p.$$

의 한 근임을 보여라. 이것은 법 8에 대해 5와 합동인 소수 p에 대해서 법 p에 대한 제곱근을 찾는 구체적인 방법을 제시한다.

(b) 합동식 $x^2 \equiv 5 \pmod{541}$의 한 근을 찾아라. (단, 1과 540 사이에서)

(c) 합동식 $x^2 \equiv 13 \pmod{653}$의 한 근을 찾아라. (단, 1과 652 사이에서)

22.9. 소수 p는 $p \equiv 5 \pmod 8$을 만족한다고 하자. 합동식

$$x^2 \equiv a \pmod p$$

의 근을 찾는 프로그램을 만들어라. 이전 연습문제의 결과와 연속제곱법을 활용하여라. 그 결과는 반드시 $0 \le x < p$를 만족해야 한다. a가 이차잉여임을 확인해야 하는 것에 유념하고, 이차잉여가 아니라면 에러 메시지를 출력하여라. 독자의 프로그램을 이용해서 다음의 합동식들을 풀어 보아라.

$$x^2 \equiv 17 \pmod{1021}, \qquad x^2 \equiv 23 \pmod{1021}, \qquad x^2 \equiv 31 \pmod{1021}$$

22.10. 만약 $a^{m-1} \not\equiv 1 \pmod m$이라면 페르마의 소정리에 의하여 m은 합성수이다. 반면,

$$a^{m-1} \equiv 1 \pmod m$$

이 m과 서로소인 몇몇 (또는 모든) a에 대해서 성립한다고 하더라도, m이 소수라는 보장은 없다. 이 연습문제에서는 이차상호법칙을 이용하여 주어진 수가 소수인지 아닌지 판별하는 법에 대해서 살펴볼 것이다. (19장에서 살펴본 라빈–밀러 판정법과 비교하여라.)

(a) 오일러의 법칙에 의하면, 만약 p가 소수이면

$$a^{(p-1)/2} \equiv \left(\frac{a}{p}\right) \pmod{p}$$

가 성립한다. 제곱을 연쇄적으로 취해서 $11^{864} \pmod{1729}$를 계산하고 이차상호법칙을 이용하여 $\left(\frac{11}{1729}\right)$를 계산하여라. 결과가 일치하는가? 1729가 소수일 가능성에 대해서 어떠한 결론을 내릴 수 있는가?

(b) 연속제곱법을 사용하여

$$2^{(1293337-1)/2} \pmod{1293337} \quad \text{과} \qquad 2^{1293336} \pmod{1293337}$$

을 계산하여라. 1293337이 소수일 가능성에 대해서 어떠한 결론을 내릴 수 있는가?

제 23 장

이차상호법칙의 증명

이차상호법칙(Law of Quadratic Reciprocity, 정리 22.1)은 세 개의 부분으로 이루어져있다. 첫 번째는 언제 -1이 법 p에 대하여 제곱수인지 알려주고, 두 번째는 언제 2가 법 p에 대하여 제곱수인지를 알려주며, 마지막으로는 p가 법 q에 대하여 제곱수가 되는 것과 q가 법 p에 대하여 제곱수가 되는 것 사이의 관계를 말해준다. 이미 21장에서 이차상호법칙의 처음 두 부분에 대해서는 증명하였다. 세 번째 부분, 즉, 홀수인 소수 p와 q에 대해서

$$\left(\frac{p}{q}\right)\left(\frac{q}{p}\right) = (-1)^{\frac{p-1}{2}\cdot\frac{q-1}{2}}$$

임을 보이는 것은 훨씬 어렵다. 여기에서는 두 번째 부분을 증명하기 위해 사용했던 아이디어들을 발전시켜서 세 번째 부분에 대한 아이젠슈타인(Eisenstein)의 증명 방법을 살펴볼 것이다. 만일, 지금은 이 증명을 건너뛰고 싶다면, 다음 장들을 먼저 읽고 이차상호법칙의 증명을 완성할 준비가 되었다고 느끼는 때에 언제라도 다시 이번 장으로 돌아와도 좋다.[†,‡]

아이젠슈타인의 증명은 우리가 $\left(\frac{2}{p}\right)$를 계산한 21장에서 다룬 가우스 판정법을 이용한다. p가 홀수인 소수이고 a는 p와 서로소인 자연수라고 하자. 그리고 편의상

$$P = \frac{p-1}{2}$$

이라고 하자. 우리는 다음 수 목록

$$a,\ 2a,\ 3a, \ldots, Pa$$

를 p로 나눈 나머지를 $-P$에서 P인 범위에서 선택할 것이다. 일부 값은 양수가 되고 몇몇의 값은 음수가 될 것이다.

$$\mu(a,p) = \left(\begin{array}{l} a, 2a, 3a, \ldots, Pa \text{중 } p\text{로 나눈 나머지를 } -P\text{에서 } P\text{인} \\ \text{구간에서 선택했을 때 나머지가 음수가 되는 수들의 개수} \end{array}\right)$$

라고 하자.

가우스의 μ 값을 $p = 13$, $a = 7$인 경우 즉 $P = \frac{13-1}{2} = 6$에 대해 계산한 것을 살펴보자. 여섯 개의 수

---

† 역자 역시 다른 장들의 번역을 마친 후에 이 증명을 번역하였다.

‡ http://www.rzuser.uni-heidelberg.de/~hb3/fchrono.html에서는 230개가 넘는 증명 방법을 연대순으로 소개하고 있다. 이 책에 소개된 아이젠슈타인의 증명은 대단히 기교적이어서 쉽게 떠올릴 수 있는 방법은 아니지만 그나마 이해하기 쉬운 편에 속한다.

$$1\cdot 7,\qquad 2\cdot 7,\qquad 3\cdot 7,\qquad 4\cdot 7,\qquad 5\cdot 7,\qquad 6\cdot 7$$

을 13으로 나눈 나머지를 -6과 6사이에서 선택하면

$$\begin{aligned} 1\cdot 7 &= 7 \equiv -6 \pmod{13} & 4\cdot 7 &= 28 \equiv 2 \pmod{13}\\ 2\cdot 7 &= 14 \equiv 1 \pmod{13} & 5\cdot 7 &= 35 \equiv -4 \pmod{13}\\ 3\cdot 7 &= 21 \equiv -5 \pmod{13} & 6\cdot 7 &= 42 \equiv 3 \pmod{13}\end{aligned}$$

을 얻게된다. 이 나머지 중 세 개가 음수이므로 $\mu(7,13) = 3$이다.

이제 우리가 제시하고 증명할 가우스 판정법은 $\mu(a,p)$가 a가 법 p에 대하여 제곱수인지 아닌지 판별하는 데 사용할 수 있다는 것을 알려준다. (21장에서 우리는 $a = 2$인 경우 가우스 판정법에 대하여 증명한 바 있다.)

정리 23.1 (가우스 판정법)

p가 홀수인 소수이고, a는 p로 나눠지지 않는 정수이고 $\mu(a,p)$가 169쪽에 제시된 공식에 의하여 정의된 수라고 하자. 그러면

$$\left(\frac{a}{p}\right) = (-1)^{\mu(a,p)}$$

가 성립한다.

가우스 판정법을 증명하기에 앞서 $a, 2a, 3a, \ldots, Pa$를 법 p에 대해 나눈 나머지에 대하여 설명해 주는 보조정리를 증명할 것이다.

보조정리 23.2

수 $a, 2a, 3a, \ldots, Pa$를 p로 나눈 나머지는 $-P$와 P사이에서 선택하면, 나머지들은 ± 1, $\ldots$, $\pm P$에서 플러스 부호 또는 마이너스 부호로 한 번씩만 나타난다.

보조정리 23.2의 증명 a의 배수 ka를

$$ka = pq_k + r_k \qquad (\text{단, } -P \le r_k \le P)$$

와 같이 나타내자. r_k값 중 서로 같거나, 서로 부호만 다른 쌍이 있다고 가정하자. 즉, $r_i = er_j$이고 $e = \pm 1$라고 가정하자. 그러면

$$ia - eja = (pq_i + r_i) - e(pq_j + r_j) = p(q_i - eq_j)$$

이므로 p가 $(i - ej)a$를 나눈다. 여기서 p는 소수이고 a는 p의 배수가 아니므로, p는 $i - ej$를 나누게 된다. 그러나,

$$|i - ej| \le |i| + |ej| = i + j \le P + P = p - 1$$

이기 때문에 $i-ej$가 p의 배수이려면 $i-ej=0$일 수밖에 없다. 그런데 $e=\pm1$이고 i와 j는 양수이기 때문에 $i=j$이다.

지금까지 수 $r_1, r_2, \ldots, r_P$가 그 부호를 바꾸더라도 모두 다르다는 것을 보였다. 이 값은 모두 $-P$와 P사이에 있고, 어느 것도 0이 아니기 때문에, $r_1, r_2, \ldots, r_P$에서 수 $1, 2, \ldots, P$는 양의 부호 또는 음의 부호로 정확히 한 번씩만 나오게 된다. □

이제 이 보조정리를 사용하여 가우스 판정법을 증명하고자 한다. 추후 이 보조정리는 아이젠슈타인의 이차상호법칙 증명에서 중요한 공식을 증명하기 위해 사용될 것이다.

가우스 판정법의 증명 (정리 23.1) $a, 2a, \ldots, Pa$의 곱을 생각하자. 그 곱은

$$a \cdot 2a \cdot 3a \cdots Pa = a^P(1 \cdot 2 \cdot 3 \cdots P) = a^P \cdot P! \qquad (*)$$

과 같다. 동시에 보조정리 23.2에 의하면

$$a \cdot 2a \cdot 3a \cdots Pa \equiv (\pm1) \cdot (\pm2) \cdot (\pm3) \cdots (\pm P) \pmod p$$

이고, 여기서 $\mu(a,p)$의 정의로부터 $-$부호가 등장하는 횟수는 $\mu(a,p)$와 일치한다. 따라서

$$\begin{aligned} a \cdot 2a \cdot 3a \cdots Pa &\equiv (-1)^{\mu(a,p)} \cdot 1 \cdot 2 \cdot 3 \cdots P \pmod p \\ &\equiv (-1)^{\mu(a,p)} P! \pmod p \qquad (**) \end{aligned}$$

를 얻는다. 식 (*)을 합동식 (**)와 비교하면

$$a^P P! \equiv (-1)^{\mu(a,p)} P! \pmod p$$

를 얻게 된다. $P!$는 p의 배수가 아니기 때문에, 합동식의 양변에서 $P!$을 소거하여

$$a^P \equiv (-1)^{\mu(a,p)} \pmod p$$

가 된다. 마지막으로 오일러 판정법(정리 21.1)에 의하면

$$a^P \equiv \left(\frac{a}{p}\right) \pmod p$$

($P = \frac{p-1}{2}$ 임을 기억하여라) 이고, 따라서

$$\left(\frac{a}{p}\right) \equiv (-1)^{\mu(a,p)} \pmod p$$

가 된다. 이는 $\left(\frac{a}{p}\right) - (-1)^{\mu(a,p)}$가 p의 배수임을 뜻한다. 그러나 $\left(\frac{a}{p}\right) - (-1)^{\mu(a,p)}$는 -2, 0, 또는 2이고 $p \geq 3$이므로 $\left(\frac{a}{p}\right) - (-1)^{\mu(a,p)} = 0$임을 결론지을 수 있다. 이로써 가우스 판정법의 증명이 끝났다. □

아이젠슈타인의 이차상호법칙의 증명은 최대 정수 함수 (greatest integer function) 또는 바닥 함수 (floor function)라는 유용한 도구를 사용한다.[†] 주어진 실수 t에 대해서 바닥 함수 값은 $\lfloor t \rfloor$로 표시하고

$$\lfloor t \rfloor = (\, n \le t \text{를 만족하는 가장 큰 정수 } n)$$

으로 정의한다. 바닥 함수의 예를 몇 개 들어 보자.

$$\lfloor 5.7 \rfloor = 5, \qquad \lfloor -1.3 \rfloor = -2, \qquad \left\lfloor \frac{22}{7} \right\rfloor = 3, \qquad \lfloor 4 \rfloor = 4$$

수 이제 아이젠슈타인의 이차상호법칙 증명에서 핵심 역할을 수행할 아이젠슈타인 등식을 증명하겠다.

보조정리 23.3

p가 홀수인 소수이고 $P = \frac{p-1}{2}$, a는 p의 배수가 아닌 홀수 $\mu(a,p)$는 169 쪽에서 정의한 가우스 판정법에 나오는 수라고 하자. 그러면

$$\sum_{k=1}^{P} \left\lfloor \frac{ka}{p} \right\rfloor \equiv \mu(a,p) \pmod 2$$

가 성립한다.

보조정리를 증명하기에 앞서서, $a = 7$이고 $p = 13$인 경우를 살펴보자. 이 때, $P = 6$이고, 따라서 합은

$$\begin{aligned}\sum_{k=1}^{6} \left\lfloor \frac{7k}{13} \right\rfloor &= \left\lfloor \frac{7}{13} \right\rfloor + \left\lfloor \frac{14}{13} \right\rfloor + \left\lfloor \frac{21}{13} \right\rfloor + \left\lfloor \frac{28}{13} \right\rfloor + \left\lfloor \frac{35}{13} \right\rfloor + \left\lfloor \frac{42}{13} \right\rfloor \\ &= 0 + 1 + 1 + 2 + 2 + 3 \\ &= 9\end{aligned}$$

가 된다. 이 장의 초반부에 우리는 $\mu(7,13) = 3$임을 계산하였다. 이 합이 $\mu(7,13)$과 같지는 않지만 두 수가 모두 홀수이기 때문에 법 2에 대해 합동인 점에 주목하자.

보조정리 23.3의 증명 보조정리 23.2의 증명에서와 같이, 우리는 a의 배수 ka를

$$ka = q_k p + r_k, \quad -P < r_k < P$$

로 표기하자. 이제 양변을 p로 나누면

$$\frac{ka}{p} = q_k + \frac{r_k}{p}, \quad -\frac{1}{2} < \frac{r_k}{p} < \frac{1}{2}$$

[†] 우리나라와 일본 등 일부 나라에서는 "가우스 함수"라고도 부른다.

이 된다. 바닥 함수를 양변에 취하면

$$\left\lfloor \frac{ka}{p} \right\rfloor = \begin{cases} q_k & r_k > 0 \text{인 경우,} \\ q_k - 1 & r_k < 0 \text{인 경우} \end{cases}$$

가 된다. 따라서 $k = 1, 2, \ldots, P$에 대하여 $\lfloor \frac{ka}{p} \rfloor$ 값들을 더하면

$$\begin{aligned} \sum_{k=1}^{P} \left\lfloor \frac{ka}{p} \right\rfloor &= \sum_{k=1}^{P} q_k - \begin{pmatrix} r_k \text{가 음수가 되는} \\ k \text{의 개수} \end{pmatrix} \\ &= \sum_{k=1}^{P} q_k - \mu(a, p) \end{aligned} \qquad (*)$$

가 된다.

이제 합 $q_1 + \cdots + q_k$를 법 2에 대해서 계산하면 된다. 식

$$ka = q_k p + r_k$$

를 2로 나눈 나머지를 생각하고 a와 p가 모두 홀수라는 점에 주목하면

$$k \equiv q_k + r_k \pmod 2$$

임을 알 수 있다. 모두 합하면

$$\sum_{k=1}^{P} k \equiv \sum_{k=1}^{P} q_k + \sum_{k=1}^{P} r_k \pmod 2 \qquad (**)$$

이고, 보조정리 23.2에 의하면 수 모임 $r_1, r_2, \ldots, r_P$는 $\pm 1, \ldots, \pm P$에서 각 수 $1, \ldots, P$가 양수 또는 음수로 한 번씩만 나오는 재배열이다. 2로 나눈 나머지만 생각하면 되므로, 부호는 관계가 없다. 따라서

$$\sum_{k=1}^{P} r_k \equiv 1 + 2 + \cdots + P \pmod 2$$

가 된다. 즉, 합동식 $(**)$에서 두 합 $\sum k$과 $\sum r_k$는 법 2에 대해서 합동이고

$$\sum_{k=1}^{P} q_k \equiv 0 \pmod 2$$

라고 결론내릴 수 있다. 이제 식 $(*)$을 2로 나눈 나머지를 보면

$$\sum_{k=1}^{P} \left\lfloor \frac{ka}{p} \right\rfloor = \sum_{k=1}^{P} q_k - \mu(a, p) \equiv \mu(a, p) \pmod 2$$

이고, 이것이 우리가 증명하고자 한 바였다. □

이차상호법칙의 증명 이제 이차상호법칙을 증명할 준비가 되었다. 증명을 위해서 우리는 기하학을 조금 사용할 것이다. p 와 q가 홀수인 소수이고

$$P = \frac{p-1}{2}, \qquad Q = \frac{q-1}{2}$$

라고 하자. 그림 23.1에서 보듯이 xy-평면에서 꼭지점이 $(0,0)$, $(\frac{p}{2},0)$, $(\frac{p}{2},\frac{q}{2})$ 인 삼각형 $T(q,p)$ 를 생각하자. 삼각형 $T(q,p)$ 안에 포함되는 정수좌표를 가지는 점들의 개수를 생각해 보자. 예컨대, 그림 23.1에 주어진 삼각형은 19개의 정수점을 가지고 있다. 여기서 우리는 삼각형 "안"에 포함되는 점들만을 세고, 밑변 위에 있는 점들은 세지 않는다.

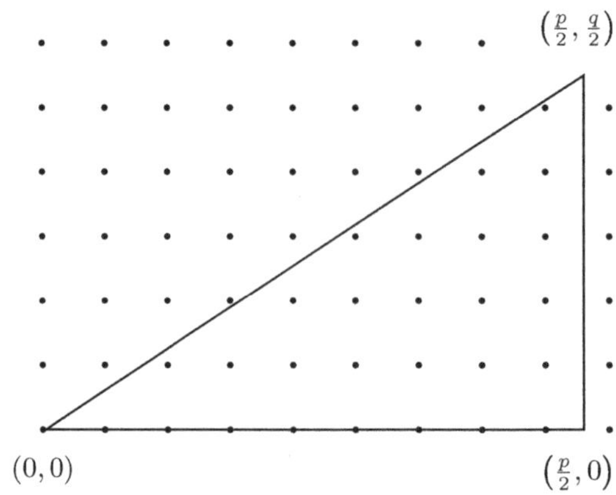

그림 23.1. 삼각형 $T(q,p)$

$T(q,p)$안에 정수점들의 개수는 $x = 1$인 점의 개수, $x = 2$인 점의 개수와 같이 x좌표에 따라서 차례로 세면서 찾을 수 있다. 삼각형 $T(q,p)$의 빗변은 직선

$$y = \frac{q}{p}x$$

의 부분이므로, $x = 1$인 경우 $\lfloor \frac{q}{p} \rfloor$개의 정수점이 있고, $x = 2$인 경우 $\lfloor \frac{2q}{p} \rfloor$개의 정수점이 있다. 다른 x에 대해서도 비슷하게 계산하면

$$\Big(\text{삼각형 } T(q,p) \text{ 내부의 정수점들의 개수}\Big) = \sum_{k=1}^{P} \left\lfloor \frac{kq}{p} \right\rfloor$$

를 얻는다.

그림 23.2의 왼쪽에 있는 삼각형은 $q = 7$, $p = 13$인 경우를 나타낸다. 그림에서 각 행에 있는 정수점들의 개수를 세어 보면, 삼각형 $T(7,13)$ 내부의 정수점들의 개수는

$$\left\lfloor \frac{7}{13} \right\rfloor + \left\lfloor \frac{14}{13} \right\rfloor + \left\lfloor \frac{21}{13} \right\rfloor + \left\lfloor \frac{28}{13} \right\rfloor + \left\lfloor \frac{35}{13} \right\rfloor + \left\lfloor \frac{42}{13} \right\rfloor = 0+1+1+2+2+3 = 9$$

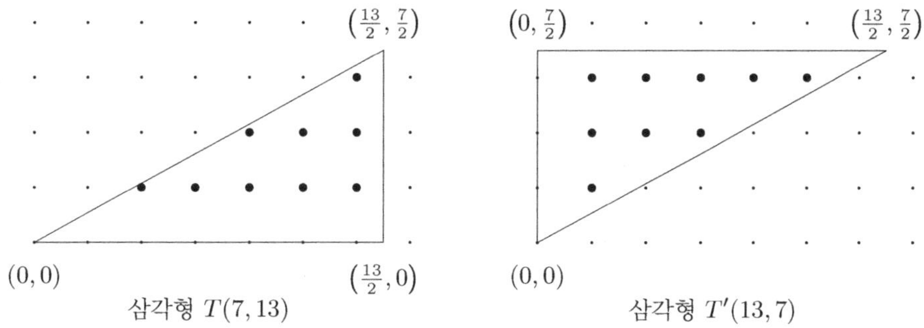

그림 23.2. 삼각형 내부의 정수점들 세어 보기

가 된다.

이제 일반적인 경우로 돌아가서, 꼭지점이 $(0,0)$, $(0, \frac{q}{2})$, $(\frac{q}{2}, \frac{p}{2})$인 삼각형 $T'(p,q)$ 내부의 정수점들을 세어 보자. 그림 23.2의 오른쪽에서 삼각형 $T'(13,7)$을 확인할 수 있다. 삼각형 $T'(p,q)$의 정수점들을 수평선을 따라서 세어 보자. 즉, 처음에는 $y=1$인 정수점들을 세고, 그 다음에는 $y=2$인 점들을 센다. 이와 같은 식으로 세면, 지난번과 비슷한 방법으로, 다음 식

$$\left(\text{삼각형 } T'(p,q) \text{ 내부의 정수점들의 개수}\right) = \sum_{k=1}^{Q} \left\lfloor \frac{kp}{q} \right\rfloor$$

가 성립한다는 것을 알 수 있다. 예컨대, 그림 23.2에서 삼각형 $T'(13,7)$ 내부의 정수점의 개수를 수평 방향으로 한 줄씩 세어보면

$$\left\lfloor \frac{13}{7} \right\rfloor + \left\lfloor \frac{26}{7} \right\rfloor + \left\lfloor \frac{39}{7} \right\rfloor = 1+3+5=9$$

가 된다.

보조정리 23.3에 주어진 삼각형 $T(q,p)$와 $T'(p,q)$ 내부의 정수점들의 개수를 구하는 식을 비교해 보면,

$$\begin{aligned}\begin{pmatrix}\text{삼각형 } T'(p,q) \\ \text{내부의 정수점의 개수}\end{pmatrix} + \begin{pmatrix}\text{삼각형 } T(q,p) \\ \text{내부의 정수점의 개수}\end{pmatrix} &= \sum_{k=1}^{Q} \left\lfloor \frac{kp}{q} \right\rfloor + \sum_{k=1}^{P} \left\lfloor \frac{kq}{p} \right\rfloor \\ &\equiv \mu(p,q) + \mu(q,p) \pmod 2\end{aligned}$$

가 되는 것을 알 수 있다.

증명의 마지막 부분은 단순하지만, 교묘하다. 그림 23.3에서 보듯이, 두 삼각형 $T(q,p)$와 $T'(p,q)$를 붙여서 꼭지점이 $(0,0)$, $(\frac{p}{2},0)$, $(0,\frac{q}{2})$, $(\frac{p}{2},\frac{q}{2})$ 인 직사각형을 만들자. 직사각형 내부의 정수점들의 개수는 분명하다. 직사각형은 $\lfloor \frac{p}{2} \rfloor$개의 정수점 열(column)들이 있고, 각각의

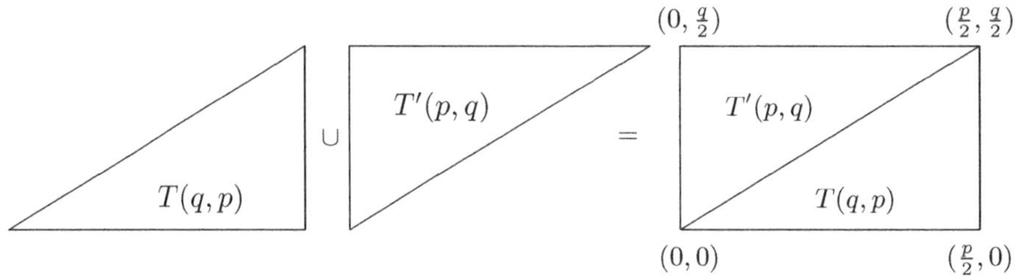

그림 23.3. $T(q,p)$와 $T'(p,q)$로 만든 사각형

열에는 $\lfloor \frac{q}{2} \rfloor$개의 정수점이 있으므로

$$\begin{aligned}
&\begin{pmatrix} T'(p,q) \text{ 내부의} \\ \text{정수점들의 개수} \end{pmatrix} + \begin{pmatrix} T(q,p) \text{ 내부의} \\ \text{정수점들의 개수} \end{pmatrix} \\
&= \begin{pmatrix} \text{꼭지점이 } (0,0),\ (\frac{p}{2},0),\ (0,\frac{q}{2}),\ (\frac{p}{2},\frac{q}{2}) \text{ 인} \\ \text{직사각형 내부의 정수점들의 개수} \end{pmatrix} \\
&= \left\lfloor \frac{p}{2} \right\rfloor \cdot \left\lfloor \frac{q}{2} \right\rfloor \\
&= \frac{p-1}{2} \cdot \frac{q-1}{2}
\end{aligned}$$

가 된다. [직사각형의 대각선은 직선 $y = \frac{q}{p}x$의 일부분이고, 이 직선상에 있는 정수점들은 (kp, kq) (단, k는 정수)뿐이기 때문에, 직사각형의 대각선상에 있는 정수점은 오직 $(0,0)$뿐이라는 점에 유의하여라.]

이 식과 두 삼각형 내부의 정수점들의 개수의 합에 대한 이전 식을 결합하면,

$$\mu(q,p) + \mu(p,q) \equiv \frac{p-1}{2} \cdot \frac{q-1}{2} \pmod 2$$

가 된다. 이제 마지막으로 가우스 판정법 (정리 23.1)을 적용하면

$$\left(\frac{p}{q}\right)\left(\frac{q}{p}\right) = (-1)^{\mu(p,q)} \cdot (-1)^{\mu(q,p)} = (-1)^{\mu(p,q)+\mu(q,p)} = (-1)^{\frac{p-1}{2} \cdot \frac{q-1}{2}}$$

임을 알 수 있다. 이로써 이차상호법칙의 세 번째 부분의 증명이 끝났다. □

연습문제

23.1. 다음 값을 계산하여라.

(a) $\left\lfloor -\frac{7}{3} \right\rfloor$ **(b)** $\left\lfloor \sqrt{23} \right\rfloor$ **(c)** $\lfloor \pi^2 \rfloor$ **(d)** $\left\lfloor \frac{\sqrt{73}}{\sqrt[3]{19}} \right\rfloor$

23.2. 이 연습문제에서는 다음 함수의 몇 가지 성질들을 찾아보고자 한다.

$$f(x) = \lfloor 2x \rfloor - 2\lfloor x \rfloor \qquad (\text{단, } x\text{는 임의의 실수이다.})$$

(a) n이 정수라면, $f(x)$의 값과 $f(x+n)$의 값 사이의 어떤 관계가 있는가?

(b) 0과 1사이의 몇 가지 x에 대하여 $f(x)$의 값을 계산해 보고, $f(x)$의 값에 대한 추측을 만들어라.

(c) (b)에서 만든 추측을 증명하여라.

23.3. 이 연습문제에서는 다음 함수의 몇 가지 성질들을 찾아보고자 한다.

$$g(x) = \lfloor x \rfloor + \left\lfloor x + \frac{1}{2} \right\rfloor \qquad (\text{단, } x\text{는 임의의 실수이다.})$$

(a) 다음 $g(x)$의 값들을 계산하여라.

$$g(0), \quad g(0.25), \quad g(0.5), \quad g(1), \quad g(2), \quad g(2.5), \quad g(2.499)$$

(b) (a)의 값들을 이용해서 $g(x) = \lfloor kx \rfloor$가 되는 k값에 대한 추측을 만들어라.

(c) (b)에서 만든 추측이 맞다는 것을 증명하여라.

(d) 다음 함수의 성질에 대한 식을 찾고 이를 증명하여라.

$$g(x) = \lfloor x \rfloor + \left\lfloor x + \frac{1}{3} \right\rfloor + \left\lfloor x + \frac{2}{3} \right\rfloor$$

(e) 보다 일반적으로, 고정된 양의 정수 N에 대하여, 다음 함수의 성질에 대한 식을 찾고 증명하여라.

$$g(x) = \lfloor x \rfloor + \left\lfloor x + \frac{1}{N} \right\rfloor + \left\lfloor x + \frac{2}{N} \right\rfloor + \cdots + + \left\lfloor x + \frac{N-1}{N} \right\rfloor$$

23.4. p는 홀수인 소수이고 $P = \frac{p-1}{2}$이라 하자. 또한 a는 p로 나누어지지 않는 짝수인 정수라고 하자.

(a)

$$\sum_{k=1}^{P} \left\lfloor \frac{ka}{p} \right\rfloor \equiv \frac{p^2-1}{8} + \mu(a,p) \pmod 2$$

임을 보여라. [도움말. a가 홀수인 경우에 대해서는 보조정리 23.3에서 비슷한 합동식을 증명한 바 있다.]

(b) 특히 $a=2$로 선택하고 (a)와 가우스 판정법(정리 23.1)을 사용하여

$$\left(\frac{2}{p}\right) = (-1)^{(p^2-1)/8}$$

임을 보여라. [도움말. $1 \le k \le P$일 때, $\lfloor 2k/p \rfloor$의 값이 어떻게 되는가?]

23.5. a와 b가 양의 정수이고 T는 꼭지점이 $(0,0)$, $(a,0)$, (a,b)로 주어진 삼각형이라고 하자. 이 때,

A = 삼각형 T의 넓이

N = 경계에 있는 점을 포함하지 않는 삼각형 T의 내부에 있는 정수점들의 개수

B = 삼각형 T의 변에 있는 정수점들의 개수

라고 정의하자. 예를 들어, $a = 6$이고 $b = 2$인 경우는

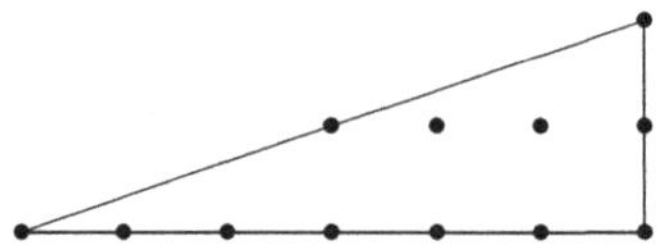

와 같고, 따라서

$$A = \frac{6 \cdot 2}{2} = 6, \qquad N = 2, \qquad B = 10$$

이 된다.

(a) $a = 5$이고 $b = 3$인 경우에 대해서 그림을 그리고, 이를 이용해서 A, N, B, $A - N - \frac{1}{2}B$를 계산하여라.

(b) $a = 6$이고 $b = 4$인 경우에 대해서 (a)를 반복하여라.

(c) (a)와 (b)에서 얻은 정보를 바탕으로 A, N, B 사이의 관계에 대한 추측을 만들어라.

(d) 당신의 추측이 옳음을 증명하여라. [도움말. 두 개의 삼각형을 이용해서 만든 직사각형을 이용하여라.]

제 **24** 장

어떤 소수가 두 제곱수의 합으로 표현되는가

합동식에 대한 우리의 탐험이 흥미롭고 즐겁긴 했지만, 수론에서 가장 중요한 질문은 당연히 자연수 자체에 대한 질문이다. 합동식

$$A \equiv B \pmod{M}$$

도 꽤나 좋다. 이는 차 $A - B$가 M의 배수임을 알려준다. 하지만 등식

$$A = B$$

에 비할 바는 아니다. 합동식은 등식의 근사라고 생각할 수도 있다. 이러한 근사가 무시할 만한 것은 아니다. 그 자체로 흥미로울 뿐만 아니라, 때로는 실제 등식을 보이는 도구가 되기도 한다. 이것이 이번 장에서 우리가 취할 관점이다. 우리는 합동식에 대한 정리인 이차상호법칙을 이용해서 수 사이의 등식을 보일 것이다.

우리가 살펴볼 질문은 다음과 같다.

어떤 수를 두 제곱수의 합으로 쓸 수 있는가?

예를 들어, 5, 10, 65는 다음과 같이 두 제곱수의 합으로 나타낼 수 있다.

$$5 = 2^2 + 1^2, \qquad 10 = 3^2 + 1^2, \qquad 65 = 7^2 + 4^2$$

반면에 3, 19, 154는 두 제곱수의 합으로 나타낼 수 없다. 이를 확인하기 위해서는, 예를 들어 19에 대해서는 다음 차들

$$19 - 1^2 = 18, \quad 19 - 2^2 = 15, \quad 19 - 3^2 = 10, \quad 19 - 4^2 = 3$$

가운데 어느 것도 제곱수가 아닌 것을 확인하면 된다. 일반적으로, 주어진 수 m이 두 제곱수의 합인지를 확인하려면

$$m - 0^2, \quad m - 1^2, \quad m - 2^2, \quad m - 3^2, \quad m - 4^2, \ldots$$

중에 제곱수가 나오거나 음수가 나올 때까지 나열해 보면 된다.[1]

[1]사실은 0과 $\sqrt{m/2}$사이의 a에 대해서만 $m - a^2$가 제곱수인지 확인하면 된다. 왜 그런지 알겠는가?

언제나처럼, 간단한 표로부터 규칙성을 찾는 것으로 시작하자.

$1 = 1^2 + 0^2$	11 NO	21 NO	31 NO	$41 = 4^2 + 5^2$
$2 = 1^2 + 1^2$	12 NO	22 NO	$32 = 4^2 + 4^2$	42 NO
3 NO	$13 = 2^2 + 3^2$	23 NO	33 NO	43 NO
$4 = 0^2 + 2^2$	14 NO	24 NO	$34 = 3^2 + 5^2$	44 NO
$5 = 1^2 + 2^2$	15 NO	$25 = 3^2 + 4^2$	35 NO	$45 = 3^2 + 6^2$
6 NO	$16 = 0^2 + 4^2$	$26 = 1^2 + 5^2$	$36 = 0^2 + 6^2$	46 NO
7 NO	$17 = 1^2 + 4^2$	27 NO	$37 = 1^2 + 6^2$	47 NO
$8 = 2^2 + 2^2$	$18 = 3^2 + 3^2$	28 NO	38 NO	48 NO
$9 = 0^2 + 3^2$	19 NO	$29 = 2^2 + 5^2$	39 NO	$49 = 0^2 + 7^2$
$10 = 1^2 + 3^2$	$20 = 2^2 + 4^2$	30 NO	$40 = 2^2 + 6^2$	$50 = 5^2 + 5^2$

두 제곱수의 합으로 표현되는 수

위의 목록에서 두 제곱수의 합으로 표현되는 수와 그렇지 않은 수를 나열해 보자.

두 제곱수의 합으로 나타낼 수 있는 수	1, 2, 4, 5, 8, 9, 10, 13, 16, 17, 18, 20, 25, 26, 29, 32, 34, 36, 37, 40, 41, 45, 49, 50
두 제곱수의 합으로 나타낼 수 없는 수	3, 6, 7, 11, 12, 14, 15, 19, 21, 22, 23, 24, 27, 28, 30, 31, 33, 35, 38, 39, 42, 43, 44, 46, 47, 48

어떤 규칙성이 보이는가?

4로 나눈 나머지가 3이면서 두 제곱수의 합으로 표현되는 수는 없다는 것을 즉시 발견할 수 있다. 표의 첫 두 열을 보면, 4로 나눈 나머지가 1인 m들은 두 제곱수의 합으로 나타낼 수 있다고 추측할지도 모른다. 그러나 21은 두 제곱수의 합이 아니기 때문에 이는 틀린 추측이다. 33 역시 다른 예외이다. 그러나 $21 = 3 \cdot 7$, $33 = 3 \cdot 11$이므로 21과 33은 모두 합성수이다. 소수만 살펴본다면, 표에 있는

$$p \equiv 1 \pmod 4$$

를 만족하는 모든 소수들은 실제로 두 제곱수의 합이라는 것을 알 수 있다. 이러한 관찰은 수론적 탐색에서 항상 소수들을 먼저 살펴보라는 "소수 지향성"을 상기시킨다. 여기에는 두 가지 이유가 있다. 먼저 소수에서 규칙성을 관찰하기가 보통은 더 쉽다. 그리고 산술의 기본정리(Fundamental Theorem of Arithmetic, 7장)에 의하면 소수는 모든 수를 구성하는 기초이기 때문에, 소수에서 관찰한 규칙성이 모든 자연수에서의 규칙성을 찾는 데 이용되는 경우가 많다.

소수에 집중하기로 정했으니, 더 많은 소수에 대해 어떤 소수가 두 제곱수의 합으로 표현할

수 있는지 알아보자.

$2 = 1^2 + 1^2$	31 NO	$73 = 3^2 + 8^2$	127 NO	179 NO
3 NO	$37 = 1^2 + 6^2$	79 NO	131 NO	$181 = 9^2 + 10^2$
$5 = 1^2 + 2^2$	$41 = 4^2 + 5^2$	83 NO	$137 = 4^2 + 11^2$	191 NO
7 NO	43 NO	$89 = 5^2 + 8^2$	139 NO	$193 = 7^2 + 12^2$
11 NO	47 NO	$97 = 4^2 + 9^2$	$149 = 7^2 + 10^2$	$197 = 1^2 + 14^2$
$13 = 2^2 + 3^2$	$53 = 2^2 + 7^2$	$101 = 1^2 + 10^2$	151 NO	199 NO
$17 = 1^2 + 4^2$	59 NO	103 NO	$157 = 6^2 + 11^2$	211 NO
19 NO	$61 = 5^2 + 6^2$	107 NO	163 NO	223 NO
23 NO	67 NO	$109 = 3^2 + 10^2$	167 NO	227 NO
$29 = 2^2 + 5^2$	71 NO	$113 = 7^2 + 8^2$	$173 = 2^2 + 13^2$	$229 = 2^2 + 15^2$

두 제곱수의 합인 소수

위의 소수를 제곱수의 합의 표현여부에 따라 다음과 같이 두 개로 분류하였다.

두 제곱수의 합으로 나타낼 수 있는 소수	2, 5, 13, 17, 29, 37, 41, 53, 61, 73, 89, 97, 101, 109, 113, 137, 149, 157, 173, 181, 193, 197, 229
두 제곱수의 합으로 나타낼 수 없는 소수	3, 7, 11, 19, 23, 31, 43, 47, 59, 67, 71, 79, 83, 103, 107, 127, 131, 139, 151, 163, 167, 179, 191, 199, 211, 223, 227

어떤 규칙성이 있는지 쉽게 찾을 수 있을 것이다. 4로 나눈 나머지가 1인 소수는 두 제곱수의 합이고, 4로 나눈 나머지가 3인 소수는 그렇지 않은 것처럼 보인다. (여기서 2는 무시하도록 하자. 2는 두 제곱수의 합이긴 하지만, 소수 중 유일한 짝수이다.[†]) 이 장의 남은 부분을 이 추측에 대한 내용과 그 증명에 할애하겠다.

정리 24.1 (두 제곱수의 합인 소수 정리)

p가 소수라고 하자. p가 두 제곱수의 합이 되는 필요충분조건은

$$p \equiv 1 \pmod 4 \qquad (\text{또는 } p = 2)$$

이다.

[†]일부 수론학자들은 2는 소수에서 제외해야 한다고 주장하기도 한다.

두 제곱수의 합 정리는 두 개의 명제로 이루어져있다.

명제 1. 만약 p가 두 제곱수의 합이면 $p \equiv 1 \pmod 4$이다.

명제 2. 만약 $p \equiv 1 \pmod 4$이면 p는 두 제곱수의 합이다.

이 두 개의 명제 중 하나는 확인하기가 쉬운 반면, 다른 하나는 꽤 어렵다. 증명을 실제로 시도하기 전에, 어떤 명제의 증명이 더 어려울지 추측할 수 있는가? 이는 바보같거나 실없는 질문이 아니다. 이와 같은 질문은 수학적인 명제의 증명을 시도하기 전에 증명이 얼마나 어려울 것 같은지에 대한 느낌을 주며, 또한 수학자들이 말하는 소위 명제의 깊이(depth)를 아는 데 도움을 준다. 마천루의 건설에 특수한 장비와 엄청난 노력이 필요한 반면 새집 제작에는 못과 망치면 충분하듯이, 깊이 있는 정리의 증명은 "얕은" 정리의 증명과 비교하여 더 강력한 방법 또는 더 많은 노력을 요구하는 경우가 많다.

독자에게 한번 묻겠다. "명제 1과 2중 어느 것이 깊이가 있는가?" 직관적으로는, 깊이있는 명제는 쉬운 주장으로부터 어려운 주장을 증명하는 것이다. 명제 1과 2는 다음의 두 주장에 대해서 다루고 있다.

주장 A. p는 두 제곱수의 합이다.

주장 B. $p \equiv 1 \pmod 4$.

주어진 소수 p에 대해서 4로 나눈 나머지를 구하는 것은 쉽기 때문에, B는 쉬운 주장이다. 반면 주어진 소수 p가 두 제곱수의 합인지 확인하는 것에는 많은 노력이 필요하기 때문에 주장 A는 좀 더 어렵다. 따라서 명제 1은 어려운 주장 A가 사실이라면 쉬운 주장 B가 성립한다는 것이다. 이는 명제 1의 증명이 매우 어렵지는 않음을 함축한다. 명제 2는, 만약 쉬운 주장 B가 사실이라면 어려운 주장 A 역시 사실이라고 주장한다. 따라서 명제 2의 증명은 어려울 것이라 예상된다.

명제 1의 증명은 쉬울 것이라 예상되니, 명제 1의 증명부터 시도해 보자. 소수 p가 두 제곱수의 합이므로

$$p = a^2 + b^2$$

과 같이 나타낼 수 있다. p는 홀수이므로 a와 b중에서 하나는 홀수이고 다른 하나는 짝수일 수밖에 없다. 계산상의 편의를 위해, 필요하다면 순서를 바꿔 a는 홀수, b는 짝수라고 가정하고 다음과 같이 표현하자.

$$a = 2n + 1, \qquad b = 2m$$

따라서 주어진 p는

$$p = a^2 + b^2 = (2n+1)^2 + (2m)^2 = 4n^2 + 4n + 1 + 4m^2 \equiv 1 \pmod 4$$

이고, 이것은 우리가 증명하고자 한 바와 정확하게 일치한다.

이미 명제 1의 매우 쉬운 증명을 얻었지만, 여기에 보다 복잡한 증명을 소개하고자 한다. 쉬운 증명이 있음에도 불구하고 복잡한 증명을 소개하는 이유는 무엇일까? 이에 대한 한 가지 대답은, 복잡한 논증은 쉬운 아이디어로 풀 수 없는 문제들을 해결할 때 도움이 되는 경우가 많기 때문이다.

쉬운 증명은 주어진 식 $p = a^2 + b^2$을 4로 나눈 나머지로부터 p를 4로 나눈 나머지를 얻었다. 이는 매우 자연스러운 접근방법이다. 새로운 증명에서는 주어진 식을 법 p에 대해서 살펴볼 것이다. 즉,

$$0 \equiv a^2 + b^2 \pmod{p} \quad \text{이고, 따라서} \quad -a^2 \equiv b^2 \pmod{p} \text{ 이다.}$$

이제 양변의 르장드르 기호 값을 살펴보자.

$$\left(\frac{-a^2}{p}\right) = \left(\frac{b^2}{p}\right)$$
$$\left(\frac{-1}{p}\right)\left(\frac{a}{p}\right)^2 = \left(\frac{b}{p}\right)^2$$
$$\left(\frac{-1}{p}\right) = 1$$

따라서 -1은 법 p에 대해서 이차잉여이고, 따라서 이차상호법칙(22장)에 의해서 $p \equiv 1 \pmod{4}$이다. 이 두 번째 증명이 재미있는 것은 법 4에 대한 정보를 얻기 위해서 법 p에 대해서 살펴보았기 때문이다.

$p \equiv 1 \pmod{4}$인 소수는 두 제곱수의 합으로 나타낼 수 있다는 두 번째 명제는 증명이 훨씬 어렵다. 우리가 제시할 증명은 페르마의 유명한 무한강하법(Method of Descent)에 기반을 두고 있고, 오일러가 제시한 증명과 크게 다르지 않다. 무한강하법의 개념을 이해하면, 어려운 증명을 상세히 이해하는 데 도움이 된다. 따라서 페르마의 무한강하법의 개요를 먼저 설명하도록 하겠다.

우리는 $p \equiv 1 \pmod{4}$라는 가정하에 p를 두 제곱수의 합으로 나타내고 싶다. 바로 $p = a^2 + b^2$을 만족하는 a, b를 찾는 대신, 좀 더 쉬워 보이는 문제로 p의 배수 중에 두 제곱수의 합이 있다는 것부터 해결하자. 예컨대, $x^2 \equiv -1 \pmod{p}$의 해가 있는 경우 그 해를 $x = A$라고 하면, $A^2 + 1^2$은 p의 배수이다. 어떤 정수 A, B, M에 대해서

$$A^2 + B^2 = Mp$$

라고 하자. 만약 $M = 1$이라면 증명이 완결되므로 $M \geq 2$이라고 가정하자.

페르마의 천재적 착상은 A, B, M으로부터

$$a^2 + b^2 = mp, \qquad m \leq M - 1$$

를 만족하는 새로운 정수 a, b, m을 찾는 것이다. 물론 $m = 1$이라면 증명이 끝난다. 만약 $m \geq 2$라면 페르마의 강하 과정을 a, b, m에 적용하여, 두 제곱수의 합으로 표현되는 더 작은

p의 배수를 찾을 수 있다. 이런 과정을 반복하면 결국에는 p 자신이 두 제곱수의 합일 수밖에 없다는 결론에 도달하게 된다.

여기서는 "사소한" 과정 한 가지, 어떻게 알고 있는 수들 A, B, M으로부터 새로운 수들 a, b, m을 얻을 수 있는지에 대한 설명이 빠져있다. 이 증명의 핵심 조각을 설명하기 전에 아름다운 (그리고 유용한) 등식 하나를 먼저 살펴보도록 하자.

이 등식은 두 제곱수의 합인 수 두 개를 곱하면, 그 곱 역시 두 제곱수의 합이라는 것을 알려준다.

$$(u^2 + v^2)(A^2 + B^2) = (uA + vB)^2 + (vA - uB)^2$$

이 등식을 알고 있다면, 이를 확인하는 것은 전혀 어렵지 않다. (이 등식을 발견하는 것은 다른 문제이다. 이에 대해서는 이번 장의 마지막에 다루기로 하자.) 우변을 전개해 보면 아래와 같이 좌변을 얻게 된다.

$$\begin{aligned}
&(uA + vB)^2 + (vA - uB)^2 \\
&\qquad = (u^2A^2 + 2uAvB + v^2B^2) + (v^2A^2 - 2vAuB + u^2B^2) \\
&\qquad = u^2A^2 + v^2B^2 + v^2A^2 + u^2B^2 \\
&\qquad = (u^2 + v^2)(A^2 + B^2)
\end{aligned}$$

이제 페르마의 무한강하법을 적용하여

$$p \equiv 1 \pmod 4$$

인 소수는 두 제곱수의 합임을 보일 준비가 되었다. 위에서 설명한 바와 같이, 아이디어는 두 제곱수의 합인 Mp로부터 시작하여, 교묘한 계산으로 두 제곱수의 합으로 표현되는 더 작은 수를 찾는 것이다. 각 과정이 진행될 때 마다 어떤 결과를 얻게 되는지를 이해하기 위해

$$a^2 + b^2 = 881$$

인 경우에 대해 계산해 보자. 강하 과정의 모든 여정은 185쪽에 있는 표에 제시되어 있다. 증명을 읽으며 표의 진행과정을 각 단계별로 되짚어 보면 증명의 이해에 도움이 될 것이다.

185쪽에 설명된 강하 과정은 식

$$387^2 + 1^2 = 170 \cdot 881$$

으로부터 더 작은 881의 배수에 대한 식

$$107^2 + 2^2 = 13 \cdot 881$$

강하 과정

<table>
<tr><th>$p = 881$</th><th>임의의 소수 $p \equiv 1 \pmod 4$</th></tr>
<tr><td>$170 < 881$이고
$$387^2 + 1^2 = 170 \cdot 881$$
이다.</td><td>$M < p$이고
$$A^2 + B^2 = Mp$$
이다.</td></tr>
<tr><td>다음을 만족하는 수를 찾아라.
$$47 \equiv 387 \pmod{170}$$
$$1 \equiv 1 \pmod{170}$$
$$-\tfrac{170}{2} \le 47, 1 \le \tfrac{170}{2}$$</td><td>다음을 만족하는 u와 v를 찾아라.
$$u \equiv A \pmod M$$
$$v \equiv B \pmod M$$
$$-\tfrac{1}{2}M \le u, v \le \tfrac{1}{2}M$$</td></tr>
<tr><td>$$47^2 + 1^2 \equiv 387^2 + 1^2 \equiv 0 \pmod{170}$$
임을 확인하라.</td><td>$$u^2 + v^2 \equiv A^2 + B^2 \equiv 0 \pmod M$$
임을 확인하라.</td></tr>
<tr><td>따라서 다음과 같이 나타낼 수 있다.
$$47^2 + 1^2 = 170 \cdot 13$$
$$387^2 + 1^2 = 170 \cdot 881$$</td><td>따라서 다음과 같이 나타낼 수 있다.
$$u^2 + v^2 = Mr$$
$$A^2 + B^2 = Mp$$
(단, $1 \le r < M$)</td></tr>
<tr><td>곱해서 다음을 얻는다.
$$(47^2 + 1^2)(387^2 + 1^2) = 170^2 \cdot 13 \cdot 881$$</td><td>곱해서 다음을 얻는다.
$$(u^2 + v^2)(A^2 + B^2) = M^2 rp$$</td></tr>
<tr><td colspan="2">등식 $(u^2 + v^2)(A^2 + B^2) = (uA + vB)^2 + (vA - uB)^2$을 사용한다.</td></tr>
<tr><td>$$(47 \cdot 387 + 1 \cdot 1)^2 + (1 \cdot 387 - 47 \cdot 1)^2 = 170^2 \cdot 13 \cdot 881$$
$$\underbrace{18190}^2 + \underbrace{340}^2 = 170^2 \cdot 13 \cdot 881$$
각각 170의 배수</td><td>$$\underbrace{(uA + vB)^2 + (vA - uB)^2}_{\text{각각 M의 배수}} = M^2 rp$$</td></tr>
<tr><td>170^2으로 나누면
$$\left(\frac{18190}{170}\right)^2 + \left(\frac{340}{170}\right)^2 = 13 \cdot 881$$
$$107^2 + 2^2 = 13 \cdot 881$$
처음에 주어진 수보다 작은 881의 배수가 두 제곱수의 합이다.</td><td>M^2으로 나누면
$$\left(\frac{uA + vB}{M}\right)^2 + \left(\frac{vA - uB}{M}\right)^2 = rp$$
처음에 주어진 수보다 작은 p의 배수가 두 제곱수의 합이다.</td></tr>
<tr><td colspan="2">위 과정을 p 자신이 두 제곱수의 합으로 나타나게 될 때까지 반복하라.</td></tr>
</table>

로 변환하는 과정을 보여준다. 881을 두 제곱수의 합으로 표현하기 위해서, 강하 과정을 식 $107^2 + 2^2 = 13 \cdot 881$에 다시 적용하여야 하고, 그 결과는 다음과 같다.

$p = 881$	임의의 소수 $p \equiv 1 \pmod 4$
$107^2 + 2^2 = 13 \cdot 881$ $3 \equiv 107 \pmod{13}$ $2 \equiv 2 \pmod{13}$	$A^2 + B^2 = Mp$ $u \equiv A \pmod M$ $v \equiv B \pmod M$
$3^2 + 2^2 = 13 \cdot 1$	$u^2 + v^2 = Mr$
$(3^2 + 2^2)(107^2 + 2^2) = 13^2 \cdot 1 \cdot 881$	$(u^2 + v^2)(A^2 + B^2) = M^2 rp$
등식 $(u^2 + v^2)(A^2 + B^2) = (uA + vB)^2 + (vA - uB)^2$을 사용한다.	
$(3 \cdot 107 + 2 \cdot 2)^2 + (2 \cdot 107 - 3 \cdot 2)^2$ $= 13^2 \cdot 881$ $325^2 + 208^2 = 13^2 \cdot 881$	$(uA + vB)^2 + (vA - uB)^2 = M^2 rp$
13^2으로 나누면 $25^2 + 16^2 = 881$	M^2으로 나누면 $\left(\frac{uA + vB}{M}\right)^2 + \left(\frac{vA - uB}{M}\right)^2 = rp$

강하 과정을 두 번 적용하면 우리가 풀고 싶었던 문제에 대한 해답, 즉

$$881 = 25^2 + 16^2$$

을 얻게 된다. 물론, 881처럼 작은 수에 대해서는 식 $881 = a^2 + b^2$에 적당한 수를 대입해 보며 해를 찾는 것이 쉬울 수도 있지만, p가 커지면 분명히 강하법이 더 효율적인 방법이다. 사실은 강하 과정을 적용할 때마다 p의 배수는 절반 이하로 작아진다.

강하법이 제대로 작동한다는 사실을 확인하기 위해서는 다음의 다섯 가지 항목을 확인하여야 한다. 먼저, 첫 번째 과정에서 식

(i) $A^2 + B^2 = Mp, \qquad M < p$

를 만족하는 수 A와 B를 찾아야 한다. 이를 위해서 합동식

$$x^2 \equiv -1 \pmod p$$

를 만족하는 x를 $1 \le x < p$ 중에서 찾는다. 이차상호법칙에 의하면, $p \equiv 1 \pmod 4$이으로 위 합동식은 해를 가진다.[2] $A = x$, $B = 1$라 하면 $A^2 + B^2$이 p의 배수가 되고 따라서

$$M = \frac{A^2 + B^2}{p} \le \frac{(p-1)^2 + 1^2}{p} = p - \frac{2p - 2}{p} < p$$

[2]실제로 합동식 $x^2 \equiv -1 \pmod p$의 근을 찾을 때는 임의로 선택한 a에 대해서 $b \equiv a^{(p-1)/4} \pmod p$를 계산한다. 오일러 공식(21장)에 의하면 $b^2 \equiv \left(\frac{a}{p}\right) \pmod p$이고, 따라서 a를 선택할 때마다 50% 확률로 당첨된다.

가 성립한다.

강하 과정의 두 번째 과정은

$$u \equiv A \pmod{M}, \quad v \equiv B \pmod{M}, \quad \text{그리고} \quad -\frac{1}{2}M \leq u, v \leq \frac{1}{2}M$$

을 만족하는 수 u와 v를 찾는 것이다. 그러면

$$u^2 + v^2 \equiv A^2 + B^2 \equiv 0 \pmod{M}$$

이므로 $u^2 + v^2$은 M의 배수이고 이를 $u^2 + v^2 = Mr$와 같이 표현하자. 이제 다음 네 가지 조건을 확인하여야 한다.

(ii) $r \geq 1$

(iii) $r < M$

(iv) $uA + vB$는 M의 배수이다.

(v) $vA - uB$는 M의 배수이다.

이 네 가지를 끝에서부터 차례대로 확인하도록 하자. 먼저,

$$vA - uB \equiv B \cdot A - A \cdot B \equiv 0 \pmod{M}$$

으로부터 (v)가 성립함을 알 수 있다. 비슷한 방법으로

$$uA + vB \equiv A \cdot A + B \cdot B \equiv Mp \equiv 0 \pmod{M}$$

이기 때문에 (iv) 역시 성립한다. 또한, u와 v가 $-M/2$와 $M/2$ 사이의 값이기 때문에

$$r = \frac{u^2 + v^2}{M} \leq \frac{(M/2)^2 + (M/2)^2}{M} = \frac{M}{2} < M$$

이 성립하므로 (iii)이 증명되었다. 사실 위 부등식에서 $r \leq M/2$이 성립하기 때문에, 강하 과정을 적용할 때마다 p의 배수는 절반 이하로 작아진다는 점에 주목하여라.

마지막으로 (ii)가 참임을 보이기 위해서는 $r \neq 0$을 보여야 한다. $r = 0$이라고 가정하고 어떤 일이 벌어지는지 살펴보자. 만약 $r = 0$이라면, $u^2 + v^2 = 0$이므로 $u = v = 0$이어야만 한다. 그러나 $u \equiv A \pmod{M}$이고 $v \equiv B \pmod{M}$이므로 A와 B는 M의 배수이다. 이로부터 $A^2 + B^2$은 M^2의 배수임을 알 수 있다. 그러나 $A^2 + B^2 = Mp$이므로 M이 반드시 p의 약수라는 것을 알 수 있다. 더 나아가, $M < p$이므로 $M = 1$일 수밖에 없다. 이것은 $A^2 + B^2 = p$라는 뜻이므로, p를 두 제곱수의 합으로 나타낸 것이 된다! 따라서 (ii)가 참이거나 $A^2 + B^2 = p$가 성립하기 때문에, 강하 과정을 더 이상 적용할 이유가 없어진다.

이로써 강하 과정이 항상 잘 작동한다는 것을 증명하였고, 이로부터 소수인 경우 두 제곱수의 합 정리의 양쪽 방향의 증명 역시 완결되었다.

더 작은 제곱수의 합과 복소수

두 제곱수의 합의 곱을 두 제곱수의 합으로 표현한 등식

$$(u^2+v^2)(A^2+B^2) = (uA+vB)^2 + (vA-uB)^2 \qquad (*)$$

은 강하법의 적용에 매우 유용했고, 다음 장에서는 이 등식이 다른 용도로 사용된다. 아마도 독자들은 이 유용한 등식이 어디서 왔을지 궁금해 할 것이다. 이러한 의문의 대답은

$$z = x + iy$$

의 형태로 표현되는 복소수에서 찾을 수 있다. (여기서 i는 -1의 제곱근이다.) i^2이 -1이 된다는 점만 기억하고 있다면, 두 복소수의 곱셈은 보통의 곱셈과 마찬가지로 잘 정의된다. 즉,

$$\begin{aligned}(x_1+iy_1)(x_2+iy_2) &= x_1x_2 + ix_1y_2 + iy_1x_2 + i^2y_1y_2 \\ &= (x_1x_2 - y_1y_2) + i(x_1y_2 + y_1x_2)\end{aligned}$$

가 된다. 복소수 역시 절대값을 가지고

$$|z| = |x+iy| = \sqrt{x^2+y^2}$$

이다. 이 식은 수 $z = x+iy$를 평면 위의 점 (x,y)와 대응시킬 수 있다는 관점으로부터 왔고, 이렇게 이해하면 $|z|$는 z와 원점 $(0,0)$ 사이의 거리가 된다. 등식 $(*)$은

곱의 절대값은 절대값의 곱과 같다

라는 사실로부터 나왔다. 다시 말하자면 $|z_1z_2| = |z_1|\cdot|z_2|$이고, 이 식을 x와 y에 대해서 다시 쓰면

$$\begin{aligned}\big|(x_1+iy_1)(x_2+iy_2)\big| &= |x_1+iy_1|\cdot|x_2+iy_2| \\ \big|(x_1x_2-y_1y_2)+i(x_1y_2+y_1x_2)\big| &= |x_1+iy_1|\cdot|x_2+iy_2| \\ \sqrt{(x_1x_2-y_1y_2)^2+(x_1y_2+y_1x_2)^2} &= \sqrt{x_1^2+y_1^2}\sqrt{x_2^2+y_2^2}\end{aligned}$$

이 된다. 마지막 식의 양변을 제곱하면, 우리가 원하던 식과 정확히 같아진다. ($x_1 = u, y_1 = v, x_2 = A, y_2 = -B$로 치환하자.)

네 제곱수의 합이 포함되어 있는 다음의 등식은 오일러가 발견하였다.

$$\begin{aligned}&(a^2+b^2+c^2+d^2)(A^2+B^2+C^2+D^2) \\ &\quad = (aA+bB+cC+dD)^2 + (aB-bA-cD+dC)^2 \\ &\qquad + (aC+bD-cA-dB)^2 + (aD-bC+cB-dA)^2\end{aligned}$$

이 복잡한 등식은 이전 등식이 복소수와 관련이 있었던 그 방식 그대로 사원수(quaternion) 이론과 관련이 있다.[3] 세 제곱수의 합에 대한 비슷한 등식이 없다는 것은 매우 애석한 일이다. 사실은 자연수를 세 제곱수의 합으로 나타낼 수 있느냐라는 질문은 두 제곱수의 합이나 네 제곱수의 합으로 쓸 수 있느냐라는 질문보다 훨씬 더 어려운 질문이다.[†]

연습문제

24.1. **(a)** 50 미만의 소수 중에서 $p = a^2 + ab + b^2$의 형태로 나타낼 수 있는 모든 소수를 나열하여라. 예를 들어, $p = 7$은 $a = 2$, $b = 1$로 하면 이러한 형태로 나타낼 수 있지만 $p = 11$은 이러한 형태로 나타낼 수가 없다. 규칙성을 찾아보고 정확히 어떤 소수가 이러한 형태로 나타낼 수 있는지에 대한 추측을 만들어라. (추측의 한 쪽 방향만이라도 증명할 수 있는가?)

(b) $p = a^2 + 2b^2$의 형태로 나타낼 수 있는 소수에 대하여 같은 질문에 답하여라.[4,‡]

24.2. 만약 소수 p가 $p = a^2 + 5b^2$의 형태로 쓸 수 있다면,

$$p \equiv 1 \text{ or } 9 \pmod{20}$$

임을 보여라. (여기서 $5 = 0^2 + 5 \cdot 1^2$인 경우는 무시하고 있다.)

24.3. 강하 과정을 두 번 적용해서

$$557^2 + 55^2 = 26 \cdot 12049$$

로부터 소수 12049를 두 제곱수의 합으로 표현하여라.

24.4. **(a)** $259^2 + 1^2 = 34 \cdot 1973$으로부터 강하법을 사용해서 소수 1973을 두 제곱수의 합으로 나타내어라.

(b) $261^2 + 947^2 = 10 \cdot 96493$으로부터 시작해서, 강하법을 사용해서 소수 96493을 두 제곱수의 합으로 나타내어라.

24.5. **(a)** 100미만의 소수 p 중에서 세 제곱수의 합

$$p = a^2 + b^2 + c^2$$

으로 나타낼 수 있는 소수는 어떤 소수인가? (여기서 우리는 a, b, c 중 하나가 0인 것을 허용한다. 따라서, 예를 들자면, $5 = 2^2 + 1^2 + 0^2$은 세 제곱수의 합이다.)

(b) (a)에서 얻은 결과들을 바탕으로 어떤 소수가 세 제곱수의 합으로 표현되는지를 설명하는 추측을 만들어라. 당신의 추측은 다음의 두 문장에서 빈칸을 채운 형태이어야만 한다.

---

[3]사원수는 $a+ib+jc+kd$의 형태로 나타내어지는 수이다. 여기서 i, j, k는 -1의 다른 세 제곱근이며, $ij = k = -ji$와 같은 이상한 곱셈법칙을 만족하는 수이다.

[†]가우스는 그의 명저 수론 연구에 그 해답을 소개하였다.

[4]어떤 소수들이 $p = a^2 + nb^2$과 같은 형태로 나타낼 수 있는지에 대한 질문은 널리 연구되어 왔고 수학 여러 분야와 관련이 있다. 사실 이 문제만을 다루고 있는 책 《Primes of the Form $x^2 + ny^2$》(David Cox 저, New York: John Wiley & Sons, 1989)도 있다.[‡]

[‡]수론에 관심이 있는 독자라면 《Primes of the Form $x^2 + ny^2$》을 읽어보기를 권한다. 이 책 후반부에도 소개되어 있는 복소곱(Complex Multiplication) 부분을 제외하면 학부 저학년도 충분히 이해할 수 있다.

(i) 만약 p가 _______________를 만족하면 p는 세 제곱수의 합이다.

(ii) 만약 p가 _______________를 만족하면, p는 세 제곱수의 합이 아니다.

(c) (b)에서 만든 추측의 (ii) 부분을 증명하여라. [(i)의 증명을 원한다면 도전해 보아라. 그러나 꽤나 어렵다는 점을 염두에 두어라.]

24.6. **(a)** c가 합동식 $x^2 \equiv -1 \pmod{c}$가 해를 가지는 2 이상인 정수라고 하자. 그러면 c가 두 제곱수의 합임을 보여라. (도움말. 185쪽에 있는 강하 과정이 여전히 유효하다는 것을 보여라.)

(b) $14^2 + 57^2 = 53 \cdot 65$로부터 시작해서 강하 과정을 이용하여 $c = 65$를 두 제곱수의 합으로 표시하여라. (65는 소수가 아니다.)

(c) $c \equiv 1 \pmod{4}$를 만족하는 2이상의 정수 c는 모두 두 제곱수의 합인가? 그렇지 않다면 반례를 제시하고 강하 과정의 어느 부분이 성립하지 않는지 설명하여라.

24.7. 💻 $x = 0, 1, 2, 3, \ldots$을 대입하고 $n - x^2$이 완전제곱수인지 확인하는 방법을 통해서 $x^2 + y^2 = n$를 푸는 프로그램을 작성하여라. 당신의 프로그램은 해가 존재한다면 $x \le y$인 모든 해를 출력해야 하고, 해가 존재하지 않는다면 해가 존재하지 않는다는 것을 나타내는 적절한 메시지로 출력해야 한다.

24.8. 💻 **(a)** $p \equiv 1 \pmod{4}$를 만족하는 소수 p에 대해서 페르마의 강하 과정을 이용해서 $x^2 + y^2 = p$의 해를 구하는 프로그램을 만들어라. 입력값은 소수 p와

$$A^2 + B^2 \equiv 0 \pmod{p}$$

를 만족하는 수의 쌍 (A, B)으로 이루어져 있어야만 한다.

(b) $p \equiv 5 \pmod{8}$인 경우 당신의 프로그램을 다음과 같이 수정해서 사용자가 (A, B)를 입력할 필요가 없도록 만들어라. 우선 연속적으로 제곱값을 취해서 $A \equiv -2 \cdot (-4)^{(p-5)/8} \pmod{p}$를 계산하여라. 그러면 $A^2 + 1 \equiv 0 \pmod{p}$이다. (연습문제 22.8을 참조하여라) 따라서 $(A, 1)$을 강하 과정을 수행하기 위한 초기값으로 사용할 수 있다.

제 **25** 장

어떤 수가 두 제곱수의 합인가?

지난 장에서는 어떤 소수가 두 제곱수의 합으로 표현될 수 있는지에 대한 질문에 대한 명확한 답을 찾았다. 이제 임의의 수에 대해서 같은 질문을 하고자 한다. 우리의 전략은 오랜 역사와 영광스러운 전통을 간직하고 있는 다음의 세 단어

나누어라, 그리고 정복하라! (Divide and Conquer!)†

로 요약할 수 있다. 물론 "나누어라"라는 것은 나눗셈 자체를 뜻하지는 않는다. 이는 문제를 다룰 수 있는 작은 조각들로 쪼개라는 뜻이고 "정복하라"라는 것은 작은 조각들을 풀라는 뜻이다. 전쟁을 위해서는 두 과정으로 충분해 보이지만, 수학에서는 사실 나누어진 조각들을 다시 이어 붙이는 세 번째 과정이 뒤따라야만 한다. 이러한 단일화 과정을 위해서, 우리는 지난 장에서 두 제곱수의 합의 곱을 두 제곱수의 합으로 나타내는 등식

$$(u^2 + v^2)(A^2 + B^2) = (uA + vB)^2 + (vA - uB)^2 \qquad (*)$$

을 이용할 것이다. 다음은 주어진 수를 두 제곱수의 합으로 표현하기 위한 단계별 전략이다.

나누어라: m을 소수의 곱 $p_1p_2\cdots p_r$로 인수분해하여라.

정복하라: 각 소수 p_i를 두 제곱수의 합으로 나타내어라.

통합하라: 등식 $(*)$을 반복적용하여 m을 두 제곱수의 합으로 나타내어라.

우리는 '정복' 과정이 언제 가능한지 정확히 알고 있다. 소수에 대한 두 제곱수의 합 정리(정리 24.1)에 의하면, 두 제곱수의 합으로 표현되는 소수 p는 정확히 $p = 2$ 또는 $p \equiv 1 \pmod 4$인 소수이다. 예컨대, 10을 두 제곱수의 합으로 나타내기 위해서 $10 = 2 \cdot 5$로 인수분해한 후, 2와 5를 다음과 같이 두 제곱수의 합으로 나타낸다.

$$2 = 1^2 + 1^2, \qquad 5 = 2^2 + 1^2$$

그리고 재결합을 위해서 우리의 등식을 적용하면

$$10 = 2 \cdot 5 = (1^2 + 1^2)(2^2 + 1^2) = (2 + 1)^2 + (2 - 1)^2 = 3^2 + 1^2$$

이 된다. 조금 더 복잡한 예를 하나 살펴보자. 이제 $m = 1105$를 두 제곱수의 합으로 나타내려 한다.

---

†우리 식으로는 "각개격파"

나누어라: $m = 1105 = 5 \cdot 13 \cdot 17$로 인수분해하라.

정복하라: 각 소수 p를 두 제곱수의 합으로 나타내어라.

$$5 = 2^2 + 1^2, \qquad 13 = 3^2 + 2^2, \qquad 17 = 4^2 + 1^2$$

통합하라: 등식 $(*)$를 반복적용해서 m을 두 제곱수의 합으로 나타내어라.

$$\begin{aligned} m = 1105 = 5 \cdot 13 \cdot 17 & \\ &= (2^2 + 1^2)(3^2 + 2^2)(4^2 + 1^2) \\ &= \big((6+2)^2 + (3-4)^2\big)(4^2 + 1^2) \\ &= (8^2 + 1^2)(4^2 + 1^2) \\ &= (32+1)^2 + (4-8)^2 \\ &= 33^2 + 4^2 \end{aligned}$$

나누고, 정복하고, 통합하는 우리의 전략은 m을 나누는 소수가 모두 두 제곱수의 합으로 쓸 수 있는 경우에는 매우 성공적이다. 어떠한 소수가 두 제곱수의 합으로 표현되는지 알고 있으므로, m의 소인수분해가

$$m = p_1^{k_1} p_2^{k_2} p_3^{k_3} \cdots p_r^{k_r}$$

이고 모든 소인수들이 2 또는 4로 나눈 나머지가 1이면 m을 두 제곱수의 합으로 나타낼 수 있다.

그러나, 이전 장에 수록된 두 제곱수의 합으로 쓸 수 있는 수의 목록을 다시 살펴보면, 두 제곱수의 합으로 표현되는 다른 m도 있다는 사실을 발견할 수 있을 것이다. 예컨대,

$$9 = 3^2 + 0^2, \qquad 18 = 3^2 + 3^2, \qquad 45 = 6^2 + 3^2$$

이다. 어찌된 일일까? 각각의 경우 m이 3^2으로 나누어진다는 점과 $m = a^2 + b^2$일 때 a와 b 모두 3으로 나누어짐에 주목하여라. 위의 세 예들을 3^2 으로 나누면,

$$\begin{aligned} 1 &= \frac{9}{3^2} = \frac{3^2 + 0^2}{3^2} = 1^2 + 0^2, \\ 2 &= \frac{18}{3^2} = \frac{3^2 + 3^2}{3^2} = 1^2 + 1^2, \\ 5 &= \frac{45}{3^2} = \frac{6^2 + 3^2}{3^2} = 2^2 + 1^2 \end{aligned}$$

을 얻게 된다. 즉, 위의 세 가지 예는

$$1 = 1^2 + 0^2, \qquad 2 = 1^2 + 1^2, \qquad 5 = 2^2 + 1^2$$

의 양변에 3^2을 곱해서 얻어진 것이다.

일반적으로도 비슷한 결과를 얻을 수 있다. 즉, 임의의 $m = a^2 + b^2$에 대해서 양변에 d^2을 곱하면

$$d^2 m = (da)^2 + (db)^2$$

을 얻을 수 있다. 따라서 m이 두 제곱수의 합이라면 임의의 정수 d에 대해서 d^2m 역시 두 제곱수의 합이다. 한편으로 $m = a^2 + b^2$이 두 제곱수의 합이고, 만약 a와 b가 공통인수를 가진다면, 즉 $a = dA$이고 $b = dB$라면, 우리는 d^2을 공통인수로 하여

$$m = d^2(A^2 + B^2)$$

과 같이 나타낼 수 있다. 즉, m은 d^2으로 나누어지고, m/d^2은 두 제곱수의 합이다.

핵심은 m을 나누는 제곱수들은 m을 두 제곱수의 합으로 쓰려고 할 때 중요하지 않다는 점이다. 즉, m이 다음과 같이 서로 다른 소수 $p_1, p_2, \ldots, p_r$에 대해서

$$m = p_1 p_2 \cdots p_r M^2$$

과 같이 소인수분해할 수 있다고 하자. 그러면, 각각의 소수 $p_1, p_2, \ldots, p_r$을 두 제곱수의 합으로 쓸 수 있다면, m 역시 그러하다. 예를 들어, $m = 252000$을 살펴보면, m을

$$m = 252000 = 2^5 \cdot 3^2 \cdot 5^3 \cdot 7 = 2 \cdot 5 \cdot 7 \cdot (2^2 \cdot 3 \cdot 5)^2 = 2 \cdot 5 \cdot 7 \cdot 60^2$$

과 같이 나타낼 수 있다. 여기서 소수 7은 두 제곱수의 합이 아니므로 m 역시 두 제곱수의 합이 아니다. (연습문제 25.4를 보라.)

다른 예로, $m = 25798500$을 살펴보면

$$m = 25798500 = 2^2 \cdot 3^4 \cdot 5^3 \cdot 7^2 \cdot 13 = 5 \cdot 13 \cdot (2 \cdot 3^2 \cdot 5 \cdot 7)^2 = 5 \cdot 13 \cdot 630^2$$

이다. 이 경우에는 5와 13이 두 제곱수의 합이므로 $65 = 5 \cdot 13 = 8^2 + 1^2$임을 쉽게 알 수 있고 양변에 630^2을 곱해서

$$m = 65 \cdot 630^2 = (8 \cdot 630)^2 + (1 \cdot 630)^2 = 5040^2 + 630^2$$

을 얻게 된다.

이번 장에서 우리는 어떠한 수가 두 제곱수의 합이 되는지에 대한 정확한 답을 얻었다. 지금까지 증명한 바와 다른 몇 가지 흥미로운 사실을 아래의 정리에 요약하였다. 이 정리의 증명은 연습문제로 남긴다. (연습문제 25.4와 25.5를 보라.)

정리 25.1 (두 제곱수의 합 정리)

(a) 자연수 m이

$$m = p_1 p_2 \cdots p_r M^2$$

과 같이 인수분해된다고 하자. (단, 여기서 $p_1, p_2, \ldots, p_r$은 서로 다른 소수들이다.) 그러면 모든 소수 p_i가 2이거나 4로 나눈 나머지가 1인 경우에만 m을 두 제곱수의 합으로 나타낼 수 있다.

(b) 자연수 m을 $\gcd(a, b) = 1$을 만족하는 a와 b로 두 제곱수의 합 $m = a^2 + b^2$으로 쓸 수 있는 것은 다음 두 조건 중 하나를 만족하는 것과 필요충분조건이다.

(i) m은 홀수이고 m의 소인수는 모두 4로 나눈 나머지가 1이다.

(ii) m은 짝수이고 $m/2$은 홀수이면서 $m/2$의 모든 소인수는 4로 나눈 나머지가 1이다.

피타고라스 세 수의 귀환†

피타고라스의 세 수는

$$a^2 + b^2 = c^2$$

을 만족하는 세 수의 순서쌍 (a, b, c)이고, $\gcd(a, b) = 1$이면 이 순서쌍이 원시적이라고 부른다는 것을 배운 바 있다.[1] 이제 우리는 원시 피타고라스 세 수에서 빗변 c로 나타날 수 있는 모든 수를 완벽하게 알 수 있다.

피타고라스 세 수 정리에 의하면 모든 원시 피타고라스 세 수는 서로소인 홀수 $s > t \geq 1$을 선택해서

$$a = st, \qquad b = \frac{s^2 - t^2}{2}, \qquad c = \frac{s^2 + t^2}{2}$$

과 같이 계산할 수 있다. 따라서 가능한 모든 c를 구하는 것은, s와 t에 대해서 $c = (s^2 + t^2)/2$와 같이 나타낼 수 있는 c를 찾는 것과 같다. 즉, c가 원시 피타고라스 세 수의 빗변이 될 때는 정확히 식

$$2c = s^2 + t^2$$

이 서로소인 홀수 s와 t를 근으로 가질 때이다.

먼저 c는 반드시 홀수일 수밖에 없다. (2장에서 확인한 바 있다.) 따라서 우리는 홀수인 c에 대해서 언제 $2c$가 서로소인 두 개의 제곱수의 합으로 쓸 수 있는지에 관심 있다. 두 제곱수의 합 정리는 c를 나누는 모든 소수들이 4로 나눈 나머지가 1일 때 이러한 표현이 가능하다는 것을 알려준다. 다음 정리는 지금까지 증명한 사실의 요약이다.

정리 25.2 (피타고라스 세 수의 빗변 정리(Pythagorean Hypotenuse Proposition))

"자연수 c가 원시 피타고라스 세 수 (a, b, c)의 빗변이다"와 "c는 4로 나눈 나머지가 1인 소수들의 곱으로 표현된다"는 것은 동치이다.

예를 들어, 수 $c = 1479$는 $1479 = 3 \cdot 17 \cdot 29$이기 때문에 원시 피타고라스의 세 수의 빗변이 될 수 없다. 한편, $c = 1105$는 $1105 = 5 \cdot 13 \cdot 17$이기 때문에 빗변이 될 수 있다. 더욱이, 우리는 $s^2 + t^2 = 2c$를 풀어서 s와 t를 찾을 수 있고, 이에 대응하는 a와 b를 찾을 수 있다. 이번 장의 앞부분에서 $1105 = 33^2 + 4^2$임을 계산한 바 있고, 따라서

$$2c = 2 \cdot 1105 = (1^2 + 1^2)(33^2 + 4^2) = 37^2 + 29^2$$

이다. $s = 37$, $t = 29$이므로 $a = st = 1073$이고 $b = (s^2 - t^2)/2 = 264$임을 알 수 있다. 이로써 빗변의 길이가 1105인 원시 피타고라스 세 수 $(1073, 264, 1105)$를 찾았다.

---

† 원문의 뉘앙스는 스타워즈 "제다이의 귀환"의 패러디이다.

[1] 여기서 "배운 바 있다…"라는 것은 "이제 2장을 다시 읽고 피타고라스 세 수 정리를 복습해 보라"라는 말을 완곡히 한 것이다.

연습문제

25.1. 다음 주어진 수 m에 대해서 m을 두 제곱수의 합으로 나타내거나, 두 제곱수의 합으로 나타낼 수 없는 이유를 설명하여라.

(a) 4370 **(b)** 1885 **(c)** 1189 **(d)** 3185

25.2. 다음 주어진 수 c에 대해서 빗변이 c인 원시 피타고라스 삼각형을 찾거나, 찾을 수 없다면 그 이유를 설명하여라.

(a) 4370 **(b)** 1885 **(c)** 1189 **(d)** 3185

25.3. $a^2 + 5929 = c^2$를 만족하는 두 쌍의 서로소인 자연수 순서쌍 (a, c)를 찾아라. $\gcd(a, c) > 1$인 순서쌍을 더 찾을 수 있는가?

25.4. 이 연습문제에서는 두 제곱수의 합 정리(정리 25.1)의 첫 번째 부분의 증명을 완성하려 한다. m은 양의 정수이고 서로 다른 소수 $p_1, p_2, \ldots, p_r$에 대해서

$$m = p_1 p_2 \cdots p_r M^2$$

과 같이 인수분해된다고 하자. 만약 어떤 p_i가 4로 나눈 나머지가 3이라면, m은 두 제곱수의 합으로 나타낼 수 없다는 것을 증명하여라.

25.5. 이 연습문제에서는 두 제곱수의 합 정리(정리 25.1)의 두 번째 부분의 증명을 완성하려 한다. m은 양의 정수라 하자.

(a) m이 홀수이고 m의 모든 소인수가 4로 나눈 나머지가 1이면, 서로소인 정수 a, b에 대해서 $m = a^2 + b^2$으로 나타낼 수 있음을 증명하여라.

(b) m이 짝수이고, $m/2$은 홀수, 그리고 $m/2$의 모든 소인수가 법 4로 1과 합동이면, 서로소인 정수 a, b에 대하여 $m = a^2 + b^2$으로 나타낼 수 있음을 증명하여라.

(c) 만약 $\gcd(a, b) = 1$이고 $m = a^2 + b^2$이라면, m은 (a)와 (b)에서 설명된 형태 중에 하나임을 증명하여라.

25.6. 임의의 양의 정수 m에 대해서

$$S(m) = (m\text{을 } a \geq b \geq 0\text{이면서 } m = a^2 + b^2\text{으로 나타내는 방법의 수})$$

라고 정의하자. 예를 들어,

$$5 = 2^2 + 1^2\text{이므로} \quad S(5) = 1\text{이고}$$

$$65 = 8^2 + 1^2 = 7^2 + 4^2\text{이므로} \quad S(65) = 2\text{이지만}$$

반면에 $S(15) = 0$이다.

(a) 다음 값을 계산하여라.

(i) $S(10)$, (ii) $S(70)$ (iii) $S(130)$ (iv) $S(1105)$

(b) $p \equiv 1 \pmod 4$를 만족하는 소수 p에 대해서 $S(p)$의 값은 무엇인가? 독자의 답이 맞다는 것을 증명하여라.

(c) p와 q가 4로 나눈 나머지가 1인 서로 다른 소수라고 하자. $S(pq)$의 값은 무엇인가? 독자의 답이 맞다는 것을 증명하여라.

(d) 보다 일반적으로 $p_1, \ldots, p_r$가 4로 나눈 나머지가 1인 서로 다른 소수들일 때, $S(p_1p_2\ldots p_r)$의 값은 무엇인가? 독자의 답이 맞다는 것을 증명하여라.

25.7. n을 소인수분해한 후, 각각의 소인수에 대해서 $u^2+v^2=p$를 강하법(연습문제 24.8)을 이용해서 해를 구한 후, 이 해들을 결합하는 방법으로 $x^2+y^2=n$의 해 (x, y)를 찾는 프로그램을 만들어라.

제 26 장

하나, 둘, 셋처럼 쉬워요

수론의 명제는 다음의 형태인 경우가 많다.

> 이러저러한 명제는 모든 자연수 n에 대해서 참이다.

여기 몇 가지 흥미로운 예들이 있다.[1]

- 모든 자연수 n에 대해서 $1^2 + 2^2 + \cdots + n^2 = \dfrac{2n^3 + 3n^2 + n}{6}$이다.
- 모든 자연수 n은 소수들의 곱과 같다.
- 모든 자연수는 많아야 4개의 제곱수의 합이다.

특정한 자연수 n에 대해서 위의 명제가 맞다는 것은 확인하기 쉽다. 예컨대,

$$1^2 + 2^2 + \cdots + 12^2 = 650 = \frac{2 \cdot 12^3 + 3 \cdot 12^2 + 12}{6}$$

$$12 = 2 \cdot 2 \cdot 3$$

$$12 = 1^2 + 1^2 + 1^2 + 3^2$$

이기 때문에, 이 명제들은 $n = 12$인 경우 성립한다. 그러나 우리가 많은 n에 대해서 이 명제들이 성립한다는 것을 확인해 보았다 할지라도, 예를 들어 $n \le 1000$인 모든 수들에 대해서 확인해 보았더라도, 이것이 위 명제들이 모든 n에 대해서 참이라는 것을 증명한 것은 아니다.

일부 독자들은 어떠한 명제가 $n \le 1000$에 대해서 참이라는 것은 그 명제가 참이라는 명확한 증거를 제공한다고 생각할지도 모르겠다. 그러나 많은 경우에 대하여 확인한 것이 논쟁의 여지가 없는 증명이 되는 것은 아니다. 수학의 역사는 수많은 증거들에도 불구하고 틀린 명제가 있었다는 것을 보여 준다. (이 장의 끝에 경각심을 불러 줄만한 이야기를 좀 더 소개하겠다.)

우리가 공식

$$1^2 + 2^2 + \cdots + n^2 = \frac{2n^3 + 3n^2 + n}{6} \tag{$*$}$$

[1] 첫 번째 명제는 이번 장에서 증명할 것이고, 두 번째 명제는 7장에서 증명한 바 있다. 세 번째 명제는 라그랑주의 네 제곱수 정리(Four Squares Theorem)라고 불린다. 라그랑주의 정리를 증명하지는 않겠지만 25장에서 우리는 페르마의 두 제곱수 정리는 증명한 바 있다.

이 모든 $n \in \mathbb{N}$에 대해서 참이라는 것을 증명하고 싶다고 하자. 처음 몇몇 n에 대하여 확인해 보는 것으로 시작할 수 있을 것이다.

$$1^2 = 1 = \frac{2 \cdot 1^3 + 3 \cdot 1^2 + 1}{6}$$
$$1^2 + 2^2 = 5 = \frac{2 \cdot 2^3 + 3 \cdot 2^2 + 2}{6}$$
$$1^2 + 2^2 + 3^2 = 14 = \frac{2 \cdot 3^3 + 3 \cdot 3^2 + 3}{6}$$

이제 우리가 위 공식 $(*)$이 $n = 99$까지 모든 자연수에 대하여 성립한다는 것을 확인했다고 가정하고, $n = 100$인 경우에 대해서 확인하고 싶다고 하자. 단순히 생각하면, 좌변 $1^2 + 2^2 + \cdots + 100^2$을 계산하기 위해서 많은 계산을 해야만 한다. 그러나, 조금 더 영리하게 군다면 $(*)$이 $n = 99$인 경우 성립한다는 사실이 계산을 간단하게 해준다는 것을 알 수 있다. 따라서 우리는 공식

$$1^2 + 2^2 + \cdots + 99^2 = \frac{2 \cdot 99^3 + 3 \cdot 99^2 + 99}{6} = 328350$$

이 참이라고 가정한다면, 이로부터 $n = 100$인 경우 $(*)$의 좌변을

$$1^2 + 2^2 + \cdots + 100^2 = (1^2 + 2^2 + \cdots + 99^2) + 100^2 = 328350 + 10000 = 338350$$

과 같이 간단히 계산할 수 있다. 그리고 $n = 100$인 경우 $(*)$의 우변이 같은 값이 되는 것을 알 수 있다.

$$\frac{2 \cdot 100^3 + 3 \cdot 100^2 + 100}{6} = 338350 \quad \checkmark$$

이제 $n = 100$인 경우를 이용해서 $n = 101$인 경우를 보일 수 있고, 다시 이를 이용하면 $n = 102$인 경우를 보일 수 있고, 이와 같은 방법을 계속 적용할 수 있다. 호두알 속[2]에서 일어나는 이 과정[†]이 수학적 귀납법의 원리의 핵심이다.

Step I (초기화) 첫 번째 경우 $n = 1$을 확인한다.

Step II (귀납법 과정) 주어진 명제가 n에 대해 증명되었다고 가정하고, 귀납법 가정(induction hypothesis)이라고 불리는 이 가정을 이용하여 $n + 1$인 경우를 증명한다.

우리가 만약 이 두 가지 과정들을 수행하면, 증명하고자 했던 수학적 명제는 모든 n값에 대해서 참이다. 왜 그런지 알겠는가? 자, Step I에 의해서 $n = 1$인 경우 주어진 명제가 성립한다. 이 명제가 $n = 1$인 경우 성립하므로, Step II에 의해서, 명제는 $n = 2$인 경우도 성립한다는 것을 알 수 있다. 그러면, 다시 Step II에 의해서 명제가 $n = 3$인 경우에도 참이라는 것을 알 수 있고, 이와 같은 과정을 반복하면$\cdots$.

---

[2]난 호두알 속에 갇혀 있다 해도 내 자신을 무한 공간의 왕이라 생각할 수 있다네 — 내가 악몽을 꾸지만 않는다면 (햄릿 2막 2장)

[†]역자주: $n = 99$인 특정한 경우

수학적 귀납법이 실제로 어떤 식으로 적용되는지를 보기 위해, 앞에서 언급했던 제곱수의 합 공식 (*)을 증명하려 한다. 우리가 증명하고자 하는 명제는 공식

$$\mathcal{S}(n) : 1^2 + 2^2 + \cdots + n^2 \stackrel{?}{=} \frac{2n^3 + 3n^2 + n}{6}$$

이다. 이제 첫 번째 경우인 $n = 1$부터 시작하자.

$$1^2 = 1, \qquad \text{그리고} \qquad \frac{2 \cdot 1^3 + 3 \cdot 1^2 + 1}{6} = 1$$

이므로 명제 $\mathcal{S}(1)$은 참이다. 다음으로 명제 $\mathcal{S}(n)$을 증명했다고 가정하고 명제 $\mathcal{S}(n+1)$ 역시 참이라는 것을 증명하자. 이는 매우 간단하다.

먼저 명제 $\mathcal{S}(n+1)$의 좌변의 식을 계산하면,

$$\begin{aligned} \underbrace{1^2 + 2^2 + \cdots + n^2}_{\substack{\text{이 값은 } \mathcal{S}(n) \text{이 참이라는} \\ \text{귀납법 가정에 의하여} \\ \frac{1}{6}(2n^3 + 3n^2 + n) \\ \text{과 같다.}}} + (n+1)^2 &= \frac{2n^3 + 3n^2 + n}{6} + (n+1)^2 \\ &= \frac{2n^3 + 9n^2 + 13n + 6}{6} \end{aligned}$$

이다. 다음으로 명제 $\mathcal{S}(n+1)$의 우변의 식을 계산하면,

$$\frac{2(n+1)^3 + 3(n+1)^2 + (n+1)}{6} = \frac{2n^3 + 9n^2 + 13n + 6}{6}$$

이 된다. 이 두 계산 결과를 비교하면

$$1^2 + 2^2 + \cdots + n^2 + (n+1)^2 = \frac{2(n+1)^3 + 3(n+1)^2 + (n+1)}{6}$$

이 성립하고, 이로써 명제 $\mathcal{S}(n+1)$이 참임을 보였다. 지금까지

- 명제 $\mathcal{S}(1)$이 참이다.
- 만약 명제 $\mathcal{S}(n)$이 참이면 명제 $\mathcal{S}(n+1)$ 역시 참이다.

는 것을 증명하였다. 따라서 수학적 귀납법에 의하여 명제 $\mathcal{S}(n)$은 모든 자연수 n에 대하여 참이다.

다른 형태의 수학적 귀납법 완전 귀납법(complete induction) 또는 강한 귀납법(strong induction)이라고 불리는 다른 형태의 귀납법이 있다. 이 귀납법에서는 N 이하의 모든 n에 대해서 명제를 증명하였다고 가정하고, 이 가정을 이용하여 $n = N + 1$인 경우에도 명제가 성립한다는 것을 보인다. 따라서 완전 귀납법은 다음의 두 과정으로 이루어져 있다.

Step I (초기화) 최초의 경우 $n = 1$에 대해서 확인한다.[3]

Step II (귀납법 과정) $1 \le n \le N$인 모든 n에 대해서 명제가 성립한다고 가정하고, 이를 이용하여 명제가 $n = N + 1$인 경우에도 참이라는 것을 보인다.

7장에서 2 이상의 모든 자연수는 소수들의 곱임을 보였을 때 이미 완전 귀납법을 사용한 적이 있다. 완전 귀납법이 어떤 방식으로 적용되는지를 보여 주기 위해서 그 증명을 간략히 되짚어 보도록 하자.

증명하려고 하는 명제는 다음과 같다.

$$\mathcal{P}(n) : n\text{은 소수들의 곱이다.}$$

우리는 모든 $n \ge 2$에 대하여 $\mathcal{P}(n)$이 참임을 증명하려 하므로, 이 경우 우리의 초기화 과정은 $\mathcal{P}(2)$가 참임을 보이는 것이다. 2가 소수이므로, $\mathcal{P}(2)$는 당연히 참이다.

이제 $\mathcal{P}(n)$이 $2 \le n \le N$인 모든 자연수 n에 대해서 성립한다고 귀납법 가정을 만들고, $\mathcal{P}(N+1)$이 참임을 보이고자 한다. 만약 $N+1$이 소수라면, 당연히 참이다. $N+1$이 소수가 아니라면 $N+1$은 2와 N 사이의 두 정수 a, b에 대하여 $N+1 = ab$와 같이 쓸 수 있다. 귀납법 가정에 의해 $\mathcal{P}(a)$과 $\mathcal{P}(b)$이 참이므로, a 와 b는 모두 소수들의 곱이다. 따라서 $N+1 = ab$ 역시 소수들의 곱이고, 이로써 수학적 귀납법에 의해 $\mathcal{P}(n)$이 모든 자연수 $n \ge 2$에 대하여 성립함을 증명하였다.

실험은 증명이 될 수 없는 이유 앞에서 언급했듯이, 우리는 참이라는 수치적인 증거들이 상당히 많음에도 불구하고, 거짓인 몇 가지 예를 소개하려 한다. 13장에서 다루었듯이 소수셈 함수 $\pi(x)$는 x 이하의 소수들의 개수를 세는 함수임을 기억하자. 우리는 무한히 많은 소수가 있다는 것을 증명했을 뿐만 아니라 4로 나눈 나머지가 1인 소수와, 4로 나눈 나머지가 3인 소수 모두 무한히 많다는 것 또한 증명하였다. (후자는 정리 12.2이고 전자는 정리 21.3이다.)

1850년대에 체비셰프(Chebychev)는 법 4에 대해 3과 합동인 소수들이 법 4에 대해 1과 합동인 소수들보다 더 많아 보인다는 것을 언급하였다. 이러한 현상을 살펴보기 위해서 소수셈 함수를 두 부분으로 나누기로 하자.

$$\pi_1(x) = \#\{x \text{ 이하의 소수 중 } 4\text{로 나눈 나머지가 } 1\text{인 소수}\}$$

$$\pi_3(x) = \#\{x \text{ 이하의 소수 중 } 4\text{로 나눈 나머지가 } 3\text{인 소수}\}$$

많은 계산을 통해, 모든 $x \le 10000$에 대해서

$$\pi_3(x) > \pi_1(x)$$

---

[3]어떤 저자들은 초기화 과정을 생략하고 귀납법 과정을 $N = 0$인 경우부터 시작한다. $N = 0$인 경우 귀납법 가정은 의미가 없기 때문에, 귀납법 과정을 $N = 0$인 경우부터 시작한다는 것을 명제가 $n = 1$인 경우를 직접 증명한다는 것과 같고, 따라서 초기화 과정과 마찬가지이다.

임을 알 수 있다. 이것은 $\pi_3(x)$이 항상 $\pi_1(x)$보다는 크다는 확신을 주는 증거인 듯하다. 그러나, 1957년에 리치(Leech)는[4]

$$\pi_1(26861) = 1473, \qquad \pi_3(26861) = 1472$$

임을 보였다.

만약 소수들을 3으로 나눈 나머지에 따라서 세어 보면 더 놀라운 일이 생긴다.

$$\pi_{(1 \bmod 3)}(x) = \#\{x \text{ 이하의 소수 중 3으로 나눈 나머지가 1인 소수}\}$$

$$\pi_{(2 \bmod 3)}(x) = \#\{x \text{ 이하의 소수 중 3으로 나눈 나머지가 2인 소수}\}$$

이라고 정의하면, 6천억 이하의 모든 x에 대해서 $\pi_{(2 \bmod 3)}(x)$가 $\pi_{(1 \bmod 3)}(x)$보다 큰 것을 관찰할 수 있다! 실제로 $x \le 608981813028$에 대해서는

$$\pi_{(2 \bmod 3)}(x) \ge \pi_{(1 \bmod 3)}(x)$$

가 성립한다. 그러나 1978년에 베이즈(Bays)와 허드슨(Hudson)은

$$\pi_{(1 \bmod 3)}(608981813029) > \pi_{(2 \bmod 3)}(608981813029)$$

임을 보였다.

따라서 추측을 만드는 데 실험이 매우 유용하기는 하지만, 이러한 예들은 수학자들이 수학 명제가 참임을 인정하기 전에 왜 엄밀한 증명을 요구하는지를 보여 준다.

연습문제

26.1. 수학적 귀납법을 이용하여 다음 명제들을 증명하여라.

(a) $1^3 + 2^3 + \cdots + n^3 = \dfrac{n^2(n+1)^2}{4}$

(b) $1 \cdot 2 + 2 \cdot 3 + 3 \cdot 4 + \cdots + (n-1)n = \dfrac{n^3 - n}{3}$

(c) $T_1 + T_2 + \cdots + T_n = \dfrac{n(n+1)(n+2)}{6}$ 여기서 $T_n = \dfrac{n(n+1)}{2}$은 n번째 삼각수(triangular number) (삼각수에 대해서는 1장에서 논의한 적이 있었고, 31장에서 좀 더 자세히 살펴볼 예정이다.)

(d) 모든 자연수 n에 대해서,

$$1 + \frac{1}{2} + \frac{1}{3} + \cdots + \frac{1}{n} = \frac{A_n}{B_n}$$

을 기약분수 형태로 나타내자. 그러면 분모 B_n은 $n!$을 나눈다는 것을 증명하여라. (이 명제를 증명하는 다른 방법들도 있지만, 이 문제에서는 반드시 귀납법을 사용하여라.)

---

[4]이보다 이른 1914년에 리틀우드(Littlewood)는 x가 증가하면서 $\pi_3(x) - \pi_1(x)$의 부호가 (음에서 양으로, 또는 양에서 음으로) 무한번 바뀐다는 것을 증명하였다!

26.2. 피보나치 수열(Fibonacci sequence) $1, 1, 2, 3, 5, 8, 13, 21, \ldots$은 $F_1 = F_2 = 1$이고 점화식

$$F_{n+2} = F_{n+1} + F_n$$

으로 다음 항들이 결정되는 수열이다. (즉, 각 항은 직전 두 개의 항의 합이다.) 수학적 귀납법을 이용하여, 모든 자연수 n에 대해서

$$F_1 + F_2 + F_3 + \cdots + F_n = F_{n+2} - 1$$

이 성립함을 증명하여라. 39장에서 피보나치 수열에 대해서 더 자세히 다룰 것이다.

26.3. 수학적 귀납법을 이용할 때, 초기화 과정은 $n = 1$이 아닌 다른 값부터 시작할 수도 있다. 예컨대, 수학적 귀납법을 이용하여, 모든 $n \geq 6$ 에 대하여

$$n! \leq \frac{n^n}{2^n}$$

임을 증명하여라.

26.4. 다항식

$$F(x) = x^2 - x - 41$$

을 살펴보자. 작은 자연수 x에 대한 함수값은

n	1	2	3	4	5	6	7	8	9	10
$F(n)$	41	43	47	53	61	71	83	97	113	131

과 같고, 위의 함수값들은 모두 소수이다. 꽤나 이상해 보이니, 다음 10개의 자연수에 대해서 계산해 보면

n	11	12	13	14	15	16	17	18	19	20
$F(n)$	151	173	197	223	251	281	313	347	383	421

이고, 이 수들 역시 모두 소수이다!

(a) $F(n)$의 다음 10개 값을 구하여라. 즉, $F(21), F(22), \ldots, F(30)$을 계산하여라. 모두 소수인가?

(b) 모든 자연수 n에 대해서 $F(n)$이 소수라고 생각하는가?

26.5. 다른 행성에도 생명체가 존재한다는 주장에 대한 귀납법 증명이 있다. 보다 정확하게는 다음과 같은 명제에 대해 논하여 보자.

> $\mathcal{L}(n)$: 주어진 어떤 n개의 행성 모임에 대해서도, 하나의 행성에 생명체가 존재한다면, 그 모임에 속한 n개의 행성 모두 생명체가 존재한다.

우리는 귀납법을 이용해서 모든 자연수 n에 대해서 명제 $\mathcal{L}(n)$가 참이라는 것을 증명할 것이다.

첫 번째 과정으로 $\mathcal{L}(1)$부터 증명하자. 이 명제는 하나의 행성이 있고, 그 행성에 생명체가 존재한다면, 바로 그 행성에 생명체가 존재하기 때문에, 명제 $\mathcal{L}(1)$은 참이다.

이제 귀납법 가정으로 $\mathcal{L}(n)$이 성립한다고 가정하고 적어도 하나의 행성에는 생명체가 존재하는 $n+1$ 개의 행성 모임을 생각하자. 모임에 있는 행성들을 $P_1, \ldots, P_{n+1}$와 같이 표기하고, P_1이 우리가 생명체가

존재한다는 것을 알고 있는 행성이라고 하자. 이제 부분 집합 $\{P_1, P_2, \ldots, P_n\}$을 생각하자. 이 집합은 적어도 하나의 행성에는 생명체가 존재하는 n개의 행성들의 모임이기 때문에, 귀납법 가정에 의해서 모든 행성 $P_1, \ldots, P_n$에는 생명체가 존재한다. 다음으로 부분집합 $\{P_1, P_3, \ldots, P_{n+1}\}$을 생각하자. 이 집합 역시 적어도 하나의 행성에는 생명체가 있는 n개의 행성들의 모임이기 때문에, 다시 귀납법 가정에 의하여 모든 행성들에 생명체가 존재한다. 지금까지 모든 행성 $P_1, P_2, \ldots, P_{n+1}$에 생명체가 존재한다는 것을 보였기 때문에, 명제 $\mathcal{L}(n+1)$는 참이다.

이로써 모든 자연수 n에 대해서 명제 $\mathcal{L}(n)$가 참이라는 귀납법 증명이 끝났다. 이제 다음의 행성 모임을 생각하자.

$$\{수성, 금성, 지구, 화성, 목성, 토성\}$$

이 집합은 적어도 하나의 행성에는 생명체가 존재하고 있는 행성들의 모임이기 때문에, 우리의 귀납법 증명은 화성 (수성, 금성 등에도 역시)에 생명체가 존재한다는 것을 말해 준다.

이 결론이 옳은가? 그렇지 않다면, 귀납법 증명에 무언가 오류가 있었다. 무엇이 잘못되었는가?

제 **27** 장

오일러 ϕ 함수와 약수들의 합

15장에서 완전수를 공부할 때, 우리는 시그마 함수 $\sigma(n)$을 이용하였다. 여기서 $\sigma(n)$은 n의 모든 약수의 합으로 정의한다. 이상하게 보일 수도 있는 실험을 해 보려고 한다. n의 모든 약수에 대해서 오일러 ϕ 함수값을 구하고, 그 값들을 모두 더하면 그 결과가 어떤 수인지 알아보자.

$n = 15$인 경우의 예를 살펴보자. 15의 약수들은 1, 3, 5, 15이다. 1, 3, 5, 15의 오일러 ϕ 함수값을 계산해 보면

$$\phi(1) = 1, \qquad \phi(3) = 2, \qquad \phi(5) = 4, \qquad \phi(15) = 8$$

이다. 이 값들을 모두 더하면

$$\phi(1) + \phi(3) + \phi(5) + \phi(15) = 1 + 2 + 4 + 8 = 15$$

를 얻게 된다. 그 결과는 우리가 처음에 시작했던 바로 그 15이다. 그러나 아직은 단지 우연에 불과하다.

많은 인수를 가지는 더 큰 수, $n = 315$에 대해서도 같은 계산을 해 보자. 315의 약수들은

$$1, 3, 5, 7, 9, 15, 21, 35, 45, 63, 105, 315$$

이고, 오일러 ϕ 함수값을 계산하여 더하면

$$\begin{aligned} &\phi(1) + \phi(3) + \phi(5) + \phi(7) + \phi(9) + \phi(15) + \phi(21) + \phi(35) \\ &\qquad + \phi(45) + \phi(63) + \phi(105) + \phi(315) \\ &= 1 + 2 + 4 + 6 + 6 + 8 + 12 + 24 + 24 + 36 + 48 + 144 \\ &= 315 \end{aligned}$$

가 된다. 역시 우리가 시작했던 그 수를 얻었다. 이제 단순한 우연으로는 보이지 않는다. 아마도 다음과 같이 추측해 볼 수 있을 것이다.

추측. $d_1, d_2, \ldots, d_r$가 1과 n을 포함하는 n의 모든 약수들이라고 하자. 그러면

$$\phi(d_1) + \phi(d_2) + \cdots + \phi(d_r) = n$$

이 성립한다.

우리의 추측이 맞다는 것을 어떻게 증명할 수 있을까? 가장 쉬운 경우는 n의 약수가 적은 경우이다. 예컨대, n을 소수 p인 경우를 보자. p의 약수는 1과 p이고, $\phi(1) = 1$이고 $\phi(p) = p - 1$이다. 따라서 이 둘을 더하면

$$\phi(1) + \phi(p) = 1 + (p - 1) = p$$

가 된다. 따라서 n이 소수인 경우에는 우리의 추측이 맞다.

이제 $n = p^2$인 경우를 보자. p^2의 약수는 1, p, p^2이고, 11장에서, $\phi(p^2) = p^2 - p$임을 배웠다. 따라서

$$\phi(1) + \phi(p) + \phi(p^2) = 1 + (p - 1) + (p^2 - p) = p^2$$

이 된다. p^2만이 남을 때까지 어떤 식으로 상쇄되는지 주목하여라.

이러한 성공을 바탕으로 소수의 거듭제곱 $n = p^k$에 대해서 추측을 확인해 보자. p^k의 약수들은 $1, p, p^2, \ldots, p^k$이다. 11장에서 소수의 거듭제곱에 대한 오일러 ϕ 함수값 공식 $\phi(p^i) = p^i - p^{i-1}$을 배운 바 있다. 이 공식을 이용하면

$$\begin{aligned}
&\phi(1) + \phi(p) + \phi(p^2) + \cdots + \phi(p^{k-1}) + \phi(p^k) \\
&= 1 + (p - 1) + (p^2 - p) + \cdots + (p^{k-1} - p^{k-2}) + (p^k - p^{k-1}) \\
&= p^k
\end{aligned}$$

임을 알 수 있다. 역시 각각의 항들이 서로 상쇄되고 p^k만이 남는다. 지금까지 우리는 n이 소수의 거듭제곱 형태인 경우에 대해서 추측을 확인하였다.

n이 소수의 거듭제곱이 아닌 경우에는 조금 더 복잡하다. 언제나처럼 간단한 경우부터 시작해 보자. $n = pq$이 서로 다른 두 소수의 곱이라고 가정하자. n의 약수들은 1, p, q, pq이므로

$$\phi(1) + \phi(p) + \phi(q) + \phi(pq)$$

를 계산하면 된다. 11장에서 우리는 서로소인 정수 m, n에 대해서 오일러 ϕ 함수가 곱셈 공식 $\phi(mn) = \phi(m)\phi(n)$을 만족한다는 것을 보였다. p와 q는 서로소이므로, $\phi(pq) = \phi(p)\phi(q)$이고, 따라서 우리가 추측한 것과 같이

$$\begin{aligned}
\phi(1) + \phi(p) + \phi(q) + \phi(pq) &= 1 + \phi(p) + \phi(q) + \phi(p)\phi(q) \\
&= \big(1 + \phi(p)\big)\big(1 + \phi(q)\big) \\
&= pq
\end{aligned}$$

가 성립한다.

이제 우리는 일반적인 경우에 대해서도 이 예와 비슷한 방법으로 증명할 준비가 되었다. 임의의 자연수 n에 대하여 함수 $F(n)$을 아래와 같이 정의하자.

$$F(n) = \phi(d_1) + \phi(d_2) + \cdots + \phi(d_r) \qquad (\text{단, } d_1, d_2, \ldots, d_r \text{는 } n\text{의 약수})$$

우리의 목표는 모든 자연수 n에 대해서 $F(n) = n$임을 보이는 것이다. 첫 번째 과정은 함수 F가 곱셈 공식을 만족한다는 것을 보이는 것이다.

보조정리 27.1

만약 $\gcd(m, n) = 1$ 이라면, $F(mn) = F(m)F(n)$ 이다.

증명

$$n \text{의 약수를 } d_1, d_2, \ldots, d_r \text{ 라 하고,}$$

$$m \text{의 약수를 } e_1, e_2, \ldots, e_s \text{ 라 하자.}$$

m과 n이 서로소이기 때문에 mn의 약수는 정확히 다음 수들의 곱의 모양이 된다.

$$d_1e_1, d_1e_2, \ldots, d_1e_s, d_2e_1, d_2e_2, \ldots, d_2e_s, \ldots, d_re_1, d_re_2, \ldots, d_re_s$$

더욱이, 모든 d_i는 모든 e_j와 서로소이므로 $\phi(d_ie_j) = \phi(d_i)\phi(e_j)$가 성립한다. 이로부터

$$\begin{aligned}
F(mn) &= \phi(d_1e_1) + \cdots + \phi(d_1e_s) + \phi(d_2e_1) + \cdots + \phi(d_2e_s) \\
&\qquad + \cdots + \phi(d_re_1) + \cdots + \phi(d_re_s) \\
&= \phi(d_1)\phi(e_1) + \cdots + \phi(d_1)\phi(e_s) + \phi(d_2)\phi(e_1) + \cdots + \phi(d_2)\phi(e_s) \\
&\qquad + \cdots + \phi(d_r)\phi(e_1) + \cdots + \phi(d_r)\phi(e_s) \\
&= \big(\phi(d_1) + \phi(d_2) + \cdots + \phi(d_r)\big) \cdot \big(\phi(e_1) + \phi(e_2) + \cdots + \phi(e_s)\big) \\
&= F(m)F(n)
\end{aligned}$$

임을 알 수 있고, 이로써 보조정리의 증명이 끝난다. □

보조정리를 이용하면 오일러 ϕ 함수의 합 공식을 증명하는 것은 매우 간단한 문제이다.

정리 27.2 (오일러 ϕ 함수 합 공식(Euler's Phi Function Summation Formula))

$d_1, d_2, \ldots, d_r$ 가 n의 약수들이면 다음이 성립한다.

$$\phi(d_1) + \phi(d_2) + \cdots + \phi(d_r) = n$$

증명 $F(n) = \phi(d_1) + \phi(d_2) + \cdots + \phi(d_r)$ 이라고 하면, $F(n)$이 항상 n과 같음을 보이면 된다. 206쪽에 있는 $\phi(1) + \phi(p) + \phi(p^2) + \cdots + \phi(p^k)$의 계산에 의하면, $F(p^k) = p^k$이다. 이제 n을 $n = p_1^{k_1}p_2^{k_2}\cdots p_t^{k_t}$ 와 같이 소수의 거듭제곱의 곱으로 인수분해하자. 서로 다른 소수들은 서로소이므로, 우리는 F에 대해서 곱셈 공식을 적용할 수 있고, 따라서

$$\begin{aligned}
F(n) &= F\big(p_1^{k_1}p_2^{k_2}\cdots p_t^{k_t}\big) \\
&= F\big(p_1^{k_1}\big)F\big(p_2^{k_2}\big)\cdots F\big(p_t^{k_t}\big) \qquad \text{곱셈 공식으로부터}
\end{aligned}$$

$$= p_1^{k_1} p_2^{k_2} \cdots p_t^{k_t} \qquad\qquad F(p^k) = p^k \text{ 이므로}$$

$$= n$$

이 된다. □

연습문제

27.1. 서로소인 모든 정수 m, n에 대해 함수 $f(n)$이 곱셈 공식

$$f(mn) = f(m)f(n)$$

을 만족하면 $f(n)$을 곱셈적 함수(multiplicative function)라고 부른다. 예를 들어, $\phi(n)$이 곱셈적 함수라는 것은 11장에서 확인했고, $\sigma(n)$이 곱셈적 함수라는 것은 15장에서 보인 바 있다.

이제 $f(n)$이 임의의 곱셈적 함수라고 가정하고, 새로운 함수

$$g(n) = f(d_1) + f(d_2) + \cdots + f(d_r) \qquad (\text{단, } d_1, d_2, \ldots, d_r \text{ 는 } n \text{의 모든 약수들})$$

을 정의하자. $g(n)$이 곱셈적 함수라는 것을 증명하여라.

27.2. 리우빌의 람다 함수 $\lambda(n)$은 n은 소수들의 곱 $n = p_1^{k_1} p_2^{k_2} \cdots p_t^{k_t}$ 으로 나타낸 후

$$\lambda(n) = (-1)^{k_1+k_2+\cdots+k_t}$$

로 정의한다. (단, $\lambda(1) = 1$로 정의한다.) 예컨대, $\lambda(1728)$을 계산하려면, $1728 = 2^6 \cdot 3^3$로 소인수분해한 후 $\lambda(1728) = (-1)^{6+3} = (-1)^9 = -1$과 같이 계산한다.

(a) 리우빌의 함수의 값 $\lambda(30)$, $\lambda(504)$, $\lambda(60750)$을 계산하여라.

(b) 연습문제 27.1에서 정의했던 대로, $\lambda(n)$이 곱셈적 함수임을 증명하여라. 즉, $\gcd(m, n) = 1$이면 $\lambda(mn) = \lambda(m)\lambda(n)$임을 보여라.

(c) 리우빌의 람다 함수를 이용해서 새로운 함수 $G(n)$을

$$G(n) = \lambda(d_1) + \lambda(d_2) + \cdots + \lambda(d_r) \qquad (\text{단, } d_1, d_2, \ldots, d_r \text{ 는 } n \text{의 모든 약수들})$$

로 정의한다. $G(n)$의 값을 $1 \le n \le 18$인 모든 n에 대해서 계산하여라.

(d) (c)에서 계산한 값들을 (필요하다면 추가적인 계산을 통해서) 이용해서 $G(n)$ 값에 대한 추측을 만들어 보아라. 독자의 추측을 더 많은 n에 대해서 확인하여라. 독자의 추측을 이용해서 $G(62141689)$와 $G(60119483)$의 값을 찾아 보아라.

(e) (d)에서 만든 독자의 추측이 맞다는 것을 증명하여라.

27.3. $d_1, d_2, \ldots, d_r$가 1과 n을 포함하여 n을 나누는 수라고 하자. 약수의 t제곱 합 함수(t-power sigma function) $\sigma_t(n)$은 n의 약수의 t제곱 값들의 합으로

$$\sigma_t(n) = d_1^t + d_2^t + \cdots + d_r^t$$

과 같이 정의된다. 예를 들면, $\sigma_2(10) = 1^2 + 2^2 + 5^2 + 10^2 = 130$이다. 물론, $\sigma_1(n)$은 우리의 오랜 친구, 시그마 함수 $\sigma(n)$이다.

(a) $\sigma_2(12)$, $\sigma_3(10)$, $\sigma_0(18)$을 계산하여라.

(b) $\gcd(m,n) = 1$이면, $\sigma_t(mn) = \sigma_t(m)\sigma_t(n)$라는 것을 증명하여라. 즉, σ_t가 곱셈적 함수임을 보여라. 이 곱셈 공식이 m과 n이 서로소가 아니어도 여전히 성립하는가?

(c) 15장에서 $\sigma(p^k) = (p^{k+1}-1)/(p-1)$임을 보인 바 있다. $\sigma_t(p^k)$에 대해서 비슷한 공식을 찾고, 이를 이용해서 $\sigma_4(2^6)$을 계산하여라.

(d) 함수 $\sigma_0(n)$은 n의 서로 다른 약수들의 개수를 센다. (c)에서 얻은 공식이 σ_0인 경우에도 성립하는가? 그렇지 않다면 $\sigma_0(p^k)$의 옳은 공식을 제시하여라. 독자의 공식과 (b)를 이용해서 $\sigma_0(42336000)$을 찾아보아라.

27.4. n은 양의 정수라고 하자. 다음 분수들

$$\frac{1}{n}, \frac{2}{n}, \frac{3}{n}, \ldots, \frac{n-1}{n}, \frac{n}{n}$$

을 기약분수로 다시 표현한다면, 분모들은 n의 약수가 된다. 각각의 n의 약수 d에 대해서, $N(d)$를 위의 분수들 중 분모가 정확히 d인 분수들의 개수라고 정의하자.

(a) $d_1, d_2, \ldots, d_r$가 n의 약수 전체라고 하자.

$$N(d_1) + N(d_2) + \cdots + N(d_r)$$

는 무엇인가?

(b) $n = 12$인 경우 분수들 $\frac{1}{12}, \frac{2}{12}, \ldots, \frac{12}{12}$를 기약분수의 형태로 나타내고, $N(1)$, $N(2)$, $N(3)$, $N(4)$, $N(6)$, $N(12)$를 계산하여라.

(c) $N(n) = \phi(n)$임을 증명하여라.

(d) 보다 일반적으로, n의 모든 약수 d에 대해서, $N(d) = \phi(d)$임을 보여라.

(e) (a)와 (d)를 이용해서, 오일러 ϕ 함수 합 공식(정리 27.2)의 다른 증명을 제시하여라.

제 **28** 장

법 p에 대한 거듭제곱과 원시근

서로소인 정수 a와 p에 대해서 페르마의 소정리(9장)는

$$a^{p-1} \equiv 1 \pmod{p}$$

임을 알려준다. 물론, a의 적당히 작은 거듭제곱은 법 p에 대해 1과 합동일 수 있다. 예를 들어, $2^3 \equiv 1 \pmod{7}$이다. 한편으로는 어떤 a에 대해서는 $(p-1)$ 제곱이 되어야만 법 p에 대해 1과 합동일 수도 있다. 예를 들면 법 7에 대해서 3의 거듭제곱은

$$3^1 \equiv 3 \pmod{7}, \qquad 3^2 \equiv 2 \pmod{7}, \qquad 3^3 \equiv 6 \pmod{7},$$
$$3^4 \equiv 4 \pmod{7}, \qquad 3^5 \equiv 5 \pmod{7}, \qquad 3^6 \equiv 1 \pmod{7}$$

이다. 따라서 3은 6제곱을 해야만 7로 나눈 나머지가 1이 된다.

어떤 규칙성을 찾을 수 있는지 좀 더 많은 예들을 살펴보자. 표 28.1에서는 a의 거듭제곱 중에서 법 p에 대해 1과 합동이 되는 가장 작은 거듭제곱을 소수 $p = 5$, 7, 11에 대해, 그리고 1과 $p-1$ 사이의 a에 대해서 나열하였다. 우리는 이 표에서 다음 두 가지를 관찰할 수 있다.

1. $a^e \equiv 1 \pmod{p}$를 만족하는 가장 작은 지수 e는 $p-1$의 약수처럼 보인다.

2. 가장 작은 지수가 $p-1$인 a가 항상 존재한다.

이번 장에서는 첫 번째 관찰에서의 가장 작은 지수에 대해서 공부하려 하므로, 이 지수에 이름을 붙여 보자. 법 p에 대한 a의 위수(order of a modulo p)를

$$e_p(a) = \begin{pmatrix} a^e \equiv 1 \pmod{p}\text{를} \\ \text{만족하는 가장 작은 지수 } e \geq 1 \end{pmatrix}$$

로 정의한다. (우리는 p와 서로소인 a에 대해서만 위수를 정의함에 유의하라.)

예를 들어, 표 28.1을 참조하면, $e_5(2) = 4$, $e_7(4) = 3$, $e_{11}(7) = 10$임을 알 수 있다. 페르마의 소정리에 의하면 $a^{p-1} \equiv 1 \pmod{p}$이다. 따라서 $e_p(a) \leq p-1$임을 알 수 있다. 우리의 첫 번째 관찰은 $e_p(a)$가 $p-1$의 약수처럼 보인다는 것이고, 두 번째 관찰은 $e_p(a) = p-1$인 a가 항상 있다는 것이었다. 우리는 이 두 관찰이 모두 사실이라는 것을 보일 것이다. 비교적 쉬운 첫 번째 관찰부터 시작하자.

$p = 5$
$1^1 \equiv 1 \pmod 5$
$2^4 \equiv 1 \pmod 5$
$3^4 \equiv 1 \pmod 5$
$4^2 \equiv 1 \pmod 5$

$p = 7$
$1^1 \equiv 1 \pmod 7$
$2^3 \equiv 1 \pmod 7$
$3^6 \equiv 1 \pmod 7$
$4^3 \equiv 1 \pmod 7$
$5^6 \equiv 1 \pmod 7$
$6^2 \equiv 1 \pmod 7$

$p = 11$
$1^1 \equiv 1 \pmod{11}$
$2^{10} \equiv 1 \pmod{11}$
$3^5 \equiv 1 \pmod{11}$
$4^5 \equiv 1 \pmod{11}$
$5^5 \equiv 1 \pmod{11}$
$6^{10} \equiv 1 \pmod{11}$
$7^{10} \equiv 1 \pmod{11}$
$8^{10} \equiv 1 \pmod{11}$
$9^5 \equiv 1 \pmod{11}$
$10^2 \equiv 1 \pmod{11}$

표 28.1. 법 p로 1과 합동이 되는 a의 가장 작은 거듭제곱

정리 28.1 (위수의 나눔 성질(Order Divisibility Property))

정수 a가 소수 p와 서로소이고, $a^n \equiv 1 \pmod p$이라고 하자. 그러면 위수 $e_p(a)$는 n을 나눈다.

특히, 위수 $e_p(a)$는 항상 $p-1$을 나눈다.

증명 위수 $e_p(a)$의 정의로부터

$$a^{e_p(a)} \equiv 1 \pmod p$$

이고, $a^n \equiv 1 \pmod p$임을 가정하였다. n을 $e_p(a)$로 나눠서 몫과 나머지의 형태로 표시하자.

$$n = e_p(a)q + r \qquad (\text{단, } 0 \le r < e_p(a))$$

그러면,

$$1 \equiv a^n \equiv a^{e_p(a)q+r} \equiv \left(a^{e_p(a)}\right)^q \cdot a^r \equiv 1^q \cdot a^r \equiv a^r \pmod p$$

가 성립한다. 그러나 $r < e_p(a)$이고, 정의에 의해서 $e_p(a)$는 $a^e \equiv 1 \pmod p$가 되는 지수 중에서 가장 작은 지수이므로 $r = 0$일 수밖에 없다. 따라서 $n = e_p(a)q$가 되고, $e_p(a)$는 n의 약수이다.

마지막으로, 페르마의 소정리 (9장)에 의하면 $a^{p-1} \equiv 1 \pmod p$가 성립하고, $n = p-1$로 놓으면 $e_p(a)$가 $p-1$을 나눈다는 것을 알 수 있다. □

우리의 다음 목표는 가능한 최대의 위수 $e_p(a) = p-1$을 가지는 수들을 찾는 것이다. 만약 a가 그러한 수라면,

$$a,\ a^2,\ a^3, \ldots, a^{p-3},\ a^{p-2},\ a^{p-1} \pmod p$$

는 법 p에 대해서 모두 달라야만 한다. [그렇지 않다면, $1 \le i < j \le p-1$을 만족하는 어떠한 i, j에 대해서 $a^i \equiv a^j \pmod{p}$가 성립하게 되고 이로부터 $a^{j-i} \equiv 1 \pmod{p}$를 얻는다. 그러면 지수 $j-i$는 $p-1$보다 작다.] 가장 큰 지수를 가지는 수는 매우 중요해서 이름을 지을 필요가 있다.

> 가장 큰 위수 $e_p(g) = p-1$을 가지는 수 g를
> 법 p에 대한 원시근(primitive root modulo p)이라고 부른다.

$p = 5, 7, 11$인 경우 표를 다시 살펴보면, 2와 3이 법 5에 대한 원시근이고, 3과 5는 법 7에 대한 원시근, 그리고 $2, 6, 7, 8$이 법 11에 대한 원시근임을 알 수 있다. 이제 이번 장에서 가장 중요한 결과와 마주할 때가 되었다.

정리 28.2 (원시근 정리)

모든 소수 p는 원시근을 가진다. 정확하게는 법 p에 대한 원시근은 $\phi(p-1)$개 존재한다.

예를 들면, 원시근 정리는 법 11에 대해서 $\phi(10) = 4$개의 원시근이 존재한다는 것을 알려주고, 실제로 우리는 법 11에 대해서 2, 6, 7, 8이 원시근임을 확인하였다. 또한 원시근 정리에 의하면 법 37에 대해서는 $\phi(36) = 12$개의 원시근이, 법 9907에 대해서는 $\phi(9906) = 3024$개의 원시근이 존재한다. 사실 법 37에 대한 원시근은 $2, 5, 13, 15, 17, 18, 19, 20, 22, 24, 32, 35$이다. 여기서 우리는 법 9907에 대한 3024개의 원시근을 나열할 수는 없다. 원시근 정리의 단점은 법 p에 대한 원시근을 실제로 찾는 방법은 알려주지는 않는다는 점이다. 우리가 할 수 있는 것은 단지, $a = 2$, $a = 3$, $a = 5$, $a = 6$, ... 부터 하나씩 $e_p(a) = p-1$이 되는 a를 찾는 것뿐이다. (왜 4는 절대로 원시근이 될 수 없는지 알겠는가?) 그러나, 법 p에 대한 원시근을 하나 찾을 수 있다면, 다른 모든 원시근을 찾는 것은 그리 어렵지 않다. (연습문제 28.5를 참조하자.)

원시근 정리의 증명 수론에서 가장 강력한 방법 중에 하나인 **세어보기**[†]를 이용해서 원시근 정리를 증명할 것이다. 세는 방법을 이용하는 것은 정리 11.1을 73쪽에서 증명할 때 이미 그 맛을 보았다. 이 정리의 증명을 위해서 어떤 수의 집합을 생각한 후 그 집합의 원소가 몇 개나 있는지 서로 다른 두 가지 방법으로 셀 것이다. 무언가를 두 가지 다른 방법으로 센 후 그 결과를 비교하는 아이디어는 수론뿐만 아니라 수학 전분야에서 널리 사용되어 왔다.

우리는 1과 $p-1$ 사이의 각각의 수 a에 대해서 위수 $e_p(a)$가 $p-1$을 나눈다는 것을 알고 있다. 따라서 $p-1$을 나누는 각각의 d에 대해서 위수 $e_p(a)$가 d와 같아지는 a가 얼마나 많을지에 대해 생각할 수 있다. 이 수를 $\psi(d)$라고 하자. 즉,

$$\psi(d) = (1 \le a < p\text{이고 } e_p(a) = d\text{를 만족하는 수 } a\text{의 개수})$$

라 정의하자. 특히, $\psi(p-1)$은 법 p에 대한 원시근의 개수이다.

[†] 원문에는 강조를 위해 대문자로 표기되어 있었으나 한글에는 대문자가 없으므로 진한 글씨로 옮긴다.

n을 $p-1$을 나누는 임의의 수라고 하자. 즉, $p-1=nk$라고 하면 다항식 $X^{p-1}-1$을 다음과 같이 인수분해할 수 있다.

$$\begin{aligned} X^{p-1}-1 &= X^{nk}-1 \\ &= (X^n)^k-1 \\ &= (X^n-1)\big((X^n)^{k-1}+(X^n)^{k-2}+\cdots+(X^n)^2+X^n+1\big) \end{aligned}$$

이러한 다항식들은 법 p에 대해 근을 얼마나 많이 갖는지 세어 보려 한다.

먼저 페르마의 소정리로부터 $X=1,2,3,\ldots,p-1$이 모두 다항식 $X^{p-1}\equiv 1 \pmod p$의 근이기 때문에 다음을 알 수 있다.

$$X^{p-1}-1\equiv 0 \pmod p \text{ 는 정확히 } p-1\text{개의 해를 가진다.}$$

또한, 법 p에 대한 다항식의 근의 정리(정리 8.2 (56쪽))에 의하면, 정수 계수를 가지는 D차 다항식은 법 p에 대해서 많아야 D개의 해를 갖는다. 따라서

$$X^n-1\equiv 0 \pmod p$$

는 많아야 n 개의 해를 갖고

$$(X^n)^{k-1}+(X^n)^{k-2}+\cdots+X^n+1\equiv 0 \pmod p$$

는 많아야 $nk-n$개의 해를 갖는다.

이제 우리는

$$\underbrace{X^{p-1}-1}_{\substack{\text{법 } p\text{에 대해서 정확히} \\ p-1=nk\text{개의 근}}} = \underbrace{(X^n-1)}_{\substack{\text{법 } p\text{에 대해서} \\ \text{많아야 } n\text{개의 근}}} \times \underbrace{\big((X^n)^{k-1}+(X^n)^{k-2}+\cdots+X^n+1\big)}_{\text{법 } p\text{에 대해서 많아야 } nk-n\text{개의 근}}$$

임을 안다. 이것이 참이 되는 유일한 방법은 X^n-1이 법 p에 대해서 정확히 n개의 근을 가지는 것뿐이다. (그렇지 않다면 우변의 근의 개수가 모자란다.) 이로써 다음의 중요한 사실을 증명하였다.

> 만일 n이 $p-1$을 나눈다면 합동식
> $$X^n-1\equiv 0 \pmod p$$
> 는 $0\le X<p$ 범위에서 정확히 n개의 근을 가진다.

이제 $X^n-1\equiv 0 \pmod p$의 근의 개수를 다른 방법으로 세어 보자. 만약 $X=a$가 근이라면, $a^n\equiv 1 \pmod p$가 성립하고 따라서 위수의 나눔 성질에 의해서, $e_p(a)$가 n을 나눈다는 것을 안다. 따라서 만일 n의 약수들을 고려하고 각각의 n의 약수 d에 대해서 $e_p(a)=d$를 만족하는 a들을 선택하면 합동식 $X^n-1\equiv 0 \pmod p$의 모든 근을 얻을 수 있다. 다시 말해, $d_1,d_2,\ldots,d_r$가 n의 약수라면 $X^n-1\equiv 0 \pmod p$의 해의 개수는 다음과 같다.

$$\psi(d_1)+\psi(d_2)+\cdots+\psi(d_r)$$

지금까지 우리는 $X^n - 1 \equiv 0 \pmod{p}$의 해의 개수를 두 가지 다른 방법으로 세었다. 먼저, 우리는 n개의 해가 존재한다는 것을 보였고, 다음으로는 $\psi(d_1)+\cdots+\psi(d_r)$개의 해가 있는 것을 보였다. 두 수 모두 같은 합동식의 근의 개수이므로 같을 수밖에 없고, 이로써 다음의 아름다운 공식이 증명되었다.

> n은 $p-1$을 나누고 $d_1, d_2, \ldots, d_r$는 1과 n을 포함한 모든 n의 약수라고 하자. 그러면,
>
> $$\psi(d_1) + \psi(d_2) + \cdots + \psi(d_r) = n$$
>
> 이 성립한다.

이 공식은 익숙할 것이다. 이것은 27장에서 증명한 오일러 ϕ 함수에 대한 공식과 똑같은 것이다. 이제 우리는 ϕ와 ψ 모두 이 공식을 만족한다는 사실을 이용하여 ϕ와 ψ가 사실은 같은 함수라는 것을 증명하려 한다.

먼저 $\phi(1) = 1$이고 $\psi(1) = 1$이므로, $n = 1$인 경우는 성립한다. $n = q$가 소수인 경우 $\phi(q) = \psi(q)$인지 확인해 보자. q의 약수들은 1과 q이므로

$$\phi(q) + \phi(1) = q = \psi(q) + \psi(1)$$

이 성립한다. 그런데 $\phi(1) = \psi(1) = 1$이므로 양변에서 1을 빼면 $\phi(q) = \psi(q)$임을 알 수 있다.

$n = q^2$인 경우는 어떠한가? q^2의 약수는 1, q, q^2이므로

$$\phi(q^2) + \phi(q) + \phi(1) = q^2 = \psi(q^2) + \psi(q) + \psi(1)$$

이 성립한다. 우리는 이미 $\phi(q) = \psi(q)$이고 $\phi(1) = \psi(1)$이라는 사실을 알고 있으므로, $\phi(q^2) = \psi(q^2)$임을 알 수 있다.

비슷한 방법으로 $n = q_1q_2$이 서로 다른 두 소수 q_1과 q_2의 곱이라면, n의 약수는 $1, q_1, q_2, q_1q_2$이므로

$$\begin{aligned}\phi(q_1q_2) + \phi(q_1) + \phi(q_2) + \phi(1) &= q_1q_2 \\ &= \psi(q_1q_2) + \psi(q_1) + \psi(q_2) + \psi(1)\end{aligned}$$

을 얻고, 우리가 이미 같다는 것을 알고 있는 항들을 서로 소거하면, $\phi(q_1q_2) = \psi(q_1q_2)$가 성립하는 것을 알 수 있다.

이러한 예들은 작은 n에 대해서 살펴봄으로써 어떻게 더 큰 n에 대해서 $\phi(n) = \psi(n)$이 성립한다는 것을 증명하는지 보여 준다. 조금 더 형식을 갖추어 말하면, 수학적 귀납법을 이용하여 증명할 수 있다는 것이다. 모든 자연수 $d < n$에 대해서 $\phi(d) = \psi(d)$임을 증명하였다고 가정하고, $\phi(n) = \psi(n)$이 성립한다는 것을 증명하고자 한다. 언제나처럼 $d_1, d_2, \ldots, d_r$는 n의 모든 약수라고 하자. 이 약수 중에서는 n 자신이 존재할 것이고, 필요하다면 약수들의 순서를 바꿔서, $d_1 = n$이라고 가정할 수 있다. ϕ과 ψ의 합 공식을 사용하면

$$\phi(n) + \phi(d_2) + \phi(d_3) + \cdots + \phi(d_r) = n$$
$$= \psi(n) + \psi(d_2) + \psi(d_3) + \cdots + \psi(d_r)$$

임을 알 수 있다. 여기서 $d_2, d_3, \ldots, d_r$은 모두 n보다 작고, 따라서 귀납법 가정에 의해서 $\phi(d_i) = \psi(d_i)$가 모든 $i = 2, 3, \ldots, r$에 대해서 성립한다. 이는 양변에서 이 값들을 소거할 수 있다는 뜻이고, 따라서 $\phi(n) = \psi(n)$임을 보일 수 있다.

다시 말하자면, $p-1$을 나누는 각각의 n에 대해서 $e_p(a) = n$을 만족하는 a가 정확히 $\phi(n)$개가 존재한다는 것을 보였다. $n = p-1$로 놓으면, $e_p(a) = p-1$을 만족하는 a의 개수가 정확히 $\phi(p-1)$개임을 알 수 있다. 여기서 $e_p(a) = p-1$을 만족하는 a는 법 p에 대한 원시근이므로, 우리는 정확히 $\phi(p-1)$개의 법 p에 대한 원시근이 있음을 증명하였다. $\phi(p-1)$은 항상 양수이기 때문에, 모든 소수에 대해서 적어도 하나의 원시근이 있다는 것을 알 수 있고, 이로써 원시근 정리의 증명이 끝났다. □

원시근 정리는 법 p에 대한 원시근이 여러 개 존재한다는 것을 알려준다. 보다 정확히는 $\phi(p-1)$개가 존재한다는 것이다. 불행히도, 원시근 정리는 어떠한 수가 원시근이 되는지에 대한 구체적인 정보는 전혀 주지 않는다. 약간 관점을 바꿔서, 고정된 수 a가 어떤 소수 p에 대해서 원시근이 되는지를 생각해 보자. 예를 들면, 어떠한 소수 p에 대해서 2가 원시근이 되는가? 원시근 정리는 이에 대해서는 아무 것도 말해 주지 않는다!

다음은 100 이하의 모든 소수 p에 대해서 위수 $e_p(2)$의 목록이다. (단, 공간을 줄이기 위해서 $e_p(2)$ 대신 e_p로 표기하였다.)

$e_3 = 2$	$e_5 = 4$	$e_7 = 3$	$e_{11} = 10$	$e_{13} = 12$	$e_{17} = 8$
$e_{19} = 18$	$e_{23} = 11$	$e_{29} = 28$	$e_{31} = 5$	$e_{37} = 36$	$e_{41} = 20$
$e_{43} = 14$	$e_{47} = 23$	$e_{53} = 52$	$e_{59} = 58$	$e_{61} = 60$	$e_{67} = 66$
$e_{71} = 35$	$e_{73} = 9$	$e_{79} = 39$	$e_{83} = 82$	$e_{89} = 11$	$e_{97} = 48$

이 목록을 살펴보면, 2가 소수

$$p = 3, 5, 11, 13, 19, 29, 37, 53, 59, 61, 67, 83$$

에 대해서 원시근임을 알 수 있다. 어떤 규칙성을 찾았는가? 찾지 못했다 할지라도 실망할 필요는 없다. 사실 누구도 간단한 규칙성을 찾지 못했다. 그러나 1920년대에 에밀 아틴(Emil Artin)은 다음과 같은 추측을 만들었다.

추측 28.3 (아틴의 추측)

2가 법 p에 대해서 원시근이 되는 무한히 많은 소수 p가 존재한다.

물론, 2라는 수가 특별할 이유가 없기 때문에 아틴은 다음과 같은 추측도 하였다.

추측 28.4 (일반화된 아틴의 추측)

a는 -1도 아니고, 또한 완전제곱수도 아닌 정수라고 하자. 그러면 법 p에 대해서 a가 원시근이 되는 소수 p가 무한히 많이 존재한다.

최근 많은 진전이 이루어지긴 했지만 아틴의 추측은 여전히 미해결 상태이다. 예를 들면 1967년에 크리스토퍼 훌리(Christopher Hooley)는 일반화된 리만 가설이라고 불리는 다른 추측이 맞다면, 일반화된 아틴의 추측 역시 참이라는 것을 증명하였다. 또 다른 놀라운 결과는 1985년에 라지브 굽타, 램 머티, 로저 히스브라운이 증명한 일반화된 아틴 추측이 성립하지 않는 a 값은 쌍마다 서로소이고 많아야 세 개라는 것이다. 물론, 이 세 개의 가능한 "나쁜 값"들은 아마도 존재하지 않을 것이지만, 아직까지는 아무도 존재하지 않는다는 것을 보이지 못했다. 심지어는 아직 아무도 $a = 2$가 나쁜 값이 아니라는 것을 보이지 못했고, 따라서 아틴의 추측은 아직도 미해결 상태이다!

코스타스 배열(Costas Arrays)

이제 우리는 음파탐지기나 레이더 기술에 응용되는 코스타스 배열(Costas array)에 대해서 설명하고자 한다.[1] 놀랍게도 코스타스 배열은 원시근과 관련이 있다! 코스타스 배열을 만들기 위해서, 상자들로 이루어진 정사각형 모양의 배열로부터 시작하자. 예를 들면, 각 행과 열에 번호를 붙인 6행 6열의 배열을 생각해 보자.

	1	2	3	4	5	6
1						
2						
3						
4						
5						
6						

이제 이 상자들 중 몇 개의 가운데에 점을 표시하되, 이 점들은 다음과 같은 코스타스 규칙들을 만족해야 한다.

1. 모든 행에는 정확히 하나의 점이 있다.
2. 모든 열에는 정확히 하나의 점이 있다.
3. 두 점을 잇는 선분들 중 어떤 두 선분도 같은 길이와 같은 기울기를 가지지 않는다.

규칙 1과 규칙2를 만족하면서 점들을 채워 넣는 것은 어렵지 않다. 그러한 배열은 순열 배열(permutation arrays)이라고 불린다. 그러나, 규칙 3을 만족시키는 배열을 만드는 것은 훨씬

[1] J. P. Costas, A study of a class of detection waveforms having nearly ideal range-Doppler ambiguity properties, Proceedings of the IEEE, **72**, 8 (1984), 996–1009.

까다롭다. 여기 크기가 6인 코스타스 배열 하나와 코스타스 배열이 아닌 순열 배열이 두 개 있다. 코스타스 배열이 아닌 배열에는 같은 길이와 같은 기울기를 가지는 선분들을 그려 놓았다.

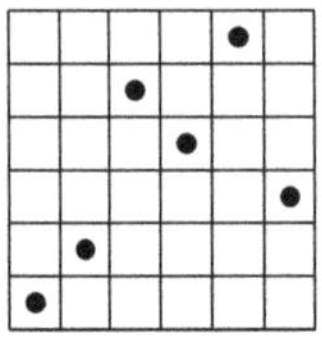

코스타스 배열

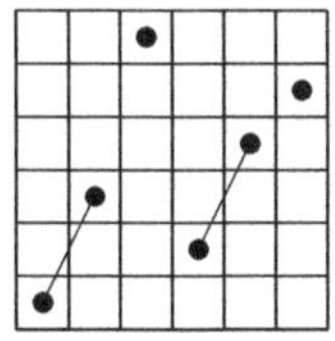

코스타스 배열 아님

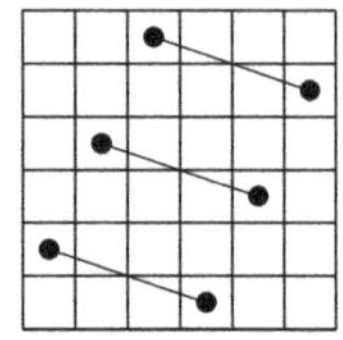

코스타스 배열 아님

로이드 웰치(Lloyd R. Welch)는 소수 p에 대해서 원시근을 이용해서 크기가 $p-1$인 코스타스 배열을 찾는 재미있는 방법을 찾았다. 이제 어떻게 코스타스 배열을 만드는지 알아보자. g가 법 p에 대한 원시근이라고 하자. 그러면,

$$j \equiv g^i \pmod{p}$$

를 만족하는 i와 j에 대해서, i번째 행의 j번째 열에 점을 찍는다. 물론 여기서 우리는 i 와 j를 1과 $p-1$ 사이에서 선택한다.

$p = 11$이고 $g = 2$를 선택한 경우를 살펴보도록 하자. 먼저 법 11에 대해서 2의 거듭제곱의 표를 만들자.

i행	1	2	3	4	5	6	7	8	9	10
j열	2	4	8	5	10	9	7	3	6	1

$j \equiv 2^i \pmod{11}$을 만족하는 행과 열

웰치의 배열 규칙에 따르면 다음과 같은 10행 10열의 코스타스 배열이 생긴다.

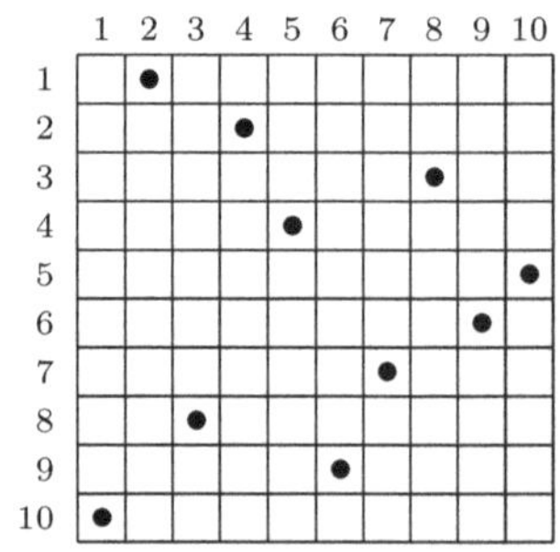

이제 웰치의 방법이 코스타스 배열을 만든다는 것을 증명하자. g가 원시근이라는 것은 $g, g^2, \ldots, g^{p-1} \pmod{p}$가 모두 다르다는 것이고, 따라서 우리는 순열 배열을 얻게 된다. 즉, 생성된 배열은 규칙 1과 규칙 2를 만족한다. 이제 규칙 3을 만족한다는 것을 보이자. i번째 행의 j번째 열의 점을 $D(i,j)$로 표시하자. 두 점 $D(i_1, j_1)$와 $D(i_2, j_2)$를 잇는 선분이 두 점 $D(u_1, v_1)$ 과 $D(u_2, v_2)$를 잇는 선분과 같은 길이와 같은 기울기를 가진다고 가정하자. 우리는

이로부터 모순을 이끌어내고자 한다. 두 선분이 같은 길이와 같은 기울기를 가지는 것은 다음 그림에서 보듯이 이 선분이 포함된 직각삼각형이 서로 합동인 것과 동치라는 것을 알 수 있다.

따라서 두 선분이 같은 길이와 같은 기울기를 가진다는 가정은 다음이 성립한다는 것과 동치이다.

$$i_2 - i_1 = u_2 - u_1, \qquad j_2 - j_1 = v_2 - v_1 \tag{$*$}$$

이제 웰치의 규칙 $j \equiv g^i \pmod{p}$를 네 점

$$D(i_1, j_1), D(i_2, j_2), D(u_1, v_1), D(u_2, v_2)$$

에 적용해서 $(*)$의 두 번째 식을

$$g^{i_2} - g^{i_1} \equiv g^{u_2} - g^{u_1} \pmod{p}$$

와 같이 나타내도록 하자. 그런 다음 각 변에서 공통인수로 묶으면

$$g^{i_1}(g^{i_2 - i_1} - 1) \equiv g^{u_1}(g^{u_2 - u_1} - 1) \pmod{p}$$

가 된다. 그러나 $(*)$에 의하면 $i_2 - i_1 = u_2 - u_1$이고, 따라서 괄호 안의 식은 같다. 한편 $i_1 \neq i_2$이고 $u_1 \neq u_2$이기 때문에 (여기에서 각 점들이 각기 다른 행과 열에 있다는 가정을 사용하였다.) 괄호 안의 식은 법 p에 대해서 0이 아니다. 따라서 양변에서 괄호 안의 식을 소거할 수 있으므로

$$g^{i_1} \equiv g^{u_1} \pmod{p}$$

를 얻는다. g가 원시근이기 때문에, $i_1 \equiv u_1 \pmod{p-1}$임을 알 수 있고, i_1과 u_1이 모두 1과 $p-1$ 사이에 있기 때문에, 두 수는 같을 수밖에 없다. 각 행에는 하나의 점만이 존재할 수 있기 때문에, $D(i_1, j_1) = D(u_1, v_1)$일 수밖에 없고, $(*)$에 의하면 $D(i_2, j_2) = D(u_2, v_2)$가 된다. 이는 우리가 두 개의 다른 선분을 선택했다는 가정에 모순이고, 이로써 웰치의 방법이 코스타스 배열을 보장한다는 것을 알 수 있다.

웰치의 방법으로 모든 소수 p에 대해서 크기가 $p-1$인 코스타스 배열을 만들 수 있다. 소수의 거듭제곱 p^n에 대해서 크기가 $p-2$인 코스타스 배열을 만드는 다른 방법도 있다. (연습문제 28.18을 참조하여라.) 그러나, 이러한 방법들을 포함한 여러 가지 방법들이 가능한 모든 크기의 코스타스 배열을 만들 수 있게 해주지는 않는다. 31 이하의 크기를 가지는 코스타스 배열이 존재한다는 것은 알려져 있지만, 크기가 32 또는 33인 코스타스 배열이 존재하는지는 아직 알려져 있지 않다.

연습문제

28.1. p가 소수라고 하자.

(a) $1+2+3+\cdots+(p-1) \pmod p$를 구하여라.

(b) $1^2+2^2+3^2+\cdots+(p-1)^2 \pmod p$를 구하여라.

(c) k가 임의의 양의 정수일 때,

$$1^k+2^k+3^k+\cdots+(p-1)^k \pmod p$$

를 구하고, 구한 값이 맞다는 것을 증명하여라.

28.2. 서로소인 정수 a와 m에 대해서 $a^e \equiv 1 \pmod m$을 만족하는 가장 작은 지수 $e \geq 1$을 $e_m(a)$라고 정의하고 법 m에 대한 a의 위수(order of a modulo m)라고 부른다.

(a) 다음 $e_m(a)$값을 계산하여라.

(i) $e_9(2)$ **(ii)** $e_{15}(2)$ **(iii)** $e_{16}(3)$ **(iv)** $e_{10}(3)$

(b) $e_m(a)$가 항상 $\phi(m)$의 약수임을 증명하여라.

28.3. 이 연습문제에서는 m이 홀수인 정수일 때 $e_m(2)$에 대해 알아보고자 한다. 공간을 절약하기 위해서, $e_m(2)$ 대신에 e_m으로 표시할 것이다. 즉, 이 연습문제에서는 e_m은 $2^e \equiv 1 \pmod m$을 만족하는 2의 가장 작은 거듭제곱이다.

(a) $11 \leq m \leq 19$ 사이의 홀수 m에 대해서 e_m을 계산하여라.

(b) 3과 149 사이의 모든 홀수에 대해서 e_m 값은 아래 표와 같다. (11과 19 사이의 값은 독자가 (a)번 문제에서 계산했으므로 제외하였다.)

$e_3=2$	$e_5=4$	$e_7=3$	$e_9=6$	$e_{11}=**$	$e_{13}=**$	$e_{15}=**$
$e_{17}=**$	$e_{19}=**$	$e_{21}=6$	$e_{23}=11$	$e_{25}=20$	$e_{27}=18$	$e_{29}=28$
$e_{31}=5$	$e_{33}=10$	$e_{35}=12$	$e_{37}=36$	$e_{39}=12$	$e_{41}=20$	$e_{43}=14$
$e_{45}=12$	$e_{47}=23$	$e_{49}=21$	$e_{51}=8$	$e_{53}=52$	$e_{55}=20$	$e_{57}=18$
$e_{59}=58$	$e_{61}=60$	$e_{63}=6$	$e_{65}=12$	$e_{67}=66$	$e_{69}=22$	$e_{71}=35$
$e_{73}=9$	$e_{75}=20$	$e_{77}=30$	$e_{79}=39$	$e_{81}=54$	$e_{83}=82$	$e_{85}=8$
$e_{87}=28$	$e_{89}=11$	$e_{91}=12$	$e_{93}=10$	$e_{95}=36$	$e_{97}=48$	$e_{99}=30$
$e_{101}=100$	$e_{103}=51$	$e_{105}=12$	$e_{107}=106$	$e_{109}=36$	$e_{111}=36$	$e_{113}=28$
$e_{115}=44$	$e_{117}=12$	$e_{119}=24$	$e_{121}=110$	$e_{123}=20$	$e_{125}=100$	$e_{127}=7$
$e_{129}=14$	$e_{131}=130$	$e_{133}=18$	$e_{135}=36$	$e_{137}=68$	$e_{139}=138$	$e_{141}=46$
$e_{143}=60$	$e_{145}=28$	$e_{147}=42$	$e_{149}=148$			

이 표를 이용해서 m과 n이 서로소일 때, e_{mn}을 e_m과 e_n을 이용해서 계산하는 공식을 추측하여라.

(c) (b)에서 만든 추측을 이용해서 e_{11227} 값을 계산하여라. ($11227 = 103 \cdot 109$이다.)

(d) (b)에서 만든 추측이 옳음을 증명하여라.

(e) 표를 이용해서, p가 홀수인 소수일 때, e_{p^k}을 e_p, p, k를 이용해서 나타내는 공식을 추측하여라. 이 추측된 식을 이용해서 e_{68921} 값을 계산하여라. ($68921 = 41^3$ 이다.)

(f) (e)에서 만든 추측이 옳다는 것을 증명할 수 있는가?

28.4. **(a)** 법 13에 대한 모든 원시근을 찾아라.

(b) 각각의 12를 나누는 d에 대해서, $1 \leq a < 13$이고 $e_{13}(a) = d$인 a를 모두 나열하여라.

28.5. **(a)** g가 법 37에 대한 원시근일 때 $g^2, g^3, \ldots, g^8$ 중 법 37에 대한 원시근을 모두 구하여라.

(b) g가 법 p에 대한 원시근일 때, g^k가 법 p에 대한 원시근인지 판별할 수 있는 쉬운 판별법을 만들고, 그 판별법이 맞다는 것을 증명하여라.

(c) g가 소수 $p = 21169$에 대해서 원시근이라고 하자. (b)에서 만든 판별법을 이용해서 $g^2, g^3, \ldots, g^{20}$ 중에서 법 21169 에 대한 원시근을 모두 구하여라.

28.6. **(a)** 3이 원시근이 되는 20 이하의 소수를 모두 찾아라.

(b) 컴퓨터 프로그램을 작성할 수 있다면, 3이 원시근이 되는 100 이하의 모든 소수를 찾아보아라.

28.7. $a = b^2$가 완전제곱수이고 p가 홀수인 소수일 때, 왜 a가 법 p에 대한 원시근이 될 수 없는지 설명하여라.

28.8. p가 홀수인 소수이고 g가 법 p에 대한 원시근이라고 하자.

(a) g^k가 법 p에 대해서 이차잉여이기 위한 필요충분조건은 k가 짝수라는 것을 증명하여라.

(b) (a)를 이용해서 두 이차비잉여의 곱은 이차잉여임을 증명하고, 보다 일반적으로, $\left(\frac{a}{p}\right)\left(\frac{b}{p}\right) = \left(\frac{ab}{p}\right)$가 성립함을 증명하여라.

(c) (a)를 이용해서 오일러 판정법 $a^{(p-1)/2} \equiv \left(\frac{a}{p}\right) \pmod{p}$를 증명하여라.

28.9. q는 법 4에 대해 1과 합동인 소수이고, $p = 2q + 1$ 역시 소수라고 하자. (예를 들면, q는 5일 수 있고, 이 경우 $p = 11$이다.) 2가 법 p에 대한 원시근임을 증명하여라. [도움말. 오일러 판정법과 이차상호법칙이 도움이 될 것이다.]

28.10. p는 소수, k는 p의 배수가 아닌 수, 그리고 b는 법 p에 대해서 k제곱근을 가지는 수라고 하자. 법 p에 대해서 b의 k 제곱근에 대한 공식을 찾고, 그 식이 맞다는 것을 증명하여라. [도움말. 당신의 공식은 p와 k에만 의존하고, b와는 관계가 없어야 한다.]

28.11. $a^e \equiv 1 \pmod{p}$를 만족하는 가장 작은 양의 거듭제곱인 $e_p(a)$를 계산하는 프로그램을 작성하여라. [$1 \leq e < p/2$인 모든 e에 대해서 $a^e \not\equiv 1 \pmod{p}$가 성립하면, $e_p(a)$는 자동적으로 $p-1$이 된다는 사실을 이용하여라.]

28.12. 주어진 소수 p에 대해서 가장 작은 원시근을 찾는 프로그램을 작성하여라. 2가 원시근이 되는 100과 200 사이의 모든 소수들의 목록을 만들어라.

28.13. a가 m과 n 모두와 서로소이고, $\gcd(m, n) = 1$이라고 할 때, $e_{mn}(a)$를 $e_m(a)$와 $e_n(a)$를 이용하여 나타내라.

28.14. 임의의 수 $m \geq 2$ (소수일 필요는 없다)에 대해서, 법 m에 대해서 1과 합동인 가장 작은 g의 거듭제곱이 g의 $\phi(m)$거듭제곱일 때, g를 법 m에 대한 원시근(primitive root modulo m)이라고 부른다. 즉, $\gcd(g, m) = 1$이고 $1 \leq k < \phi(m)$인 모든 k에 대해서 $g^k \not\equiv 1 \pmod{m}$이 성립하면 g가 법 m에 대한 원시근이다.

(a) $2 \le m \le 25$를 만족하는 각각의 m에 대해서 법 m에 대한 원시근이 있는지 알아보아라. (만약 컴퓨터가 있다면, $m \le 50$인 모든 m에 대해서 알아보아라.)

(b) (a)에서 얻은 정보를 이용해서 어떤 m이 원시근을 가지고, 어떤 m은 원시근을 갖지 않는지에 대한 추측을 만들어라.

(c) (b)에서 만든 추측이 맞다는 것을 증명하여라.

28.15. 순열 배열은 각각의 행에 정확히 하나의 점이 있고, 각각의 열에도 정확히 하나의 점이 있는 배열이라는 것을 상기하자.

(a) 얼마나 많은 N행 N열의 순열 배열이 있는가? [도움말. 점들을 한 번에 하나씩 하나의 열에 놓고, 그 다음 열에서 얼마나 많은 선택이 가능한지를 고려한다.]

(b) (이 이후의 연습문제는 행렬을 어떻게 곱하는지 아는 학생들을 위한 것이다.) 점에 대한 배열을 각각의 점은 1로 표시하고 점이 없는 상자는 0으로 표시한 행렬로 바꿀 수 있다. 예를 들면, 6행 6열의 순열 배열

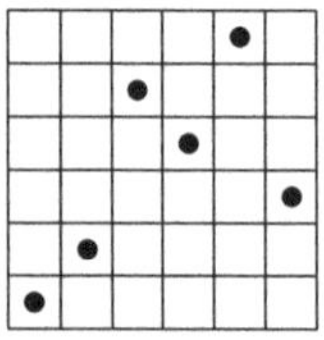

은 6행 6열의 행렬 $A = \begin{bmatrix} 0 & 0 & 0 & 0 & 1 & 0 \\ 0 & 0 & 1 & 0 & 0 & 0 \\ 0 & 0 & 0 & 1 & 0 & 0 \\ 0 & 0 & 0 & 0 & 0 & 1 \\ 0 & 1 & 0 & 0 & 0 & 0 \\ 1 & 0 & 0 & 0 & 0 & 0 \end{bmatrix}$

로 바꿔 쓸 수 있다. 이 행렬 A의 몇몇 거듭제곱들을 계산해 보아라. 특히, A^6은 무엇인가?

(c) A가 N행 N열의 순열 행렬이라고 하자. 여기서 순열 행렬이란, 순열 배열로부터 만들어진 행렬을 뜻한다. A^k가 항등행렬이 되는 자연수 k가 존재한다는 것을 증명하여라.

(d) A^k가 항등행렬이 되는 가장 작은 k가 $k > N$을 만족하는 N행 N열의 순열 행렬 A의 예를 들어라.

28.16. **(a)** 크기가 3인 모든 코스타스 배열을 찾아라.

(b) 크기가 4인 코스타스 배열을 하나 제시하여라.

(c) 크기가 5인 코스타스 배열을 하나 제시하여라.

(d) 크기가 7인 코스타스 배열을 하나 제시하여라.

28.17. 웰치의 방법을 이용해서 크기가 16인 코스타스 배열을 하나 찾아라. 당신이 사용한 원시근이 무엇인지 표기하는 것을 잊지마라.

28.18. 이 연습문제는 크기가 $p-2$인 코스타스 배열을 만들기 위해서 렘펠–골롬(Lempel–Golomb) 방법의 특수한 경우를 소개한다.

(a) g_1과 g_2가 법 p에 대한 원시근이라고 하자. (같아도 상관없다.) $1 \le i \le p-2$를 만족하는 어떤 i에 대해서도

$$g_1^i + g_2^j = 1$$

을 만족하는 j가 1과 $p-2$ 사이에 존재한다는 것을 보여라.

(b) $g_1^i + g_2^j = 1$을 만족하는 i와 j에 대해서 i번째 행의 j번째 열에 점을 찍어서 $(p-2)$행 $(p-2)$열의 배열을 만들어라. 생성된 배열이 코스타스 배열임을 증명하여라.

(c) 위에서 설명한 렘펠–골롬 방법을 이용해서 크기가 15인 코스타스 배열을 두 개 제시하여라. 첫 번째 경우에는 $g_1 = g_2 = 5$를 사용하고 두 번째 경우에는 $g_1 = 3$, $g_2 = 6$을 이용하여라.

제 29 장

원시근과 지표

법 p에 대한 원시근 g의 아름다움은 법 p에 대해서 0이 아닌 모든 수들이 g의 거듭제곱으로 나타난다는 것에 있다. 따라서 어떤 수 $1 \le a < p$에 대해서도 거듭제곱들

$$g, g^2, g^3, g^4, \ldots, g^{p-3}, g^{p-2}, g^{p-1}$$

중에서 법 p에 대해서 a와 합동인 것을 정확히 하나 찾을 수 있다. 이때 그 지수를 밑 g와 법 p에 대한 a의 지표(index of a modulo p for the base g)라고 부른다. p와 g가 문맥상 분명하면 지표를 $I(a)$로 표기한다.

예를 들어서, 원시근 2를 법 13에 대한 밑으로 사용하면, $2^4 = 16 \equiv 3 \pmod{13}$이기 때문에, $I(3) = 4$이다. 비슷하게, $2^9 = 512 \equiv 5 \pmod{13}$으로부터 $I(5) = 9$임을 알 수 있다. 특정한 수 (예컨대 7)의 지표를 찾기 위해서는 거듭제곱들 $2, 2^2, 2^3, \ldots$을 법 13에 대해서 7과 합동인 수가 나타날 때까지 계산하면 된다.

다른 접근 방법은 법 13에 대해서 2의 모든 거듭제곱들을 표로 만드는 것이다. 이렇게 만든 표에서 필요한 정보를 읽어낼 수 있다.

I	1	2	3	4	5	6	7	8	9	10	11	12
$2^I \pmod{13}$	2	4	8	3	6	12	11	9	5	10	7	1

법 13에 대해서 2의 거듭제곱들

예를 들면, $I(11)$을 계산하기 위해서는 표의 두 번째 줄에서 11을 찾으면 첫 번째 줄의 수로부터 지표가 $I(11) = 7$임을 알 수 있다.

이 사실은 주어진 정보를 보다 유용하게 쓸 수 있도록 재배열할 수 있음을 의미한다. 두 번째 줄의 수가 1부터 12까지 크기 순으로 나오도록 재배열한 후에 위 줄과 아래 줄을 바꾸어보자. 새로 만들어진 표는 첫 번째 줄에는 1부터 12까지의 수가 크기 순으로 나열되어 있고, 두번째 줄에는 지표가 나타난다.

a	1	2	3	4	5	6	7	8	9	10	11	12
$I(a)$	12	1	4	2	9	5	11	3	8	10	7	6

밑 2와 법 13에 대한 지표

이제 표에서 특정한 수의 지표를 찾기가 더욱 쉬워졌다. 예컨대, $I(8) = 3$이고 $I(10) = 10$이다.

과거에는, 수론 연구자들이 수치 계산을 위해서 지표들의 표들을 모았다.[1] 지표가 수치계산에 유용한 이유는 다음 정리에 잘 나타나 있다.

정리 29.1 (지표의 계산 법칙(Rules for Indices))

지표들은 다음의 규칙들을 만족한다.

(a) $I(ab) \equiv I(a) + I(b) \pmod{p-1}$ [곱셈 법칙(Product Rule)]

(b) $I(a^k) \equiv kI(a) \pmod{p-1}$ [거듭제곱 법칙(Power Rule)]

증명 이 법칙들은, 보통의 지수법칙에서 g가 원시근이라는 사실을 고려한 것이다. 먼저 (a)를 확인해 보기 위해서,

$$g^{I(ab)} \equiv ab \equiv g^{I(a)}g^{I(b)} \equiv g^{I(a)+I(b)} \pmod{p}$$

를 계산하면 $g^{I(ab)-I(a)-I(b)} \equiv 1 \pmod{p}$를 얻는다. 그러나 g가 원시근이기 때문에 $I(ab) - I(a) - I(b)$는 반드시 $p-1$ 의 배수이어야 한다. 이로써 (a)의 증명이 끝난다. (b)를 증명하기 위해서,

$$g^{I(a^k)} \equiv a^k \equiv (g^{I(a)})^k \equiv g^{kI(a)} \pmod{p}$$

를 계산해 보면 $I(a^k) - kI(a)$가 $p-1$의 배수임을 알 수 있고, 이로써 우리는 원하는 바를 증명하였다. □

지표를 다룰 때 가장 흔히 하는 실수는 지표를 $p-1$이 아니라 p로 나눠서 생각하는 것이다. 지표는 지수로 나타나고, 페르마의 소정리에서 지수는 p가 아니라 $p-1$이라는 것을 항상 염두에 두어라. 다시 한 번 말하지만

지표는 항상 법 $p-1$에 대해서 생각하여라.

이제 지표 계산법칙과 지표들의 표가 어떻게 계산을 간단하게 해주고 합동식을 푸는 데 도움을 주는지 간략하게 설명하겠다. 이를 위해서, 소수 $p = 37$과 밑 $g = 2$에 대한 지표들의 표를 살펴보자.

a	1	2	3	4	5	6	7	8	9	10	11	12	13	14	15	16	17	18
$I(a)$	36	1	26	2	23	27	32	3	16	24	30	28	11	33	13	4	7	17

a	19	20	21	22	23	24	25	26	27	28	29	30	31	32	33	34	35	36
$I(a)$	35	25	22	31	15	29	10	12	6	34	21	14	9	5	20	8	19	18

법 37과 밑 2에 대한 지표들의 표

[1] 1839년에 카를 야코비는 1000 이하의 모든 소수들에 대한 지표들의 표가 포함되어 있는 《산술 표준(Canon Arithmeticus)》을 출판하였다. 그 이후에는 50021 이하의 모든 소수들에 대한 지표들의 표를 웨스턴과 밀러가 모았고, 이 표들은 1968 년에 캠브리지 대학의 왕립학회에서 출판되었다.

$23 \cdot 19 \pmod{37}$을 계산하고자 한다면, 23과 19를 곱하는 대신에 이 두 수의 지표들을 더할 수 있다. 즉,

$$I(23 \cdot 19) \equiv I(23) + I(19) \equiv 15 + 35 \equiv 50 \equiv 14 \pmod{36}.$$

이 계산이 법 $p-1$, 즉 이 경우에는 법 36에 대해서 수행되었음에 주목하여라. 표를 살펴보면, $I(30) = 14$이므로 $23 \cdot 19 \equiv 30 \pmod{37}$임을 알 수 있다.

"잠깐, 지표를 이용해서 곱 $23 \cdot 19 \pmod{37}$을 계산하는 게 더 어렵잖아"라고 주장할지도 모른다. 23에 19를 곱한 후 37로 나눈 나머지를 계산하는 것이 더 쉬울 것이다. 그러나 지표를 이용하면 계산이 더 용이해지는 경우가 있다. 예를 들어,

$$I(29^{14}) \equiv 14 \cdot I(29) \equiv 14 \cdot 21 \equiv 294 \equiv 6 \pmod{36}$$

이고 표로부터 $I(27) = 6$이므로 $29^{14} \equiv 27 \pmod{37}$임을 알 수 있다. 여기서 수 29^{14}는 21자리 수이고, 따라서 29^{14}을 손으로 계산한 후에 37로 나눈 나머지를 찾고 싶지는 않을 것이다. 하지만 연속제곱법을 이용하면 $29^{14} \pmod{37}$은 빨리 계산할 수 있다. (16장) 대체 지표들이 실제로 유용한 경우가 있기는 한 걸까? 답하자면, 지표들의 표의 진정한 힘은 직접 계산을 위한 사용이 아니라 합동방정식의 풀이에 있다. 이제부터 두 가지 예를 살펴볼 것이다.

첫 번째 예로써, 다음 합동식

$$19x \equiv 23 \pmod{37}$$

을 생각해 보자. 만약 x가 해라면, $19x$의 지표는 23의 지표와 같아야 한다. 곱셈 법칙과 지표들의 표로부터,

$$I(19x) = I(23)$$
$$I(19) + I(x) \equiv I(23) \pmod{36}$$
$$35 + I(x) \equiv 15 \pmod{36}$$
$$I(x) \equiv -20 \equiv 16 \pmod{36}$$

이 성립한다. 따라서 해의 지표는 $I(x) = 16$이고, 표를 다시 살펴보면, $x \equiv 9 \pmod{37}$임을 알 수 있다. 8장에서 배운 보다 복잡한 방법의 합동식 $19x \equiv 23 \pmod{37}$의 풀이와 꼭 비교하여라. 물론, 지표를 이용한 방법은 지표들의 표를 이미 가지고 있지 않다면 적용이 불가능하기 때문에, 8장에서 배운 선형 합동식 정리는 여전히 필요하다.

두 번째 예로, 엄청나게 지루한 계산이 많이 필요했던 문제를 다루어 보자. 합동식

$$3x^{30} \equiv 4 \pmod{37}$$

의 해를 찾아보자. 양변의 지표를 곱셈 법칙과 거듭제곱 법칙을 이용하여 계산하면

$$I(3x^{30}) = I(4)$$
$$I(3) + 30I(x) \equiv I(4) \pmod{36}$$

$$26 + 30I(x) \equiv 2 \pmod{36}$$

$$30I(x) \equiv -24 \equiv 12 \pmod{36}$$

과 같다. 따라서 $l(x)$를 찾기 위해서는 합동식 $30I(x) \equiv 12 \pmod{36}$을 풀어야 한다. [주의: 양변을 6으로 나눠서 $5I(x) \equiv 2 \pmod{36}$으로 만들지 마라. 여러 개의 해 중 일부를 찾을 수 없게 된다.] 8장에서 이러한 합동식을 어떻게 푸는지 배웠다. 일반적으로 합동식 $ax \equiv c \pmod{m}$은 $\gcd(a, m)$가 c의 약수이면 $\gcd(a, m)$개의 해를 가지고, c의 약수가 아니면 해를 갖지 않는다. 8장에서 배운 방법을 사용하거나, 아니면 여러 수를 대입해 보는 방법을 사용하면

$$30I(x) \equiv 12 \pmod{36}$$

for

$$I(x) \equiv 4, 10, 16, 22, 28, \text{ and } 34 \pmod{36}$$

임을 알 수 있다. 마지막으로, 지표의 표에서 x에 해당하는 값

$$I(16) = 4, \qquad I(25) = 10, \qquad I(9) = 16,$$

$$I(21) = 22, \qquad I(12) = 28, \qquad I(28) = 34$$

을 찾을 수 있다. 따라서 $3x^{30} \equiv 4 \pmod{37}$는 6개의 해

$$x \equiv 16, 25, 9, 21, 12, 28 \pmod{37}$$

을 가진다.

지표를 사용하는 것의 계산적인 장점은 분명하다. 지표 법칙은 곱셈을 덧셈으로 그리고 거듭제곱을 곱셈으로 변환시켜 준다. 이것은 로그 함수가 만족하는 규칙

$$\log(ab) = \log(a) + \log(b), \qquad \log(a^k) = k\log(a)$$

와 정확히 일치하기 때문에 매우 익숙하게 들린다. 이러한 이유 때문에 지표를 이산 로그 함수(discrete logarithm)라고 부르기도 한다. 계산기가 널리 보급되기 이전에 로그 함수의 표가 계산을 위해서 쓰였던 것처럼 수론에서 지표들의 표가 계산을 위해서 사용되어 왔다. 이제는 개인용 컴퓨터의 보급과 함께 지표들의 표는 계산을 위해서는 예전만큼 사용되지 않지만 이론적인 도구로서의 지표는 여전히 유용하다.

사실은 지난 몇 십년간 지표 이론은 암호학으로의 응용과 관련되어 다시금 인기를 끌었다. 다만 암호학의 세계에서, 지표는 거의 항상 이산 로그 함수로 불린다. 당신이 큰 소수 p와 두 수 a와 g를 선택했다고 하자. 이산 로그 문제(Discrete Logarithm Problem) (DLP)는

$$g^k \equiv a \pmod{p}$$

를 만족하는 지수 k를 찾는 것이다. 즉, 이산 로그 문제는 밑 g와 법 p에 대한 a의 지표를 묻는 것이다. 16장에서 살펴본 것과 같이, g와 k를 알고 있다면 $g^k \pmod{p}$를 계산하는 것은 비교적 쉽다. 그러나 p가 큰 수라면, $g^k \pmod{p}$로부터 k를 찾는 것은 꽤나 어렵다. 이러한 차이는 18장에서 수를 인수분해하기 어렵다는 점을 이용해 RSA 암호를 만들었던 것처럼 공개키 암호를 만들 수 있게 해준다. 연습문제 29.6은 엘가말(ElGamal) 암호 체계라고 불리는 이산 로그 함수에 기반을 둔 암호시스템에 대해서 다루고 있다.

연습문제

29.1. 법 37에 대한 지표들의 표를 이용해서 다음 합동식의 모든 해를 찾아보아라.

(a) $12x \equiv 23 \pmod{37}$ **(c)** $x^{12} \equiv 11 \pmod{37}$

(b) $5x^{23} \equiv 18 \pmod{37}$ **(d)** $7x^{20} \equiv 34 \pmod{37}$

29.2. **(a)** 원시근 3에 대해서 법 17에 대한 지표들의 표를 만들어 보아라.

(b) 위에서 만든 표를 이용해서 합동식 $4x \equiv 11 \pmod{17}$의 근을 구하여라.

(c) 위에서 만든 표를 이용해서 합동식 $5x^6 \equiv 7 \pmod{17}$의 모든 해를 구하여라.

29.3. **(a)** $ab \equiv 1 \pmod{p}$를 만족시키는 a와 b의 지표 $I(a)$와 $I(b)$ 사이에는 어떤 관계가 있는가?

(b) $a + b \equiv 0 \pmod{p}$를 만족시키는 a와 b의 지표 $I(a)$와 $I(b)$ 사이에는 어떤 관계가 있는가?

(c) $a + b \equiv 1 \pmod{p}$를 만족시키는 a와 b의 지표 $I(a)$와 $I(b)$ 사이에는 어떤 관계가 있는가?

29.4. **(a)** k가 $p-1$의 약수이면 합동식 $x^k \equiv 1 \pmod{p}$가 법 p에 대해서 정확히 k개의 서로 다른 해를 가진다는 것을 증명하여라.

(b) 보다 일반적으로, 합동식

$$x^k \equiv a \pmod{p}$$

을 살펴보자. k, p, 그리고 지표 $I(a)$를 이용해서 이 합동식이 얼마나 많은 해를 가지는지 결정하는 간단한 방법을 찾아보아라.

(c) 1987은 소수이고, 3은 법 1987에 대해서 원시근이다. 합동식 $x^{111} \equiv 729 \pmod{1987}$의 해는 몇 개나 있는가? [도움말. $729 = 3^6$.]

29.5. 소수 p와 p에 대한 원시근 g를 입력하면 지표 $I(a)$를 출력하는 프로그램을 만들어라. 이 프로그램을 이용해서 소수 $p = 47$과 원시근 $g = 5$에 대한 지표들의 표를 만들어라.

29.6. 이 연습문제에서는 이산 로그 문제가 풀기 어렵다는 것에 기반을 두고 만들어진 엘가말 암호 체계라는 공개키 암호에 대해서 살펴볼 것이다. p가 큰 소수이고 g가 법 p에 대한 원시근이라고 하자. 이제 어떻게 영희가 열쇠(key)를 만들고, 어떻게 철수가 영희에게 메시지를 보내는지 설명하겠다.

우선 영희는 수 k를 비밀 열쇠(secret key)로 선택하고 이는 공개하지 않는다. 다음으로 $a \equiv g^k \pmod{p}$를 계산하여 공개키(public key) a를 발표한다. 공개키 a를 이용해서 철수 (또는 다른 누구라도) 영희에게 메시지를 보낼 수 있다.

이제 철수가 영희에게 메시지 m을 전송하고 싶다고 하자. 여기서 m은 2와 $p-1$ 사이의 수이다. 철수는 임의로 수 r를 선택한 후에

$$e_1 \equiv g^r \pmod{p} \quad \text{와} \quad e_2 \equiv ma^r \pmod{p}$$

를 계산해서, 이 두 수를 영희에게 전송한다.

이제 영희는 이 메시지를 가지고 복호화를 해야 한다. 먼저 그녀의 비밀 열쇠 k를 이용해서 $c \equiv e_1^k \pmod{p}$를 계산한다. 다음으로 $u \equiv c^{-1} \pmod{p}$를 계산한다. [즉, 합동식 $cu \equiv 1 \pmod{p}$를 u에 대해서 8장에서 배운 방법을 적용하여 푼 것이다.] 마지막으로 영희는 $v \equiv ue_2 \pmod{p}$를 계산한다. 영희의 계산 과정을 다음의 식으로 요약할 수 있다.

$$v \equiv e_2 \cdot (e_1^k)^{-1} \pmod{p}.$$

(a) 영희가 계산한 수 v가 철수가 전송한 메시지 m과 같음을 보여라.

(b) 소수 p와 밑 g에 대해서 이산 로그 문제를 풀 수 있는 사람이 있다면, 그 사람은 철수가 전송한 메시지를 알 수 있다는 것을 보여라.

29.7. 이 연습문제에서는 연습문제 29.6에서 설명한 엘가말 암호 체계를 이용하여라.

(a) 철수는 소수 $p = 163841$과 밑 $g = 3$에 대한 영희의 공개키 $a = 22695$를 이용하여 메시지 $m = 39828$을 그녀에게 전달하고자 한다. 철수는 임의의 수로 $r = 129381$을 선택하였다. 철수가 영희에게 전달하려 하는 암호문 (e_1, e_2)를 계산하여라.

(b) 철수가 같은 메시지를 영희에게 전달하였다고 가정하자. 단, 이번에는 다른 r값을 사용하였다. 암호문이 같은가?

(c) 영희는 소수 $p = 380803$과 밑 $g = 2$에 대해서 비밀 열쇠로 $k = 278374$를 선택하였다. 다음과 같이 세 개의 메시지 묶음을 철수에게 받았을 때

$$(61745, 206881), \qquad (255836, 314674), \qquad (108147, 350768)$$

이 메시지를 복호화한 후 18장에 제시된 수-문자 변환표를 이용하여 문자로 변환하여라.

제 **30** 장

부정방정식 $X^4+Y^4=Z^4$

페르마(Fermat)의 마지막 정리는 $n \geq 3$인 양의 정수 n에 대하여 부정방정식

$$x^n + y^n = z^n$$

이 양의 정수해 x, y, z를 가지지 않는다는 것이다. 17세기 중반, 페르마가 디오판토스(Diophantus)의 《산술(Arithmetica)》이라는 책의 여백에 위와 같은 내용을 끄적여 놓았지만 이것의 명확한 증명은 앤드루 와일스(Andrew Wiles)에 의해서 20세기 말에 이르러서야 제시되었다. 이 장에서는 $n = 4$일 때, 페르마의 증명을 소개하려 한다. 사실은 다음과 같이 더 강력한 명제를 증명한다.

정리 30.1 (지수 4인 경우 페르마의 마지막 정리)

부정방정식

$$x^4 + y^4 = z^2$$

을 만족하는 양의 정수해 x, y, z는 없다.

증명 이 정리의 증명을 위해 페르마의 강하법(Fermat's method of descent)을 이용하려 한다. 24장에서 소수를 제곱수 두 개의 합으로 표현하기 위해서 이용했던 "강하법(descent)"의 개념, 즉 큰 해로부터 작은 해를 얻는 방법을 상기해 보자. 정수해가 없음을 보이기 위해서 이를 어떻게 적용할 수 있을까?

우리의 계획은 양의 정수해 (x, y, z)가 있다는 가정하에 (x, y, z)로부터 $Z < z$를 만족하는 새로운 양의 정수해 (X, Y, Z)를 찾는 것이다. 이러한 과정을 반복하다 보면 다음과 같이

$$z_1 > z_2 > z_3 > \cdots \text{ 를 만족하는 해 } (x_1, y_1, z_1), (x_2, y_2, z_2), (x_3, y_3, z_3), \ldots$$

를 끝없이 나열할 수 있다. 물론 감소하는 양의 정수를 무한정 찾을 수는 없다. 이 불합리한 상황에서 벗어나는 유일한 길은 양의 정수해가 존재한다는 처음 가정을 부정하는 것뿐이다. 즉, 이러한 모순이 양의 정수해가 존재하지 않는다는 것을 보여 준다.

이제부터 증명의 핵심을 살펴보자. 부정방정식

$$x^4 + y^4 = z^2$$

의 양의 정수해 (x, y, z)가 존재한다는 가정으로부터 더 작은 양의 정수해를 찾고자 한다. 만일 x, y, z의 공약수가 존재한다면 x, y, z를 공약수로 나눌 수 있다. 따라서 우리는 x, y, z는

서로소라고 가정할 수 있다. 만일 $a = x^2$, $b = y^2$, $c = z$라 한다면 (a, b, c)는

$$a^2 + b^2 = c^2$$

을 만족하는 원시 피타고라스 세 수(primitive Pythagorean triple)이다. 우리는 2장에서 원시 피타고라스 세 수가 어떤 형태인지 공부했다. 필요하다면 x와 y의 순서를 바꾸어

$$x^2 = a = st, \qquad y^2 = b = \frac{s^2 - t^2}{2}, \qquad z = c = \frac{s^2 + t^2}{2}$$

을 만족하는 홀수 s와 t를 찾을 수 있다.

곱 st는 홀수인 제곱수이고 제곱수는 항상 0, 1 (mod 4)이므로,

$$st \equiv 1 \pmod 4$$

이다. 다시 말해서 s와 t는 모두 1 (mod 4)이거나 모두 3 (mod 4)이다. 어느 경우이든

$$s \equiv t \pmod 4$$

이다.

다음으로

$$2y^2 = s^2 - t^2 = (s - t)(s + t)$$

를 살펴보자. s와 t는 서로소인 홀수이므로 $s - t$와 $s + t$의 유일한 공약수는 2이다. 또한 $s - t$는 4의 배수이므로 $s + t$는 홀수의 2배일 수밖에 없다. 더욱이 $(s - t)(s + t)$는 제곱수의 두 배이다. 이 모든 것이 성립하려면 서로소인 정수 u와 $2v$가 존재하여

$$s + t = 2u^2, \qquad s - t = 4v^2$$

을 만족해야 한다.

위 식을 u와 v에 대해서 정리하면

$$s = u^2 + 2v^2, \qquad t = u^2 - 2v^2$$

이고 이것을 $x^2 = st$에 대입하면

$$x^2 = u^4 - 4v^4$$

이다. 순서를 바꾸어

$$x^2 + 4v^4 = u^4$$

을 얻는다.

유감스럽게도 아직은 우리가 원하는 식까지는 도달하지 못했기에 앞의 과정을 반복해야만 한다. 만일 $A = x$, $B = 2v^2$, $C = u^2$라고 하면,

$$A^2 + B^2 = C^2$$

이고, (A, B, C)는 원시 피타고라스 세 수가 된다. 다시 2장에 의하면, 다음을 만족하는 서로소인 홀수 S와 T를 찾을 수 있다.

$$x = A = ST, \qquad 2v^2 = B = \frac{S^2 - T^2}{2}, \qquad u^2 = C = \frac{S^2 + T^2}{2}.$$

가운데 식으로부터

$$4v^2 = S^2 - T^2 = (S - T)(S + T)$$

를 얻는다. S와 T는 서로소인 홀수이고, 따라서 $S - T$와 $S + T$의 최대공약수는 2이다. 게다가 $S - T$와 $S + T$의 곱은 제곱수이므로,

$$S + T = 2X^2, \qquad S - T = 2Y^2$$

을 만족하는 정수 X와 Y가 존재한다. X와 Y를 이용하여 S와 T를 나타내면

$$S = X^2 + Y^2, \qquad T = X^2 - Y^2$$

이고, 이를 u^2에 대입하면

$$u^2 = \frac{S^2 + T^2}{2} = \frac{(X^2 + Y^2)^2 + (X^2 - Y^2)^2}{2} = X^4 + Y^4$$

을 얻는다.

짜잔![†] 부정방정식

$$x^4 + y^4 = z^2$$

의 새로운 정수해 (X, Y, u)를 얻었다. 새로운 정수해 (X, Y, u)가 처음 시작한 정수해보다 작다는 것을 확인하는 것이 남아 있다. 앞의 증명 과정 중에서 썼던 여러 가지 관계식을 이용하여

$$z = \frac{s^2 + t^2}{2} = \frac{(u^2 + 2v^2)^2 + (u^2 - 2v^2)^2}{2} = u^4 + 4v^4$$

임을 얻을 수 있다. 이로부터 u가 z보다 작다는 것은 자명하다. □

연습문제

30.1. 부정방정식 $y^2 = x^3 + xz^4$은 0이 아닌 정수해를 갖지 않음을 보여라. [도움말. 부정방정식의 해가 존재한다고 가정해 보자. 우선 $\gcd(x, z) = 1$임을 유도하여라. 이후 $x = y = 0$ 이외에는 해가 없다는 것을 증명하기 위해 $x^3 + xz^4 = x(x^2 + z^4)$이 완전제곱수라는 사실을 이용하여라.]

30.2. 정수 (x, y, z)가 다음의 마르코프 방정식을 만족하면 마르코프 세 수(Markoff triple)라고 부른다.

$$x^2 + y^2 + z^2 = 3xyz$$

$(1, 1, 1)$은 자명한 마르코프 세 수이다.

[†] 원문은 Voilà!

(a) $x = y$를 만족하는 모든 마르코프 세 수를 찾아라.

(b) (x_0, y_0, z_0)가 마르코프 세 수일 때, 다음의 세 수도 마르코프 세 수임을 증명하여라.

$$F(x_0, y_0, z_0) = (x_0, z_0, 3x_0z_0 - y_0)$$

$$G(x_0, y_0, z_0) = (y_0, z_0, 3y_0z_0 - x_0)$$

$$H(x_0, y_0, z_0) = (x_0, y_0, 3x_0y_0 - z_0)$$

위를 이용하면 주어진 마르코프 세 수로부터 새로운 마르코프 세 수를 얻을 수 있다.

(c) 마르코프 세 수 $(1, 1, 1)$에 (b)에 기술된 함수 F와 G를 적용하여 적어도 8개 이상의 마르코프 세 수를 찾아라. 주어진 마르코프 세 수에서 F와 G를 적용하여 얻은 새로운 마르코프 세 수를 얻었다면 이 두 마르코프 세 수를 선분으로 연결한 그림을 그려라.

30.3. 이 연습문제는 마르코프 방정식에 대한 연습문제 30.2와 관련 있는 문제이다.

(a) 만일 (x_0, y_0, z_0)가 마르코프 세 수라면 좌표의 순서를 바꾸어 나열한 것들도 마르코프 세 수라는 것은 마르코프 방정식으로부터 자명하다. 만일 마르코프 세 수의 좌표가 다음과 같이 오름차순으로 배열되었다면

$$x_0 \le y_0 \le z_0$$

우리는 마르코프 세 수 (x_0, y_0, z_0)를 정규화된 마르코프 세 수라고 한다. 만일 (x_0, y_0, z_0)가 정규화된 마르코프 세 수라면 $F(x_0, y_0, z_0)$와 $G(x_0, y_0, z_0)$ 모두 정규화된 마르코프 세 수임을 증명하여라.

(b) 마르코프 세 수 (x_0, y_0, z_0)의 크기(size)는 마르코프 세 수의 좌표의 합

$$\text{size}(x_0, y_0, z_0) = x_0 + y_0 + z_0.$$

으로 정의한다. 만일 (x_0, y_0, z_0)이 정규화된 마르코프 세 수일 때, 다음을 증명하여라.

$$\text{size}(x_0, y_0, z_0) < \text{size}\, F(x_0, y_0, z_0)$$

$$\text{size}(x_0, y_0, z_0) < \text{size}\, G(x_0, y_0, z_0)$$

$$\text{size}(x_0, y_0, z_0) > \text{size}\, H(x_0, y_0, z_0)$$

[도움말. H와 관련된 부등식에서, 마르코프 방정식의 해를 찾기 위해 z_0을 x_0과 y_0을 써서 표현한 이차식을 이용하라. 가정 $x_0 < y_0 < z_0$을 이용하면 이차식에서 양의 부호를 취할 수 있을 것이다.]

(c) 모든 마르코프 세 수는 마르코프 세 수 $(1, 1, 1)$을 함수 F와 G에 대입하는 과정을 반복하여 얻을 수 있음을 보여라. [도움말. 만일 (x_0, y_0, z_0)가 $(1, 1, 1)$ 또는 $(1, 1, 2)$가 아닌 정규화된 마르코프 세 수라면, 사상 H를 적용하고 순서를 재배열하여 $F(x_1, y_1, z_1)$ 또는 $G(x_1, y_1, z_1)$ 중에서 하나는 (x_0, y_0, z_0)과 같고 크기는 확실히 더 작은 정규화된 마르코프 세 수 (x_1, y_1, z_1)을 얻을 수 있다.]

제 **31** 장

다시 만나는 사각–삼각수

어떤 정수는 정다각형 모양으로 배열할 수 있다는 점에서 외형적으로 매끈해 보인다. 예를 들어 사각수(square number)는 정사각형 모양으로 물건을 배치했을 때 사용되는 물건의 총수가 되는 수이다. 비슷한 예로, 삼각수(triangular number)는 어떤 물건을 삼각형 모양으로 배열했을 때 사용되는 물건의 총수가 되는 수이다. 1을 제외한 가장 작은 삼각수와 사각수를 차례로 표시하면 다음 그림과 같다.

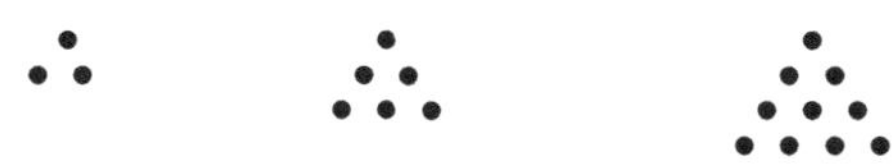

$1+2=3$ $\quad$ $1+2+3=6$ $\quad$ $1+2+3+4=10$

삼각수

$2^2=4$ $\quad$ $3^2=9$ $\quad$ $4^2=16$

사각수

따라서 삼각수는 다음과 같이 1부터 m까지의 자연수를 모두 합한 것이다.

$$1+2+3+\cdots+m$$

1장에서 공부한 바와 같이 m번째 삼각수는

$$1+2+3+\cdots+m=\frac{m(m+1)}{2}$$

이다. 삼각수와 사각수를 나열해 보자.

삼각수	$1, 3, 6, 10, 15, 21, 28, 36, 45, 55, 66, 78, 91, 105$
사각수	$1, 4, 9, 16, 25, 36, 49, 64, 81, 100, 121, 144, 169$

1장에서 "삼각형을 사각형으로 바꾸기(Squaring the Triangle)", 즉 사각수이면서 동시에 삼각수인 수를 찾을 수 있는지 질문하였다. 위의 짧은 목록 안에는 사각–삼각수가 (재미가 없는 예로)

1과 36이 있다. 이것은 36개의 조약돌은 6개씩 6줄로 정사각형 모양으로 늘어놓을 수 있고, 또한 8줄의 정삼각형 모양으로도 늘어놓을 수 있다는 뜻이다. 1장 연습문제에서 사각–삼각수를 한 개나 두 개 더 찾으라고 했고, 얼마나 더 있을지 생각해 보라고 했다. 지금까지 배운 수학적 논증들을 이용하여, 모든 사각–삼각수를 찾는 방법을 알아보고자 한다.

삼각수는 $m(m+1)/2$ 모양이고, 사각수는 n^2 모양이므로, 사각–삼각수는 부정방정식

$$n^2 = \frac{m(m+1)}{2}$$

의 양의 정수해 n과 m이다. 부정방정식의 양변에 8을 곱하면,

$$8n^2 = 4m^2 + 4m = (2m+1)^2 - 1$$

을 얻는다.

$$y = 2n, \quad x = 2m + 1$$

로 치환하면

$$2y^2 = x^2 - 1$$

을 얻고, 순서를 바꾸면

$$x^2 - 2y^2 = 1$$

이 된다. 이 부정방정식의 해는

$$m = \frac{x-1}{2}, \qquad n = \frac{y}{2}$$

를 만족하는 사각–삼각수가 된다.

몇 개 대입하다 보면, 해 $(x, y) = (3, 2)$가 사각–삼각수 $(m, n) = (1, 1)$에 대응한다는 것을 알 수 있다. (36이 사각–삼각수라는 사실을 이용해) 조금 더 계산해 보면, 우리는 $(m, n) = (8, 6)$에 대응하는 또 다른 해 $(x, y) = (17, 12)$를 찾는다. 컴퓨터를 이용하여 $y = 1, 2, 3, \ldots$를 대입하고 $1 + 2y^2$이 제곱수인지를 확인함으로써 더 많은 사각–삼각수를 찾을 수 있다. $(x, y) = (99, 70)$이 다음 해이고, 이를 활용하면 $(m, n) = (49, 35)$를 얻어 새로운 사각–삼각수를 얻을 수 있다. 즉,

$$35^2 = 1225 = 1 + 2 + 3 + \cdots + 48 + 49$$

이므로 1225는 사각–삼각수이다.

어떤 방법으로 부정방정식

$$x^2 - 2y^2 = 1$$

을 풀 수 있을까? 이제까지 우리가 반복적으로 사용한 방법은 인수분해이다. 유감스럽게도 $x^2 - 2y^2$은 정수 계수를 가지는 인수가 없지만, 우리의 시야를 살짝 넓히면

$$x^2 - 2y^2 = \left(x + y\sqrt{2}\right)\left(x - y\sqrt{2}\right)$$

와 같이 인수분해할 수 있다. 예를 들어, 해 $(x, y) = (3, 2)$는

$$1 = 3^2 - 2 \cdot 2^2 = \left(3 + 2\sqrt{2}\right)\left(3 - 2\sqrt{2}\right)$$

와 같이 표현된다.

이제 부정방정식의 양변을 제곱하면 어떤 일이 생기는지 살펴보자.

$$\begin{aligned} 1 = 1^2 &= \left(3 + 2\sqrt{2}\right)^2 \left(3 - 2\sqrt{2}\right)^2 \\ &= \left(17 + 12\sqrt{2}\right)\left(17 - 12\sqrt{2}\right) \\ &= 17^2 - 2 \cdot 12^2. \end{aligned}$$

따라서 해 $(x, y) = (3, 2)$를 "제곱함"으로써 다음 해 $(x, y) = (17, 12)$를 얻는다.

이러한 과정을 반복함으로써 해를 더 찾을 수 있다. 따라서 해 $(x, y) = (3, 2)$를 세제곱하여 다음을 얻고

$$\begin{aligned} 1 = 1^3 &= \left(3 + 2\sqrt{2}\right)^3 \left(3 - 2\sqrt{2}\right)^3 \\ &= \left(99 + 70\sqrt{2}\right)\left(99 - 70\sqrt{2}\right) \\ &= 99^2 - 2 \cdot 70^2, \end{aligned}$$

네제곱하여

$$\begin{aligned} 1 = 1^4 &= \left(3 + 2\sqrt{2}\right)^4 \left(3 - 2\sqrt{2}\right)^4 \\ &= \left(577 + 408\sqrt{2}\right)\left(577 - 408\sqrt{2}\right) \\ &= 577^2 - 2 \cdot 408^2 \end{aligned}$$

을 얻는다. 새로운 사각–삼각수 $(m, n) = (288, 204)$는 해를 네제곱하여 얻을 수 있다. 이러한 계산을 할 때, 처음 해를 계속 거듭제곱할 필요는 없다. 현재 얻은 해에 처음 해를 곱하면, 그 다음 거듭제곱에 해당하는 해를 얻을 수 있다. 즉, 다섯제곱한 해를 찾기 위해서는 처음 해 $3 + 2\sqrt{2}$와 네제곱한 것 $577 + 408\sqrt{2}$를 곱하면 된다. 이와 같이 하면

$$\left(3 + 2\sqrt{2}\right)\left(577 + 408\sqrt{2}\right) = 3363 + 2378\sqrt{2}$$

를 얻고 따라서 다섯제곱한 해 $(x, y) = (3363, 2378)$을 얻는다. 이러한 방법으로 사각–삼각수의

목록을 얻게 된다.

x	y	m	n	$n^2 = \dfrac{m(m+1)}{2}$
3	2	1	1	1
17	12	8	6	36
99	70	49	35	1225
577	408	288	204	41616
3363	2378	1681	1189	1413721
19601	13860	9800	6930	48024900
114243	80782	57121	40391	1631432881
665857	470832	332928	235416	55420693056

위의 표와 같이 사각–삼각수는 매우 큰 수이다.

$3+2\sqrt{2}$를 여러 번 거듭제곱하여 부정방정식

$$x^2 - 2y^2 = 1$$

의 해를 점점 더 많이 찾을 수 있고 이러한 방법으로 무궁무진하게 많은 해를 찾을 수 있다. 따라서 사각–삼각수는 무한히 많다. 이로써 사각–삼각수가 무한히 많은지에 대한 답은 얻었다. 그러나 이러한 과정을 통해서 실제로 모든 사각-삼각수를 찾을 수 있는지에 대해서는 의문이 든다. 이 의문에 대한 답은 모두 찾을 수 있다는 것이고, 이를 강하법을 이용하여 확인한다는 사실이 새삼 놀랍지는 않을 것이다.

정리 31.1 (사각–삼각수 정리)

(a) 부정방정식

$$x^2 - 2y^2 = 1$$

의 양의 정수해는 $3+2\sqrt{2}$를 거듭제곱하여 구할 수 있다. 즉, 부정방정식의 해 (x_k, y_k)는 다음을 만족한다.

$$x_k + y_k\sqrt{2} = \left(3+2\sqrt{2}\right)^k, \qquad k = 1, 2, 3, \ldots$$

(b) 모든 사각–삼각수 $n^2 = \frac{1}{2}m(m+1)$은 다음 관계식을 만족한다.

$$m = \frac{x_k - 1}{2}, \qquad n = \frac{y_k}{2}, \qquad k = 1, 2, 3, \ldots$$

단, (x_k, y_k)는 (a)의 정수해이다.

증명 (u,v)가 $x^2-2y^2=1$의 해라고 하면, (u,v)는 $(3,2)$의 거듭제곱으로 나타남을 확인하기만 하면 된다. 즉, 적당한 k에 대하여

$$u+v\sqrt{2}=\left(3+2\sqrt{2}\right)^k$$

임을 보이면 된다. 강하법을 이용하여 증명하자. 증명의 개요는 다음과 같다. 만일 $u=3$이면, 반드시 $v=2$이고, 이 경우에는 더 이상 확인해야 하는 것은 없다. $u>3$인 경우에는 다른 양의 정수해 (s,t)가 존재해서

$$u+v\sqrt{2}=\left(3+2\sqrt{2}\right)\left(s+t\sqrt{2}\right),\qquad s<u$$

을 만족함을 보여야 한다.

왜 이것이 증명에 도움이 되는가? 만일 $(s,t)=(3,2)$이면 더 확인할 것이 없다. s가 3보다 큰 경우에는

$$s+t\sqrt{2}=\left(3+2\sqrt{2}\right)\left(q+r\sqrt{2}\right)\text{이고}\qquad q<s$$

를 만족하는 다른 정수해 (q,r)을 찾기 위해 위의 과정을 반복한다. 다시 말하면

$$u+v\sqrt{2}=\left(3+2\sqrt{2}\right)^2\left(q+r\sqrt{2}\right)$$

이다. 만일 $(q,r)=(3,2)$라면, 더 이상 확인할 것이 없고, $(q,r)=(3,2)$이 아니면 앞의 과정을 반복한다. 이러한 과정을 반복하다 보면, 매번 우리는 새로운 더 작은 정수해 x를 얻기 때문에, 이러한 과정은 무한히 반복될 수 없음을 관찰하게 된다. 우리가 찾은 모든 해들은 양의 정수해이고, 무한히 작아질 수 없다. 따라서 언젠가는 해 $(3,2)$를 얻게 되는데, 이것은 언젠가는 $u+v\sqrt{2}$를 $3+2\sqrt{2}$의 거듭제곱으로 쓸 수 있다는 뜻이다.

지금부터는 $u>3$인 정수해 (u,v)에서 출발하여,

$$u+v\sqrt{2}=\left(3+2\sqrt{2}\right)\left(s+t\sqrt{2}\right),\qquad s<u$$

를 만족하는 새로운 정수해 (s,t)를 찾으려 한다. 우변의 곱을 풀어보면 s와 t에 대해 방정식

$$u+v\sqrt{2}=(3s+4t)+(2s+3t)\sqrt{2}$$

를 풀어야 한다. 즉,

$$u=3s+4t,\qquad v=2s+3t$$

를 풀어야 한다. 우리는 쉽게

$$s=3u-4v,\qquad t=-2u+3v$$

임을 안다.

이제 우리가 찾은 (s,t)가 진짜 해가 된다는 것을 확인하자. 우리는 (u,v)가 해라는 것을 알기 때문에

$$\begin{aligned} s^2 - 2t^2 &= (3u-4v)^2 - 2(-2u+3v)^2 \\ &= (9u^2 - 24uv + 16v^2) - 2(4u^2 - 12uv + 9v^2) \\ &= u^2 - 2v^2 \\ &= 1 \end{aligned}$$

임을 안다. 두 가지 사실을 더 확인해야 한다. 우선 s와 t가 모두 양의 정수임을 보여야 한다. 두 번째로는 우리가 원하는 해는 이전 과정의 해보다 "더 작은" 해를 원하기 때문에 $s<u$임을 보여야 한다.

s가 양수임을 증명하는 것은

$$u^2 = 1 + 2v^2 > 2v^2 \text{ 으로부터 } \quad u > \sqrt{2}\,v$$

이므로 쉽게 증명된다. 그러면 $3\sqrt{2} \approx 4.242$는 4보다 크므로

$$s = 3u - 4v > 3\sqrt{2}\,v - 4v = \left(3\sqrt{2} - 4\right)v > 0$$

이다.

t가 양수임을 증명하기 위해서는 좀 더 교묘한 솜씨가 필요하다. 여기 한 가지 증명을 소개한다.

$u > 3$	이것을 가정하자.
$u^2 > 9$	양변을 제곱한다.
$9u^2 > 9 + 8u^2$	양변에 $8u^2$을 더한다.
$9u^2 - 9 > 8u^2$	9를 좌변으로 이항한다.
$u^2 - 1 > \frac{8}{9}u^2$	양변을 9로 나눈다.
$2v^2 > \frac{8}{9}u^2$	$u^2 - 2v^2 = 1$임을 알고 있기 때문이다.
$v > \frac{2}{3}u$	2로 나누고 제곱근을 구한다.

마지막 부등식을 이용하면, t는 양수이다.

$$t = -2u + 3v > -2u + 3 \cdot \frac{2}{3}u = 0$$

이제 우리는 s와 t가 양수임을 알았고, $u = 3s + 4t$이므로 $s < u$이다. 이것으로 강하법을 사용할 수 있다는 것을 증명하였고, 따라서 사각–삼각수 정리의 증명도 마무리가 된다. □

사각–삼각수 정리가 말하는 것은 부정방정식

$$x^2 - 2y^2 = 1$$

의 모든 양의 해 (x_k, y_k)는

$$x_k + y_k\sqrt{2} = \left(3 + 2\sqrt{2}\right)^k \qquad (k = 1, 2, 3, \ldots)$$

에서 곱셈을 풀어 얻을 수 있다는 것이다. 이 장의 시작 부분에 있던 표는 k가 증가함에 따라 해의 크기가 매우 빠르게 증가함을 잘 보여 준다. 우리는 좀 더 엄밀하게 k번째 해가 얼마나 큰지를 알고자 한다. 이를 위해서 이전에 기술했던 식에서 $\sqrt{2}$ 대신 $-\sqrt{2}$를 써도 역시 참이라는 것을 상기하자. 즉,

$$x_k - y_k\sqrt{2} = \left(3 - 2\sqrt{2}\right)^k, \qquad k = 1, 2, 3, \ldots$$

도 참이라는 것이다. 이제 다음과 같이 두 개의 식을 더하고 2로 나누면, x_k에 대한 다음과 같은 식

$$x_k = \frac{\left(3 + 2\sqrt{2}\right)^k + \left(3 - 2\sqrt{2}\right)^k}{2}$$

을 얻게 된다. 비슷한 방법으로 두 번째 식에서 첫 번째 식을 뺀 후 $2\sqrt{2}$로 나누면 y_k에 대한 식

$$y_k = \frac{\left(3 + 2\sqrt{2}\right)^k - \left(3 - 2\sqrt{2}\right)^k}{2\sqrt{2}}.$$

을 얻게 된다.

$$3 + 2\sqrt{2} \approx 5.82843, \qquad 3 - 2\sqrt{2} \approx 0.17157$$

이므로, x_k와 y_k가 얼마나 커지는지 알아보는 데 유용하다. $3 - 2\sqrt{2}$가 1보다 작다는 사실로부터 $3 - 2\sqrt{2}$의 거듭제곱을 했을 때, 우리는 매우 작은 수를 얻게 된다. 예를 들어,

$$\left(3 - 2\sqrt{2}\right)^{10} \approx 0.0000000221$$

이므로

$$x_{10} \approx \frac{\left(3 + 2\sqrt{2}\right)^{10}}{2} \approx 22619536.99999998895,$$

$$y_{10} \approx \frac{\left(3 + 2\sqrt{2}\right)^{10}}{2\sqrt{2}} \approx 15994428.000000007815$$

이다. 그러나 우리는 x_{10}과 y_{10}이 정수임을 알고 있고, 따라서 열 번째 해는

$$(x_{10}, y_{10}) = (22619537, 15994428)$$

이다. 이와 같이 열 번째 사각–삼각수 $n^2 = m(m+1)/2$은

$$n = 7997214\text{이고} \qquad m = 11309768$$

이다.

또한

$$x_k \approx \frac{1}{2}(5.82843)^k, \qquad y_k \approx \frac{1}{2\sqrt{2}}(5.82843)^k$$

이므로, 방정식의 해들이 빨리 증가하는 이유를 x_k와 y_k의 모양을 보면 알 수 있다. 따라서 연속적인 해는 앞의 해의 다섯 배를 넘는다. 수학적으로는 이러한 해의 증가 속도를 "지수적으로 증가"한다고 한다. 후에, 41장에서 타원곡선을 공부하면 어떤 방정식의 해의 증가 속도는 이보다 훨씬 빠른 것도 있다는 것을 알게 될 것이다!

연습문제

31.1. 부정방정식

$$x^2 - 5y^2 = 1$$

의 양의 해를 4개 구하여라. [도움말. 몇 개를 대입해 보면서 작은 해 (a, b)를 찾고, $a + b\sqrt{5}$의 거듭제곱을 계산하여라.]

31.2. **(a)** 우리는 24장과 25장에서 두 제곱수의 합으로 표현할 수 있는 수를 공부하였다. 약간의 자료를 가지고 어떤 수가 (한 개 또는) 두 개의 삼각수로 나타낼 수 있는지 추측하여라. 예를 들어, $7 = 1 + 6$과 $25 = 10 + 15$는 삼각수 두 개의 합으로 나타낼 수 있지만 19는 삼각수 두 개의 합으로 나타낼 수 없다.

(b) (a)에서 만들었던 추측이 옳음을 증명하여라.

(c) 어떤 수들을 삼각수 한 개, 삼각수 두 개, 삼각수 세 개의 합으로 표현할 수 있는가?

31.3. **(a)** 정리 31.1에서와 같이 $k = 0, 1, 2, 3, \ldots$에 대하여 (x_k, y_k)를 방정식 $x^2 - 2y^2 = 1$의 해라고 하자. 다음이 참이 되도록 양수로 빈칸을 채워라. 그리고 다음이 참임을 증명하여라.

$$x_{k+1} = \underline{\quad} x_k + \underline{\quad} y_k, \qquad y_{k+1} = \underline{\quad} x_k + \underline{\quad} y_k.$$

(b) 다음 명제가 참이 되도록 빈칸에 양수를 채워라. "만일 (m, n)이 사각–삼각수이면, 즉, 만일 (m, n)이 $n^2 = m(m+1)/2$을 만족하면

$$(1 + \underline{\quad} m + \underline{\quad} n, 1 + \underline{\quad} m + \underline{\quad} n)$$

또한 사각–삼각수이다."

(c) L이 삼각–사각수일 때, 왜 $1 + 17L + 6\sqrt{L + 8L^2}$이 바로 다음으로 큰 사각–삼각수인지 이유를 설명하여라.

31.4. n개의 조약돌을 오각형 모양으로 채울 수 있을 때, 수 n이 오각수(pentagonal number)라고 한다. 처음 네 개의 오각수들은 그림 31.1에서 보듯이 1, 5, 12, 22이다. 각각의 오각형은 그 다음으로 큰 오각형 안에 배치하여야 한다. n번째 오각수는 바깥의 오각형의 각 변이 n개의 조약돌로 이루어져야 한다.

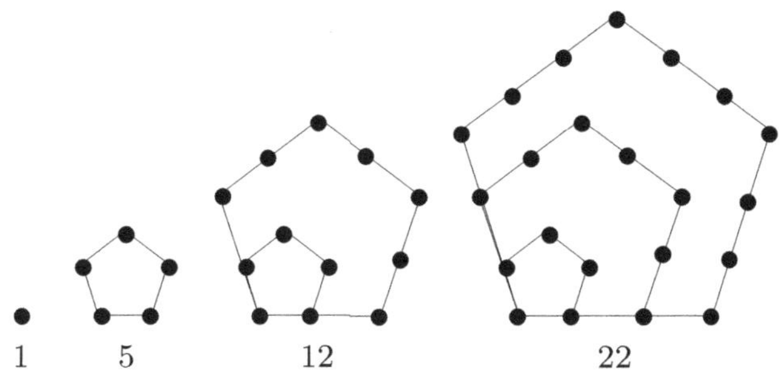

그림 31.1. 처음 네 개의 오각수

(a) 다섯 번째 오각수를 그림으로 나타내어라.

(b) 오각수의 패턴을 알아내고 n번째 오각수를 간단한 식으로 나타내어라.

(c) 열 번째 오각수는 무엇인가? 백 번째 오각수는 무엇인가?

제 **32** 장

펠 방정식

앞 장에서 방정식

$$x^2 - 2y^2 = 1$$

의 양의 정수해에 대하여 자세히 알아보았다. 이것은 펠 방정식 (Pell equation)의 한 예로서, 펠 방정식이란 D가 양의 완전제곱수가 아닐 때,

$$x^2 - Dy^2 = 1$$

인 형태의 디오판토스 방정식을 말한다.

펠 방정식의 역사는 길고도 매력적이다. 펠 방정식에 대한 기록은 "아르키메데스의 소떼 문제 (Cattle problem of Archimedes)"에 처음 등장한다. 이 문제는 서로 다른 여덟 종류의 소가 각각 얼마나 많은지를 묻는다. 이 문제의 해는 여러 개의 일차식과 어떤 값이 사각수인지, 어떤 값이 삼각수인지를 알려주는 두 개의 비선형 조건을 만족해야 한다. 긴 계산을 통하면

$$x^2 - 4729494y^2 = 1$$

와 같은 펠 방정식을 푸는 문제로 귀결된다. 1880년 암토어(Amthor)에 의해서 발견된 y의 가장 작은 해는 41자리 수이고, 원래의 아르키메데스의 소떼 문제의 해는 십만 자리의 수이다! 아르키메데스와 그와 동시대의 사람들이 이 해를 찾았을 것 같지는 않지만, 이러한 문제를 생각했다는 것 자체만으로도 흥미롭다.

지난 수세기 동안 이뤄진 펠 방정식에 대한 업적을 빠르게 살펴보자. 가장 먼저 눈에 띄는 업적은 인도에서 이뤄졌다. AD 628년 브라마굽타(Brahmagupta)는 펠 방정식의 알려진 해를 이용하여 새로운 해를 찾아내는 것에 대하여 기술하였고, AD 1150 년 바스카라차리아 (Bhaskaracharya)는 초기 해를 찾기 위해, 놀라울 정도로 현대적 감각을 지닌 독창적인 방법을 개발하였다. 불행하게도 이 획기적인 업적은 유렵에는 알려지지 않았고, 17세기에 이르러서야 재발견된 후, 인도에서의 업적을 대체하게 되었다.

브라마굽타 (598–670) 그 시대의 인도의 가장 유명한 수학자 중 하나인 브라마굽타의 가장 잘 알려진 저서는 AD 628에 쓰인《우주의 시작(Opening of the Universe, Brahmasphutasiddhanta)》이다. 이 비범한 책은 특히 펠 방정식 $x^2 - Dy^2 = 1$를 비롯한 부정방정식 $x^2 - Dy^2 = A$에 대하여 언급이 되어 있다. 브라마굽타는 사마사(samasa)라고 불리는 알려진 방정식의 해로부터 새로운 해를 만들기 위한 합성 방법을 설명하였고, (때때로) 초기 해를 생성하는 알고리듬을 제시하였다.

> 약 500년 후 인도의 수학자 바스카라차리아(AD 1114–1185)는 브라마굽타의 펠 방정식에 대한 업적을 확장하였다. 그는 반복 감축법(repeated reductions)을 통하여 초기 근사해를 이용하여 방정식의 해를 찾는 것으로 기술하였다. 바스카라차리아는 그의 방법을 차크라발라(chakravala)라고 명했다. 오늘날 이러한 방법은 "페르마 강하법"이라 부른다. 페르마 강하법의 예는 24장과 30장에서 다루었다. 바스카라차리아는 $x^2 - 61y^2 = 1$의 풀이를 예로 들어 그의 방법을 설명하였는데, 이것은 페르마가 이 방정식을 이용하여 그의 도전을 발표하기 500년도 더 전의 일이었다.

근대 유럽의 펠 방정식의 역사는 페르마가 방정식 $x^2 - 61y^2 = 1$을 풀기 위해 동료 수학자들에게 도전했던 1657년에 시작되었다. 그들 중 몇몇은 가장 작은 해

$$(x, y) = (1766319049, 226153980)$$

를 찾았고, 1657년 윌리엄 브롱커(William Brouncker)는 펠 방정식을 푸는 일반적인 방법을 기술하였다. 브롱커는 방정식

$$x^2 - 313y^2 = 1$$

의 가장 작은 비자명해

$$(32188120829134849, 1819380158564160)$$

를 한두 시간 안에 찾음으로써 그의 해를 찾는 방식의 효율성을 입증하였다. 존 월리스(J. Wallis)는 브롱커의 방법을 대수와 수론에 대한 책에 기술하였고, 월리스와 페르마 모두 펠 방정식은 해가 있음을 가정하였다. 오일러는 실수로 월리스의 책에 기술된 방법은 다른 영국 수학자인 존 펠(John Pell)에 기인한다고 생각하였고, 오일러가 이 방정식의 이름을 펠 방정식이라고 부른 이래 이렇게 불리게 되었다. 이러한 오해는 수학적인 영원함을 얻게 되었다! [1]

펠 방정식

$$x^2 - Dy^2 = 1$$

의 해 (x_1, y_1)을 찾을 수 있다고 가정해 보자. 그러면 지난 장에서 $D = 2$인 경우를 풀기 위해서 적용했던 방법을 이용하면 새로운 해를 찾을 수 있다. 알려진 해를 이용하여

$$1 = x_1^2 - Dy_1^2 = \left(x_1 + y_1\sqrt{D}\right)\left(x_1 - y_1\sqrt{D}\right)$$

와 같이 인수분해하고, 새로운 해를 찾기 위하여

$$\begin{aligned}
1 = 1^2 &= \left(x_1 + y_1\sqrt{D}\right)^2\left(x_1 - y_1\sqrt{D}\right)^2 \\
&= \left((x_1^2 + y_1^2 D) + 2x_1y_1\sqrt{D}\right)\left((x_1^2 + y_1^2 D) - 2x_1y_1\sqrt{D}\right) \\
&= (x_1^2 + y_1^2 D)^2 - (2x_1y_1)^2 D
\end{aligned}$$

---

[1] 어떤 이는 위대하게 태어나고, 어떤 이는 위대함을 성취하며, 어떤 이는 수학적 위대함을 얻는다. 역사를 되돌아보면 "펠 방정식"의 더 좋은 이름은 세 명의 수학자 브라마굽타, 바스카라차리아, 브롱커의 이름을 기리는 "B^3 방정식"일 것이다.

와 같이 양변을 제곱한다. 즉, $(x_1^2 + y_1^2 D, 2x_1y_1)$이 새로운 해가 된다. 양변을 세제곱, 네제곱 등등 거듭제곱을 계속함으로써 우리가 원하는 만큼 새로운 해를 찾을 수 있다.

여기에 두 가지 성가신 문제가 있다. 첫째, 모든 펠 방정식이 해가 존재하는가? 펠 방정식 $x^2 - 2y^2 = 1$의 경우에는 해 $(3, 2)$를 쉽게 찾을 수 있었기 때문에 이러한 의문은 생기지 않았었다. 둘째, 주어진 펠 방정식이 해를 가진다고 가정하면, 모든 해를 가장 작은 해를 거듭제곱하여 얻을 수 있다는 것이 참인가? 우리는 방정식 $x^2 - 2y^2 = 1$에 대하여 이것이 참이라는 것을 증명하였다. 다음 정리는 이러한 두 가지 문제의 답이 된다.

정리 32.1 (펠 방정식 정리)

D가 제곱수가 아닌 양의 정수라 하자. 그러면 펠 방정식

$$x^2 - Dy^2 = 1$$

은 항상 양의 정수해를 가진다. 만일 (x_1, y_1)이 x_1이 가장 작다는 조건을 만족하는 해라면, 모든 해 (x_k, y_k)를 다음과 같이 거듭제곱하여 얻을 수 있다.

$$x_k + y_k\sqrt{D} = \left(x_1 + y_1\sqrt{D}\right)^k, \qquad k = 1, 2, 3, \ldots$$

예를 들어, 펠 방정식

$$x^2 - 47y^2 = 1$$

의 가장 작은 해는 $(x, y) = (48, 7)$이다. 그러면 모든 해는 $48 + 7\sqrt{47}$의 거듭제곱을 하여 얻을 수 있다. 두 번째 그리고 세 번째로 작은 해는

$$\left(48 + 7\sqrt{47}\right)^2 = 4607 + 672\sqrt{47}$$

$$\left(48 + 7\sqrt{47}\right)^3 = 442224 + 64505\sqrt{47}$$

이다.

펠 방정식 정리에서 두 번째 부분의 의미는 펠 방정식의 모든 해는 가장 작은 해를 거듭제곱해서 얻을 수 있다는 것으로 그 증명은 어렵지 않다. 임의의 D에 대한 증명도 이전 장에서 증명했던 $D = 2$인 경우의 증명과 거의 비슷하다. 그러나 항상 적어도 하나의 해를 가진다는 정리의 첫 번째 부분의 증명은 좀 더 어렵다. 이 정리의 증명은 34장에서 다룰 것이다.

표 32.1은 1부터 75까지의 D에 대하여 펠 방정식의 가장 작은 해를 나열한 것이다. 표에 보이는 바와 같이 때때로 가장 작은 해는 매우 작다. 예를 들어 방정식 $x^2 - 72y^2 = 1$은 비교적 작은 해 $(17, 2)$를 갖고, 방정식 $x^2 - 75y^2 = 1$도 작은 해 $(26, 3)$을 가진다. 반면 펠 방정식의 제일 작은 해가 매우 큰 경우도 있다. 표 안에서 알맞은 예로

$$x^2 - 61y^2 = 1\text{의 가장 작은 해} \quad (1766319049, 226153980)$$

D	x	y	D	x	y	D	x	y
1	–	–	26	51	10	51	50	7
2	3	2	27	26	5	52	649	90
3	2	1	28	127	24	53	66249	9100
4	–	–	29	9801	1820	54	485	66
5	9	4	30	11	2	55	89	12
6	5	2	31	1520	273	56	15	2
7	8	3	32	17	3	57	151	20
8	3	1	33	23	4	58	19603	2574
9	–	–	34	35	6	59	530	69
10	19	6	35	6	1	60	31	4
11	10	3	36	–	–	61	1766319049	226153980
12	7	2	37	73	12	62	63	8
13	649	180	38	37	6	63	8	1
14	15	4	39	25	4	64	–	–
15	4	1	40	19	3	65	129	16
16	–	–	41	2049	320	66	65	8
17	33	8	42	13	2	67	48842	5967
18	17	4	43	3482	531	68	33	4
19	170	39	44	199	30	69	7775	936
20	9	2	45	161	24	70	251	30
21	55	12	46	24335	3588	71	3480	413
22	197	42	47	48	7	72	17	2
23	24	5	48	7	1	73	2281249	267000
24	5	1	49	–	–	74	3699	430
25	–	–	50	99	14	75	26	3

표 32.1. 펠 방정식 $x^2 - Dy^2 = 1$의 가장 작은 해

와

$$x^2 - 73y^2 = 1\text{의 가장 작은 해} \quad (2281249, 267000)$$

을 들 수 있다. 이러한 현상을 나타내는 다른 예로

$$x^2 - 97y^2 = 1\text{의 가장 작은 해} \quad (62809633, 6377352)$$

가 있고, 물론 또 다른 예로 이전에 언급했던 방정식 $x^2 - 313y^2 = 1$의 가장 작은 해가 매우 크다.

방정식의 제일 작은 해의 크기가 작은지 큰지에 대한 규칙성은 알려져 있지 않다. 알려진 바는 방정식 $x^2 - Dy^2 = 1$의 가장 작은 해는 $x < 2^D$을 넘지 않는다는 것인데, 이 어림값이 매우 정확하지는 않다는 것은 분명하다.[2] 독자 여러분이 지금까지 발견되지 않은 패턴을 알아차린 후, 이를 펠 방정식의 해의 아직 알려지지 않은 성질을 증명하는 데 이용할 수 있기를 바란다.

---

[2]제일 작은 해(x, y)에 대한 더 정확한 경계값은 칼 루드비히 지겔(C. L. Siegel)이 구했다. 그는 모든 D에 대하여

연습문제

32.1. 펠 방정식은 D가 완전제곱수가 아닌 양의 정수일 때 방정식 $x^2 - Dy^2 = 1$을 일컫는다. 왜 D가 완전제곱수가 아닌 이유를 알 수 있겠는가? 만일 D가 완전제곱수, $D = A^2$라고 가정해 보자. 방정식 $x^2 - A^2y^2 = 1$의 정수해에 대하여 설명할 수 있는가?

32.2. 펠 방정식 $x^2 - 22y^2 = 1$의 해 중에서 x가 10^6보다 큰 해를 찾아보아라.

32.3. 펠 방정식 $x^2 - 11y^2 = 1$의 모든 해는 $10 + 3\sqrt{11}$을 거듭제곱하여 얻음을 증명하여라. (펠 방정식 정리를 인용하지 마시오. 31장에서 다루었던 방정식 $x^2 - 2y^2 = 1$을 다루던 방법과 같은 아이디어를 이용하여 이 방정식의 해를 구하는 방법을 알기를 원한다.)

32.4. 연습문제 31.4에서 다루었던 오각수를 더 공부해 보자.

(a) (1을 제외한) 오각수 중에서 삼각수인 것이 있는가? 무한히 많이 존재하는가?

(b) (1을 제외한) 오각수 중에서 사각수인 것이 있는가? 무한히 많이 존재하는가?

(c) 1을 제외한 수 중에서 동시에 삼각수이면서 사각수이면서 오각수인 것이 있는가? 무한히 많이 존재하는가?

$h \cdot \log(x + y\sqrt{D})$와 $\sqrt{D}$가 같은 자리 수의 수가 되는 양의 정수 h가 존재한다는 것을 증명하였다. 특히 $\log(x)$와 $\log(y)$은 $\sqrt{D}$의 적당한 배수보다 커질 수 없다. 그래서 x와 y가 작은 경우에는 이 신비스러운 수 h는 커야만 한다. (h를 D의 유수(class number)라고 한다.) 유수 1을 가지는 무한히 많은 D가 존재한다는 유명한 추측을 포함하여, 유수에 대한 풀리지 않은 문제가 많이 있다.

제 33 장

디오판토스 근사

펠 방정식

$$x^2 - Dy^2 = 1$$

의 양의 정수해 x와 y를 찾기 위해 어떻게 해야 할까?

$$\left(x - y\sqrt{D}\right)\left(x + y\sqrt{D}\right) = 1$$

은 1을 두 수의 곱으로 표현하고, 두 수 중 하나는 상당히 큰 수이다. 좀 더 정확히는 $x + y\sqrt{D}$가 큰 수이고, 특히 만일 x와 y가 큰 수이면 나머지 인수

$$x - y\sqrt{D} = \frac{1}{x + y\sqrt{D}}$$

는 반드시 비교적 작아야 한다.

우리는 다음 질문을 조사하여 이러한 관찰에 활용하려 한다.

얼마나 $x - y\sqrt{D}$를 작게 만들 수 있을까?

만일 $x - y\sqrt{D}$를 아주 작게 만들 수 있는 정수 x와 y를 찾을 수 있다면, 우리는 x와 y가 펠 방정식의 해가 될 수 있다는 희망을 가질 수 있을지도 모른다.[1] 이 장에서는 이 문제에 대한 르죈 디리클레(Lejeune Dirichlet)의 아름다운 풀이에 집중할 것이다. 그리고 다음 장에서 펠 방정식을 다시 다룰 것이다.

우리의 질문에 대한 가장 쉬운 답으로부터 시작해 보자. 임의의 양의 정수 y에 대하여, 만일 우리가 $y\sqrt{D}$과 가장 가까운 정수 x를 선택한다면 그 차이

$$\left|x - y\sqrt{D}\right| \text{은 최대 } \tfrac{1}{2}\text{이다.}$$

두 정수 사이에는 항상 실수가 존재하기 때문이 이것은 참이고, 가장 가까운 정수와의 거리도 $\frac{1}{2}$ 이하이다.

개선의 여지는 없을까? 여기에 $\sqrt{13}$에 대한 간단한 표가 있다. 1부터 40 사이의 임의의 정수 y에 대하여 $\sqrt{13}$에 가장 가까운 정수 x를 $\left|x - y\sqrt{13}\right|$의 값과 $x^2 - 13y^2$를 함께 나열하였다.

---

[1] 불행히도 x와 y가 단지 "유사–펠" 방정식 $x^2 - Dy^2 = M$ 의 해인 것으로 밝혀졌을 때, 인생에서 언제나 그러하듯이, 우리의 희망은 암초에 부딪히게 된다. 절망하지 말라. 우리는 슬픔을 기쁨으로 승화하여, $x^2 - Dy^2 = M$의 두 개의 해를 신중하게 선택할 수 있을 것이고, 그것을 기적적으로 변환하여 $x^2 - Dy^2 = 1$의 해를 찾을 수 있을 것이다.

x	y	$\lvert x - y\sqrt{13}\rvert$	$x^2 - 13y^2$
4	1	0.394449	3.000
7	2	0.211103	−3.000
11	3	0.183346	4.000
14	4	0.422205	−12.000
18	5	0.027756	−1.000
22	6	0.366692	16.000
25	7	0.238859	−12.000
29	8	0.155590	9.000
32	9	0.449961	−29.000
36	10	0.055513	−4.000
40	11	0.338936	27.000
43	12	0.266615	−23.000
47	13	0.127833	12.000
50	14	0.477718	−48.000
54	15	0.083269	−9.000
58	16	0.311180	36.000
61	17	0.294372	−36.000
65	18	0.100077	13.000
69	19	0.494526	68.000
72	20	0.111026	−16.000
76	21	0.283423	43.000
79	22	0.322128	−51.000
83	23	0.072321	12.000
87	24	0.466769	81.000
90	25	0.138782	−25.000
94	26	0.255667	48.000
97	27	0.349884	−68.000
101	28	0.044564	9.000
105	29	0.439013	92.000
108	30	0.166538	−36.000
112	31	0.227910	51.000
115	32	0.377641	−87.000
119	33	0.016808	4.000
123	34	0.411257	101.000
126	35	0.194295	−49.000
130	36	0.200154	52.000
133	37	0.405397	−108.000
137	38	0.010948	−3.000
141	39	0.383500	108.000
144	40	0.222051	−64.000

우리가 예측한 대로 $\lvert x - y\sqrt{13}\rvert$이 항상 $1/2$ 이하임에 주목하자. $y = 19$와 $y = 24$일 때는 그 값이 $1/2$에 가깝지만, 어떤 때는 그 값이 훨씬 작다. 예를 들어, 표에서 0.05보다 작아지는 네 가지 경우가 있다.

$$
\begin{aligned}
(x,y) &= (18,5), & \lvert x - y\sqrt{13}\rvert &= 0.027756, & x^2 - 13y^2 &= -1,\\
(x,y) &= (101,28), & \lvert x - y\sqrt{13}\rvert &= 0.044564, & x^2 - 13y^2 &= 9,\\
(x,y) &= (119,33), & \lvert x - y\sqrt{13}\rvert &= 0.016808, & x^2 - 13y^2 &= 4,\\
(x,y) &= (137,38), & \lvert x - y\sqrt{13}\rvert &= 0.010948, & x^2 - 13y^2 &= -3.
\end{aligned}
$$

만일 표의 범위를 $y = 200$까지 늘려 보면, 우리는 $\lvert x - y\sqrt{13}\rvert < 0.05$를 만족하는 모든 순서쌍 (x, y)를 나열할 수 있다.

$$
\begin{gathered}
(18,5), (101,28), (119,33), (137,38), (155,43), (238,66), (256,71),\\
(274,76), (292,81), (375,104), (393,109), (411,114), (494,137),\\
(512,142), (530,147), (548,152), (631,175), (649,180), (667,185).
\end{gathered}
$$

패턴이 보이는가? 음, 역시 안 보인다.

어떤 분명한 패턴이 보이지 않으므로, $|x - y\sqrt{13}|$을 작게 만들기 위한 다른 접근을 시도하려 한다. 이러한 방법을

비둘기집 원리

라고 한다. 이 신기한 원리는 비둘기집의 수보다 많은 비둘기가 있다면 적어도 하나의 비둘기집에는 두 마리 이상의 비둘기가 있다는 것이다![2] 명확하고 자명해 보이지만, 비둘기집 원리를 적절히 적용하면 풍부한 수학적 성과가 따라온다.

우리가 하려는 것은 두 개의 다른 배수의 차가 정수와 매우 비슷한 두 개의 배수 $y_1\sqrt{D}$와 $y_2\sqrt{D}$를 살펴보려 한다. 이를 위해 적당히 큰 수 Y를 선택하고 다음과 같은 배수들

$$0\sqrt{D}, 1\sqrt{D}, 2\sqrt{D}, 3\sqrt{D}, \ldots, Y\sqrt{D}$$

를 고려할 것이다. 각각의 배수들을 정수와 0과 1 사이의 소수의 합으로 표현하자.

$$0\sqrt{D} = N_0 + F_0, \quad N_0 = 0\text{이고 } F_0 = 0$$

$$1\sqrt{D} = N_1 + F_1, \quad N_1\text{은 정수이고 } 0 \le F_1 < 1$$

$$2\sqrt{D} = N_2 + F_2, \quad N_2\text{는 정수이고 } 0 \le F_2 < 1$$

$$3\sqrt{D} = N_3 + F_3, \quad N_3\text{은 정수이고 } 0 \le F_3 < 1$$

$$\vdots$$

$$Y\sqrt{D} = N_Y + F_Y, \quad N_Y \; 0 \le F_Y < 1.$$

$Y+1$마리의 비둘기에게 $F_0, F_1, \ldots, F_Y$까지 번호를 부여하자. 모든 비둘기는 0과 1 사이에 있고, 즉, 비둘기들은 구간 $0 \le t < 1$ 사이에 있다. Y개의 똑같은 길이로 비둘기집을 나눈다. 다시 말해, 비둘기집을 다음과 같이 나눈다.

비둘기집 1:	$0/Y \le t < 1/Y$
비둘기집 2:	$1/Y \le t < 2/Y$
비둘기집 3:	$2/Y \le t < 3/Y$
	$\vdots$
비둘기집 Y:	$(Y-1)/Y \le t < Y/Y$

[2]도시에 머무를 때는 비둘기집 원리로 불리지만 시골에서는 상자 원리나 슈프파흐슐루스(Schubfachschluß, 서랍 추론)라는 이름으로 종종 번버리(Bunbury)* 가 된다. 상자 원리는 상자의 개수보다 많은 물건이 있다면, 어떤 상자는 적어도 두 개 이상의 물건이 들어 있음을 뜻한다. 많은 사람들이 "비둘기집"에 비해 "상자"는 재미없다고 생각하는 반면, 독일어 Schubfachschluß는 아주 훌륭하게 들리고, 실제로 나도 그렇게 믿는다.**

* 다른 지역에 가상의 인물을 만들고 그를 방문하는 핑계로 놀러 다니는 행위를 뜻하는 번버리(Bunbury) 수법에 대해서는 오스카 와일드(Oscar Wilde)의 희곡 《진지함의 중요성(The Importance of Being Earnest)》 1막에서 앨저논 몽크리프(Algernon Moncrieff)가 잘 설명하고 있다.

** 독일어의 유용함에 대해서는 같은 작품에 등장하는 오거스타 부인(Algernon's Aunt Augusta)의 대사를 보라.

각각의 비둘기가 비둘기집에 둥지를 틀면, 비둘기집보다 많은 비둘기들이 있으므로 비둘기집 원리에 따라 어떤 비둘기집에는 최소한 두 마리의 비둘기가 있게 된다. 그림 33.1은 비둘기와 비둘기집이 $D = 13$이고 $Y = 5$일 때를 표현했으며, 0번 비둘기와 5번 비둘기가 첫 번째 비둘기집에 둥지를 튼 상황을 보여 준다.

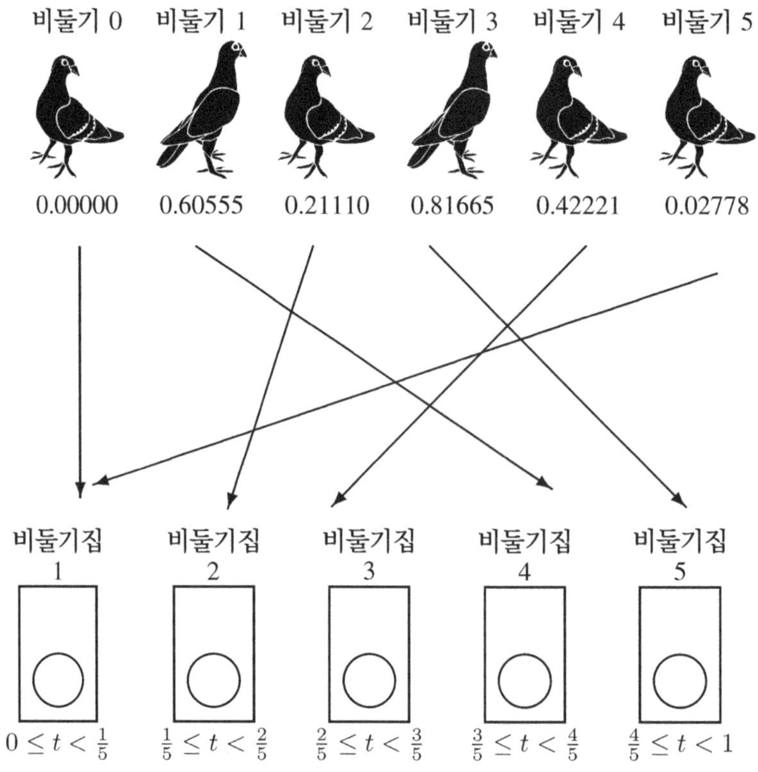

그림 33.1. $D = 13$, $Y = 5$일 때 비둘기들과 비둘기집들

이제 우리는 비둘기 두 마리 F_m과 F_n이 같은 비둘기집에 있다는 것을 안다. 이 두 마리 비둘기의 번호는 $m < n$를 만족한다고 하자. 비둘기집은 매우 좁아서 벽과 벽 사이의 간격은 $1/Y$이고, 비둘기 F_m과 F_n 사이의 간격은 $1/Y$보다 작다. 수식으로 나타내면

$$|F_m - F_n| < 1/Y$$

이다. 다음으로

$$m\sqrt{D} = N_m + F_m, \qquad n\sqrt{D} = N_n + F_n$$

을 이용하면,

$$\left|\left(m\sqrt{D} - N_m\right) - \left(n\sqrt{D} - N_n\right)\right| < 1/Y$$

이고, 좌변 수식을 다시 정리하면

$$\left|(N_n - N_m) - (n - m)\sqrt{D}\right| < 1/Y$$

이다. $N_n - N_m$과 $n - m$은 (양의) 정수임을 상기하자. $N_n - N_m$과 $n - m$을 x와 y라 하면, 우리의 목적에 맞는 아주 작은 $|x - y\sqrt{D}|$를 얻는다.

마지막으로 우리가 해야 할 일은 정수 $y = n - m$의 크기를 재는 것이다. 정수 m과 n은 비둘기들 $F_0, F_1, \ldots, F_Y$ 중에서 비둘기 F_n과 F_m이 같은 비둘기집 안에 있도록 선택한 것이다. 특히 m과 n은 0과 Y 사이에 있으며, $n > m$을 만족하도록 선택하였기 때문에 우리는 $0 \le m < n \le Y$를 얻는다. 따라서 y는

$$0 < y \le Y$$

를 만족한다. 요약하면, 어떤 정수 Y에 대해서라도

$$0 < y \le Y, \qquad \left|x - y\sqrt{D}\right| < 1/Y$$

을 만족하는 정수 x와 y를 찾을 수 있다. 여기에서 Y를 크게 선택한다면 자연스럽게 새로운 x와 y를 찾을 수 있다. 고정된 x 와 y에 대하여 Y가 충분히 크다면 부등식

$$\left|x - y\sqrt{D}\right| < 1/Y$$

은 성립하지 않기 때문에, x와 y는 이전과 다를 수밖에 없다.[3] 마지막으로 $1/Y \le 1/y$이라는 자명한 사실을 이용하면 다음 디리클레 정리의 증명을 완성할 수 있다.

정리 33.1 (디리클레의 디오판토스 근사 정리 – 제1 형식)

D를 완전제곱수가 아닌 양의 정수라고 하자. 다음을 만족하는 무한히 많은 순서쌍 (x, y)가 존재한다.

$$\left|x - y\sqrt{D}\right| < 1/y$$

표에서 $D = 13$인 경우를 살펴, 디리클레의 디오판토스 근사 정리(Dirichlet's Diophantine approximation theorem)의 예를 들어 보이려 한다. 표에는 부등식

$$\left|x - y\sqrt{D}\right| < 1/y$$

을 만족하는 정수해 (x, y)가 일곱쌍 존재한다. 순서쌍은

$$(4,1),\ (7,2),\ (11,3),\ (18,5),\ (36,10),\ (119,33),\ (137,38)$$

이다. 순서쌍의 개수는 많아 보이지만, 실제로는 많다고 할 수 없다.[4] 표에서 범위를 $y = 1000$까지 확장하면, 우리는 네 개의 순서쌍을 더 찾을 수 있다.

$$(256,71),\ (393,109),\ (649,180),\ (1298,360)$$

---

[3] 우리는 암묵적으로 D는 완전제곱수가 아님을 이용했다. 그렇지 않으면 $|x - y\sqrt{D}| = 0$이 될 수 있기 때문이다.

[4] 물론, 어떤 의미에서는 이러한 순서쌍이 드물지 않다고 할 수 있다. 왜냐하면 이러한 순서쌍은 무한히 많이 존재하고, 그리고 무엇보다 이것은 무한히 많은 것들을 "드물다"라고 하니 터무니 없어 보인다. 하지만 이러한 순서쌍은 모든 정수 순서쌍들의 집합 안에서는 극도로 드물게 존재한다. 이것은 13장에서 관찰했듯이 소수가 무한히 많이 존재함에도 불구하고 "대부분"의 수는 합성수라는 것과 비슷하다.

범위를 $y = 5000$까지 확장하여도, 겨우 네 개의 순서쌍을 더 찾을 수 있을 뿐이다.

$$(4287, 1189),\ (4936, 1369),\ (9223, 2558),\ (14159, 3927)$$

디오판토스 근사(Diophantine Approximation) 이론이라고 불리는 수학의 분야가 있다. 이 분야의 주제는 유리수로 무리수를 근사하는 것이다. 디리클레 부등식의 양변을 y로 나누면

$$\left|\frac{x}{y} - \sqrt{D}\right| < \frac{1}{y^2}$$

이므로, 디리클레의 디오판토스 근사 정리는 유리수 x/y을 이용하여 무리수 $\sqrt{D}$를 근사하는 것이다. 이것은 y가 큰 수이면, x/y는 $\sqrt{D}$와 아주 가깝게 된다는 것을 보여 준다.

디리클레의 디오판토스 근사 정리의 증명을 되돌아보면, $\sqrt{D}$가 D의 제곱근이라는 사실을 이용하지 않았음을 알 수 있다. 우리가 진정 알아야 할 것은 $\sqrt{D}$는 유리수가 아니라는 사실이다. 따라서 우리가 진정 풀어야 하는 것은 다음과 같은 더 일반적인 결과이다.

정리 33.2 (디리클레의 디오판토스 근사 정리 – 제2 형식)

$\alpha > 0$은 무리수라고 하자. 즉, α는 분수식 a/b로 쓸 수 없는 실수이다. 그러면

$$|x - y\alpha| < \frac{1}{y}$$

을 만족하는 무한히 많은 양의 정수의 순서쌍 (x, y)가 존재한다.

예를 들어 α를

$$\pi = 3.14159265358979323846264338 3\ldots$$

이라고 하자. 다음 표에서 $y < 500$인 범위에서

$$|x - y\pi| < 1/y,$$

를 만족하는 모든 순서쌍 (x, y)를 $|x - y\pi| \cdot y$와 x/y 값과 함께 나열하였다. 우리는 비율 x/y에 주로 관심이 있으므로, 더 정확하게는 표는 $\gcd(x, y) = 1$을 만족하는 순서쌍만 나열하였다.

x	y	$\lvert x - y\pi\rvert \cdot y$	x/y
3	1	0.141593	3.0000000000
19	6	0.902664	3.1666666667
22	7	0.061960	3.1428571429
333	106	0.935056	3.1415094340
355	113	0.003406	3.1415929204

$22/7$와 $355/113$는 특히 π와 아주 가까운 수임을 확인하자. $22/7$와 $355/113$는 이전의 작업에서 π의 근사값을 구하는 데 널리 이용하였다. y의 범위를 더 넓혀 보면, π와 가까운 그 다음 유리수는

$$\frac{103993}{33102} = 3.141592653011903\ldots$$

임을 알 수 있다.

이제까지 우리는 무리수에 근사하는 유리수를 찾기 위하여 가능한 모든 정수쌍들을 일일이 대입해 보는 단순하고 맹목적인 방법을 사용하였다. 임의의 y에 대하여 $y\alpha$에 가까운 정수 x를 선택한 후 x/y가 α에 얼마나 가까운지 확인하였다. 연분수 이론에 기초한 최선의 x/y를 찾기 위한 좀 더 체계적인 방법이 있다. 우리는 47장과 48장에서 연분수에 대하여 공부할 것이다.† 연분수의 다른 성질들에 대해서는 데이븐포트(Davenport)의 《고차 산술(The Higher Arithmetic)》이나 기초 정수론에 대한 다른 교과서들을 참고하길 바란다. 연분수가 얼마나 강력한 수단인지를 보여 주기 위하여 π의 소수 13자리와 소수 21자리의 근사값인 유리수

$$\frac{5419351}{1725033} = 3.141592653589815383\ldots$$

과

$$\frac{21053343141}{6701487259} = 3.1415926535897932384623817\ldots$$

을 언급하려 한다. 가능한 모든 유리수들을 생각해 보는 방법으로 이러한 예를 찾는 것은 어려워 보인다! 연분수를 공부하면 펠 방정식의 해가 매우 큰 경우에도 해를 찾을 수 있는 효과적인 방법을 알게 된다. 연분수를 이용해서 황금비의 유리 근사를 구하는 방법이 연습문제에 있다.

연습문제

33.1. 디리클레의 디오판토스 근사 정리(제 2 형식)를 증명하여라.

33.2. 수

$$\gamma = \frac{1+\sqrt{5}}{2} = 1.61803398874989\ldots$$

은 황금비(Golden Ratio)라 불리는 수로, 이 용어는 사실과 다르게 고대 그리스인들의 유산이라고 알려져있다.

(a) 각각의 $y \le 20$에 대하여, $|x - y\gamma|$를 가능한한 가장 작게 만드는 정수 x를 구하여라. $y \le 20$일 때, 유리수 x/y 중에서 γ와 가장 가까운 근사값은 무엇인가?

(b) 만일 컴퓨터를 사용할 수 있다면,

$$21 < y \le 1000, \quad \gcd(x,y) = 1, \quad |x - y\gamma| < 1/y$$

을 만족하는 모든 순서쌍 (x,y)를 찾아라. x/y와 γ를 비교하여라.

---

†온라인으로 제공되는 장이어서 이 책에는 추가하지 않았다.

(c) 왜 γ를 황금비라고 부르는지 그 이유를 알아보고, γ의 수학적 의미와 예술과 건축에서 황금비가 어떻게 나타나는지에 대하여 한두 단락 정도로 기술하여라.

33.3. 유리수 목록을 생성하는 다음의 규칙을 살펴보자.

- 첫 번째 수는 $r_1 = 1$이다.
- 두 번째 수는 $r_2 = 1 + 1/r_1 = 1 + 1/1 = 2$이다.
- 세 번째 수는 $r_3 = 1 + 1/r_2 = 1 + 1/2 = 3/2$이다.
- 네 번째 수는 $r_4 = 1 + 1/r_3 = 1 + 2/3 = 5/3$이다.

일반적으로, 목록에 있는 n번째 수는 $r_n = 1 + 1/r_{n-1}$으로 주어진다.

(a) $r_1, r_2, \ldots, r_{10}$의 값을 계산하여라. ($r_{10} = 89/55$를 얻을 것이다.)

(b) $\gamma = \frac{1}{2}(1+\sqrt{5})$를 황금비라고 하자.

$$|r_1 - \gamma|, \quad |r_2 - \gamma|, \quad \ldots \quad |r_{10} - \gamma|$$

을 소수로 나타내어라. 무엇을 알 수 있는가?

(c) 컴퓨터나 프로그램 가능한 계산기가 있다면 r_{20}, r_{30}, r_{40}을 계산하고 γ와 비교하여라.

(d) 목록에 있는 수 $r_1, r_2, r_3, \ldots$들이 적당한 수 r에 가까워진다고 가정하자. (미적분학 기호로 $r = \lim_{n\to\infty} r_n$.) $r_n = 1 + 1/r_{n-1}$임을 이용하여 왜 r이 $r = 1 + 1/r$을 만족하는지 설명하여라. 이것을 이용하여 $r = \gamma$임을 증명하고, (b)와 (c)에서 독자가 관찰했던 것을 설명하여라.

(e) 분수 $r_1, r_2, r_3, \ldots$에 나오는 분자와 분모를 다시 한번 살펴보아라. 이러한 수들이 어떤 수인지 알 수 있는가? 만일 그렇다면, 그것들이 독자가 주장하는 수임을 증명하여라.

33.4. 디리클레의 디오판토스 근사 정리가 우리에게 말해 주는 것은 $|x - y\sqrt{2}| < 1/y$을 만족하는 양의 정수쌍 (x, y)는 무한히 많다는 것이다. 이번 연습문제에서는 독자에게 이것을 개선할 수 있는지 묻는다.

(a) 다음 각각의 y에 대하여 $|x - y\sqrt{2}| < 1/y$를 만족하는 x를 찾으시오.

$$y = 12, 17, 29, 41, 70, 99, 169, 239, 408, 577, 985, 1393, 2378, 3363.$$

(이 목록은 10과 5000 사이에 가능한 모든 y의 목록이다.) $|x - y\sqrt{2}|$은 $1/y$보다 더 작은 값인가? 이것은 $1/y^2$보다도 작은 값인가? $1/y$과 $1/y^2$을 $|x - y\sqrt{2}|$와 비교하는 좋은 방법은 $y|x - y\sqrt{2}|$와 $y^2|x - y\sqrt{2}|$의 값을 계산하는 것이다. $y|x - y\sqrt{2}|$의 값 중에서 가장 작은 값을 추측할 수 있는가?

(b) 모든 양의 정수 순서쌍 (x, y)에 대하여 다음 두 명제가 참임을 증명하시오.

(i) $|x^2 - 2y^2| \geq 1$.

(ii) 만일 $|x - y\sqrt{2}| < 1/y$이면 $x + y\sqrt{2} < 2y\sqrt{2} + 1/y$이다.

(i)과 (ii)를 이용하여 다음을 증명하여라.

$$\text{모든 양의 정수 순서쌍 } (x, y)\text{에 대하여 } \left|x - y\sqrt{2}\right| > \frac{1}{2y\sqrt{2} + 1/y} \text{ 이다.}$$

이것이 (a)에서 했던 계산을 설명해 주는가?

제 **34** 장

디오판토스 근사와 펠 방정식

펠 방정식

$$x^2 - Dy^2 = 1$$

의 해를 찾는 문제로 돌아가 보자. 지난 장에서 관찰한 바와 같이, $\left|x - y\sqrt{D}\right|$를 작게 만드는 순서쌍 (x, y) 중에서 해를 찾아야 한다. 왜냐하면 펠 방정식은

$$\left|x - y\sqrt{D}\right| = \frac{1}{\left|x + y\sqrt{D}\right|} < \frac{1}{y}$$

을 만족해야 하기 때문이다. 우리의 아이디어는 $x^2 - Dy^2$이 같은 값을 가지는 두 개의 순서쌍을 찾아서 그 둘을 "나누는" 것이다.

우리의 의도를 이해하기 위해 다음 예제를 살펴보자. $D = 13$을 선택하자. 33장의 표를 살펴보면, 순서쌍 $(x_1, y_1) = (11, 3)$과 $(x_2, y_2) = (119, 33)$은 방정식 $x^2 - 13y^2 = 4$의 해가 됨을 알 수 있다. 이 두 개의 해를 다음과 같이 "나누자".

$$\begin{aligned}\frac{119 - 33\sqrt{13}}{11 - 3\sqrt{13}} &= \left(\frac{119 - 33\sqrt{13}}{11 - 3\sqrt{13}}\right)\left(\frac{11 + 3\sqrt{13}}{11 + 3\sqrt{13}}\right)\\ &= \frac{22 - 6\sqrt{13}}{4}\\ &= \frac{11}{2} - \frac{3}{2}\sqrt{13}\end{aligned}$$

짜잔![†] 순서쌍 $(11/2, 3/2)$은 펠 방정식 $x^2 - 13y^2 = 1$의 해이다. 운이 나쁘게도, 이전에 확인한 바와 같이 이것은 정수해가 아니다. 장애물은 분모에 성가신 2가 있는 것이다. 좀 더 정확히는 $11^2 - 3^2 \cdot 13 = 4$로 기인하는 4가 분모에 있고, 분모에서 2만을 약분할 수 있었던 것이다.

만일 $x^2 - 13y^2 = 4$의 해를 좀 더 찾아볼 수 있다면, 분모에 있는 4를 약분할 수 있는 해를 찾을 수 있을지도 모른다. 해를 더 찾아보다 보면 결국 $(14159, 3927)$을 찾게 된다. 이를 (x_2, y_2)로 하여 계산하면

$$\frac{14159 - 3927\sqrt{13}}{11 - 3\sqrt{13}} = \frac{2596 - 720\sqrt{13}}{4} = 649 - 180\sqrt{13}$$

[†] 원문은 Voilà!

이다. 유레카(Eureka)! 펠 방정식 $x^2 - 13y^2 = 1$의 정수해 $(x, y) = (649, 180)$을 찾았다.

어떻게 순서쌍 $(11, 3)$과 $(14159, 3927)$을 가지고 성공적으로 정수해를 찾을 수 있었을까? 이 순서쌍들은 분모의 4를 약분할 수 있었는데

$$11 \equiv 14159 \pmod 4), \qquad 3 \equiv 3927 \pmod 4)$$

이기 때문이다. 이러한 중요한 관찰로 무장하면, 우리는 마침내 32장에 나왔던 펠 방정식 정리를 증명할 준비가 된 것이다. 확신을 가지고 다시 상기해 보자.

정리 34.1 (펠 방정식 정리)

D는 완전제곱수가 아닌 양의 정수라고 하자. 그러면 펠 방정식

$$x^2 - Dy^2 = 1$$

은 항상 양의 정수해가 존재한다. 만일 (x_1, y_1)이 해 중에서 x_1이 가장 작은 해라면 모든 해 (x_k, y_k)은 이것을 k번 거듭제곱하여

$$x_k + y_k\sqrt{D} = \left(x_1 + y_1\sqrt{D}\right)^k \qquad (k = 1, 2, 3, \ldots)$$

과 같이 얻을 수 있다.

증명 우리의 첫 번째 목표는 펠 방정식의 해는 적어도 한 개 이상이라는 것을 증명하는 것이다. 디리클레의 디오판토스 근사 정리 (정리 33.1) 제 1 형식은

$$\left|x - y\sqrt{D}\right| < \frac{1}{y}$$

을 만족하는 무한히 많은 정수 순서쌍 (x, y)가 존재한다는 것이다. (x, y)를 이러한 순서쌍이라고 하고

$$\left|x^2 - Dy^2\right| = \left|x - y\sqrt{D}\right| \cdot \left|x + y\sqrt{D}\right|$$

의 크기를 계산하자. 우변의 첫 번째 인수는 $1/y$보다 작다. 우변의 두 번째 인수에 대해서는 무엇을 알고 있는가?

$\left|x - y\sqrt{D}\right| < 1/y$임을 이용하면, x의 경계가

$$x < y\sqrt{D} + 1/y$$

임을 알고, 따라서

$$x + y\sqrt{D} < \left(y\sqrt{D} + 1/y\right) + y\sqrt{D} = 2y\sqrt{D} + 1/y < 3y\sqrt{D}$$

이다. 부등식 양변에 $\left|x - y\sqrt{D}\right|$을 곱하면 다음을 얻는다.

$$\left|x^2 - Dy^2\right| < \left|x - y\sqrt{D}\right| \cdot 3y\sqrt{D} < (1/y) \cdot \left(3y\sqrt{D}\right) = 3\sqrt{D}$$

요약하자면 부등식

$$\left|x - y\sqrt{D}\right| < 1/y$$

을 만족하는 양의 정수해 (x, y)는

$$\left|x^2 - Dy^2\right| < 3\sqrt{D}$$

도 만족한다는 것이다. 이제 33장에서 소개했던 비둘기집 원리를 변형하여 이용하려 한다. 우리의 비둘기들은 부등식 $\left|x - y\sqrt{D}\right| < 1/y$의 양의 정수해 (x, y)이다. 디리클레의 디오판토스 근사 정리 제 1 형식 (정리 33.1)이 알려주는 것은 무한히 많은 비둘기가 존재한다는 것이다.[1] 비둘기집은 다음과 같은 정수들

$$-T, -T+1, -T+2, \ldots, -3, -2, -1, 0, 1, 2, 3, \ldots, T-2, T-1, T$$

로 선택하자. 단, 정수 T는 $3\sqrt{D}$보다 작은 최대 정수이다. (x, y)가 비둘기라면 $x^2 - Dy^2$의 값은 $-T$와 T 사이에 있고, 따라서 우리는 비둘기 (x, y)를 번호 $x^2 - Dy^2$이 붙은 비둘기집에 대응시킬 수 있다.

이제 무한히 많은 비둘기를 유한개의 비둘기집에 넣으려고 한다![2,†] 분명히 어떤 비둘기집에는 무한히 많은 비둘기들이 있다. 비둘기집 M에 무한히 많은 비둘기가 있다고 하자. (상황을 간단히 만들기 위해 M은 양수라고 가정하자. 음수 M에 대해서는 비슷하게 증명할 수 있으므로 독자에게 맡긴다.) 수학적인 용어로, 이것은 "유사–펠" 방정식

$$x^2 - Dy^2 = M$$

이 무한히 많은 양의 정수해 (x, y)를 가진다는 것이다. 양의 정수해를

$$(X_1, Y_1), (X_2, Y_2), (X_3, Y_3), (X_4, Y_4), \ldots$$

라고 하자. 이 목록이 끝없이 계속된다는 것을 마음속에 간직하자.

이 장의 도입부에서 소개한 예제에서 제안한 대로,

$$X_j \equiv X_k \pmod{M}, \qquad Y_j \equiv Y_k \pmod{M}$$

을 만족하는 두 개의 해 (X_j, Y_j)와 (X_k, Y_k)를 찾으려 한다. 비둘기집 원리를 한 번 더 사용하여 이러한 해를 찾을 것이다. 여기서 우리의 비둘기는 해 $(X_1, Y_1), (X_2, Y_2), \ldots$이고 따라서 무한히 많은 비둘기가 있다. 비둘기집은

$$0 \le A < M \text{와 } 0 \le B < M \text{를 만족하는 순서쌍 } (A, B)$$

---

[1] 비둘기에게 먹이 주는 일이나 비둘기집을 청소하는 일은 없을 테니 걱정하지 마시오.

[2] 이것은 바늘 끝에서 무한히 많은 천사들을 춤추게 하는 것과 비슷하면서도 더 지저분한 과제이다. 비둘기집 원리가 어디까지 분명한 진실이고, 어디까지가 신앙의 문제인지 생각해 볼 기회를 준다.

† 천사 얘기는 중세 스콜라 철학에서 바늘 끝에서 몇 명의 천사가 춤출 수 있는지를 논하였던 데서 나온 것으로 현대에서는 대체로 "별 쓰잘머리 없는 소리"라는 비유로 많이 사용한다. 비둘기를 비둘기집에 모으는 비둘기집 원리와 바늘 끝에 천사를 모으는 게 비슷한 이미지지만 (더불어 비둘기가 천사보다는 지저분하다.) 비둘기집이 훨씬 유용하다는 뜻을 나타내려고 이런 비유를 사용한 듯하다.

이고, 따라서 M^2 개의 비둘기집이 있다. 각각의 비둘기 (X_i, Y_i)에 대하여 X_i와 Y_i를 M으로 나눈 나머지에 해당하는 비둘기집을 하나씩 대응하도록 하자. 즉, 비둘기 (X_i, Y_i)와 비둘기집 (A, B)를 대응시키되

$$X_i \equiv A \pmod{M}, \quad Y_i \equiv B \pmod{M}, \quad 0 \le A, B < M$$

을 만족하도록 하자.

다시 유한개의 비둘기집에 무한히 많은 비둘기가 대응되었다. 따라서 무한히 많은 비둘기가 있는 비둘기집이 반드시 존재한다. 특히 같은 비둘기집에 둥지를 튼 다른 두 마리의 비둘기 (X_j, Y_j)와 (X_k, Y_k)를 찾을 수 있다. 수학적으로 다음을 만족하는 두 개의 양의 정수의 순서쌍 (X_j, Y_j)와 (X_k, Y_k)를 만들어낸 것이다.

$$\begin{aligned} X_j &\equiv X_k \pmod{M}, & X_j^2 - DY_j^2 &= M, \\ Y_j &\equiv Y_k \pmod{M}, & X_k^2 - DY_k^2 &= M. \end{aligned}$$

이 장에서 이미 설명한 바와 같이

$$x + y\sqrt{D} = \frac{X_j - Y_j\sqrt{D}}{X_k - Y_k\sqrt{D}} = \frac{(X_jX_k - Y_jY_kD) + (X_jY_k - X_kY_j)\sqrt{D}}{X_k^2 - DY_k^2}$$

로 두어 펠 방정식의 해 (x, y)를 구하려 한다. 즉, 우리의 주장은 다음과 같은 식

$$x = \frac{X_jX_k - Y_jY_kD}{M}, \qquad y = \frac{X_jY_k - X_kY_j}{M}$$

이 $x^2 - Dy^2 = 1$의 정수해를 준다는 것이다.

우선 (x, y)는 펠 방정식

$$\begin{aligned} x^2 - Dy^2 &= \left(\frac{X_jX_k - Y_jY_kD}{M}\right)^2 - D\left(\frac{X_jY_k - X_kY_j}{M}\right)^2 \\ &= \frac{(X_j^2 - DY_j^2)(X_k^2 - DY_k^2)}{M^2} \\ &= 1 \end{aligned}$$

을 만족한다. 그 다음 우리는 x와 y가 정수임을 보여야 한다. 다음의 합동식

$$X_j \equiv X_k \pmod{M}, \qquad Y_j \equiv Y_k \pmod{M}$$

을 이용하면 x와 y의 "분자"가

$$X_jX_k - Y_jY_kD \equiv X_j^2 - Y_j^2D = M \equiv 0 \pmod{M},$$

$$X_jY_k - X_kY_j \equiv X_jY_j - X_jY_j \equiv 0 \pmod{M}$$

을 만족하는 것을 알 수 있다. 따라서 분자들은 M으로 나누어지고, 분모의 M은 약분된다. 이것은 x와 y가 실제로 정수라는 것을 알려주고, 만일 필요하다면 부호를 바꾸어 펠 방정식 $x^2 - Dy^2 = 1$의 음이 아닌 정수해를 찾을 수 있다.

$x \geq 1$은 자명하다. 이제 $y \neq 0$임을 보여야 한다. 만일 $y = 0$이라면 $X_jY_k = X_kY_j$이므로

$$Y_k^2 M = Y_k^2(X_j^2 - DY_j^2) = (X_jY_k)^2 - D(Y_jY_k)^2$$

$$= (X_kY_j)^2 - D(Y_jY_k)^2 = Y_j^2(X_k^2 - DY_k^2) = Y_j^2 M$$

임을 알 수 있다. Y_j와 Y_k를 서로 다른 양의 정수로 선택했으므로, 이런 경우는 생기지 않는다. 따라서 $y \neq 0$이고 우리는 펠 방정식의 양의 정수해 (x, y)를 찾았다. 여기까지 펠 방정식 정리의 앞 절반이 증명되었다.

나머지 절반을 증명하려면, (x_1, y_1)을 x_1이 가장 작은 정수해라고 하고, 모든 해는 $x_1 + y_1\sqrt{D}$의 거듭제곱을 하여 얻을 수 있음을 보여야 한다. 31장에서 $D = 2$일 때 사용했던 방법을 이용할 수도 있지만, 좀 더 일반적인 상황에서 유용한 다른 방향의 재미있는 증명을 제시하겠다.

(u, v)를 $x^2 - Dy^2 = 1$의 임의의 양의 정수해라고 하자. 다음 두 개의 실수

$$z = x_1 + y_1\sqrt{D} \text{ 와 } \qquad r = u + v\sqrt{D}$$

를 고려하자. z는 $z > 1$을 만족하고, 따라서 r는 z의 두 거듭제곱 사이에 있다. 즉,

$$z^k \leq r < z^{k+1}$$

이다. [정확하게는 k를 $\log(r)/\log(z)$보다 작은 최대 정수로 선택한다.] z^k으로 나누면

$$1 \leq z^{-k} \cdot r < z$$

를 얻는다. x_k와 y_k를 정의한 방법에 의하여 $z^k = x_k + y_k\sqrt{D}$임을 알 수 있고,

$$\left(x_k + y_k\sqrt{D}\right)\left(x_k - y_k\sqrt{D}\right) = x_k^2 - Dy_k^2 = 1$$

이므로 $z^{-k} = x_k - y_k\sqrt{D}$이 된다. 따라서

$$z^{-k} \cdot r = \left(x_k - y_k\sqrt{D}\right)\left(u + v\sqrt{D}\right) = (\underbrace{x_ku - y_kvD}_{\text{이것을 } s \text{라 하자}}) + (\underbrace{x_kv - y_ku}_{\text{이것을 } t \text{라 하자}})\sqrt{D}$$

이다.

우리는 s와 t에 대해 다음 세 가지 사실을 알고 있다.

(1) $s^2 - Dt^2 = 1$

(2) $s + t\sqrt{D} \geq 1$

(3) $s + t\sqrt{D} < z$

우리의 주장은 $s \geq 0$이고 $t \geq 0$이라는 것이다. 우리의 주장을 증명하려면 다른 가능성을 제거해야 한다. (2)는 s와 t가 모두 음수가 될 수는 없음을 알려준다. $s \geq 0$이고 $t < 0$라고 가정해 보자. 그러면 (2)에 의하여 $s - t\sqrt{D} > s + t\sqrt{D} \geq 1$이고, 따라서 (1)에 의하면

$$1 = s^2 - Dt^2 = \left(s - t\sqrt{D}\right)\left(s + t\sqrt{D}\right) > 1$$

임을 얻는다. 이것은 불가능하므로 $s \geq 0$이고 $t < 0$일 수는 없다. 비슷한 방법으로, $s < 0$이고 $t \geq 0$이라면 $-s + t\sqrt{D} > s + \sqrt{D} \geq 1$이고, 따라서

$$-1 = -s^2 + Dt^2 = \left(-s + t\sqrt{D}\right)\left(s + t\sqrt{D}\right) > 1$$

를 얻는데, 이 역시 불가능하다. $s \geq 0$이고 $t \geq 0$인 경우 외에는 모든 가능성이 제거되었으므로, 우리의 주장이 증명되었다.

이제 우리는 (s, t)가 $x^2 - Dy^2 = 1$의 음이 아닌 정수해라는 것을 안다. s와 t가 모두 양수라면, (x_1, y_1)이 가장 작은 해라는 가정으로부터 $s \geq x_1$이 된다. 더 나아가

$$t^2 = \frac{s^2 - 1}{D} \geq \frac{x_1^2 - 1}{D} = y_1^2$$

이고, 따라서 $t \geq y_1$도 알 수 있고, 그러면

$$s + t\sqrt{D} \geq x_1 + y_1\sqrt{D} = z$$

이다. 이것은 (3)의 부등식 $s + t\sqrt{D} < z$에 모순된다. 따라서 s와 t가 모두 음이 아니라도 모두 양인 것도 아니다. 그러므로 둘 중에서 하나는 0이고, $s^2 - Dt^2 = 1$로부터 $t = 0$이고 $s = 1$이다.

요약하자면, $z^{-k} \cdot r$는 1이고, 이것은 $r = z^k$임을 의미한다. 다시 말하자면 (u, v)가 $x^2 - Dy^2 = 1$의 양의 정수해라면 적당한 지수 k가 존재하여 다음을 만족한다.

$$r = u + v\sqrt{D}\text{는} \quad z^k = \left(x_1 + y_1\sqrt{D}\right)^k = x_k + y_k\sqrt{D}\text{와 같다.}$$

이것은 $u + v\sqrt{D}$가 $x_1 + y_1\sqrt{D}$의 거듭제곱이 된다는 것을 의미하며, 이로써 펠 방정식 정리의 증명이 완결되었다. □

연습문제

34.1. 이번 장에서 우리는 펠 방정식 $x^2 - Dy^2 = 1$이 항상 양의 정수해를 가진다는 것을 증명하였다. 이번 연습문제에서는 우변의 1이 다른 수로 바뀌면 어떻게 되는지 알아보려 한다.

(a) $2 \leq D \leq 15$ 사이의 완전제곱수가 아닌 각각의 D에 대하여, 방정식 $x^2 - Dy^2 = -1$의 양의 정수해가 있는지 없는지 판정하여라. 해가 존재할 것이라 예상할 수 있는 D의 유형을 정할 수 있는가?

(b) 만일 (x_0, y_0)가 $x^2 - Dy^2 = -1$의 양의 정수해라면, $(x_0^2 + Dy_0^2, 2x_0y_0)$은 펠 방정식 $x^2 - Dy^2 = 1$의 해임을 증명하여라.

(c) $x^2 - 41y^2 = -1$의 해를 $41y^2 - 1$이 완전제곱수가 될 때까지 $y = 1, 2, 3, \ldots$을 대입하여 구하여라. (그다지 많이 계산할 필요는 없을 것이다.) 독자의 답과 (b)를 이용하여 펠 방정식 $x^2 - 41y^2 = 1$의 양의 정수해를 구하여라.

(d) 만일 (x_0, y_0)이 $x^2 - Dy^2 = M$의 해이고 만일 (x_1, y_1)이 펠 방정식 $x^2 - Dy^2 = 1$의 해라면 $(x_0x_1 + Dy_0y_1, x_0y_1 + y_0x_1)$이 방정식 $x^2 - Dy^2 = M$의 해임을 증명하여라. 이것을 이용하여 $x^2 - 2y^2 = 7$의 모두 다른 다섯 개의 양의 정수해를 구하여라.

34.2. 다음 각각의 방정식에 대하여, 양의 정수해 (x, y)를 구하거나 혹은 왜 해가 존재하지 않는지 설명하여라.

(a) $x^2 - 11y^2 = 7$ **(b)** $x^2 - 11y^2 = 433$ **(c)** $x^2 - 11y^2 = 3$

제 35 장

수론과 허수

현대인 대다수는 "수"

$$i = \sqrt{-1}$$

에 익숙하다. -1의 제곱근을 나타내기 위해 "i"를 사용한 것은 사람들이 이러한 수의 존재를 매우 의심하고, 이 수들이 실재하는 수†라고는 도저히 생각할 수 없어서 허수(imaginary number)라고 불러야 한다고 했던 시대까지 거슬러 올라간다. 요즈음 같이 계몽된 시대에는 모든[1] 수를 일련의 문제를 풀기 위한 확장과 추상화된 개념이라고 인지한다. 예를 들어, (AD 600년경부터 인도에서 사용되었음에도, 유럽에서는 14세기까지도 사용하지 않았던) 음수는 소의 수를 셀 때는 유용하지 않지만 누가 누구에게 얼마만큼 소를 빚지고 있는지 계산하는 데는 유용하다. 유리수는 사람들이 잘게 나눌 수 있는 물건을 거래할 때, 예를 들어 밀가루 푸대 혹은 들판의 옥수수 같은 것을 거래할 때 자연스럽게 등장하였다. 피타고라스 학파가 밑변과 높이의 길이의 비로 나타낼 수 없는 빗변을 가지는 도형‡을 발견한 것처럼, 무리수—유리수가 아닌 수—는 가장 간단한 측량에서도 나타난다. 이 발견은 당대 수학적 지성들을 화나게 만들었는데, 이러한 비밀을 발설한 이는 죽음의 형벌을 받게 되었다. 허수 개념의 도입은 19세기 유럽에 이전과 비슷한 충격을 불러왔지만, 다행히도 이전 시대만큼 허수의 사용에 대해 심하게 제재를 가하지는 않았다.

허수, 그리고 조금 더 일반적으로 복소수

$$z = x + iy$$

는 분명한 목적, 즉 방정식의 해를 찾기 위해 수학자들에게 소개되었다. 음수는 방정식 $x+3=0$을 풀기 위해 필요하고, 유리수는 $3x-7=0$을 풀기 위해 필요하다. 방정식 $x^2-5=0$을 풀기 위해서는 무리수 $\sqrt{5}$가 필요하지만, 모든 무리수를 다 알고 있어도 간단한 방정식 $x^2+1=0$을 풀 수 없기 때문에 좀 더 일반적인 수의 도입이 필요하다. 이 방정식은 "실수" 범위에서는 어떠한 해도 가지지 않기 때문에 방정식을 풀기 위한 새로운 종류의 수를 창조하고 이 새로운 수를 i라고 부르는 것을 막을 수 없었다. 이것은 방정식 $x^2-5=0$의 해가 유리수 범위에서는 없기 때문에, 해를 창조하고 $\sqrt{5}$라고 부르는 것과 마찬가지이다. 심지어는 방정식 $3x-7=0$의 해가 정수 범위에는 없기에 방정식의 해를 창조하고 그것을 $\frac{7}{3}$이라고 불렀을 때와도 정확히 같다.

---

† "real numbers"

[1] 또는 최소한 거의 모두. 레오폴트 크로네커(Leopold Kronecker, 1823-1891)는 이러한 관점을 생생하게 표현하였다. "신은 정수를 만들었다. 나머지는 인간의 업적이다."

‡ 밑변과 높이의 길이가 1인 직각이등변삼각형

복소수는 $x^2+1=0$과 같은 방정식의 해를 구하려고 발명되었으나[2] 왜 여기서 멈추고 새로운 수를 창조하지 않았을까? 이제 복소수를 알고 있으니

$$(3+2i)x^3 - (\sqrt{3}-5i)x^2 - (\sqrt[7]{5}+\sqrt[3]{14}i)x + 17 - 8i = 0$$

과 같이 계수가 복소수인 조금 더 복잡한 방정식의 해를 구해 보자. 만일 이 방정식의 해가 없다면 우리는 새로운 수를 창조해야 할지도 모른다. 놀랍게도, 이 방정식은 복소수 범위에서 해가 있음을 알게 된다. 그 해를 (소수 다섯 자리 수까지 정확히 나타내면)

$$1.27609 + 0.72035i, \quad 0.03296 - 2.11802i, \quad -1.67858 - 0.02264i$$

와 같다. 이러한 종류의 모든 방정식을 풀기 위해서 복소수만 있으면 충분하다는 사실은 긴 역사와 함께 인상적인 이름을 가지고 있다.

정리 35.1 (대수학의 기본정리)

$a_0, a_1, a_2, \ldots, a_d$가 복소수이고 $a_0 \neq 0$이고 $d \geq 1$이라면 방정식

$$a_0x^d + a_1x^{d-1} + a_2x^{d-2} + \cdots + a_{d-1}x + a_d = 0$$

은 복소수 범위에서 해를 가진다.

이 정리는 18세기 많은 수학자들에 의해 제안되었고 사용되었지만 19세기 초기에 이르러서야 만족스러운 증명이 발견되었다. 이제는 많은 증명들이 알려져 있고, 어떤 증명은 대수학을 주로 이용하고, 어떤 증명은 해석학(미적분학)을 이용하고, 어떤 증명은 기하적 아이디어를 이용한다. 유감스럽게도, 어떠한 증명도 쉽지 않기 때문에, 여기에서는 다루지 않기로 한다.

대신에 우리는 복소수의 정수론을 엄밀히 살피고자 한다. 복소수의 덧셈, 뺄셈에 대한 간단한 규칙은 독자 여러분이 알고 있으리라고 믿는다. 그리고 곱셈은

$$(a+bi)(c+di) = ac + adi + bci + bdi^2 = (ac-bd) + (ad+bc)i$$

와 같이 쉽게 정의할 수 있다. 나눗셈은 오래된 마술인 분모의 유리화를 이용한다.

$$\frac{a+bi}{c+di} = \frac{a+bi}{c+di} \cdot \frac{c-di}{c-di} = \frac{(ac+bd)+(-ad+bc)i}{c^2+d^2}$$

우리는 복소수 중에서 가우스 정수라고 불리는 수를 이용해서 수론을 하고자 한다. 가우스 정수는

$$a\text{와 } b \text{ 모두 정수인 } a+bi$$

[2]어떤 이는 복소수가 이전부터 존재하였고 발견된 것이다라고 하였고 반면에 어떤 이는 복소수는 인간의 상상에 의해 창조된 수학적으로 추상화된 개념이라고 믿는다. 수학이 발견되는 것인지 창조되는 것인지는 (가장 좋은 철학적 질문들과 마찬가지로) 명확한 답이 있을 것 같지 않은 수수께끼이다.

형태의 복소수이다. 가우스 정수는 정수와 비슷한 성질들을 가지고 있다. 예를 들어 α와 β가 가우스 정수라면, 그들의 합 $\alpha+\beta$, 차 $\alpha-\beta$, 곱 $\alpha\beta$도 가우스 정수이다. 하지만 두 가우스 정수의 비는 (두 정수의 비가 정수일 필요가 없듯이) 가우스 정수가 아닐 수도 있다. 예를 들어

$$\frac{3+2i}{1-6i}=\frac{-9+20i}{37}$$

는 가우스 정수가 아니지만

$$\frac{16-11i}{3+2i}=\frac{26-65i}{13}=2-5i$$

는 가우스 정수이다.

이는 정수의 나눗셈을 정의한 방식과 마찬가지로 가우스 정수의 나눗셈을 정의하면 된다는 것을 시사한다. 따라서 가우스 정수 $a+bi$가 가우스 정수 $c+di$를 나눈다라고 할 때는

$$c+di=(a+bi)(e+fi)$$

를 만족하는 가우스 정수 $e+fi$가 있다는 뜻이다. 물론 이것은 나눗셈의 몫 $\dfrac{c+di}{a+bi}$가 다시 가우스 정수가 된다는 뜻과 같다. 예를 들어 $3+2i$는 $16-11i$를 나누지만 $1-6i$는 $3+2i$를 나누지 못한다.

가약성에 대하여 알았으니, 인수분해에 대하여 이야기해 보자. 예를 들어 $1238-1484i$는

$$1238-1484i=(2+3i)^3\cdot(-1+4i)\cdot(3+i)^2$$

과 같이 인수분해된다. 이미 우리가 소인수분해를 알고 있는 $600=2^3\cdot 3\cdot 5^2$과 같은 보통의 정수도, 가우스 정수를 이용하면 더 인수분해할 수 있다.

$$600=-i\cdot(1+i)^6\cdot 3\cdot(2+i)^2\cdot(2-i)^2$$

일반적인 정수에서는, 소수들은 더 이상 쪼개어 곱하는 것이 불가능하므로 소수가 인수분해의 기본 단위이다. 물론 기술적으로는 이것이 오롯이 참이라고 할 수는 없는데, 예를 들어 소수 7은

$$7=1\cdot 7,\quad \text{또는}\quad 7=(-1)\cdot(-1)\cdot 7\quad \text{또는 심지어}$$
$$7=(-1)\cdot(-1)\cdot(-1)\cdot(-1)\cdot 1\cdot 1\cdot 1\cdot 7$$

과 같이 "쪼개어 곱하기"로 쓸 수 있기 때문이다. 하지만 위와 같은 식들은 본질적으로 다른 인수분해라고 할 수는 없는데, 1이나 짝수 개의 -1은 인수로 여러 번 넣어도 되기 때문이다. 무엇이 1과 -1을 특별하게 만드는 것일까? 그 답은 (곱셈의) 역원이 정수가 되는 수는 정수 중에서는 1과 -1뿐이기 때문이다.

$$1\cdot 1=1,\qquad (-1)\cdot(-1)=1$$

(실제로, 1과 -1은 그 자신의 역수인데, 이것은 덜 중요한 사실이다.) 만일 a가 1과 -1이 아닌 정수라면 $ab = 1$을 만족하는 정수해 b는 존재하지 않으므로 a 의 곱셈에 대한 역원은 존재하지 않는다. 우리는 오직 1과 -1만 정수의 단원(unit)이라고 부른다.

가우스 정수는 정수보다 많은 단원을 갖는 축복을 받았다. 예를 들어

$$i \cdot (-i) = 1$$

이므로 i부터도 단원이다. 위 식은 $-i$ 또한 단원임을 보여 주므로, 가우스 정수는 최소한 네 개의 단원 1, -1, i, $-i$를 가진다. 그러면 다른 단원이 더 존재할까?

이 질문에 대한 답을 찾기 위해 $a + bi$가 가우스 정수의 단원이라고 가정하자. 이것은 $a + bi$가 곱에 대한 역원을 가진다는 의미이고, 따라서 다른 가우스 정수 $c + di$가 존재하여

$$(a + bi)(c + di) = 1$$

을 만족한다는 뜻이다. 식을 전개하면

$$ac - bd = 1, \qquad ad + bc = 0$$

이므로 이 방정식의 정수해 (a, b, c, d)를 찾으려 한다. 나중에 이 문제를 푸는 조금 더 멋진 (그리고 조금 더 기하적인) 방법을 알게 될 것이지만, 여기서는 약간의 대수와 기본 지식만을 이용하도록 하자.

우리는 여러 경우를 고려해야 한다. 첫 번째로 $a = 0$이면 $-bd = 1$이고 따라서 $b = \pm 1$이고 $a + bi = \pm i$이다. 두 번째로 $b = 0$이면 $ac = 1$이고 따라서 $a = \pm 1$이고 $a + bi = \pm 1$이다. 이 두 경우에는 우리가 이미 알고 있는 네 개의 단원을 얻는다.

세 번째이자 마지막 경우는 $a \neq 0$이고 $b \neq 0$인 경우이다. 그러면 c에 대해서 첫 번째 식을 풀 수 있고, 이것을 두 번째 식에 대입할 수 있다.

$$c = \frac{1 + bd}{a} \quad \Longrightarrow \quad ad + b\left(\frac{1 + bd}{a}\right) = 0 \quad \Longrightarrow \quad \frac{a^2 d + b + b^2 d}{a} = 0$$

따라서 $a \neq 0$인 경우

$$(a^2 + b^2)d = -b$$

를 만족해야만 한다. 이것은 $a^2 + b^2$이 b를 나눈다는 뜻인데, $a^2 + b^2$은 b보다 큰 수이므로 이는 불가능하다(a와 b는 모두 0이 아니다). 따라서 세 번째 경우에는 새로운 단원이 없다는 것을 알게 되고, 이로부터 가우스 정수에 대한 첫 번째 정리의 증명이 끝난다.

정리 35.2 (가우스 정수의 단원 정리)

가우스 정수의 단원은 1, -1, i, $-i$ 뿐이다. 즉, 가우스 정수 중 곱셈에 대한 역원이 있는 수는 이 네 개뿐이다.

복소수의 부분 집합인 가우스 정수가 흥미 있는 이유는 두 개의 가우스 정수의 합과 차, 그리고 곱이 다시 가우스 정수가 된다는 것이다. 정수 역시 이 성질을 가지고 있음을 상기하자. 복소수의 부분 집합 중에서 이러한 성질 (그리고 0과 1을 포함하는) 집합을 환(ring)이라고 부른다. 따라서 정수와 가우스 정수는 환의 예이다. 복소수 안에는 흥미로운 다른 환들이 많고, 그중 몇몇은 이 장의 연습문제에서 공부할 기회가 있을 것이다.

가우스 정수의 인수분해에 대한 논의로 돌아오자. 가우스 정수 α가 ± 1과 자기 자신으로만 나누어진다면 소수라고 정의하고 싶을 수도 있겠지만, 이는 분명히 올바른 방법이 아니다. 예를 들어

$$\alpha = i \cdot (-i) \cdot \alpha$$

가 항상 성립하고, α는 i, $-i$, $i\alpha$, $-i\alpha$에 의하여 나누어진다. 여기에서 발상하여 바른 정의를 내릴 수 있다. 가우스 정수 α가 가우스 소수라고 불릴 때는 α를 나누는 가우스 정수는 여덟 개의 수

$$1, \quad -1, \quad i, \quad -i, \quad \alpha, \quad -\alpha, \quad i\alpha, \quad -i\alpha$$

뿐이다. 즉, α를 나누는 가우스 정수는 (가우스 정수의) 단원과 α와 단원의 곱뿐이다.

가우스 소수가 무엇인지 알았으니 가우스 소수를 식별할 수 있을까? 예를 들어 다음 중 어떤 수가 가우스 소수일까?

$$2, \qquad 3, \qquad 5, \qquad 1+i, \qquad 3+i, \qquad 2+3i$$

이 질문은 가우스 단원을 모두 찾아낼 때 이용했던 대수적 아이디어를 이용하면 답할 수 있다. 하지만 살짝[†] 기하를 이용하면 더 쉽게 알아낼 수 있다.

복소수 $x+yi$와 평면의 점 (x,y)를 대응함으로써 우리의 복소수 연구에 기하를 도입하고자 한다. 그림 35.1(a)에 아이디어가 나타나 있다. 가우스 정수는 정수점 (x,y), 즉 x와 y가 모두 정수인 점과 대응한다. 그림 35.1(b) 에서 보듯이 가우스 정수들은 평면에서 정사각형 모양의 격자점을 형성하게 된다.

복소수 $x+yi$와 점 (x,y)를 대응했으므로 우리는 두 개의 복소수 사이의 거리를 정의할 수 있다. 특히, $x+yi$와 0 사이의 거리는 $\sqrt{x^2+y^2}$이다. 거리의 제곱을 생각하면 조금 더 편하게 작업할 수 있다. 우리는 $x+yi$의 노름(norm)을

$$\mathrm{N}(x+yi) = x^2 + y^2$$

으로 정의한다. 직관적으로는 복소수 α의 노름은 α의 크기나 길이를 재는 이종의 자다. 이러한 의미로 노름은 기하적 양을 측정한다. 한편 노름은 매우 중요한 대수적 성질인 곱의 노름은 노름의 곱이라는 성질을 갖는다. 노름이 가우스 정수를 공부하는 데 매우 유용한 도구가 되는 것은 바로 이러한 기하적 성질과 대수적 성질의 상호작용 때문이다. 이제 곱의 성질을 확인하자.

[†] 원문은 불어 soupçon, 영어 대신 불어를 써서 아주 조금이라는 뉘앙스를 준다.

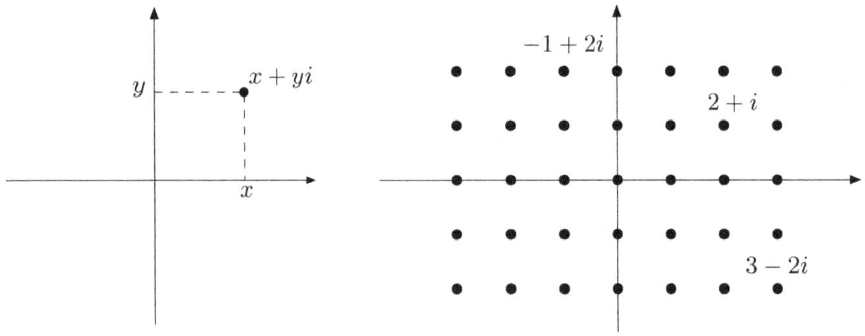

(a) 평면 위의 복소수 (b) 가우스 정수

그림 35.1. 복소수의 기하학

정리 35.3 (노름 곱의 성질)

α와 β가 임의의 복소수라고 하자. 그러면

$$\mathrm{N}(\alpha\beta) = \mathrm{N}(\alpha)\,\mathrm{N}(\beta)$$

이다.

증명 $\alpha = a + bi$와 $\beta = c + di$라면,

$$\alpha\beta = (ac - bd) + (ad + bc)i$$

이므로,

$$(ac - bd)^2 + (ad + bc)^2 = (a^2 + b^2)(c^2 + d^2)$$

임을 확인하면 된다. 양변을 전개하여 쉽게 증명할 수 있으므로 이의 증명은 독자에게 남긴다. (혹은 24장을 다시 확인하라.) □

인수분해 문제로 돌아가기 전에 단원을 계산할 때 노름을 어떻게 이용할 수 있는지 확인해 보는 것이 유용할 듯하다. $\alpha = a + bi$가 단원이라고 가정하자. 그러면 $\beta = c + di$이 존재하여 $\alpha\beta = 1$이 된다는 뜻이다. 양변에 노름을 취하면 노름의 곱의 법칙에 의하여

$$\mathrm{N}(\alpha)\,\mathrm{N}(\beta) = \mathrm{N}(\alpha\beta) = \mathrm{N}(1) = 1$$

이고, 따라서

$$(a^2 + b^2)(c^2 + d^2) = 1$$

이다. 한편 a, b, c, d는 모두 정수이므로 $a^2 + b^2 = 1$이다. 이 방정식의 해는

$$(a, b) = (1, 0),\ (-1, 0),\ (0, 1),\ (0, -1)$$

뿐이고, 따라서 가우스 정수의 단원은 1, -1, i, $-i$뿐이라는 사실의 새로운 증명을 얻는다. 또한

$$\text{가우스 정수 } \alpha\text{는 단원이다} \Leftrightarrow \mathrm{N}(\alpha) = 1$$

이라는 가우스 정수의 유용한 특성을 얻는다.

이제 인수분해를 해 보자. 2를 인수분해하는 것부터 시작하자. 2를

$$(a + bi)(c + di) = 2$$

와 같이 인수들의 곱으로 표현되었다고 하자. 양변에 노름을 취하면

$$(a^2 + b^2)(c^2 + d^2) = 4$$

이다. [$\mathrm{N}(2) = \mathrm{N}(2 + 0i) = 2^2 + 0^2 = 4$이다.] $a + bi$도 $c + di$도 단원이 아니기를 원하므로 $a^2 + b^2$과 $c^2 + d^2$은 1이 아니다. $a^2 + b^2$과 $c^2 + d^2$의 곱이 4이고 모두 양의 정수이므로

$$a^2 + b^2 = 2, \qquad c^2 + d^2 = 2$$

이어야만 한다. 이 방정식은 해가 당연히 있다. 예를 들어 $(a, b) = (1, 1)$을 선택하고 2를 $a + bi = 1 + i$로 나누면,

$$c + di = \frac{2}{1 + i} = \frac{2(1 - i)}{2} = 1 - i$$

를 얻는다. 그러면 $2 = (1 + i)(1 - i)$이므로 2는 가우스 소수가 아니다!

비슷한 방법으로 3을 인수분해한다면, 방정식

$$a^2 + b^2 = 3, \qquad c^2 + d^2 = 3$$

을 얻는다. 이 방정식은 당연히 해가 없으므로 3은 가우스 소수이다. 한편 5의 경우에는 $5 = (2 + i)(2 - i)$와 같이 인수분해할 수 있다.

정수가 아닌 가우스 정수의 인수분해도 같은 방법을 적용할 수 있다. 가우스 정수 α를 인수분해하는 일반적인 방법은

$$(a + bi)(c + di) = \alpha$$

라고 두고 양변에 노름을 취하여

$$(a^2 + b^2)(c^2 + d^2) = \mathrm{N}(\alpha)$$

를 얻는다. 이 방정식은 정수 계수 방정식이고, 우리는 $a^2 + b^2$과 $c^2 + d^2$ 모두 1이 아닌 해, 즉 비자명해를 찾고자 한다. 따라서 우리가 처음 해야 할 일은 $\mathrm{N}(\alpha)$를 $A \neq 1$이고 $B \neq 1$인 AB로 인수분해하는 것이다. 그 후 방정식

$$a^2 + b^2 = A, \qquad c^2 + d^2 = B$$

를 풀어야 한다. 따라서 가우스 정수의 인수분해 문제는 24장과 25장에서 다루었던 두 제곱수의 합 문제로 귀결된다.

실제로 어떻게 계산하는지를 알기 위해 $\alpha = 3+i$를 인수분해해 보자. α의 노름은 $\mathrm{N}(\alpha) = 10$이고 $10 = 2 \cdot 5$이므로 방정식 $a^2 + b^2 = 2$와 $c^2 + d^2 = 5$를 풀면 된다. 위 방정식은 해가 많이 있다. 예를 들어, $(a, b) = (1, 1)$을 선택하면

$$3 + i = (1 + i)(2 - i)$$

로 인수분해할 수 있다. 왜 해를 여러 개 얻을 수 있는지 이해했는가? $3 + i$의 인수분해는 단원에 의해 항상 바뀔 수 있다는 사실과 관련이 있다. 만일 $(a, b) = (-1, 1)$을 선택한다면 $3 + i = (-1 + i)(-1 - 2i)$를 얻는데, 이는 $-1 + i = i(1 + i)$이고 $-1 - 2i = -i(2 - i)$이기 때문에, 실제로 같은 인수분해이다.

$\alpha = 1 + i$를 인수분해할 때는 어떤 일이 일어날까? 노름 α는 $\mathrm{N}(\alpha) = 2$이고 2는 $2 = AB$이고 $A, B > 1$을 만족하는 정수 범위에서의 인수분해는 불가능하다. 즉, α는 가우스 정수 범위에서는 비자명한 인수분해는 불가능하다는 뜻이므로 α는 소수이다. 비슷하게 $2 + 3i$도 $\mathrm{N}(2 + 3i) = 13$이 정수에서 소수이므로 가우스 정수 범위에서는 인수분해할 수 없다. [하지만 $13 = (2 + 3i)(2 - 3i)$이므로 13은 가우스 소수가 아니다.] 따라서 $2 + 3i$는 가우스 소수이다. 좀 더 일반적으로 $\mathrm{N}(\alpha)$가 정수 범위에서 소수라면 같은 이유로 α는 가우스 소수이다. 사실은 가우스 소수의 반은 이러한 수들이고 나머지 반은 3과 같이 소수이자 가우스 소수인 소수들이다. 다음 정리는 가우스 소수에 대해 완전하게 기술한다. 이 증명이 짧다고 속지 말자. 이 증명에는 이전 장에서 힘들여 했던 대부분의 작업들이 이미 반영되어 있다. 이 정리는 심오하고 아름다운 결과이다.

정리 35.4 (가우스 소수 정리)

가우스 소수는 다음과 같이 나타낼 수 있다.

(i) $1 + i$는 가우스 소수이다.

(ii) p가 $p \equiv 3 \pmod 4$인 정수인 소수라 하자. 그러면 p는 가우스 소수이다.

(iii) p가 $p \equiv 1 \pmod 4$인 정수인 소수이고, p를 두 제곱수의 합 $p = u^2 + v^2$으로 표현하였다고 하자. (24장 참고) 그러면 $u + vi$는 가우스 소수이다.

모든 가우스 소수는 (i), (ii), 혹은 (iii)에서 기술된 가우스 소수에 단원 (± 1 혹은 $\pm i$)을 곱한 것과 같다.[3]

증명 앞에서 관찰한 바와 같이, $\mathrm{N}(\alpha)$가 정수에서 소수이면, α는 반드시 가우스 소수이다. (i)번에 있는 수 $1 + i$는 노름이 2이므로 가우스 소수이다. 비슷하게 (iii) 번에 있는 수 $u + vi$는 노름이 $u^2 + v^2 = p$이므로 가우스 소수이다.

[3]알다시피 수학자들은 공부한 것에 모호한 이름을 붙이기를 즐긴다. 여기 예에서 (i)번 종류의 소수를 분지된(ramified) 소수라고 하고, (ii)번 종류의 소수를 관성의(inert) 소수, (iii)번 종류의 소수를 분해된(split) 소수라고 한다. (iii)번 종류의 소수를 아이스크림과 과일로 덮으면 바나나 분해 소수 (banana split prime)가 된다!

다음으로 (ii)번 종류를 확인하기 위해 $\alpha = p$는 $p \equiv 3 \pmod 4$를 만족하는 정수에서의 소수라고 하자. α가 가우스 정수로 인수분해된다면, 즉 $(a+bi)(c+di) = \alpha$라면, 양변에 노름을 취하여

$$(a^2+b^2)(c^2+d^2) = \mathrm{N}(\alpha) = p^2$$

을 얻는다. 비자명한 인수분해를 얻기 위해서는

$$a^2+b^2 = p \text{ 와 } \qquad c^2+d^2 = p$$

를 풀어야 한다. 두 제곱수의 합 정리(24장)에 의하여 $p \equiv 3 \pmod 4$이므로 p는 제곱수 두 개의 합으로 쓸 수 없기에 위 방정식은 해가 존재하지 않는다. 인수분해가 불가능하므로, 이러한 형태의 수는 가우스 소수이다.

이제까지 (i)번, (ii)번, (iii)번 종류의 수들은 실제로 가우스 소수임을 증명하였다. 남은 것은 모든 가우스 소수는 세 가지 중 한 종류의 소수가 된다는 증명이다. 이를 위하여 다음 보조정리가 필요하다.

보조정리 35.5 (가우스의 가약성 보조정리)

$\alpha = a+bi$를 가우스 정수라 하자.

(a) 만일 2가 $\mathrm{N}(\alpha)$를 나누면 $1+i$가 α를 나눈다.

(b) $\pi = p$가 (ii)번에 속하는 소수이고, p가 $\mathrm{N}(\alpha)$를 정수 범위에서 나눈다고 하자. 그러면 π는 α를 가우스 정수 범위에서 나눈다.

(c) $\pi = u+vi$가 (iii)번에 속하는 소수이고, $\bar{\pi} = u - vi$라고 하자. (π의 켤레복소수가 $\bar{\pi}$이므로 자연스러운 기호이다.) $\mathrm{N}(\pi) = p$가 $\mathrm{N}(\alpha)$를 정수 범위에서 나눈다고 하자. 그러면 π와 $\bar{\pi}$ 중 적어도 하나는 α를 가우스 정수 범위에서 나눈다.

보조정리의 증명 (a) 주어진 조건에서 2가 $\mathrm{N}(\alpha) = a^2+b^2$를 나누면, a와 b는 모두 홀수이든지 모두 짝수이다. 따라서 $a+b$와 $-a+b$ 모두 2로 나누어지므로, 몫

$$\frac{a+bi}{1+i} = \frac{(a+b)+(-a+b)i}{2}$$

는 가우스 정수이다. 그러므로 $a+bi$는 $1+i$로 나누어진다.

(b) 주어진 조건으로부터, $p \equiv 3 \pmod 4$이고, p가 a^2+b^2을 나누어야 한다. 즉, $a^2 \equiv -b^2 \pmod p$를 의미하고 르장드르 기호(Legendre symbol)를 계산하면

$$\left(\frac{a}{p}\right)^2 = \left(\frac{a^2}{p}\right) = \left(\frac{-b^2}{p}\right) = \left(\frac{-1}{p}\right)\left(\frac{b}{p}\right)^2$$

이다. $p \equiv 3 \pmod 4$이므로, 이차상호법칙(21장)에 의하면 $\left(\frac{-1}{p}\right) = -1$이므로

$$\left(\frac{a}{p}\right)^2 = -\left(\frac{b}{p}\right)^2$$

을 얻는다. 그러나 르장드르 기호의 값은 ±1이므로 $1 = -1$이라는 결과를 얻는다. 무엇이 잘못되었을까? 잠깐 읽기를 멈추고 스스로 오류를 생각해 보자.

$\left(\frac{a}{p}\right)$와 같은 르장드르 기호는 $a \not\equiv 0 \pmod{p}$인 경우만 의미가 있다는 점에 답이 있다. 즉, $\left(\frac{0}{p}\right)$의 값은 정의되어 있지 않다. 그러므로 모순에서 빠져나오기 위해서는 a와 b가 모두 p의 배수이어야만 한다. $a = pa'$, $b = pb'$이라고 하자. 그러면 $\alpha = a + bi = p(a' + b'i)$는 $p = \pi$로 나누어지고, 이것이 바로 우리가 증명하려던 것이다.

(c) 주어진 조건에 의하여 p가 $\mathrm{N}(\alpha)$를 나눈다면,

$$\text{적당한 정수 } K \geq 1\text{에 대하여} \qquad \mathrm{N}(\alpha) = a^2 + b^2 = pK$$

라고 할 수 있다. 우리는 두 개의 수

$$\frac{\alpha}{\pi} = \frac{(au + bv) + (-av + bu)i}{p}, \quad \frac{\alpha}{\bar{\pi}} = \frac{(au - bv) + (av + bu)i}{p}$$

중에서 적어도 하나는 가우스 정수임을 보여야 한다.

처음으로 살펴볼 것은

$$\begin{aligned}(au + bv)(au - bv) &= a^2u^2 - b^2v^2 \\ &= a^2u^2 - b^2(p - u^2) \\ &= (a^2 + b^2)u^2 - pb^2 \\ &= pKu^2 - pb^2\end{aligned}$$

이고, 이로부터 두 개의 정수 $au + bv$와 $au - bv$ 중 적어도 하나는 p에 의해 나누어진다는 것을 알 수 있다. 비슷한 계산을 하면

$$(-av + bu)(av + bu) = pKu^2 - pa^2$$

임을 보일 수 있고, 따라서 $-av + bu$와 $av + bu$ 중 적어도 하나는 p에 의하여 나누어진다. 따라서 다음 네 가지 경우를 고려해야 한다.

경우 1. $au + bv$와 $-av + bu$는 p에 의하여 나누어진다.

경우 2. $au + bv$와 $av + bu$는 p에 의하여 나누어진다.

경우 3. $au - bv$와 $-av + bu$는 p에 의하여 나누어진다.

경우 4. $au - bv$와 $av + bu$는 p에 의하여 나누어진다.

경우 1은 쉽다. 이 경우는 바로 몫 α/π가 가우스 정수이고, 따라서 π가 α를 나누기 때문이다. 경우 4에서도 비슷하게 몫 $\alpha/\bar{\pi}$가 가우스 정수이고, 따라서 $\bar{\pi}$가 α를 나눈다. 이로써 경우 1과 4는 해결하였다.

다음에 살펴볼 경우 2는 조금 더 복잡하다. p가 $au + bv$와 $av + bu$ 모두를 나눈다는 조건으로부터 p가

$$(au + bv)b - (av + bu)a = (b^2 - a^2)v$$

를 나누는 것을 알 수 있다. (여기서 핵심은 식에서 u를 "소거하는" 것이다.) p가 v를 나누지 않는 것은 분명하므로 ($p = u^2 + v^2$임을 기억하라.) p는 $b^2 - a^2$을 나눈다. p가 $a^2 + b^2$을 나눈다는 것을 알고 있으므로, p는

$$2a^2 = (a^2 + b^2) - (b^2 - a^2) \text{ 와 } \qquad 2b^2 = (a^2 + b^2) + (b^2 - a^2)$$

모두를 나눈다. $p \neq 2$이므로, 마침내 p가 a와 b를 모두 나눈다는 것을 알 수 있다. $a = pa'$과 $b = pb'$이라고 한다면

$$\alpha = a + bi = p(a' + b'i) = (u^2 + v^2)(a' + b'i) = \pi\bar{\pi}(a' + b'i)$$

이므로 경우 2에서도 π와 $\bar{\pi}$가 모두 α를 나눈다.

마지막으로 경우 3의 증명은 경우 2와 비슷한 논리로 할 수 있으므로 독자에게 맡기겠다. □

증명의 재개 짧은 (아주 짧지는 않은) 막간 행사를 거쳐 가우스 소수 정리의 증명을 재개할 준비가 되었다. 우리의 목표는 $\alpha = a + bi$가 가우스 소수일 때, α가 세 가지 종류의 가우스 소수 중 하나임을 보이는 것이다. α는 단원이 아니므로 $\mathrm{N}(\alpha) \neq 1$임을 알고, 따라서 $\mathrm{N}(\alpha)$를 나누는 소수 p가 (최소한) 하나 있다.

첫 번째로 $p = 2$라고 가정하자. 보조정리 (a)에 의하여 $1 + i$는 α를 나눈다. 그러나 α는 소수이므로, α는 반드시 $1 + i$에 단원이 곱해진 것과 같고 따라서 α는 (i)번 종류에 속한다.

다음으로 $p \equiv 3 \pmod 4$라 가정하자. 보조정리 (b)에 의하여 p는 α를 나누고 다시 α의 소수성에 의하여 α는 단원과 p의 곱이 된다. 따라서 α는 (ii)번 종류에 속한다.

마지막으로, $p \equiv 1 \pmod 4$라고 가정하자. 24장의 두 제곱수의 합 정리에 의하여 p는 $p = u^2 + v^2$과 같이 두 제곱수의 합으로 쓸 수 있다. 보조정리 (c)에 의하여 α는 $u + iv$ 혹은 $u - iv$에 의하여 나누어진다. 따라서 α는 단원과 $u + iv$ 혹은 $u - iv$의 곱이 된다. 특히, $a^2 + b^2 = u^2 + v^2 = p$이고 α는 (iii)번 종류에 속하는 소수이다. 이것이 모든 가우스 정수는 세 가지 중 하나라는 증명의 끝이다. □

연습문제

35.1. 다음 주제들에 대하여 (한두 쪽 정도의) 짧은 글을 써 보아라.

(a) 19세기 유럽에서 복소수의 도입

(b) 고대 그리스에서 무리수의 발견

(c) 인도, 아라비아, 유럽 수학에서 0과 음수의 도입

(d) 19세기 유럽에서의 초월수의 발견

35.2. **(a)** 다음 두 가지 주장 중 하나를 선택하여 그 주장을 뒷받침하는 한 쪽 정도의 짧은 글을 쓰시오. 독자가 선택한 주장이 참이고, 선택하지 않은 주장이 거짓인 구체적인 이유를 적어도 세 가지 제시하여라.

서술 1. 수학은 이미 존재하는 것이고 (명왕성이 계속 존재했지만 1930년에야 발견된 것과 같은 의미에서) 사람들에 의해 발견되는 것이다.

서술 2. 수학은 세상을 설명하기 위해 (그리고 때로는 실제 세상과 관련성이 전혀 없더라도) 인류가 발명한 추상적인 창조물이다.

(b) 이제 관점을 전환하여 선택하지 않았던 다른 주장을 선택해서 (a)를 반복하여라.

35.3. 다음을 복소수로 나타내어라.

(a) $(3-2i)\cdot(1+4i)$ **(b)** $\dfrac{3-2i}{1+4i}$ **(c)** $\left(\dfrac{1+i}{\sqrt{2}}\right)^2$

35.4. **(a)** 복소수 범위에서 방정식 $x^2 = 95 - 168i$의 해를 구하여라. [도움말. 우선 $(u+vi)^2 = 95-168i$라 놓은 후, 좌변을 제곱하여 u와 v에 대하여 풀이하여라.]

(b) 복소수 범위에서 방정식 $x^2 = 1 + 2i$의 해를 구하여라.

35.5. 가우스 정수 α가 가우스 정수 β를 나누는지 확인하고, 만일 나눈다면 그 몫을 계산하여라.

(a) $\alpha = 3+5i, \quad \beta = 11-8i$

(b) $\alpha = 2-3i, \quad \beta = 4+7i$

(c) $\alpha = 3-39i, \quad \beta = 3-5i$

(d) $\alpha = 3-5i, \quad \beta = 3-39i$

35.6. **(a)** $a+bi$가 $c+di$를 나눈다는 명제는 정수 a^2+b^2이 $ac+bd$와 $-ad+bc$를 모두 나눈다는 명제와 동치임을 보여라.

(b) $a+bi$가 $c+di$를 나눈다고 가정하자. a^2+b^2이 c^2+d^2을 나눈다는 것을 보여라.

35.7. 복소수의 부분 집합들 R_1, R_2, R_3, R_4는 각각 환이 됨을 확인하여라. 즉, 만일 α와 β가 집합의 원소이면, $\alpha+\beta$, $\alpha-\beta$, $\alpha\beta$ 또한 집합의 원소임을 보여라.

(a) $R_1 = \{a + bi\sqrt{2} : a$와 b는 정수$\}$

(b) ρ는 복소수 $\rho = -\frac{1}{2} + \frac{1}{2}i\sqrt{3}$이라고 하자.
$R_2 = \{a + b\rho : a$와 b는 정수$\}$
[도움말. ρ는 방정식 $\rho^2+\rho+1=0$을 만족한다.]

(c) p를 고정된 소수라 하자.
$R_3 = \{a/d : a$와 d는 $p \nmid d$를 만족하는 정수$\}$

(d) $R_4 = \{a + b\sqrt{3} : a$와 b는 정수$\}$

35.8. 만일 환 R의 원소 α에 대하여 원소 $\beta \in R$가 존재하여 $\alpha\beta = 1$을 만족할 때, α를 단원이라고 부른다. 즉, R 안에 α의 곱의 역원이 존재하면 $\alpha \in R$는 단원이다. 다음 각각의 환에 대하여 모든 단원들을 기술하여라.

(a) $R_1 = \{a + bi\sqrt{2} : a$와 b는 정수$\}$
[도움말. $a + bi\sqrt{2}$의 노름 곱에 대한 성질을 이용하여라.]

(b) ρ를 복소수 $\rho = -\frac{1}{2} + \frac{1}{2}i\sqrt{3}$이라 하자.
$R_2 = \{a + b\rho : a$와 b는 정수$\}$

(c) p를 고정된 소수라 하자.
$R_3 = \{a/d : a$와 d는 $p \nmid d$를 만족하는 정수$\}$

35.9. 환 R를 $\{a + b\sqrt{3} : a$와 b는 정수$\}$라 하자. 모든 R의 원소 $\alpha = a + b\sqrt{3}$에 대하여 "노름"을 $\mathrm{N}(\alpha) = a^2 - 3b^2$ 로 정의한다. (R는 실수의 부분 집합이고, 위 "노름"은 α와 0 사이의 거리의 제곱이 아니다.)

(a) 모든 R의 원소 α와 β에 대하여 $\mathrm{N}(\alpha\beta) = \mathrm{N}(\alpha)\,\mathrm{N}(\beta)$임을 보여라.

(b) 만일 α가 R의 단원이면, $\mathrm{N}(\alpha)$는 1과 같음을 보여라. [도움말. 우선 $\mathrm{N}(\alpha)$는 반드시 ± 1임을 보이고, 그 다음으로 왜 -1은 될 수 없는지 알아내어라.]

(c) 만일 $\mathrm{N}(\alpha) = 1$이면, α는 R의 단원임을 보여라.

(d) R의 단원 여덟 개를 찾아라.

(e) R의 모든 단원을 기술하여라. [도움말. 34장을 참고하여라.]

35.10. 가우스의 가약성 보조정리 (c)의 증명을, 경우 3에서 가우스 정수 α가 π와 $\bar{\pi}$에 의해 모두 나누어짐을 보임으로써 완성하여라.

35.11. 다음의 가우스 정수를 가우스 소수의 곱으로 인수분해하여라. (가우스의 가약성 보조정리가 가우스 소수 중에서 인수를 선택할 때 도움이 될 것이다.)

(a) $91 + 63i$ **(b)** 975 **(c)** $53 + 62i$

제 **36** 장

가우스 정수와 유일 인수분해

우리는 일반적인 정수로 수론을 공부하는 것만큼이나 가우스 정수로 수론을 공부하는 것 역시 흥미롭다는 것을 이전 장에서 알게 되었다. 사실 가우스 정수에는 다룰 수 있는 소수가 더 풍부하기 때문에, 혹자는 가우스 정수가 더 흥미롭다고 한다. 우리는 오래전에 소수들이 어떻게 다른 모든 정수들을 만드는 기본 조각이 되었는지 배웠고, 각각의 정수들을 소수로 구성하는 방법이 유일하다는 중요한 결과를 증명하였다. 처음에는 7장에서 공부했던 산술의 기본정리가 자명해 보였지만, "짝수의 세계"($\mathbb{E}$-Zone)로의 여행은 기본정리가 첫 인상보다 훨씬 더 섬세하다는 것을 확신하게 한다.

이제 모든 가우스 정수를 가우스 소수들의 곱으로 유일하게 쓸 수 있는지 궁금해진다. 물론 인수들의 순서를 바꾸는 것은 같은 표현으로 여기겠지만, 다른 어려운 점이 있다. 예를 들어, 다음 두 가지 인수분해

$$11 - 10i = (3 + 2i)(1 - 4i), \qquad 11 - 10i = (2 - 3i)(4 + i)$$

를 살펴보자. 서로 달라 보이지만, 단원에 대해 논의했던 것을 기억한다면

$$3 + 2i = i \cdot (2 - 3i)\text{와} \qquad 1 - 4i = -i \cdot (4 + i)$$

임을 알 수 있을 것이다. $11 - 10i$의 서로 다른 듯 보이는 인수분해는 $-i \cdot i = 1$에 기인한 것이었다.

예를 들어, $6 = 2 \cdot 3 = (-2) \cdot (-3)$은 "다른" 소인수분해처럼 보이기 때문에, 양의 소수와 음의 소수를 모두 허용한다면 정수에서도 같은 문제가 발생할 수 있었다. 이러한 어려움을 피하기 위해, 우리는 양의 소수를 기본 빌딩 블록으로 선택했다. 이는 가우스 정수에서도 유사한 작업을 할 수 있을 것이라는 점을 암시하지만, 당연히 우리는 양의 복소수와 음의 복소수와 같은 것은 없다.

$\alpha = a + bi$가 0이 아닌 가우스 정수일 때, α에 단원 1, -1, i, $-i$를 곱하여

$$\alpha = a + bi, \qquad i\alpha = -b + ai, \qquad -\alpha = -a - bi, \qquad -i\alpha = b - ai$$

를 얻는다. 이 네 개의 가우스 정수를 복소평면에 그려 보면 이 중 정확히 하나의 가우스 정수만이 일사분면 위에 위치할 것이다. 좀 더 정확히는, 이 중 정확히 하나의 가우스 정수만이 x- 좌표 > 0이고, y-좌표 ≥ 0이다. 우리는

$$x > 0\text{이고 } y \geq 0\text{이면, } x + yi\text{는 정규화되었다}$$

라고 한다. 이와 같이 정규화된 가우스 정수는 정수에서 양의 정수가 하는 역할을 맡게 될 것이다.

정리 36.1 (가우스 정수의 유일 인수분해)

모든 가우스 정수 $\alpha \neq 0$은 단원 u와 정규화된 가우스 소수의 곱

$$\alpha = u\pi_1\pi_2\cdots\pi_r$$

로 쓸 수 있고, 그 방법은 유일하다.

늘 그렇듯이, 몇 가지 부연 설명이 필요하다. 첫 번째로, α가 단원이면, $r = 0$과 $u = \alpha$로 선택하여 α의 인수분해는 단순하게 $\alpha = u$로 한다. 두 번째로, 가우스 소수들 $\pi_1, \ldots, \pi_r$가 모두 같을 필요는 없다. 서로 다른 가우스 소수들 $\pi_1, \ldots, \pi_r$와 지수 $e_1, \ldots, e_r > 0$들을 이용하여 α의 인수분해를

$$\alpha = u\pi_1^{e_1}\pi_2^{e_2}\cdots\pi_r^{e_r}$$

과 같이 나타낼 수 있다. 세 번째로, 인수분해 방법이 유일하다고 할 때는 인수들을 재배열하여 표현한 것은 새로운 인수분해로 생각하지 않는다.

7장의 산술의 기본정리(Fundamental Theorem of Arithmetic)의 증명을 다시 살펴보면[1], 다른 모든 과정들을 자연스럽게 도출되게 만드는 소수의 결정적인 성질은 다음과 같은 간단한 명제라는 것을 알 수 있다.

> 만일 소수가 두 수의 곱을 나눈다면,
> 그 소수는 (최소한) 둘 중 하나의 수를 나눈다.

운이 좋게도, 가우스 정수 또한 이러한 성질을 가지고 있다. 이를 증명하기 위해서는 가우스 정수를 다른 가우스 정수로 나눌 때, 그 나머지는 나누는 가우스 정수보다 작다는 것을 알아야만 한다.

이것은 정수에서는 너무나 자명한 성질이어서, 아마도 언급할 가치가 없다고 생각할지도 모른다. 예를 들어, 177을 37로 나눈다면, 몫은 4 이고 나머지는 29이다. 다른 말로 하면,

$$177 = 4 \cdot 37 + 29$$

이고 나머지 29는 나누는 수 37보다 작다.

그렇지만 이 문제는 가우스 정수에 대해서는 명확하지 않다. 예를 들어, $237 + 504i$를 $15 - 17i$로 나눌 때, 몫과 나머지가 무엇인가? 그리고 나머지가 몫보다 작다는 것을 어떻게 말할 수 있는가? 두 번째 질문에 대한 답은 쉽다. 우리는 가우스 정수 $a + bi$의 크기를 그것의 노름 $\mathrm{N}(a + bi) = a^2 + b^2$으로 측정한다. 따라서 나머지의 노름이 나누는 수의 노름보다 작은지에 대해 물을 수 있다. 그러나 $237 + 504i$를 $15 - 17i$로 나눠서 $\mathrm{N}(15 - 17i) = 514$보다 작은 노름을 갖는 나머지를 얻을 수 있을까?

$$237 + 504i = (-10 + 23i)(15 - 17i) + (-4 - 11i)$$

[1]무엇을 머뭇거리는가, 뒤돌아가 다시 살펴보라!

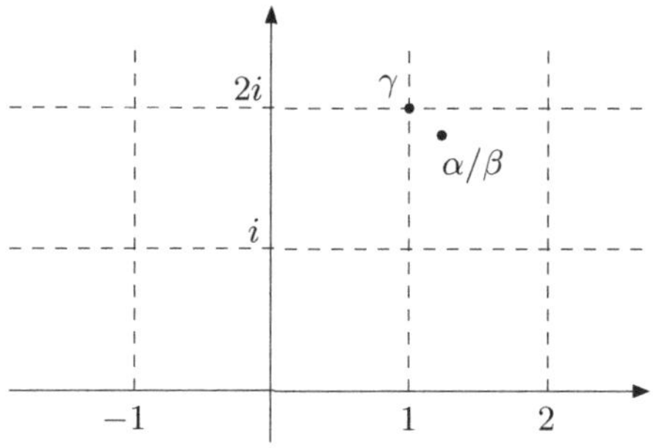

그림 36.1. α/β에 가까운 가우스 정수 γ

이므로 그 답은 '그렇다'이다. $237+504i$는 $-10+23i$로 나누면 몫이 $15-17i$가 되고 나머지가 $-4-11i$이며 당연히 $\mathrm{N}(-4-11i)=137$은 $\mathrm{N}(15-17i)=514$보다 작다.

이제 가우스 정수를 나누어 항상 작은 나머지를 얻을 수 있다는 것을 증명하고자 한다. 이 증명에는 대수학과 기하학이 보기 좋게 섞여 있다.

정리 36.2 (가우스 정수의 나눗셈과 나머지)

α와 β는 $\beta \neq 0$인 가우스 정수라 하자. 그러면 가우스 정수 γ와 ρ가 존재하여

$$\alpha = \beta\gamma + \rho, \qquad \mathrm{N}(\rho) < \mathrm{N}(\beta)$$

를 만족한다.

증명 주어진 식을 β로 나누면

$$\frac{\alpha}{\beta} = \gamma + \frac{\rho}{\beta}, \qquad \mathrm{N}\left(\frac{\rho}{\beta}\right) < 1$$

이다. 우리는 γ와 α/β의 차가 작게 되기를 원하기 때문에 γ를 α/β와 가능한 가깝게 선택하여야 한다.

만일 α/β가 그 자체로 가우스 정수라면, $\gamma = \alpha/\beta$와 $\rho = 0$으로 선택하면 된다. 하지만 일반적으로 α/β는 가우스 정수가 아니다. 그렇지만, 이것은 복소수임에는 틀림없고, 그림 36.1과 같이 복소평면 위에 표시할 수 있다. 다음으로 가우스 정수를 지나는 수직선과 수평선을 그려서 복소 평면을 정사각형으로 채워보자. 복소수 α/β는 이러한 정사각형 중 하나에 위치하고, 우리는 γ를 α/β를 포함하는 정사각형의 모서리 중 가장 가까운 것[†]으로 선택하자. 정사각형의 모서리는 모두 가우스 정수이므로 γ 또한 가우스 정수임에 주목하자.

α/β와 γ가 가장 멀리 있을 때는 α/β가 정사각형의 정가운데에 있을 때이고, 따라서

$$(\alpha/\beta\text{에서 }\gamma\text{까지의 거리}) \le \frac{\sqrt{2}}{2}$$

[†] α/β와

이다. (정사각형의 대각선의 길이는 $\sqrt{2}$이므로, 정사각형의 정가운데에서 모서리까지는 $\sqrt{2}$의 절반이다.) 양변을 제곱하고, 노름이 길이의 제곱이라는 사실을 이용하면

$$\mathrm{N}\left(\frac{\alpha}{\beta}-\gamma\right) \leq \frac{1}{2}$$

을 얻는다. 양변에 $\mathrm{N}(\beta)$를 곱하고, 노름의 곱셈 법칙을 이용하면

$$\mathrm{N}(\alpha-\beta\gamma) \leq \frac{1}{2}\mathrm{N}(\beta)$$

를 얻는다. 마지막으로, ρ를 $\rho=\alpha-\beta\gamma$로 선택하면 우리가 원하는 결과를 얻는다.

$$\alpha=\beta\gamma+\rho, \qquad \mathrm{N}(\rho)<\mathrm{N}(\beta)$$

[실제로는, 더 강한 부등식 $\mathrm{N}(\rho) \leq \frac{1}{2}\mathrm{N}(\beta)$를 얻었다.] □

다음 단계는 가우스 정수의 나눗셈과 나머지정리를 이용하여 0이 아닌 $A\alpha+B\beta$ 형태의 수 중 가장 "작은" 수가 α와 β 모두를 나누는 것을 보이는 것이다. 이와 6장에서 증명했던 정수에서의 유사한 성질과 비교해 보면 좋을 것이다.

정리 36.3 (가우스 정수의 공약수의 성질)

α와 β를 가우스 정수라 하고, S는

$$A\alpha+B\beta \qquad (\text{단, } A\text{와 } B\text{는 임의의 가우스 정수})$$

를 만족하는 가우스 정수들의 모임이라고 하자. S 안의 모든 가우스 정수 중에서 가장 작은 0이 아닌 노름을 갖는 원소

$$g=a\alpha+b\beta$$

를 선택하자. 즉,

$A\alpha+B\beta \neq 0$을 만족하는 임의의 가우스 정수 A와 B에 대하여, $\quad 0<\mathrm{N}(g) \leq \mathrm{N}(A\alpha+B\beta)$

그러면 g는 α와 β를 모두 나눈다.

증명 우리는 가우스 정수 α를 g로 나누기 위해 가우스 정수 나눗셈과 나머지정리를 이용할 것이다.

$$\alpha=g\gamma+\rho, \qquad 0 \leq \mathrm{N}(\rho)<\mathrm{N}(g)$$

우리의 목표는 여기에서 나머지 ρ가 0임을 보이는 것이다.

$g=a\alpha+b\beta$를 $\alpha=g\gamma+\rho$에 대입해서 계산하면

$$(1-a\gamma)\alpha-b\gamma\beta=\rho$$

를 얻는다. ρ는

$$(\text{가우스 정수 곱하기 } \alpha) + (\text{가우스 정수 곱하기 } \beta)$$

의 형태를 가지므로, S의 원소이다. 한편, $\mathrm{N}(\rho) < \mathrm{N}(g)$이고 g를 S의 원소 중에서 가장 작은 0이 아닌 노름을 갖는 원소로 선택했으므로 $\mathrm{N}(\rho)$는 반드시 0이고, 따라서 $\rho = 0$이다. 즉, $\alpha = g\gamma$이고, g는 α를 나눈다는 것을 증명한 것이다.

마지막으로, α와 β의 역할을 바꾸어 같은 과정을 반복하면 g가 β를 나누는 것 또한 증명할 수 있다. □

이제, 가우스 소수가 두 개의 가우스 정수의 곱을 나눌 때, 가우스 소수는 둘 중 적어도 하나를 나눈다는 것을 증명할 준비가 되었다.

정리 36.4 (가우스 소수의 가약성)

π를 가우스 소수, α와 β는 가우스 정수라 하고, π는 $\alpha\beta$를 나눈다고 가정하자. 그러면 π는 α를 나누거나 π는 β를 나눈다 (혹은 모두 나눈다).

좀 더 일반적으로, 만일 π가 가우스 정수의 곱 $\alpha_1\alpha_2\cdots\alpha_n$을 나눈다면, π는 인수 $\alpha_1, \alpha_2, \cdots, \alpha_n$ 중 적어도 하나를 나눈다.

증명 가우스 정수의 공통인수 성질을 가우스 정수 α와 π에 적용하자. 이는 명제

$$\text{“}g = a\alpha + b\pi\text{는 } \alpha\text{와 } \pi\text{를 모두 나눈다.”}$$

를 만족하는 가우스 정수 a와 b를 찾을 수 있다는 뜻이다. 그러나 π는 소수이고 따라서 g가 π를 나눈다는 것은 g가 단원이거나 g가 단원과 π 의 곱이라는 것이다. 이 두 가지 경우에 대해 각각 생각해 보자.

우선, 적당한 단원 u에 대하여 $g = u\pi$라고 가정하자. 즉 u는 $1, -1, i, -i$ 중 하나이다. g가 α를 나눈다는 것을 알기 때문에, π도 α를 나눈다.

다음으로, g가 단원이라고 가정하자. $g = a\alpha + b\pi$의 양변에 β를 곱하면

$$g\beta = a\alpha\beta + b\pi\beta$$

를 얻는다. π가 $\alpha\beta$를 나누게 되므로 π가 $g\beta$를 나눈다. g가 단원이므로, π가 β를 나누고, 이로써 이 경우도 해결되었다. 이것으로 소수 π가 곱 $\alpha\beta$를 나누면, π는 인수 α나 β 중 적어도 하나는 나눈다는 것이 증명되었다.

이것이 가우스 소수 가약성의 첫 부분의 증명이다. 두 번째 부분의 증명은 인수들의 개수 n에 대해서 수학적 귀납법을 이용해서 할 수 있다. 우리는 이미 $n = 2$인 경우 (즉, 인수가 $\alpha_1\alpha_2$ 두 개의 경우)에 대해 증명하였는데, 이것이 수학적 귀납법의 시작 단계이다. 이제 가우스 소수의 가약성이 인수가 n개보다 작은 모든 경우에 성립한다고 가정하고, π가 n개의 인수를 가지는 곱 $\alpha_1\alpha_2\cdots\alpha_n$을 나눈다고 가정하자. 만일 $\alpha = \alpha_1\cdots\alpha_{n-1}$이고 $\beta = \alpha_n$이라면 π는 $\alpha\beta$를 나누고, 따라서 π는 α를 나누거나 π는 β를 나눈다. 만일 π가 β를 나눈다면, $\beta = \alpha_n$이므로 더

이상 증명할 것이 없다. 한편, 만일 π가 α를 나눈다면, π가 $n-1$개의 인수들의 곱 $\alpha_1 \cdots \alpha_{n-1}$을 나누고, 귀납법 가정에 의하여 π가 인수 $\alpha_1, \ldots, \alpha_{n-1}$ 중 하나를 나누게 된다. 이렇게 가우스 소수의 가약성이 증명되었다. □

드디어 0이 아닌 모든 가우스 정수는 소수의 곱으로 쓸 수 있고 그 방법은 유일하다는 것을 증명할 준비가 되었다.

가우스 정수의 유일 인수분해성 증명 모든 가우스 정수가 소수들의 곱으로 나타낼 수 있음을 보이는 것으로 증명을 시작하자. 단순하게 7장에서 제시했던 증명을 모방할 수도 있지만, 여러 가지 방법으로 증명할 수 있음을 알려주기 위하여 여기서는 모순을 이용한 증명을 하려 한다. (이러한 증명에 대한 기억을 되살리려면 56쪽에 있는 정리 8.2를 확인하라.) 우선 다음 가정이 참이라고 가정하고 이 가정으로부터 모순을 유도하여 가정이 거짓이라는 결론을 짓도록 하자.

가정: {소수들의 곱으로 표현되지 않는 0이 아닌 가우스 정수가 적어도 하나는 존재한다.

이러한 조건을 만족하는 0이 아닌 가우스 정수 중에서, 노름이 가장 작은 가우스 정수를 선택하여 α라 하자. 이러한 α를 선택하는 것은 가능한데, 왜냐하면 0이 아닌 가우스 정수의 노름은 양의 정수이고, 어떠한 양의 정수들의 집합이라도 가장 작은 원소가 존재하기 때문이다. α는 그 자체로 소수가 될 수 없음을 확인할 수 있다. 만일 α가 소수라면 $\alpha = \alpha$라는 것이 α가 소인수분해되었다는 뜻이기 때문이다. 비슷하게 α는 단원도 아니다. α가 단원이라면 $\alpha = \alpha$가 소인수분해된다. (이 경우는 소인수 없이) α가 소수도 아니고 단원도 아니라면, 단원이 아닌 두 개의 가우스 정수의 곱 $\alpha = \beta\gamma$가 된다.

이제 β와 γ의 노름을 살펴보자. β와 γ는 단원이 아니므로, $\mathrm{N}(\beta) > 1$이고 $\mathrm{N}(\gamma) > 1$임을 안다. 또한 곱의 법칙에 의하여 $\mathrm{N}(\beta)\,\mathrm{N}(\gamma) = \mathrm{N}(\alpha)$이고, 따라서

$$\mathrm{N}(\beta) = \frac{\mathrm{N}(\alpha)}{\mathrm{N}(\gamma)} < \mathrm{N}(\alpha)\text{이고} \qquad \mathrm{N}(\gamma) = \frac{\mathrm{N}(\alpha)}{\mathrm{N}(\beta)} < \mathrm{N}(\alpha)$$

이다. 그러나 우리는 α를 가우스 정수 중에서 소인수를 갖지 않으면서 가장 작은 노름을 가지는 것으로 선택했기 때문에 β와 γ 모두 소수들의 곱으로 표현된다. 즉, 적당한 가우스 소수 $\pi_1, \ldots, \pi_r, \pi_1', \ldots, \pi_s'$에 대해서

$$\beta = \pi_1\pi_2 \cdots \pi_r\text{이고} \qquad \gamma = \pi_1'\pi_2' \cdots \pi_s'$$

이다. 그렇다면

$$\alpha = \beta\gamma = \pi_1\pi_2 \cdots \pi_r\pi_1'\pi_2' \cdots \pi_s'$$

또한 소수들의 곱이고, α를 소수들의 곱으로 쓸 수 없는 것으로 선택했다는 것에 모순이 된다. 이것은 α가 소수들의 곱으로 쓸 수 있고, 또한 소수들의 곱으로 쓸 수 없다는 부조리를 낳게 되므로, 우리의 가정이 거짓이라는 것이다. 즉, 우리는 가정 "소수들의 곱으로 표현되지 않는 0

이 아닌 가우스 정수가 적어도 하나는 존재한다" 라는 것은 거짓임을 증명한 것이고, 따라서 모든 0이 아닌 가우스 정수는 소수들의 곱으로 표현된다는 것을 증명하였다.

이 정리의 두 번째 단계는, 이전에 이야기한 바에 따라, 소수들의 곱으로 표현하는 방법은 유일함을 증명을 요구한다. 7장에 있는 증명을 다시 모방해도 되지만, 귀류법으로 증명하려 한다. 다음 가정에서 시작해 보자.

가정: $\begin{cases}\text{소수들의 곱으로 표현되는 서로 다른 두 개의 방법이 있는} \\ \text{0이 아닌 가우스 정수가 적어도 하나는 존재한다.}\end{cases}$

이러한 가정이 사실이라고 할 때, 소수의 곱으로 표현되는 방법이 두 가지 이상인 모든 가우스 정수의 집합을 고려하고 (가정은 이 집합이 공집합이 아니라고 주장한다.) 이 집합의 원소 중에서 가장 작은 노름을 가지는 원소를 α로 선택하자.

이것은 α를 다음과 같이 두 가지 다른 방법의 소수들의 곱으로 표현할 수 있다는 뜻이다.

$$\alpha = u\pi_1\pi_2\cdots\pi_r = u'\pi_1'\pi_2'\cdots\pi_s'$$

단, 여기서 소수들은 이 장의 도입부에서 소개했던 정규화된 소수들이다. α가 단원이라면 $\alpha = u = u'$이고 이 인수분해는 다른 것이 아니므로, α는 반드시 단원이 아니다. 이것은 $r \geq 1$임을 의미하고 따라서 첫 번째 인수분해에 소수 π_1이 존재한다. 그러면 π_1은 α를 나누고 따라서

$$\pi_1 \text{은 곱 } u'\pi_1'\pi_2'\cdots\pi_s' \text{를 나눈다.}$$

가우스 소수의 가약성은 π_1이 $u', \pi_1', \ldots, \pi_s'$ 중에서 적어도 하나를 나눈다는 것이다. π_1은 분명히 단원 u'를 나누지는 않고, 따라서 인수 중 하나를 나눈다. 인수들의 순서를 바꾸어 π_1이 π_1'를 나눈다고 가정할 수 있다. 그렇지만 π_1'는 가우스 소수이므로 이것의 유일한 약수는 단원과 자기 자신과 단원의 곱뿐이다. π_1은 단원이 아니므로,

$$\pi_1 = (\text{단원}) \times \pi_1'$$

임을 추론할 수 있다. 더 나아가, π_1과 π_1' 모두 정규화된 가우스 소수이므로, 단원은 1이고, $\pi_1 = \pi_1'$이다.

$\beta = \alpha/\pi_1 = \alpha/\pi_1'$이라 하자. α의 두 개의 인수분해로부터 π_1을 지워서

$$\beta = u\pi_2\cdots\pi_r = u'\pi_2'\cdots\pi_s'$$

를 얻자. 이것은 β가 다음 두 가지 성질을 만족한다는 것이다.

- $\mathrm{N}(\beta) = \mathrm{N}(\alpha)/\,\mathrm{N}(\pi) < \mathrm{N}(\alpha)$.
- β는 서로 다른 두 가지 방법으로 소인수분해된다. (왜냐하면 α가 그러하고, α의 두 가지 다른 인수분해에서 같은 인수를 지웠다.)

이것은 α가 서로 다른 두 가지 방법으로 소인수분해되었을 때 α를 가장 작은 것으로 선택하였다는 것에 모순이고 따라서 원래의 가정이 거짓이다. 그러므로 서로 다른 방법으로 소인수분해되는 가우스 정수는 존재하지 않고 따라서 모든 가우스 정수의 인수분해 방법은 유일하다. □

두 제곱수의 합으로 수를 표현하는 서로 다른 방법의 수를 세기 위하여 가우스 정수의 유일 인수분해 정리를 이용하려 한다. 예를 들어, 45를 두 개의 제곱수의 합으로 표현하는 방법에는 몇 가지가 있을까? 간단한 실험으로

$$45 = 3^2 + 6^2$$

이라는 것을 빠르게 얻을 수 있고, 이것이 45를 $a < b$인 양의 정수 a와 b를 가지고 $a^2 + b^2$과 같이 표현하는 유일한 방법이다. 물론, 항의 순서를 바꾸어 $45 = 6^2 + 3^2$을 얻을 수도 있고, 음수를 이용할 수도 있는데 예를 들면,

$$45 = (-3)^2 + 6^2, \qquad 45 = (-6)^2 + (-3)^2$$

이다. 이러한 경우를 모두 다른 경우로 세는 것이 편리하다. 따라서 45를 두 제곱수의 합으로 나타내는 서로 다른 방법은 여덟 가지이다.

$$\begin{array}{ll}
45 = 3^2 + 6^2 & 45 = 6^2 + 3^2 \\
45 = (-3)^2 + 6^2 & 45 = 6^2 + (-3)^2 \\
45 = 3^2 + (-6)^2 & 45 = (-6)^2 + 3^2 \\
45 = (-3)^2 + (-6)^2 & 45 = (-6)^2 + (-3)^2
\end{array}$$

일반적으로,

$$R(N) = \text{N을 두 개의 제곱수로 나타내는 방법의 수}$$

로 쓴다. 이것은 N을 두 제곱수의 합으로 표현하는 방법의 수, "표현수"라고 알려져 있다. 예제가 알려주는 것은

$$R(45) = 8$$

이다. 비슷한 예로,

$$\begin{array}{ll}
65 = 1^2 + 8^2 & 65 = 8^2 + 1^2 \\
65 = (-1)^2 + 8^2 & 65 = 8^2 + (-1)^2 \\
65 = 1^2 + (-8)^2 & 65 = (-8)^2 + 1^2 \\
65 = (-1)^2 + (-8)^2 & 65 = (-8)^2 + (-1)^2 \\
65 = 4^2 + 7^2 & 65 = 7^2 + 4^2 \\
65 = (-4)^2 + 7^2 & 65 = 7^2 + (-4)^2 \\
65 = 4^2 + (-7)^2 & 65 = (-7)^2 + 4^2 \\
65 = (-4)^2 + (-7)^2 & 65 = (-7)^2 + (-4)^2
\end{array}$$

이기 때문에 $R(65) = 16$이다.

다음의 아름다운 정리는 정수 N을 제곱수의 합으로 표현하는 방법의 수에 관한 놀랍도록 간단한 공식이다.

정리 36.5 (두 제곱수의 합의 정리 (르장드르))

주어진 양의 정수 N에 대하여,

$$D_1 = \big(d \equiv 1 \pmod 4 \text{를 만족하는 } N \text{의 양의 약수 } d \text{의 개수}\big)$$

$$D_3 = \big(d \equiv 3 \pmod 4 \text{를 만족하는 } N \text{의 양의 약수 } d \text{의 개수}\big)$$

라고 하자. 그러면 N을 두 제곱수의 합으로 표현하는 방법의 수는 정확하게

$$R(N) = 4(D_1 - D_3)$$

이다.

르장드르의 공식을 증명하기 전에, $N = 45$를 예로 들어 설명하자. 45의 약수는

$$1,\ 3,\ 5,\ 9,\ 15,\ 45$$

이다. 이러한 약수 중 네 개$(1, 5, 9, 45)$는 법 4에 대해 1과 합동이므로 $D_1 = 4$이고, 나머지 두 개(3과 15)는 법 4에 대해 3과 합동이므로 $D_3 = 2$이다. 정리를 적용하면,

$$R(45) = 4(D_1 - D_3) = 4(4 - 2) = 8$$

이고 이것은 이전의 계산 결과와 일치한다. 비슷한 방법으로 65는 네 개의 약수 $1, 5, 13, 65$를 가지고 모두 법 4에 대해 1과 합동이다. 이 정리가 예측하는 것은

$$R(65) = 4(4 - 0) = 16$$

이고, 이것 역시 이전의 계산과 일치한다.

르장드르의 두 제곱수의 합의 정리 증명 증명은 두 단계로 진행된다. 첫 단계는 $R(N)$에 관한 공식을 찾는다. 다음 단계는 $D_1 - D_3$에 관한 공식을 찾는다. 이 두 가지를 비교함으로써 증명을 마무리한다.

증명은 크게 어렵지 않지만, 기호 때문에 복잡하게 보인다. 그러므로 특정한 수 N에 대하여 $R(N)$을 계산하기 위하여 어떻게 가우스 정수를 이용하는지에 대해 우선 설명할 것이다. 이러한 수 N에 관한 증명을 이해할 수 있다면, 일반적인 증명을 이해하는 것에도 어려움이 없을 것이다.

수 $N = 28949649300$을 생각해 보자. N을 소수들의 곱으로 인수분해하고, 법 4에 대하여 1과 합동인 소수들과 법 4에 대하여 3과 합동인 소수들의 모임으로 나누면

$$N = 28949649300 = 2^2 \cdot \underbrace{(5^2 \cdot 13^3)}_{(1 \bmod 4\text{인 소수들})} \cdot \underbrace{(3^2 \cdot 11^4)}_{(3 \bmod 4\text{인 소수들})}$$

이다. 다음으로 N을 가우스 정수로 인수분해한다. $2 = -i(1+i)^2$이라는 것과 법 4에 대하여 1과 합동인 소수는 가우스 소수의 켤레수들의 곱으로 소인수분해되고, 법 4에 대하여 3과 합동인 소수는 그 자체로 가우스 소수라는 사실을 이용하면, 인수분해

$$N = -(1+i)^4 \cdot \big((2+i)^2(2-i)^2 \cdot (2+3i)^3(2-3i)^3\big) \cdot (3^2 \cdot 11^4)$$

을 얻는다. N을 두 개의 제곱수의 합 $N = A^2 + B^2$으로 쓸 수 있다고 가정해 보자. 즉,

$$N = (A+Bi)(A-Bi)$$

라는 뜻이고, 가우스 정수의 유일 인수분해 성질에 의하여 $A+Bi$는 N을 나누는 소수 중 적당한 소수들의 곱이고 $A-Bi$ 는 나머지 소수들의 곱이다.

그렇지만, $A+Bi$와 $A-Bi$는 서로 켤레복소수이기 때문에 N을 나누는 소수를 배열할 때 완전히 자유롭지는 않다. 켤레복소수란 i를 $-i$로 변환함으로써, 하나에서 다른 하나로 옮길 수 있다는 뜻이다. 적당한 소수의 거듭제곱 $(a+bi)^e$이 $A+Bi$를 나누면 켤레소수의 거듭제곱 $(a-bi)^e$은 반드시 $A-Bi$를 나누어야 한다. 예를 들어, 만일 $(2+i)^2$이 $A+Bi$를 나누면, $(2-i)^2$은 $A-Bi$를 나누어야 하고, $2-i$는 $A+Bi$의 인수가 아니다.

이러한 논증은 법 4에 대하여 3과 합동인 가우스 소수에도 적용할 수 있다. 따라서 9는 $A+Bi$를 나눌 수 없는데, 만약 나눌 수 있다면 $A-Bi$를 나눌 어떠한 3의 약수도 남지 않기 때문이다. 이러한 관찰은 $N = 28949649300$의 약수 $A+Bi$는 반드시 다음과 같은 형태이어야 한다는 것이다.

$$A+Bi = \text{단원} \cdot (1+i)^2 \cdot (2+i)^n(2-i)^{2-n} \cdot (2+3i)^m(2-3i)^{3-m} \cdot 3 \cdot 11^2$$

여기서 $0 \le n \le 2$이고 $0 \le m \le 3$인 임의의 n과 m을 선택할 수 있다. n은 세 가지 가능성이, m은 네 가지 가능성이, 그리고 단원이 네 가지 있으므로, $A+Bi$에 대해서는 총 $4 \cdot 3 \cdot 4 = 48$ 가지의 가능성이 있다. 가우스 정수의 인수분해의 유일성에 의하여, N을 두 제곱수의 합으로 쓰는 것은 N을 나누는 $A+Bi$를 찾는 문제와 정확하게 같은 문제이므로, 우리는 $R(N) = 48$이라 결론지을 수 있다. 그러나 명심해야 하는 것은 48은 다음 세 수의 곱이라는 것이다.

- 가우스 정수의 단원의 개수
- $2+i$의 지수보다 1 큰 수
- $2+3i$의 지수보다 1 큰 수

이제 르장드르의 두 제곱수 정리의 증명을 시작하려 한다. N을 다음과 같이 소수의 곱으로 인수분해하는 것으로 시작하자.

$$N = 2^t \underbrace{p_1^{e_1} p_2^{e_2} \cdots p_r^{e_r}}_{(1 \bmod 4\text{인 소수들})} \cdot \underbrace{q_1^{f_1} q_2^{f_2} \cdots q_s^{f_s}}_{(3 \bmod 4\text{인 소수들})}$$

여기서 $p_1, \ldots, p_r$는 법 4에 대하여 1과 합동인 소수이고, $q_1, \ldots, q_s$는 법 4에 대하여 3과 합동인 수이다. $R(N)$의 공식을 $e_1, \ldots, e_r, f_1, \ldots, f_s$와 연관지어 찾기 위하여 가우스 정수를 이용하려고 한다.

N을 가우스 정수들로 인수분해하자. 정수 2는 $2 = -i(1+i)^2$과 같이 인수분해 되고, 각각의 p_j는

$$p_j = (a_j + b_j i)(a_j - b_j i)$$

와 같이 인수분해되며, q_j는 그 자체로 가우스 소수이다. 이것으로부터 인수분해

$$N = (-i)^t(1+i)^{2t}\big((a_1+b_1 i)(a_1-b_1 i)\big)^{e_1}\big((a_2+b_2 i)(a_2-b_2 i)\big)^{e_2}$$
$$\cdots\big((a_r+b_r i)(a_r-b_r i)\big)^{e_r} q_1^{f_1} q_2^{f_2}\cdots q_s^{f_s}$$

을 얻는다.

만일 지수 $f_1, \ldots, f_s$ 중 홀수인 것이 있다면, N은 두 제곱수의 합으로 쓸 수 없고, 따라서 $R(N) = 0$이다. 따라서 우리는 모든 $f_1, \ldots, f_s$는 짝수이고 N은 $N = A^2 + B^2$과 같이 두 제곱수의 합으로 쓸 수 있다고 가정하자. 즉,

$$N = (A + Bi)(A - Bi)$$

이고, $A + Bi$와 $A - Bi$는 N의 가우스 소수로 구성되어 있다는 뜻이다. 더 나아가, $A + Bi$와 $A - Bi$는 서로 켤레복소수이므로, $A + Bi$와 $A - Bi$ 중 하나의 인수분해에 등장하는 모든 가우스 소수는 다른 수의 인수분해에 자신의 켤레복소수가 등장한다. 이 사실로부터 $A + Bi$의 인수분해는 다음과 같음을 알 수 있다.

$$A + Bi = u(1+i)^t\big((a_1+b_1 i)^{x_1}(a_1-b_1 i)^{e_1-x_1}\big)$$
$$\cdots\big((a_r+b_r i)^{x_r}(a_r-b_r i)^{e_r-x_r}\big) q_1^{f_1/2} q_2^{f_2/2}\cdots q_s^{f_s/2}$$

여기서 u는 단원이고, 지수 $x_1, \ldots, x_r$는

$$0 \le x_1 \le e_1, \quad 0 \le x_2 \le e_2, \ldots \quad 0 \le x_r \le e_r$$

를 만족한다. 양변에 노름을 취하여 N을 두 제곱수의 합으로 표현하고, 지수 선택 방법을 세어, N을 두 제곱수의 합으로 표현하는

$$4(e_1+1)(e_2+1)\cdots(e_r+1)$$

가지의 방법을 얻는다. ($u, x_1, \ldots, x_r$를 다르게 선택하면 A와 B의 값이 달라진다는 사실의 증명은 독자를 위한 연습문제로 남긴다.)

요약하자면, 정수 N이 법 4에 대하여 1과 합동인 소수 $p_1, \ldots, p_r$와 법 4에 대하여 3과 합동인 소수 $q_1, \ldots, q_s$로

$$N = 2^t p_1^{e_1}\cdots p_r^{e_r} q_1^{f_1}\cdots q_s^{f_s}$$

과 같이 인수분해된다면

$$R(N) = \begin{cases} 4(e_1+1)(e_2+1)\cdots(e_r+1) & f_1, \ldots, f_s \text{는 모두 짝수일 때} \\ 0 & f_1, \ldots, f_s \text{ 중 하나는 홀수일 때} \end{cases}$$

임을 증명하였다. 르장드르의 두 제곱수의 합 정리의 증명은 $D_1 - D_3$이 위와 같은 공식으로 주어짐을 증명하면 끝난다.

정리 36.6 (차 $D_1 - D_3$ 정리)

N이

$$N = 2^t \underbrace{p_1^{e_1} p_2^{e_2} \cdots p_r^{e_r}}_{(1 \bmod 4\text{인 소수들})} \cdot \underbrace{q_1^{f_1} q_2^{f_2} \cdots q_s^{f_s}}_{(3 \bmod 4\text{인 소수들})}$$

와 같이 인수분해되었다고 하자. 이때, D_1과 D_3을

$$D_1 = (d \equiv 1 \pmod 4)\text{를 만족하는 } N\text{을 나누는 양의 약수 } d\text{의 개수})$$
$$D_3 = (d \equiv 3 \pmod 4)\text{를 만족하는 } N\text{을 나누는 양의 약수 } d\text{의 개수})$$

라면, 이들의 차 $D_1 - D_3$은

$$D_1 - D_3 = \begin{cases} (e_1+1)(e_2+1)\cdots(e_r+1) & f_1, \ldots, f_s \text{가 모두 짝수} \\ 0 & f_1, \ldots, f_s \text{ 중 하나는 홀수} \end{cases}$$

이다.

증명 증명은 s에 대한 수학적 귀납법을 이용하고자 한다. 우선, 만일 $s = 0$이면, $N = 2^t p_1^{e_1} \cdots p_r^{e_r}$이고 N의 홀수인 약수는 법 4에 대하여 1과 합동이다. 즉, $D_3 = 0$이고 D_1은 N의 홀수인 약수의 개수이다. N의 홀수인 약수의 개수는 $p_1^{u_1} \cdots p_r^{u_r}$이고 지수 u_i는 $0 \le u_i \le e_i$를 만족한다. u_i를 선택하는 방법은 $e_i + 1$개이므로 홀수인 약수의 총 개수는

$$D_1 - D_3 = D_1 = (e_1+1)(e_2+1)\cdots(e_r+1)$$

이다. $s = 0$이면, 즉 N이 법 4에 대하여 3과 합동인 소인수가 없으면 이것으로 증명이 끝난다.

이제 N이 $q \equiv 3 \pmod 4$를 만족하는 적당한 소수 q로 나누어진다고 가정하고, 법 4로 3과 합동인 소인수의 개수가 N보다 작은 모든 수에 대해서 정리의 증명을 완료하였다고 가정하자. q^f을 N을 나누는 q의 가장 높은 거듭제곱이라 하고, $N = q^f n$는 $f \ge 1$ 그리고 $q \nmid n$을 만족한다고 하자. f가 홀수인 경우와 짝수인 경우, 두 가지 경우를 생각해 보자.

첫 번째로, f가 홀수라고 하자. 홀수인 N의 약수는

$$q^i d \qquad 0 \le i \le f \text{이고 } d\text{는 홀수인 } n\text{의 약수}$$

인 모양이다. 따라서 각각의 n의 약수 d로부터 정확히 $f+1$개의 N의 약수, $0 \le i \le f$에 대해 $q^i d$를 얻는다. 그리고 N의 $f+1$개의 약수들은 정확하게 절반이 법 4에 대해 1과 합동이고 정확하게 나머지 절반이 법 4에 대해 3과 합동이다. 따라서 N의 약수들은 D_1과 D_3으로 똑같이 나누어진다. 이것이 N이 법 4에 대해 3과 합동인 소수의 홀수 거듭제곱으로 나누어지는 경우의 증명이다.

두 번째로, $N = q^f n$이고 f는 홀수라고 가정하자. 다시 N의 홀수인 약수는 $0 \le i \le f$에 대하여 $q^i d$ 모양이고, d는 홀수인 n의 약수이다. 만일 우리가 지수가 $0 \le i \le f-1$인 약수 $q^i d$를 고려한다면 이전과 같은 이유로 법 4에 대해 1과 합동인 약수의 개수와 법 4에 대해 3과 합동인 개수가 정확하게 같고, 따라서 그 차 $D_1 - D_3$은 상쇄된다. 따라서 우리는 N의 약수 중 $q^f d$ 모양의 약수만 고려하면 된다. 지수 f가 짝수이므로 $q^f \equiv 1 \pmod 4$이다. 이것은 $d \equiv 1 \pmod 4$인 경우 D_1 안에서 $q^f d$의 개수를 세는 것이고, $d \equiv 1 \pmod 4$인 경우 D_3 안에서 $q^f d$의 개수를 세는 것이다. 즉,

$$(N\text{에 대한 } D_1) - (N\text{에 대한 } D_3) = (n\text{에 대한 } D_1) - (N\text{에 대한 } D_3)$$

이다. 수학적 귀납법 가정은 n인 경우 참이라는 것을 알려주고, 따라서 정리는 N에 대해서 역시 참이라 결론을 내릴 수 있다. 이것으로 $D_1 - D_3$ 정리 증명이 완성된다. □

연습문제

36.1. **(a)** $\alpha = 2+3i$라 하자. 네 개의 점 α, $i\alpha$, $-\alpha$, $-i\alpha$를 복소 평면 위에 나타내어라. 네 개의 점을 연결하여라. 어떤 모양이 나타나는가?

(b) $\alpha = -3+4i$에 대해서 같은 작업을 하여라.

(c) $\alpha = a+bi$를 0이 아닌 가우스 정수라 하자. 복소 평면에서 A를 α에 대응하는 점, B를 $i\alpha$에 대응하는 점, $O=(0,0)$을 0에 대응하는 점이라 하자. 각 $\angle AOB$는 얼마인가? 즉, 반직선 $\overrightarrow{OA}$와 반직선 $\overrightarrow{OB}$가 만드는 각은 얼마인가?

(d) 다시 $\alpha = a+bi$을 0이 아닌 가우스 정수라 하자. 네 개의 점 α, $i\alpha$, $-\alpha$, $-i\alpha$를 연결하여 얻은 도형은 어떤 모양인가? 독자의 답이 맞다는 것을 증명하여라.

36.2. 가우스 정수 α와 β에 대하여, 조건

$$\alpha = \beta\gamma + \rho, \qquad \mathrm{N}(\rho) < \mathrm{N}(\beta)$$

를 만족하는 가우스 정수 γ와 ρ를 구하여라.

(a) $\alpha = 11+17i$, $\beta = 5+3i$

(b) $\alpha = 12-23i$, $\beta = 7-5i$

(c) $\alpha = 21-20i$, $\beta = 3-7i$

36.3. α와 β는 $\beta \ne 0$을 만족하는 가우스 정수라 하자. 그렇다면

$$\alpha = \beta\gamma + \rho\text{와} \qquad \mathrm{N}(\rho) < \mathrm{N}(\beta)$$

를 만족하는 가우스 정수쌍 (γ, ρ)를 항상 찾을 수 있음을 증명하였다.

(a) 사실은 조건을 만족하는 서로 다른 순서쌍 (γ, ρ)를 최소한 두 개 찾을 수 있음을 보여라.

(b) 조건을 만족하는 서로 다른 세 개의 순서쌍 (γ, ρ)를 가지는 α와 β를 찾을 수 있는가? 예를 들거나 존재하지 않음을 증명하여라.

(c) 네 개의 서로 다른 순서쌍 (γ, ρ)에 대하여 (b)의 질문에 답하여라.

(d) 다섯 개의 서로 다른 순서쌍 (γ, ρ)에 대하여 (b)의 질문에 답하여라.

(e) α/β에 대응하는 여러 다른 영역들로 정사각형을 나누어, (a), (b), (c), (d)에서 얻은 결과를 기하적으로 설명하여라.

36.4. 가우스 정수 α와 β가 둘 다 0은 아니라 하자. 가우스 정수 γ를 α와 β의 최대공약수라고 할 때는 (i) γ가 α와 β를 모두 나누고 (ii) α와 β의 공약수 중에서 $\mathrm{N}(\gamma)$의 값이 가장 클 때이다.

(a) γ와 δ가 모두 α와 β의 최대공약수라고 하자. γ가 δ를 나눈다는 것을 증명하여라. 이 사실을 이용하여 적당한 단원 u에 대하여 $\delta = u\gamma$가 됨을 유도하여라.

(b) 집합

$$\{\alpha r + \beta s \,:\, r\text{와 } s\text{는 가우스 정수}\}$$

는 α와 β의 최대공약수를 포함함을 증명하여라. [도움말. 집합의 원소 중에는 최소 노름을 갖는 원소를 살펴봐라.]

(c) γ를 α와 β의 최대공약수라고 하자. (b)에서 주어진 집합은 집합

$$\{\gamma t \,:\, t\text{는 가우스 정수}\}$$

와 같음을 증명하여라.

36.5. 다음 각각의 가우스 정수쌍에 대하여 최대공약수를 구하여라.

(a) $\alpha = 8 + 38i, \quad \beta = 9 + 59i$

(b) $\alpha = -9 + 19i, \quad \beta = -19 + 4i$

(c) $\alpha = 40 + 60i, \quad \beta = 117 - 26i$

(d) $\alpha = 16 - 120i, \quad \beta = 52 + 68i$

36.6. R를 다음을 만족하는 복소수의 집합이라 하자.

$$R = \{a + bi\sqrt{5} \,:\, a\text{와 } b\text{는 정수}\}$$

(a) R는 환임을 확인하여라. 즉, R의 원소들의 합, 차, 곱이 다시 R의 원소임을 확인하여라.

(b) R 안에서 $\alpha\beta = 1$의 해는 $\alpha = \beta = 1$과 $\alpha = \beta = -1$뿐임을 증명하고, 환 R 안에서 단원은 1과 -1뿐임을 보여라.

(c) α와 β가 R의 원소라 하자. 만일 R의 원소 γ가 존재하여 $\alpha = \beta\gamma$를 만족한다면 β가 α를 나눈다라고 한다. $3 + 2i\sqrt{5}$가 $85 - 11i\sqrt{5}$를 나눔을 보여라.

(d) R의 원소 α의 R 안에서 약수가 ± 1와 $\pm\alpha$뿐일 때, α를 기약[2]이라 부른다. 수 2는 R의 기약원임을 증명하여라.

---

[2]좀 더 일반적으로, 단원 u에 대하여 α의 약수가 u와 $u\alpha$뿐이면 기약원이라고 부른다. 소수라는 용어는 α가 곱을 나누는 것이 α는 곱의 인수 중 최소한 하나를 나눈다는 것을 뜻하는 원소를 위해 남겨두었다. 정수나 가우스 정수의 경우 모든 기약원이 소수임을 증명한 바 있지만, 이 연습문제에서 등장하는 환 R에서는 참이 아니다.

(e) R의 원소 $\alpha = a + bi\sqrt{5}$의 노름을 $\mathrm{N}(\alpha) = a^2 + 5b^2$으로 정의한다. $\alpha = 11 + 2i\sqrt{5}$이고 $\beta = 1 + i\sqrt{5}$라 하자. R 안에서

$$\alpha = \beta\gamma + \rho\text{와} \qquad \mathrm{N}(\rho) < \mathrm{N}(\beta)$$

를 만족하는 원소 γ와 ρ를 찾을 수 없음을 증명하여라. 따라서 R는 나눗셈의 나머지 성질을 만족하지 않는다. [도움말. R의 점들과 복소수 α/β를 나타내는 그림을 그려 보아라.]

(f) 기약원 2는 분명히 곱

$$(1 + i\sqrt{5})(1 - i\sqrt{5}) = 6$$

을 나눈다. 2는 인수 $1 + i\sqrt{5}$와 $1 - i\sqrt{5}$를 모두 나누지 않음을 보여라.

(g) 6의 인수분해

$$6 = 2 \cdot 3 = (1 + i\sqrt{5})(1 - i\sqrt{5})$$

에 나오는 수들이 모두 기약원임을 확인함으로써, 6은 R의 기약원들로 인수분해하면 완전히 다른 두 가지 방법으로 인수분해됨을 보여라.

(h) R의 서로 다른 기약원 $\pi_1, \pi_2, \pi_3, \pi_4$에 대해 완전히 다른 두 가지 방법 $\alpha = \pi_1\pi_2 = \pi_3\pi_4$로 인수분해되는 R의 다른 원소 α를 찾아라.

(i) $\pi_1\pi_2 = \pi_3\pi_4 = \pi_5\pi_6$을 만족하는 R의 서로 다른 기약원 $\pi_1, \pi_2, \pi_3, \pi_4, \pi_5, \pi_6$을 찾을 수 있는가?

36.7. 르장드르의 두 제곱수의 합 정리의 증명과정 중,

$$A + Bi = u(1+i)^t\big((a_1 + b_1 i)^{x_1}(a_1 - b_1 i)^{e_1 - x_1}\big) \cdots \big((a_r + b_r i)^{x_r}(a_r - b_r i)^{e_r - x_r}\big) q_1^{f_1/2} q_2^{f_2/2} \cdots q_s^{f_s/2}$$

에서 단원 u와 지수 $x_1, \ldots, x_r$를 다르게 선택하면 다른 A와 B의 값이 나온다는 것이 반드시 필요하다. 이를 증명하여라.

36.8. **(a)** $N = 2925$의 모든 약수의 목록을 만들어 보아라.

(b) (a)를 이용하여, 각각 법 4에 대하여 1 그리고 3과 합동인 2925의 약수의 개수 D_1과 D_3을 계산하여라.

(c) 르장드르의 두 제곱수의 합 정리를 이용하여 $R(2925)$를 계산하여라.

(d) 2925를 두 제곱수의 합으로 나타내는 모든 방법의 목록을 만들고 독자의 (c)의 결과와 일치하는지 확인하여라.

36.9. 다음 각각의 N에 대하여, D_1과 D_3의 값을 계산한 후 그 차 $D_1 - D_3$과 $D_1 - D_3$ 정리에 나오는 식으로부터 계산된 값을 비교 확인하고, 르장드르의 두 제곱수 정리를 이용하여 $R(N)$을 계산하여라. 만일 $R(N) \neq 0$이면, $A > B > 0$이면서 $N = A^2 + B^2$로 쓸 수 있는 네 가지 이상의 방법을 찾아보아라.

(a) $N = 327026700$

(b) $N = 484438500$

제 37 장

무리수와 초월수

수론과 수학의 발전 역사에서 분수(비율이기 때문에 유리수라고도 불린다.)는 매우 일찍 등장하는데, 고대 이집트에서 기원전 1700년경부터 사용되었다. 문명이 발전함에 따라서 대지, 옷감, 황금 등 무엇이든 나눌 필요가 생길 때 유리수는 자연스럽게 등장한다. 유리수는 또한 두 양을 비교할 때도 등장한다. 구체적인 예를 들어보면, 카이로(Cairo)에서 룩소르(Luxor)까지의 거리는 카이로에서 알렉산드리아(Alexandria)까지의 거리의 두 배보다는 멀지만 세 배보다는 가깝다. 이러한 문장은 도움이 되기는 하지만 실제로 정확한 것은 아니다. 반면에 전자의 거리의 17/6이 후자의 거리라고 말하면 충분히 실용적이다. 다시 말하면, 카이로에서 룩소르까지 거리의 여섯 배는 카이로에서 알렉산드리아까지 거리의 17배와 같다. 만일 첫 번째 거리의 0이 아닌 정수의 배수가 두 번째 거리의 0이 아닌 정수배가 될 때 또는 같은 의미로 거리들의 비율이 유리수가 될 때, 이 두 거리는 통약가능한(commensurable) 거리라고 한다. 이러한 방법은 오늘날 우리가 거리를 재는 방법이라는 것을 상기하자. 마을의 중심으로부터 거리가 3.7마일이라고 말하는 것은 마을의 중심으로부터 거리의 10배가 소위 말하는 "마일(mile)"이라는 최적화된 거리를 재는 기본 단위의 37배가 된다는 것이다.

매우 오래 전에는, 이러한 문제를 다루던 사람들은 모든 수가 유리수라고 생각한 것 같다. 기하적으로 말하자면, 임의의 두 개의 거리는 통약가능하다고 가정한 것 같다. 이것이 참이 아니라는 조짐은 약 2500년 전 그리스에서 등장했다. 얄궂게도, 2장에서 우리가 광택을 냈던 고전 수학의 보석, 피타고라스 정리(Pythagorean Theorem)에서 유리수가 아닌 수가 처음으로 등장한다. 피타고라스 시대 훨씬 이전에도 피타고라스 정리가 오래전부터 알려져 왔었지만, (피타고라스일지도 모르는) 누군가가 직각 이등변 삼각형의 빗변의 길이(그림 37.1을 참고)는 나머지 두 변의 길이와 같은 단위로 잴 수 없다는 것을 처음 발견한 것은 바로 고대 그리스에서였다.

예를 들어, 피타고라스 정리가 말하는 것은 두 변이 길이가 1인 직각이등변 삼각형의 빗변의 길이는 $\sqrt{2}$이다. 피타고라스 학파의 사람들이 어떻게 이러한 삼각형의 밑변과 빗변이 통약불가능(incommensurable)하다는 것을 추론하였는지는 정확히 알려져 있지 않지만, $\sqrt{2}$가 무리수라는 다음의 우아한 풀이는 유클리드의 《원론》 X권의 내용을 각색한 것이다.

정리 37.1 (**$\sqrt{2}$의 무리수성 정리**)

제곱근 2는 무리수이다. 즉, $r^2 = 2$를 만족하는 유리수 r는 없다.

증명 $r^2 = 2$를 만족하는 유리수 r가 있다고 가정하고, 이러한 r의 존재성을 가정하면 모순된 결론, 즉 분명하게 거짓인 결론을 도출하려고 한다. 이러한 모순된 결론으로부터 위와 같은 r

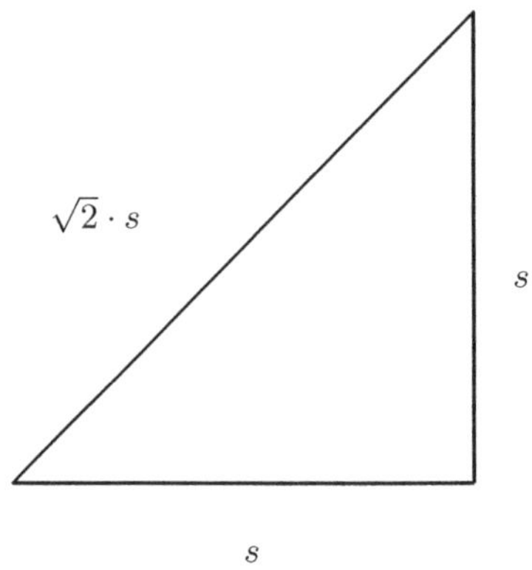

그림 37.1. 통약불가능 한 빗변

가 없음을 증명할 것이다. 36장에서 언급했듯이 이러한 귀류법(*reductio ad absurdum*)은 매우 강력한 수학적 무기이다.

이제 증명을 해 보자. r가 $r^2 = 2$를 만족하는 유리수라고 하자. r는 유리수이기 때문에 분수식 $r = a/b$로 쓸 수 있고, 분모와 분자의 공약수로 나누어 a와 b는 서로소라고 가정할 수 있다. 즉 r는 기약분수이다.

가정 $r^2 = 2$는

$$a^2 = 2b^2$$

과 같은 뜻이다. 특히 a^2은 짝수이므로, a도 반드시 짝수이고, $a = 2A$라고 할 수 있다. 이렇게 치환하여 양변을 2로 약분하면

$$2A^2 = b^2$$

을 얻고 b도 반드시 짝수가 된다. 그러나 a와 b는 서로소이므로 모두 짝수가 될 수 없고, 이것은 우리가 원하던 모순을 유도한다. 유리수 r의 존재성으로부터 모순을 유도했기 때문에, 이러한 r는 존재할 수 없다. 따라서 제곱이 2가 되는 유리수는 없다. □

$\sqrt{2}$가 무리수라는 증명은 여러 가지 방향으로 일반화할 수 있다. 예를 들어, p가 임의의 소수일 때, $\sqrt{p}$는 무리수임을 증명하자. 이전과 마찬가지로, $r^2 = p$를 만족하는 유리수 r가 있다고 가정하여 모순을 이끌어내려 한다. $r = a/b$와 같이 기약분수로 쓰면

$$a^2 = p \cdot b^2$$

을 얻고, 따라서 p는 a^2을 나눈다.

7장에서 만일 소수가 두 수의 곱을 나누면 최소한 두 수 중 하나는 나눈다는 것을 보였다. 이 경우, 소수 p는 두 수의 곱 $a \cdot a$를 나누고, 따라서 p는 a를 나누므로, $a = pA$라고 할 수 있다. 이를 대입하고 p로 나누면

$$p \cdot A^2 = b^2$$

를 얻고, 같은 이유로 p는 b를 나누는데, 이것은 a와 b가 서로소라는 사실에 모순이 된다. 따라서 이러한 r는 존재할 수 없고, 이것으로 $\sqrt{p}$가 무리수라는 것이 증명된다.

철학적 간주곡 모순에 의해 증명하는 방법(귀류법(reductio ad absurdum))은 서술로부터 거짓 결론이 유도된다면 원래의 서술 자체가 거짓이라는 원리에 기반한다. 상식적으로는 이 원리가 옳은 듯하지만, 이것은 원래의 서술이 반드시 참 아니면 거짓이라는 가정에 바탕하고 있다. 모든 명제가 참 아니면 거짓이라는 가정은 배중률(Law of the Excluded Middle)이라 불린다. 거창한 이름에도 불구하고, 배중률은 수학 체계의 형식적 구성에 사용되는 가정(수학적 용어로 공리)일 뿐이다.[1] 일부 수학자와 논리학자는 배중률을 인정하지 않기 때문에, 그들은 귀류법 없이 수학 이론을 전개한다.[†]

$\sqrt{2}$가 무리수라고 할 때는 우리는 이미 다항식

$$X^2 - 2$$

는 유리수 근을 갖지 않음을 가정하고 있다. 마찬가지로 소수 p에 대하여 $\sqrt{p}$의 무리수성 또한 $X^2 - p$의 유리수 근이 없다는 것을 말해 준다. 일반적으로, 정수 계수 다항식

$$c_0X^d + c_1X^{d-1} + c_2X^{d-2} + \cdots + c_{d-1}X + c_d$$

의 근이 무엇인지 찾는 것은 어려운 문제지만, 무리수 근을 가지는 경우가 많은 것은 분명해 보인다. 예를 들어, 다항식

$$X^{12} - 66X^{10} - 8X^9 + 1815X^8 - 26610X^6 + 5808X^5 + 218097X^4$$
$$- 85160X^3 - 971388X^2 + 352176X + 1742288$$

의 근 중 하나는 끔찍하게 생긴 수[2]

$$\sqrt{11} + \sqrt[3]{2 + \sqrt{7}}$$

이다.

수많은 정수 계수 다항식 중 대부분은 무리수 근을 가진다. 어떤 수가 정수 계수 다항식의 근이라면 그 수를 대수적(algebraic)이라고 한다. 예를 들어, 수

$$\frac{2}{7}, \quad \sqrt{2}, \quad \sqrt[3]{7}, \quad \sin(\pi/6), \quad \text{그리고 심지어} \quad \sqrt{11} + \sqrt[3]{2 + \sqrt{7}}$$

---

[1] 실제로, 인생은 여기서 이야기하고 있는 철학적 여담보다 훨씬 더 복잡하다. 쿠르트 괴델(Kurt Gödel)은 1930년대에 어떠한 "흥미로운" 수학적 체계(예를 들어, 수론)도 결정불가능한 명제를 포함한다는 것을 증명하였다. 결정불가능한 명제란 주어진 수학적 체계 안에서는 참임을 증명할 수도 거짓임을 증명할 수도 없다는 것을 의미한다. 어떤 명제를 증명할 수 없다는 사실을 어떻게 증명할 것인지 상상해 보는 것은 독자를 혼란에 빠뜨리는 도전이 될 것이다! 더 심화된 철학적 수수께끼: 어떤 문장이 참임을 증명할 수 없더라도 그 문장이 참일 수 있을까? "참"의 의미가 무엇인가? 추상적인 수학적 지식은 이미 존재하는 것이고, 수학자들에 의해 창조되는 것이 아니라 단지 발견되는 것이라고 믿는다면 (연습문제 35.2와 266쪽의 주석을 보라), 모든 명제는 참 아니면 거짓이라고 생각하는 게 자연스럽지 않은가?

[†] 물론 의심 많은 자들은 얻을 수 있는 것이 적다.

[2] 저자가 이렇게 거대한 다항식의 복잡한 근을 찾은 것에 대해 어떻게 생각하는가?

은 모두 대수적인 수이다. 모든 유리수 a/b도 대수적인 수인데, 왜냐하면 이것은 다항식 $bX - a$의 근이기 때문이다. 그러나 우리가 본 것처럼, 많은 대수적인 수는 유리수가 아니다.

대수적인 수가 굉장히 많은 것처럼 보이기 때문에, 모든 무리수가 대수적인 수라고 기대할지도 모르겠다. 즉, 모든 무리수는 정수 계수 다항식의 근이 될 것이라는 희망을 가질 수 있다. 특별한 예를 들어보면, 친숙한 수인 $\pi = 3.1415926\ldots$가 대수적인 수라고 생각되는가? 18세기 중반, 레온하르트 오일러는 그렇지 않다고 생각하였다.[3] 대수적인 수가 아닌 수를 초월수(transcendental number)라고 하는데, 정수 계수 다항식의 근들을 초월하는 수이기 때문이다.

오일러와 그와 동시대의 사람들은 π가 초월수라는 것을 증명할 수 없었고, 100년도 더 지난 1882년에 이르러서야 린데만(F. Lindemann)이 π가 초월수라는 것을 증명할 수 있었다. 유감스럽게도, 그 이후 많이 단순화되었지만, π가 초월수라는 증명은 여기에 소개하기에는 너무 복잡하다. 사실 초월수가 존재한다는 것을 증명하는 것도 쉽지 않다! 1840년에야 조제프 리우빌(Joseph Liouville)이 처음으로 초월수를 선보였다.

우리는 특정한 수가 초월수라는 것을 증명하기 위하여 리우빌의 방법을 따르려 한다. 리우빌의 수(Liouville's number)는 순환하지 않는 무한소수

$$\begin{array}{lllllll} \text{자리:} & 1\,2 & 6 & & 24 & 120 & 720 \\ & \downarrow\downarrow & \downarrow & & \downarrow & \downarrow & \downarrow \\ \beta & = 0.11 & 0001 & 000000000000000000 & 1 00\cdots 00 & 1 00\cdots 00 & 1 00\cdots \end{array}$$

$$\beta = 0.110001000000000000000001 00\cdots 00100\cdots 00100\cdots$$

으로 표현된다. 더 정확히 말하자면, β의 소수 전개에서 나타나는 n번째 "1"은 $n!$번째 (이것은 n 팩토리얼) 숫자이고, 나머지 숫자들은 모두 0이다. β를 표현하는 또 다른 방법은

$$\beta = \frac{1}{10} + \frac{1}{10^2} + \frac{1}{10^6} + \frac{1}{10^{24}} + \frac{1}{10^{120}} + \frac{1}{10^{720}} + \cdots$$

이고, 무한급수를 사용하여 표현하면

$$\beta = \sum_{n=1}^{\infty} \frac{1}{10^{n!}}$$

이다.

β가 초월수임을 증명하기 위해, 우리는 β가 어떠한 정수 계수 다항식의 근도 될 수 없음을 보여야 한다. $\sqrt{2}$가 무리수임을 증명했던 것처럼 우리는 모순을 유도하여 증명하려 한다. 따라서 어떤 정수 계수 다항식

$$f(X) = c_0X^d + c_1X^{d-1} + c_2X^{d-2} + \cdots + c_{d-1}X + c_d$$

---

[3] 오일러는 "원의 둘레는 근이나 혹은 다른 초월수 같은 다른 양과는 비교할 수 없는 독특한 종류의 초월적 양으로 구성되어 있다는 것을 제법 확신할 수 있을 듯하다."라고 (1755년에) 기록하였다. 르장드르는 1794년에 π^2이 무리수라는 것을 증명하였고 "아마도 π는 대수적인 무리수가 아닌 듯하지만 ⋯ 이것을 엄격하게 증명하는 것은 매우 어려운 것으로 보인다."라고 언급하였다.

에 대하여 $f(\beta) = 0$이라고 가정해 보자. 리우빌의 빛나는 아이디어는 어떤 무리수가 어떤 다항식의 근이라면 그 무리수는 유리수와 아주 가까울 수는 없다는 것이다. 따라서 리우빌의 수를 공부하기 전에, 유리수를 무리수에 가깝게 근사시키는 문제를 잠시 짚고 넘어가자.

디리클레의 디오판토스 근사 정리를 상기해 보면 (33장을 보라), 어떠한 무리수 r에 대하여

$$\left|\frac{a}{b} - \alpha\right| < \frac{1}{b^2}$$

을 만족하는 유리수 a/b가 무한히 많다는 것을 알려준다. 다른 말로 하면, 우리는 α와 가까운 유리수를 여러 개 찾을 수 있다는 뜻이다. 우리는 여기서 좀 더 가까운 유리수를 찾을 수 있는지 물을 수 있다. 예를 들어,

$$\left|\frac{a}{b} - \alpha\right| < \frac{1}{b^3}$$

을 만족하는 유리수 a/b가 무한히 많이 존재하겠는가? 그 답은 수 α의 특정한 성질에 달려 있다.

예를 들어, $\alpha = \sqrt{2}$를 선택해 보자. 이것은 α는 $f(X) = X^2 - 2$의 근이라는 뜻이고, 따라서 만일 a/b가 α에 가깝다면 $f(a/b)$는 반드시 작아야만 한다. 어떻게 이러한 관찰을 정량화할 수 있을까? 인수분해

$$f\left(\frac{a}{b}\right) = \left(\frac{a}{b}\right)^2 - 2 = \left(\frac{a}{b} + \sqrt{2}\right)\left(\frac{a}{b} - \sqrt{2}\right)$$

를 통하여 $f(a/b)$의 작은 정도를 측정할 수 있다. a/b가 $\sqrt{2}$와 가깝다면 첫 번째 인수 $a/b + \sqrt{2}$는 $2\sqrt{2}$에 가까워야 하고, 따라서 반드시 (예컨대) 4보다 작을 것이다. 이로부터

$$\left|f\left(\frac{a}{b}\right)\right| \le 4\left|\frac{a}{b} - \sqrt{2}\right|$$

와 같이 추정할 수 있다.

한편, 우리는 주어진 식을

$$f\left(\frac{a}{b}\right) = \left(\frac{a}{b}\right)^2 - 2 = \frac{a^2 - 2b^2}{b^2}$$

과 같이 쓸 수 있다. 분자 $a^2 - 2b^2$은 0이 아닌 정수임을 확인하자. (왜 0이 아닐까? 답: $\sqrt{2}$는 무리수이고, 따라서 a/b와 같아질 수 없다.) 물론, $a^2 - 2b^2$의 정확한 값을 알 수는 없지만, 0이 아닌 정수의 절대값은 1 이상이라는 것을 안다.[4] 따라서

$$\left|f\left(\frac{a}{b}\right)\right| = \left|\frac{a^2 - 2b^2}{b^2}\right| \ge \frac{1}{b^2}$$

이다.

[4]여기서 우리가 이용하고 있는 사실은 0과 1 사이에는 정수가 없다는 매우 자명해 보이는 관찰이다. 자명한 듯하지만, 이것이 모든 초월성 증명의 핵심이다. 이 사실은 음이 아닌 정수의 정렬성(well-ordering property of the nonnegative integers)이라는 세련된 원리와 동치로, 정렬성이란 어떠한 음이 아닌 정수의 집합에도 가장 작은 원소가 존재한다는 것이다.

이제 $|f(a/b)|$의 상계와 하계를 얻었고, 이 둘을 합치면 흥미로운 부등식

$$\frac{1}{4b^2} \le \left|\frac{a}{b} - \sqrt{2}\right| \tag{1}$$

을 얻는다. 이 부등식은 모든 유리수 a/b에 대해 성립한다. 이 부등식이 어떻게 디리클레의 부등식

$$\left|\frac{a}{b} - \sqrt{2}\right| < \frac{1}{b^2}$$

을 보완하는지 확인해 보자. 특히,

$$\left|\frac{a}{b} - \sqrt{2}\right| < \frac{1}{b^3} \tag{2}$$

과 같은 더 강력한 부등식의 해가 유한개뿐이라는 것을 증명하기 위하여 (1)을 이용할 수 있다. 부등식 (1)과 (2)로부터,

$$\frac{1}{4b^2} < \frac{1}{b^3}, \qquad b < 4$$

임을 알 수 있다. 이는 b의 값으로 가능한 것은 $b = 1, 2, 3$이고, 각각의 b에 대하여 a의 후보는 부등식 (2)로부터 유한개뿐이라는 것을 알려준다. 실제로 (2)는 정확히 세 개의 해 $\frac{a}{b} = \frac{1}{1}$, $\frac{a}{b} = \frac{2}{1}$, $\frac{a}{b} = \frac{3}{2}$을 가지고 있다.

위의 내용을 요약해 보자. 유리수 a/b는 $\sqrt{2}$와 가까울 수 없다는 것을 말해 주는 부등식 (1)을 추론하기 위하여 $\sqrt{2}$가 다항식 $X^2 - 2$의 근이라는 것을 이용하였다. 위와 같이 주어진 수 β가 초월수라는 리우빌의 증명은 다음 두 개의 다리에 의존한다. (이것은 약간 흔들거리는 테이블을 만들지만,† 증명을 위해 수용할 만한 수준이다.)

(i) 만일 α가 대수적인 수라면, 즉 α가 정수 계수 다항식의 근이라면, 유리수 a/b는 α와 가까울 수 없다.

(ii) β가 위와 같이 주어졌을 때,‡ α와 무척 가까운 유리수 a/b가 많이 존재한다.

우리의 목표는 위의 모호한 두 명제를 명확하게 하는 것이다. 명제 (i)부터 시작하면, 명제 (i)을 다음과 같이 수치화할 수 있다.

정리 37.2 (리우빌의 부등식)

α를 대수적인 수라고 하자. α가 정수 계수 다항식

$$f(X) = c_0X^d + c_1X^{d-1} + c_2X^{d-2} + \cdots + c_{d-1}X + c_d$$

의 근이고, D는 $D > d$를 만족하는 임의의 수라고 하자. (즉, D는 다항식 f의 차수보다 크다.) 그러면 부등식

$$\left|\frac{a}{b} - \alpha\right| \le \frac{1}{b^D} \tag{$*$}$$

를 만족하는 유리수 a/b는 유한개뿐이다.

---

†증명의 엄밀성이 약간 부족하긴 하지만

‡복잡한 순환하지 않는 무한소수였다.

증명 $X = \alpha$가 $f(X)$의 근이라면 $f(X)$를 $X - \alpha$로 나눈 나머지가 0이라는 뜻이다. 즉, $f(X)$는 적당한 다항식

$$g(X) = e_1 X^{d-1} + e_2 X^{d-2} + \cdots + e_{d-1} X + e_d$$

에 대해서

$$f(X) = (X - \alpha) g(X)$$

와 같이 인수분해된다. 예를 들어, 대수적인 수 $\sqrt[3]{7}$은 다항식 $X^3 - 7$의 근이고, $X^3 - 7$을 $X - \sqrt[3]{7}$로 나누면, 인수분해

$$X^3 - 7 = \bigl(X - \sqrt[3]{7}\bigr)\bigl(X^2 + \sqrt[3]{7}\,X + \sqrt[3]{49}\bigr)$$

를 얻는다. 계수 $e_1, \ldots, e_d$는 정수가 아니지만, 이 증명에서는 관계없다.

a/b를 부등식

$$\left|\frac{a}{b} - \alpha\right| \le \frac{1}{b^D}$$

의 해라고 가정하자. 인수분해 $f(X) = (X - \alpha)g(X)$에서 $X = a/b$로 치환하여 절대값을 취하면, 기본적인 식

$$\left|f\left(\frac{a}{b}\right)\right| = \left|\frac{a}{b} - \alpha\right| \cdot \left|g\left(\frac{a}{b}\right)\right|$$

를 얻는다. 이 식에서 중요한 점은 만일 a/b가 α에 가까우면 우변은 작은 반면 좌변은 유리수라는 것이다. 다음으로 해야 할 두 가지는 $|g(a/b)|$의 상계와 $|f(a/b)|$ 의 하계를 찾는 것이다.

먼저 하계부터 찾아보자. $f(a/b)$를 통분하면,

$$\begin{aligned} f\left(\frac{a}{b}\right) &= c_0\left(\frac{a}{b}\right)^d + c_1\left(\frac{a}{b}\right)^{d-1} + c_2\left(\frac{a}{b}\right)^{d-2} + \cdots + c_{d-1}\frac{a}{b} + c_d \\ &= \frac{c_0 a^d + c_1 a^{d-1} b + c_2 a^{d-2} b^2 + \cdots + c_{d-1} a b^{d-1} + c_d b^d}{b^d} \end{aligned}$$

을 얻는다. 분자가 0이 아닌 정수라는 것을 기억하면

$$\left|f\left(\frac{a}{b}\right)\right| \ge \frac{1}{b^d}$$

임을 알게 된다. [$f(a/b) = 0$인 경우는 나중에 다룰 것이다.] 이전에 언급했던 예제 $f(X) = X^3 - 7$을 이용하여 이것을 설명해 보면,

$$\left|f\left(\frac{a}{b}\right)\right| = \left|\left(\frac{a}{b}\right)^3 - 7\right| = \left|\frac{a^3 - 7b^3}{b^3}\right| \ge \frac{1}{b^3}$$

이다.

다음으로 $g(a/b)$의 상계를 구하려 한다. a/b가 부등식 $(*)$의 해라는 사실로부터

$$|a/b| \le |\alpha| + 1$$

가 반드시 성립하고,

$$\begin{aligned}\left|g\left(\frac{a}{b}\right)\right| &\le |e_1|\left|\frac{a}{b}\right|^{d-1} + |e_2|\left|\frac{a}{b}\right|^{d-2} + |e_3|\left|\frac{a}{b}\right|^{d-3} + \cdots + |e_{d-1}|\left|\frac{a}{b}\right| + |e_d| \\ &\le |e_1|\big(|\alpha|+1\big)^{d-1} + |e_2|\big(|\alpha|+1\big)^{d-2} + |e_3|\big(|\alpha|+1\big)^{d-3} + \cdots \\ &\qquad + |e_{d-1}|\big(|\alpha|+1\big) + |e_d|\end{aligned}$$

를 얻는다. 위 부등식의 마지막 부분은 복잡해 보이지만, 그 값이 무엇이든 간에, 대단히 중요한 속성이 있다. 위의 마지막 식은 유리수 a/b에 의존하지 않는다. 즉, 우리가 증명한 것은 a/b가 부등식 $(*)$의 임의의 해라면,

$$\big|g(a/b)\big| \le K$$

를 만족하는 양수 K가 존재한다는 것이다. 다시, 우리의 예제 $f(X) = X^3 - 7$에서는 경계값으로 $|a/b| \le \sqrt[3]{7} + 1$을 이용하였다. 따라서 이 예제에서는

$$\begin{aligned}\left|g\left(\frac{a}{b}\right)\right| &\le \left|\frac{a}{b}\right|^2 + \sqrt[3]{7}\left|\frac{a}{b}\right| + \sqrt[3]{49} \\ &\le (\sqrt[3]{7}+1)^2 + \sqrt[3]{7}(\sqrt[3]{7}+1) + \sqrt[3]{49} \\ &\le 17.717\end{aligned}$$

로부터 $K = 17.717$을 찾을 수 있다.

지금까지 우리는

부등식 $(*)$:	$\left\|\frac{a}{b} - \alpha\right\| \le \frac{1}{b^D}$
인수분해 식:	$\left\|f\left(\frac{a}{b}\right)\right\| = \left\|\frac{a}{b} - \alpha\right\| \cdot \left\|g\left(\frac{a}{b}\right)\right\|$
하계:	$\left\|f\left(\frac{a}{b}\right)\right\| \ge \frac{1}{b^d}$
상계:	$\left\|g\left(\frac{a}{b}\right)\right\| \le K$

임을 보였다. 이를 모두 고려하면

$$\frac{1}{b^d} \le \left|f\left(\frac{a}{b}\right)\right| = \left|\frac{a}{b} - \alpha\right| \cdot \left|g\left(\frac{a}{b}\right)\right| \le \frac{K}{b^D}$$

가 된다. $D > d$이기 때문에, 좌변의 b를 분리하여 상계를 구하면

$$b \le K^{1/(D-d)}$$

을 얻는다. 우리의 예제 $\alpha = \sqrt[3]{7}$과 $f(X) = X^3 - 7$의 경우에는 $d = 3$이고, $K = 17.717$로 선택했으므로 만일 (예컨대) $D = 3.5$이면, 경계값

$$b \le 17.717^{1/(3.5-3)} \approx 313.89$$

를 얻을 수 있다.

상한 K가 수 a/b에 의존하지 않는 것이 매우 중요한 이유는, 이로부터 유한개의 b만 가능하다는 결론을 내릴 수 있기 때문이다. (b는 기약 분수 a/b의 분모이므로 b는 반드시 양의 정수여야 함을 상기하자.) 게다가, 각각의 선택된 b에 대하여, 부등식 $(*)$를 만족하는 a의 후보는 유한개뿐이다. (사실, 만일 $b^{D-1} > 2$이면, 주어진 b에 대하여 a 후보는 많아야 한 개이다.) 다시 이전 예제로 돌아가면, b의 후보는 $1 \le b \le 313$이고, 각각의 b에 대하여, a의 후보는 [즉, 부등식 $(*)$ 의 해가 되는 것들은]

$$b\sqrt[3]{7} - \frac{1}{b^{2.5}} \le a \le b\sqrt[3]{7} + \frac{1}{b^{2.5}}$$

을 만족하는 정수뿐이다.

부등식 $(*)$의 해 a/b는 유한개뿐이라는 풀이가 거의 완성되었다. 지금까지 우리는 $f(a/b) \neq 0$을 만족하는 $(*)$의 해가 유한개뿐이라는 것을 증명했다. 따라서 $f(X) = 0$의 근에 대해서 생각해 볼 필요가 있다. 그러나 d차 다항식은 많아야 d개의 (유리수 혹은 무리수) 근을 가지므로, $f(X)$의 유리수 근은 유한개뿐이다. 따라서 $(*)$가 유한개의 해를 갖는다는 결론에는 변함이 없다. □

리우빌의 부등식은 대수적인 수 α가 유리수에 의해 가까이 근사되지 않는다는 뜻이다. 다음의 보조정리는 증명의 두 번째 단계로, 리우빌의 수 β와 매우 가까운 유리수가 많다는 것이다.

보조정리 37.3 (**β로의 좋은 근사에 대한 보조정리**)

β를 이전에 기술한 리우빌의 수

$$\beta = \sum_{n=1}^{\infty} \frac{1}{10^{n!}}$$

이라고 하자. 그렇다면 모든 수 $D \ge 1$에 대하여 부등식

$$\left|\frac{a}{b} - \beta\right| \le \frac{1}{b^D}$$

을 만족하는 유리수 a/b가 무한히 많다.

증명 직관적으로, 보조정리 37.3은 β와 아주 가까운 유리수를 찾을 수 있음을 알려준다. 어떻게 이런 좋은 근사값을 찾을 수 있을까?

$$\beta = \frac{1}{10^{1!}} + \frac{1}{10^{2!}} + \frac{1}{10^{3!}} + \frac{1}{10^{4!}} + \frac{1}{10^{5!}} + \frac{1}{10^{6!}} + \cdots$$

의 정의에 그 열쇠가 있다. 급수의 항들은 매우 빠른 속도로 감소하므로, 처음 몇 개의 항을 선택하면 β와 매우 가까운 근사값을 얻을 수 있다. 처음 네 개의 항들을 더하면

$$r_4 = \frac{1}{10^{1!}} + \frac{1}{10^{2!}} + \frac{1}{10^{3!}} + \frac{1}{10^{4!}} = 0.110001000000000000000001$$

이다. 이때, $|r_4 - \beta|$의 처음부터 119번째까지의 소수점 자리의 숫자는 모두 0이므로 $|r_4 - \beta| < 2 \cdot 10^{-120}$으로 매우 작은 수이다. 한편, r_4를 분수로 쓰면,

$$r_4 = \frac{a_4}{b_4} = \frac{110001000000000000000001}{1000000000000000000000000}$$

이고, 분모 r_4는 "겨우" 10^{24}이다. 커 보이지만, $|r_4 - \beta| < 2 \cdot 10^{-120} < 1/b_4^5$이므로, r_4가 β의 더 좋은 근사값이다.

좀 더 일반적으로, 급수의 처음 N개의 항을 선택하고, 그것들을 더하여 유리수

$$r_N = \frac{a_N}{b_N} = \frac{1}{10^{1!}} + \frac{1}{10^{2!}} + \frac{1}{10^{3!}} + \cdots + \frac{1}{10^{N!}}$$

을 만들었다고 하자. b_N이 얼마나 크고 r_N과 β가 얼마나 가까운지를 추정해 보자.

분수들을 더하여 만든 r_N에서 분수들의 분모는 모두 10의 거듭제곱의 형태이고, 이것들의 최소공배수는 마지막에 있는

$$b_N = 10^{N!}$$

이다. 한편, 차 $\beta - r_N$은

$$\beta - r_N = \frac{1}{10^{(N+1)!}} + \frac{1}{10^{(N+2)!}} + \frac{1}{10^{(N+3)!}} + \cdots$$

이다. 따라서 $\beta - r_N$을 소수로 표현하면 $(N+1)!$ 번째에서 처음으로 0이 아닌 숫자가 나오고, 이 숫자는 1이다. 즉, 차 $\beta - r_N$은 소수점 $(N+1)!$ 번째 숫자가 2인 수보다 더 작다. 다시 말하자면,

$$0 < \beta - r_N < \frac{2}{10^{(N+1)!}}$$

이다. 이를 b_N의 값과 비교하면

$$10^{(N+1)!} = (10^{N!})^{N+1} = b_N^{N+1}$$

이 성립하므로

$$0 < \beta - r_N < \frac{2}{b_N^{N+1}}$$

임을 알 수 있다.

요약하자면, 모든 $N \geq 1$에 대하여

$$0 < \beta - \frac{a_N}{b_N} < \frac{2}{b_N^{N+1}} = \frac{2}{b_N} \cdot \frac{1}{b_N^N} < \frac{1}{b_N^N}$$

을 만족하는 유리수 a_N/b_N을 찾았다. 게다가, 이러한 유리수들의 분모 $b_N = 10^{N!}$은 모두 다르기 때문에, 유리수들도 모두 다르다. 따라서 $N \geq D$에 대하여 유리수 a_N/b_N은 부등식

$$\left|\frac{a}{b} - \beta\right| \leq \frac{1}{b^D}$$

의 해이고, 그 개수는 무한히 많다. 이것으로 보조정리 37.3의 증명이 끝났다. □

이제 β가 초월수임을 증명하기 위해 필요한 두 가지를 얻었다.

정리 37.4 (β**의 초월성 정리**)

리우빌의 수

$$\beta = \sum_{n=1}^{\infty} \frac{1}{10^{n!}}$$

은 초월수이다.

증명 모순을 이용한 증명을 하기 위해, 우선 β가 대수적인 수라고 가정하고 거짓인 결과를 유도해 보자. β가 대수적인 수라면, β가 어떤 정수 계수 다항식

$$f(X) = c_0X^d + c_1X^{d-1} + c_2X^{d-2} + \cdots + c_{d-1}X + c_d$$

의 근이다. $D = d + 1$라고 하자. 그러면 리우빌의 부등식에 의하여 부등식

$$\left|\frac{a}{b} - \beta\right| \leq \frac{1}{b^D}$$

을 만족하는 유리수 a/b는 유한개뿐이다. 다른 한편으로는 보조정리 37.3에 의하여 이 부등식을 만족하는 유리수는 무한히 많이 존재한다. 이러한 모순은 β가 대수적인 수가 아니라 것을 증명한다. 즉, β는 초월수이다. □

독자 여러분들이 리우빌의 수가 초월수임을 증명하는 쉽지 않은 여정을 지나, 초월수 탐험의 막바지에 도달한 것을 축하한다. 하지만 이는 초월수라는 광활한 대륙에서 아주 작은 부분에 지나지 않는다.

1934년 겔폰트(A.O. Gelfond)와 슈나이더(T. Schneider)는 초월수 이론에서 가장 아름다운 정리를 독립적으로 증명하였다. 이들이 증명한 것은 만일 a가 0도 1도 아닌 대수적인 수이고, b가 대수적인 무리수라면, a^b는 초월수라는 것이다. 예를 들어, $2^{\sqrt{2}}$은 초월수이다. 놀랍게도 겔폰트–슈나이더(Gelfond–Schneider) 정리는 a와 b가 복소수여도 성립한다. 따라서 e^{π}은 $(-1)^{-i}$과 같기 때문에 e^{π}도 초월수이다.[5]

오늘날 초월수 이론은 무독성[†] 미해결 문제로 가득 차 있어 활발한 연구가 이루어지고 있는 연구 분야이다. 예를 들어, $\pi + e$가 초월수인지, 심지어는 $\pi + e$가 무리수인지조차도 알려져 있지 않다!

연습문제

37.1. **(a)** N이 완전제곱수가 아닌 양의 정수라 하자. $\sqrt{N}$은 무리수임을 증명하여라. (너무 많은 것을 증명하지 않도록 조심하여라. 예를 들어, $\sqrt{4}$를 무리수라고 증명하지 않았는지 확인하여라.)

---

[5]여기 $e = 2.7182818\ldots$은 자연 로그의 밑이다. 1873년 에르미트는 e가 초월수임을 증명하였다. $(-1)^{-i} = e^{\pi}$라는 등식은 오일러의 등식 $e^{i\theta} = \cos(\theta) + i\sin(\theta)$로부터 유도된다. $\theta = \pi$라면 $e^{i\pi} = -1$이고, 양변을 $-i$ 제곱하면 원하는 식을 얻는다.

[†]리만 가설처럼 그 의미조차 알기 힘든 문제는 아니라는 뜻.

(b) $n \geq 2$는 정수이고 p는 소수라고 하자. $\sqrt[n]{p}$은 무리수임을 증명하여라.

(c) $n \geq 2$와 $N \geq 2$는 정수라고 하자. $\sqrt[n]{N}$이 무리수인 경우에 대하여 기술하고, 그것이 참임을 증명하여라.

37.2. A, B, C는 정수이고 $A \neq 0$이라 하자. r_1과 r_2가 다항식 $Ax^2 + Bx + C$의 두 근이라 하자. r_1과 r_2가 유리수가 되는 조건을 설명하여라. 특히, 왜 두 값이 모두 유리수이거나 모두 무리수가 되는지 설명하여라.

37.3. 다음을 만족하는 정수 계수 삼차 다항식의 예를 찾아라.

(a) 서로 다른 세 개의 유리근을 가진다.

(b) 하나의 유리수 근과 두 개의 무리근을 가진다.

(c) 유리근을 가지지 않는다.

(d) 두 개의 유리근과 한 개의 무리근을 가지는 (정수 계수) 삼차 다항식을 찾을 수 있는가? 이를 만족하는 예를 제시하거나 또는 존재하지 않음을 증명하여라.

37.4. **(a)** 정수 계수 다항식 중에서 $\sqrt{2} + \sqrt[3]{3}$을 근으로 가지는 다항식을 찾아라.

(b) 정수 계수 다항식 중에서 $\sqrt{5} + i$를 근으로 가지는 다항식을 찾아라. 단, $i = \sqrt{-1}$이다.

37.5. $f(X) = X^d + c_1X^{d-1} + c_2X^{d-2} + \cdots + c_{d-1}X + c_d$는 모든 계수 $c_1, c_2, \ldots, c_d$가 정수인 d차 다항식이라 하고, r는 $f(X)$의 유리근이라 하자.

(a) r가 반드시 정수임을 증명하여라.

(b) r는 반드시 c_d를 나눔을 증명하여라.

37.6. 다음 문제를 풀기 위하여 앞의 연습문제를 이용하여라.

(a) $X^5 - X^4 - 3X^3 - 2X^2 - 19X - 6$의 모든 유리근을 찾아라.

(b) $X^5 + 63X^4 + 135X^3 + 785X^2 - 556X - 4148$의 모든 유리근을 찾아라.

[도움말. 만일 근 r를 찾는 즉시, 주어진 다항식을 $X - r$로 나누어 근의 개수를 줄이면 계산량을 줄일 수 있다.]

(c) 다항식 $X^5 + 2X^4 - cX^3 + 3cX^2 + 3$이 유리근을 가지려면 c는 어떤 정수여야 하는가?

37.7. **(a)** $f(X) = c_0X^d + c_1X^{d-1} + c_2X^{d-2} + \cdots + c_{d-1}X + c_d$는 계수 $c_0, c_1, c_2, \ldots, c_d$가 모두 정수인 d 차 다항식이라 하자. $r = a/b$가 $f(X)$의 유리근이라 하자. a는 반드시 c_d를 나누고 b는 반드시 c_0을 나눈다는 것을 증명하여라.

(b) (a)를 이용하여 다항식

$$8x^7 - 10x^6 - 3x^5 + 24x^4 - 30x^3 - 33x^2 + 30x + 9$$

의 모든 유리근을 찾아라.

(c) p를 소수라 하자. 다항식 $pX^5 - X - 1$의 유리근은 존재하지 않음을 증명하여라.

37.8. α를 대수적 수라 하자.

(a) $\alpha + 2$와 2α는 대수적 수임을 증명하여라.

(b) $\alpha + \frac{2}{3}$와 $\frac{2}{3}\alpha$는 대수적 수임을 증명하여라.

(c) 와 좀 더 일반적으로, r가 임의의 유리수라고 할 때, $\alpha + r$와 $r\alpha$는 대수적 수임을 증명하여라.

(d) $\alpha + \sqrt{2}$와 $\sqrt{2} \cdot \alpha$는 대수적 수임을 증명하여라.

(e) 좀 더 일반적으로, A가 정수라 할 때, $\alpha + \sqrt{A}$와 $\sqrt{A} \cdot \alpha$는 대수적 수임을 증명하여라.

(f) 독자가 할 수 있는 만큼 이 연습문제를 일반화해 보아라.

37.9. $\alpha = \sqrt{2} + \sqrt{3}$은 다항식 $f(X) = X^4 - 10X^2 + 1$의 한 근이다.

(a) $f(X)$가 $f(X) = (X - \alpha)g(X)$와 같이 인수분해되도록 하는 다항식 $g(X)$를 찾아라.

(b) 만일 $|a/b - \alpha| \le 1$이고 $f(a/b) \ne 0$을 만족하는 임의의 유리수 a/b에 대해 $|g(a/b)| \le K$가 성립할 때, 이를 만족하는 수 K를 찾아라.

(c) 다음 부등식

$$\left|\frac{a}{b} - (\sqrt{2} + \sqrt{3})\right| \le \frac{1}{b^5}$$

을 만족하는 모든 유리수 a/b를 찾아라.

(d) 만일 어떻게 프로그램하는지를 안다면 $1/b^5$ 대신 $1/b^{4.5}$을 가지고 (c)를 풀어 보아라.

37.10. β_1과 β_2는

$$\beta_1 = \sum_{n=1}^{\infty} \frac{1}{k^{n!}}, \qquad \beta_2 = \sum_{n=1}^{\infty} \frac{1}{10^{n^n}}$$

라고 하자. 여기서 k는 $k \ge 2$인 고정된 정수이다.

(a) β_1이 초월수임을 증명하라. (만일 일반적인 값 k에 대하여 증명하는 데 혼란이 있다면, 먼저 $k = 2$인 경우를 해 보아라. $k = 10$인 경우는 우리가 이미 했다는 것을 확인하자.)

(b) β_2가 초월수임을 증명하여라.

37.11. β_3와 β_4는

$$\beta_3 = \sum_{n=0}^{\infty} \frac{1}{n!}, \qquad \beta_4 = \sum_{n=1}^{\infty} \frac{1}{10^{10^n}}$$

라고 하자.

(a) β_3이 초월수라는 것을 증명하기 위해 이 장의 방법을 사용해 보아라. 증명의 어느 부분에서 실패하게 되는가?

(b) β_3이 무리수임을 증명하여라. [도움말. β_3가 유리수라고 가정하고 $\beta_3 = a/b$로 두면, 2의 가장 큰 지수가 반드시 b를 나누어야 한다는 것을 살펴보아라.] 독자는 아마도 유명한 수 $\beta_3 = e = 2.7182818\ldots$를 인식했을 것이다. e가 실제로 초월수라는 것이 밝혀졌지만, 에르미트가 e가 초월수라는 것을 증명한 것은 리우빌의 결과보다 33년 후의 일이다.

(c) β_4가 초월수라는 것을 증명하기 위해 이 장의 방법을 사용해 보아라. 증명의 어느 부분에서 실패하게 되는가?

(d) β_4는 9차 혹은 그 이하의 차수의 정수 계수 다항식의 근이 아님을 증명하여라.

37.12. $\alpha = r/s$가 기약분수로 쓰여진 유리수라고 하자.

(a) 다음 부등식

$$|a/b - \alpha| < 1/sb$$

을 만족하는 유리수 a/b가 정확히 한 개 존재한다는 것을 보여라.

(b) 무한히 많은 유리수 a/b에 대하여 등식 $|a/b - \alpha| = 1/sb$가 성립함을 보여라.

37.13. **(a)** 모든 유리수 a/b에 대하여 $1/8b^2 < |a/b - \sqrt{10}|$이 성립함을 증명하여라.

(b) (a)를 이용하여 $|a/b - \sqrt{10}| \le 1/b^3$를 만족하는 모든 유리수 a/b를 찾아보아라.

37.14. **(a)** N이 완전제곱수가 아닐 때, 모든 유리수 a/b에 대하여 부등식 $K/b^2 < |a/b - \sqrt{N}|$이 성립하는 특별한 K의 값을 구해 보아라. (K의 값은 N에 의존하는 값으로, a와 b에는 의존하지 않는다.)

(b) (a)를 이용하여 다음 각각의 부등식을 만족하는 모든 유리수 a/b를 찾아보아라.

(i) $|a/b - \sqrt{7}| \le 1/b^3$

(ii) $|a/b - \sqrt{5}| \le 1/b^{8/3}$

(c) 세 개의 값 (N, C, e)를 입력하면 부등식 $|a/b - \sqrt{N}| \le C/b^e$를 만족하는 모든 유리수 a/b를 출력하는 컴퓨터 프로그램을 작성하여라. 작성한 프로그램 안에는 N이 양의 정수라는 것과 $C > 0$이고 $e > 2$임을 반드시 확인하는 과정이 있어야 한다. (만일 $e < 2$라면, 무한히 많은 유리수가 존재하므로, 프로그램은 사용자에게 모든 답을 얻을 수 없다는 것을 알려야만 한다!) 작성된 프로그램을 이용하여 다음 부등식을 만족하는 모든 유리수 a/b를 찾아보아라.

(i) $|a/b - \sqrt{573}| \le 1/b^3$

(ii) $|a/b - \sqrt{19}| \le 1/b^{2.5}$

(iii) $|a/b - \sqrt{6}| \le 8/b^{2.3}$

[만일 직접 시도하려고 한다면 (iii)의 계산을 위해서는 적당히 빠른 컴퓨터가 필요할 것이다.]

37.15. 다음 주어진 수 중에서 어느 것이 대수적 수인지, 어느 것이 초월수인지 판단하고, 판단의 근거를 설명하여라. π가 초월수라는 사실과 겔폰트-슈나이더 정리를 이용해도 좋다. 겔폰트-슈나이더 정리는, 만일 a가 0이나 1이 아닌 임의의 대수적 수이고, b가 임의의 무리수인 대수적 수라면 a^b은 초월수라는 것이다. [도움말. 긴장을 늦추지 않기 위해서, 답이 알려지지 않은 수를 목록에 첨가하였다.]

(a) $\sqrt{2}^{\cos(\pi)}$	**(b)** $\sqrt{2}^{\sqrt{3}}$	**(c)** $(\tan \pi/4)^{\sqrt{2}}$	**(d)** π^{17}
(e) $\sqrt{\pi}$	**(f)** π^{π}	**(g)** $\cos(\pi/5)$	**(h)** $2^{\sin(\pi/4)}$

37.16. (실)수 집합 S의 모든 부분 집합이 최소원을 가질 때, S는 정렬성을 가지고 있다고 한다. (S의 부분 집합 T는 최소원을 가진다고 할 때는 원소 $a \in T$가 존재하여 모든 다른 원소 $b \in T$에 대하여 $a \le b$를 만족할 때이다.)

(a) 0과 1 사이에는 정수가 없다는 사실을 이용하여, 음이 아닌 정수 집합은 정렬성을 가지고 있음을 보여라.

(b) 음이 아닌 유리수 집합이 정렬성이 없음을 최소원이 존재하지 않는 특별한 부분 집합을 찾는 것으로 설명하여라.

제 38 장

이항계수와 파스칼 삼각형

$A+B$의 거듭제곱을 몇 개 나열하는 것으로 시작하자.

$$\begin{aligned}(A+B)^0 &= 1\\(A+B)^1 &= A+B\\(A+B)^2 &= A^2+2AB+B^2\\(A+B)^3 &= A^3+3A^2B+3AB^2+B^3\\(A+B)^4 &= A^4+4A^3B+6A^2B^2+4AB^3+B^4\end{aligned}$$

여기에는 아름다운 패턴이 많이 숨어 있는데, 어떤 것들은 꽤 명백하고, 다른 몇몇은 매우 미묘하다. 책을 더 읽기 전에, 독자 스스로 패턴을 찾아보는 시간을 갖기를 권장하는 바이다.

이번 장에서는 $(A+B)^n$을 전개하면 어떻게 되는지를 살피려고 한다. 위의 예제로부터 다음과 같은 전개식을 얻는 것은 당연하다.

$$\begin{aligned}(A+B)^n = \square A^n + \square A^{n-1}B + \square A^{n-2}B^2 + \square A^{n-3}B^3 + \cdots\\ + \square A^2B^{n-2} + \square AB^{n-1} + \square B^n\end{aligned}$$

여기서 빈칸은 적당한 정수로 채워야 한다.

첫 번째 칸과 마지막 칸에는 1이 들어가는 것이 당연해 보이고, 예제로부터 두 번째 칸과 뒤에서 두 번째 칸에는 n이 들어가야 할 것 같다. 유감스럽게도, 다른 칸에는 어떤 수가 들어가야 할지 감이 안 오지만, 지식이 부족하다고 빈칸에 들어갈 수에 이름도 못 붙이는 것은 아니다. $(A+B)^n$의 전개식에서 나타나는 정수들을 이항계수라고 부르는데, 그 이유는 $A+B$가 이항식이고(즉, 두 개의 항으로 구성되어 있고), 이항식 $A+B$를 거듭제곱할 때 계수가 되는 수이기 때문일 것이다. 일반적으로 사용되는 이항계수 기호는 다양한데, 우리는[1]

$$\binom{n}{k} = (A+B)^n \text{에서 } A^{n-k}B^k \text{의 계수}$$

로 나타낼 것이다. 따라서 이항계수 기호를 사용하면 $(A+B)^n$의 전개식은

$$\binom{n}{0}A^n+\binom{n}{1}A^{n-1}B+\binom{n}{2}A^{n-2}B^2+\cdots+\binom{n}{k}A^{n-k}B^k+\cdots+\binom{n}{n}B^n$$

[1] 이항계수 $\binom{n}{k}$ 또한 조합적 수(combinatorial number)라고 부르고 기호로 ${}_nC_k$를 사용하기도 한다.

과 같이 표현된다. 이항계수를 공부하기 위해서는 이항계수를 삼각형 모양으로 배열하면 편리한데, 삼각형의 n 번째 행에는 $(A+B)^n$ 의 전개식의 계수를 배열한다. 이렇게 배열하는 것을 17세기 프랑스 수학자이자 자연철학자인 블레즈 파스칼의 이름을 따라서 파스칼 삼각형이라고 부른다.

$$\begin{array}{lccccccccc}
(A+B)^0: & & & & & \binom{0}{0} & & & & \\
(A+B)^1: & & & & \binom{1}{0} & & \binom{1}{1} & & & \\
(A+B)^2: & & & \binom{2}{0} & & \binom{2}{1} & & \binom{2}{2} & & \\
(A+B)^3: & & \binom{3}{0} & & \binom{3}{1} & & \binom{3}{2} & & \binom{3}{3} & \\
(A+B)^4: & \binom{4}{0} & & \binom{4}{1} & & \binom{4}{2} & & \binom{4}{3} & & \binom{4}{4}
\end{array}$$

파스칼 삼각형의 처음 다섯 행

위의 값을 채워 넣기 위해 이 장의 시작 부분에 있는 전개식을 이용할 수 있다.

$$\begin{array}{lccccccccc}
(A+B)^0: & & & & & 1 & & & & \\
(A+B)^1: & & & & 1 & & 1 & & & \\
(A+B)^2: & & & 1 & & 2 & & 1 & & \\
(A+B)^3: & & 1 & & 3 & & 3 & & 1 & \\
(A+B)^4: & 1 & & 4 & & 6 & & 4 & & 1
\end{array}$$

어떻게 파스칼 삼각형의 다음 행을 알 수 있을까? 한 가지 방법은 단순히 곱셈을 통해 $(A+B)^5$ 을 계산하고 계수를 기록하는 것이다. 더 간단한 방법은 알려진 전개식 $(A+B)^4$ 에 $A+B$ 를 곱하여 $(A+B)^5$ 을 얻는 것이다.

$$\begin{array}{r}
(A+B)^4 \\
\times\ \ A+B \\
\hline
(A+B)^5
\end{array}
\qquad
\begin{array}{ccccccccccc}
 & & A^4 & + & 4A^3B & + & 6A^2B^2 & + & 4AB^3 & + & B^4 \\
\times & & & & & & & & A & + & B \\
\hline
 & & A^4B & + & 4A^3B^2 & + & 6A^2B^3 & + & 4AB^4 & + & B^5 \\
A^5 & + & 4A^4B & + & 6A^3B^2 & + & 4A^2B^3 & + & AB^4 & & \\
\hline
A^5 & + & 5A^4B & + & 10A^3B^2 & + & 10A^2B^3 & + & 5AB^4 & + & B^5
\end{array}$$

따라서 파스칼 삼각형의 다음 행은 다음과 같다.

$$1 \quad 5 \quad 10 \quad 10 \quad 5 \quad 1$$

이항계수들 사이에 기본 관계식을 유도하기 위하여

$$(A+B)^{n+1} = (A+B) \cdot (A+B)^n$$

과 같은 간단한 아이디어를 이용한다. 위와 같이 $(A+B)^n$에 $A+B$를 곱한 결과를 $(A+B)^{n+1}$과 동일시하면 다음을 얻을 수 있다.

$$
\begin{array}{rcccccccc}
 & & \binom{n}{0}A^n & + & \binom{n}{1}A^{n-1}B & + \cdots + & \binom{n}{n-1}AB^{n-1} & + & \binom{n}{n}B^n \\
\times & & & & & & A & + & B \\
\hline
 & & \binom{n}{0}A^nB & + & \binom{n}{1}A^{n-1}B^2 & + \cdots + & \binom{n}{n-1}AB^n & + & \binom{n}{n}B^{n+1} \\
\binom{n}{0}A^{n+1} & + & \binom{n}{1}A^nB & + & \binom{n}{2}A^{n-1}B^2 & + \cdots + & \binom{n}{n}AB^n & & \\
\hline
\binom{n+1}{0}A^{n+1} & + & \binom{n+1}{1}A^nB & + & \binom{n+1}{2}A^{n-1}B^2 & + \cdots + & \binom{n+1}{n}AB^n & + & \binom{n+1}{n+1}B^{n+1}
\end{array}
$$

예를 들어

$$\binom{n}{0}+\binom{n}{1}=\binom{n+1}{1},\quad \binom{n}{1}+\binom{n}{2}=\binom{n+1}{2}\quad \text{등등이다.}$$

일반적으로, 다음의 기본 공식을 얻는다.

정리 38.1 (이항계수에 대한 덧셈 공식)

$n \geq k \geq 0$인 정수라 하자. 그러면

$$\binom{n}{k-1}+\binom{n}{k}=\binom{n+1}{k}$$

이다.

이항계수에 대한 덧셈 공식은 파스칼 삼각형의 멋진 성질 – 삼각형의 모든 항들은 위 행의 두 항의 합과 같다는 사실을 말해 준다. 예를 들어, 이전 예제에서 파스칼 삼각형의 $n=5$행은

1	5	10	10	5	1

이고 $n=6$행은 $n=5$행에서 인접한 두 항을 더하여 계산하면 다음과 같다.

$$
\begin{array}{lccccccccccccc}
[n=5\ \text{행}] & & 1 & & 5 & & 10 & & 10 & & 5 & & 1 & \\
 & \swarrow & & \searrow + \swarrow & & \searrow + \swarrow & & \searrow + \swarrow & & \searrow + \swarrow & & \searrow + \swarrow & & \searrow \\
[n=6\ \text{행}] & 1 & & 6 & & 15 & & 20 & & 15 & & 6 & & 1
\end{array}
$$

대수적 계산을 전혀 하지 않고도

$$(A+B)^6 = A^6 + 6A^5B + 15A^4B^2 + 20A^3B^3 + 15A^2B^4 + 6AB^5 + B^6$$

을 증명한다! 여기서 그림 38.1의 파스칼 삼각형이 이항계수의 덧셈 공식을 잘 보여 준다.

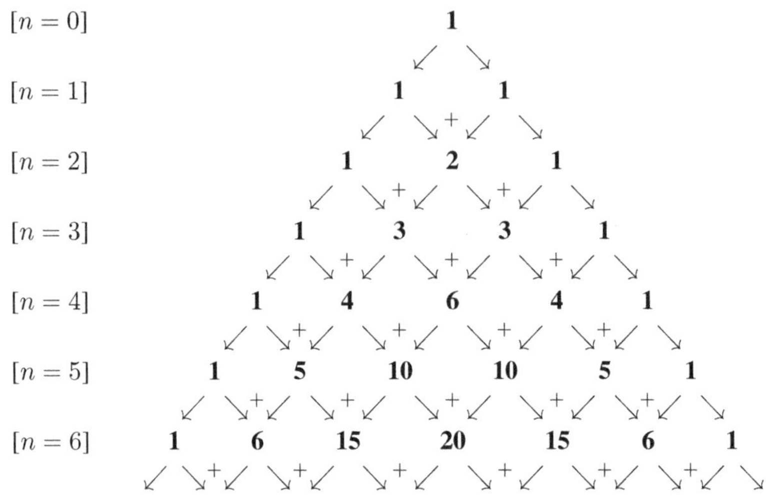

그림 38.1. 파스칼 삼각형으로 설명하는 $\binom{n}{k-1} + \binom{n}{k} = \binom{n+1}{k}$

다음 작업은 이항계수에 대한 전혀 다른 종류의 공식을 유도하는 것이다. 이는 시대와 현대 수학의 발전에서 등장한 간단하지만 놀랍도록 강력한 방법의 예이다. 어떤 값을 두 가지 방법으로 계산할 수 있을 때마다, 계산 결과를 비교하여 흥미있고 유용한 정보를 얻을 수 있다.

이항계수 $\binom{n}{k}$ 의 새로운 공식을 찾기 위하여

$$(A+B)^n = (A+B)(A+B)(A+B)\cdots(A+B)(A+B)$$

을 전개하면 어떻게 되는지 살펴보자. 특별한 경우

$$(A+B)^3 = (A+B)(A+B)(A+B)$$

부터 시작해 보자. 곱의 각 항은 첫 번째 인수에서 A 또는 B를 선택하고, 두 번째 인수에서 A 또는 B를 선택하고, 마지막 인수에서도 A 또는 B를 선택하여 곱한 것으로 구성되어 있다. 이것은 전체 여덟 개의 항으로 구성된다. A^3은 몇 개의 항으로 구성되는가? A^3을 만드는 유일한 방법은 모든 인수에서 A를 선택하는 것이므로, A^3을 얻는 방법의 수는 한 가지뿐이다.

다음으로 A^2B를 얻는 방법의 수를 생각해 보자. A^2B는 다음과 같은 방법으로 얻는다.

- 첫 번째와 두 번째 인수에서 A를 선택하고 세 번째 인수에서 B를 선택

$$(\underset{\uparrow}{\boldsymbol{A}}+B)(\underset{\uparrow}{\boldsymbol{A}}+B)(A+\underset{\uparrow}{\boldsymbol{B}})$$

- 첫 번째와 세 번째 인수에서 A를 선택하고 두 번째 인수에서 B를 선택

$$(\underset{\uparrow}{\boldsymbol{A}}+B)(A+\underset{\uparrow}{\boldsymbol{B}})(\underset{\uparrow}{\boldsymbol{A}}+B)$$

- 두 번째와 세 번째 인수에서 A를 선택하고 첫 번째 인수에서 B를 선택

$$(A+\underset{\uparrow}{\boldsymbol{B}})(\underset{\uparrow}{\boldsymbol{A}}+B)(\underset{\uparrow}{\boldsymbol{A}}+B)$$

세 가지 가능성을 각각의 경우에서 이용한 A와 B를 굵게 강조하여 표현하였다. 이것은 $(A+B)^3$에서 A^2B의 계수가 3이라는 것이고 따라서 이항계수 $\binom{3}{1}$도 3이다.

이제는 곱

$$\overbrace{(A+B)(A+B)(A+B)\cdots(A+B)(A+B)}^{n\text{개의 인수}}$$

에서 A^kB^{n-k}를 얻는 다른 방법의 수를 세기 위해 이제 이러한 논리를 일반화하자. A^kB^{n-k}은 임의의 k개의 인수에서 A를 선택하고 나머지 $n-k$개의 인수에서 B를 선택하여 얻는다. 따라서 우리는 인수들 중에서 k개를 선택하는 방법의 수를 세어야 한다. 한 번에 하나씩 선택하도록 하자.

처음에는 n개의 선택 가능성이 있다. 하나를 선택하고 나면, 두 번째 선택을 위해서는 $n-1$개의 선택 가능성이 남는다. 두 번의 선택을 하고 나면, $n-2$개의 인수가 세 번째 선택을 위해서 남아 있고, 이런 식으로 계속된다. 따라서 n개의 인수 중에서 k개의 인수를 선택하는 방법의 수는

$$n(n-1)(n-2)\cdots(n-k+1)$$

이다.

유감스럽게도 A^kB^{n-k}를 얻는 방법의 수를 겹쳐서 세었는데, 이유는 순서를 고려하면서 선택을 했기 때문이다. 문제의 상황을 설명하기 위해 $n=3$인 이전 예제로 돌아가 보자. 이 경우 A^2B를 얻는 방법 중 하나는 첫 번째와 세 번째 인수에서 A를 선택하는 것인데, 우리는 이 경우 두 번 겹쳐서 세었다. 왜냐하면, 한 번은

"우선 첫 번째에서 선택하고 다음으로 세 번째 인수에서 A를 선택하고"

라는 방법으로 세었고, 또한

"우선 세 번째에서 선택하고 다음으로 첫 번째 인수에서 A를 선택하고"

라는 방법으로도 세었다. 따라서 $(A+B)^n$에서 A^kB^{n-k}항의 진짜 수는

$$n(n-1)(n-2)\cdots(n-k+1)$$

를 다른 순서로 선택하는 방법의 수로 나누어야 한다. k개를 선택할 때, 처음 선택할 때는 k개 중 하나를 선택하고, 그런 다음 나머지 $k-1$ 개 중 하나를 선택하므로, 또한 이런 식으로 계속하면, 선택하는 서로 다른 방법은 $k!$개가 있음을 기억하자. 따라서 곱 $(A+B)^n$에서 항 A^kB^{n-k}을 얻는 방법의 수는

$$\frac{n(n-1)(n-2)\cdots(n-k+1)}{k!}$$

이다. 물론, 이것은 정확하게 이항계수 $\binom{N}{K}$이고, 따라서 우리는 유명한 이항 정리를 증명하였다.

정리 38.2 (이항 정리)

이항 전개식

$$(A+B)^n = \binom{n}{0}A^n + \binom{n}{1}A^{n-1}B + \binom{n}{2}A^{n-2}B^2 + \cdots + \binom{n}{n}B^n$$

에서 이항계수는

$$\binom{n}{k} = \frac{n(n-1)(n-2)\cdots(n-k+1)}{k!} = \frac{n!}{k!(n-k)!}$$

이다.

증명 첫 번째 등식을 증명하는 어려운 과정은 위에서 이미 완료하였다. 두 번째 공식은 첫 번째 분수식의 분모와 분자에 $(n-k)!$을 곱하면

$$\frac{n(n-1)(n-2)\cdots(n-k+1)}{k!} \cdot \frac{(n-k)!}{(n-k)!} = \frac{n!}{k!(n-k)!}$$

이므로 쉽게 증명된다. □

예를 들어, $(A+B)^7$의 전개식에서 A^4B^3의 계수는

$$\binom{7}{3} = \frac{7 \cdot 6 \cdot 5}{3!} = \frac{210}{6} = 35$$

이다. 다른 예를 들어보면, 전개식 $(A+B)^{19}$에서 A^8B^{11}의 계수는

$$\begin{aligned}\binom{19}{11} &= \frac{19 \cdot 18 \cdot 17 \cdot 16 \cdot 15 \cdot 14 \cdot 13 \cdot 12 \cdot 11 \cdot 10 \cdot 9}{11!} \\ &= \frac{3016991577600}{39916800} \\ &= 75582\end{aligned}$$

이다. 물론 만일 k가 $n/2$보다 크다면, 마지막 예제에서와 같이 다음의 이항계수의 대칭 공식을 우선 이용하는 것이 더 쉽다.

$$\binom{n}{k} = \binom{n}{n-k}$$

대칭 공식은 간단히 말해서 $(A+B)^n$을 전개할 때, 두 개의 항 A^kB^{n-k}과 $A^{n-k}B^k$은 같은 계수를 가진다는 것이다. 이것은 A와 B를 구별할 이유가 없기 때문에 분명히 성립한다. 대칭 공식을 이용하여 계산해 보면 다음과 같다.

$$\binom{19}{11} = \binom{19}{8} = \frac{19 \cdot 18 \cdot 17 \cdot 16 \cdot 15 \cdot 14 \cdot 13 \cdot 12}{8!} = \frac{3047466240}{40320} = 75582$$

법 p에 대한 이항계수

p가 소수일 때, 이항계수 $\binom{n}{k}$를 법 p에 대하여 바꾸면 어떻게 되겠는가? 다음은 파스칼 삼각형의 처음 몇 줄을 법 5와 법 7에 대하여 바꾼 것이다.

$$\begin{array}{c} 1 \\ 1\quad 1 \\ 1\quad 2\quad 1 \\ 1\quad 3\quad 3\quad 1 \\ 1\quad 4\quad 1\quad 4\quad 1 \\ 1\quad 0\quad 0\quad 0\quad 0\quad 1 \\ 1\quad 1\quad 0\quad 0\quad 0\quad 1\quad 1 \\ 1\quad 2\quad 1\quad 0\quad 0\quad 1\quad 2\quad 1 \end{array}$$

법 5에 대한 파스칼 삼각형

$$\begin{array}{c} 1 \\ 1\quad 1 \\ 1\quad 2\quad 1 \\ 1\quad 3\quad 3\quad 1 \\ 1\quad 4\quad 6\quad 4\quad 1 \\ 1\quad 5\quad 3\quad 3\quad 5\quad 1 \\ 1\quad 6\quad 1\quad 6\quad 1\quad 6\quad 1 \\ 1\quad 0\quad 0\quad 0\quad 0\quad 0\quad 0\quad 1 \end{array}$$

법 7에 대한 파스칼 삼각형

법 5에 대한 파스칼 삼각형의 $n = 5$행은 1 0 0 0 0 1이고, 비슷하게 법 7에 대한 파스칼 삼각형의 $n = 7$행은 1 0 0 0 0 0 0 1이다. 이것은 $1 \le k \le p-1$인 경우, $\binom{p}{k}$는 반드시 법 p에 대하여는 0이어야 함을 시사한다. 이러한 관찰로부터 놀랄 만큼 간단한 형태인 법 p에 대한 이항 정리를 쉽게 증명할 수 있다.

정리 38.3 (법 p에 대한 이항 정리)

p를 소수라고 하자.

(a) 이항계수 $\binom{p}{k}$은 법 p에 대하여 다음과 합동이다.

$$\binom{p}{k} \equiv \begin{cases} 0 \pmod{p} & 1 \le k \le p-1 \\ 1 \pmod{p} & k = 0 \text{ 또는 } k = p \end{cases}$$

(b) 임의의 수 A와 B에 대하여, 다음을 얻는다.

$$(A+B)^p \equiv A^p + B^p \pmod{p}$$

증명 (a) $k = 0$이거나 $k = p$인 경우, $\binom{p}{k} = 1$임을 안다. 따라서 k가 1과 $p-1$ 사이에 있을 때 어떻게 되는지가 흥미있는 문제이다. 특별한 경우를 예로 들어보자. 예를 들어 $\binom{7}{5}$는 어떻게 되는지 이해해 보자. 이항계수에 대한 우리의 공식은

$$\binom{7}{5} = \frac{7 \cdot 6 \cdot 5 \cdot 4 \cdot 3}{5 \cdot 4 \cdot 3 \cdot 2 \cdot 1}$$

이다. 7은 분자에 있고, 분자의 7을 약분할 수 있는 7이 분모에는 없다. 따라서 $\binom{7}{5}$는 7로 나누어 떨어진다. 즉, 이것은 법 7에 대해 0과 합동이라는 뜻이다.

이 아이디어는 일반적인 경우에도 완벽하게 적용된다. 이항계수 $\binom{p}{k}$는 다음과 같다.

$$\binom{p}{k} = \frac{p \cdot (p-1) \cdot (p-2) \cdots (p-k+1)}{k \cdot (k-1) \cdot (k-2) \cdots 2 \cdot 1}$$

따라서 (만일 $k \geq 1$이면) $\binom{p}{k}$의 분자에는 p가 있고, (만일 $k \leq p-1$이면) 분모에는 분자의 p를 약분할 수 있는 p가 없다. 따라서 $\binom{p}{k}$는 p로 나누어 떨어지고, 법 p에 대하여 0과 합동이다.

p가 소수라는 사실을 이용한 곳이 있는가? 만일 p가 소수가 아니라면, 분모의 적당히 작은 수들을 결합하여 p를 약분할 수도 있을지 모른다. 따라서 우리의 증명은 합성수에 대해서는 성립하지 않는다. 즉, 합성수 n에 대하여 $\binom{n}{k} \equiv 0 \pmod{n}$을 증명한 것은 아니다. 이 일반화된 명제가 참이라고 생각하는가?

(b) 이항 정리와 (a)를 이용하면,

$$\begin{aligned}
(A+B)^p &= \binom{p}{0}A^p + \binom{p}{1}A^{p-1}B + \binom{p}{2}A^{p-2}B^2 \\
&\qquad + \cdots + \binom{p}{p-2}A^2B^{p-2} + \binom{p}{p-1}AB^{p-1} + \binom{p}{p}B^p \\
&\equiv 1 \cdot A^p + 0 \cdot A^{p-1}B + 0 \cdot A^{p-2}B^2 \\
&\qquad + \cdots + 0 \cdot A^2B^{p-2} + 0 \cdot AB^{p-1} + 1 \cdot B^p \pmod{p} \\
&\equiv A^p + B^p \pmod{p}
\end{aligned}$$

임을 쉽게 계산할 수 있다. □

공식

$$(A+B)^p \equiv A^p + B^p \pmod{p}$$

는 모든 수론 분야에서 가장 중요한 공식 중에 하나이다. 이것은 p 거듭제곱의 합이 합의 p 거듭제곱과 합동이라는 것을 알려준다. 이 공식을 이용하여 페르마의 소정리의 새로운 증명 방법을 얻을 수 있다. 독자에게 이 증명과 9장의 증명을 비교해 보길 권한다. 각각의 증명은 공식에 숨어 있는 다른 측면을 보여 준다. 어느 증명이 마음에 드는가?

정리 38.4 (페르마의 소정리)

p를 소수라고 하고, a를 $a \not\equiv 0 \pmod{p}$인 임의의 수라고 하자. 그러면

$$a^{p-1} \equiv 1 \pmod{p}$$

이다.

수학적 귀납법에 의한 증명

$$a^p \equiv a \pmod{p}$$

가 모든 수 a에 대하여 참임을 증명하기 위하여 수학적 귀납법을 이용하자. 이 식은 $a = 0$인 경우 위 식은 자명하다. 다음으로 적당한 수 a에 대하여 위 식이 참임을 가정해 보자. 그러면 다음이 성립한다.

$$\begin{aligned}(a+1)^p &\equiv a^p + 1^p \pmod{p} && A = a\text{이고 } B = 1\text{인 경우} \\ & && \text{법 } p\text{에 대한 이항 정리 이용} \\ &\equiv a + 1 \pmod{p} && \text{수학적 귀납법 가정에 의하여} \\ & && a^p \equiv a \pmod{p}\text{이므로}\end{aligned}$$

이것은

$$a^p \equiv a \pmod{p}$$

의 수학적 귀납법에 의한 증명이다. 또한 이것은 p가 $a^p - a$를 나눈다는 뜻이므로

$$p\text{가 } a(a^{p-1} - 1)\text{을 나눈다.}$$

가정에 의하여, p는 a를 나누지 않기 때문에

$$a^{p-1} \equiv 1 \pmod{p}$$

라는 결론을 내릴 수 있으므로 페르마의 소정리의 증명이 완결되었다. □

연습문제

38.1. 다음의 이항계수를 계산하여라.

$$\textbf{(a)} \binom{10}{5} \qquad \textbf{(b)} \binom{20}{10} \qquad \textbf{(c)} \binom{15}{11} \qquad \textbf{(d)} \binom{300}{297}$$

38.2. 식 $\binom{n}{k} = \frac{n!}{k!(n-k)!}$ 을 이용하여 덧셈에 관한 공식

$$\binom{n}{k-1} + \binom{n}{k} = \binom{n+1}{k}$$

를 증명하여라.

38.3. 파스칼 삼각형에서 행을 더한 것

$$\binom{n}{0} + \binom{n}{1} + \binom{n}{2} + \binom{n}{3} + \cdots + \binom{n}{n-1} + \binom{n}{n}$$

은 어떤 값이 되는가? 몇 개의 값을 계산해 보고, 추측을 식으로 만들고, 추측이 옳음을 증명하여라.

38.4. 식

$$\binom{n}{k} = \frac{n(n-1)(n-2)\cdots(n-k+1)}{k!}$$

을 이용하여 이항계수 $\binom{n}{k}$를 정의하면, k가 음이 아닌 정수이기만 하면 모든 n에 대하여 이항계수가 잘 정의된다.

(a) $\binom{-1}{k}$에 대한 간단한 식을 찾아 참임을 증명하여라.

(b) $\binom{-1/2}{k}$에 대한 간단한 식을 찾아 참임을 증명하여라.

38.5. 이번 연습 문제는 미적분학에 대한 선수 지식이 필요하다. 만일 n이 양의 정수라면, $A = 1$과 $B = x$를 $(A+B)^n$에 대입하여

$$(1+x)^n = \binom{n}{0} + \binom{n}{1}x + \binom{n}{2}x^2 + \binom{n}{3}x^3 + \cdots + \binom{n}{n-1}x^{n-1} + \binom{n}{n}x^n$$

을 얻는다. 이전의 연습문제에서 이항계수 $\binom{n}{k}$은 n이 양의 정수가 아니어도 정의됨을 확인하였다. n이 양의 정수가 아님을 가정하고 무한급수

$$\binom{n}{0} + \binom{n}{1}x + \binom{n}{2}x^2 + \binom{n}{3}x^3 + \cdots$$

이 $|x| < 1$ 범위에서 $(1+x)^n$으로 수렴함을 증명하여라.

38.6. 만일 p가 소수이고, $1 \le k \le p-1$이라면, 이항계수 $\binom{p}{k}$는 p로 나누어짐을 증명하였다.

(a) $1 \le k \le n-1$ 범위에서 n으로 $\binom{n}{k}$를 나누지 못하는 정수 n과 k의 예를 찾아라.

(b) 각각의 합성수 $n = 4, 6, 8, 10, 12, 14$에 대하여 $1 \le k \le n-1$ 범위에서 법 n에 대한 $\binom{n}{k}$를 계산하고, 법 n에 대하여 0 이 되는 것을 찾아라.

(c) (b)의 결과를 이용하여 n이 이항계수 $\binom{n}{k}$를 언제 나누는지에 대한 추측을 세우시오.

(d) (c)에서 했던 독자의 추측이 옳음을 증명하여라.

38.7. **(a)** 소수 p를 선택하여 $0 \le k \le p-1$ 범위에서 다음 식의 값

$$\binom{p-1}{k} \pmod{p}$$

를 계산하여 이것에 대한 추측을 세워 보아라. 그리고 추측이 옳음을 증명하여라.

(b) 위와 비슷하게 다음 식의 값

$$\binom{p-2}{k} \pmod{p}$$

에 대하여도 식을 세워 보아라.

38.8. 우리는 $(A+B)^p \equiv A^p + B^p \pmod{p}$를 증명하였다.

(a) 이것을 n개의 항에 대한 합으로 일반화하여라. 즉, 다음을 증명하여라.

$$(A_1 + A_2 + A_3 + \cdots + A_n)^p \equiv A_1^p + A_2^p + A_3^p + \cdots + A_n^p \pmod{p}$$

(b) 곱에 대응하는 식

$$(A_1 \cdot A_2 \cdot A_3 \cdots A_n)^p \equiv A_1^p \cdot A_2^p \cdot A_3^p \cdots A_n^p \pmod{p}$$

은 참인가? 참임을 증명하거나 반례를 들어라.

제 **39** 장

피보나치의 토끼와 선형 점화 수열

1202년 피사(Pisa)의 레오나르도(레오나르도 피보나치(Leonardo Fibonacci)라고도 알려진)는 실용 수학에서 매우 영향력이 있는 책 《산반서(Liber Abbaci)》[†]를 출판하였다. 이 책에서 레오나르도는 우아한 인도-아라비안 숫자 체계(숫자 1, 2, ⋯, 9와 0의 상징/자리)를 로마 수 체계의 제약으로 고통받던 유럽인에게 소개하였다. 레오나르도의 책에는 또한 다음의 흥미로운 토끼 문제도 포함되어 있었다.

> 첫 달에는, 아기 토기 한 쌍으로 시작한다. 한 달 후, 아기 토끼는 어른 토끼가 된다. 다음 달에 어른 토끼는 한 쌍의 토끼를 낳고, 따라서 이제는 한 쌍의 어른 토끼와 한 쌍의 아기 토끼가 있는 것이다. 매월, 각각의 어른 토끼 한 쌍은 새로운 아기 토끼 한 쌍을 낳고, 각각의 아기 토끼 한 쌍은 어른 토끼가 된다. 1년이 지나 연말이 되면, 몇 쌍의 토끼가 있겠는가?

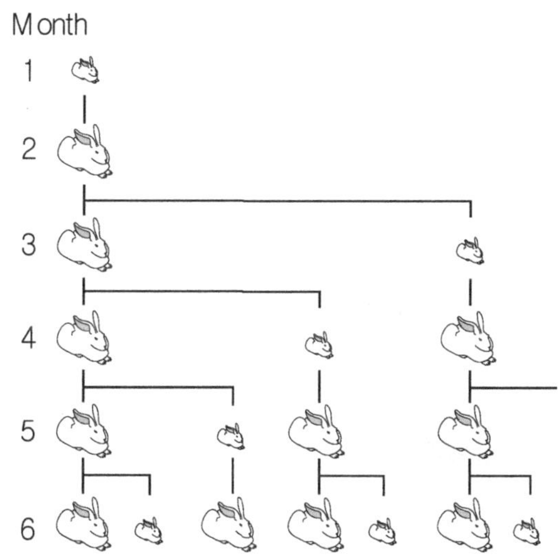

그림 39.1. 피보나치의 토끼 (각각의 토끼 그림은 한 쌍의 토끼를 나타낸다.)

그림 39.1에서는 각각의 토끼 그림으로 한 쌍의 토끼를 나타내는 방식으로 처음 몇 달 동안

† 산반은 서양식 주판에 해당한다.

토끼의 번식을 그림으로 나타내었다. 만일

$$F_n = n \text{달 후 토끼 쌍의 수}$$

라고 하고, 매달 아기 토끼들은 어른 토끼가 되고 매달 어른 토끼들은 새로이 아기 토끼를 낳는다는 것을 기억한다면, 우리는 아기 토끼 쌍과 어른 토끼 쌍의 수를 매달 계산할 수 있다. 따라서 $F_1 = 1$ (아기 토끼 한 쌍), $F_2 = 1$ (어른 토끼 한 쌍), $F_3 = 2$ (어른 토끼 한 쌍 더하기 새로운 아기 토끼 한 쌍) 그리고 $F_4 = 3$ (어른 토끼 두 쌍 더하기 새로운 아기 토끼 한 쌍)이다. 이러한 방법으로 수를 세면 다음과 같다.

$$\begin{aligned}
F_1 &= 0 \text{ 쌍의 어른 토끼} &+ 1 \text{ 쌍의 아기 토끼} &= 1 \text{ 쌍}\\
F_2 &= 1 \text{ 쌍의 어른 토끼} &+ 0 \text{ 쌍의 아기 토끼} &= 1 \text{ 쌍}\\
F_3 &= 1 \text{ 쌍의 어른 토끼} &+ 1 \text{ 쌍의 아기 토끼} &= 2 \text{ 쌍}\\
F_4 &= 2 \text{ 쌍의 어른 토끼} &+ 1 \text{ 쌍의 아기 토끼} &= 3 \text{ 쌍}\\
F_5 &= 3 \text{ 쌍의 어른 토끼} &+ 2 \text{ 쌍의 아기 토끼} &= 5 \text{ 쌍}\\
F_6 &= 5 \text{ 쌍의 어른 토끼} &+ 3 \text{ 쌍의 아기 토끼} &= 8 \text{ 쌍}\\
F_7 &= 8 \text{ 쌍의 어른 토끼} &+ 5 \text{ 쌍의 아기 토끼} &= 13 \text{ 쌍}\\
F_8 &= 13 \text{ 쌍의 어른 토끼} &+ 8 \text{ 쌍의 아기 토끼} &= 21 \text{ 쌍}\\
F_9 &= 21 \text{ 쌍의 어른 토끼} &+ 13 \text{ 쌍의 아기 토끼} &= 34 \text{ 쌍}\\
F_{10} &= 34 \text{ 쌍의 어른 토끼} &+ 21 \text{ 쌍의 아기 토끼} &= 55 \text{ 쌍}\\
F_{11} &= 55 \text{ 쌍의 어른 토끼} &+ 34 \text{ 쌍의 아기 토끼} &= 89 \text{ 쌍}\\
F_{12} &= 89 \text{ 쌍의 어른 토끼} &+ 55 \text{ 쌍의 아기 토끼} &= 144 \text{ 쌍}\\
F_{13} &= 144 \text{ 쌍의 어른 토끼} &+ 89 \text{ 쌍의 아기 토끼} &= 233 \text{ 쌍}
\end{aligned}$$

이것이 피보나치의 물음에 대한 답이다. 1년이 지나 연말이 되면 (12달이 완전히 지났을 때) 토끼는 233쌍이 있다. 피보나치의 토끼 문제에서 시작된 피보나치 수열의 수

$$1,\ 1,\ 2,\ 3,\ 5,\ 8,\ 13,\ 21, \ldots$$

는 13세기부터 현재까지 사람들에게 강한 흥미를 불러 일으키고 있다.[1]

우리의 피보나치 수 F_n의 목록으로부터 12달 이후까지 확장하기를 원한다고 가정해 보자. 우리의 목록을 보면, 각각의 피보나치 수는 앞의 두 피보나치 수의 합과 같음을 알 수 있다. 기호로 표시하면,

$$F_n = F_{n-1} + F_{n-2}$$

와 같이 쓸 수 있다. 이것이 F_n을 나타내는 수식이 아님을 확인하자. 왜냐하면, 이것을 이용하여 F_n의 값을 바로 구할 수 없기 때문이다. 대신 이것은 n 번째 피보나치 수를 앞의 수를 이용하여

---

[1] 1962년부터 발간된 《Fibonacci Quarterly》라는 저널도 있는데, 이 저널은 피보나치 수열과 이것의 일반화를 주로 다룬다.

계산할 수 있는 규칙을 알려준다. 이러한 종류의 규칙을 멋진 수학적인 용어로 나타내면 재귀식(recursion) 또는 점화식(recursive formula)이라고 한다.

F_n의 점화식을 이용하여 표를 만들 수 있다.

n	F_n
1	1
2	1
3	2
4	3
5	5
6	8
7	13
8	21
9	34
10	55

n	F_n
11	89
12	144
13	233
14	377
15	610
16	987
17	1,597
18	2,584
19	4,181
20	6,765

n	F_n
21	10,946
22	17,711
23	28,657
24	46,368
25	75,025
26	121,393
27	196,418
28	317,811
29	514,229
30	832,040

피보나치 수 F_n

피보나치 수는 매우 빠르게 증가하는 것처럼 보인다. 실제 31번째 피보나치 수는 백만 이상이고,

$$F_{31} = 1{,}346{,}269$$

그리고 45번째 달에는 (4년 이내),

$$F_{45} = 1{,}134{,}903{,}170$$

으로 토끼의 수는 10억쌍 이상이 된다! 피보나치 수가 200번째에 도달하지 않아도 얼마나 큰 수인지 살펴보자.

$$F_{60} = 1{,}548{,}008{,}755{,}920$$

$$F_{74} = 1{,}304{,}969{,}544{,}928{,}657$$

$$F_{88} = 1{,}100{,}087{,}778{,}366{,}101{,}931$$

$$F_{103} = 1{,}500{,}520{,}536{,}206{,}896{,}083{,}277$$

$$F_{117} = 1{,}264{,}937{,}032{,}042{,}997{,}393{,}488{,}322$$

$$F_{131} = 1{,}066{,}340{,}417{,}491{,}710{,}595{,}814{,}572{,}169$$

$$F_{146} = 1{,}454{,}489{,}111{,}232{,}772{,}683{,}678{,}306{,}641{,}953$$

$$F_{160} = 1{,}226{,}132{,}595{,}394{,}188{,}293{,}000{,}174{,}702{,}095{,}995$$

$$F_{174} = 1{,}033{,}628{,}323{,}428{,}189{,}498{,}226{,}463{,}595{,}560{,}281{,}832$$

$$F_{189} = 1{,}409{,}869{,}790{,}947{,}669{,}143{,}312{,}035{,}591{,}975{,}596{,}518{,}914$$

수론은 결국 패턴을 이해하는 것인데, 매우 빠르게 증가하는 수들의 패턴을 어떻게 찾을 수 있을까? 우리가 할 수 있는 한 가지는 얼마나 빨리 피보나치 수가 커지는지만 알아채는 것이다. 예를 들어, 연속한 피보나치 수에서 앞의 수보다 뒤의 수가 얼마나 더 클까? 이것은 비율 F_n/F_{n-1}으로 측정할 수 있고, 처음 몇 개의 값은 다음과 같다.

$F_3/F_2 = 2.00000$	$F_{11}/F_{10} = 1.61818$
$F_4/F_3 = 1.50000$	$F_{12}/F_{11} = 1.61797$
$F_5/F_4 = 1.66666$	$F_{13}/F_{12} = 1.61805$
$F_6/F_5 = 1.60000$	$F_{14}/F_{13} = 1.61802$
$F_7/F_6 = 1.62500$	$F_{15}/F_{14} = 1.61803$
$F_8/F_7 = 1.61538$	$F_{16}/F_{15} = 1.61803$
$F_9/F_8 = 1.61904$	$F_{17}/F_{16} = 1.61803$
$F_{10}/F_9 = 1.61764$	$F_{18}/F_{17} = 1.61803$

비율 F_n/F_{n-1}은 1.61803에 점점 가까워지는 것처럼 보인다. 이 수가 어떤 수인가 정확히 짐작하기는 어려우니 어떻게 알아낼 수 있는지 같이 생각해 보자.

마지막 표에 의하면, 정확히 어떤 값인지는 모르는 고정된 상수 α에 대하여 F_n은 αF_{n-1}와 대략적으로 같은 듯하다. 이를

$$F_n \approx \alpha F_{n-1}$$

과 같이 쓰자. 여기서 구불구불한 등호 기호의 의미는 "대략적으로 같다"는 뜻이다. 같은 이유로

$$F_{n-1} \approx \alpha F_{n-2}$$

이고 만일 이것을 $F_n \approx \alpha F_{n-1}$에 대입하면,

$$F_n \approx \alpha F_{n-1} \approx \alpha^2 F_{n-2}$$

를 얻는다.

따라서 우리는 $F_n \approx \alpha^2 F_{n-2}$와 $F_{n-1} \approx \alpha F_{n-2}$에 혐의를 둔다. 우리는 또한 피보나치 점화식 $F_n = F_{n-1} + F_{n-2}$를 알고 있으므로,

$$\alpha^2 F_{n-2} \approx \alpha F_{n-2} + F_{n-2}$$

임을 알 수 있다. 양변을 F_{n-2}로 나누고 좌변으로 모두 이항하면 다음 방정식을 얻는다.

$$\alpha^2 - \alpha - 1 \approx 0$$

우리는 이차방정식의 근의 공식을 이용하여 이 방정식을 풀 수 있다.

$$\alpha = \frac{1+\sqrt{5}}{2} \quad \text{또는} \quad \frac{1-\sqrt{5}}{2}$$

우리는 α의 값을 구하고 있었는데, 두 개나 찾는 대박을 터트린 듯하다! 두 개의 값 모두 방정식 $\alpha^2 = \alpha + 1$을 만족하고, 모든 n에 대하여 방정식

$$\alpha^n = \alpha^{n-1} + \alpha^{n-2}$$

을 만족한다. 이것은 피보나치 재귀 방정식 $F_n = F_{n-1} + F_{n-2}$와 많이 닮아 보인다. 다른 말로 하자면, 위에서 구한 어느 α에 대해서도 $G_n = \alpha^n$이라고 하면, $G_n = G_{n-1} + G_{n-2}$를 만족한다.

실제로, 우리는 두 값을 모두 사용하여 더 나은 계산을 할 수 있다. 그래서 첫 번째 값을 α, 두 번째 값을 β라 하자.

$$\alpha = \frac{1+\sqrt{5}}{2}, \qquad \beta = \frac{1-\sqrt{5}}{2}$$

이제 수열

$$H_n = A\alpha^n + B\beta^n, \qquad n = 1, 2, 3, \ldots$$

을 관찰해 보자. 이것은

$$\begin{aligned} H_{n-1} + H_{n-2} &= (A\alpha^{n-1} + B\beta^{n-1}) + (A\alpha^{n-2} + B\beta^{n-2}) \\ &= A(\alpha^{n-1} + \alpha^{n-2}) + B(\beta^{n-1} + \beta^{n-2}) \\ &= A\alpha^n + B\beta^n \\ &= H_n \end{aligned}$$

과 같은 특성이 있다. 따라서 H_n은 피보나치 수열과 같은 재귀 방정식을 만족하고, 여기서 A와 B는 우리가 원하는 어떤 수로도 선택할 수 있다.

아이디어는 H_n 수열과 피보나치 수열이 두 개의 같은 초기값을 갖도록 A와 B를 선택하는 것이다. 다시 말하면, 우리는

$$H_1 = F_1 = 1, \qquad H_2 = F_2 = 1$$

을 만족하도록 A와 B를 선택하고자 한다. 이것은 방정식

$$A\alpha + B\beta = 1, \qquad A\alpha^2 + B\beta^2 = 1$$

을 풀어야 한다는 것이다. (α와 β는 특별한 수라는 것을 기억하자.) 위의 두 개의 방정식의 해를 구하는 것은 쉽다. $\alpha^2 = \alpha + 1$와 $\beta^2 = \beta + 1$라는 사실을 두 번째 식에 대입하면

$$A(\alpha+1) + B(\beta+1) = 1$$

을 얻고 이것을 첫 번째 식에서 빼면

$$A + B = 0\text{이고,} \quad \text{따라서} \quad B = -A$$

가 된다. 첫 번째 식에 $B = -A$를 대입하여

$$A\alpha - A\beta = 1$$

을 얻고, 따라서

$$A = 1/(\alpha - \beta) = 1/\sqrt{5}$$

임을 알 수 있다. 또한 $B = -A = -1/\sqrt{5}$이라는 것을 이용하면

$$H_n = (\alpha^n - \beta^n)/\sqrt{5}$$

또한 얻을 수 있다. 우리의 계산은 피보나치 수열의 n번째 항에 대한 다음의 아름다운 공식을 얻음으로써 절정에 이르렀다. 1843년에 이 공식을 출판한 비네(Binet)의 이름을 따서 불리고 있지만, 적어도 100년 전에 오일러와 다니엘 베르누이도 이 공식을 알고 있었다.

정리 39.1 (비네의 공식)

피보나치 수열 F_n은 다음과 같은 점화식으로 주어진다.

$$F_1 = F_2 = 1, \qquad F_n = F_{n-1} + F_{n-2} \quad (\text{단, } n = 3, 4, 5, \ldots)$$

그러면 피보나치 수열의 n번째 항은

$$F_n = \frac{1}{\sqrt{5}}\left\{\left(\frac{1+\sqrt{5}}{2}\right)^n - \left(\frac{1-\sqrt{5}}{2}\right)^n\right\}$$

이다.

증명 모든 $n = 1, 2, 3, \ldots$에 대하여 H_n을

$$H_n = \frac{1}{\sqrt{5}}\left\{\left(\frac{1+\sqrt{5}}{2}\right)^n - \left(\frac{1-\sqrt{5}}{2}\right)^n\right\}$$

이라 하자. 우리는 n에 대한 수학적 귀납법으로 모든 n에 대하여 $H_n = F_n$임을 보이려 한다.

우선 다음을 확인하자.

$$H_1 = \frac{1}{\sqrt{5}}\left\{\left(\frac{1+\sqrt{5}}{2}\right) - \left(\frac{1-\sqrt{5}}{2}\right)\right\} = \frac{1}{\sqrt{5}} \cdot \sqrt{5} = 1$$

이고

$$\begin{aligned} H_2 &= \frac{1}{\sqrt{5}}\left\{\left(\frac{1+\sqrt{5}}{2}\right)^2 - \left(\frac{1-\sqrt{5}}{2}\right)^2\right\} \\ &= \frac{1}{\sqrt{5}}\left\{\frac{6+2\sqrt{5}}{4} - \frac{6-2\sqrt{5}}{4}\right\} = \frac{1}{\sqrt{5}} \cdot \frac{4\sqrt{5}}{4} = 1 \end{aligned}$$

이다. 즉 $H_1 = F_1$, $H_2 = F_2$임을 증명하였다.

이제 $n \geq 3$이고 모든 1과 $n-1$ 사이의 i에 대하여 $H_i = F_i$임을 가정하자. 특히, $H_{n-1} = F_{n-1}$이고 $H_{n-2} = F_{n-2}$임을 가정하자. 우리가 증명해야 할 것은 $H_n = F_n$이다. 그러나

$$H_n = H_{n-1} + H_{n-2}$$

임을 이미 알고 있고, 피보나치 수열의 정의는

$$F_n = F_{n-1} + F_{n-2}$$

이라는 것에 의하여 $H_n = F_n$이다. 이것이 모든 n에 대하여 $H_n = F_n$임을 수학적 귀납법을 사용하여 증명한 것이다. □

역사적 간주곡. 수

$$\frac{1+\sqrt{5}}{2} = 1.61803\ldots$$

은 황금비 (또는 신성비율)이라 불리는 것으로 이것은 고대 그리스인들이 "황금비(extreme and mean ratio)"라는 듣기 좋은 이름으로 부른 것에 기인한다. 많은 이들이 황금비가 내포된 예술적 구조물의 심미적 가치를 논하였다. 예를 들어, 파르테논 신전(그림 39.2)는 외관이 황금비가 되도록 고안되었다는 설이 있다. 여기 각 변이 황금비를 이루는 작은 직사각형 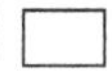 이 있고, 여기는 각 변이 황금비를 이루는 좀 더 큰 직사각형 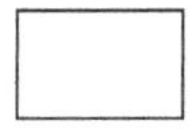 이 있다. 이러한 사각형의 비율이 특별히 아름답게 느껴지는가?

피보나치 수열은 선형 점화 수열의 한 예이다. 여기서 선형이라는 단어의 의미는 수열의 n번째 항이 이전 항들의 선형 결합†으로 표현되어 있다는 뜻이다. 여기에 다른 선형 점화 수열의 예가

† 일차식

그림 39.2. 파르테논 신전

있다.

$$A_n = 3A_{n-1} + 10A_{n-2} \qquad A_1 = 1 \qquad A_2 = 3$$
$$B_n = 2B_{n-1} - 4B_{n-2} \qquad B_1 = 0 \qquad B_2 = -2$$
$$C_n = 4C_{n-1} - C_{n-2} - 6C_{n-3} \qquad C_1 = 0 \qquad C_2 = 0 \qquad C_3 = 1$$

n번째 피보나치 수에 대한 비네의 공식을 유도하기 위해 사용한 방법은 조금 수정하면 (mutatis mutandis[2]) 임의의 선형 점화 수열의 n번째 항의 공식을 찾는 데도 쓰일 수 있다. 당연히 모든 점화 수열이 선형인 것은 아니다. 여기 선형이 아닌 점화 수열의 예가 있다.

$$D_n = D_{n-1} + D_{n-2}^2 \qquad D_1 = 1 \qquad D_2 = 1$$
$$E_n = E_{n-1}E_{n-2} + E_{n-3} \qquad E_1 = 1 \qquad E_2 = 2 \qquad E_3 = 1$$

일반적으로, 비선형 점화 수열의 n번째 항을 표현하는 간단한 공식은 없다. 이 말은 비선형 수열에 관심이 없다는 뜻이 아니라, 상대적으로, 선형 점화 수열보다 더 분석하기가 어렵다는 뜻이다.

법 m에 대한 피보나치 수열

피보나치 수열을 법 m에 대하여 바꾸면 어떤 일이 생길까? 법 m으로 보면 서로 다른 유한개의 정수만이 존재하고, 따라서 값은 계속 커지지는 않는다. 언제나 그렇듯이, 몇 가지 예를 계산해 보는 것에서 시작하자.

---

[2]유용한 라틴어 문구로, "필요한 부분만 수정되었다"는 뜻이다. 물론 수정이 필요한 부분이 비교적 사소하다는 것을 뜻한다.

여기에 m이 작은 수인 경우 법 m에 대하여 피보나치 수열을 나열했다.

$$F_n \pmod 2 \quad \mathbf{1,1,0},1,1,0,1,1,0,1,1,0,\cdots$$
$$F_n \pmod 3 \quad \mathbf{1,1,2,0,2,2,1,0},1,1,2,0,2,2,1,\cdots$$
$$F_n \pmod 4 \quad \mathbf{1,1,2,3,1,0},1,1,2,3,1,0,1,1,2,\cdots$$
$$F_n \pmod 5 \quad \mathbf{1,1,2,3,0,3,3,1,4,0,4,4,3,2,0,2,2,4,1,0},1,1,2,\cdots$$
$$F_n \pmod 6 \quad \mathbf{1,1,2,3,5,2,1,3,4,1,5,0,5,5,4,3,1,4,5,3,2,5,1,0},1,1,2,3,\cdots$$

각각의 경우 피보나치 수열이 결국 반복되는 부분이 나타나는 것을 확인할 수 있다. 즉, 법 m에 대하여 피보나치 수열을 계산할 때, 우리는 결국 두 개의 연속되는 1들이 나타나는 것을 발견하고, 연속된 1들이 나타나자마자, 수열이 반복된다. (이러한 현상이 항상 일어난다는 것을 증명하는 것은 독자를 위한 연습문제로 남긴다.) 따라서

$$F_{n+N} \equiv F_n \pmod m \qquad (n = 1, 2, \ldots)$$

을 만족하는 정수 $N \geq 1$이 존재한다. 이러한 정수 중에서 가장 작은 정수 N을 법 m에 대한 피보나치 수열의 주기라고 한다. 이것을 $N(m)$이라 하자. 앞선 예제를 통해 다음의 짧은 표를 얻을 수 있다.

m	2	3	4	5	6
$N(m)$	3	8	6	20	24

법 m에 대한 피보나치 수열의 주기에는 흥미로운 패턴들이 있다. 하지만 위의 표는 유추를 통한 가설을 세우기에는 너무 짧다. 이제는 법 p에 대한 경우에 집중하여 보자. 표 39.1은 모든 소수 $p \leq 299$에 대하여 주기 $N(p)$를 열거한 것이다. 표의 처음 두 열을 살펴보면, 즉시 다섯 개의 값

$$N(11) = 10, \quad N(31) = 30, \quad N(41) = 40, \quad N(61) = 60, \quad N(71) = 70$$

에 관심이 가는데, 이로부터 $p \equiv 1 \pmod{10}$이라면 $N(p) = p - 1$라는 가설을 세우려는 유혹에 빠질지도 모르겠다. 유감스럽게도 표의 이후 부분을 살펴보면

$$N(101) = 50, \quad N(151) = 50, \quad N(181) = 90, \quad \text{and} \quad N(211) = 42$$

이기 때문에, 이 가설은 참이 아니다. 하지만, 이 모든 경우에 주기 $N(p)$가 $p - 1$을 나눈다는 것을 관찰할 수 있다. 이어서 $N(p) \mid p - 1$을 만족하는 소수 p의 목록을 살펴보면,

$$11, 19, 29, 31, 41, 59, 61, 71, 79, 89, 101, 109, 131, 139, 149,$$
$$151, 179, 181, 191, 199, 211, 229, \cdots$$

p	$N(p)$
2	3
3	8
5	20
7	16
11	10
13	28
17	36
19	18
23	48
29	14

p	$N(p)$
31	30
37	76
41	40
43	88
47	32
53	108
59	58
61	60
67	136
71	70

p	$N(p)$
73	148
79	78
83	168
89	44
97	196
101	50
103	208
107	72
109	108
113	76

p	$N(p)$
127	256
131	130
137	276
139	46
149	148
151	50
157	316
163	328
167	336
173	348

p	$N(p)$
179	178
181	90
191	190
193	388
197	396
199	22
211	42
223	448
227	456
229	114

표 39.1. 법 소수 p에 대한 피보나치 수열의 주기

이다. 이것의 패턴은 분명하다. 이 수들은 법 10에 대하여 1이나 9로 합동인 소수들로, 법 5에 대하여 1이나 4로 합동인 소수들로 이루어진 집합과 같다. 따라서 우리는 다음과 같은 가설을 세울 수 있다.

$$p \equiv 1 \text{ 또는 } 4 \pmod 5 \quad \overset{?}{\Longrightarrow} \quad N(p) \mid p-1$$

어떻게 이 가설을 증명할 수 있을까? 한 가지 아이디어는 법 p에 대한 비네의 공식을 이용하는 것이지만 비네의 공식은 $\sqrt{5}$를 포함하고 있다. 하지만 만일 p가 1 또는 4와 법 5에 대해 합동이면 이차상호법칙에 의하여 법 p에 대해 5는 제곱수라는 뜻이고, 따라서 우리는 법 p에 대하여 5의 제곱근의 역할을 하는 수를 찾을 수 있다. 이제 이 발상에 기초하여 가설을 증명할 준비가 되었다.

정리 39.2 (법 p에 대한 피보나치 수열 정리)

p는 법 5에 대하여 1 또는 4와 합동인 소수라고 하자. 그러면 법 p에 대한 피보나치 수열의 주기는

$$N(p) \mid p-1$$

을 만족한다.

증명 $p \equiv 1$ 또는 $4 \pmod 5$라고 가정하면, 이차상호법칙에 의하여 (정리 22.1)

$$\left(\frac{5}{p}\right) = \left(\frac{p}{5}\right) = \left(\frac{1}{5}\right) \text{ 또는 } \left(\frac{4}{5}\right) = 1$$

이다. 따라서 5는 법 p에 대하여 이차잉여이고, $c^2 \equiv 5 \pmod p$를 만족하는 정수 c를 찾을 수 있다. 만일 c가 홀수가 아니라면, 항상 c 대신 $c+p$를 이용하면 되기 때문에, 우리는 c가 홀수라고 가정할 수 있다. 또한 $c \not\equiv 0 \pmod p$이고, 따라서 c는 법 p에 대해서 역원이 존재하므로, 이것을 c^{-1}라고 하자. 즉, c^{-1}은 $cc^{-1} \equiv 1 \pmod p$를 만족하는 수이다.

이제 법 p에 대한 수열을

$$J_n \equiv c^{-1}\left(\left(\frac{1+c}{2}\right)^n - \left(\frac{1-c}{2}\right)^n\right) \pmod{p}$$

와 같이 정의하자. (이것은 c를 $\sqrt{5}$로 보면 정확히 비네의 공식이다.) $c^2 \equiv 5 \pmod{p}$임을 이용하면,

$$\text{모든 } n \geq 3\text{에 대하여} \quad J_1 \equiv J_2 \equiv 1 \pmod{p}\text{와} \qquad J_n \equiv J_{n-1} + J_{n-2}$$

를 쉽게 확인할 수 있다. 따라서 이 수열 J_n은 법 p에 대하여 피보나치 수열과 같은 초기값을 갖고 같은 점화식을 만족한다. 그러므로

$$(\text{모든 } n \geq 1\text{에 대하여}) \qquad F_n \equiv J_n \pmod{p}$$

이다.

기호를 간단히 하기 위하여,

$$U = \frac{1+c}{2}, \qquad V = \frac{1-c}{2}$$

라고 하면,

$$F_n \equiv c^{-1}(U^n - V^n) \pmod{p}$$

이다. 특히, 페르마의 소정리(정리 9.1)를 이용하여

$$\begin{aligned} F_{i+(p-1)j} &\equiv c^{-1}(U^{i+(p-1)j} - V^{i+(p-1)j}) \pmod{p} \\ &\equiv c^{-1}\big(U^i \cdot (U^{p-1})^j + V^i \cdot (V^{p-1})^j\big) \pmod{p} \\ &\equiv c^{-1}(U^i - V^i) \pmod{p} \\ &\equiv F_i \pmod{p} \end{aligned}$$

와 같이 추론할 수 있다. 따라서 법 p에 대한 피보나치 수열은 $p-1$ 단계마다 반복된다.

하지만 $N(p)$의 정의가 말해 주는 것은 수열이 모든 $N(p)$ 단계마다 반복된다는 것이고, $N(p)$는 이러한 수 중에서 제일 작은 수이다. $p-1$을 $N(p)$로 나누면 몫과 나머지

$$p - 1 = N(p)q + r \qquad (\text{단, } 0 \leq r < N(p))$$

를 얻는다. 수열이 $p-1$ 단계마다 반복된다는 사실과 $N(p)$ 단계마다 반복된다는 사실을 이용하면

$$F_i \equiv F_{i+(p-1)j} \equiv F_{i+N(p)qj+rj} \equiv F_{i+rj} \pmod{p}$$

임을 얻게 된다. 따라서 피보나치 수열은 모든 r 단계마다 반복하게 된다. 그러나 $r < N(p)$이고 $N(p)$는 양의 주기로서 가능한 가장 작은 수이기 때문에 반드시 $r = 0$이라는 것을 알게 된다. 따라서

$$p - 1 = N(p)q$$

이고 $N(p)$가 $p-1$을 나눈다는 것을 증명하였다. □

법 m에 대한 피보나치 수열의 주기에 대한 논의는 여기서 마무리하지만 답해야 할 질문과 더 찾아내야할 규칙성이 많다. 예를 들면, $N(p) = p - 1$을 만족하는 소수는 무한히 많은가? 이에 대해서는 현재 알려진 바가 없다! 연습문제 39.13–39.16에서 m이 소수이거나 합성수일 때, $N(m)$에 대한 더 많은 조사를 요구하는 문제를 만나게 될 것이다.

연습문제

39.1. **(a)** 피보나치 수의 목록을 보고 여러 가지 m과 n의 선택에 따른 F_m과 F_{mn}의 값을 비교해 보고, 패턴을 찾아보아라. [도움말. 가약성의 패턴을 관찰하여라.]

(b) (a)에서 찾은 패턴이 참임을 증명하여라.

(c) 만일 $\gcd(m,n) = 1$이면, F_m, F_n, F_{mn}의 값이 포함된 더 강화된 패턴을 찾아 보아라.

(d) $\gcd(m,n) \neq 1$이어도 (c)에서 찾은 패턴이 여전히 참인가?

(e) (c)에서 찾은 패턴이 참임을 증명하여라.

39.2. **(a)** 제곱수인 피보나치 수를 가능한한 많이 찾아라. 제곱수인 피보나치 수열의 개수는 유한하다고 생각하는가, 무한하다고 생각하는가?

(b) 삼각수인 피보나치 수를 가능한한 많이 찾아라. 삼각수인 피보나치 수열의 개수는 유한하다고 생각하는가, 무한하다고 생각하는가?

39.3. **(a)** 소수인 피보나치 수 F_n의 목록을 만들어라.

(b) 위의 목록을 이용하여, 상자를 채워서 흥미로운 추측을 완성하여라.

만일 F_n이 소수이면, n은 $\boxed{}$이다.

[도움말. 실제로, 독자의 추측은 하나의 예외를 제외하면 참인 명제일 것이다.]

(c) (b)에서의 독자의 추측이 반대 방향으로는 참이 되는가? 즉, 아래의 상자가 (b)의 상자와 같은 것으로 채워져 있다면 다음 명제는 참인 명제인가?

만일 n이 $\boxed{}$이면, F_n은 소수이다.

(d) (b)에서의 독자의 추측이 옳음을 증명하여라.

39.4. 피보나치 수는 많은 놀라운 등식을 만족한다.

(a) 처음 몇몇의 정수 $n = 2, 3, 4, \ldots$에 대하여 $F_{n+1}^2 - F_{n-1}^2$을 계산하고 그 값을 추측해 보아라. [도움말. 이것은 피보나치 수와 같다.] 독자의 추측이 옳음을 증명하여라.

(b) (같은 도움말을 가지고!) $F_{n+1}^3 + F_n^3 - F_{n-1}^3$에 대해 같은 질문에 답하여라.

(c) (거의 같은 도움말을 가지고) $F_{n+2}^2 - F_{n-2}^2$에 대해 같은 질문에 답하여라.

(d) (도움말 없이!) $F_{n-1}F_{n+1} - F_n^2$에 대해 같은 질문에 답하여라.

(e) $4F_nF_{n-1} + F_{n-2}^2$에 대해 같은 질문에 답하여라. [도움말. 구하는 값을 제곱인 피보나치 수와 비교하여라.]

(f) $F_{n+4}^4 - 4F_{n+3}^4 - 19F_{n+2}^4 - 4F_{n+1}^4 + F_n^4$에 대해 같은 질문에 답하여라.

39.5. 방정식

$$x^2 + y^2 + z^2 = 3xyz$$

의 양의 정수해 (x, y, z)는 마르코프 세 수이다.

(a) 만일 (x_0, y_0, z_0)이 마르코프 세 수이면, $(x_0, y_0, 3x_0z_0 - y_0)$도 마르코프 세 수임을 증명하여라.

(b) 모든 $k \geq 1$에 대하여 $(1, F_{2k-1}, F_{2k+1})$은 마르코프 세 수임을 증명하여라.

(마르코프 방정식의 다른 성질을 알고자 하면 연습문제 30.2와 30.3을 보시오.)

39.6. 루카스 수열(Lucas sequence)[†] L_n은 $L_1 = 1$, $L_2 = 3$이고 $L_n = L_{n-1} + L_{n-2}$를 만족하는 수열이다.

(a) 루카스 수열의 처음 열 개의 항을 써 보아라.

(b) 피보나치 수열 F_n의 비네 공식과 같이 L_n을 간단한 식으로 나타내는 간단한 식을 찾아라.

(c) 각각의 $1 \leq n \leq 10$에 대하여 $L_n^2 - 5F_n^2$을 계산하여라. 계산한 값에 대한 추측을 만들어라. 독자의 추측이 옳음을 증명하여라.

(d) 모든 n에 대하여 L_{3n}과 F_{3n}이 모두 짝수임을 보여라. 이 사실과 (c)에서 발견한 결과를 결합하여, $\left(\frac{1}{2}L_{3n}, \frac{1}{2}F_{3n}\right)$을 해로 가지는 흥미로운 방정식을 찾아라. 독자의 결과와 32장과 34장의 결과를 관련 지어라.

39.7. 다음 선형 점화 수열의 처음 몇 항을 써 보고, n번째 피보나치 수에 대한 비네의 공식과 같은 공식을 찾아보아라. 처음 몇 값에 대하여 독자의 공식이 맞다는 것을 확인하여라.

(a) $A_n = 3A_{n-1} + 10A_{n-2}$ $\quad A_1 = 1 \quad A_2 = 3$

(b) $B_n = 2B_{n-1} - 4B_{n-2}$ $\quad B_1 = 0 \quad B_2 = -2$

(c) $C_n = 4C_{n-1} - C_{n-2} - 6C_{n-3}$ $\quad C_1 = 0 \quad C_2 = 0 \quad C_3 = 1$

[도움말. (b)를 위하여, 독자는 복소수를 사용하게 될 것이다. (c)를 위하여, 삼차다항식은 작은 정수근을 가진다.]

39.8. P_n은 다음과 같이 정의된 선형 점화식으로 정의된 수열이다.

$$P_n = P_{n-1} + 4P_{n-2} - 4P_{n-3}, \qquad P_1 = 1, \quad P_2 = 9, \quad P_3 = 1$$

(a) P_n의 처음 열 개의 항을 써 보아라.

(b) 수열이 이상한 방법으로 전개되는가?

(c) 비넷의 공식과 같이 P_n에 대한 공식을 찾아보아라. 독자의 P_n에 대한 공식은 (b)에서 언급한 이상한 전개를 설명하는가?

39.9. (이번 연습문제는 기초적인 미적분학이 필요하다.)

(a) 다음 극한값을 계산하여라.

$$\lim_{n\to\infty} \frac{\log(F_n)}{n}$$

여기서 F_n은 n번째 피보나치 수이다.

(b) A_n은 연습문제 39.7(a)에 나왔던 수열일 때, $\lim_{n\to\infty} (\log(A_n))/n$을 계산하여라.

(c) B_n은 연습문제 39.7(b)에 나왔던 수열일 때, $\lim_{n\to\infty} (\log(|B_n|))/n$을 계산하여라.

[†] $2^{127} - 1$이 메르센 소수임을 증명하였던 에두아르 뤼카(Édouard Lucas)이다.

(d) C_n은 연습문제 39.7(c)에 나왔던 수열일 때, $\lim_{n\to\infty}(\log(C_n))/n$을 계산하여라.

39.10. 다음의 비선형 점화식으로 주어진 수열의 처음 몇 개의 항을 써 보아라. n번째 항에 대한 간단한 공식을 찾을 수 있는가? 수열의 목록에서 어떠한 패턴을 찾을 수 있는가?

(a) $D_n = D_{n-1} + D_{n-2}^2 \qquad D_1 = 1 \qquad D_2 = 1$

(b) $E_n = E_{n-1}E_{n-2} + E_{n-3} \qquad E_1 = 1 \qquad E_2 = 2 \qquad E_3 = 1$

39.11. 법 m에 대한 피보나치 수열은 결국 두 개의 연속된 1이 반복됨을 증명하여라. [도움말. 피보나치 점화식은 반대 방향으로 사용할 수도 있다. 따라서 만일 우리가 F_n와 F_{n+1}의 값을 안다면 공식 $F_{n-1} = F_{n+1} - F_n$을 이용하여 F_{n-1}의 값을 복구할 수도 있다.]

39.12. $N = N(m)$을 법 m에 대한 피보나치 수열의 주기라 하자.

(a) 법 m에 대한 F_N의 값은 무엇인가? 법 m에 대한 F_{N-1}의 값은 무엇인가?

(b) 법 m에 대한 피보나치 수열을 다음과 같이 반대 방향으로 나열하여라.

$$F_{N-1}, \quad F_{N-2}, \quad F_{N-3}, \quad \ldots \quad F_3, \quad F_2, \quad F_1 \quad (\text{mod } m)$$

이것을 여러 가지 m에 대하여 해 보고, 패턴 찾기를 시도해 보아라. [도움말. 만일 법 m에 대한 적당한 값을 1과 m 사이에서 선택하는 대신 $-m$과 -1 사이에서 선택할 때, 패턴은 좀 더 뚜렷하게 보일 것이다.]

(c) (b)에서 발견한 패턴이 옳음을 증명하여라.

39.13. 표 39.2에 제시된 자료는 만일 $m \geq 3$이면 법 m에 대한 피보나치 수열의 주기 $N(m)$은 항상 짝수라고 생각하게 만든다. 이것이 참임을 증명하거나, 반례를 찾아보아라.

39.14. $N(m)$을 법 p에 대한 피보나치 수열의 주기라 하자.

(a) 표 39.2를 이용하여 $\gcd(m_1, m_2) = 1$을 만족하는 여러 가지 값 m_1와 m_2에 대하여 $N(m_1)$, $N(m_2)$, $N(m_1m_2)$의 값을 비교하여라.

(b) m_1과 m_2가 $\gcd(m_1, m_2) = 1$을 만족할 때, $N(m_1)$, $N(m_2)$, $N(m_1m_2)$와 관련된 독자의 추측을 세워 보아라.

(c) (b)의 추측을 이용하여 $N(5184)$와 $N(6887)$의 값을 추정하여라. [도움말. $6887 = 71 \cdot 97$.]

(d) (b)의 추측이 옳음을 증명하여라.

39.15. $N(m)$은 p에 대한 피보나치 수열의 주기라 하자.

(a) 표 39.2를 이용하여 여러 가지 소수 p에 대하여 $N(p)$와 $N(p^2)$의 값을 비교하여라.

(b) p가 소수일 때, $N(p)$와 $N(p^2)$의 값에 대한 추측을 세워 보아라.

(c) 좀 더 일반적으로, $N(p)$의 값에서 모든 큰 거듭제곱 값 $N(p^2)$, $N(p^3)$, $N(p^4)\cdots$에 대하여 추측을 만들어 보아라.

(d) (b)와 (c)의 독자의 추측으로부터 $N(2209)$, $N(1024)$, $N(729)$의 값을 추측하여라. [도움말. $2209 = 47^2$. 1024와 729를 인수분해할 수 있다!]

(e) (b) 그리고/또는 (c)에서 세웠던 추측을 증명해 보아라.

m	$N(m)$	m	$N(m)$	m	$N(m)$	m	$N(m)$	m	$N(m)$
1	—	21	16	41	40	61	60	81	216
2	3	22	30	42	48	62	30	82	120
3	8	23	48	43	88	63	48	83	168
4	6	24	24	44	30	64	96	84	48
5	20	25	100	45	120	65	140	85	180
6	24	26	84	46	48	66	120	86	264
7	16	27	72	47	32	67	136	87	56
8	12	28	48	48	24	68	36	88	60
9	24	29	14	49	112	69	48	89	44
10	60	30	120	50	300	70	240	90	120
11	10	31	30	51	72	71	70	91	112
12	24	32	48	52	84	72	24	92	48
13	28	33	40	53	108	73	148	93	120
14	48	34	36	54	72	74	228	94	96
15	40	35	80	55	20	75	200	95	180
16	24	36	24	56	48	76	18	96	48
17	36	37	76	57	72	77	80	97	196
18	24	38	18	58	42	78	168	98	336
19	18	39	56	59	58	79	78	99	120
20	60	40	60	60	120	80	120	100	300

표 39.2. 법 m에 대한 피보나치 수열의 주기 $N(m)$

39.16. $N(m)$은 p에 대한 피보나치 수열의 주기라 하자. 본문에서 p가 법 5에 대해 $p \equiv 1$ 또는 4인 소수일 때 $N(p)$를 분석했다. 이번 연습문제는 다른 소수의 경우 고려해 볼 것을 요구한다.

(a) 328쪽에 있는 표 39.1을 이용하여 법 p에 대한 피보나치 수열의 주기 $N(p)$의 목록을 만들어라. 단 p는 법 5에 대하여 $p \equiv 2$ 또는 3을 만족한다.

(b) 법 5에 대하여 $p \equiv 1$ 또는 4를 만족할 때, $N(p)$는 $p-1$을 나눈다를 증명하였다. 소수 p가 법 5에 대하여 $p \equiv 2$ 또는 3일 때, 비슷한 추측을 공식으로 만들어라.

(c) (b)의 추측의 증명을 시도하여라. (독자가 현재 알고 있는 지식만을 가지고 이것을 증명하는 것은 아마 어려울 것이다.)

(d) 우리가 생각하지 않은 유일한 소수는 $p = 5$이다. 여러 가지 값 c에 대하여, 다음의 수열

$$n \cdot c^{n-1} \pmod{5}, \quad n = 1, 2, 3, \ldots$$

을 살펴보고 법 5에 대한 피보나치 수열과 비교하여라. 추측을 세워 보고, 독자의 추측이 옳음을 증명하여라.

제 40 장

오, 얼마나 아름다운 함수인가

오래전에[1] 우리는 처음 n개의 정수들의 합에 대한 공식을 발견하였다.

$$1+2+3+\cdots+(n-1)+n=\frac{n(n+1)}{2}=\frac{1}{2}n^2+\frac{1}{2}n$$

이것은 매우 아름답고 완벽하게 정교한 식이지만, 정교함을 잃더라도 복잡하지 않은 식을 선호할 때도 있다.[†] 이런 경우에는 n이 충분히 크다면 $\frac{1}{2}n^2$은 $\frac{1}{2}n$보다 훨씬 크기 때문에, $1+2+\cdots+n$은 대략적으로 $\frac{1}{2}n^2$과 같다고 말할 수도 있다.

유사한 경우로, 26장에서 다루었던 n개의 제곱수의 합에 대한 다음과 같은 정교한 공식이 있다.

$$1^2+2^2+\cdots+(n-1)^2+n^2=\frac{n(n+1)(2n+1)}{6}$$

우변을 전개하면,

$$1^2+2^2+\cdots+(n-1)^2+n^2=\frac{1}{3}n^3+\frac{1}{2}n^2+\frac{1}{6}n$$

이다. n이 충분히 큰 경우에는 $\frac{1}{3}n^3$은 나머지 두 개의 항 $\frac{1}{2}n^2$과 $\frac{1}{6}n$보다 훨씬 크기 때문에 $1^2+2^2+\cdots+n^2$은 근사적으로 $\frac{1}{3}n^3$과 같다고 말할 수 있다. 조금 더 정확한 근사값을 원한다면, $1^2+2^2+\cdots+n^2$와 $\frac{1}{3}n^3$의 차는 n^2의 상수배 차이 정도라고 말할 수 있다.

이러한 종류의 근사식은 수학의 다른 분야나 컴퓨터 과학뿐만 아니라, 수론에서도 자주 등장한다. 이러한 근사식은

$$\begin{pmatrix} n\text{에 관한} \\ \text{복잡한 함수} \end{pmatrix} = \begin{pmatrix} \text{간단한} \\ n\text{에 관한 함수} \end{pmatrix} + \begin{pmatrix} n\text{에 관한} \\ \text{오차의 한계} \end{pmatrix}$$

와 같은 형식을 취한다. 다음 예시와 같이 사용한다.

$$\underbrace{1^2+2^2+\cdots+(n-1)^2+n^2}_{n\text{에 대한 복잡한 함수}} = \underbrace{\frac{1}{3}n^3}_{\substack{n\text{에 대한} \\ \text{간단한 함수}}} + \begin{pmatrix} n^2\text{보다} \\ \text{많이 크지 않은 오차} \end{pmatrix}$$

---

[1] 오래전 앞 장에서, 아주 앞 장에서…

[†] 등가교환의 법칙!

수학적으로는 이러한 근사식을 “빅-오 (big O)” 기호를 사용하여 나타낸다. 빅-오 기호를 사용하면 위의 식은

$$1^2 + 2^2 + \cdots + (n-1)^2 + n^2 = \frac{1}{3}n^3 + O(n^2)$$

과 같이 쓸 수 있다. 약식으로 설명하면, 이것의 의미는 $1^2 + 2^2 + \cdots + n^2$과 $\frac{1}{3}n^3$의 차가 n^2의 특정한 상수배보다 작다는 뜻이다.

빅-오 기호의 정확한 정의는 다소 추상적이고 처음에는 헷갈리기 쉽다. 하지만 $1^2+2^2+\cdots+n^2$의 예를 기억한다면, 기호가 그렇게 복잡한 것이 아니라는 것을 알 수 있고, 약간의 연습을 통해서 익숙해질 수 있다.

정의. $f(n), g(n), h(n)$을 함수라 하자.

$$f(n) = g(n) + O(h(n))$$

은 상수 C와 시작값 n_0가 존재하여

$$\text{모든 } n \geq n_0 \text{에 대하여} \qquad \big|f(n) - g(n)\big| \leq C\big|h(n)\big|$$

을 만족한다는 뜻이다. 즉, $f(n)$와 $g(n)$의 차는 $h(n)$의 특정한 상수배보다는 작다는 뜻이다. $f(n) = g(n) + O(h(n))$을 읽을 때는

“$f(n)$은 $g(n)$ 더하기 빅-오 $h(n)$”

이라고 읽는다.

때때로 함수 $g(n)$이 없으면, 즉 모든 n에 대하여 $g(n) = 0$일 때,

$$f(n) = O(h(n))$$

의 의미는 상수 C가 존재하여 시작값이 n_0인

$$\text{모든 } n \geq n_0 \text{에 대하여} \qquad |f(n)| \leq C|h(n)|$$

이라는 뜻이다. 예를 들어,

$$n \geq 10 \text{인 모든 } n \text{에 대하여, } n^3 \leq 2^n$$

이기 때문에[2]

$$n^3 = O(2^n)$$

이라 쓸 수 있다.

---

[2]가능한 C와 n_0의 선택은 여러 가지이다. 예를 들어, 모든 $n \geq 1$에 대하여 $n^3 \leq 10 \cdot 2^n$이기 때문에 $n^3 = O(2^n)$라고 할 수 있을 것이다. 그러나 $n^3 = O(n^2)$라고 할 수는 없는데, n이 충분히 큰 경우 n^3을 Cn^2보다 작게 만드는 C는 존재하지 않기 때문이다.

또한 함수 $h(n)$가 상수 함수 $h(n) = 1$인 경우도 일반적이다. 자주 범하게 되는 실수는

$$f(n) = O(1)$$

의 뜻이 $f(n)$ 자체가 상수라고 믿는 것이다. 이것은 사실과 100만 광년은 떨어져있다. $f(n) = O(1)$의 의미는 $|f(n)|$이 상수 C보다 작다는 뜻이다. 예를 들어, $f(n) = \dfrac{2n+1}{n+2}$은 분명히 상수가 아니지만,

$$\frac{2n+3}{n+2} = O(1)$$

은 참이다. 왜냐하면,

$$\text{모든 } n \geq 1\text{에 대하여} \qquad \left|\frac{2n+3}{n+2}\right| \leq 2$$

이기 때문이다.

피보나치 수열

$$1, 1, 2, 3, 5, 8, 13, \ldots$$

을 나타낼 때, 빅-오 기호를 사용할 수 있다. 39장에서 n번째 피보나치 수를 표현하는 비네의 아름다운 공식

$$F_n = \frac{1}{\sqrt{5}}\left\{\left(\frac{1+\sqrt{5}}{2}\right)^n - \left(\frac{1-\sqrt{5}}{2}\right)^n\right\}$$

을 증명하였다. 이 공식에서 나타나는 두 가지 값의 근사값은

$$\frac{1+\sqrt{5}}{2} = 1.618039\ldots\text{과} \qquad \frac{1-\sqrt{5}}{2} = -0.618039\ldots$$

이다. $\frac{1-\sqrt{5}}{2}$의 큰 거듭제곱이 아주 작은 수인 반면, $\frac{1+\sqrt{5}}{2}$의 큰 거듭제곱은 아주 큰 수이다. 따라서 근사값으로 표현한 비네의 공식

$$F_n = \frac{1}{\sqrt{5}}\left(\frac{1+\sqrt{5}}{2}\right)^n + O(0.61304^n)$$

또한 유용하다. 이 경우, 오차에 해당하는 $O(0.61304^n)$은 n이 커짐에 따라 실제로 아주 빠르게 0으로 가까이 간다. 이 식은, $1^2 + 2^2 + \cdots + n^2$의 합에 관한 빅-오 공식에서는 오차 $O(n^2)$은 n이 커짐에 따라 증가하지만, $\frac{1}{3}n^3$보다는 천천히 증가하는 것과 비교하여 대조적이다.

빅-오 공식을 발견하고 증명하는 다양한 방법이 있다. 그 중 가장 강력한 것은 기하적 방법과 약간의 미적분학을 이용하는 것이다. 기하적 방법을 어떻게 사용하는지를 합

$$1^k + 2^k + \cdots + n^k$$

에 관한 빅-오 공식을 찾는 것으로 보여 주려 한다. 우리는 이미

$$1+2+\cdots+n=\frac{1}{2}n^2+O(n), \qquad 1^2+2^2+\cdots+n^2=\frac{1}{3}n^3+O(n^2)$$

임을 알고 있으므로,

$$1^k+2^k+\cdots+n^k \stackrel{?}{=} \frac{1}{k+1}n^{k+1}+O(n^k)$$

와 같이 추측할 수 있을 것이다. 그리고 실로 그러하다.

정리 40.1

지수 $k \geq 1$을 고정하자. 그러면

$$1^k+2^k+3^k+\cdots+n^k=\frac{1}{k+1}n^{k+1}+O(n^k)$$

이다.

증명 $S(n)=1^k+2^k+\cdots+n^k$을 우리가 추정하고자 하는 합이라고 하자. 우리는 여러 개의 직사각형을 그리려 한다. 첫 번째 직사각형은 밑변이 1이고 높이가 1^k, 두 번째 직사각형은 밑변이 1이고 높이가 2^k, 세 번째 직사각형은 밑변이 1이고 높이가 3^k를 만족하도록 그린다. 이러한 직사각형들을 옆면을 차례로 붙여 배열하면 그림 40.1을 얻는다.[3] 모든 직사각형들의 넓이의 합을 계산하면, 우리는 정확한 $s(n)$의 값을 얻게 됨을 기억하자.

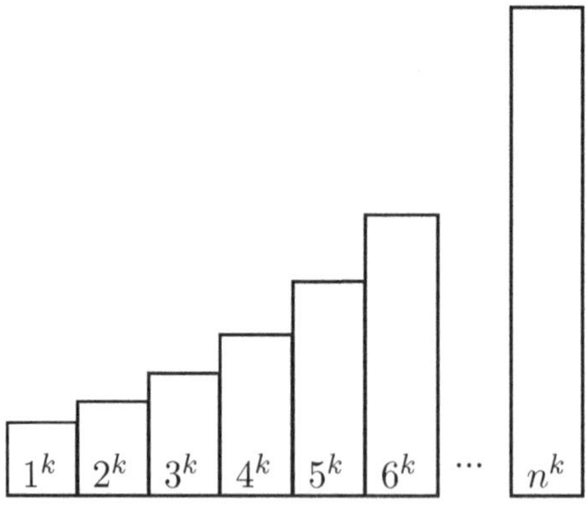

그림 40.1. 넓이의 합이 $1^k+2^k+\cdots+n^k$이 되는 직사각형

직사각형들의 정확한 넓이를 계산하기보다는 단순하게 생긴 영역의 넓이를 계산하는 것으로 전체 직사각형들의 넓이의 근사값을 계산하려고 한다. 곡선 $y=x^k$을 그리면, 그림 40.2에

[3]그림을 한쪽에 맞추어 그리기 위하여 그림 40.1에서는 실제 직사각형의 크기를 실제 크기로 그리지 않았으므로, 독자는 그림을 일반적인 아이디어를 이해하기 위한 도구로만 쓰길 바란다. 독자 스스로 적절한 크기의 그림을 그려도 좋지만, 예를 들어 $k=2$인 경우라도, 아주 큰 종이를 준비해야 할 것이다.

보이는 것처럼 직사각형들은 곡선 아래와 잘 맞는다. 그리고 그림 40.2에서 직사각형들은 곡선 아래를 괴고 있으므로, 직사각형들의 넓이의 합은 곡선 아래의 넓이보다 작다는 것을 안다.

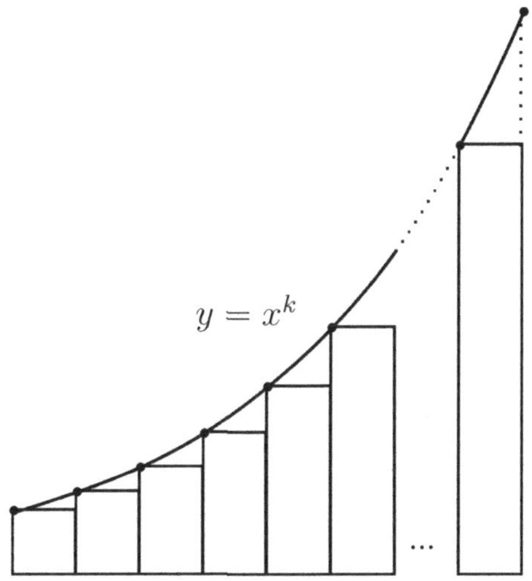

그림 40.2. 곡선 아래의 넓이는 직사각형들의 넓이의 합보다 크다.

즉, 그림으로부터 다음과 같은 추론을 할 수 있다.

$$1^k + 2^k + \cdots + n^k = \begin{pmatrix} \text{직사각형들의} \\ \text{넓이} \end{pmatrix} < \begin{pmatrix} \text{곡선 } y = x^k \text{ 아래와} \\ 1 \le x \le n+1 \text{ 사이의 넓이} \end{pmatrix}$$

곡선 아래의 넓이를 계산하기 위해 간단한 미적분학을 이용할 수 있다.

$$\begin{pmatrix} \text{곡선 } y = x^k \text{ 아래와} \\ 1 \le x \le n+1 \text{ 사이의 넓이} \end{pmatrix} = \int_1^{n+1} x^k \, dx$$

$$= \frac{x^{k+1}}{k+1}\bigg|_1^{n+1} = \frac{1}{k+1}\left((n+1)^{k+1} - 1\right)$$

이 식으로부터 합의 상계

$$1^k + 2^k + \cdots + n^k < \frac{1}{k+1}(n+1)^{k+1}$$

를 얻는다. (우변의 -1을 쓰지 않은 이유는 -1을 쓰더라도 근사값은 아주 약간만 더 좋아지기 때문이다.)

비슷한 방법으로, 직사각형들을 왼쪽으로 1만큼씩 옮겨 보면, 그림 40.3에 표현되어 있는 것과 같이 직사각형들은 곡선 $y = x^k$의 아래 부분과 $0 \le x \le n$ 사이를 완전하게 덮는다. 이것은 직사각형들의 넓이의 합이 이 부분의 곡선 아래의 넓이보다 크다는 뜻이므로, 따라서 우리는 이에 대응하는 직사각형들의 넓이의 합의 하계

$$\begin{aligned}1^k + 2^k + \cdots + n^k &= \big(\text{직사각형의 넓이}\big)\\ &> \begin{pmatrix}\text{곡선 } y = x^k \text{ 아래와}\\ 0 \le x \le n \text{ 사이의 넓이}\end{pmatrix}\\ &= \int_0^n x^k\,dx\\ &= \frac{x^{k+1}}{k+1}\bigg|_0^n\\ &= \frac{1}{k+1}n^{k+1}\end{aligned}$$

를 얻는다.

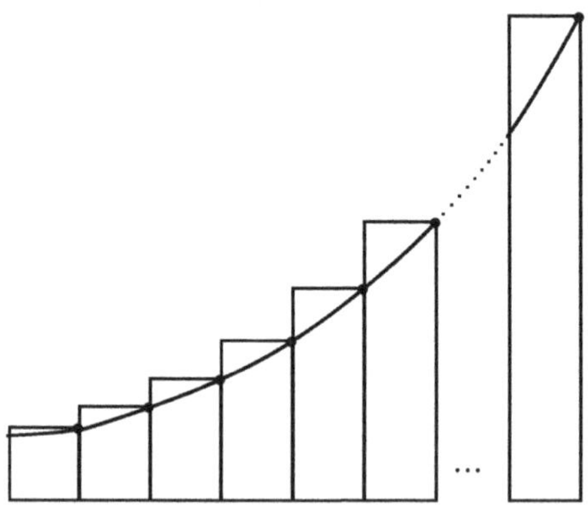

그림 40.3. 곡선 아래의 넓이는 직사각형들의 넓이의 합보다 작다.

상계와 하계를 함께 쓰면,

$$\frac{1}{k+1}n^{k+1} < 1^k + 2^k + \cdots + n^k < \frac{1}{k+1}(n+1)^{k+1}$$

임을 증명할 수 있다. $\frac{1}{k+1}n^{k+1}$을 빼면

$$0 < (1^k + 2^k + \cdots + n^k) - \frac{1}{k+1}n^{k+1} < \frac{1}{k+1}\big((n+1)^{k+1} - n^{k+1}\big) \qquad (*)$$

을 얻는다. 상계가 그리 크지 않다는 것을 보여야 한다. 이를 위하여, $(n+1)^{k+1}$의 이항 전개 (38장)

$$(n+1)^{k+1} = n^{k+1} + \binom{k+1}{1}n^k + \binom{k+1}{2}n^{k-1} + \cdots + \binom{k+1}{k}n + \binom{k+1}{k+1}$$

을 이용하려 한다. 중요한 점은 가장 큰 항이 n^{k+1}라는 것과 모든 다른 항은 n의 작은 거듭제곱 항으로 구성되어 있다는 것이다. 따라서

$$\begin{aligned}(n+1)^{k+1} - n^{k+1} &= \binom{k+1}{1}n^k + \binom{k+1}{2}n^{k-1} + \cdots + \binom{k+1}{k}n + \binom{k+1}{k+1} \\ &\le \binom{k+1}{1}n^k + \binom{k+1}{2}n^k + \cdots + \binom{k+1}{k}n^k + \binom{k+1}{k+1}n^k \\ &= (k\text{를 포함한 복잡한 식}) \cdot n^k\end{aligned}$$

이것과 이전의 부등식 (*)을 합하면

$$0 < (1^k + 2^k + \cdots + n^k) - \frac{1}{k+1}n^{k+1} < (k\text{를 포함한 복잡한 식}) \cdot n^k$$

을 얻는다. 물론 "새로운 복잡한 식"은 "이전의 복잡한 식"의 $\frac{1}{k+1}$를 곱한 것이지만 역시 k에 관한 식만 포함한 것이고, n과는 관련이 없다. 이것은

$$(1^k + 2^k + \cdots + n^k) = \frac{1}{k+1}n^{k+1} + O(n^k)$$

임을 증명했다. 사실 우리는 합 $1^k + 2^k + \cdots + n^k$이 $\frac{1}{k+1}n^{k+1}$보다 항상 크다는 것을 증명했으므로, 더 강력한 사실을 증명한 것이다. 어쨌든 이것으로 정리의 증명이 끝났다. □

계산에 필요한 시간이 얼마인지 설명하기

빅-오 기호는 특별한 방법을 이용하여 어떤 계산을 할 때 걸리는 시간을 설명하기 위해 종종 사용된다. 예를 들어, 수 a와 법 m을 고정하고 커다란 지수 n에 대하여 $a^n \pmod m$을 계산한다고 가정해 보자. 이 계산은 시간이 얼마나 걸릴 것인가?

한 가지 계산하는 방법은 다음을 계산하는 것이다.

$$a_1 \equiv a \pmod m, \quad \text{그리고 그 다음}$$

$$a_2 \equiv a \cdot a_1 \pmod m, \quad \text{그리고 그 다음}$$

$$a_3 \equiv a \cdot a_2 \pmod m, \quad \text{그리고 그 다음} \cdots$$

결국에 $a^n \pmod m$과 같은 a_n을 얻을 것이다. 우리는 n단계에 걸쳐 계산을 하게 되는데, 각각의 단계는 한 번의 곱셈과 한 번의 법 m에 관한 나머지 계산이 포함된다. 각각의 단계의 계산에는 일정한 시간이 필요하다고 가정하면, 계산에 필요한 총 시간은 n의 상수배가 될 것이다. 따라서 이 방법으로 계산에 필요한 시간은 $O(n)$이다.

물론, 16장을 읽은 독자라면 $a^n \pmod m$을 계산하기 위해 이러한 불합리한 비효율적인 방법을 사용할 독자는 없을 것이다. $a^n \pmod m$을 계산하기 위해 연속제곱법을 이용하면 좀 더 빠른 계산을 할 수 있다. 16장에서 기술한 바와 같이, 연속제곱법은 세 가지 단계를 거친다.

1. n을 2의 거듭제곱의 합 (이진 전개)

$$n = u_0 + u_1 \cdot 2 + u_2 \cdot 4 + u_3 \cdot 8 + \cdots + u_r \cdot 2^r$$

으로 표현한다. 여기서 $u_r = 1$이고 모든 u_i은 0 또는 1이다.

2.

$$A_0 = a, \quad A_1 = A_0^2 \pmod{m}, \quad A_2 = A_1^2 \pmod{m},$$
$$A_3 = A_2^2 \pmod{m}, \quad \ldots, \quad A_r = A_{r-1}^2 \pmod{m}$$

의 표를 만든다.

3. 곱

$$A_0^{u_0} \cdot A_1^{u_1} \cdot A_2^{u_2} \cdots A_r^{u_r} \pmod{m} \tag{40.1}$$

을 계산한다.

세 가지 단계는 각각 대략 r 단계의 과정을 거치고, 따라서 총 r의 상수배만큼의 시간이 걸린다. 수 r와 지수 n과의 관계를 알겠는가? 이항전개 (40.1)로부터 n은 최소한 2^r이고, 로그를 취하면

$$r \le \log_2(n)$$

임을 알게 된다.[4] 따라서 연속제곱법을 이용하면 $a^n \pmod{m}$을 $O(\log_2(n))$ 시간 안에 계산할 수 있다. 이것은 $O(n)$보다 굉장히 빠르다고 할 수 있는데, n이 클 때는 $\log_2(n)$은 n보다 작기 때문이다.

수 $\log_2(n)$은 n의 이진 전개 자리수이다; 즉, 우리가 n을 이진법 전개를 했을 때, 자리수를 나타낸다. 마찬가지로, $\log_{10}(n)$은 n을 십진법 전개를 했을 때 자리수이다. 따라서 대강 말하자면, $\log(n)$은 다음과 같은 각각의 단계의 정보를 알려준다.

- 수 n을 기록하는 데 얼마나 시간이 걸리는가
- 다른 사람에게 수 n을 알려줄 때 얼마나 시간이 걸리는가
- 수 n을 컴퓨터에 입력하거나 컴퓨터에서 수 n을 출력하려면 얼마나 시간이 걸리는가

우리는 이것을 수 n을 표현하는 데 $O(\log(n))$만큼의 시간이 걸린다고 요약할 수 있다.

$a^n \pmod{m}$을 계산하는 데 $O(\log(n))$번 곱셈을 하면 된다는 것은 흥미롭고 놀라운 것이다. 왜냐하면 단순히 n을 입력하기만 할 때도 $O(\log(n))$만큼의 시간이 걸린다는 것을 이미 알고 있기 때문이다. 연속제곱법으로 선형 시간이 걸린다고 하는 것은 필요한 곱셈의 횟수가 많아야 초기 정보를 입력하는 데 걸리는 시간의 상수배이기 때문이다. [물론, m과 n이 대략 같은 크기라면, 각각의 곱은 최소한 $O(\log(n))$ 단계를 거쳐야 하고, 따라서 걸리는 총 시간은 $O(\log(n)^2)$이다.]

---

[4]함수 $\log_2(x)$은 밑이 2인 로그이다. 정의에 의하면, $\log_2(x)$의 값은 $2^y = x$를 만족하는 수 y이다.

이제 차수가 d인 두 다항식

$$F(X) = a_0 + a_1X + \cdots + a_dX^d, \qquad G(X) = b_0 + b_1X + \cdots + b_dX^d$$

을 곱하는 문제를 살펴보자. 여기에는 $2d + 2$개의 계수가 있고, 따라서 다항식들을 표현하기 위해서는 $O(d)$만큼의 시간이 필요하다.[5] $F(X)$와 $G(X)$의 곱은 아래와 같이 쓸 수 있다.

$$H(X) = F(X)G(X) = c_0 + c_1X + c_2X^2 + \cdots + c_{2d}X^{2d}$$

$$\text{단,}\quad c_j = \begin{cases} a_0b_j + a_1b_{j-1} + \cdots + a_jb_0 & 0 \le j \le d \text{인 경우} \\ a_{j-d}b_d + a_{j-d+1}b_{d-1} + \cdots + a_db_{j-d} & d < j \le 2d \text{인 경우} \end{cases}$$

$0 \le j \le d$인 경우에는 c_j를 계산하기 위해서는 j번의 덧셈과 $j+1$번의 곱셈을 해야 하고, 따라서 c_j를 계산하기 위해서는 $O(j)$만큼의 시간이 걸린다. $d < j \le 2d$인 경우에는 c_j를 계산하기 위해서는 $O(2d - j + 1)$만큼의 시간이 걸린다. 따라서 $H(X)$를 계산하기 위해서는

$$\begin{aligned} \sum_{j=0}^{d} O(j) + \sum_{j=d+1}^{2d} O(2d-j) &= O\left(\sum_{j=0}^{d} j + \sum_{j=d+1}^{2d} (2d-j+1)\right) \\ &= O\left(\frac{d^2+d}{2} + \frac{d^2+d}{2}\right) = O(d^2) \end{aligned}$$

만큼의 시간이 걸린다. 따라서 $F(X)G(X)$를 계산하기 위한 시간은 초기 데이터를 입력하여 걸린 시간의 제곱한 만큼의 빅- 오 시간이 걸리므로, 두 개의 다항식의 곱을 계산하는 데 걸린 시간은 이차 시간만큼 걸린다고 한다.[6]

연습문제

40.1. (a)

$$f_1(n) = g_1(n) + O(h(n)), \qquad f_2(n) = g_2(n) + O(h(n))$$

을 가정하자.

$$f_1(n) + f_2(n) = g_1(n) + g_2(n) + O(h(n))$$

임을 증명하여라.

---

[5]다항식에서 차수는 수에서 로그와 비슷한 역할을 하는 것에 주목하라. 차수와 로그가 공통으로 가지는 성질은

$$\deg(F(X)G(X)) = \deg(F(X)) + \deg(G(X))\text{와} \qquad \log(MN) = \log(M) + \log(N).$$

이다. 즉, 차수와 로그는 모두 곱을 더하기로 바꾸어 준다.

[6]물론, 이러한 특정한 방법으로 $F(X)G(X)$를 계산하는 데 이차 시간이 걸린다는 뜻이다. 곱을 계산하는 다른 방법도 있고, 예를 들어 카라츠바(Karatsuba) 곱과 빠른 푸리에(Fourier) 변화 같은 것이 있고, 이런 것이 더 빠르다. 이러한 환상적인 방법들을 이용하면 두 개의 다항식의 곱을 $O(d \log d)$ 시간 안에 계산할 수 있고, 따라서 선형 시간보다 아주 조금 느리다. 이차 시간보다 선형 시간의 장점은, $d = 10$ 또는 $d = 15$와 같이 d가 작을 때는 중요하지 않지만 $d = 10000$과 같이 클 때는 큰 차이가 난다.

(b) 좀 더 일반적으로, a와 b가 상수일 때,

$$af_1(n) + bf_2(n) = ag_1(n) + bg_2(n) + O(h(n))$$

임을 증명하여라. (빅-오 기호의 정의에 나타나는 상수 C는 상수 a와 상수 b에 의존함을 상기하자. 유일한 요구 사항은 충분히 큰 n에 대하여 항상 성립하는 하나의 고정값 C이다.)

(c) (b)에서 증명한 공식은 빅-오 공식은 (같은 h에 대하여) 더하고, 빼고, 그리고 상수를 곱하는 것이 가능하다는 것을 보여 준다. 빅-오 공식은 상수가 아닌 양을 곱하는 것 또한 성립하는가? 즉, 만일 $f(n) = g(n) + O(h(n))$이고 $k(n)$은 n에 대한 다른 함수이면,

$$k(n)f(n) = k(n)g(n) + O(h(n))$$

은 참인가? 만일 아니라면,

$$k(n)f(n) = k(n)g(n) + O(k(n)h(n))$$

은 어떠한가?

40.2.

$$f_1(n) = g_1(n) + O(h_1(n)), \qquad f_2(n) = g_2(n) + O(h_2(n))$$

을 가정하자.

$$f_1(n) + f_2(n) = g_1(n) + g_2(n) + O(\max\{h_1(n), h_2(n)\})$$

임을 증명하여라.

40.3. 다음 함수 중 $O(1)$인 것은? 이유는 무엇인가?

(a) $f(n) = \dfrac{3n+17}{2n-1}$ **(b)** $f(n) = \dfrac{3n^2+17}{2n-1}$ **(c)** $f(n) = \dfrac{3n+17}{2n^2-1}$

(d) $f(n) = \cos(n)$ **(e)** $f(n) = \dfrac{1}{\sin(1/n)}$ **(f)** $f(n) = \dfrac{1}{n \cdot \sin(1/n)}$

40.4. 제곱근의 합에 대한 빅-오 근사식을 구하여라; 즉, 다음 공식의 빈 칸을 채우시오.

$$\sqrt{1} + \sqrt{2} + \sqrt{3} + \cdots + \sqrt{n} = \square\, n^{\square} + O\left(n^{\square}\right)$$

40.5. **(a)** 정수들의 역수들의 합에 대한 다음의 빅-오 근사를 증명하여라.

$$1 + \frac{1}{2} + \frac{1}{3} + \frac{1}{4} + \frac{1}{5} + \cdots + \frac{1}{n} = \ln(n) + O(1)$$

[도움말. 여기서 $\ln(x)$은 x의 자연 로그이다.]

(b) 다음을 만족하는 상수 γ가 존재한다는 더 강력한 명제를 증명하여라.

$$1 + \frac{1}{2} + \frac{1}{3} + \frac{1}{4} + \frac{1}{5} + \cdots + \frac{1}{n} = \ln(n) + \gamma + O\left(\frac{1}{n}\right)$$

γ는 $0.577215664\ldots$와 같은 수로서, 오일러 상수라고 불린다. 오일러 상수에 대해서는 알려진 바가 거의 없다. 예를 들어, γ가 유리수인지 아닌지도 알려지지 않았다.

40.6. 봅과 앨리스는 다음의 추측 게임을 한다. 앨리스는 1과 n 사이의 수를 하나 선택한다. 봅이 그 수를 추측하여 말하면, 앨리스가 봅의 추측이 맞았는지 틀렸는지를 알려준다. 봅이 최선의 전략을 사용한다고 가정하고, 앨리스의 수를 추측하기 위해 봅이 추측을 말한 최대 횟수라 $G(n)$ 이라 하자.

(a) $G(n) = O(n)$ 임을 증명하여라.

(b) $G(n)$ 은 $O(\sqrt{n})$ 가 아님을 증명하여라.

(c) 좀 더 일반적으로, 만일 $G(n) = O(h(n))$ 이라면, 함수 $h(n)$ 에 대하여 무엇을 이야기할 수 있는가?

(d) 게임의 규칙을 바꾸어, 봅이 수를 추측한 후에 앨리스가 봅에서 그 수가 너무 크다, 너무 작다, 혹은 정확하게 맞았다라고 말한다고 가정해 보자. 봅이 게임에 이기기 전까지 추측하는 방법의 수가 $G(n) = O(\log_2(n))$ 를 만족하도록 하는 봅의 전략을 설명하여라. [도움말. 각각의 추측마다 남아 있는 수의 반을 지워 보아라.]

40.7. 봅은 수 n 이 합성수라는 것을 알고 그리고 그 수의 비자명 인수를 찾고자 한다. 그는 다음과 같은 계획에 따르려 한다: 2가 n 을 나눈다는 것이 확인되면 3이 n 을 나누는지 확인하고, 다음에 4가 n 을 나누는지 확인하는 것 등을 계속한다. $F(n)$ 을 n 의 인수를 찾을 때까지 시행의 횟수라고 하자.

(a) $F(n) = O(\sqrt{n})$ 임을 증명하여라.

(b) 모든 수 $2, 3, 4, 5, 6, \ldots$ 에 대하여 확인하는 것 대신 봅은 오직 n 이 소수들 $2, 3, 5, 7, 11, \ldots$ 에 의해서 나누어지는지를 확인한다. 이 계획이 유효한 이유를 설명하고 시행 횟수 $F(n)$ 은 $F(n) = O\left(\frac{\sqrt{n}}{\ln(n)}\right)$ 을 만족함을 보여라. [도움말. 소수 정리 (정리 13.1을 이용할 필요가 있을 것이다.)] 이 새로운 계획이 실제로 실용적이라고 생각하는가?

(c) 이 문제를 푸는 데 더 빠르다고 알려진 방법은 이차 체 방법(Quadratic Sieve Method)과 타원곡선 방법(Elliptic Curve Method) 같은 것이 있다. $L(n)$ 은 이 방법으로 (n 의 인수를 찾을 때까지) 시행 횟수라면, c가 작은 상수일 때 다음을 만족함을 보여라.

$$L(n) = O\left(e^{c\sqrt{\ln(n)\cdot\ln\ln(n)}}\right)$$

다음을 보임으로써 이 방법이 (a)의 방법보다 빠르다는 것을 증명하여라.

$$\lim_{n\to\infty} \frac{e^{c\sqrt{\ln(n)\cdot\ln\ln(n)}}}{\sqrt{n}} = 0$$

좀 더 일반적으로, 적당히 작은 $\epsilon > 0$에 대하여 분모의 $\sqrt{n}$ 대신 n^{ϵ} 으로 바꾸어도 극한값은 0이 됨을 증명하여라.

(d) 큰 수 n 에 대하여 이 문제를 푸는 데 알려진 가장 빠른 방법은 수체의 체(Number Field Sieve, NFS) 라 불리는 것이다. NFS를 통한 시행 횟수 $M(n)$ 은 다음을 만족한다.

$$M(n) = O\left(e^{c'\sqrt[3]{(\ln n)(\ln\ln n)^2}}\right)$$

단 c' 은 작은 상수이다. 큰 수 n 에 대하여 함수 $M(n)$ 은 (c)에서 $L(n)$ 에 대한 빅-오보다 작다는 것을 증명하여라.

빅-오 기호는 수학자들과 컴퓨터 과학자들이 일반적인 상황을 설명하기 위한 유사한 기호를 고안할 때 유용하다. 다음 몇몇의 연습문제에서, 우리는 이러한 개념을 소개하고 예를 들어 공부하도록 요구할 것이다.

40.8. 스몰-오 기호 (Small-oh Notation). 직관적으로 기호 $o(h(n))$은 $h(n)$보다 아주 작은 양을 나타낸다. 정확한 정의는

$$f(n) = g(n) + o(h(n)) \text{ 은 } \lim_{n\to\infty} \frac{f(n)-g(n)}{h(n)} = 0\text{임을 의미한다.}$$

(a) $n^{10} = o(2^n)$ 임을 증명하여라.

(b) $2^n = o(n!)$ 임을 증명하여라.

(c) $n! = o(2^{n^2})$ 임을 증명하여라.

(d) 공식 $f(n) = o(1)$은 무엇을 의미하는가? 다음 함수 중 $o(1)$인 것은 무엇인가?

$$\text{(i)}\quad f(n) = \frac{1}{\sqrt{n}} \qquad \text{(ii)}\quad f(n) = \frac{1}{\sin(n)} \qquad \text{(iii)}\quad f(n) = 2^{n-n^2}$$

40.9. 빅-오메가 기호 (Big-Omega Notation). 빅-오메가 기호는 부등식의 방향이 반대인 것만 제외하면 빅-오 기호와 매우 유사하다.[7] 즉,

$$f(n) = g(n) + \Omega(h(n))$$

의 뜻은 양의 상수 C와 초기값 n_0가 존재하여

$$\text{모든 } n \geq n_0 \text{에 대하여 } |f(n) - g(n)| \geq C|h(n)|$$

를 만족하는 것이다. 종종 g를 0으로 하여 $f(n) = \Omega(h(n))$라고 나타내면, 이것은 충분히 큰 모든 n에 대하여 $|f(n)| \geq C|h(n)|$ 임을 뜻한다.

(a) 다음 각각의 공식이 참임을 증명하여라.

$$\text{(i)}\quad n^2 - n = \Omega(n) \qquad \text{(ii)}\quad n! = \Omega(2^n) \qquad \text{(iii)}\quad \frac{5^n - 3^n}{2^n} = \Omega(2^n)$$

(b) 만일 $f(n) = \Omega(h(n))$이고 $h(n) = \Omega(k(n))$일 때, $f(n) = \Omega(k(n))$임을 증명하여라.

(c) 만일 $f(n) = \Omega(h(n))$이면, 그러면 $h(n) = O(f(n))$은 항상 참인가?

(d) $f(n) = n^3 - 3n^2 + 7$이라 하자. 어떤 d의 값에 대해서, $f(n) = \Omega(n^d)$이 참이 되는가?

(e) 어떤 d의 값에 대해서, $\sqrt{n} = \Omega((\log_2 n)^d)$이 참이 되는가?

(f) 함수 $f(n) = n \cdot \sin(n)$은 $f(n) = \Omega(\sqrt{n})$을 만족하지 않음을 증명하여라. [도움말. 디리클레의 디오판토스 근사 정리 (정리 33.2)를 이용하여 $|p - 2\pi q| < 1/q$을 만족하는 유리수 p/q를 찾고, $n = p$라 할 때 작은 x에 대하여 $\sin(x) \approx x$가 성립함을 이용하여라.]

40.10. 빅-세타 기호 (Big-Theta Notation). 빅-쎄타 기호는 빅-오와 빅-오메가 기호가 결합된 것이다. 빅-쎄타 기호를 정의하는 한 가지 방법은 이전의 정의들을 이용하는 것이다. 말하자면

$$f(n) = g(n) + \Theta(h(n))$$

이라는 것은 아래의 두 식

$$f(n) = g(n) + O(h(n))\text{과} \quad f(n) = g(n) + \Omega(h(n))$$

[7]주의: 연습문제 40.9에서는 컴퓨터 과학자들이 사용하는 Ω의 정의를 설명하였다. 일반적으로 수학자들은 Ω에 다른 의미를 부여한다. 수학자들은 양의 상수 C가 존재하여 무한하게 많은 값 n에 대하여 $|f(n) - g(n)| \geq C|h(n)|$을 만족한다는 의미로 받아들인다. 모든 (큰) 값 n에 대하여 참이라는 명제와 무한히 많은 값 n에 대하여 참이라는 명제 사이의 중요한 차이를 확인하여라.

을 모두 만족한다는 것이다. 더 명확하게는

$$f(n) = g(n) + \Theta(h(n))$$

의 정의는 양의 상수 C_1과 C_2와 시작값 n_0가 존재하여

$$\text{모든 } n \geq n_0 \text{에 대하여} \qquad C_1|h(n)| \leq |f(n) - g(n)| \leq C_2|h(n)|$$

를 만족하는 것이다.

(a) 다음을 증명하여라.

$$\ln\left(1 + \frac{1}{n}\right) = \Theta\left(\frac{1}{n}\right)$$

[도움말. $\ln(1+t)$의 테일러 급수 전개를 이용하여 t가 작을 때 $\ln(1+t)$의 값을 어림 계산하여라.]

(b) (a)를 이용하여 다음을 증명하여라.

$$\ln|n^3 - n^2 + 3| = 3\ln(n) + \Theta\left(\frac{1}{n}\right).$$

(c) (b)를 일반화하고, $f(x)$가 차수가 d인 다항식일 때 다음을 증명하여라.

$$\log|f(n)| = d\ln(n) + \Theta\left(\frac{1}{n}\right)$$

(d) $f_1(n) = g_1(n) + \Theta(h(n))$이고 $f_2(n) = g_2(n) + \Theta(h(n))$일 때, 다음을 증명하여라.

$$f_1(n) = f_2(n) = g_1(n) + g_2(n) + \Theta(h(n))$$

(e) 만일 $f(n) = \Theta(h(n))$이면, $h(n) = \Theta(f(n))$은 반드시 참이 되는가?

제 **41** 장

삼차 곡선과 타원곡선

지금까지 우리는 아래 방정식의 해에 대하여 공부하였다.

$X^2 + Y^2 = Z^2$	피타고라스 세 수 방정식 (2 , 3장)
$x^4 + y^4 = z^4$	지수가 4인 페르마 방정식 (30장)
$x^2 - Dy^2 = 1$	펠 방정식 (32, 34, 그리고 48장)

이러한 방정식들은 모두 디오판토스 방정식(Diophantine Equation)의 예이다. 디오판토스 방정식은 하나 혹은 그 이상의 변수를 가지는 다항방정식으로 우리는 이러한 방정식의 정수 혹은 유리수 해를 찾기를 원한다. 예를 들어, 2장에서 우리는 피타고라스 세 수 방정식의 (서로소인) 정수해를

$$X = st, \qquad Y = \frac{s^2 - t^2}{2}, \qquad Z = \frac{s^2 + t^2}{2}$$

와 같이 구할 수 있음을 보였다. 반면 페르마 방정식에서 지수가 4인 경우를 다룬 30장에서는 이 방정식을 만족하는 정수해는 $x = y = z = 0$뿐이라는 것을 배웠다. 또 한편으로는 펠 방정식은 무한히 많은 정수해를 가질 뿐만 아니라, 펠 방정식의 모든 해를 하나의 기본해와 그것의 거듭제곱으로부터 얻을 수 있다는 것을 34장에서 배운 바 있다.

앞으로 우리는 삼차식으로 정의된 새로운 종류의 디오판토스 방정식에 대해서 공부할 것이다. 기본적으로는 유리해를 찾는 것에 관심이 있지만, 정수해와 "법 p"에 대한 해에 대해서도 살펴볼 것이다. 2차 디오판토스 방정식의 풀이법은 지금까지 많은 수학자들에 의해 밝혀졌지만, 3차 디오판토스 방정식의 풀이법은 아직도 연구 대상이 될 만큼 어려운 문제이다. 놀랍게도 앤드루 와일스(Andrew Wiles)가 3차 이상의 페르마 방정식 $x^n + y^n = z^n$은 비자명해를 가지지 않는다는 것을 보일 때, 바로 이 3차 디오판토스 방정식을 이용하였다.

우리가 이번 장에서 공부할 삼차식은 타원곡선(elliptic curve)이라고 부른다.[1] 타원곡선은

$$y^2 = x^3 + ax^2 + bx + c$$

와 같은 식으로 정의된다. 여기서 a, b, c는 고정된 상수이고, 우리는 위 식을 만족하는 (x, y)를 찾고자 한다. 다음 세 곡선은 타원곡선이다.

$$E_1 : y^2 = x^3 + 17$$

[1]이름과는 달리 타원곡선은 타원이 아니다. 그림 41.1에서 보다시피 타원곡선은 원이 찌그러진 형태인 타원과는 다르게 생겼다. 타원곡선은 수학자들이 타원의 둘레를 계산할 때 처음 등장했기 때문에 모양과는 관계없이 타원곡선이라고 불리게 되었다. 타원곡선의 보다 정확한 (그러나 생소할) 이름은 일차원 아벨 다양체이다.

$$E_2 : y^2 = x^3 + x$$

$$E_3 : y^2 = x^3 - 4x^2 + 16$$

그림 41.1에서 E_1, E_2, E_3의 그래프를 확인할 수 있다. 앞으로 일반적인 이론을 설명하기 위한 예로 이 타원곡선들을 자주 언급할 것이다.

이미 말한 바와 같이, 우리는 유리해, 정수해, 법 p에 대한 해에 대해서 공부할 것이다. 위에서 제시한 세 타원곡선은 모두 정수해를 가진다. 예컨대,

$$(-2,3),\ (-1,4),\ (2,5)\text{는 } E_1\text{의 해}$$

$$(0,0)\text{은 } E_2\text{의 해}$$

$$(0,4)\text{와 } (4,4)\text{는 } E_3\text{의 해}$$

이다. 이러한 해들은 적당한 순서쌍을 대입해 보는 시도를 통해서 찾을 수 있다. 즉, 작은 정수를 x에 대입해서 $x^3 + ax^2 + bx + c$가 완전제곱수인지를 확인해 보는 것이다. 비슷한 방법으로 x에 작은 유리수를 몇 개 대입해 보면, E_1의 해 $(1/4, 33/8)$을 찾을 수 있을 것이다. 그러면 다른 해들은 어떻게 찾을 수 있을까?

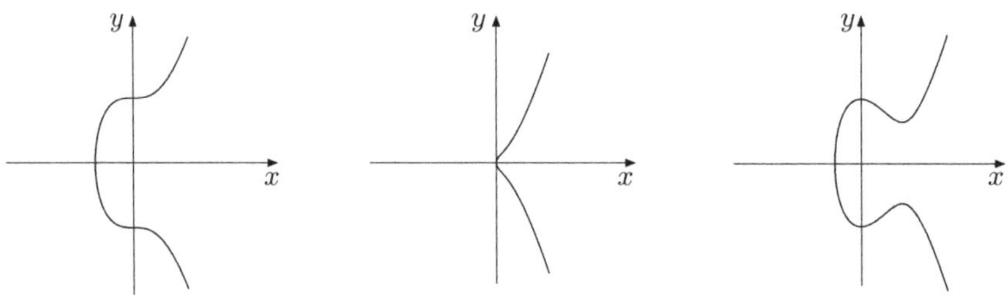

$E_1 : y^2 = x^3 + 17$ $E_2 : y^2 = x^3 + x$ $E_3 : y^2 = x^3 - 4x^2 + 16$

그림 41.1. 대표적인 세 가지 타원곡선의 그래프

이 장의 주요 주제는 수론과 기하의 연관성이다. 우리는 3장에서 직선과 원의 기하를 이용하여 피타고라스 세 수를 찾을 때 이미 이러한 아이디어를 이용한 바 있다. 3장의 내용을 간략히 요약하면, 단위원 위의 점 $(-1,0)$을 지나는 직선을 선택하고, 이 직선과 원이 만나는 다른 점을 찾았다. 기울기가 유리수인 직선을 선택하면, 다른 교점의 x, y좌표가 모두 유리수가 되었다. 이러한 방법으로 한 점 $(-1,0)$을 지나는 직선을 이용하여 x,y좌표가 모두 유리수인 새로운 점을 많이 찾을 수 있었다. 이제 비슷한 방법을 적용해서 타원곡선 위의 유리점들을 찾아보도록 하자. 타원곡선

$$E_1 : y^2 = x^3 + 17$$

에 똑같은 방법을 시도해 보자. 점 $P = (-2,3)$을 지나는 직선을 생각하고, 다른 교점이 어디인지 찾으면 된다. 기울기가 -1인 직선

$$y - 3 = x + 2$$

를 예로 생각해 보자. 이 직선과 타원곡선 E_1의 교점을 찾기 위해서, 타원곡선 E_1의 식에서 y에 $x+5$를 대입한 후 x에 대해서 풀면

$$\begin{aligned} y^2 &= x^3 + 17 && E_1 \text{의 방정식} \\ (x+5)^2 &= x^3 + 17 && \text{직선의 식을 대입} \\ 0 &= x^3 - x^2 - 10x - 8 \end{aligned}$$

을 얻는다. 일반적인 삼차방정식을 푸는 법을 모르더라도[2] 이 경우에는 이미 하나의 근을 알고 있다. 타원곡선 E_1과 직선 모두 점 $P = (-2, 3)$을 지나므로, $x = -2$는 반드시 근이어야 한다. 따라서 우리는 삼차식을

$$x^3 - x^2 - 10x - 8 = (x+2)(x^2 - 3x - 4)$$

와 같이 인수분해할 수 있다. 이제 이차방정식의 근의 공식을 이용하면 $x^2 - 3x - 4$의 두 근 $x = -1$과 $x = 4$를 찾을 수 있다. 이 세 값을 직선 $y = x + 5$에 대입하면 새로운 두 점 $(-1, 4)$와 $(4, 9)$를 찾을 수 있다. 이러한 점이 실제로 타원곡선의 방정식 $y^2 = x^3 + 17$을 만족하는지 반드시 확인해 보아라.

잘 되고 있는 듯하지만, 자만하기 전에 예를 하나만 더 계산해 보자. 이번에는 점 $P = (-2, 3)$을 지나고 기울기가 -3인 직선을 생각해 보자. 이 직선은

$$y - 3 = 3(x + 2)$$

를 정리해서

$$y = 3x + 9$$

로 나타낼 수 있다. $y = 3x + 9$를 E_1의 식에 대입해서 계산하면

$$\begin{aligned} y^2 &= x^3 + 17 && E_1 \text{의 식} \\ (3x+9)^2 &= x^3 + 17 && y = 3x + 9 \text{를 대입} \\ 0 &= x^3 - 9x^2 - 54x - 64 \\ 0 &= (x+2)(x^2 - 11x - 32) && x = -2 \text{를 근으로 가짐} \end{aligned}$$

---

[2]이차방정식의 근의 공식에 비하여 매우 복잡하기는 하지만, 삼차방정식에 대해서도 사실 근의 공식이 있다. 삼차방정식 $x^3 + Ax^2 + Bx + C = 0$의 근을 찾기 위하여 먼저 $x = t - A/3$로 치환하자. 약간의 계산 후 $t^3 + pt + q = 0$과 같은 형태의 t에 대한 방정식을 얻을 수 있을 것이다. 이러한 형태의 방정식의 근은 카르다노의 공식

$$t = \sqrt[3]{-q/2 + \sqrt{q^2/4 + p^3/27}} + \sqrt[3]{-q/2 - \sqrt{q^2/4 + p^3/27}}$$

으로부터 구할 수 있다. 훨씬 더 복잡한 4차방정식의 근의 공식도 있지만, 여기까지만 언급하겠다. 1800년대 초반 아벨과 갈루아는 5차 이상의 방정식에 대해서는 근의 공식이 없다는 사실을 증명하였다. 이 결과는 현대 수학의 주요한 성취 중의 하나이고 이를 증명하기 위하여 개발된 방법들은 아직도 수론과 대수학에서 매우 중요하다.

를 얻는다. 이전처럼 근의 공식을 적용하면 $x^2 - 11x - 32$의 근을 찾을 수 있다. 그러나 이번에는

$$x = \frac{11 \pm \sqrt{249}}{2}$$

를 얻게 된다. 우리는 E_1 위에 있는 유리점을 찾기를 원하기 때문에, 이것은 우리가 원하는 답이 아니다.

무엇이 잘못되었을까? 기울기가 m이고 점 $P = (-2, 3)$을 지나는 직선 L을 생각하고 E_1과의 교점을 찾아보자. 직선 L은

$$L : y - 3 = m(x + 2)$$

로 나타낼 수 있다. 직선 L과 E_1의 교점을 찾기 위해서 $y = m(x + 2) + 3$을 E_1의 식에 대입하자. 그러면 복잡한 삼차방정식

$$\begin{aligned} y^2 &= x^3 + 17 \\ \big(m(x+2)+3\big)^2 &= x^3 + 17 \\ 0 &= x^3 - m^2x^2 - (4m^2 + 6m)x - (4m^2 + 12m - 8) \end{aligned}$$

을 얻게 된다. 물론 우리는 $x = -2$가 위 방정식의 근이라는 것을 알기 때문에,

$$0 = (x + 2)(x^2 - (m^2 + 2)x - (2m^2 + 6m - 4))$$

와 같이 인수분해할 수 있다. 그러나 희망사항과는 달리 다른 두 근이 유리수는 아닌 것 같다.

알고 있는 점을 지나는 직선으로부터 새로운 점을 얻는다는 생각은 장벽에 부딪힌 것 같다. 수학에서는 (그리고 인생에서도) 종종 뒤로 물러나서 조금 더 넓은 시야로 살펴보면 장애물을 넘어가거나, 그 밑을 기어가거나, 아니면 돌아가는 길이 보일 때가 있다. 이 경우는 삼차방정식의 한 근이 유리수라는 것을 알고 있지만, 이차방정식의 다른 두 근이 유리수라는 보장이 없는 것이 문제이다. 어떻게 이차방정식이 유리수 근을 가지도록 할 수 있을까? 3장에서 배웠듯이, 이차방정식의 한 근이 유리수라면 다른 한 근 역시 유리수일 수밖에 없다. 즉, 우리가 삼차방정식의 두 근이 유리수가 되도록 한다면 세 번째 근은 자동적으로 유리수가 될 것이다.

이로써 문제의 핵심에 도달하였다. 우리가 점 $P(-2, 3)$을 지나는 직선을 생각했기 때문에 처음의 삼차방정식은 하나의 유리근 $x = -2$를 가지고 있었다. 삼차식이 두 개의 유리근을 가지도록 하기 위해서 우리는 타원곡선 E_1 위에 있는 두 유리점을 지나는 직선을 생각해야만 한다.

이러한 착상을 설명하는 예를 보자. 타원곡선

$$E_1 : y^2 = x^3 + 17$$

위의 두 점 $P = (-2, 3)$과 $Q = (2, 5)$로부터 시작하자. 두 점 P, Q를 잇는 직선의 기울기는 $(5 - 3)/(2 - (-2)) = 1/2$이므로 직선의 방정식은

$$y = \frac{1}{2}x + 4$$

가 된다. 이를 E_1 의 식에 대입해 보면

$$y^2 = x^3 + 17$$

$$\left(\frac{1}{2}x + 4\right)^2 = x^3 + 17$$

$$0 = x^3 - \frac{1}{4}x^2 - 4x + 1$$

를 얻는다. $x = -2$와 $x = 2$가 위 식의 근이므로

$$0 = (x-2)(x+2)\left(x - \frac{1}{4}\right)$$

과 같이 인수분해할 수 있다. 세 번째 근 $x = 1/4$이 실제로 유리수임에 주목하자. 이 값을 직선의 방정식에 대입하면 $y = 33/8$을 얻을 수 있다. 요약하면, 두 점 $(-2, 3)$, $(2, 5)$를 지나는 직선을 선택함으로써 타원곡선 위에 있는 새로운 유리수 점 $(1/4, 33/8)$을 찾아냈다. 그림 41.2에서 이 과정을 확인할 수 있을 것이다.

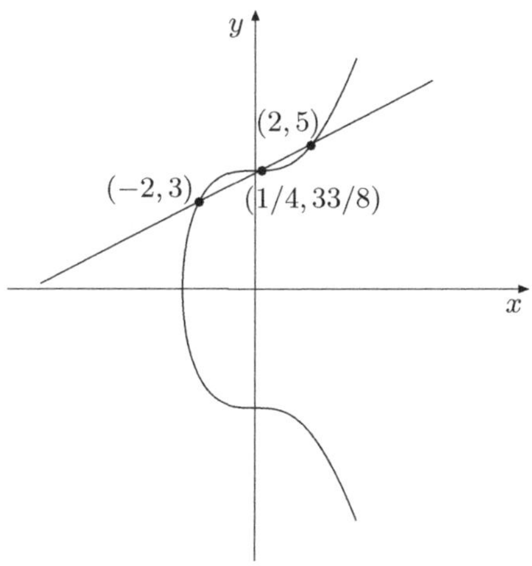

그림 41.2. 알고 있는 두 점으로부터 새로운 점을 찾는다.

새로운 근 $(1/4, 33/8)$을 가지고 이 과정을 반복해 보자. 예컨대 $(-2, 3)$과 $(1/4, 33/8)$을 지나는 직선을 그린다면, E_1과의 세 번째 교점이 점 $(2, 5)$임을 알 수 있을 것이다. 결국 다시 시작했던(즉, 알고 있던) 점으로 돌아오고 말았다. 또 다시 어려움에 빠진 것 같지만 간단한 관찰로 이 곤경에서 헤어나올 수 있다. (x, y)가 타원곡선 E_1 위의 점이라면 $(x, -y)$ 역시 E_1 위에 있다는 사실이다. 이는 E_1이 x축 대칭(그림 41.2를 보라.)이라는 사실로부터 분명하다. 따라서 우리가 할 일은 새로운 점 $(1/4, 33/8)$을 $(1/4, -33/8)$으로 교체한 후, 두 점 $(1/4, -33/8)$과 $(-2, 3)$을 지나는 직선을 이용해서 위 과정을 반복하는 것이다. 이 직선의 기울기는 $-19/6$이고, 따라서 직선의 방정식은 $y = -19x/6 - 10/3$이 된다. 이 식을 E_1의 식에 대입하면

$$x^3 - \frac{361}{36}x^2 - \frac{190}{9}x + \frac{53}{9}$$

의 세 근을 찾는 문제가 된다. 위 식의 두 근이 $1/4$과 -2이기 때문에, 이 삼차식은 $(x-1/4)(x+2)$로 나누어지고 따라서 다음 식

$$x^3 - \frac{361}{36}x^2 - \frac{190}{9}x + \frac{53}{9} = \left(x - \frac{1}{4}\right)(x+2)\left(x - \frac{106}{9}\right)$$

을 얻는다. 이로부터 $x = 106/9$을 얻고, 이 값을 다시 직선의 방정식에 대입해서 $y = -1097/27$을 찾을 수 있다. 이로써 우리는 방정식

$$E_1 : y^2 = x^3 + 17$$

을 만족하는 새로운 점 $(106/9, -1097/27)$을 찾아냈다.

이 과정을 반복하면 많은 점들을 찾을 수 있다. 사실 펠 방정식의 경우처럼 무한히 많은 유리점들을 얻을 수 있다. 펠 방정식의 경우에는 가장 작은 하나의 근을 거듭제곱하는 방법으로 모든 근을 찾을 수 있었다는 것을 보인 바 있다. E_1 위의 모든 유리점 역시 두 유리점 P와 Q를 선택하고 이들을 직선으로 연결해서 새로운 점을 찾고, 이 점을 x축 대칭이동한 후에, 알고 있는 점들을 연결하는 새로운 직선으로부터 새로운 점을 찾는 과정을 계속 반복해서 얻을 수 있다. 여기서 중요한 점은 우리가 펠 방정식의 모든 근을 하나의 기본 근으로부터 간단한 규칙을 반복 적용해서 얻었듯 E_1 위에 있는 모든 유리점들을 단지 두 점으로부터 시작해서 간단한 기하적 과정을 반복함으로써 얻을 수 있다는 점이다. 유한한 생성 집합으로부터 E_1의 무한히 많은 유리해를 찾을 수 있다는 사실은 유명한 정리의 특별한 경우이다.

정리 41.1 (모델(Mordell)의 정리)

(모델, 1922) 판별식(discriminant)

$$\Delta(E) = -4a^3c + a^2b^2 - 4b^3 - 27c^2 + 18abc$$

가 0이 아닌[3] 정수 a, b, c에 대하여, 식

$$E : y^2 = x^3 + ax^2 + bx + c$$

로 정의된 타원곡선 E를 생각하자. 그러면 유한개의 유리해

$$P_1 = (x_1, y_1),\ P_2 = (x_2, y_2),\ \ldots,\ P_r = (x_r, y_r)$$

가 존재해서 E의 모든 유리해는 이 r개의 점들 중 두 개를 연결해서 생기는 교점들과 새로운 점을 찾기 위해서 대칭이동한 점을 이용하는 방법을 반복 적용함으로써 얻을 수 있다.

[3]만약 $\Delta(E) = 0$이라면 삼차식 $x^3 + ax^2 + bx + c$는 중근이나 삼중근을 가지게 된다. 그러면 곡선 E는 자신과 교차하거나 첨점을 가지게 된다. (연습문제 41.7을 참조하여라.) 판별식 $\Delta(E)$는 우리가 타원곡선을 공부하는 동안 여러 가지 다른 모습들로 계속 등장하게 될 것이다.

모델은 이 정리를 1922년에 증명하였다. 여기서 이 증명을 자세히 다루는 것은 매우 어렵지만, 그 개요를 살펴보면 모델의 증명은 페르마의 무한강하법(descent method)과 본질적으로 다르지 않다는 것을 알 수 있다.

(1) 우선 E 위의 "작은" 유리점 $P_1, P_2, \ldots, P_r$ 의 목록을 만든다.

(2) 다음으로, 만약 유리점 Q가 이 목록에 없다면 목록에 있는 점 P_i 중에서 P_i와 Q를 연결한 직선의 E와의 세 번째 교점 Q'이 Q보다 "더 작은" P_i를 찾을 수 있다.

(3) 이러한 과정을 반복하면, 크기가 점점 작아지는 점들 Q, Q', Q'', Q''', …를 찾을 수 있다. 크기가 충분히 작아지면 결국 처음에 작성했던 목록에 있는 P_i 중의 하나와 일치할 수밖에 없다는 것을 보일 수 있다.

이 방법이, 펠 방정식을 다룰 때 큰 근은 항상 더 작은 근과 가장 작은 근의 곱으로 나타낼 수 있음을 보였던 것과 유사하다는 점에 주목하자. 물론 타원곡선 E 위의 유리점에 대해서 "더 큰"과 "더 작은"이라는 말이 무엇을 의미하는지는 아직 모호하다. 바로 이것이 모델이 증명을 완결짓기 위해 해결해야만 했던 많은 문제 중 하나다.

E_1의 유리해 중 몇 개를 살펴보자. 우선 $P_1 = (-2, 3)$과 $P_2 = (-1, 4)$로부터 시작해 보자. 두 점 P_1과 P_2를 지나는 직선과 E_1의 세 번째 교점을 x축 대칭이동한 점을 P_3이라고 하자. 다음으로 P_1과 P_3을 지나는 직선이 E_1과 만나는 점을 x축 대칭이동하여 P_4를 얻는다. 비슷한 방법으로 P_1과 P_4를 지나는 직선을 이용하여 P_5를 얻고, 이와 같은 과정을 계속해서 반복한다. 다음은 초반의 P_n값들이다. 보다시피, 이 수들은 무서운 속도로 복잡해지고 있다.

$$P_1 = (-2, 3), \quad P_2 = (-1, 4), \quad P_3 = (4, -9), \quad P_4 = (2, 5),$$

$$P_5 = \left(\frac{1}{4}, \frac{-33}{8}\right), \quad P_6 = \left(\frac{106}{9}, \frac{1097}{27}\right), \quad P_7 = \left(\frac{-2228}{961}, \frac{-63465}{29791}\right),$$

$$P_8 = \left(\frac{76271}{289}, \frac{-21063928}{4913}\right), \quad P_9 = \left(\frac{-9776276}{6145441}, \frac{54874234809}{15234548239}\right),$$

$$P_{10} = \left(\frac{3497742218}{607770409}, \frac{-215890250625095}{14983363893077}\right)$$

우리는 이 점의 "크기"를 측정하는 계량적인 방법을 찾고자 한다. 한 가지 방법은 x좌표의 분자와 분모를 살펴보는 것이다. 다시 말하자면, P_n의 좌표를

$$P_n = \left(\frac{A_n}{B_n}, \frac{C_n}{D_n}\right)$$

형태의 기약분수로 나타낸다면, P_n의 크기를[4]

$$\text{size}(P_n) = |A_n| \text{과 } |B_n| \text{ 중 최댓값}$$

[4]우리가 "크기"라고 부르고 있는 용어의 수학적 용어는 대수적 높이(height)이다.

으로 정의한다. 예컨대,

$$\text{size}(P_1) = \max\{|-2|, |1|\} = 2$$

이고

$$\text{size}(P_7) = \max\{|-2228|, |961|\} = 2228$$

이다. P_n의 첫 20개의 값이 그 크기와 함께 표 41.1에 주어져 있다.

n	size(P_n)
1	2
2	1
3	4
4	2
5	4
6	106
7	2228
8	76271
9	9776276
10	3497742218
11	1160536538401
12	1610419388060961
13	43923749623043363812
14	102656671584861356692801
15	18531846858359807878734515284
16	370183335711420357564604634095918
17	125067940343620957546805016634617881761
18	14803896396546295880463242120819717253248409
19	41495337621274074603425488675302807756680196997372
20	83094719816361303226380666143399722139698613105279866991

표 41.1. E_1 위의 점 P_n의 크기

표 41.1에서 어떤 규칙성을 찾을 수 있는가? 이 수들 자체는 어떠한 규칙성이 있는 것처럼 보이지 않지만 조금만 뒤로 물러서서 표를 지긋이 응시해 보자. 수들이 딱딱한 검은색 상자라고 상상하고 흑색 영역과 백색 영역을 가르고 있는 곡선을 생각해 보아라. 친숙해 보이는가? 그렇지 않다면, 표 41.1에서 n이 50인 경우까지, 수들을 검정색 상자들로 바꾸어서 나열해 놓은 표 41.2를 살펴보아라.

검은 영역을 하얀 영역으로부터 구분짓고 있는 곡선은 포물선과 매우 비슷해 보인다. 이것이 의미하는 바는 size(P_n)의 자릿수가 cn^2과 비슷하다는 점이다. (단, 여기서 c는 상수.) 보다 발전된 방법을 이용하면 이 상수 c가 약 0.1974라는 것을 보일 수 있다.[5] 다시 말해, n이 큰

[5]상수 c의 값은 네롱(André Néron)과 테이트(John Tate)가 1960년대에 발전시킨 표준 대수적 높이(canonical heights) 이론을 이용해서 계산되었다. 이 이론을 이용하면 n이 점점 커지면 $\ln(\text{size}(P_n))/n^2$가 0.4546168651...에 점점 가까워진다는 것을 보일 수 있다.

표 41.2. E_1 위의 점 P_n 의 크기

경우에는, P_n 의 크기가

$$\text{size}(P_n)\text{의 자릿수} \approx 0.1974n^2$$
$$\text{size}(P_n) \approx 10^{0.1974n^2} \approx (1.574)^{n^2}$$

과 비슷하다는 것이다. 이 결과를 32장에서 공부한 펠 방정식의 해와 비교해 볼 필요가 있다. 우리는 펠 방정식 $x^2 - 2y^2 = 1$ 의 n 번째 근 (x_n, y_n) 의 크기가 대략

$$x_n \approx \frac{1}{2}(5.82843)^n$$

이라는 것을 보인 바 있다. 펠 방정식의 근의 크기의 증가는 기하급수적으로 빠르지만 타원곡선 위의 유리점의 크기가 증가하는 속도 앞에서는 굼벵이 수준이다.

연습문제

41.1. 다음에 주어진 타원곡선 $E_1 : y^2 = x^3 + 17$ 위의 두 점에 대해, 두 점을 직선으로 연결하는 방법을 활용해서 새로운 유리점 하나를 찾아보아라.

(a) 점 $(-1, 4)$ 와 $(2, 5)$

(b) 점 $(43, 282)$ 와 $(52, -375)$

(c) 점 $(-2, 3)$ 과 $(19/25, 522/125)$

41.2. 타원곡선

$$E : y^2 = x^3 + x - 1$$

은 유리점 $P = (1, 1)$ 과 $Q = (2, -3)$ 을 가진다.

(a) P 와 Q 를 연결하는 직선을 이용해서, E 위의 새로운 유리점 R 를 찾아라.

(b) R 를 x 축 대칭이동하여 얻은 점을 R' 이라고 하자. [즉, 만약 $R = (x, y)$ 이라면 $R' = (x, -y)$ 이다.] P 와 R' 을 지나는 직선을 이용하여 E 위의 새로운 유리점 S 를 찾아라.

(c) 이번에는 Q 와 R' 을 지나는 직선을 이용하여 새로운 유리점 T 를 찾아라.

(d) S를 (b)에서 찾은 점이라고 하고, S'을 S를 x축 대칭이동하여 얻은 점이라고 하자. E 위의 새로운 점을 찾기 위해서 P와 S'을 지나는 직선을 이용한다면 어떤 점을 얻게 되는가?

41.3. 점 $Q_1, Q_2, Q_3, \ldots$이 타원곡선 E 위의 유리점들이라고 하고, 그들의 크기가 감소한다고 하자.

$$\text{size}(Q_1) > \text{size}(Q_2) > \text{size}(Q_3) > \text{size}(Q_4) > \cdots$$

왜 이러한 과정이 유한번에 끝나는지 설명하여라. 즉, 크기가 감소하는 점들의 목록이 왜 유한한지 설명하여라. 왜 크기(size)가 강하법을 이용한 증명에 유용한지 알겠는가?

41.4. 삼차방정식의 풀이법의 출판과 그에 따른 논란을 포함해서 카르다노(Girolamo Cardano)에 대한 간략한 전기를 작성해 보아라.

41.5. (이 연습문제는 미적분학을 알고 있는 독자를 대상으로 하였다.) 접선을 이용해서 타원곡선 위의 유리점을 찾는 다른 방법이 있다. 이 연습문제는 이 방법을 곡선

$$E : y^2 = x^3 - 3x + 7$$

에 적용하고자 한다.

(a) 점 $P = (2,3)$는 E 위에 있다. 점 P에서 타원곡선 E에 접하는 접선의 방정식을 찾아라. [도움말. 음함수 미분법을 이용하여 점 P에서 접선의 기울기 dy/dx를 찾아라.]

(b) 접선 L의 식을 E에 대입하여 푸는 방법으로, 접선이 타원곡선 E와 만나는 다른 점 Q를 찾아라. ($x = 2$가 교점을 찾기 위해서 풀어야 하는 삼차방정식의 중근이 됨을 유의하여라. 이것은 L이 E에 접하고 있기 때문이다.)

(c) 점 Q를 x축에 대해 대칭이동한 점을 R라고 하자. (즉, $Q = (x_1, y_1)$이라면 $R = (x_1, -y_1)$이다.) P와 R를 지나는 직선을 생각하고, 이 직선이 E와 만나는 세 번째 점을 찾아보아라.

41.6. 기울기가 m이고 점 $(-2,3)$을 지나는 직선 $y = m(x+2) + 3$을 직선 L이라고 하자. 이 직선은 타원곡선 $E_1 : y^2 = x^3 + 17$과 점 $(-2,3)$과 다른 두 점에서 만난다. 만약 이 세 점이 모두 유리점이라면,

$$m^4 + 12m^2 + 24m - 12$$

가 반드시 유리수의 제곱임을 보여라. m이 -10부터 10 사이의 값일 때, 언제 위수가 유리수의 제곱인지 찾아보아라. 그리고 그러한 m을 이용하여 $y^2 = x^3 + 17$의 유리해를 찾아라.

41.7. 다음 각 곡선

$$C_1 : y^2 = x^3, \qquad C_2 : y^2 = x^3 + x^2$$

의 판별식은 0이다. 이 두 곡선의 그래프를 그리고, 이 그래프가 서로 어떤 점이 다른지, 그리고 그림 41.1에 그려진 타원곡선의 그래프와는 어떻게 다른지 설명해 보아라.

41.8. 💻 정수 a, b, c에 대해서, E는 타원곡선

$$E : y^2 = x^3 + ax^2 + bx + c$$

로, $P_1 = (x_1, y_1)$과 $P_2 = (x_2, y_2)$는 E 위의 유리점이라고 하자.

(a) L을 P_1과 P_2를 잇는 직선이라고 하자. 직선 L이 E와 만나는 세 번째 점 $P_3 = (x_3, y_3)$을 계산하는 프로그램을 만들어라. (만약 L이 수직선이라면, 세 번째 교점은 없을 것이다. 따라서 이 경우 프로그램은 반드시 경고 메시지를 출력해야 한다.) 좌표들이 유리수가 되도록 신경 써야 한다. 만약 당신의 프로그래밍 언어가 유리수를 직접적으로 다룰 수 없다면, 유리수 A/B를 반드시 $\gcd(A, B)$를 약분한 후 순서쌍 (A, B)의 형태로 저장해야만 할 것이다.

(b) 프로그램의 출력 결과가 대칭이동한 점 $(x_3, -y_3)$이 되도록 작성해 보아라. 우리는 이 점이 타원곡선 상에서 "덧셈"과 비슷한 연산법칙을 따르기 때문에 $P_1 \oplus P_2$ 와 같이 표기할 것이다.

(c) E를 타원곡선

$$E : y^2 = x^3 + 3x^2 - 7x + 3$$

이라고 하고, 점 $P = (2, -3)$, $Q = (37/36, 53/216)$, $R = (3, 6)$을 생각하자. 프로그램을 이용해서

$$P \oplus Q, \quad Q \oplus R, \quad P \oplus R$$

를 계산해 보아라. 그 후

$$(P \oplus Q) \oplus R, \qquad P \oplus (Q \oplus R)$$

를 계산해 보아라. 점들을 "더한" 순서에 상관없이 같은 답이 나왔는가? 이것이 놀라운가? (그렇지 않다면, 모든 타원곡선에 대해서 이러한 사실이 성립한다는 사실의 증명을 시도해 보아라.)

41.9. 이 연습문제를 위해서는 임의의 자릿수의 정수를 다룰 수 있는 프로그램을 사용할 필요가 있다. E를 타원곡선

$$E : y^2 = x^3 + 8$$

이라고 하자. E 위의 두 점 $P_1 = (1, 3)$과 $P_2 = (-\frac{7}{4}, -\frac{13}{8})$을 지나는 직선이 E와 만나는 세 번째 점을 찾은 후, x축 대칭이동한 점을 P_3이라고 하자. 이러한 과정을 점 P_1과 P_3을 이용해서 반복하여 점 P_4를 찾고, P_1과 P_4를 이용해서 P_5를 찾아라. 이러한 과정을 반복해서, 예컨대 P_{20}까지의 점들을 찾아보아라. 이러한 점들의 좌표는 매우 복잡할 것이므로, 다음의 데이타를 포함한 표를 출력하도록 프로그래밍을 하여라. (독자들을 위해 첫 네 점의 데이타를 제공한다.)

n	$\ln \text{size}(P_n)$	$\ln \text{size}(P_n)/n^2$
1	0.0000	0.0000
2	1.9459	0.4865
3	6.0707	0.6745
4	10.3441	0.6465
⋮		

$\ln \text{size}(P_n)/n^2$이 0이 아닌 유한한 값으로 수렴하는 것처럼 보이는가? E 위의 점들의 리스트가 표 41.1에 주어진 곡선 $E_1 : y^2 = x^3 + 17$ 위의 점들의 리스트보다 천천히 혹은 빠르게 증가하는가?

제 **42** 장

유한개의 유리점이 있는 타원곡선들

타원곡선 $E_1 : y^2 = x^3 + 17$ 위에는 많은 유리점이 있다. 반면 타원곡선 $E_2 : y^2 = x^3 + x$ 위에는 유리점이 몇 개 없는 것처럼 보인다. 바로 찾을 수 있는 유리점은 $(0, 0)$뿐이다. 우리는 이 점이 실은 E_2의 유일한 유리점이라는 것을 보일 것이다.

정리 42.1

타원곡선

$$E_2 : y^2 = x^3 + x$$

위의 유리점은 점 $(0, 0)$뿐이다.

증명 점 $(A/B, C/D)$가 타원곡선 E_2 위에 있는 유리점이라고 가정하자. 여기서 두 분수 A/B와 C/D는 기약분수로 나타낸다. 특히, 분모 B와 D는 양수로 둔다. 이제 우리의 임무는 $A = C = 0$임을 보이는 것이다. E_2의 식에 $x = A/B$ 와 $y = C/D$를 대입해서 통분하면 등식

$$C^2B^3 = A^3D^2 + AB^2D^2 \qquad (*)$$

을 얻는다. 위 식을 만족하는(B와 D가 0이 아닌) 정수해가 E_2 위의 유리점이 될 것이다.

식 $(*)$에 포함된 약수, 배수관계 정보로부터 우리는 많은 정보를 얻어낼 수 있다. 예컨대, $(*)$의 우변을 인수분해하면

$$C^2B^3 = D^2A(A^2 + B^2)$$

이므로 D^2A가 C^2B^3을 나눈다. 그러나, $\gcd(C, D) = 1$이기 때문에, D^2은 반드시 B^3을 나누어야 한다. 한편 식 $(*)$을 이항하여 인수분해하면

$$A^3D^2 = C^2B^3 - AB^2D^2 = B^2(C^2B - AD^2)$$

이 되므로, B^2이 A^3D^2을 나눈다. $\gcd(A, B) = 1$이기 때문에, B^2은 반드시 D^2을 나누어야만 하고, 이로부터 B는 D를 나눈다는 것을 알 수 있다. 요약하면

$$D^2 | B^3, \qquad B | D$$

이다.

편의상 $v = D/B$라 하면, v는 정수이다. 식 $D^2|B^3$에서 $D = Bv$로 치환하면 $B^2v^2|B^3$이므로 $v^2|B$가 된다. 다시 말해, 적당한 정수 z에 대하여, B를 $B = v^2z$의 형태로 나타낼 수 있다. $D = Bv = v^3z$임에 주목하자. 식 $(*)$에 $B = v^2z$와 $D = v^3z$를 대입하면

$$C^2B^3 = A^3D^2 + AB^2D^2$$

$$C^2(v^2z)^3 = A^3(v^3z)^2 + A(v^2z)^2(v^3z)^2$$

$$C^2z = A^3 + Av^4z^2$$

을 얻는다. 이를 이항하여 정리하면

$$A^3 = C^2z - Av^4z^2 = z(C^2 - Av^4z)$$

이므로 z는 A^3을 나누게 된다. 그러나, z는 B도 나누기 때문에, z는 ±1이 된다. ($\gcd(A, B) = 1$임을 기억하라.) 반면 $B = v^2z$이고 B는 양수이므로 $z = 1$이다. 이제 우리는

$$B = v^2, \qquad D = v^3$$

임을 알았고, 따라서 E_2 위의 유리점 $(A/B, C/D)$는 $(A/v^2, C/v^3)$와 같이 나타낼 수 있다. 그러므로 식 $(*)$은

$$C^2 = A^3 + Av^4$$

이 되고 우변을 인수분해하면

$$C^2 = A(A^2 + v^4)$$

으로 나타낼 수 있다.

위 식은 두 수 A와 $A^2 + v^4$의 곱으로 완전제곱수 C^2을 나타낸 점이 매우 흥미롭다. 여기서 두 수 A와 $A^2 + v^4$는 공통 인수를 가지지 않는다. 왜 그런지 알겠는가? 자, 만약 공통 인수가 있어서, 두 수 모두 어떤 소수 p로 나누어진다고 하자. 그러면 v 역시 p의 배수이다. 그런데 분수 $A/B = A/v^2$가 기약분수이므로, A와 v 모두가 p의 배수일 수는 없다.

그래서 이제 우리는 A와 $A^2 + v^4$는 공통 인수가 없고, 그 곱은 완전제곱수라는 것을 알았다. 더욱이 $C^2 = A(A^2 + v^4)$이므로 이 두 수는 모두 양수라는 것을 쉽게 알 수 있다. 이런 일이 가능한 경우는 두 수가 각각 제곱수인 경우뿐이다. (이러한 논증이 친숙해 보이는지? 오래전에 2장에서 피타고라스 세 수 공식을 유도할 때 쓴 적이 있는데...) 정리하자면 우리는

$$A = u^2, \qquad A^2 + v^4 = w^2$$

을 만족하는 두 정수 u와 v를 찾을 수 있다. 이제 첫 번째 식에 $A = u^2$을 대입하면

$$u^4 + v^4 = w^2$$

을 얻게 된다.

지금까지의 과정을 다시 살펴보자. 우리는 기약분수로 나타낸 E_2의 해 $(A/B, C/D)$로부터 시작하였다. 이 해로부터 다음 식

$$u^4 + v^4 = w^2$$

을 만족하는 정수 u, v, w가 반드시 존재해야만 한다는 것을 보였다. 더욱이, 정수 u, v, w가 주어졌을 때, 우리는 식 $A/B = u^2/v^2$와 $C/D = uw/v^3$를 이용해서 E_2의 해를 복원할 수 있었다. 이 u, v, w를 알아보겠는가? 이 식은 30장에서 이미 다룬 적이 있기에 친숙해 보일 것이다. 거기서 이 식의 가능한 해가 $u = 0$이거나 $v = 0$임을 보인 바 있다. $u = 0$이라는 것은 $(A/B, C/D) = (0, 0)$임을 알려주고, $v = 0$이라는 것은 분모에 0이 생기게 되므로 불가능하다. 이로부터 E_2 위의 유리점은 $(0, 0)$뿐이라는 사실을 알 수 있다. 이것으로 증명이 끝났다. □

이제 세 번째 대표적인 타원곡선

$$E_3 : y^2 = x^3 - 4x^2 + 16$$

을 살펴보자. 몇 번의 시도를 통해서 E_3 위의 네 점

$$P_1 = (0, 4), \quad P_2 = (4, 4), \quad P_3 = (0, -4), \quad P_4 = (4, -4)$$

를 찾을 수 있다. 이제 이 네 점을 이용해서 E_1에서 했던 것과 같은 작업들을 한다면 어떠한 일이 생길까? 점 P_1과 P_2를 잇는 직선의 방정식은 $y = 4$이다. 이 직선이 E_3과 만나는 점을 찾기 위해서 E_3의 식에 $y = 4$를 대입한 후 x에 대하여 정리하면

$$4^2 = x^3 - 4x^2 + 16,$$

$$0 = x^3 - 4x^2 = x^2(x - 4)$$

를 얻는다. $x = 0$이 중근이라는 점에 주목하면, P_1과 P_2를 잇는 직선은 E_3과 오직 두 점 P_1과 P_2에서만 만난다는 사실을 알 수 있다. 우리의 시도는 실패하였다. 즉, 새로운 유리점을 찾을 수 없었다. P_1, P_2, P_3, P_4 중 어떤 두 점을 선택해서, 두 점을 잇는 직선을 생각하고, 이 직선과 E_3의 교점을 계산해 보더라도 역시 비슷한 결과가 나온다. 우리는 어떠한 새로운 점도 찾을 수 없다. 사실은 E_3 위의 유리점은 이 네 점 P_1, P_2, P_3, P_4뿐이다. (불행히도† 여기서 다루기에는 증명이 너무 길다.)

보다 일반적으로, 타원곡선

$$E : y^2 = x^3 + ax^2 + bx + c$$

위의 유한개의 점

$$P_1, P_2, \ldots, P_t \quad (\text{단}, t \geq 3)$$

---

†역자와 독자를 위해서는 다행히도

가운데 어느 두 점을 지나는 직선 L을 긋더라도, 이 직선과 타원곡선 E의 교점이 이미 이 점들의 모임 안에 포함되어 있을 때, 우리는 이 점들을 꼬임점 모임(torsion collection)이라고 부른다. 다른 방식으로 설명하자면, 꼬임점 모임은 직선과 그 교점을 생각하는 기하적인 방법으로는 확장할 수 없다는 것이다. 예컨대, E_3은 네 점 $(0, \pm 4), (4, \pm 4)$로 구성된 꼬임점 모임을 가진다. 다음의 중요한 정리는 꼬임점 모임을 설명해 준다.

정리 42.2 (꼬임 정리(Torsion Theorem))

$E : y^2 = x^3 + ax^2 + bx + c$를 정수 계수 a, b, c를 갖는 타원곡선이라고 하고 $P_1, P_2, \ldots, P_t$를 E의 유리점으로 구성된 꼬임점 모임이라고 하자. 또한

$$\Delta(E) = -4a^3c + a^2b^2 - 4b^3 - 27c^2 + 18abc$$

를 E의 판별식이라고 하고 $\Delta(E) \neq 0$이라고 가정하자.

(a) (나겔–루츠(Nagell–Lutz) 정리, 1935/37) 각 점 P_i의 좌표를 $P_i = (x_i, y_i)$로 나타내자. 그러면 모든 x_i들과 y_i들은 정수이다. 더욱이, 만약 $y_i \neq 0$이면, $y_i^2 | 16\Delta(E)$이다.

(b) (메이저(Mazur)의 정리, 1977) 꼬임점 모임은 최대 15개의 점을 가질 수 있다.

꼬임 정리에서 나겔–루츠 정리 부분은 꼬임점 모임에 포함되는 점들은 정수좌표들을 가진다는 것을 말해 준다. 우리는 타원곡선 $E_1 : y^2 = x^3 + 17$ 위의 점 $(-2, 3)$과 같이 각 좌표가 정수이지만 꼬임점 모임에는 포함되지 않는 점들이 있다는 것도 보았다. 우리의 탐구 결과는 E_1 위에 꽤 많은 정수점이 있고, 그 중에는

$$(-2, \pm 3), \quad (-1, \pm 4), \quad (2, \pm 5), \quad (4, \pm 9),$$
$$(8, \pm 23), \quad (43, \pm 282), \quad (52, \pm 375)$$

도 포함되어 있었다. 타원곡선 E_1은 무한히 많은 유리점을 가지고 있기 때문에, 이러한 정수점을 무한히 늘리는 것이 불가능하다고 할 이유는 없다. 계속 찾아보면, 곧

$$(5234, \pm 378661)$$

과 같은 E_1 위의 다른 정수점을 찾을 수 있다. 그러나 이후로는 $x < 10^{100}$인 범위까지 탐색해 보더라도, 더 이상은 찾을 수가 없다. 결국, 우리는 E_1 위의 정수점은 더 이상은 없다고 의심하게 된다. 실제로 유한하고, 이 사실은 다음 중요한 정리의 특수한 경우이다.

정리 42.3 (지겔(Siegel)의 정리)

(지겔(C.L. Siegel), 1926) E를 a, b, c가 모두 정수이고, 판별식 $\Delta(E) \neq 0$인 식

$$E : y^2 = x^3 + ax^2 + bx + c$$

로 정의된 타원곡선이라고 하자. 그러면 x와 y가 모두 정수인 해는 유한개뿐이다.

지겔은 사실 이 정리에 대해서 두 가지의 전혀 다른 증명을 제시하였다. 1926년에 《런던 수학회지(Journal of the London Mathematical Society)》[1]에서는 E의 식을 직접적으로 이용하는 인수분해 방법을 적용하였다. 1929년에 출판된 두 번째 논문에서는 모델 정리를 바탕으로 이미 알고 있는 점들로부터 새로운 점들을 얻어내는 기하적인 방법을 적용하였다. 그러나, 궁극적으로는 두 증명 모두 "어떤 수들은 유리수로는 근사할 수 없다"는 디오판토스 근사(Diophantine approximation) (33장) 이론의 어려운 결과를 이용하였다.

연습문제

42.1. 피타고라스의 세 수 (a, b, c)는 세 변의 길이가 모두 정수인 직각삼각형을 알려준다. 우리는 그러한 삼각형을 피타고라스 삼각형이라고 부른다. 넓이가 완전제곱수의 두 배인 피타고라스 삼각형을 모두 찾아라.

42.2. **(a)** E를 타원곡선 $E : y^2 = x^3 + 1$이라고 하자. 점 $(-1, 0)$, $(0, 1)$, $(0, -1)$, $(2, 3)$, $(2, -3)$들이 E의 꼬임점 모임이 됨을 보여라.

(b) E를 타원곡선 $E : y^2 = x^3 - 43x + 166$이라고 하자. 네 점 $(3, 8)$, $(3, -8)$, $(-5, 16)$, $(-5, -16)$은 E의 꼬임점 모임의 일부분이다. 이 점들을 지나는 직선들과 E의 교점을 찾아서 꼬임점 모임 전체를 찾아라.

(c) E가 식

$$y^2 = (x - \alpha)(x - \beta)(x - \gamma)$$

에 의해 정의된 타원곡선이라고 하자. 점들의 모임 $(\alpha, 0)$, $(\beta, 0)$, $(\gamma, 0)$이 꼬임점 모임임을 확인해 보아라.

42.3. 타원곡선

$$y^2 = x^3 - 16x + 16$$

은 몇 개의 정수해를 가지고 있는가?

42.4. 이 연습문제는 타원곡선

$$E : y^2 = x^3 + 7$$

은 x와 y가 모두 정수인 해를 가지지 않는다는 사실의 증명으로 이끌 것이다. (이것은 지겔의 정리의 특별한 경우로 1869년에 르베그(V.A. Lebesgue)에 의해서 처음 증명되었다.)

(a) (x, y)가 정수해라고 가정하자. 이때 x가 반드시 홀수임을 보여라.

(b) $y^2 + 1 = (x + 2)(x^2 - 2x + 4)$임을 보여라.

(c) $x^2 - 2x + 4$는 반드시 법 4에 대해서 3과 합동임을 보여라. $x^2 - 2x + 4$가 왜 $q \equiv 3 \pmod 4$를 만족하는 어떤 소수 q로 나누어져야만 하는지 설명해 보아라.

(d) $y^2 = x^3 + 7$을 법 q에 대한 합동식으로 변형한 후 이를 이용하여 -1이 법 q에 대해서 이차잉여임을 보여라. 이것이 불가능한 이유를 설명함으로써 $y^2 = x^3 + 7$이 정수해를 가지지 않는다는 증명을 완결지어라.

---

[1] 1920년대, 영국과 독일 사이에는 1차 세계대전으로 인한 오랜 분쟁이 있었다. 그래서 지겔은 그의 논문을 익명 "X"로 출판하였다.

42.5. 타원곡선 $E: y^2 = x^3 - 2x + 5$는 네 정수점 $P = (-2, \pm 1)$와 $Q = (1, \pm 2)$를 가진다.

(a) $x = 2, 3, 4, \ldots$을 대입한 후 $x^3 - 2x + 5$가 제곱수임을 확인하는 방법으로 네 개의 정수점을 더 찾아라.

(b) P와 Q를 지나는 적선을 이용하여 새로운 유리점 R를 찾아라. R를 x축 대칭이동하여 점 R'을 얻어라. 이제 Q와 R'을 지나는 직선과 E의 교점을 찾아서 상당히 큰 정수 좌표를 가지는 점을 찾아라.

42.6. **(a)** $y^2 = x^3 + x^2$이 무한히 많은 정수해 x, y를 가짐을 보여라. [도움말. $y = tx$로 치환하여라.]

(b) (a)의 결론이 지겔의 정리가 틀렸다는 것을 의미하는가? 설명해 보아라.

(c) $y^2 = x^3 - x^2 - x + 1$이 무한히 많은 정수해 x, y를 가짐을 보여라.

42.7. $E: y^2 = x^3 + ax^2 + bx + c$가 정수 계수를 갖는 타원곡선이라고 하자. $P = \left(\frac{A}{B}, \frac{C}{D}\right)$가 E 위의 유리점이고, 각 좌표가 기약분수로 주어졌다고 가정하자. (단, B와 D는 양수.) $B = v^2$과 $D = v^3$을 만족하는 정수 v가 존재함을 보여라.

42.8. x가 $|x| < H$를 만족하는 정수 중에서 타원곡선

$$E: y^2 = x^3 + ax^2 + bx + c$$

위의 있는 모든 점을 찾는 프로그램을 작성하여라. 가능한 모든 x값을 대입한 후 $x^3 + ax^2 + bx + c$가 완전제곱수임을 확인하는 방법을 이용해서 시도해 보아라.

곡선

$$y^2 = x^3 - 112x + 400$$

으로 프로그램을 테스트해 보아라. H가 100, 1000, 10000일 때, 각각 얼마나 많은 정수해를 찾게 되는가?

42.9. **(a)** 타원곡선

$$E: y^2 = x^3 + ax^2 + bx + c$$

위의 유리점을 찾는 프로그램을 작성하여라. 연습문제 42.7에 의하면 이러한 점들은 반드시 $(x, y) = (A/D^2, B/D^3)$과 같은 형태이므로, 사용자는 반드시 상계 H를 입력해야 하고, 당신의 프로그램은 반드시 모든 정수 $|A| \le H$와 $1 \le D \le \sqrt{H}$를 대입하여

$$A^3 + aA^2D^2 + bAD^4 + cD^6$$

이 완전제곱수인지를 체크하는 반복문(loop)이 있어야 한다. 만약 이 수가 B^2이라면 유리점 $(A/D^2, B/D^3)$을 발견한 것이다.

(b) 프로그램을 이용해서 타원곡선

$$y^2 = x^3 - 2x^2 + 3x - 2$$

위의 점들 중에서 x좌표가 $x = A/D^2$의 형태이고 $|A| \le 1500$과 $1 \le D \le 38$을 만족하는 모든 점을 찾아라.

제 **43** 장

법 p에 대한 타원곡선 위의 점

디오판토스 방정식의 해를 찾는 것은 굉장히 어려운 경우가 많다. 따라서 정수해나 자연수해를 찾는 대신, 디오판토스 방정식을 합동식으로 생각해서 법(modulo) p에 대한 해를 찾을 것이다. 이것은 원래의 문제보다는 훨씬 쉬운 과제이다. 다음 예로부터 그 이유를 알아보자.

방정식

$$x^2 + y^2 = 1$$

의 법 7에 대한 모든 해를 어떻게 찾을 수 있을까? 다시 묻자면, 합동식

$$x^2 + y^2 \equiv 1 \pmod 7$$

의 모든 해는 무엇인가? 그 대답은 쉽다. 우리는 $0 \le x, y \le 6$인 (x, y)를 대입해 보고, 어떤 순서쌍이 합동식을 만족하는지만 확인하면 된다. 따라서 $(1, 0)$과 $(2, 2)$는 해인 반면 $(1, 2)$와 $(3, 2)$는 해가 아니다. 모든 해는

$$(0, 1), (0, 6), (1, 0), (2, 2), (2, 5), (5, 2), (5, 5), (6, 0)$$

이고 방정식 $x^2 + y^2 = 1$이 법 7에 대해서 8개의 해가 있다고 결론 내릴 수 있다. 비슷한 방법으로, 법 11에 대해서는 다음과 같이 12개의 해가 있다.

$$(0, 1), (0, 10), (1, 0), (3, 5), (3, 6), (5, 3), (5, 8),$$

$$(6, 3), (6, 8), (8, 5), (8, 6), (10, 0)$$

이제 몇 가지 타원곡선에 대해서 소수 p가 변할 때, 법 p에 대한 해가 얼마나 많은지 세어보자. 우리는 먼저 유리점이 $(0, 0)$뿐인 곡선

$$E_2 : y^2 = x^3 + x$$

를 살펴볼 것이다. 그러나 표 43.1에서 보듯이, E_2는 법 p에 대해서는 많은 해가 있는 것 같다. 표 43.1의 마지막 열에 법 p에 대한 합동식의 해의 개수 N_p를 표시해 두었다.

타원곡선 위의 법 p 합동식 해의 개수에는 매우 놀라우면서도 정교한 규칙성이 많다. 표 43.1을 자세히 살펴보자. 규칙성이 보이는가? 그렇지 않다면, 더 많은 데이타가 도움이 될지도 모르겠다. 표 43.2는 법 p 합동식의 해의 개수만을 나열한 것이다.

p	$E_2 : y^2 = x^3 + x$ 위의 법 p에 대한 해	N_p
2	$(0,0),(1,0)$	2
3	$(0,0),(2,1),(2,2)$	3
5	$(0,0),(2,0),(3,0)$	3
7	$(0,0),(1,3),(1,4),(3,3),(3,4),(5,2),(5,5)$	7
11	$(0,0),(5,3),(5,8),(7,3),(7,8),(8,5),(8,6),$ $(9,1),(9,10),(10,3),(10,8)$	11
13	$(0,0),(2,6),(2,7),(3,2),(3,11),(4,4),(4,9),$ $(5,0),(6,1),(6,12),(7,5),(7,8),(8,0),(9,6),$ $(9,7),(10,3),(10,10),(11,4),(11,9)$	19
17	$(0,0),(1,6),(1,11),(3,8),(3,9),$ $(4,0),(6,1),(6,16),(11,4),(11,13),$ $(13,0),(14,2),(14,15),(16,7),(16,10)$	15
19	$(0,0),(3,7),(3,12),(4,7),(4,12),(5,4),(5,15),$ $(8,8),(8,11),(9,4),(9,15),(12,7),(12,12),$ $(13,5),(13,14),(17,3),(17,16),(18,6),(18,13)$	19

표 43.1. E_2 위의 법 p에 대한 해

p	2	3	5	7	11	13	17	19	23	29
N_p	2	3	3	7	11	19	15	19	23	19

p	31	37	41	43	47	53	59	61	67	71
N_p	31	35	31	43	47	67	59	51	67	71

표 43.2. E_2의 법 p에 대한 합동식의 근의 개수 N_p

한 눈에 들어오는 규칙성은 $N_p = p$를 만족하는 소수 p가 많다는 것이다. 이러한 현상은 소수

$$p = 2, 3, 7, 11, 19, 23, 31, 43, 47, 59, 67, 71$$

에서 나타나는데, 이는 단순한 우연이라기에는 너무나도 빈번하다. 게다가 첫 소수 2를 제외하면 위 소수들은 (71보다 작거나 같은) 법 4에 대해서 3과 합동인 소수와 정확히 일치한다. 따라서 우리는 다음과 같은 추측을 하게 된다.

추측. 만약 $p \equiv 3 \pmod 4$이면 타원곡선 $E_2 : y^2 = x^3 + x$의 법 p에 대한 합동식의 해의 개수는 정확히 $N_p = p$이다.

다른 소수, 즉 법 4에 대해 1과 합동인 소수들은 어떠한가? 이 경우에는 N_p가 불규칙하게 변하는 것 같다. $p = 5$와 $p = 17$인 경우처럼 N_p가 p보다 작은 경우가 있는가 하면, $p = 13$과 $p = 53$인 경우처럼 N_p가 p보다 큰 경우도 있다. 그러나, 어쨌든 p가 커지면 N_p 역시 증가하는 것처럼 보인다. 사실 N_p는 대체로 p와 큰 차이가 나지 않는다. 잠깐만 고민해 보면 왜 이 사실이 일리가 있는지 알 수 있다.

일반적으로, 법 p에 대하여 타원곡선

$$y^2 = x^3 + ax^2 + bx + c$$

의 해를 찾고 싶다면, 우리는 $x = 0, 1, 2, \ldots, p-1$을 대입한 후, 식

$$x^3 + ax^2 + bx + c$$

가 제곱수가 되는지 확인해 볼 것이다. $x^3 + ax^2 + bx + c$의 값은 본질적으로 무작위하게 분포되어 있다고 가정하는 것이 자연스럽기 때문에, 대략 절반의 경우에는 제곱수가 되고, 나머지 절반의 경우에는 제곱수가 아닐 것이라고 기대할 수 있다. 이것은 20장에서 증명된, 1부터 $p-1$ 사이의 수 중 절반이 이차잉여(quadratic residue)이고 나머지 반이 이차비잉여(quadratic nonresidue)라는 사실로 뒷받침된다. 또한, $x^3 + ax^2 + bx + c$가 제곱수가 되는 경우에는, 예컨대 t^2과 법 p에 대해서 합동이라면, y의 값으로는 두 개($y = t$와 $y = -t$)가 가능하다는 것을 관측할 수 있다. 요약하면, 절반 정도의 x는 법 p에 대해서 두 개의 해를 주고, 절반 정도는 법 p에 대해서 해를 주지 않으므로, 우리는 약 $2 \times \frac{1}{2}p = p$개의 해를 기대할 수 있다. 당연히 이러한 논증은 항상 p개의 해가 있다는 것을 증명한 것이 아니다. 단지 해의 개수가 왜 p 근처에서 많거나 적어야 하는지를 암시할 뿐이다.

이 모든 사실들은 p와 N_p 사이의 차이를 탐구하는 것이 흥미롭다는 것을 시사하고 있다. 우리는 이 차이를

$$a_p = p - N_p$$

로 표기하고 이를 E_2의 p-결함(p-defect)이라고 부를 것이다.[1] 표 43.3에는 타원곡선 E_2의 p-결함들이 제시되어 있다. 이 표에는 우리가 전에 공부한 주제와 밀접한 관련이 있지만 찾기는 어려운 규칙성이 있다. 더 이상 읽어 나가기 전에 당신이 이 규칙성을 찾을 수 있는지 잠시만 생각해 보아라.

우리의 수론적 탐구를 통해서, 법 4에 대해 1과 합동인 소수에는 많은 흥미로운 성질이 있다는 것을 알았다. 가장 놀라웠던 사실 중 하나는 24장에서 배웠던 것으로, 이러한 소수는 두 제곱수의 합 $p = A^2 + B^2$으로 나타낼 수 있다는 점이다. 예컨대,

$$5 = 1^2 + 2^2, \quad 13 = 3^2 + 2^2, \quad 17 = 1^2 + 4^2, \quad 29 = 5^2 + 2^2$$

---

[1] 실제로 사용하는 a_p의 수학적인 용어는 프로베니우스 대각합(trace of Frobenius)이고 이 용어를 제대로 설명하는 것은 이 책의 수준을 훨씬 뛰어 넘는다. 그러나 당신이 수학 친구들 앞에서 잘난 체하고 싶다거나, 원치 않는 대화를 중단하고 싶다면, 다음과 같이 말해 보아라. "타원곡선의 ℓ진 코호몰로지에 작용하는 프로베니우스 대각합"

p	5	13	17	29	37	41	53	61	73	89
N_p	3	19	15	19	35	31	67	51	79	79
a_p	2	−6	2	10	2	10	−14	10	−6	10

p	97	101	109	113	137	149	157	173	181	193
N_p	79	99	115	127	159	163	179	147	163	207
a_p	18	2	−6	−14	−22	−14	−22	26	18	−14

표 43.3. E_2의 p-결함 $a_p = p - N_p$

이다. 더욱이, 36장에서 배운 르장드르 정리에 의하면, A는 홀수이고 A와 B가 모두 양수라면, A와 B를 유일하게 찾을 수 있다. [정리 36.5에서 기술한 대로, $R(p) = 8(D_1 - D_3) = 8$이고, 여기서 8은 A와 B의 자리 바꿈과 부호 변화를 설명해 준다.] 이 공식을 $a_5 = 2$, $a_{13} = -6$, $a_{17} = 2$, $a_{29} = 10$과 비교해 보아라. 이제 규칙성을 찾을 수 있는가? 양의 홀수 A와 양수 B를 이용하여 $p = A^2 + B^2$의 형태로 나타내었을 때, a_p는 $2A$이거나 $-2A$인 것처럼 보인다. 달리 말하자면, $p - (a_p/2)^2$은 항상 완전제곱수인 것처럼 보인다. 다른 p들에 대해서 이를 확인해 보자.

$$53 - (a_{53}/2)^2 = 2^2, \quad 73 - (a_{73}/2)^2 = 8^2, \quad 193 - (a_{193}/2)^2 = 12^2$$

놀랍게도, 이러한 규칙성이 계속해서 성립하고 있다.

남아 있는 의문은 언제 $a_p = 2A$이고 언제 $a_p = -2A$가 되는지이다. 다시 표 43.3을 살펴보면,

$$p = 5, 17, 29, 37, 41, 61, 89, 97, 101, 173, 181\text{일 때} \quad a_p = 2A$$
$$p = 13, 53, 73, 109, 113, 137, 149, 157, 193\text{일 때} \quad a_p = -2A$$

임을 확인할 수 있다. 이 두 개의 목록에는 특별한 규칙성이 없는 듯하다. 그러나, 표 43.4에 나열된 $a_p/2$의 값들을 살펴보면, 규칙성이 드러난다.

p	5	13	17	29	37	41	53	61	73	89
$a_p/2$	1	−3	1	5	1	5	−7	5	−3	5

p	97	101	109	113	137	149	157	173	181	193
$a_p/2$	9	1	−3	−7	−11	−7	−11	13	9	−7

표 43.4. E_2에서 $a_p/2$의 값

모든 $a_p/2$는 법 4에 대해 1과 합동이다. 따라서 양의 홀수 A에 대해서 $p = A^2 + B^2$의 형태로 나타낼 때, $A \equiv 1 \pmod 4$이면 $a_p = 2A$이고, $A \equiv 3 \pmod 4$이면 $a_p = -2A$이다. 다음 정리는 지금까지 살펴본 바의 요약이다.

정리 43.1 ($E_2 : y^2 = x^3 + x$**의 법** p**에 대한 해의 개수**)

홀수인 소수 p에 대해서, N_p가 타원곡선 $E_2 : y^2 = x^3 + x$의 법 p에 대한 합동식의 해의 개수라고 하자.

(a) 만약 $p \equiv 3 \pmod 4$이면 $N_p = p$이다.

(b) 만약 $p \equiv 1 \pmod 4$라면 양의 홀수 A에 대해 $p = A^2 + B^2$로 표현한다. (24장으로부터 우리는 이러한 표현이 항상 가능하다는 것을 안다.) 그러면 $N_p = p \pm 2A$이다. 여기서 부호는 $A \equiv 1 \pmod 4$인 경우에는 음수이고, $A \equiv 3 \pmod 4$인 경우에는 양수이다.

위 정리의 첫 번째 부분은 확인하기가 비교적 쉽지만, 여기서는 그 증명을 생략하기로 한다. 이는 우리가 나중에 비슷한 정리를 증명할 계획이기 때문이다. 두 번째 부분의 증명은 훨씬 더 어려우므로 하나의 예를 더 드는 것으로 만족하기로 하자. 소수 $p = 130657$은 법 4에 대해 1과 합동이다. 하나씩 대입해 보거나, 혹은 컴퓨터를 이용하거나, 아니면 24장에서 설명한 방법을 적용하면, $130657 = 111^2 + 344^2$과 같이 두 제곱수의 합으로 쓸 수 있다. 이제 $111 \equiv 3 \pmod 4$이기 때문에, E_2는 법 130657에 대해 $130657 + 2 \cdot 111 = 130879$개의 해를 가진다고 할 수 있다.

다음으로는 우리의 오랜 친구, 타원곡선

$$E_1 : y^2 = x^3 + 17$$

을 살펴보자. E_2에서 했던 그대로 법 p에 대한 E_1 합동식의 해의 개수 N_p와 p-결함 $a_p = p - N_p$들의 값을 표 43.5로 만들었다.

역시 결함 a_p가 0인 많은 소수들이 있다.

$$p = 2, 3, 5, 11, 17, 23, 29, 41, 47, 53, 59, 71, 83, 89, 101, 107, 113$$

이 소수들은 법 4에 대해서는 특정한 패턴이 없지만 법 3에 대해서는 규칙성이 있다! 3을 제외하고는, 이 소수들은 모두 법 3으로 2와 합동이다. 따라서 만약 $p \equiv 2 \pmod 3$이면 $N_p = p$라고 추측이 가능하다. 이 추측이 맞다는 것을 확인하기 위해서 우리는 원시근(primitive root)을 이용할 수 있다.

정리 43.2

만약 $p \equiv 2 \pmod 3$이라면 타원곡선

$$E_1 : y^2 = x^3 + 17$$

의 법 p에 대한 합동식의 해의 개수 N_p는 p와 같다.

p	2	3	5	7	11	13	17	19	23	29
N_p	2	3	5	12	11	20	17	26	23	29
a_p	0	0	0	−5	0	−7	0	−7	0	0

p	31	37	41	43	47	53	59	61	67	71
N_p	42	48	41	56	47	53	59	48	62	71
a_p	−11	−11	0	−13	0	0	0	13	5	0

p	73	79	83	89	97	101	103	107	109	113
N_p	63	75	83	89	102	101	110	107	111	113
a_p	10	4	0	0	−5	0	−7	0	−2	0

표 43.5. E_1 의 법 p에 대한 합동식의 해의 개수와 결함 a_p

증명 증명을 시작하기에 앞서 예를 하나 살펴보자. E_1 위의 법 11에 대한 합동식의 해를 찾기 위해서, $x = 0, 1, \ldots, 10$을 $x^3 + 17$에 대입하고, 이 값이 법 11로 제곱수와 합동인지 확인해 보자. 대입한 결과는 다음과 같다.

$x \pmod{11}$	0	1	2	3	4	5	6	7	8	9	10
$x^3 \pmod{11}$	0	1	8	5	9	4	7	2	6	3	10
$x^3 + 17 \pmod{11}$	6	7	3	0	4	10	2	8	1	9	5

$x^3 \pmod{11}$이 단지 $0, 1, \ldots, 10$을 재배열한 것이고, $x^3 + 17 \pmod{11}$ 또한 $0, 1, \ldots, 10$을 재배열한 것임을 확인할 수 있다. 따라서 합동방정식

$$y^2 \equiv 0^3 + 17 \pmod{11}, \quad y^2 \equiv 1^3 + 17 \pmod{11}, \quad y^2 \equiv 2^3 + 17 \pmod{11},$$
$$y^2 \equiv 3^3 + 17 \pmod{11}, \quad \cdots \quad y^2 \equiv 10^3 + 17 \pmod{11}$$

의 해를 찾고자 할 때, 우리는 단지 합동방정식

$$y^2 \equiv 0 \pmod{11}, \quad y^2 \equiv 1 \pmod{11}, \quad y^2 \equiv 2 \pmod{11},$$
$$y^2 \equiv 3 \pmod{11}, \quad \cdots \quad y^2 \equiv 10 \pmod{11}$$

의 해만을 찾으면 된다. 첫 번째 합동식 $y^2 \equiv 0 \pmod{11}$은 단지 하나의 해 $y \equiv 0 \pmod{11}$을 가진다. 다른 10개의 합동방정식에 대해서는, 20장에서 배운 바와 같이, 1부터 10까지의 수 중 정확히 절반은 법 11에 대해서 이차잉여이고 다른 절반은 이차비잉여이다. 따라서 합동방정식 $y^2 \equiv a \pmod{11}$ 중의 절반은 두 개의 해를 가지고 있고 (만약 b가 해라면 $p - b$역시 해가 됨을 기억하여라.), 다른 절반의 합동방정식들은 해가 없다. 결국 총 $1 + 2 \cdot 5 = 11$개의 해가 있다.

몇 개의 예들을 더 살펴보면, 같은 현상이 발생한다는 것을 확인할 수 있을 것이다. 물론 반드시 $p \equiv 2 \pmod 3$ 인 소수들로만 시도해 봐야 한다. 합동식 $x^3 + 17 \pmod 7$에 $x = 0, 1, 2, \ldots, 6$을 대입해서 계산해 보면 알 수 있듯이, $p \equiv 1 \pmod 3$ 인 소수들의 해에 대해서는 완전히 다른 상황에 직면할 것이다.

만일 $p \equiv 2 \pmod 3$ 이라면,

$$0^3 + 17, \quad 1^3 + 17, \quad 2^3 + 17, \ldots, (p-1)^3 + 17 \pmod p$$

가

$$0, 1, 2, \ldots, p-1 \pmod p$$

를 재배열한 것과 같다는 것을 증명해 보자. 우선 위의 두 목록 모두 정확히 p개의 수를 포함하고 있다는 것을 확인할 수 있다. 따라서 우리는 첫 번째 목록에 있는 수들이 모두 다르다는 것만 보이면 충분하다. 왜냐하면 이 경우 첫 번째 목록에 있는 수들이 두 번째 목록에 있는 모든 수들과 겹치게 되기 때문이다.

첫 번째 목록에서 선택한 두 개의 수 $b_1^3 + 17$과 $b_2^3 + 17$이 법 p에 대해 같다고 하자. 즉,

$$b_1^3 + 17 \equiv b_2^3 + 17 \pmod p, \qquad \text{따라서} \qquad b_1^3 \equiv b_2^3 \pmod p$$

라 가정하자. 이때 $b_1 = b_2$ 임을 증명하려 한다. 만약 $b_1 \equiv 0 \pmod p$라면 $b_2 \equiv 0 \pmod p$이고, 그 역 역시 참이므로, $b_1 \not\equiv 0 \pmod p$이고 $b_2 \not\equiv 0 \pmod p$라고 가정해도 좋다.

우리는 합동식

$$b_1^3 \equiv b_2^3 \pmod p$$

의 양변의 세제곱근을 구하고자 한다. 이를 어찌 구할까? 그 답은 페르마의 소정리 $b^{p-1} \equiv 1 \pmod p$를 적용하는 것이다. 또한 $p \equiv 2 \pmod 3$ 이라는 가정은, $p - 1$이 3의 배수가 아니라는 것을 알려준다. 따라서 3과 $p - 1$은 서로소이고, 따라서 선형방정식 정리(6장)에 의해 방정식

$$3u - (p-1)v = 1$$

의 해를 찾을 수 있다. 사실은 $u = (2p-1)/3$과 $v = 2$라는 해가 한눈에 보인다. $p \equiv 2 \pmod 3$이므로 $(2p-1)/3$은 당연히 정수이다.

$3u \equiv 1 \pmod{p-1}$ 임에 주목하면, u-거듭제곱을 하는 것과 $1/3$제곱을 하는 것이 어떤 면에서는 같음을 알 수 있다. (즉, 세제곱근을 계산해 보아라. 17장에서 보다 일반적인 상황에서 이러한 아이디어를 이용했던 것을 떠올리는 독자도 있을 것이다.) 합동식 $b_1^3 \equiv b_2^3 \pmod p$의 양변을 u제곱하고, 페르마의 소정리를 사용하면

$$\left(b_1^3\right)^u \equiv \left(b_2^3\right)^u \pmod p$$

$$b_1^{3u} \equiv b_2^{3u} \pmod p$$

$$b_1^{1+(p-1)v} \equiv b_2^{1+(p-1)v} \pmod p$$

$$b_1 \cdot \left(b_1^{p-1}\right)^v \equiv b_2 \cdot \left(b_2^{p-1}\right)^v \pmod p$$

$$b_1 \equiv b_2 \pmod p$$

를 얻는다. 이는 $0^3+17, 1^3+17, \cdots, (p-1)^3+17$이 법 p로 모두 다르다는 것이므로 $0, 1, \ldots, p-1$의 재배열이다.

요점을 정리하자면, 지금까지 우리는

$$x = 0, 1, 2, \ldots, p-1$$

을 합동방정식 $x^3+17 \pmod p$에 대입한다면, 정확히

$$0, 1, 2, \ldots p-1 \pmod p$$

로 돌아간다는 것을 보였다. 합동방정식 $y^2 \equiv 0 \pmod p$는 $y \equiv 0 \pmod p$라는 하나의 해를 가진다. 한편, 합동방정식

$$y^2 \equiv 1 \pmod p, \quad y^2 \equiv 2 \pmod p, \quad y^2 \equiv 3 \pmod p, \ldots,$$

$$y^2 \equiv p-2 \pmod p, \quad y^2 \equiv p-1 \pmod p$$

중의 절반은 두 개의 해를 가지고, 나머지 절반은 해가 없다. 이는 수들 중의 절반은 이차잉여이고, 나머지 절반은 이차비잉여이기 때문이다. (20장을 보아라.) 따라서 디오판토스 방정식 $y^2 = x^3+17$은 법 p에 대해서 정확히

$$N_p = 1 + 2 \cdot \left(\frac{p-1}{2}\right) = p$$

개의 해를 가진다. □

우리는 이제 $p \equiv 2 \pmod 3$를 만족하는 법 p에 대해 E_1의 해의 개수가 어떻게 되는지 이해하였다. 연습문제 43.3에서는 $p \equiv 1 \pmod 3$인 경우, 깊이 숨겨져 있어 훨씬 찾기 힘든 a_p에 대한 규칙성을 찾아볼 것이다.

지금까지 우리가 발견한 규칙성에 대해서 잠시 되짚어 보자. 타원곡선 E_1과 E_2에 대해서 우리는 p-결함 a_p가 약 절반의 소수들에 대해서 0이 된다는 것을 보였고, 소수들이 언제 결함값이 0인 소수(0-defect prime)가 되는지 꽤나 정확하게 알아낼 수 있었다. 다른 소수들에 대해서는 a_p가 제곱수와 관련 있는 섬세한 규칙성이 있다는 것을 알았다. 이 규칙성이란 타원곡선 E_2에서는 $p-(a_p/2)^2$가 완전제곱수라는 것이었고, E_1에 대해서도 비슷한 사실이 성립한다는 것이다. (연습문제 43.3을 보라.) 물론, E_1과 E_2는 수많은 타원곡선들 중에서 단지 두 개일 뿐이므로, 발견된 규칙성에 대해서 적어도 한, 두 개의 다른 곡선에 경우에도 반드시 확인해 봐야 한다. 표 43.6에는 타원곡선

$$E_3 : y^2 = x^3 - 4x^2 + 16$$

p	2	3	5	7	11	13	17	19	23	29
N_p	2	4	4	9	10	9	19	19	24	29
a_p	0	-1	1	-2	1	4	-2	0	-1	0

p	31	37	41	43	47	53	59	61	67	71
N_p	24	34	49	49	39	59	54	49	74	74
a_p	7	3	-8	-6	8	-6	5	12	-7	-3

p	73	79	83	89	97	101	103	107	109	113
N_p	69	89	89	74	104	99	119	89	99	104
a_p	4	-10	-6	15	-7	2	-16	18	10	9

표 43.6. E_3의 법 p에 대한 합동식의 해의 개수와 결함 a_p

의 법 p에 대한 합동식의 해의 개수와 p-결함이 주어져 있다.

오호 통재라! p-결함 a_p가 0이 되는 소수들이 매우 적어 보인다. 설사 더 많은 소수들에 대해서 표 43.6을 작성하더라도, $a_p = 0$인 5000 이하의 소수는 오직

$$p = 2, 19, 29, 199, 569, 809, 1289, 1439, 2539, 3319, 3559, 3919$$

뿐이다. 이러한 소수들은 모두 법 10으로 9와 합동이기는 하지만, 59, 79, 89, 그리고 109와 같이 법 10으로 9와 합동이지만 $a_p \neq 0$인 소수들이 있다. 이러한 소수들을 설명해 주는 간단한 규칙성은 없는 것처럼 보이고, 실제로 아무도 규칙성을 찾을 수 없었다. 1987년에 이르러서야 엘키스(Noam Elkies)가 $a_p = 0$인 소수 p가 무한히 많다는 것을 보일 수 있었다.

$a_p = 0$인 소수가 많지 않기 때문에, 제곱수를 이용한 규칙성이 있는지 찾아보자. 그러나 이번에도 그러한 노력은 소득 없이 끝나고, 어떠한 규칙성도 보이지 않는다. 사실은 다른 타원곡선들을 살펴보면, 우리가 발견할 수 있는 것은 E_3의 경우와 흡사하다. 즉, $a_p = 0$인 소수는 드물고, 제곱수와 관련한 규칙성은 보이지 않는다. 타원곡선 E_1과 E_2는 매우 특별한 종류로 복소곱(complex multiplication)을 가지는 타원곡선이다.[2] 여기서 우리는 엄밀한 정의를 설명하는 대신, 복소곱이 없는 타원곡선의 경우 $a_p = 0$인 소수가 드문 반면 복소곱이 있는 타원곡선의 경우에는 a_p의 절반은 0이라는 것만 말해 두겠다.

---

[2]복소곱을 가지는 타원곡선은 매우 특별한 종류의 변환(transformation) 성질을 가진다. 예를 들면, 만약 (x, y)가 타원곡선 $E_2 : y^2 = x^3 + x$의 해라면 $(-x, iy)$ 역시 해이다. 이러한 변환 공식에서 $i = \sqrt{-1}$와 같은 복소수가 나오기 때문에 "복소곱"이라고 명명되었다.

연습문제

43.1. **(a)** 각각의 소수 p에 대해서 M_p를 법 p에 대한 방정식 $x^2+y^2=1$의 해의 개수라고 하자. M_3, M_5, M_{13}, M_{17}을 계산하여라. [도움말. 이 계산을 위한 효율적인 방법은 다음과 같다. 먼저, 법 p에 대한 제곱수를 모두 나열한다. 그리고 각각의 $0 \le y < p$에 대해서 $1-y^2$이 법 p에 대해서 제곱수인지 확인해 본다.]

(b) (a)로부터 얻은 자료와 $M_7=8$, $M_{11}=12$로부터, M_p에 대한 추측을 만들어라. 만든 추측이 맞는지 M_{19}의 값을 계산하여 확인하여라. 당신의 추측에 의하면, M_{1373}과 M_{1987}은 얼마인가?

(c) (b)에서 만든 추측이 맞다는 것을 증명하여라. [도움말. 3장의 공식들이 유용할지도 모르겠다.]

43.2. **(a)** 디오판토스 방정식 $y^2=x^5+1$의 법 7에 대한 해를 모두 찾아라. 얼마나 많은 해들이 있는가?

(b) 디오판토스 방정식 $y^2=x^5+1$의 법 11에 대한 해를 모두 찾아라. 얼마나 많은 해들이 있는가?

(c) $p \not\equiv 1 \pmod 5$를 만족하는 소수 p를 생각하자. 디오판토스 방정식 $y^2=x^5+1$의 법 p에 대한 해의 개수는 정확히 p개임을 증명하여라.

43.3. E_1에 대한 표에서 $p \equiv 1 \pmod 3$인 소수에 대해 $4p-a_p^2$를 각각 계산하여라. 당신이 계산한 수들은 어떤 특정한 형태를 갖는가?

43.4. 합동식

$$E : y^2 \equiv x^3 + ax^2 + bx + c \pmod p$$

의 해의 개수를 세는 프로그램을 다음 방법 중 하나를 사용하여 작성하여라.

(i) 먼저 법 p에 대한 제곱수들의 목록을 만들고 $x=0,1,\ldots,p-1$을 x^3+ax^2+bx+c에 대입한 후 p로 나눈 나머지를 살펴보아라. 만약 이것이 0이 아닌 제곱수이면, 해의 개수에 2를 더하여라. 만약 이 수가 0이면 1을 더하여라. 만약 제곱수가 아니면 무시하여라.

(ii) 각각의 $x=0,1,\ldots,p-1$에 대해 르장드르 기호 $\left(\frac{x^3+ax^2+bx+c}{p}\right)$를 계산하여라. 만약 그 값이 $+1$이면, 해의 개수에 2를 더하고 -1이면 무시하여라. [그리고 만약 $x^3+ax^2+bx+c \equiv 0 \pmod p$이라면 1을 더하여라.]

프로그램을 이용하여 $2 \le p \le 100$인 모든 소수에 대해 다음 곡선에서 법 p에 대한 해의 개수 N_p와 p-결함 $a_p = p - N_p$를 계산하여라. 어떤 곡선이 복소곱을 가지고 있다고 생각하는가?

(a) $y^2 = x^3 + x^2 - 3x + 11$　　(c) $y^2 = x^3 + 4x^2 + 2x$

(b) $y^2 = x^3 - 595x + 5586$　　(d) $y^2 = x^3 + 2x - 7$

43.5. 이 연습문제에서는 타원곡선 $E : y^2 = x^3 + 1$의 p-결함에 대한 규칙성을 발견하게 될 것이다. 도움을 주기 위하여 다음 목록을 제시한다.

p	2	3	5	7	11	13	17	19	23	29
a_p	0	0	0	-4	0	2	0	8	0	0

p	31	37	41	43	47	53	59	61	67	71
a_p	-4	-10	0	8	0	0	0	14	-16	0

p	73	79	83	89	97	101	103	107	109	113
a_p	-10	-4	0	0	14	0	20	0	2	0

타원곡선 $E : y^2 = x^3 + 1$의 결함 a_p

(a) 어떠한 소수들에 대해서 결함 a_p가 0이 되는지 추측을 만들고 당신의 추측이 맞다는 것을 증명하여라.

(b) $a_p \neq 0$인 소수들에 대해서 $4p - a_p^2$의 값을 계산하고 이 수들의 특별한 성질을 찾아라.

(c) $p \equiv 1 \pmod 3$을 만족하는 113 미만의 모든 소수에 대해서 $4p = A^2 + 3B^2$을 만족하는 모든 정수 순서쌍 (A, B)를 찾아라. (여러 개의 근이 존재할 수도 있다는 점을 알아 두어라. 예컨대, $4 \cdot 7 = 28$은 $5^2 + 3 \cdot 1^2$과 같고 $4^2 + 3 \cdot 2^2$과도 같다. 해를 찾는 효율적인 방법은 모든 $B < \sqrt{4p/3}$에 대해서 $4p - 3B^2$를 계산한 후에, $4p - 3B^2$가 완전제곱수가 되는 수들을 골라내는 것이다.)

(d) 표에 주어진 a_p값들과 A와 B의 값들을 비교하여라. 이 값들이 어떤 식으로 관련되어지는지 최대한 추측을 정밀하게 만들어라.

(e) 다음 소수 p 각각에 대해서, $4p = A^2 + 3B^2$를 만족하는 순서쌍이 주어져 있다. (d)에서 만든 추측을 이용해서 a_p의 값을 추측하여라.

(i) $p = 541$ $(A, B) = (46, 4), (29, 21), (17, 25)$

(ii) $p = 2029$ $(A, B) = (79, 25), (77, 27), (2, 52)$

(iii) $p = 8623$ $(A, B) = (173, 39), (145, 67), (28, 106)$

제 **44** 장

법 p에 대한 꼬임점 모임과 나쁜 소수들

바로 지난 장에서 우리는 E_1과 E_2의 p-결함에 대한 간단한 규칙성을 찾았고, E_3의 p-결함에 대해서는 비슷한 규칙성을 찾지 못하였다. 그러나, E_3의 N_p에는 독자가 이미 발견했을지도 모르는 규칙성이 있다. 발견하지 못하였다면, 잠시 표 43.6을 다시 살펴보면서 스스로 규칙성을 찾아보아라.

E_3의 N_p는

$$p = 2\text{와 } p = 11\text{을 제외한 모든 소수에 대해서} \quad N_p \equiv 4 \pmod 5$$

인 것처럼 보인다. 여기서 이 성질에 대한 엄밀한 증명을 할 수는 없지만 왜 이 관측이 사실인지 대략적인 설명은 가능하다. 42장을 상기해 보면, E_3의 꼬임점 모임(torsion collection)은 네 개의 점

$$P_1 = (0,4), \quad P_2 = (0,-4), \quad P_3 = (4,4), \quad P_4 = (4,-4)$$

로 구성되어 있다. 이는 위의 네 점 중 어느 두 점을 연결하는 직선도 E_3과 다른 점에서는 만나지 않는다는 것을 뜻한다. 타원곡선 위의 두 점을 선택하고, 그 두 점을 직선으로 잇고, 곡선과 만나는 다른 점을 찾는 것은 기하학에 의존하지 않고 방정식만을 이용해서도 할 수 있다. 이는 똑같은 방법을 법 p에 대한 해를 찾을 때도 사용할 수 있다는 것을 의미한다!

예를 하나 들어 보자. 점 $Q = (1,8)$은 합동방정식

$$y^2 \equiv x^3 - 4x^2 + 16 \pmod{17}$$

의 해이다. Q와 $P_1 = (0,4)$를 지나는 직선은 $y = 4x + 4$이다. 직선의 방정식을 타원곡선의 식에 대입하면

$$(4x+4)^2 \equiv x^3 - 4x^2 + 16 \pmod{17}$$

$$x^3 - 3x^2 + 2x \equiv 0 \pmod{17}$$

$$x(x-1)(x-2) \equiv 0 \pmod{17}$$

을 얻게 된다. x좌표가 각기 $x = 0$과 $x = 1$인 두 점 Q와 P_1을 이미 알고 있으므로, x좌표가 $x = 2$인 새로운 점을 찾을 수 있다. 직선의 방정식에 $x = 2$를 대입하면 $y = 12$를 얻을 수 있고, 따라서 법 17에 대한 E_3의 새로운 해 $(2,12)$를 찾을 수 있다.

같은 방법을 두 점 $Q = (1, 8)$과 $P_3 = (4, 4)$에 적용하면, 직선 $y = -(4/3)x + 28/3$을 얻는다. 어떻게 이 직선을 법 17에 대해서 의미가 있도록 할 수 있을까? 자, 분수 $-4/3$는 방정식 $3u = -4$의 근이다. 따라서 수 "$-4/3 \bmod 17$"은 합동방정식 $-3u \equiv 4 \pmod{17}$의 해이다. 우리는 합동방정식의 풀이법을 알고, 이 경우 그 답은 $u = 10$이다. 비슷한 방식으로 "$28/3 \bmod 17$"은 15이고, 따라서 두 점 $Q = (1, 8)$과 $P_3 = (4, 4)$를 지나는 직선의 방정식의 법 17에 대한 방정식은 $y = 10x + 15$가 된다. 이전과 같이 이 적선의 방정식을 E_3에 대입해서 풀면, 우리는 법 17에 대한 E_3의 새로운 해 $(14, 2)$를 얻게 된다.

점 Q와 P_2를 이용하여 같은 작업을 하면, 해 $(11, 9)$를 얻고, 점 Q와 P_4로부터는 새로운 해 $(15, 3)$을 얻는다. 결국, 하나의 해 Q로부터 시작해서, 네 개의 해를 더 찾기 위해 꼬임점 모임에 있는 네 개의 점을 이용할 수 있다.

이제 임의의 소수 p에 대해서 법 p에 대한 곡선 E_3을 생각해 보자. 이미 네 개의 점 P_1, P_2, P_3, P_4를 포함하고 있다. 법 p에 대한 E_3 위의 점 Q를 하나 찾을 때마다, 우리는 점 Q와 한 점 P_i를 잇는 직선 L_i를 그릴 수 있다. 각각의 직선 L_i는 E_3과 새로운 점 Q_i에서 만나게 된다. 이러한 방법으로, 우리는 점 Q로부터 네 개의 새로운 점 Q_1, Q_2, Q_3, Q_4를 얻을 수 있다. 즉, 법 p에 대한 곡선 E_3의 점은 네 개의 점 P_i들을 제외하면 다섯 개씩 묶음으로 나타나게 된다. 따라서

$$\left\{\begin{array}{l}\text{법 } p\text{에 대한 } E_3\\ \text{의 해의 개수}\end{array}\right\} = \left\{\begin{array}{l}\text{네 점}\\ P_1,\ P_2,\ P_3,\ P_4\end{array}\right\} + \left\{\begin{array}{l}\text{다섯 개의 점들로}\\ \text{구성된 묶음들}\end{array}\right\}$$

임을 알 수 있다. 그러므로, 법 p에 대한 E_3의 해의 총 개수는 5의 배수에 4를 더한 만큼이므로 $N_p \equiv 4 \pmod 5$가 성립한다. 이것은 2와 11을 제외한 모든 소수들에 대해서 성립한다. ($p = 2$와 $p = 11$인 경우에는, 5개 점 묶음 중 일부가 중복된 점을 가지고 있다.)

합동식 $N_p \equiv 4 \pmod 5$는 $a_p = 0$을 만족하는 소수들에 대한 관측 역시 설명해 준다. 그 이유를 알아보기 위해서 $a_p = 0$이라고 가정하자. 그러면

$$p = N_p \equiv 4 \pmod 5$$

가 성립한다. 더욱이 p는 홀수이므로, $p \equiv 9 \pmod{10}$이다. 따라서 $a_p = 0$이면 p는 법 10으로 9와 합동이다. 하지만, 법 10으로 9와 합동인 모든 소수에 대해서 $a_p = 0$이 성립한다는 것은 아니다. 이것이 타원곡선 E_1과 E_2에 대해서 얻었던 결과와 극명하게 대조되는 중요한 차이점이다.

지금까지의 논증은 만족스러웠지만 이러한 규칙성을 따르지 않는 소수 $p = 2$와 $p = 11$에 대해서는 아직 아는 것이 없다. 사실 2와 11은 타원곡선 $E_3 : y^2 = x^3 - 4x^2 + 16$에서는 특별한 소수이다. 이 소수들이 특별한 이유는 다항식 $x^3 - 4x^2 + 16$이 법 p에 대해서 중근 혹은 삼중근을 가지는 유한 소수이기 때문이다. 즉,

$$x^3 - 4x^2 + 16 \equiv x^3 \pmod 2 \quad x = 0\text{이 삼중근이고,}$$

$$x^3 - 4x^2 + 16 \equiv (x+1)^2(x+5) \pmod{11} \quad x = -1\text{이 중근이다.}$$

일반적으로, 타원곡선

$$E : y^2 = x^3 + ax^2 + bx + c$$

에 대해서, 다항식 $x^3 + ax^2 + bx + c$가 법 p에 대해서 중근 혹은 삼중근을 가지는 경우 이 소수 p를 타원곡선 E의 나쁜 소수(bad prime)라고 부른다. E에 대한 나쁜 소수를 찾는 것은 그리 어렵지 않다. 사실 우리는 나쁜 소수들이 E의 판별식(discriminant)

$$\Delta(E) = -4a^3c + a^2b^2 - 4b^3 - 27c^2 + 18abc$$

를 나누는 소수들과 정확히 일치한다는 것을 보일 수 있다.[1] 예를 들면 다음과 같다.

$$\Delta(E_1) = -7803 = -3^3 \cdot 17^2$$

$$\Delta(E_2) = -4 = -2^2$$

$$\Delta(E_3) = -2816 = -2^8 \cdot 11$$

연습문제

44.1. 타원곡선 E가 t개의 점 $P_1, P_2, \ldots, P_t$로 구성된 꼬임점 모임을 가지고 있다고 가정하자. 법 p에 대한 곡선 E의 해의 개수가

$$N_p \equiv t \pmod{t+1}$$

을 만족해야 하는 이유를 설명하여라.

44.2. 연습문제 42.2 (c)에서 우리는 타원곡선 $E : y^2 = x^3 - x$가 세 개의 점 $\{(0,0), (1,0), (-1,0)\}$으로 구성된 꼬임점 모임을 가지고 있음을 보였다.

(a) 소수 $p = 2, 3, 5, 7, 11$에 대해서 E의 법 p에 대한 해의 개수를 찾아라. 어떤 소수들이 $N_p \equiv 3 \pmod 4$를 만족하는가?

(b) 법 11에 대한 E의 해 중 꼬임점 모임에 들어가지 않는 해들을 찾아라. 그리고 꼬임점 모임의 점들을 지나는 직선을 사용하여 이 해들을 4개씩 묶어 보아라.

44.3. 이 연습문제에서는 나쁜 소수에 대해서 a_p의 값들을 조사하고자 한다.

(a) 다음 타원곡선들에 대해서 나쁜 소수를 찾아라.

(i) $E : y^2 = x^3 + x^2 - x + 2$

(ii) $E : y^2 = x^3 + 3x + 4$

(iii) $E : y^2 = x^3 + 2x^2 + x + 3$

(b) (a)에 주어진 각각의 곡선에 대해서 나쁜 소수 p에 대한 p-결함 a_p를 계산하여라.

---

[1] 여러 기술적인 이유들로 우리가 다루는 타원곡선에서는 소수 2가 항상 나쁜 소수이기 때문에, 나쁜 소수에 대한 이 설명에는 약간 문제가 있다. 그러나, xy항이나 y항을 포함하는 E의 방정식을 이용해서 나쁜 소수를 좋은 소수로 변환시킬 수 있는 경우도 있다.

(c) 나쁜 소수에 대한 p-결함과 함께 몇 개의 추가적인 타원곡선의 예들을 살펴보자.

E	$\Delta(E)$	나쁜 소수인 경우 a_p
$y^2 = x^3 + 2x + 3$	$-5^2 \cdot 11$	$a_5 = -1, \quad a_{11} = -1$
$y^2 = x^3 + x^2 + 2x + 3$	$-5^2 \cdot 7$	$a_5 = 0, \quad a_7 = 1$
$y^2 = x^3 + 5$	$-3^3 \cdot 5^2$	$a_3 = 0, \quad a_5 = 0$
$y^2 = x^3 + 2x^2 - 7x + 3$	$11 \cdot 43$	$a_{11} = -1, \quad a_{43} = 1$
$y^2 = x^3 + 21x^2 + 37x + 42$	$-31 \cdot 83 \cdot 239$	$a_{31} = -1, \quad a_{83} = 1,$ $a_{239} = -1$

나쁜 소수에 대한 p-결함은 찾기 쉬운 것부터 어려운 것까지 다양한 규칙성들이 보인다. 되도록 많은 규칙성에 대해서 설명하여라.

44.4. 이 연습문제에서 p는 3보다 큰 소수이다.

(a) 타원곡선 $y^2 = x^3 + p$에서 p가 나쁜 소수임을 보이고 a_p 값을 예상해 보아라. 당신의 추측이 맞다는 것을 증명하여라.

(b) 타원곡선 $y^2 = x^3 + x^2 + p$에서 p가 나쁜 소수임을 보이고 a_p 값을 예상해 보아라. 그 추측이 맞다는 것을 증명하여라.

(c) 타원곡선 $y^2 = x^3 - x^2 + p$에서 p가 나쁜 소수임을 보이고 a_p 값을 예상해 보아라. 그 추측이 맞다는 것을 증명하여라. [도움말. (c)번 문항에서 a_p의 값은 p에 의존하게 된다.]

제 45 장

결함의 상·하한과 모듈라 규칙성

43장과 44장에서는 법 p에 대한 타원곡선에 숨어 있는 놀라운 규칙성을 피상적으로나마 살펴보았다. 이번 장에서도 그러한 탐구를 이어갈 계획이다.

우리는 이미 타원곡선의 법 p에 대한 해의 개수 N_p가 p와 비슷할 수밖에 없는 이유를 배웠고, p-결함 $a_p = p - N_p$의 많은 규칙성들을 발견하였다. 그렇다면, 어떻게 "N_p가 p와 비슷하다"라는 것을 수치화할 수 있을까? "a_p가 매우 작아진다"[†]라고 말할 수도 있을 것이다. 그러나, 이는 얼마나 작아지는지라는 의문을 제기할 뿐이다. 43장에 있는 E_1, E_2, E_3에 대한 표를 살펴보면, p가 클 때, a_p가 꽤나 클 수도 있는 것처럼 보인다. 우리가 시도할 수 있는 것은 p와 a_p 사이의 상대적인 크기를 연구해 보는 것이다. 표 45.1에 특히 큰 경우의 소수들에 대해 E_3의 p-결함의 절대값을 기록하였다. 비교를 위해서, $\sqrt{p}$, $\sqrt[3]{p}$, $\log(p)$ 값도 나열하였다.

표 45.1을 살펴보면 a_p가 p에 비해 상당히 작다는 것은 확실하다. 하지만 a_p는 $\sqrt[3]{p}$와 $\log(p)$에 비해 훨씬 더 커질 수도 있다. 또한, a_p는 $\sqrt{p}$보다 커질 수 있지만, 표에서 확인할 수 있듯이 절대로 2배 이상은 아니다. 즉, $|a_p|$는 결코 $2\sqrt{p}$보다 크지 않아 보인다.

정리 45.1 (하세 정리)

(하세(H. Hasse), 1933) 타원곡선의 법 p에 대한 해의 개수를 N_p라고 하고, $a_p = p - N_p$를 p-결함이라고 하자. 그러면

$$|a_p| < 2\sqrt{p}$$

이다.

다른 말로 하면, 타원곡선의 법 p에 대한 해의 개수 N_p는 대략적으로 p와 같고, 그 오차는 $2\sqrt{p}$를 넘지 않는다. 이 아름다운 결과는 에밀 아틴에 의해서 1920년대에 추측되었고 1930년대에 헬무트 하세(Helmut Hasse)에 의하여 증명되었다. 일반화된 경우에 대해서는 앙드레 베유(André Weil)가 1940년대에 증명하였고, 이러한 결과는 1970년대에 피에르 들리뉴(Pierre Deligne)[†]에 의해서 더욱더 일반화되었다.

일반적인 타원곡선에 대한 하세 정리의 증명은 우리의 능력 밖이다. 하지만 방정식 $y^2 = x^3 + x$로 정의된 타원곡선 E_2에 대해서 하세 정리가 성립하는지는 설명할 수 있다.

[†]역자주: p가 무한대로 커짐에 따라

[†]수학계의 가장 권위 있는 상 중 하나인 아벨상을 2013년에 수상하였다.

a_p	p	$\sqrt{p}$	$\sqrt[3]{p}$	$\log(p)$
−30	239	15.45962	6.20582	2.37840
40	439	20.95233	7.60014	2.64246
44	593	24.35159	8.40140	2.77305
50	739	27.18455	9.04097	2.86864
53	797	28.23119	9.27156	2.90146
−52	827	28.75761	9.38646	2.91751
68	1327	36.42801	10.98897	3.12287
−72	1367	36.97296	11.09829	3.13577
−68	1381	37.16181	11.13605	3.14019
−70	1429	37.80212	11.26360	3.15503
−71	1453	38.11824	11.32631	3.16227
78	1627	40.33609	11.76149	3.21139
84	2053	45.31004	12.70953	3.31239
89	2083	45.63989	12.77114	3.31869
−86	2113	45.96738	12.83216	3.32490
−91	2143	46.29255	12.89261	3.33102
93	2267	47.61302	13.13663	3.35545
−98	2551	50.50743	13.66376	3.40671
−103	3221	56.75385	14.76829	3.50799
114	3733	61.09828	15.51265	3.57206
−123	4051	63.64747	15.94119	3.60756
129	4733	68.79680	16.78980	3.67514
−132	4817	69.40461	16.88854	3.68278
132	5081	71.28113	17.19160	3.70595
138	5407	73.53231	17.55168	3.73296
−146	5693	75.45197	17.85584	3.75534
−138	5711	75.57116	17.87464	3.75671
−147	6317	79.47956	18.48575	3.80051
−146	6373	79.83107	18.54021	3.80434
164	7043	83.92258	19.16840	3.84776
153	7187	84.77618	19.29816	3.85655
162	7211	84.91761	19.31962	3.85800

표 45.1. 곡선 $E_3 : y^2 = x^3 - 4x^2 + 16$에서 a_p의 큰 값들

43장에서 E_2의 결합이

$a_p = 0$ $\qquad p \equiv 3 \pmod 4$인 경우

$a_p = \pm 2A$ $\qquad p \equiv 1 \pmod 4$이고 $p = A^2 + B^2$인 경우

임을 보였다. 만약 $a_p = 0$이라면, 더 이상 생각해 볼 필요가 없다. 반면 $p \equiv 1 \pmod 4$인 경우라면,

$$|a_p| = 2A = 2\sqrt{p - B^2} < 2\sqrt{p}$$

이므로 하세 정리가 성립한다.

이제부터 설명할 a_p의 마지막 규칙성은 너무나도 상상 밖이어서 누군가 이 규칙성을 발견하였다는 사실에 여러분이 감탄할 수도 있겠다. 사실은 수학자들도 오랜 시간 동안 많은 증거들을 모으고 나서야 이 놀라운 모듈라 규칙성(modularity pattern)이 일반적으로 성립할지도 모른다고 믿기 시작하였다. 비록 여기서 모듈라 규칙성이 무엇인지 정확하게 설명할 수는 없지만, 우리의 대표적인 타원곡선

$$E_3 : y^2 = x^3 - 4x^2 + 16$$

을 살펴보면서 조금만 맛보도록 하자. 우리가 살펴볼 것은 다음의 곱

$$\begin{aligned}\Theta = T\big\{(1-T)(1-T^{11})\big\}^2\big\{(1-T^2)(1-T^{22})\big\}^2 \\ \times\big\{(1-T^3)(1-T^{33})\big\}^2\big\{(1-T^4)(1-T^{44})\big\}^2\cdots\end{aligned}$$

이다.

이 곱은 무한곱이지만, 처음 몇 개의 인수들을 곱해 보면, 처음 몇 개의 항들은 그 이후의 곱셈으로부터는 영향을 받지 않는다는 것을 알 수 있다. 예컨대, 우리가 $\big\{(1-T^{23})(1-T^{253})\big\}^2$까지의 모든 인수들을 곱하면,

$$\begin{aligned}\Theta = T - 2T^2 - T^3 + 2T^4 + T^5 + 2T^6 - 2T^7 - 2T^9 - 2T^{10} + T^{11} \\ - 2T^{12} + 4T^{13} + 4T^{14} - T^{15} - 4T^{16} - 2T^{17} + 4T^{18} \\ + 2T^{20} + 2T^{21} - 2T^{22} - T^{23} + \cdots\end{aligned}$$

을 얻고, 이 처음 23개의 항은 그 뒤의 인수들을 곱하더라도 변하지 않는다.

이쯤되면 아마 독자들은 이 곱셈 Θ가 타원곡선 E_3과 대체 무슨 관련이 있는지 의문을 가질 것이다. 그러한 의문에 답하기 위해서, 여기에 E_3의 p-결함을 23 이하의 소수에 대해서 다시 나열해 보겠다.

$$a_2 = 0, \quad a_3 = -1, \quad a_5 = 1, \quad a_7 = -2, \quad a_{11} = 1,$$

$$a_{13} = 4, \quad a_{17} = -2, \quad a_{19} = 0, \quad a_{23} = -1$$

a_2를 무시하면, a_p와 곱 Θ 사이의 관계가 보이는가? 곱 Θ를 합의 형태로 표현했을 때, T^p의 계수는 a_p와 같아 보인다. 놀랍게도 이러한 규칙성은 모든 소수에 대해서 성립한다.

정리 45.2 (E_3**에 대한 모듈라 정리)**

E_3을 타원곡선

$$E_3 : y^2 = x^3 - 4x^2 + 16$$

이라 하고 Θ를 곱

$$\Theta = T\{(1-T)(1-T^{11})\}^2\{(1-T^2)(1-T^{22})\}^2 \times \{(1-T^3)(1-T^{33})\}^2\{(1-T^4)(1-T^{44})\}^2 \cdots$$

이라고 하자. Θ를 전개한 후에 다음과 같이

$$\Theta = c_1T + c_2T^2 + c_3T^3 + c_4T^4 + c_5T^5 + \cdots$$

합의 형태로 나타낸다. 그러면 $p \geq 3$인 모든 소수에 대해서, E_3의 p-결함 a_p는 c_p와 같다.

1950년대에, 타니야마 유타카(谷山豊, Yutaka Taniyama)는 모듈라 규칙성에 대한 놀라운 추측을 만들었고 1960년대에 시무라 고로(志寸五郎, Goro Shimura)는 타니야마(Taniyama)[†]의 추측을 모든 타원곡선은 모듈라 규칙성을 가져야 한다는 추측으로 확장하였다. 이후 앙드레 베유가 역 정리(Converse Theorem)[‡]를 증명하여 시무라와 타니야마의 추측이 널리 믿어지게 되었다.

추측 45.3 (모듈라 추측(Modularity Conjecture))

(시무라–타니야마 추측) 모든 타원곡선 E는 모듈라이다. 즉, E의 p-결함은 모듈라 규칙성을 가진다.

타원곡선 E의 p-결함이 "모듈라 규칙성을 가진다"라는 것이 무엇을 의미하는가? 그것은 어떠한 급수

$$\Theta = c_1T + c_2T^2 + c_3T^3 + c_4T^4 + c_5T^5 + \cdots$$

가 존재하여, 계수 c_p가 E의 p-결함과 (대부분의) 소수에서 일치하는 동시에 Θ가 특정한 종류의 멋진 (그러나 여기서 설명하기에는 너무나 복잡한) 변환 공식을 만족한다는 뜻이다.[1] 엄밀하게

[†]영어권 독자에게는 덜 익숙한 일본 성명 발음을 알려주기 위해 원저자는 음절별로 하이픈을 추가해 두었다. 역자들을 위해 유럽 수학자들에게도 같은 표기를 해주었으면 더 좋았을 것을.

[‡]모듈라 규칙성을 가지는 수열을 이용해서 L-급수를 만들면 특정한 형태의 함수방정식(functional equation)을 만족하게 된다. 베유의 역 정리는 반대로 어떠한 L-급수가 특정한 형태의 함수방정식을 만족하면 L-급수가 모듈라 규칙성을 가지는 수열로부터 만들어졌다는 것을 말해 준다.

[1]복소함수론을 수강한 독자들을 위해서, 여기에 모듈라 조건의 중요한 부분을 소개한다. Θ를 T의 함수로 생각하고, $f(z) = \Theta(e^{2\pi iz})$라고 하자. 그러면 고정된 정수 $N \geq 1$이 주어졌을 때, $AD - BCN = 1$을 만족하는 정수 A, B, C, D들에 대해서, 함수 $f(z)$가

설명하지는 못했지만, E_3와 이에 대응하는 Θ에 대한 관계를 살펴본 것이 모듈라 규칙성이 무엇을 의미하는지에 대한 느낌은 주었기를 바란다.†

연습문제

45.1. 이 연습문제에서는 E_3에 대한 모듈라 정리에서 설명한 곱 Θ의 계수들에 대한 또 다른 규칙성을 찾아보게 될 것이다. 만약 Θ를

$$\Theta = c_1T + c_2T^2 + c_3T^3 + c_4T^4 + c_5T^5 + \cdots$$

과 같이 급수의 형태로 나타내면, 모듈라 정리는 3 이상의 소수 p에 대해서 p번째 계수 c_p가 E_3의 p-결함과 같다는 것을 알려준다. Θ의 계수 c_n을 100 이하의 모든 n에 대해서 나열한 다음의 표를 이용하여 다음 질문에 답하여라.

(a) $\gcd(m,n) = 1$일 때, c_m, c_n, c_{mn} 사이의 관계식을 찾아보아라.

(b) 소수 p에 대해서 c_p와 c_{p^2} 사이의 관계를 찾아보아라. $p \le 37$인 경우 c_{p^2}의 값이 도움이 될 것이다.

$$c_{2^2} = 2, \quad c_{3^2} = -2, \quad c_{5^2} = -4, \quad c_{7^2} = -3,$$
$$c_{11^2} = 1, \quad c_{13^2} = 3, \quad c_{17^2} = -13, \quad c_{19^2} = -19,$$
$$c_{23^2} = -22, \quad c_{29^2} = -29, \quad c_{31^2} = 18, \quad c_{37^2} = -28$$

[도움말. 소수 $p = 11$은 E_3의 나쁜 소수이다. 따라서 c_{11^2}을 예외적인 상황으로 생각해서 무시해도 좋다!]

n	1	2	3	4	5	6	7	8	9	10	11	12	13	14	15	16	17
c_n	1	−2	−1	2	1	2	−2	0	−2	−2	1	−2	4	4	−1	−4	−2
n	18	19	20	21	22	23	24	25	26	27	28	29	30	31	32	33	34
c_n	4	0	2	2	−2	−1	0	−4	−8	5	−4	0	2	7	8	−1	4
n	35	36	37	38	39	40	41	42	43	44	45	46	47	48	49	50	51
c_n	−2	−4	3	0	−4	0	−8	−4	−6	2	−2	2	8	4	−3	8	2
n	52	53	54	55	56	57	58	59	60	61	62	63	64	65	66	67	68
c_n	8	−6	−10	1	0	0	0	5	−2	12	−14	4	−8	4	2	−7	−4
n	69	70	71	72	73	74	75	76	77	78	79	80	81	82	83	84	85
c_n	1	4	−3	0	4	−6	4	0	−2	8	−10	−4	1	16	−6	4	−2
n	86	87	88	89	90	91	92	93	94	95	96	97	98	99	100		
c_n	12	0	0	15	4	−8	−2	−7	−16	0	−8	−7	6	−2	−8		

$$f\left(\frac{Az+B}{CNz+D}\right) = (CNz+D)^2 f(z)$$

인 관계식을 모든 복소수 $z = x + iy$ (단, $y > 0$)에 대해서 만족한다.

†언젠가 독자들이 내공을 쌓아서, "그거 설명 제가 할게요. 느낌 아니까!"라고 말하기를 바란다.

(c) p가 소수일 때 c_{p^k} 사이의 관계를 찾아서 (b)를 일반화하여라. $1 \le k \le 8$이고 $p = 3$과 5일 때 c_{p^k} 값들이 도움이 될 것이다.

$$\begin{array}{llll} c_{3^1} = -1, & c_{3^2} = -2, & c_{3^3} = 5, & c_{3^4} = 1, \\ c_{3^5} = -16, & c_{3^6} = 13, & c_{3^7} = 35, & c_{3^8} = -74, \\ c_{5^1} = 1, & c_{5^2} = -4, & c_{5^3} = -9, & c_{5^4} = 11, \\ c_{5^5} = 56, & c_{5^6} = 1, & c_{5^7} = -279, & c_{5^8} = -284 \end{array}$$

(d) 발견한 관계식을 이용해서 다음 c_m 값들을 계산하여라.

(i) c_{400} (ii) c_{289} (iii) c_{1521} (iv) c_{16807}

45.2. 이 연습문제에서는 타원곡선

$$E : y^2 = x^3 + 1$$

의 모듈라 규칙성을 찾아보자. E의 p-결함은 연습문제 43.5에 주어져 있다. 곱

$$\Theta = T(1 - T^k)^4(1 - T^{2k})^4(1 - T^{3k})^4(1 - T^{4k})^4 \cdots$$

을 이용하자.

(a) Θ의 첫 몇 개의 인수들을 곱해서

$$\Theta = c_1T + c_2T^2 + c_3T^3 + c_4T^4 + c_5T^5 + c_6T^6 + \cdots$$

을 얻어라. 어떤 k값들이 c_p와 E의 a_p값을 같게 만드는지 추측해 보아라.

(b) 당신이 선택한 k값들을 사용해서 $c_1, c_2, \ldots, c_{18}$의 값을 계산해 보아라.

(c) 컴퓨터를 이용하여 $c_1, c_2, \ldots, c_{100}$의 값들을 계산해 보아라. c_{91}이 c_7, c_{13}과 무슨 관계가 있는가? c_{49}와 c_7 사이에는 어떠한 관계가 있는가? 추측을 만들어 보아라.

45.3. 곱

$$f(X) = (1 - X)(1 - X^2)(1 - X^3)(1 - X^4)(1 - X^5) \cdots$$

은 모듈라 규칙성을 살펴보는 데 유용하다. 예컨대, 타원곡선 E_3의 모듈라 규칙성은 $\Theta = T \cdot f(T)^2 \cdot f(T^{11})^2$과 같이 주어진다. 이제 타원곡선

$$y^2 = x^3 - x^2 - 4x + 4$$

를 고려하자. 이 타원곡선의 모듈라 규칙성은 특정한 자연수 j, k, m, n에 대해서

$$\Theta = T \cdot f(T^j) \cdot f(T^k) \cdot f(T^m) \cdot f(T^n)$$

과 같이 주어진다. 데이타들을 모은 후 j, k, m, n값을 추측해 보아라. (이 문제를 위해서는 컴퓨터가 필요할지도 모른다.)

제 **46** 장

타원곡선과 페르마의 마지막 정리

페르마의 마지막 정리는 $n \geq 3$이면 디오판토스 방정식

$$A^n + B^n = C^n$$

에 대해서 $ABC \neq 0$인 정수해는 없다는 것이다. 30장에서 $n = 4$인 경우는 증명한 바 있다. 우리는 또한 $p \mid n$이고 ($n = pm$와 같이 표기하자.) $A^n + B^n = C^n$이 성립한다면

$$(A^m)^p + (B^m)^p = (C^m)^p$$

이다. 따라서 페르마 방정식이 소수 지수에 대해서 해가 존재하지 않는다면, 이 방정식은 지수가 합성수인 경우 역시 해를 가지지 않는다.

4장에서 페르마의 마지막 정리의 역사에 대해서 간략하게 살펴본 바 있다. 1980년대 이전까지 얻어진 대부분의 성과들은 하나 혹은 그 이상의 인수분해 방법에 기반을 두고 있다고 말해도 과언이 아니다. 1986년에 게르하르트 프라이(Gerhard Frey)는 문제 해결을 위한 새로운 돌파구인 페르마의 마지막 정리와 타원곡선 사이의 관계를 발표하였다.

프라이의 아이디어는 (A, B, C)가 페르마 방정식의 해일 때, 타원곡선

$$E_{A,B} : y^2 = x(x + A^p)(x - B^p)$$

을 살펴보는 것이다. 이 타원곡선은 그를 기리기 위하여 프라이 곡선(Frey curve)이라고 불린다. 프라이 곡선의 판별식은

$$\Delta(E_{A,B}) = A^{2p}B^{2p}(A^p + B^p)^2 = (ABC)^{2p}$$

$2p$-거듭제곱이다. 이는 잘 봐주려 해도 약간 비정상적인 결과이다. 사실, 이는 매우 비현실적이어서 프라이는 이러한 곡선이 존재하지 않는다고 추측하였다. 좀 더 정확히 이야기하면, 그는 $E_{A,B}$가 너무나도 이상해서 p-결합이 모듈라 규칙성을 가질 수 없다고 추측하였다. 장피에르 세르는 프라이의 추측을 보다 세련된 형태로 다듬었고, 1986년에 켄 리벳은 페르마의 방정식의 해를 이용해 만들어진 프라이 곡선이 실제로 모듈라 추측(Modularity Conjecture)을 위반한다는 것을 증명하였다. 다시 말하자면, 리벳은 만약 $ABC \neq 0$이면서 $A^p + B^p = C^p$이라면, 프라이 곡선 $E_{A,B}$ 는 모듈라가 아님을 보였다.

리벳의 성과에 고무된 앤드루 와일스(Andrew Wiles)는 모든 (적어도 대부분의) 타원곡선이 모듈라 규칙성을 가진다는 것을 증명하는 데 6년을 바쳤다. 결국, 그는 모든 반안정(semistable)

타원곡선은 모듈라 규칙성을 가진다는 것을 증명하였고, 프라이 곡선이 반안정이라는 사실로 알려져 있었기 때문에 그의 결과는 페르마의 마지막 정리를 증명하기에 충분했다.[1] 이제 우리는 아래와 같이 페르마의 정리를 증명할 수 있다.

페르마의 마지막 정리의 간략한 증명

(1) p가 3 이상의 소수라고 하고 0이 아닌 정수 A, B, C가 방정식 $A^p + B^p = C^p$을 만족한다고 하자. (단, $\gcd(A, B, C) = 1$)
(2) $E_{A,B}$를 프라이 곡선 $y^2 = x(x + A^p)(x - B^p)$이라고 하자.
(3) 와일스의 정리는 $E_{A,B}$가 모듈라임을 알려준다. 즉, p-결함 a_p가 모듈라 규칙성을 따른다.
(4) 리벳의 정리는 $E_{A,B}$가 너무 이상해서 모듈라가 아니라는 것을 알려준다.
(5) 이러한 모순으로부터 벗어나는 유일한 방법은 방정식 $A^p + B^p = C^p$가 0이 아닌 정수해를 가지지 않는다는 것이다. □

수학에서 가장 유명한 문제의 성공적인 풀이를 제시한 이 시점에서 우리는 수론의 일곱 개의 바다[†]를 넘나든 우리의 항해를 마치고자 한다. 필자가 안내하면서 즐거웠던 만큼[‡] 독자들 역시 즐거운 여행이었기를 바란다. 또한 이 아름다운 주제를 경배하고 또 좋아하게 되었기를 바란다. 무엇보다도 필자는 독자들이 이미 발견된 놀라운 보물들 외에도, 통찰력과 인내를 가지고 수평선 넘어 미지의 세계로 항해해 올 사람을 기다리고 있는 더욱 놀라운 보물들로 가득찬 생생한 학문으로서 수학을 느꼈기를 바란다.

---

[1] 타원곡선이 만약 모든 3 이상의 나쁜 소수들에 대해서 p-결함 a_p가 ± 1이면 반안정적이라고 말한다. 만약 소수 $p = 2$가 나쁜 소수인 경우에는 더 복잡한 조건이 필요하다. 그러나 다행히도 프라이 곡선에서는 2가 좋은 소수가 되도록 변형할 수 있다.

[†] 전 세계를 지칭하는 관용구. KOEI사의 명작 게임 대항해시대 4의 부제이기도 하다.

[‡] 역자가 고생한 만큼

제 **47** 장

떼굴떼굴† 연분수의 세상

어느날 밤, 무방비 상태에서, 잠들었네 – 무슨 꿈을 꾸었을 것 같아?
나는 어쩌다보니, 반전의 왕국에 살게 되어버린 꿈을 꾸었어.
그곳에선 아기들이, 놀랍게도, 날 때부터 눈부시게 지혜롭고
입으로는 과학을 , 손으로는 예술을
유모들이 아기들을 추슬러 달래면 아기들은 이항정리를 울부짖네
(내겐 이상하게 보이지만) 미적분학의 관점에서.
아기들이지만, 말한것처럼 머릿속에 배움이 있네
하지만 잊어야 하네, 할 수 있다면, 어른이라 불리기 전에.
W.S. Gilbert, My Dream, 1870 (one of the Bab Ballads).

유명한 수 π는 끝없이 이어지는 순환하지 않는 무한소수로 표현된다.

$$\pi = 3.14159265358979323846264 33\ldots$$

만일 뒷 부분을 생략하여 정확도를 희생한다면,

$$\pi = 3 + \text{“약간 더”}$$

라고 할 수 있다. “약간 더”는 0과 1 사이의 수이다. 길버트의 조언을 받아들여 “약간 더”를 굴려보자. 작은 수 $0.14159\ldots$를 뒤집으면†, 1보다 큰 수가 된다.

$$\begin{aligned}
\pi &= 3 + 0.14159265358979323846264 33\ldots \\
&= 3 + \cfrac{1}{\cfrac{1}{0.14159265358979323846264 33\ldots}} \\
&= 3 + \frac{1}{7.0625133059310457697930051\ldots} \\
&= 3 + \frac{1}{7 + 0.0625133059310457697930051\ldots}
\end{aligned}$$

† 원문은 ‘Topsy-Turvy’, 위아래가 뒤집힌 뒤죽박죽인 상태를 의미하는 단어이며, 아래의 노래가 등장하는 영국 영화 제목이기도 하다.

† 역수를 취하면

$$= 3 + \cfrac{1}{7 + \text{“조금 더”}}$$

마지막 식의 “조금 더”를 생략한다면, 우리는 π가 대략 $3 + \frac{1}{7}$, 다시 말해 $\frac{22}{7}$와 비슷하다는 것을 알 수 있다. 고등학교에서 $\frac{22}{7}$가 π에 대한 꽤 좋은 근삿값임을 배웠을지도 모르겠다.[‡]

이 과정을 반복해 보자. 마지막 식의 “조금 더”를 뒤집으면, 다음과 같다.

$$0.0625133059310457697930051\ldots = \cfrac{1}{\cfrac{1}{0.0625133059310457697930051\ldots}}$$

$$= \frac{1}{15.9965944066857198889230 60\ldots}$$

이 결과를 이전의 식에 대입하면, 다음과 같은 이단분수(double-decker fraction)를 얻는다.

$$\pi = 3 + \cfrac{1}{7 + \cfrac{1}{15 + 0.9965944066857198889230 60\ldots}}$$

주어진 이단분수의 아랫 부분은 $15.99659\ldots$으로, 16에 매우 가깝다. 이를 16으로 바꾸면, π에 가까운 유리수

$$3 + \cfrac{1}{7 + \cfrac{1}{16}} = \frac{355}{113} = 3.14159292035398230088495 57\ldots$$

을 얻는다. 유리수 $\frac{355}{113}$는 π와 소숫점 아래 여섯 번째 자리까지 일치한다.

이 재미난 방법을 반복하면, 우리는

$$0.9965944066857198889230 60\ldots = \frac{1}{1.0034172310133726034641468\ldots}$$

를 계산하여 다음 삼단분수를 얻을 수 있고,

$$\pi = 3 + \cfrac{1}{7 + \cfrac{1}{15 + \cfrac{1}{1 + 0.0034172310133726034641468\ldots}}}$$

그리고

$$0.0034172310133726034641468\ldots = \frac{1}{292.6345910143954723785717 7\ldots}$$

[‡]미국에서는 배울지도 모르겠다.

을 계산하여 위의 분수에 한 단을 더 추가할 수 있다.

$$\pi = 3 + \cfrac{1}{7 + \cfrac{1}{15 + \cfrac{1}{1 + \cfrac{1}{292 + 0.63459101439547237857177\ldots}}}}$$

이제, 마지막 분모를 293으로 반올림하고 무슨 일이 벌어지는지 살펴 보자. 우리는 유리수

$$3 + \cfrac{1}{7 + \cfrac{1}{15 + \cfrac{1}{1 + \cfrac{1}{293}}}} = \frac{104348}{33215} = 3.14159265392142104470871159\cdots$$

를 얻는다. 분수 $\frac{104348}{33215}$ 는 π와 소숫점 아래 아홉 번째 자리까지 일치한다.

소숫점 아래 아홉자리까지 맞추는 것이 대체 얼마나 정확한 것일까? 지구로부터 태양까지의 거리를 약 145,000,000킬로미터라고 가정하고, 지구의 공전 궤도의 길이를 다음 공식[1]을 이용하여 계산해 보자.

$$\text{원주} = 2 \times \pi \times \text{반지름}$$

이때 원주율 π 대신 $\frac{104348}{33215}$ 를 사용할 때 발생하는 원주의 오차는 100미터보다 약간 작다. 따라서 우리가 지구와 태양까지의 거리를 0.1킬로미터 이내의 오차로 잴 수 없다면, 근삿값 $\pi \approx \frac{104348}{33215}$ 을 써도 좋다.

이렇게 반전을 거듭하는 다단분수는 이름을 가지고 있다.[†] 우리는 이를

연분수(Continued Fraction)

라고 부른다. 우리는 임의의 수를, 역수를 취하고 정수 부분을 분리하는 과정을 반복하여 연분수로 표현할 수 있다. 그림 47.1에는 2의 세제곱근을 연분수로 표현하는 계산의 처음 몇 단계가 상세하게 설명되어 있다.

---

[1] 네네, 지구의 공전궤도는 원이 아니고 타원이죠. 우리는 그냥 반지름이 약 145,000,000킬로미터인 가상의 원의 둘레를 계산하고 있는 겁니다.

[†] 무한 다단분수는 이름이 다 있구나! 네가 자랑스럽다.

$$
\begin{aligned}
\sqrt[3]{2} &= 1.259921\ldots \\
&= 1 + \cfrac{1}{3.847322\ldots} \\
&= 1 + \cfrac{1}{3 + \cfrac{1}{1.180189\ldots}} \\
&= 1 + \cfrac{1}{3 + \cfrac{1}{1 + \cfrac{1}{5.549736\ldots}}} \\
&= 1 + \cfrac{1}{3 + \cfrac{1}{1 + \cfrac{1}{5 + \cfrac{1}{1.819053\ldots}}}} \\
&= 1 + \cfrac{1}{3 + \cfrac{1}{1 + \cfrac{1}{5 + \cfrac{1}{1 + \cfrac{1}{1.220922\ldots}}}}} \\
&= 1 + \cfrac{1}{3 + \cfrac{1}{1 + \cfrac{1}{5 + \cfrac{1}{1 + \cfrac{1}{1 + \cfrac{1}{4.526491\ldots}}}}}}
\end{aligned}
$$

그림 47.1. $\sqrt[3]{2}$의 연분수 전개

이와 비슷한 방법으로, 우리는 $\sqrt{2}$의 연분수 표현

$$\sqrt{2} = 1 + \cfrac{1}{2 + \cfrac{1}{2 + \cfrac{1}{2 + \cfrac{1}{2 + \cfrac{1}{\ddots}}}}}$$

과 자연상수 $e = 2.7182818\ldots$ (자연로그의 밑)의 연분수 표현

$$e = 2 + \cfrac{1}{1 + \cfrac{1}{2 + \cfrac{1}{1 + \cfrac{1}{1 + \cfrac{1}{4 + \cfrac{1}{1 + \cfrac{1}{1 + \cfrac{1}{6 + \cfrac{1}{1 + \cfrac{1}{1 + \cfrac{1}{8 + \cfrac{1}{\ddots}}}}}}}}}}}}$$

을 계산할 수 있다.

연분수가 오른쪽 아래로 이어지는 형태가 시각적으로는 인상깊지만 이렇게 쓰는 것은 많은 지면과 잉크가 필요하다. 보다 편리하게 연분수를 표현하는 방법이 있어야만 할 것 같다. 분자는 항상 1이니 우리는 분모의 목록만 잘 기록하면 될 것이다. 우리는

$$a_0 + \cfrac{1}{a_1 + \cfrac{1}{a_2 + \cfrac{1}{a_3 + \cfrac{1}{a_4 + \cfrac{1}{a_5 + \cfrac{1}{a_6 + \cfrac{1}{\ddots}}}}}}}$$

을

$$[a_0, a_1, a_2, a_3, a_4, \ldots]$$

로 줄여서 쓸 것이다. 새로운 표현법을 사용하면, 우리가 이전에 썼던 연분수 표현을 (이전보다 조금 더 전개해서) 다음과 같이 이어서 쓸 수 있다.

$$\pi = [3, 7, 15, 1, 292, 1, 1, 1, 2, 1, 3, 1, 14, 2, 1, 1, 2, \ldots]$$

$$\sqrt[3]{2} = [1, 3, 1, 5, 1, 1, 4, 1, 1, 8, 1, 14, 1, 10, 2, 1, 4, 12, 2, 3, 2, \ldots]$$

$$\sqrt{2} = [1, 2, 2, 2, 2, 2, 2, 2, 2, 2, 2, 2, 2, 2, 2, 2, 2, 2, 2, 2, 2, \ldots]$$

$$e = [2, 1, 2, 1, 1, 4, 1, 1, 6, 1, 1, 8, 1, 1, 10, 1, 1, 12, 1, 1, 14, \ldots]$$

연분수의 여러 예를 살펴봤으니, 이제 일반적인 이론을 다룰 때가 되었다. 만일 실수 α를 연분수 표현

$$\alpha = [a_0, a_1, a_2, a_3, \ldots]$$

으로 쓸 수 있다면 우리는 앞의 일부분만 남기고 뒷 부분을 잘라낸 것이 α와 매우 가까운 유리수가 되는 것을 살펴본 바 있다. α로의 n번째 근사분수(convergent)는 a_n까지 이용하여 얻어지는 유리수

$$\frac{p_n}{q_n} = [a_0, a_1, \ldots, a_n] = a_0 + \cfrac{1}{a_1 + \cfrac{1}{a_2 + \cfrac{1}{\ddots + \cfrac{1}{a_n}}}}$$

이다. 예를 들어, $\sqrt{2}$의 처음 몇 근사분수는 다음과 같다.

$$\frac{p_0}{q_0} = 1$$

$$\frac{p_1}{q_1} = 1 + \frac{1}{2} = \frac{3}{2}$$

$$\frac{p_2}{q_2} = 1 + \cfrac{1}{2 + \cfrac{1}{2}} = 1 + \frac{2}{5} = \frac{7}{5}$$

$$\frac{p_3}{q_3} = 1 + \cfrac{1}{2 + \cfrac{1}{2 + \cfrac{1}{2}}} = 1 + \cfrac{1}{2 + \cfrac{2}{5}} = 1 + \frac{5}{12} = \frac{17}{12}$$

더 많은 $\sqrt{2}$의 근사분수는 표 47.1에서 확인할 수 있다.

$\sqrt{2}$의 근사분수 목록을 뚫어져라 본다고 특별한 영감이 생기는 건 아니지만, 어떻게 이전 근사분수로부터 다음 근사분수가 만들어지는지 확인해 보는 것이 유용하다. 이 작업은 특정한

n	0	1	2	3	4	5	6	7	8	9	10
$\frac{p_n}{q_n}$	$\frac{1}{1}$	$\frac{3}{2}$	$\frac{7}{5}$	$\frac{17}{12}$	$\frac{41}{29}$	$\frac{99}{70}$	$\frac{239}{169}$	$\frac{577}{408}$	$\frac{1393}{985}$	$\frac{3363}{2378}$	$\frac{8119}{5741}$

표 47.1. $\sqrt{2}$로의 근사분수

예를 보는 것보다 일반적인 기호를 사용하여 패턴을 확인하는 것이 쉽다.

$$\begin{aligned}
\frac{p_0}{q_0} &= \frac{a_0}{1} \\
\frac{p_1}{q_1} &= \frac{a_1a_0+1}{a_1} \\
\frac{p_2}{q_2} &= \frac{a_2a_1a_0+a_2+a_0}{a_2a_1+1} \\
\frac{p_3}{q_3} &= \frac{a_3a_2a_1a_0+a_3a_2+a_3a_0+a_1a_0+1}{a_3a_2a_1+a_3+a_1}
\end{aligned}$$

잠시 분자 $p_0, p_1, p_2, \ldots$ 에 집중해보자. 표 47.2에는 $p_0, p_1, p_2, p_3, p_4, p_5$ 의 값을 확인할 수 있다.

n	p_n
p_0	a_0
p_1	a_1a_0+1
p_2	$a_2a_1a_0+a_2+a_0$
p_3	$a_3a_2a_1a_0+a_3a_2+a_3a_0+a_1a_0+1$
p_4	$a_4a_3a_2a_1a_0+a_4a_3a_2+a_4a_3a_0+a_4a_1a_0+a_2a_1a_0+a_4+a_2+a_0$
p_5	$a_5a_4a_3a_2a_1a_0+a_5a_4a_3a_2+a_5a_4a_3a_0+a_5a_4a_1a_0+a_5a_2a_1a_0$ $+a_3a_2a_1a_0+a_5a_4+a_5a_2+a_3a_2+a_5a_0+a_3a_0+a_1a_0+1$

표 47.2. 연분수 $[a_0, a_1, \ldots, a_n]$의 분자

표 47.2의 식들은 처음 봤을 때는 끔찍하게 복잡해 보인다. 하지만, p_0가 p_2의 제일 끝에 나타나고, p_1이 p_3의 끝에 나타나고, p_2가 p_4의 제일 끝에 나타나고, p_3가 p_5의 끝에 나타난다는 것을 눈치챘을지도 모르겠다. 다시 말해, p_n은 p_{n-2} 더하기 "조금 더"인 것 같다. 여기 "조금 더"의 목록이 있다.

$$\begin{aligned}
p_2 - p_0 &= a_2a_1a_0 + a_2 \\
&= a_2(a_1a_0+1) \\
p_3 - p_1 &= a_3a_2a_1a_0 + a_3a_2 + a_3a_0 \\
&= a_3(a_2a_1a_0 + a_2 + a_0) \\
p_4 - p_2 &= a_4a_3a_2a_1a_0 + a_4a_3a_2 + a_4a_3a_0 + a_4a_1a_0 + a_4
\end{aligned}$$

$$= a_4(a_3a_2a_1a_0 + a_3a_2 + a_3a_0 + a_1a_0 + 1)$$

표 47.2를 다시 찾아 보면, $p_n - p_{n-2}$에 대한 "조금 더"는 단순히 a_n과 p_{n-1}의 곱 같다. 우리는 이 관찰 결과를 다음 식으로 표현할 수 있다.

$$p_n = a_np_{n-1} + p_{n-2}$$

이것은 점화식의 한 예인데, 귀납적으로 $p_0, p_1, p_2, \ldots$의 값을 이전 값을 이용하여 차례대로 찾아준다. 이 식은 39장[2]에서 조사하였던 피보나치 수열의 점화식과 유사하다. 물론, 이 점화식을 사용하기 위해서는 2개의 시작값이 필요하다.

$$p_0 = a_0 \qquad \text{과} \qquad p_1 = a_1a_0 + 1$$

분모 $q_0, q_1, q_2, \ldots$도 비슷한 방식으로 조사하면 유사한 점화관계를 발견할 수 있다. 실제로, 표 47.2와 비슷하게 $q_0, q_1, q_2, \ldots$에 대한 표를 만들면, 독자는 $q_0, q_1, q_2, \ldots$가 만족하는 점화식이 $p_0, p_1, p_2, \ldots$가 만족하는 점화식과 정확히 같다는 것을 알 수 있다. 단지 $q_0, q_1, q_2, \ldots$이 다른 시작값 q_0과 q_1을 사용한다. 우리는 이 조사 결과를 중요한 정리로 요약한다.

정리 47.1 (연분수 점화식)

다음 식

$$\frac{p_n}{q_n} = [a_0, a_1, \ldots, a_n] = a_0 + \cfrac{1}{a_1 + \cfrac{1}{a_2 + \cfrac{1}{\ddots + \cfrac{1}{a_n}}}}$$

에서 $a_0, a_1, a_2, \ldots$이 특정 상수라고 생각하는 대신, 변수라고 가정하자. 그러면 분자 $p_0, p_1, p_2, \ldots$는

$$p_0 = a_0, \qquad p_1 = a_1a_0 + 1, \qquad p_n = a_np_{n-1} + p_{n-2} \quad (n \geq 2)$$

로 귀납적으로 정의된다. 또한 분모 $q_0, q_1, q_2, \ldots$도

$$q_0 = 1, \qquad q_1 = a_1, \qquad q_n = a_nq_{n-1} + q_{n-2} \quad (n \geq 2)$$

로 귀납적으로 정의된다.

증명 점화식으로 정의된 수열의 성질을 증명하는 경우 수학적 귀납법이 보통 제일 쉽다. 귀납법을 사용하기 위해, 우리는 시작 조건

$$\frac{p_0}{q_0} = [a_0] \qquad \text{그리고} \qquad \frac{p_1}{q_1} = [a_0, a_1]$$

---

[2]실제로 만일 모든 a_n의 값이 1과 같다면, 수열 p_n은 정확히 피보나치 수열이다. 독자는 연습문제 47.8을 통해 연분수와 피보나치 수열 사이의 관계에 대해 학습할 수 있을 것이다.

을 확인하여야 한다. $p_0 = a_0$과 $q_0 = 1$이 주어져 있으므로, 첫 식 $p_0/q_0 = a_0$이 성립한다. 비슷하게 $p_1 = a_1a_0 + 1$과 $q_1 = a_1$이 주어져 있으므로

$$[a_0, a_1] = a_0 + \frac{1}{a_1} = \frac{a_1a_0 + 1}{a_1} = \frac{p_1}{q_1}$$

이 성립하여 두 번째 식을 확인할 수 있다.

이제 $n = N$일 때 정리가 성립함을 가정하고, 이 가정을 사용하여 $n = N + 1$일 때에도 성립함을 증명하자. 주목할 점은 연분수

$$[a_0, a_1, a_2, \ldots, a_N, a_{N+1}]$$

의 마지막 두 항을 합치면 항이 하나 더 적은 연분수로 쓸 수 있다는 점이다.[3]

$$[a_0, a_1, a_2, \ldots, a_N, a_{N+1}] = \left[a_0, a_1, a_2, \ldots, a_N + \frac{1}{a_{N+1}}\right]$$

간단한 표현을 위해, 우변의 연분수를 다른 문자로 표기하자.

$$[b_0, b_1, \ldots, b_N]$$

$$\text{단,}\quad b_0 = a_0, \quad b_1 = a_1, \ldots, b_{N-1} = a_{N-1}, \quad b_N = a_N + \frac{1}{a_{N+1}}$$

연분수 $[b_0, b_1, \ldots, b_N]$은 연분수 $[a_0, a_1, \ldots, a_{N+1}]$보다 항이 하나 적음에 주목하면, 귀납법 가정이 $[b_0, b_1, \ldots, b_N]$에 대해 성립한다. 혼동되지 않도록 연분수 $[b_0, b_1, \ldots, b_N]$의 근사분수를 P_n/Q_n로 표기하도록 하자. 그러면 귀납법 가정에 의해 P_n/Q_n은 다음 점화식을 만족한다.

$$P_n = b_nP_{n-1} + P_{n-2}, \qquad Q_n = b_nQ_{n-1} + Q_{n-2} \qquad (2 \le n \le N)$$

따라서 다음이 성립한다.

$$[b_0, b_1, \ldots, b_N] = \frac{P_N}{Q_N} = \frac{b_NP_{N-1} + P_{N-2}}{b_NQ_{N-1} + Q_{N-2}} \tag{$*$}$$

$[a_0, a_1, \ldots, a_{N+1}]$의 근사분수와 $[b_0, b_1, \ldots, b_N]$의 근사분수는 어떤 관계가 있는가? $0 \le n \le N - 1$에 대해 $b_n = a_n$이므로, $0 \le n \le N - 1$일 때의 n번째 근사분수는 같다. 이는 식 $(*)$에 다음과 같이 대입할 수 있음을 의미한다.

$$P_{N-1} = p_{N-1}, \quad P_{N-2} = p_{N-2}, \quad Q_{N-1} = q_{N-1}, \quad Q_{N-2} = q_{N-2}$$

---

[3]마지막의 복잡한 항에 현혹되지 말자. 만일 전체를 분수로 쓰는 걸 생각해 보면, 양변이 같음을 바로 알 수 있다. 만일 아직 확신이 들지 않으면, $N = 2$, $N = 3$인 경우에 대해 확인해 보라.

이제

$$[b_0, b_1, \ldots, b_N] = [a_0, a_1, \ldots, a_{N+1}], \qquad b_N = a_N + \frac{1}{a_{N+1}}$$

이므로, 우리는 다음을 얻을 수 있다.

$$\begin{aligned}[a_0, a_1, \ldots, a_{N+1}] &= \frac{b_N P_{N-1} + P_{N-2}}{b_N Q_{N-1} + Q_{N-2}} \\ &= \frac{\left(a_N + \frac{1}{a_{N+1}}\right) p_{N-1} + p_{N-2}}{\left(a_N + \frac{1}{a_{N+1}}\right) q_{N-1} + q_{N-2}} \\ &= \frac{a_{N+1}(a_N p_{N-1} + p_{N-2}) + p_{N-1}}{a_{N+1}(a_N q_{N-1} + q_{N-2}) + q_{N-1}} \qquad (**)\end{aligned}$$

귀납법 가정을 $[a_0, a_1, \ldots, a_N]$에 적용한 결과는 이 연분수의 근사분수가 다음을 만족한다는 것이다.

$$p_N = a_N p_{N-1} + p_{N-2}, \qquad q_N = a_N q_{N-1} + q_{N-2}$$

따라서 우리는 식 $(**)$을 다음과 같이 정리할 수 있다.

$$[a_0, a_1, \ldots, a_{N+1}] = \frac{a_{N+1} p_N + p_{N-1}}{a_{N+1} q_N + q_{N-1}}$$

한편, 정의에 의해, $(N+1)$번째 근사분수는

$$[a_0, a_1, \ldots, a_{N+1}] = \frac{p_{N+1}}{q_{N+1}}$$

이고, $[a_0, a_1, \ldots, a_{N+1}]$의 두 가지 표현을 비교하여 다음을 얻는다.

$$p_{N+1} = a_{N+1} p_N + p_{N-1}, \qquad q_{N+1} = a_{N+1} q_N + q_{N-1}$$

(우리는 두 분수가 이미 기약분수임을 가정하고 있다.) 우리는 점화식의 관계가 $n = N$일 때 성립하면, $n = N + 1$일 때에도 성립함을 보였다. 따라서 귀납법에 의해 모든 n에 대해 참이라는 것을 증명하였다. □

우리는 $\sqrt{2}$와 같은 실수의 근사분수가 그 수에 가까워질 것이라 기대하므로, 근사분수끼리는 얼마나 가까운지 보는 것도 흥미로울 것이다.

$$\begin{aligned}\frac{p_0}{q_0} - \frac{p_1}{q_1} &= \frac{1}{1} - \frac{3}{2} = -\frac{1}{2} \\ \frac{p_1}{q_1} - \frac{p_2}{q_2} &= \frac{3}{2} - \frac{7}{5} = \frac{1}{10} \\ \frac{p_2}{q_2} - \frac{p_3}{q_3} &= \frac{7}{5} - \frac{17}{12} = -\frac{1}{60}\end{aligned}$$

$$\frac{p_3}{q_3} - \frac{p_4}{q_4} = \frac{17}{12} - \frac{41}{29} = \frac{1}{348}$$

$$\frac{p_4}{q_4} - \frac{p_5}{q_5} = \frac{41}{29} - \frac{99}{70} = -\frac{1}{2030}$$

$$\frac{p_5}{q_5} - \frac{p_6}{q_6} = \frac{99}{70} - \frac{239}{169} = \frac{1}{11830}$$

$\sqrt{2}$의 인접한 근사분수의 차

인접한 근사분수의 차는 진짜로 작아지는 것처럼 보이며, 심지어는 매우 흥미로운 규칙이 있는 것처럼 보인다. 인접한 근사분수의 차는 분자가 모두 1이고, 양수와 음수가 번갈아가며 나오는 것 같다.

다른 예로 π의 연분수 표현의 경우를 살펴 보자. 우리는 다음을 확인할 수 있다.

$$\frac{p_0}{q_0} - \frac{p_1}{q_1} = \frac{3}{1} - \frac{22}{7} = -\frac{1}{7}$$

$$\frac{p_1}{q_1} - \frac{p_2}{q_2} = \frac{22}{7} - \frac{333}{106} = \frac{1}{742}$$

$$\frac{p_2}{q_2} - \frac{p_3}{q_3} = \frac{333}{106} - \frac{355}{113} = -\frac{1}{11978}$$

$$\frac{p_3}{q_3} - \frac{p_4}{q_4} = \frac{355}{113} - \frac{103993}{33102} = \frac{1}{3740526}$$

$$\frac{p_4}{q_4} - \frac{p_5}{q_5} = \frac{103993}{33102} - \frac{104348}{33215} = -\frac{1}{1099482930}$$

$$\frac{p_5}{q_5} - \frac{p_6}{q_6} = \frac{104348}{33215} - \frac{208341}{66317} = \frac{1}{2202719155}$$

π의 인접한 근사분수의 차

정확히 같은 규칙이 드러난다. 그러니 박차를 가하여,† 정리를 증명하자.

정리 47.2 (인접한 근사분수의 차 정리)

늘 하던 대로 $\frac{p_0}{q_0}, \frac{p_1}{q_1}, \frac{p_2}{q_2}, \ldots$가 연분수 $[a_0, a_1, a_2, \ldots]$의 근사분수라고 하자. 그러면 다음이 성립한다.

$$p_{n-1}q_n - p_nq_{n-1} = (-1)^n \qquad n = 1, 2, 3, \ldots$$

등식의 양변을 $q_{n-1}q_n$로 나누면 다음 등식이 성립한다.

$$\frac{p_{n-1}}{q_{n-1}} - \frac{p_n}{q_n} = \frac{(-1)^n}{q_{n-1}q_n} \qquad n = 1, 2, 3, \ldots$$

† 원문은 buckle down, 안전벨트 매고 출발하자는 의미인데, 우리는 좀 더 서두르기 위해 냅다 출발한다.

증명 이 정리는 연분수 점화식 정리(정리 47.1)와 귀납법을 쓰면 상당히 쉽게 증명된다. 귀납법을 쓰기 위해, 먼저 $n = 1$일 때 참임을 증명하자.

$$p_0 q_1 - p_1 q_0 = a_0 \cdot a_1 - (a_1 a_0 + 1) \cdot 1 = -1$$

이제, $n = N$일 때 정리가 성립함을 가정하고, $n = N + 1$일 때 성립하는지 증명하자. 우리는 다음과 같이 계산할 수 있다.

$$\begin{aligned} p_N q_{N+1} - p_{N+1} q_N &= p_N \left(a_{N+1} q_N + q_{N-1}\right) - \left(a_{N+1} p_N + p_{N-1}\right) q_N \\ &\qquad \text{(연분수 점화식 정리에 의해)} \\ &= p_N q_{N-1} - p_{N-1} q_N \quad (a_{N+1} p_N q_N \text{ 이 상쇄됨}) \\ &= -\left(p_{N-1} q_N - p_N q_{N-1}\right) \\ &= -(-1)^N \quad (n = N \text{ 일 때의 귀납법 가정에 의해 성립}) \\ &= (-1)^{N+1} \end{aligned}$$

이제 우리는 원하는 공식이 $n = 1$일 때 참임을 보였고, $n = N$일 때 참이면 $n = N + 1$일 때 참임을 증명하였다. 따라서 귀납법에 의해 정리가 증명되었다. □

연습문제

47.1. **(a)** $\sqrt{3}$과 $\sqrt{5}$의 연분수 표현을 열 번째 항까지 계산해 보아라.

(b) $\sqrt{3}$의 연분수 표현에서 반복 패턴을 보이는 항들이 보이는가? 있다면, 이들이 실제로 반복되고 있는지 증명하여라.

(c) $\sqrt{5}$의 연분수 표현에서 반복 패턴을 보이는 항들이 보이는가? 있다면, 이들이 실제로 반복되고 있는지 증명하여라.

47.2. π^2의 연분수 표현은 다음과 같다.

$$[\_\_, \_\_, \_\_, 1, 2, 47, 1, 8, 1, 1, 2, 2, 1, 1, 8, 3, 1, 10, 5, 1, 3, 1, 2, 1, 1, 3, 15, 1, 1, 2, \ldots].$$

(a) 앞의 세 빈자리를 채워 넣어라.

(b) π^2의 연분수 표현에서 어떤 특별한 패턴이 보이는가?

(c) 연분수 표현의 첫 5개의 항을 이용하여 π^2에 가까운 유리수를 찾아라. 얼마나 가까운가?

(d) (c)와 같은 작업을 첫 6개를 이용하여 해 보아라.

47.3. $\sqrt{2} + \sqrt{3}$의 연분수 표현은 다음과 같다.

$$[\_\_, \_\_, \_\_, 5, 7, 1, 1, 4, 1, 38, 43, 1, 3, 2, 1, 1, 1, 1, 2, 4, 1, 4, 5, 1, 5, 1, 7, \ldots].$$

(a) 앞의 세 빈자리를 채워 넣어라.

(b) $\sqrt{2}+\sqrt{3}$의 연분수 표현에서 어떤 특별한 패턴이 보이는가?

(c) 각 $n = 1, 2, 3, \ldots, 7$에 대해, $\sqrt{2}+\sqrt{3}$으로의 n번째 근사분수

$$\frac{p_n}{q_n} = [a_0, a_1, \ldots, a_n]$$

을 구하여라.

(d) (b)에서 계산한 유리수들이 점점 더 정확한 $\sqrt{2}+\sqrt{3}$의 근삿값을 제공한다. 각 $n = 1, 2, 3, \ldots, 7$에 대해 다음 값의 표를 만들어 이를 확인하여라.

$$\left|\sqrt{2}+\sqrt{3}-\frac{p_n}{q_n}\right| = \frac{1}{10^{\text{적당한 지수}}}$$

47.4. p_n/q_n을 α로의 n번째 근사분수라고 하자. 각 α 값에 대해 다음 값의 표를 만들어 보아라.

$$q_n\,|p_n - q_n\alpha| \qquad n = 1, 2, 3, \ldots, N$$

($\sqrt{2}$, $\sqrt[3]{2}$, π의 연분수 표현은 396페이지에 실려 있으니, 이를 이용하여 관련된 근사분수를 구할 수 있을 것이다.)

(a) $\alpha = \sqrt{2}$, $N = 8$까지.

(b) $\alpha = \sqrt[3]{2}$, $N = 7$까지.

(c) $\alpha = \pi$, $N = 5$까지.

(d) (a)에서 계산한 데이터는 $|p_n - q_n\sqrt{2}|$가 유계이며, $n \to \infty$일 때의 극한도 존재할 것 같다고 제안한다. 이 극한값이 무엇일지 추측해보라. 그리고 그 추측이 맞음을 증명하여라.

(e) 디리클레의 디오판토스 근사 정리(정리 33.2)가 무리수 α에 대해, 다음을 만족하는 양의 정수의 순서쌍이 무한히 많다고 했음을 떠올려 보자.

$$|x - y\alpha| < 1/y. \tag{47.1}$$

(a,), (b), (c)에서 얻은 데이터가 p_n/q_n이 α의 근사분수라면 (p_n, q_n)가 부등식 (47.1)의 해를 찾아 준다. 이 사실이 참임을 증명하여라.

47.5. n이 음의 정수일 때의 p_n을 계산하기 위해 p_n에 대한 점화식을 반대로 적용하여 보자. p_{-1}과 p_{-2}의 값을 얼마인가? 비슷한 방법으로 q_{-1}과 q_{-2}에 대해서도 계산해 보아라.

47.6. 연분수의 점화식(정리 47.1)은 두 초깃값과 a_0과 a_1으로 두 수열 $p_0, p_1, p_2, p_3, \ldots$과 $q_0, q_1, q_2, q_3, \ldots$을 정의해 준다. 그러면 유리수 p_n/q_n이 주어진 수 α의 n번째 근사분수가 된다. 분수 p_n/q_n이 기약분수임을 보여라. 다시 말해, $\gcd(p_n, q_n) = 1$임을 증명하여라. [도움말. 인접한 근사분수의 차 정리 (정리 47.2)를 사용하여라.]

47.7. 우리는 인접한 근사분수 p_{n-1}/q_{n-1}과 p_n/q_n이 다음을 만족함을 보였다.

$$p_{n-1}q_n - p_nq_{n-1} = (-1)^n$$

이 연습문제에서는 독자가 다른 근사분수에 대해서는 어떤 일이 생기는지 확인할 수 있을 것이다.

(a) 연분수 $\sqrt{2} = [1,2,2,2,2,\ldots]$의 n번째 근사분수에 대하여, $n = 2,3,\ldots,6$일 때

$$p_{n-2}q_n - p_n q_{n-2} \qquad (*)$$

를 계산하여라.

(b) 연분수

$$\pi = [3,7,15,1,292,1,1,1,2,\ldots]$$

의 n번째 근사분수에 대하여, $n = 2,3,\ldots,6$일 때 $(*)$의 값을 계산하여라.

(c) (a)와 (b)의 결과를 이용하여 (그리고 독자가 더 모으고 싶은 데이터를 합쳐서) 값 $(*)$에 대한 가설을 일반적인 연분수 $[a_0, a_1, a_2, \ldots]$에 대하여 세워 보아라.

(d) (c)에서 세운 가설이 옳음을 증명하여라. [도움말. 연분수의 점화식이 유용할 것이다.]

47.8. 가장 간단한 연분수는 1로만 이루어진 $[1,1,1,\ldots]$이다.

(a) $[1,1,1,\ldots]$의 첫 10개의 근사분수를 계산하여라.

(b) (a)에서 찾은 분수의 분자와 분모가 어떤 수인지 알아볼 수 있는가? (알아볼 수 없다면 39장을 복습하자.)

(c) 연분수 $[1,1,1,\ldots]$의 근사분수의 극한값은 무엇인가?

$$\lim_{n\to\infty} \frac{p_n}{q_n}$$

47.9. 표 47.2에는 처음 몇 n에 대한 연분수 $[a_0, a_1, \ldots, a_n]$ 의 근사분수의 분자 p_n를 수록하였다.

(a) $[a,b]$와 $[b,a]$의 분자는 서로 어떤 관계가 있는가?

(b) $[a,b,c]$와 $[c,b,a]$의 분자는 서로 어떤 관계가 있는가?

(c) 보다 일반적으로

$$[a_0, a_1, a_2, \ldots, a_{n-1}, a_n] \qquad \text{과} \qquad [a_n, a_{n-1}, \ldots, a_2, a_1, a_0]$$

의 분자는 서로 어떤 관계가 있어 보이는가?

(d) (c)에서 독자가 찾은 가설을 증명하여라.

47.10. 소수 A와 정수 n을 입력받아 다음 값을 출력하는 프로그램을 작성하여라.

(a) A의 연분수 표현의 처음 $n+1$개의 항 $[a_0, a_1, \ldots, a_n]$

(b) 분수꼴로 표기된 A의 n번째 근사분수 p_n/q_n

(c) 소수꼴로 표기된 A와 p_n/q_n의 차

47.11. 연습문제 47.10에서 작성한 프로그램을 이용하여 $2 \le D \le 30$에 대해 $\sqrt{D}$의 연분수 표현의 (최소한) 처음 10개의 항의 값을 수록한 표를 만들어라. 특정한 패턴을 찾을 수 있는가? (출력값을 다음 장의 표 48.1와 비교하여 점검할 수 있다.)

47.12. 연습문제 47.11와 같은 값을 세제곱근에 대해 해 보아라. 다시 말해, $2 \le D \le 30$에 대해 $\sqrt[3]{D}$의 연분수 표현의 (최소한) 처음 10개의 항의 값을 수록한 표를 만들어라. 특정한 패턴을 찾을 수 있는가?

47.13. (**고급 미적분학 연습문제**)$a_0, a_1, a_2, a_3, \ldots$가 $a_i \geq 1$를 만족하는 실수의 수열이라고 하자. 이때 각 $n = 0, 1, 2, 3, \ldots$ 에 대해 다음 실수를 계산할 수 있다.

$$u_n = [a_0, a_1, a_2, \ldots, a_n] = a_0 + \cfrac{1}{a_1 + \cfrac{1}{a_2 + \cfrac{1}{\ddots + \cfrac{1}{a_n}}}}.$$

극한 $\lim_{n\to\infty} u_n$이 수렴함을 증명하여라. [도움말. 정리 47.1과 정리 47.2를 이용하여 수열 $u_1, u_2, u_3, \ldots$가 코시 수열임을 보여라.]

제 **48** 장

연분수, 제곱근 그리고 펠 방정식

$\sqrt{2}$의 연분수

$$[1, 2, 2, 2, 2, 2, 2, 2, 2, 2, 2, 2, 2, 2, 2, 2, 2, 2, 2, 2, 2, 2, \ldots]$$

는 확실히 반복적으로 나타나는 패턴이 있다. 실제로 $\sqrt{2}$의 연분수 표현이 1 뒤에 2가 반복됨을 증명할 수 있을지 확인해 보자. $\sqrt{2} = 1.414\ldots$이므로, 연분수 전개 알고리듬의 첫 번째 단계는 다음과 같이 쓰는 것이다.

$$\sqrt{2} = 1 + (\sqrt{2} - 1) = 1 + \frac{1}{1/(\sqrt{2} - 1)}$$

다음으로 분모를 간단히 하고

$$\frac{1}{\sqrt{2} - 1} = \frac{1}{\sqrt{2} - 1} \cdot \frac{\sqrt{2} + 1}{\sqrt{2} + 1} = \frac{\sqrt{2} + 1}{\sqrt{2}^2 - 1} = \sqrt{2} + 1$$

이를 위에 대입하면 다음을 얻는다.

$$\sqrt{2} = 1 + \frac{1}{\sqrt{2} + 1}$$

실수 $\sqrt{2} + 1$은 2와 3 사이에 있으므로 이를 다음과 같이 쓸 수 있다.

$$\sqrt{2} + 1 = 2 + (\sqrt{2} - 1) = 2 + \frac{1}{1/(\sqrt{2} - 1)}$$

이때, 우리는 이미 $1/(\sqrt{2} - 1)$와 $\sqrt{2} + 1$가 같다는 것을 확인했으므로,

$$\sqrt{2} + 1 = 2 + \frac{1}{\sqrt{2} + 1} \qquad (*)$$

이 성립한다. 따라서

$$\sqrt{2} = 1 + \frac{1}{\sqrt{2} + 1} = 1 + \cfrac{1}{2 + \cfrac{1}{\sqrt{2} + 1}}$$

D	$\sqrt{D}$의 연분수 표현	주기
2	$[1,2,2,2,2,2,2,2,2,2,2,2,2,2,2,2,2,2,2,\cdots]$	1
3	$[1,1,2,1,2,1,2,1,2,1,2,1,2,1,2,1,2,1,\cdots]$	2
5	$[2,4,4,4,4,4,4,4,4,4,4,4,4,4,4,4,4,4,4,\cdots]$	1
7	$[2,1,1,1,4,1,1,1,4,1,1,1,4,1,1,1,4,1,\cdots]$	4
11	$[3,3,6,3,6,3,6,3,6,3,6,3,6,3,6,3,6,3,6,\cdots]$	2
13	$[3,1,1,1,1,6,1,1,1,1,6,1,1,1,1,6,1,1,\cdots]$	5
17	$[4,8,8,8,8,8,8,8,8,8,8,8,8,8,8,\cdots]$	1
19	$[4,2,1,3,1,2,8,2,1,3,1,2,8,2,1,3,1,2,8,\cdots]$	6
23	$[4,1,3,1,8,1,3,1,8,1,3,1,8,1,3,1,8,1,\cdots]$	4
29	$[5,2,1,1,2,10,2,1,1,2,10,2,1,1,2,10,2,1,1,\cdots]$	5
31	$[5,1,1,3,5,3,1,1,10,1,1,3,5,3,1,1,10,1,1,\cdots]$	8
37	$[6,12,12,12,12,12,12,12,12,12,12,12,\cdots]$	1

표 48.1. 제곱근의 연분수 표현

임을 알 수 있다. 이제 우리는 공식 $(*)$을 다시 적용하여

$$\sqrt{2} = 1 + \cfrac{1}{2 + \cfrac{1}{2 + \cfrac{1}{\sqrt{2}+1}}}$$

과

$$\sqrt{2} = 1 + \cfrac{1}{2 + \cfrac{1}{2 + \cfrac{1}{2 + \cfrac{1}{\sqrt{2}+1}}}}$$

을 얻을 수 있다.

공식 $(*)$을 반복해서 적용하면, 우리는 $\sqrt{2}$ 의 연분수 표현에서 하나의 1 다음에 2가 반복됨을 확인할 수 있다.

$\sqrt{2}$에서의 성공에 힘입어, 이와 유사하게 연분수 표현이 반복되는 (혹은 적절한 수학 용어를 사용하면, 연분수 표현이 순환하는) 다른 수를 찾을 수 있을까? 만일 독자가 $D = 2, 3, 4, \ldots, 20$에 대해 $\sqrt{D}$의 연분수 표현을 요구하는 연습문제 47.11을 풀었다면, 벌써 몇 가지 예를 찾았을 것이다. 표 48.1은 이러한 종류의 데이터를 더 모아서 만든, 40보다 작은 소수 p에 대한 $\sqrt{p}$의 연분수 표현의 목록이다.

처음에 제시한 질문으로 돌아가서, 반복적인 연분수 표현에 대해 어떤 정보를 도출할 수 있는지 확인해 보자. 일단 쉬운 질문부터 해 보자. 실수 A의 연분수 표현이 다음과 같다고

가정하자.

$$A = [a, b, b, b, b, b, b, b, \ldots].$$

표 48.1에서 $\sqrt{2}$, $\sqrt{5}$, $\sqrt{37}$을 비롯하여, 위와 같은 규칙을 갖는 여러 수를 찾을 수 있다. 우리는 A를

$$A = a + \frac{1}{[b, b, b, b, b, \ldots]}$$

과 같이 쓸 수 있으므로, 다음과 같은 연분수 표현만 다루면 충분하다.

$$B = [b, b, b, b, b, b, b, b, \ldots]$$

A에 대해 했던 것처럼, 우리는 B의 첫 항목을 분리하여 다음과 같이 쓸 수 있다.

$$B = b + \frac{1}{[b, b, b, b, b, \ldots]}$$

어라?[†] $[b, b, b, b, \ldots]$의 분모는 B 그 자체이고, 따라서 다음을 확인할 수 있다.

$$B = b + \frac{1}{B}$$

이제 B를 양변에 곱해 $B^2 = bB + 1$를 얻고, 근의 공식을 적용하면 B를 얻을 수 있다.

$$B = \frac{b + \sqrt{b^2 + 4}}{2}$$

(여기서 양의 값만 취한 이유는 B가 양수이기 때문이다.) 이제, A도 구할 수 있다.

$$\begin{aligned}
A = a + \frac{1}{B} &= a + \frac{2}{b + \sqrt{b^2 + 4}} \\
&= a + \frac{2}{b + \sqrt{b^2 + 4}} \cdot \left(\frac{b - \sqrt{b^2 + 4}}{b - \sqrt{b^2 + 4}} \right) \\
&= a - \frac{b - \sqrt{b^2 + 4}}{2} \\
&= \frac{2a - b}{2} + \frac{\sqrt{b^2 + 4}}{2}
\end{aligned}$$

두 가지 매우 흥미로운 특별한 예를 포함하여 계산을 요약하면 다음과 같다.

[†]원문은 “lo and behold”. ‘이거 봐라’ 정도의 의미로, 신기한 걸 볼 때 쓰는 감탄사이다. 미드에서도 가끔 들을 수 있다.

명제 48.1

임의의 양의 정수 a와 b에 대해, 다음과 같은 연분수 표현을 얻을 수 있다.

$$\frac{2a-b}{2} + \frac{\sqrt{b^2+4}}{2} = [a, b, b, b, b, b, b, b, \ldots]$$

특히, $a = b$인 경우의 공식

$$\frac{b+\sqrt{b^2+4}}{2} = [b, b, b, b, b, b, b, \ldots]$$

과 $b = 2a$인 경우의 공식

$$\sqrt{a^2+1} = [a, 2a, 2a, 2a, 2a, 2a, 2a, 2a, \ldots]$$

을 얻을 수 있다.

연분수가 더 복잡한 모양으로 반복된다면 어떨까? 감을 잡기 위해 예를 들어 보자. 실수 A의 연분수 표현이 다음과 같다고 가정하자.

$$A = [1, 2, 3, 4, 5, 4, 5, 4, 5, 4, 5, \ldots]$$

이 연분수에서는 어느 시점부터 4와 5가 번갈아 나타난다. 먼저 해야 할 일은 반복되지 않는 부분을 떼어 내는 것이다.

$$A = 1 + \cfrac{1}{2 + \cfrac{1}{3 + \cfrac{1}{[4, 5, 4, 5, 4, 5, 4, 5, \ldots]}}}$$

이제 다음과 같은 완전 순환 연분수 전개가 무엇인지 알아 보자.

$$B = [4, 5, 4, 5, 4, 5, 4, 5, 4, 5, \ldots]$$

(연분수가 처음부터 반복되면 완전 순환한다고 부른다.) 우리는 B를 다음과 같이 표현할 수 있다.

$$B = 4 + \cfrac{1}{5 + \cfrac{1}{[4, 5, 4, 5, 4, 5, 4, 5, 4, 5, \ldots]}}$$

앞에서 다루었던 예와 같이 가장 아래에 위치한 분수의 분모가 B와 같으므로, 이는 다음 식이 성립함을 보인 것이다.

$$B = 4 + \cfrac{1}{5 + \cfrac{1}{B}}$$

따라서 우리는 위와 같이 복잡한 분수를 정리하여 B에 대한 방정식을 얻는다.

$$B = 4 + \cfrac{1}{5 + \cfrac{1}{B}} = 4 + \cfrac{1}{\cfrac{5B+1}{B}} = 4 + \frac{B}{5B+1} = \frac{21B+4}{5B+1}$$

양변에 $5B + 1$을 곱하고, 모든 항을 한쪽으로 이항하여, 약간의 계산을 하면, 방정식

$$5B^2 - 20B - 4 = 0$$

을 얻는다. 오래전부터 잘 알려진 근의 공식을 사용하면 B를 구할 수 있다.

$$B = \frac{20 + \sqrt{400 + 80}}{10} = \frac{10 + 2\sqrt{30}}{5}$$

다음으로 이전 식에 B의 값을 대입하고 기본적인 계산을 해서 – 뒤집고, 합치고, 정리하여 A의 값을 찾는다.

$$A = 1 + \cfrac{1}{2 + \cfrac{1}{3 + \cfrac{1}{B}}} = 1 + \cfrac{1}{2 + \cfrac{1}{3 + \cfrac{1}{\cfrac{10 + 2\sqrt{30}}{5}}}}$$

$$= 1 + \cfrac{1}{2 + \cfrac{1}{3 + \cfrac{5}{10 + 2\sqrt{30}}}} = 1 + \cfrac{1}{2 + \cfrac{1}{\cfrac{35 + 6\sqrt{30}}{10 + 2\sqrt{30}}}}$$

$$= 1 + \cfrac{1}{2 + \cfrac{10 + 2\sqrt{30}}{35 + 6\sqrt{30}}} = 1 + \cfrac{1}{\cfrac{80 + 14\sqrt{30}}{35 + 6\sqrt{30}}}$$

$$= 1 + \frac{35 + 6\sqrt{30}}{80 + 14\sqrt{30}} = \frac{115 + 20\sqrt{30}}{80 + 14\sqrt{30}}$$

마지막으로, $80 - 14\sqrt{30}$을 분자와 분모에 곱해 A의 분모를 유리화하면

$$A = \frac{115 + 20\sqrt{30}}{80 + 14\sqrt{30}} \cdot \left(\frac{80 - 14\sqrt{30}}{80 - 14\sqrt{30}}\right) = \frac{800 - 10\sqrt{30}}{520} = \frac{80 - \sqrt{30}}{52}$$

이다. 만일 연습문제 47.10을 해결했다면, 독자의 프로그램에

$$\frac{80-\sqrt{30}}{52} = 1.43313027740285267048 9\ldots$$

를 입력하여 연분수 표현이 진짜로 $[1,2,3,4,5,4,5,4,5,\ldots]$ 인지 확인해 보자.

연분수의 모양이 다음과 같으면 연분수가 순환한다고 한다.

$$[\underbrace{a_1,a_2,\ldots,a_\ell}_{\text{시작부}},\underbrace{b_1,b_2,\ldots,b_m}_{\text{반복부}},\underbrace{b_1,b_2,\ldots,b_m}_{\text{반복부}},\underbrace{b_1,b_2,\ldots,b_m}_{\text{반복부}},\ldots]$$

다시 말해, 연분수가 순환한다는 것은, 처음 몇 개의 항 이후에 유한한 항의 목록이 계속 반복된다는 의미이다. 반복되는 항의 개수 m을 주기라고 부른다.

예를 들어, $\sqrt{2}=[1,2,2,2,\ldots]$는 주기가 1이고 $\sqrt{23}=[4,1,3,1,8,1,3,1,8,\ldots]$는 주기가 4이다. 다른 예들은 표 48.1에 나와있다. 주기성을 한눈에 알아볼 수 있는 편리한 표기법은 반복되는 부분 위에 줄을 긋는 것이다. 예를 들면 다음과 같다.

$$\sqrt{2}=[1,\overline{2}],\qquad \sqrt{23}=[4,\overline{1,3,1,8}],\qquad \frac{80-\sqrt{30}}{52}=[1,2,3,\overline{4,5}]$$

비슷하게, 순환 연분수는 일반적으로 다음과 같이 쓸 수 있다.

$$[a_1,a_2,\ldots,a_\ell,\overline{b_1,b_2,\ldots,b_m}]$$

이제까지 다룬 예들은 다음 정리가 참일 것이라 짐작하게 만든다. 여기에서는 앞부분이 참임을 증명하고, 뒷부분의 증명은 (어려운) 연습문제로 남긴다.

정리 48.2 (순환 연분수 정리)

(a) 수 A가 다음과 같이 순환 연분수 전개를 갖는다고 가정하자.

$$A=[a_1,a_2,\ldots,a_\ell,\overline{b_1,b_2,\ldots,b_m}]$$

그러면 A는 다음과 같은 값을 갖는다.

$$A=\frac{r+s\sqrt{D}}{t}\qquad (\text{단, } r,s,t,D\text{는 정수이고 } D>0)$$

(b) 네 개의 정수 r,s,t,D가 주어져 있고 $D>0$이면,

$$\frac{r+s\sqrt{D}}{t}$$

는 순환 연분수 표현을 갖는다.

증명 (a) 다음과 같이 완전 순환 연분수인 경우부터 증명을 시작해 보자.

$$B = [\,\overline{b_1, b_2, \ldots, b_m}\,]$$

만일 m번째 단계까지 연분수를 적어나가면, 다음 사실을 발견할 수 있다.

$$B = b_1 + \cfrac{1}{b_2 + \cfrac{1}{\ddots + \cfrac{1}{b_m + \cfrac{1}{[\,\overline{b_1, b_2, \ldots, b_m}\,]}}}} = b_1 + \cfrac{1}{b_2 + \cfrac{1}{\ddots + \cfrac{1}{b_m + \cfrac{1}{B}}}}$$

이제 B를 변수로, $b_1, \ldots, b_m$을 상수로 생각하며, 우변을 더하고 역수를 취하는 작업을 반복하여 정리하자. 많은 계산 끝에, 마침내 다음과 같이 간단하게 정리할 수 있다.

$$B = \frac{uB + v}{wB + z} \tag{$*$}$$

여기서 u, v, w, z는 $b_1, b_2, \ldots, b_m$에 의해 결정되는 정수이다. 게다가 $b_1, b_2, \ldots, b_m$이 양의 정수이므로, u, v, w, z도 양의 정수이다.

이 과정을 설명하기 위해, $m = 2$인 경우를 살펴보자.

$$B = b_1 + \cfrac{1}{b_2 + \cfrac{1}{B}} = b_1 + \cfrac{1}{\cfrac{b_2B + 1}{B}} = b_1 + \frac{B}{b_2B + 1} = \frac{(b_1b_2 + 1)B + b_1}{b_2B + 1}$$

일반적인 경우로 돌아와, 식 $(*)$을 엇갈려 곱하고, 모든 항을 한쪽으로 넘기면 다음 식을 얻는다.

$$wB^2 + (z - u)B - v = 0$$

이제 근의 공식을 적용하면

$$B = \frac{-(z - u) + \sqrt{(z - u)^2 + 4vw}}{2w}$$

이고, 따라서 B는 다음과 같이 쓸 수 있다.

$$B = \frac{i + j\sqrt{D}}{k} \qquad (\text{단, } i, j, k, D\text{는 정수, } D > 0)$$

이제 처음에 다루고자 한 수 $A = [a_1, a_2, \ldots, a_\ell, \overline{b_1, b_2, \ldots, b_m}\,]$로 돌아가면, A는 다음과 같이 쓸 수 있다.

$$A = a_1 + \cfrac{1}{a_2 + \cfrac{1}{\ddots + \cfrac{1}{a_\ell + \cfrac{1}{B}}}} = a_1 + \cfrac{1}{a_2 + \cfrac{1}{\ddots + \cfrac{1}{a_\ell + \cfrac{1}{\cfrac{i + j\sqrt{D}}{k}}}}}$$

다시 여러 번 역수를 취하고, 더하고, 정리하기를 반복하면 다음과 같은 A의 표현을 얻는다.

$$A = \frac{e + f\sqrt{D}}{g + h\sqrt{D}} \qquad (\text{단, } e, f, g, h, D\text{는 정수, } D > 0)$$

마지막으로 분자와 분모에 $g - h\sqrt{D}$를 곱하여 분모를 유리화하면 A를 다음과 같은 형식으로 표현할 수 있다.

$$A = \frac{r + s\sqrt{D}}{t} \qquad (\text{단, } e, f, g, h, D\text{는 정수, } D > 0)$$

이로써 우리는 순환 연분수 정리 (a) 부분의 증명을 완성하였다. (b) 부분의 증명은 독자에게 (어려운) 연습문제 48.10으로 남긴다. □

$\sqrt{D}$의 연분수와 펠 방정식

연분수의 근사분수는 주어진 수로 가까워지는 유리수의 목록이 된다. 예를 들어, 실수 $\sqrt{71}$의 연분수 표현은

$$\sqrt{71} = [8, \overline{2, 2, 1, 7, 1, 2, 2, 16}]$$

이고, 처음 몇 개의 근사분수는 다음과 같다.

$$\frac{17}{2}, \frac{42}{5}, \frac{59}{7}, \frac{455}{54}, \frac{514}{61}, \frac{1483}{176}, \frac{3480}{413}, \frac{57163}{6784}, \frac{117806}{13981}, \frac{292775}{34746}$$

만일 p/q가 $\sqrt{D}$의 근사분수이면, $\frac{p}{q} \approx \sqrt{D}$이고, 따라서

$$\frac{p^2}{q^2} \approx D$$

이다. q^2을 곱하면, 위의 식에 의해 p^2이 Dq^2에 매우 가까울 것이라 기대할 수 있다. 표 48.2는 $\sqrt{71}$의 처음 몇 개의 근사분수에 대해 $p^2 - Dq^2$의 값을 수록하고 있다.

표 48.2의 마지막 열에서 사소해 보이지만 중요한 1의 등장에 주목해 보자. 이는 7번째 행에 나타나며, 다음과 같은 사실을 반영한다.

$$3480^2 - 71 \cdot 413^2 = 1$$

따라서 $\sqrt{71}$의 근사분수 3480/413은 아래의 펠 방정식의 해 $(3480, 413)$을 찾아 준다.

$$x^2 - 71y^2 = 1$$

이것은 $\sqrt{D}$의 근사분수와 펠 방정식 $x^2 - Dy^2 = 1$ 사이에는 밀접한 관계가 있음을 시사한다.

우리는 32장과 34장에서, 펠 방정식

$$x^2 - Dy^2 = 1$$

p	q	$p^2 - 71q^2$
17	2	5
42	5	−11
59	7	2
455	54	−11
514	61	5
1483	176	−7
3480	413	1
57163	6784	−7
117806	13981	5
292775	34746	−11

표 48.2. $\sqrt{71}$의 근사분수 p/q

의 해가 항상 존재한다는 것을 철저하고 완벽하게 증명하였다. 하지만, 34장을 다시 살펴 보면, 우리의 증명은 실제로 해는 찾는 효율적인 방법이 아님을 알 수 있다. 만일 펠 방정식의 해를 찾는 효율적인 방법으로 $\sqrt{D}$의 근사분수를 쓸 수 있다면 매우 유용할 것이다.

$\sqrt{71}$의 연분수 표현

$$\sqrt{71} = [8, \overline{2, 2, 1, 7, 1, 2, 2, 16}]$$

은 주기가 8이고, 펠 방정식의 해를 찾아주는 근사분수는 다음과 같다.

$$[8, 2, 2, 1, 7, 1, 2, 2] = \frac{3480}{413}$$

표 48.1을 훑어보면, 제곱근 $\sqrt{D}$의 연분수 표현은 많은 특징을 갖는다.[1] 여기 적당히 큰 주기를 갖는 몇 개의 예가 있다.

$$\sqrt{73} = [8, \overline{1, 1, 5, 5, 1, 1, 16}], \qquad 주기 = 7$$

$$\sqrt{89} = [9, \overline{2, 3, 3, 2, 18}], \qquad 주기 = 5$$

$$\sqrt{97} = [9, \overline{1, 5, 1, 1, 1, 1, 1, 1, 5, 1, 18}], \qquad 주기 = 11$$

$D = 71$인 경우, 펠 방정식의 해가 되는 근사분수는 반복부의 줄을 지운 후 마지막 항을 제거하여 얻는다. 같은 작업을 $D = 73$, $D = 89$, $D = 97$인 경우에 대해서도 해 보자. 이 결과는 표 48.3에서 확인할 수 있다.

이 결과는 매우 긍정적이다. 우리는 모든 펠 방정식의 해를 얻을 수는 없지만, 펠 방정식 $p^2 - Dq^2 = 1$의 해 또는 유사한 펠 방정식 $p^2 - Dq^2 = -1$의 해를 얻을 수 있다. 더 나아가, $\sqrt{D}$의 연분수 표현의 주기가 짝수일 때는 부호가 양인 경우를, 홀수일 때는 부호가 음인 경우를 다룰 수 있다. 우리는 이와 같은 관찰 결과를 다음의 놀라운 정리로 요약할 수 있다.

[1] 연습문제 48.9는 $\sqrt{D}$의 연분수 전개의 많은 특징에 대해 알려준다. 하지만 이 연습문제를 보기 전에 독자 스스로 몇 가지는 찾아보기를 권한다.

$\sqrt{D}$	$[a, b_1, b_2, \ldots, b_{m-1}] = \dfrac{p}{q}$	$p^2 - Dq^2$
$\sqrt{71}$	$[8, 2, 2, 1, 7, 1, 2, 2] = \dfrac{3480}{413}$	$3480^2 - 71 \cdot 413^2 = 1$
$\sqrt{73}$	$[8, 1, 1, 5, 5, 1, 1] = \dfrac{1068}{125}$	$1068^2 - 73 \cdot 125^2 = -1$
$\sqrt{79}$	$[8, 1, 7, 1] = \dfrac{80}{9}$	$80^2 - 79 \cdot 9^2 = 1$
$\sqrt{97}$	$[9, 1, 5, 1, 1, 1, 1, 1, 1, 5, 1] = \dfrac{5604}{569}$	$5604^2 - 97 \cdot 569^2 = -1$

표 48.3. $\sqrt{D}$의 근사분수와 펠 방정식의 해

정리 48.3

완전제곱수가 아닌 양의 정수 D에 대하여 $\sqrt{D}$의 연분수 표현이

$$\sqrt{D} = [a, \overline{b_1, b_2, \ldots, b_{m-1}, b_m}]$$

이고,

$$\frac{p}{q} = [a, b_1, b_2, \ldots, b_{m-1}]$$

라고 가정하자. 그러면 (p, q)는 다음 방정식을 만족하는 가장 작은 양의 정수 해이다.

$$p^2 - Dq^2 = (-1)^m$$

연분수에 대한 논의를 마치고 다른 주제로 넘어가야 하므로, 정리 48.3의 증명은 생략한다. 만일 이 정리의 증명을 읽어 보고 싶다면, 데이븐포트(Davenport)의 책 《The Higher Arithmetic》의 4장, 혹은 다른 많은 정수론 교재에서 그 증명을 찾을 수 있다. 대신, 우리는 추가적인 관찰 하나와 브로브딩내그[2]의 예를 하나 제시하는 것으로 마무리 짓겠다.

우리는 정리 48.3이 $x^2 - Dy^2 = -1$의 해를 찾아 줄 때에도, $x^2 - Dy^2 = 1$의 해와의 연관성에 대한 관찰을 해야만 한다. 다시 말해, $\sqrt{D} = [a, \overline{b_1, b_2, \ldots, b_{m-1}, b_m}]$이고 m이 홀수일 때 무엇을 할 수 있을까? 이에 대한 답은 우리가 이전에 다루었던 것으로부터 얻을 수 있다. 펠 방정식 정리(정리 32.1)에 의하면, (x_1, y_1)이 방정식 $x^2 - Dy^2 = 1$의 가장 작은 양의 정수해라면, 다른 모든 정수해 (x_k, y_k)는 가장 작은 해로부터 다음 공식으로 계산할 수 있다.

$$x_k + y_k\sqrt{D} = \left(x_1 + y_1\sqrt{D}\right)^k, \qquad (k = 1, 2, 3, \ldots) \qquad (*)$$

[2]"브로브딩내그 민족의 학문은 도덕, 역사, 시, 수학에 국한되는 결함이 있지만, 이 분야에서는 그들이 뛰어나다는 것을 인정해야 한다." (《걸리버 여행기》, 제II장 7절, 조나단 스위프트)

다음 계산은 왜 이 공식이 통하는지 보여 준다.

$$\begin{aligned} x_k^2 - Dy_k^2 &= \left(x_k + y_k\sqrt{D}\right)\left(x_k - y_k\sqrt{D}\right) \\ &= \left(x_1 + y_1\sqrt{D}\right)^k\left(x_1 - y_1\sqrt{D}\right)^k \\ &= (x_1^2 - Dy_1^2)^k \\ &= 1 \qquad (\text{왜냐하면 } x_1^2 - Dy_1^2 = 1 \text{이라고 가정하였다.}) \end{aligned}$$

위의 가정 대신 (x_1, y_1)이 $x^2 - Dy^2 = -1$의 해이고 공식 $(*)$을 사용하여 (x_k, y_k)를 계산한다고 가정하자. 그러면 우리는

$$x_k^2 - Dy_k^2 = (x_1^2 - Dy_1^2)^k = (-1)^k$$

를 얻는다. 따라서, k가 짝수이면, 우리는 펠 방정식 $x^2 - Dy^2 = 1$의 해를 얻는다.

어떻게 우리의 문제를 해결했는지 이해했는가? 만일 정리 48.3에서 m이 홀수라면, (p, q)는 $p^2 - Dq^2 = -1$를 만족한다. 이때, 간단히 다음 제곱식을 계산하면

$$(p + q\sqrt{D})^2 = (p^2 + q^2D) + 2pq\sqrt{D}$$

우리가 원하는 방정식 $x^2 - Dy^2 = 1$의 해 $(p^2 + q^2D, 2pq)$를 얻는다. 이로써 마침내 모든 경우에 대해 펠 방정식을 풀 수 있는 효율적인 방법을 찾았고 실제로 가장 작은 해를 찾는 방법임을 확인할 수 있다.

정리 48.4 (연분수와 펠 방정식 정리)

$\sqrt{D}$의 연분수 전개는

$$\sqrt{D} = [a, \overline{b_1, b_2, \ldots, b_{m-1}, b_m}\,]$$

이고,

$$\frac{p}{q} = [a, b_1, b_2, \ldots, b_{m-1}]$$

라고 가정하자. 그러면 펠 방정식

$$x^2 - Dy^2 = 1$$

의 가장 작은 양의 정수 해는 다음과 같이 주어진다.

$$(x_1, y_1) = \begin{cases} (p, q) & m\text{이 짝수일 때} \\ (p^2 + q^2D, 2pq) & m\text{이 홀수일 때} \end{cases}$$

다른 모든 해는 다음 공식에 의해 얻을 수 있다.

$$x_k + y_k\sqrt{D} = \left(x_1 + y_1\sqrt{D}\right)^k, \qquad (k = 1, 2, 3, \ldots)$$

연분수 세계에 대한 우리의 탐험은 다음의 악의없는† 펠 방정식을 푸는 것으로 마무리한다.

$$x^2 - 313y^2 = 1$$

$\sqrt{313}$의 연분수 표현은

$$\sqrt{313} = [17, \overline{1, 2, 4, 11, 1, 1, 3, 2, 2, 3, 1, 1, 11, 4, 2, 1, 34}]$$

이다. 정리 48.4에서 제시한 과정을 따라서 반복부의 마지막 수 – 이 경우에는 34 – 를 버리고 다음 분수를 계산한다.

$$\frac{126862368}{7170685} = [17, 1, 2, 4, 11, 1, 1, 3, 2, 2, 3, 1, 1, 11, 4, 2, 1]$$

이 경우 주기 m은 17이므로, 순서쌍 $(p, q) = (126862368, 7170685)$는 다음 방정식의 해가 된다.

$$126862368^2 - 313 \cdot 7170685^2 = -1$$

펠 방정식의 가장 작은 해를 찾기 위해, 정리 48.4는 우리에게 다음 값을 계산하라고 말한다.

$$p^2 + q^2D = 126862368^2 + 7170685^2 \cdot 313 = 32188120829134849$$

$$2pq = 2 \cdot 126862368 \cdot 7170685 = 1819380158564160$$

따라서 다음 펠 방정식

$$x^2 - 313y^2 = 1$$

의 가장 작은 해[3]는

$$(x, y) = (32188120829134849, 1819380158564160)$$

이다. 만일 다음으로 작은 해를 찾고 싶다면, 우리는 '간단히' 실수

$$32188120829134849 + 1819380158564160\sqrt{313}$$

를 제곱하여 다음 해를 얻을 수 있다.

$$(x, y) = (2072150245021969438104715652505601,\\ 117124856755987405647781716823680)$$

---

† 지옥으로 가는 길은 선의로 포장되어 있다.

[3] 32장에 메모한 것처럼, 이 해는 1967년 브롱커(Brouncker)가 찾은 해이다. 이제 독자도 컴퓨터가 없던 시절에 이렇게 큰 해를 어떻게 찾았는지 알았을 것이다!

연습문제

48.1. 다음 순환 연분수의 값을 구하여라. 우리가 $[1, 2, 3, \overline{4, 5}]$의 값을 $\frac{80-\sqrt{30}}{52}$으로 표현한 것처럼, 정수 r, s, t, D를 사용하여 $\frac{r+s\sqrt{D}}{t}$의 꼴로 표현하여라.

(a) $[\overline{1, 2, 3}] = [1, 2, 3, 1, 2, 3, 1, 2, 3, 1, 2, 3, \ldots]$

(b) $[1, 1, \overline{2, 3}] = [1, 1, 2, 3, 2, 3, 2, 3, 2, 3, 2, 3, 2, 3, 2, \ldots]$

(c) $[1, 1, 1, \overline{3, 2}] = [1, 1, 1, 3, 2, 3, 2, 3, 2, 3, 2, 3, 2, \ldots]$

(d) $[3, \overline{2, 1}] = [3, 2, 1, 2, 1, 2, 1, 2, 1, 2, 1, 2, 1, 2, \ldots]$

(e) $[\overline{1, 3, 5}] = [1, 3, 5, 1, 3, 5, 1, 3, 5, 1, 3, 5, 1, 3, 5, \ldots]$

(f) $[1, 2, \overline{1, 3, 4}] = [1, 2, 1, 3, 4, 1, 3, 4, 1, 3, 4, 1, 3, 4, \ldots]$

48.2. 다음 수의 순환 연분수 표현을 찾아라. 주기는 얼마인가?

(a) $\dfrac{16-\sqrt{3}}{11}$ **(b)** $\dfrac{1+\sqrt{293}}{2}$ **(c)** $\dfrac{3+\sqrt{5}}{7}$ **(d)** $\dfrac{1+2\sqrt{5}}{3}$

48.3. 순환 연분수 정리(정리 48.2)를 증명하는 과정에서 연분수 $[b_1, b_2, B]$가 다음 값과 같음을 발견하였다.

$$\frac{(b_1b_2+1)B+b_1}{b_2B+1}$$

(a) $[b_1, b_2, b_3, B]$에 대해 비슷한 계산을 해 보고,

$$[b_1, b_2, b_3, B] = \frac{uB+v}{wB+z}$$

를 만족하는 u, v, w, z를 b_1, b_2, b_3에 대한 식으로 써 보아라.

(b) $[b_1, b_2, b_3, b_4, B]$에 대해 (a)와 같이 해 보아라.

(c) (a)와 (b)의 답을 살펴 보아라. u, v, w, z에 대한 표현이 낯익은가? [도움말. 결과들을 $[b_1, b_2]$, $[b_1, b_2, b_3]$, $[b_1, b_2, b_3, b_4]$와 비교해 보자. 이들은 $[b_1, b_2, b_3, \ldots]$의 근사분수이다. 또한 표 47.2를 살펴 보자.]

(d) 보다 일반적으로, 연분수 $[b_1, b_2, \ldots, b_m, B]$는 다음과 같이 정리될 때,

$$[b_1, b_2, b_3, \ldots, b_m, B] = \frac{u_mB+v_m}{w_mB+z_m}$$

u_m, v_m, w_m, z_m는 $[b_1, b_2, b_3, \ldots, b_{m-1}]$과 $[b_1, b_2, b_3, \ldots, b_m]$의 근사분수로 어떻게 표현되는지 설명하여라. 그리고 독자의 표현이 맞는지 증명하여라.

48.4. 성질 48.1은 $[a, \overline{b}]$ 형태의 연분수 표현을 갖는 수에 대해 설명한다.

(a) 비슷한 계산을 통해 연분수 표현이 $[a, \overline{b, c}]$인 수를 찾아 보아라.

(b) 독자의 공식에서 $b = c$로 놓았을 때 성질 48.1과 같은 결과를 얻을 수 있는가? [만일 "아니라면," (a)에서 실수한 것이다!]

(c) (a)에서 구한 수가 정수 s, t, D에 대해 $\frac{s\sqrt{D}}{t}$의 형태를 갖는 a, b, c의 값은 무엇인가?

(d) (a)에서 구한 수가 어떤 정수 D의 제곱근 $\sqrt{D}$과 같은 a, b, c의 값은 무엇인가?

48.5. 정리 48.3에 따르면, $\sqrt{D}$의 연분수 표현이 홀수 주기를 가지면 방정식 $x^2 - Dy^2 = -1$의 해를 찾을 수 있다.

(a) $2 \le D \le 20$을 만족하는 완전제곱수가 아닌 D에 대해, $\sqrt{D}$의 주기가 홀수인 것과 짝수인 것을 구분하여라. 어떤 규칙이 보이는가?

(b) 같은 질문을 $2 \le p \le 40$을 만족하는 소수의 제곱근 $\sqrt{p}$에 대해서도 답해 보아라. (표 48.1을 참고하자.)

(c) $\sqrt{D}$가 홀수 주기를 갖는 D를 무한히 많이 찾아 보고, 각각의 D에 대해 방정식 $x^2 - Dy^2 = -1$의 해를 찾아 보아라. [도움말. 성질 48.1을 살펴 보자.]

(d) $\sqrt{D}$가 짝수 주기를 갖는 D를 무한히 많이 찾아 보아라. [도움말. 연습문제 48.4(d)의 답을 활용해 보자.]

48.6. **(a)** 양의 정수 D를 입력받아 $\sqrt{D}$의 연분수 표현이 $[a, \overline{b_1, \ldots, b_m}]$이 되는 수의 목록 $[a, b_1, \ldots, b_m]$을 출력하는 프로그램을 만들어 보아라. 그리고 이를 이용하여 2와 50 사이의 제곱수가 아닌 D에 대해 $\sqrt{D}$의 연분수 표현의 표를 만들어 보아라.

(b) (a)를 일반화하여 정수 r, s, t, D $(t > 0,\ D > 0)$를 입력받아 다음을 만족하는 $[a_1, \ldots, a_\ell, b_1, \ldots, b_m]$의 목록을 출력하는 프로그램을 만들어 보아라.

$$\frac{r + s\sqrt{D}}{t} = [a_1, \ldots, a_\ell, \overline{b_1, \ldots, b_m}]$$

이를 이용하여 2와 50 사이의 제곱수가 아닌 D에 대해 $(3 + 2\sqrt{D})/5$의 연분수 표현을 표를 만들어 보아라.

48.7. **(a)** 수의 목록 $[b_1, \ldots, b_m]$를 입력받아 완전 순환 연분수 $[\overline{b_1, b_2, \ldots, b_m}]$의 값을 출력하는 프로그램을 만들어 보아라. 출력값은 연분수의 값이 $(r + s\sqrt{D})/t$일 때 (r, s, t, D)의 꼴로 나오도록 하여라.

(b) (a)의 프로그램을 이용하여 다음 연분수의 값을 계산하여라.

$$[\overline{1}],\quad [\overline{1,2}],\quad [\overline{1,2,3}],\quad [\overline{1,2,3,4}],\quad [\overline{1,2,3,4,5}],\quad [\overline{1,2,3,4,5,6}]$$

(c) (a)의 프로그램을 발전시켜 모든 순환 연분수를 다룰 수 있도록 하여라. 즉, 두 개의 수의 목록 $[a_1, \ldots, a_\ell]$과 $[b_1, \ldots, b_m]$을 입력받아 연분수 $[a_1, \ldots, a_\ell, \overline{b_1, b_2, \ldots, b_m}]$의 값을 출력하도록 만들어라.

(d) (c)의 프로그램을 이용하여 다음 연분수의 값을 계산하여라.

$$[6,5,4,3,2,\overline{1}],\quad [6,5,4,3,\overline{1,2}],\quad [6,5,4,\overline{1,2,3}],\quad [6,5,\overline{1,2,3,4}],\quad [6,\overline{1,2,3,4,5}]$$

48.8. 연분수를 이용하여 펠 방정식 $x^2 - Dy^2 = 1$의 해를 구하는 프로그램을 만들어 보아라. 만일 방정식 $x^2 - Dy^2 = -1$의 해가 있다면, 이 방정식의 해의 목록도 출력하도록 만들어 보아라.

(a) 이 프로그램을 이용하여 2와 20 사이의 제곱수가 아닌 D에 대해 펠 방정식을 풀어보아라. 이 결과를 표 32.1 (페이지 246)와 비교하여라.

(b) 이 프로그램을 이용하여 76과 99 사이의 제곱수가 아닌 D에 대해 펠 방정식을 풀어 표를 확장하여라.

48.9. (**어려운 문제**) D가 제곱수가 아닌 양의 정수라고 하자.

(a) $\sqrt{D}$의 연분수 표현이 순환함을 보여라.

(b) 보다 정확하게, $\sqrt{D}$의 연분수 표현이 다음과 같은 꼴임을 보여라.

$$\sqrt{D} = [a, \overline{b_1, b_2, \ldots, b_m}\,]$$

(c) $b_m = 2a$가 성립함을 증명하여라.

(d) 수의 목록 $b_1, b_2, \ldots, b_{m-1}$ 가 대칭적임을, 즉 왼쪽부터 읽으나 오른쪽부터 읽으나 같음을 증명하여라.

48.10. (**어려운 문제**) r, s, t, D가 $D > 0$, $t \neq 0$인 정수라고 하고, 다음 수를 생각해 보자.

$$A = \frac{r + s\sqrt{D}}{t}$$

A의 연분수 표현이 순환함을 증명하여라. [이 문제가 순환 연분수 정리(정리 48.2)의 (b) 부분이다.]

제 49 장

생성함수

적성검사, 지능검사 혹은 초등학교 수학 시험지에는 다음과 같은 문제[1]가 넘쳐 난다.

> 다음 수열에서 이어지는 수는 무엇인가?
> 23, 27, 28, 32, 36, 37, 38, 39, 41, 43, 47, 49,
> 50, 51, 52, 53, 56, 58, 61, 62, 77, 78, ___?

수론에는 흥미로운 수열이 정말 많이 있다. 우리는 이 여정 중에서 많은 예를 만났고, 그 중에는 다음 예[2]도 있었다.

자연수	0, 1, 2, 3, 4, 5, 6, ···
사각수(제곱수)	0, 1, 4, 9, 16, 25, 36, ···
피보나치 수열	0, 1, 1, 2, 3, 5, 8, 13, 21, ···

우리는 수열을 여러 가지 방법으로 표현하는데, 예를 들어

$$s_n = n^2$$

과 같이 일반항으로 정의하거나, 혹은

$$F_n = F_{n-1} + F_{n-2}$$

와 같이 점화식으로 정의하는 경우도 있다.

수열을 정의하는 두 가지 방법 모두 유용하지만, 수열은 수를 끝없이 배열한 것이기 때문에, 수열의 모든 항을 하나의 패키지로 묶어내는 방법이 있다면 좋을 것이다. 우리는 이것들을 모두 담아내는 거듭제곱급수라는 정리상자를 만들려고 한다.

예를 들어, 우리는 자연수 수열 $0,\ 1,\ 2,\ 3,\ \ldots$ 을

$$0 + 1 \cdot x + 2x^2 + 3x^3 + 4x^4 + 5x^5 + \cdots$$

과 같은 거듭제곱급수로 담아낼 수 있고, 피보나치 수열 $0, 1, 1, 2, 3, 5, 8, \cdots$은 거듭제곱급수

$$0 + 1 \cdot x + 1 \cdot x^2 + 2x^3 + 3x^4 + 5x^5 + 8x^6 + \cdots$$

[1]이 문제는 야구 팬을 위한 것이다. 답은 이번 장 맨 뒤에 실려 있다.

[2]이번 장에서는 이러한 흥미로운 수열들이 0에서 시작한다고 생각하는 것이 편리하다.

로 담아낼 수 있다.

일반적으로, 임의의 수열

$$a_0, a_1, a_2, a_3, a_4, a_5, \ldots$$

도 거듭제곱급수

$$A(x) = a_0 + a_1x + a_2x^2 + a_3x^3 + a_4x^4 + a_5x^5 + \cdots$$

로 담아낼 수 있다. 이 거듭제곱급수를 수열 $a_0, a_1, a_2, a_3, \ldots$ 의 생성함수라고 부른다.

다소 번거로운 방법을 사용하여 수열의 항을 한꺼번에 표현한 생성함수에는 어떤 좋은 점이 있을까? 그 답은 함수라는 강력한 단어에 있다. 생성함수 $A(x)$는 변수 x에 대한 함수이다. 다시 말해, 우리는 x에 값을 대입할 수 있고, (만일 운이 좋으면) $A(x)$의 값을 얻을 수 있다. "만일 운이 좋으면"이라 말하는 이유는 – 미적분학을 공부했다면 알겠지만 – 거듭제곱급수는 모든 x에 대해 수렴할 필요는 없기 때문이다.

이러한 아이디어를 구현하기 위해, 우리는 1로만 이루어진 흥미롭지 않은 수열[3] 로 시작해 보자.

$$1, 1, 1, 1, 1, 1, 1, 1, 1, \ldots$$

이 수열의 생성함수 $G(x)$는 다음과 같다.

$$G(x) = 1 + x + x^2 + x^3 + x^4 + x^5 + \cdots$$

미적분학에서 배운 비율 판정법[4] 에 의하면, 이 급수는 다음 조건을 만족할 때 수렴한다.

$$1 > \rho = \lim_{n\to\infty} \left| \frac{x^{n+1}}{x^n} \right| = |x|$$

의심할 여지 없이 독자는 $G(x)$가 등비급수임을 알아챘을 것이고, 그 값도 기억할 것이다. 설마 잊었을지라도, 여기 등비급수의 값을 계산하는 우아한 방법이 있다.

$$\begin{aligned} xG(x) &= x(1 + x + x^2 + x^3 + x^4 + x^5 + \cdots) \\ &= x + x^2 + x^3 + x^4 + x^5 + x^6 + \cdots \\ &= (1 + x + x^2 + x^3 + x^4 + x^5 + x^6 + \cdots) - 1 \\ &= G(x) - 1. \end{aligned}$$

따라서 $xG(x) = G(x) - 1$이 성립하고, $G(x)$에 대해 방정식을 풀면 다음 공식을 얻는다.

$$G(x) = \frac{1}{1-x}$$

이 결과는 다음과 같은 공식을 증명한다.

---

[3]만약 지능 검사에서 이런 수열의 다음 항을 묻는다면, 우리 모두는 IQ 200일 것이다!

[4]비율 판정법에 의하면 급수 $b_0 + b_1 + b_2 + \cdots$ 는 비율의 극한 $\rho = \lim_{n\to\infty} |b_{n+1}/b_n|$이 $\rho < 1$을 만족할 때 수렴한다.

등비급수 공식

$$1 + x + x^2 + x^3 + x^4 + x^5 + \cdots = \frac{1}{1-x} \quad (\text{단, } |x| < 1 \text{ 일 때만 성립한다.})$$

수열 $1, 1, 1, 1, \ldots$ 은 다소 지루하니, 자연수열 $0, 1, 2, 3, \ldots$ 으로 넘어가 보자. 이 수열의 생성함수는

$$N(x) = x + 2x^2 + 3x^3 + 4x^4 + 5x^5 + 6x^6 + \cdots$$

이다. 비율 판정법에 의하면 $N(x)$는 다음을 만족할 때 수렴한다.

$$1 > \rho = \lim_{n\to\infty} \left| \frac{(n+1)x^{n+1}}{nx^n} \right| = |x|$$

우리는 $G(x)$의 경우와 같이, $N(x)$에 대해서도 간단한 공식을 찾고자 한다. 우리는 이를 위해 등비급수 공식

$$1 + x + x^2 + x^3 + x^4 + x^5 + \cdots = \frac{1}{1-x}$$

과 약간의 미적분학을 이용하려 한다. 만일 등비급수 공식의 양변을 미분하면, 다음을 얻는다.

$$\underbrace{0 + 1 + 2x + 3x^2 + 4x^3 + 5x^4 + \cdots}_{\text{만일 } x \text{를 곱하면 } N(x) \text{가 된다.}} = \frac{d}{dx}\left(\frac{1}{1-x}\right) = \frac{1}{(1-x)^2}$$

양변에 x를 곱하면 다음 공식을 얻는다.

$$N(x) = x + 2x^2 + 3x^3 + 4x^4 + 5x^5 + 6x^6 + \cdots = \frac{x}{(1-x)^2}$$

만일 양변을 한 번 더 미분한 후 x를 곱하면, 우리는 수열 $0, 1, 4, 9, 16, 25, \ldots$ 의 생성함수의 공식을 다음과 같이 얻는다.

$$S(x) = x + 4x^2 + 9x^3 + 16x^4 + 25x^5 + 36x^6 + \cdots$$

따라서 다음이 성립한다.

$$x\frac{dN(x)}{dx} = x\frac{d}{dx}(x + 2x^2 + 3x^3 + 4x^4 + \cdots) \quad = x\frac{d}{dx}\left(\frac{x}{(1-x)^2}\right)$$

$$S(x) = x + 4x^2 + 9x^3 + 16x^4 + 25x^5 + \cdots = \frac{x + x^2}{(1-x)^3}$$

이제 피보나치 수열과 그 생성함수

$$F(x) = F_1x + F_2x^2 + F_3x^3 + F_4x^4 + F_5x^5 + F_6x^6 + \cdots$$

$$= x + x^2 + 2x^3 + 3x^4 + 5x^5 + 8x^6 + 13x^7 + \cdots$$

로 넘어가 보자. 어떻게 하면 $F(x)$의 쉬운 표현을 찾을 수 있을까? 이전에 사용한 미분하는 기교는 통하지 않는 것 같으므로, 대신 점화식

$$F_n = F_{n-1} + F_{n-2}$$

을 활용해 보자. 즉 우리는 F_3을 $F_2 + F_1$로 대치하고, F_4를 $F_3 + F_2$로 대치할 수 있으며, 이러한 방식으로 $F(x)$를 다음과 같이 쓸 수 있다.

$$\begin{aligned} F(x) &= F_1x + F_2x^2 + \quad F_3x^3 \quad + \quad F_4x^4 \quad + \quad F_5x^5 \quad + \cdots \\ &= F_1x + F_2x^2 + (F_2 + F_1)x^3 + (F_3 + F_2)x^4 + (F_4 + F_3)x^5 + \cdots \end{aligned}$$

처음 두 항을 잠깐 무시하면, 우리는 나머지 항을 다음과 같은 방법으로 정리할 수 있다.

이 항을 묶고

$$(F_2 + F_1)x^3 + (F_3 + F_2)x^4 + (F_4 + F_3)x^5 + (F_5 + F_4)x^6 + \ldots.$$

이 항을 묶고

이 방법으로 다음 공식을 얻는다.

$$\begin{aligned} F(x) = F_1x + F_2x^2 &+ \left\{F_1x^3 + F_2x^4 + F_3x^5 + F_4x^6 + \cdots\right\} \\ &+ \left\{F_2x^3 + F_3x^4 + F_4x^5 + F_5x^6 + \cdots\right\} \end{aligned}$$

이제 첫 번째 중괄호로 묶인 급수는 처음 갖고 있던 생성함수 $F(x)$와 거의 같다 – 더 정확히 말하면, 이 급수는 $x^2F(x)$와 같다. 마찬가지로, 두 번째 중괄호로 묶인 급수는 $xF(x)$에서 첫 항 F_1x^2을 제외한 것과 같다. 다시 말해,

$$\begin{aligned} F(x) &= F_1x + F_2x^2 + \{F_1x^3 + F_2x^4 + \cdots\} + \{F_2x^3 + F_3x^4 + \cdots\} \\ &= F_1x + F_2x^2 + x^2\{\underbrace{F_1x + F_2x^2 + \cdots}_{F(x)\text{와 같다}}\} + x\{\underbrace{F_2x^2 + F_3x^3 + \cdots}_{F(x) - F_1x\text{와 같다}}\}. \end{aligned}$$

이제 $F_1 = 1$, $F_2 = 1$을 대입하면, 우리는 다음 식을 얻는다.

$$\begin{aligned} F(x) &= x + x^2 + x^2F(x) + x\big(F(x) - x\big) \\ &= x + x^2F(x) + xF(x) \end{aligned}$$

주어진 $F(x)$에 대한 방정식을 풀면, 우리는 다음과 같은 아름다운 공식을 얻는다.

피보나치 생성함수 공식

$$x + x^2 + 2x^3 + 3x^4 + 5x^5 + 8x^6 + \cdots = \frac{x}{1 - x - x^2}$$

우리는 피보나치 생성함수에 대한 공식과 미적분학에서 배운 부분 분수를 조합하여 피보나치 수열의 n번째 항에 대한 비네의 공식(정리 39.1)을 다시 유도할 수 있다.

첫 단계는 이차방정식의 근의 공식을 사용하여 다항식 $1-x-x^2$의 해를 찾는 것이다. 해는 $\frac{-1\pm\sqrt{5}}{2}$이고,

$$\alpha = \frac{1+\sqrt{5}}{2}, \qquad \beta = \frac{1-\sqrt{5}}{2}$$

라 하면, $\alpha\beta = -1$이다.[5] 이를 통해 다항식을 다음과 같이 인수분해할 수 있다.

$$1-x-x^2 = (1-\alpha x)(1-\beta x)$$

부분 분수의 아이디어는 함수 $\dfrac{x}{1-x-x^2}$ 를 나누어 다음과 같은 두 분수의 합으로 만들어 주는 것이다.

$$\frac{x}{1-x-x^2} = \frac{A}{1-\alpha x} + \frac{B}{1-\beta x}$$

여기서 우리는 A와 B의 정확한 값을 알 필요가 있다. 이를 위해 양변에 $1-x-x^2$를 곱해 분모를 없애면 다음을 얻는다.

$$x = A(1-\beta x) + B(1-\alpha x)$$

[$1-x-x^2 = (1-\alpha x)(1-\beta x)$였음을 기억하자.] 이를 정리하면

$$x = (A+B) - (A\beta + B\alpha)x$$

를 얻는다. 왼쪽의 다항식 x와 오른쪽의 다항식을 같게 만드려면, 우리는 다음을 만족하는 A와 B를 골라야 한다.

$$0 = A + B$$

$$1 = -A\beta - B\alpha$$

미지수 A와 B에 대한 연립방정식을 푸는 것은 쉽다. (α와 β는 특정 값이었음을 기억하자.) 우리는

$$A = \frac{1}{\alpha-\beta}, \qquad B = \frac{1}{\beta-\alpha}$$

를 찾을 수 있고, $\alpha = (1+\sqrt{5})/2$, $\beta = (1-\sqrt{5})/2$임을 활용하면

$$A = \frac{1}{\sqrt{5}}, \qquad B = -\frac{1}{\sqrt{5}}$$

[5]황금비(페이지 325)가 갑자기 나타났다. 우리는 39장에서 황금비와 피보나치 수열이 관계가 있음을 보았으므로 새삼 놀라운 일은 아니다.

를 얻는다. 요약하자면, 우리는 다음과 같은 부분 분수 분해를 찾았다.

$$\frac{x}{1-x-x^2} = \frac{1}{\sqrt{5}}\left(\frac{1}{1-\alpha x}\right) - \frac{1}{\sqrt{5}}\left(\frac{1}{1-\beta x}\right)$$

이는 별거 아닌 것 같이 보이지만, 복잡한 함수 $x/(1-x-x^2)$를 보다 간단한 두 개의 함수의 합으로 표현할 수 있게 해주므로 실제로는 큰 발전이다. 만일 이 책이 미적분학 교재라면, 저자는 부정적분 $\int \frac{x}{1-x-x^2}\,dx$를 계산하라고 요청할 것이고, 독자는 부분 분수를 사용하여 다음과 같이 계산할 것이다.

$$\begin{aligned}\int \frac{x}{1-x-x^2}\,dx &= \frac{1}{\sqrt{5}}\int \frac{dx}{1-\alpha x} - \frac{1}{\sqrt{5}}\int \frac{dx}{1-\beta x} \\ &= \frac{-1}{\sqrt{5}\,\alpha}\log|1-\alpha x| + \frac{1}{\sqrt{5}\,\beta}\log|1-\beta x| + C\end{aligned}$$

하지만, 우리의 주제는 미적분학이 아니라, 수론이다. 그래서 우리는 부분 분수의 두 부분을 다음과 같이 등비급수를 이용하여 전개할 수 있음을 관찰하자.

$$\begin{aligned}\frac{1}{1-\alpha x} &= 1 + \alpha x + (\alpha x)^2 + (\alpha x)^3 + (\alpha x)^4 + \cdots \\ \frac{1}{1-\beta x} &= 1 + \beta x + (\beta x)^2 + (\beta x)^3 + (\beta x)^4 + \cdots\end{aligned}$$

이를 통해 우리는 함수 $x/(1-x-x^2)$를 다음과 같은 거듭제곱급수로 쓸 수 있다.

$$\begin{aligned}\frac{x}{1-x-x^2} &= \frac{1}{\sqrt{5}}\left(\frac{1}{1-\alpha x}\right) - \frac{1}{\sqrt{5}}\left(\frac{1}{1-\beta x}\right) \\ &= \frac{\alpha-\beta}{\sqrt{5}}x + \frac{\alpha^2-\beta^2}{\sqrt{5}}x^2 + \frac{\alpha^3-\beta^3}{\sqrt{5}}x^3 + \cdots\end{aligned}$$

한편, $x/(1-x-x^2)$가 피보나치 수열의 생성함수임을 알고 있으므로,

$$\frac{x}{1-x-x^2} = F_1x + F_2x^2 + F_3x^3 + F_4x^4 + F_5x^5 + F_6x^6 + \cdots$$

이다. 따라서 $x/(1-x-x^2)$의 두 급수를 비교하여 다음을 얻는다.

$$F_1 = \frac{\alpha-\beta}{\sqrt{5}}, \quad F_2 = \frac{\alpha^2-\beta^2}{\sqrt{5}}, \quad F_3 = \frac{\alpha^3-\beta^3}{\sqrt{5}}, \ldots$$

α와 β의 값을 대입하면, 우리는 피보나치 수열의 n번째 항에 대한 비네의 공식(정리 39.1)을 다시 얻게 된다.

비네의 공식

$$F_n = \frac{1}{\sqrt{5}}\left\{\left(\frac{1+\sqrt{5}}{2}\right)^n - \left(\frac{1-\sqrt{5}}{2}\right)^n\right\}$$

비네의 공식에 등장하는 두 수는 대략 다음과 같다.

$$\alpha = \frac{1+\sqrt{5}}{2} \approx 1.618034, \qquad \beta = \frac{1-\sqrt{5}}{2} \approx -0.618034$$

$|\beta| < 1$ 임을 확인할 수 있으니, β 의 큰 거듭제곱은 매우 작아진다. 특히 다음이 성립한다.

$$F_n = \frac{1}{\sqrt{5}}\left(\frac{1+\sqrt{5}}{2}\right)^n \text{ 에 가장 가까운 정수}$$
$$\approx (0.447213\ldots) \times (1.61803\ldots)^n$$

예를 들어,

$$F_{10} \approx 55.003636\ldots, \qquad F_{25} \approx 75024.999997334\ldots$$

인데, 이 값들은 정확한 값 $F_{10} = 55$ 와 $F_{25} = 75025$ 에 정말로 정말로 가까운 값이다!

연습문제

49.1. **(a)** 짝수 $0, 2, 4, 6, 8, \cdots$ 의 수열에 대한 생성함수 $E(x)$ 의 간단한 식을 찾아라.

(b) 홀수 $1, 3, 5, 7, 9, \cdots$ 의 수열에 대한 생성함수 $J(x)$ 의 간단한 식을 찾아라.

(c) $E(x^2) + xJ(x^2)$ 은 무엇과 같은가? 왜 그럴까?

49.2. 다음 수열에 대한 생성함수의 간단한 식을 찾아라.

$$a, \quad a+m, \quad a+2m, \quad a+3m, \quad a+4m, \ldots$$

(만일 $0 \le a < m$ 이면, 이 수열은 $a \bmod m$ 을 만족하는 음이 아닌 정수의 수열이다.)

49.3. **(a)** n 번째 항이 n^3 인 수열 $0, 1, 8, 27, 64, \cdots$ 에 대한 생성함수의 간단한 식을 찾아라.

(b) 수열 $0, 1, 16, 81, 256, \cdots$ 에 대한 생성함수의 간단한 식을 찾아라. (이 수열은 n 번째 항이 n^4 인 수열이다.)

(c) 만일 독자가 기호 미분 계산이 가능한 컴퓨터를 쓸 수 있거나 종이와 펜을 가지고 길게 계산하는 것을 좋아한다면, n 번째 항이 n^5 인 수열의 생성함수를 구하여라.

(d) n 번째 항이 n^6 인 수열의 생성함수를 구하여라.

49.4. 거듭제곱급수 $G(x) = 1 + x + x^2 + x^3 + \cdots$ 가 수열 $1, 1, 1, \ldots$ 의 생성함수라고 하자.

(a) 거듭제곱급수 $G(x)^2$ 의 처음 다섯 항의 계수를 계산해 보아라.

(b) 거듭제곱급수 $G(x)^2 - G(x)$ 가 이번 장에서 공부한 다른 거듭제곱급수와 같음을 증명하여라.

49.5. 거듭제곱급수 $T(x) = x + 3x^2 + 6x^3 + 10x^4 + \cdots$ 가 삼각수 $0, 1, 3, 6, 10, \ldots$ 에 대한 생성함수라고 하자. $T(x)$ 의 간단한 표현을 찾아라.

49.6. 이번 문제는 이항계수(38장 참고)로 정의되는 수열의 생성함수를 조사하는 것이다.

(a) n 번째 항이 $\binom{n}{1}$ 인 수열에 대한 생성함수의 간단한 표현을 찾아보아라.

(b) n번째 항이 $\binom{n}{2}$인 수열에 대해서 같은 질문에 답해 보아라.

(c) n번째 항이 $\binom{n}{3}$인 수열에 대해서 같은 질문에 답해 보아라.

(d) 고정된 k에 대해, n번째 항이 $\binom{n}{k}$인 수열에 대한 생성함수의 간단한 표현에 대한 가설을 세워 보아라.

(e) (d)에서 세운 가설이 참임을 증명해 보아라.

49.7. $k \ge 0$인 정수이고, $D_k(x)$가 수열 $0^k, 1^k, 2^k, 3^k, 4^k, \ldots$ 에 대한 생성함수라고 하자. 이번 장에서 우리는

$$D_0(x) = \frac{1}{1-x}, \qquad D_1(x) = \frac{x}{(1-x)^2}, \qquad D_2(x) = \frac{x+x^2}{(1-x)^3}$$

을 계산하였고, 연습문제 49.3에서 다른 예를 더 계산하였다. 이러한 계산 결과들은 $D_k(x)$가 어떤 다항식 $P_k(x)$에 대해

$$D_k(x) = \frac{P_k(x)}{(1-x)^{k+1}}$$

가 성립할 것이라 예측하게 한다.

(a) $D_k(x)$를 $P_k(x)/(1-x)^{k+1}$ 꼴로 쓸 수 있는 다항식 $P_k(x)$가 존재함을 증명하라. [도움말. k에 대한 귀납법을 사용하여라.]

(b) $k = 0, 1, 2, \ldots$에 대한 $P_k(0)$ 값의 목록을 만들고, 이에 대한 가설을 세워라. 그리고 이 가설이 옳음을 증명하여라.

(c) 질문 (b)를 $P_k(1)$에 대해서도 답해 보아라.

(d) 질문 (b)와 (c)를 미분계수 $P_k'(0)$과 $P_k'(1)$에 대해서도 답해 보아라.

(e) 다항식 $P_k(x)$의 다른 규칙을 찾을 수 있는가?

49.8. ϕ는 오일러 파이 함수이고 (11장 참고) p는 소수라 하자. 수열 $\phi(1), \phi(p), \phi(p^2), \phi(p^3), \ldots$ 의 생성함수에 대한 간단한 표현을 찾아보아라.

49.9. 루카스 수열 L_n은 규칙 $L_1 = 1$, $L_2 = 3$과 $L_n = L_{n-1} + L_{n-2}$에 의해 정의되는 수열이다.

(a) 루카스 수열의 처음 열 개의 항을 써 보아라.

(b) 루카스 수열에 대한 생성함수의 간단한 식을 구하라.

(c) 부분 분수 분해 방법을 사용하여 루카스 수열 L_n에 대한 간단한 표현을 구하라. 이는 피보나치 수열 F_n에 대한 비네의 공식과 비슷할 것이다.

49.10. 귀납적으로 정의된 다음 수열에 대해 처음 몇 항을 써 보고, 생성함수에 대한 간단한 공식을 찾아라.

(a) $a_1 = 1$, $a_2 = 2$, $a_n = 5a_{n-1} - 6a_{n-2}$, $n = 3, 4, 5, \ldots$

(b) $b_1 = 1$, $b_2 = 3$, $b_n = 2b_{n-1} - 2b_{n-2}$, $n = 3, 4, 5, \ldots$

(c) $c_1 = 1$, $c_2 = 1$, $c_3 = 1$, $c_n = 4c_{n-1} + 11c_{n-2} - 30c_{n-3}$, $n = 4, 5, 6, \ldots$

49.11. 생성함수와 부분 분수를 이용하여, 본문에서 피보나치 수열의 n번째 항의 공식을 찾은 것처럼, 다음 수열에 대해 n번째 항을 구하는 공식을 찾아보아라. (이 수열들은 이번 문제에서 다루었던 수열이다.) 반드시 독자의 답이 맞는지 처음 몇 개의 n의 값에 대해 확인하여라.

(a) $a_1 = 1$, $a_2 = 2$, $a_n = 5a_{n-1} - 6a_{n-2}$, $n = 3, 4, 5, \ldots$

(b) $b_1 = 1$, $b_2 = 3$, $b_n = 2b_{n-1} - 2b_{n-2}$, $n = 3, 4, 5, \ldots$ [도움말. 복소수가 필요할 수도 있다!]

(c) $c_1 = 1, c_2 = 1, c_3 = 1, c_n = 4c_{n-1} + 11c_{n-2} - 30c_{n-3}, n = 4, 5, 6, \ldots$

49.12. **(a)** 정수 $k \geq 0$를 고정하고, $H_k(x)$가 n번째 항이 $h_n = n^k$인 수열에 대한 생성함수라고 하자. 비율 판정법을 이용하여 생성함수 $H(x)$의 수렴구간을 찾아 보자.

(b) 비율 판정법을 이용하여 피보나치 수열에 대한 생성함수 $F(x)$의 수렴구간을 구해 보자.

49.13. 수열 $a_0, a_1, a_2, a_3, \ldots$는 때로 지수 생성함수

$$a_0 + a_1\frac{x}{1!} + a_2\frac{x^2}{2!} + a_3\frac{x^3}{3!} + a_4\frac{x^4}{4!} + a_5\frac{x^5}{5!} + \cdots$$

로 담아내기도 한다.

(a) 수열 $1, 1, 1, 1, \cdots$의 지수 생성함수는 무엇인가? [도움말. 독자의 답이 왜 이런 종류의 생성함수 이름에 지수라는 단어가 쓰였는지 설명해 줄 것이다.]

(b) 자연수열 $0, 1, 2, 3, \cdots$의 지수 생성함수는 무엇인가?

49.14. $f(x)$가 피보나치 수열의 지수 생성함수라고 하자.

$$f(x) = F_0 + F_1\frac{x}{1!} + F_2\frac{x^2}{2!} + F_3\frac{x^3}{3!} + F_4\frac{x^4}{4!} + F_5\frac{x^5}{5!} + \cdots$$

(a) $f(x)$와 도함수 $f'(x)$, $f''(x)$가 만족하는 간단한 관계를 찾아라.

(b) $f(x)$의 간단한 식을 찾아라.

49.15. 자연수 N에 대해, 다음과 같은 방법으로 수열을 정의해 보자.

$$\begin{aligned} a_0 &= 1^0 + 2^0 + 3^0 + \cdots + N^0 \\ a_1 &= 1^1 + 2^1 + 3^1 + \cdots + N^1 \\ a_2 &= 1^2 + 2^2 + 3^2 + \cdots + N^2 \\ a_3 &= 1^3 + 2^3 + 3^3 + \cdots + N^3 \\ &\vdots \qquad\qquad \vdots \end{aligned}$$

이 수열의 지수 생성함수를 계산해 보아라. (우리는 거듭제곱수의 합에 대해 50장에서 깊이 다룰 것이다.)

페이지 423의 답. 이 장의 시작 부분에 주어진 수열

$$23, 27, 28, 32, 36, 37, 38, 39, 41, 43, 47, 49, 50, 51, 52, 53, 56, 58, 61, 62, 77, 78$$

의 다음 다섯 항은 96, 98, 99, 00, 09이다. 이는 뉴욕 양키스가 월드 시리즈에서 우승한 연도인 1923, 1927, 1928, ⋯, 1977, 1978, 1996, 1998, 1999, 2000, 2009년을 알고 있는 사람들에게는 분명하다. 양키스 팬이 아닌 이들[†]은 더 짧은 수열 03, 12, 15, 16, 18, ___의 다음 다섯 항을 찾는 데 관심이 있을 것 같다. [도움말. 다음 항까지 86년의 간격이 있다.[6]]

[†]이 책의 저자도 양키스의 팬이 아니다. 레드삭스와, 양키스의 상대 팀만 응원하신다.

[6]베이브의 저주라면, 너무 강한 힌트인가?

제 **50** 장

거듭제곱의 합

다음은 n번째 삼각수이다.

$$T_n = 1 + 2 + 3 + 4 + \cdots + n$$

이는 첫 n개의 자연수의 합이다. 우리는 1 장에서 도형을 이용하여 T_n의 간단한 공식

$$T_n = \frac{n(n+1)}{2}$$

을 찾았다. 이 공식은 31장에서 삼각수이면서 동시에 사각수인 수를 설명할 때, 매우 유용했다.

이 공식이 편리한 이유는 n개의 수의 합인 T_n을 n에 대한 다항식으로 표현했기 때문이다. 다시 말해,

$$F(X) = \frac{1}{2}X^2 + \frac{1}{2}X$$

일 때,

$$1 + 2 + 3 + 4 + \cdots + n$$

은 n개의 수를 일일이 더해야 하는 것처럼 보이지만, $F(n)$으로 매우 쉽게 계산할 수 있다.

이제, 처음 n개의 정수를 더하는 대신, 처음 n개의 사각수(제곱수)를 일일이 더한다고 가정해 보자.

$$R_n = 1 + 4 + 9 + 16 + \cdots + n^2$$

처음 몇 개의 값을 표로 만들고, 규칙을 찾아보자.

n	1	2	3	4	5	6	7	8	9	10
R_n	1	5	14	30	55	91	140	204	285	385

값 $R_1, R_2, R_3, \ldots$은 상당히 빠르게 증가하는데, 간단한 규칙이 보이지는 않는다. 이 수에 대해 어떻게 손을 대어야 할지 막막해 보인다. 우리는 조절합(telescoping sum)[†]이라는 방법을 사용할 것이다. 이 방법을 설명하기 위해, 먼저 다음의 쉬운 경우를 살펴보자. 다음 합의 값을 계산한다고 가정하자.

$$S_n = \frac{1}{1 \cdot 2} + \frac{1}{2 \cdot 3} + \frac{1}{3 \cdot 4} + \frac{1}{4 \cdot 5} + \cdots + \frac{1}{(n-1) \cdot n}$$

[†] 제안해주신 서울과학기술대학교 정기인 교수님께 감사드린다.

처음 몇 개의 값을 계산해 보면, 규칙이 수월하게 보인다.

n	2	3	4	5	6	7	8	9	10
S_n	$\frac{1}{2}$	$\frac{2}{3}$	$\frac{3}{4}$	$\frac{4}{5}$	$\frac{5}{6}$	$\frac{6}{7}$	$\frac{7}{8}$	$\frac{8}{9}$	$\frac{9}{10}$

우리는 S_n이 $\frac{n-1}{n}$과 같다고 추측할 수 있지만, 이 추측이 참이라고 어떻게 증명할 수 있을까? 해결의 열쇠는 합의 처음 몇 항을 다음과 같이 쓸 수 있음을 관찰하는 것이다.

$$\frac{1}{1\cdot 2} = 1 - \frac{1}{2}, \qquad \frac{1}{2\cdot 3} = \frac{1}{2} - \frac{1}{3}, \qquad \frac{1}{3\cdot 4} = \frac{1}{3} - \frac{1}{4}$$

더 일반적으로, 합의 i번째 항은 다음과 같다.

$$\frac{1}{i\cdot(i+1)} = \frac{1}{i} - \frac{1}{i+1}$$

따라서 합 S_n은 다음과 같다.

$$\begin{aligned} S_n &= \frac{1}{1\cdot 2} + \frac{1}{2\cdot 3} + \frac{1}{3\cdot 4} + \cdots + \frac{1}{(n-1)\cdot n} \\ &= \left(1 - \frac{1}{2}\right) + \left(\frac{1}{2} - \frac{1}{3}\right) + \left(\frac{1}{3} - \frac{1}{4}\right) + \cdots + \left(\frac{1}{n-1} - \frac{1}{n}\right) \end{aligned}$$

이제 마지막 줄에서 항들을 더할 때 어떻게 되는지 살펴 보자. 첫 항 1에서 시작하여, $-\frac{1}{2}$이 있고, 바로 다음에 $+\frac{1}{2}$이 있으므로 이 두 항은 상쇄된다. 다음, $-\frac{1}{3}$이 있고, 바로 이어서 $+\frac{1}{3}$이 있어 이 두 항도 역시 상쇄된다. 어떻게 합이 "축약되어" (망원경의 경통이 어떻게 다른 경통 안으로 접혀 들어가는지 상상해보자.†) 첫 항과 마지막 항만 남게 되는지 보라. 이로부터 다음 공식을 얻는다.

$$S_n = 1 - \frac{1}{n} = \frac{n-1}{n}$$

이제, 사각수의 합을 계산하는 문제로 돌아오자.

$$R_n = 1^2 + 2^2 + 3^2 + \cdots + n^2$$

세제곱수와 관련된 다음 조절합을 먼저 살펴보자. 그 이유는 조금 뒤에 알게 될 것이다.

$$(n+1)^3 = 1^3 + (2^3 - 1^3) + (3^3 - 2^3) + \cdots + \big((n+1)^3 - n^3\big) \tag{$*$}$$

합의 기호를 이용하면, 우리는 다음과 같이 표현할 수 있다.

$$(n+1)^3 = 1 + \sum_{i=1}^{n}\big((i+1)^3 - i^3\big)$$

† 요즘 문물로 생각한다면, 셀카봉을 추천한다.

이제 이항정리(정리 38.2) 를 이용하여 $(i+1)^3$ 을 전개해 보자.

$$(i+1)^3 = i^3 + 3i^2 + 3i + 1$$

이를 $(*)$에 대입하면, 다음을 얻는다. (i^3 항은 상쇄됨을 유념하자.)

$$(n+1)^3 = 1 + \sum_{i=1}^{n}(3i^2 + 3i + 1)$$

이제, 합을 세 부분으로 나누고, 각각을 따로 더해 보자.

$$\begin{aligned}(n+1)^3 &= 1 + 3\sum_{i=1}^{n} i^2 + 3\sum_{i=1}^{n} i + \sum_{i=1}^{n} 1 \\ &= 1 + 3R_n + 3T_n + n\end{aligned}$$

이미 $T_n = \sum_{i=1}^{n} i$는 $(n^2+n)/2$임을 알고 있으므로, R_n도 알 수 있다.

$$\begin{aligned}R_n &= \frac{(n+1)^3 - n - 1}{3} - T_n \\ &= \frac{n^3 + 3n^2 + 2n}{3} - \frac{n^2 + n}{2} \\ &= \frac{2n^3 + 3n^2 + n}{6}\end{aligned}$$

지금까지 많은 계산에 들인 우리의 노력[†]은 다음의 아름다운 공식으로 충분히 보상받는다.

$$1^2 + 2^2 + 3^2 + \cdots + n^2 = \frac{2n^3 + 3n^2 + n}{6}$$

이 공식이 얼마나 깔끔한지에 주목하자. 만일

$$1^2 + 2^2 + 3^2 + 4^2 + \cdots + 9999^2 + 10000^2$$

의 값을 계산하고 싶다면, 만 개의 항을 더해볼 수도 있다. 하지만, R_n에 대한 공식을 이용하면, 다음 계산만 해보면 된다.

$$R_{10000} = \frac{2 \cdot 10000^3 + 3 \cdot 10000^2 + 10000}{6} = 333{,}383{,}335{,}000$$

이제 심호흡을 하자. 지금부터 우리는 큰 k에 대한 k제곱수의 합에 달려들 것이다. 처음 n개의 k제곱수의 합을

$$F_k(n) = 1^k + 2^k + 3^k + \cdots + n^k$$

[†]'노력'이라고 쓰고 "노오력"이라고 읽는다.

라고 쓰자.

사각수의 합을 계산할 때 매우 유용했던 합의 축약은 고차제곱수의 합에서도 잘 작동한다. 우리는 다음과 같은 조절합으로 시작한다.

$$(n+1)^k = 1^k + (2^k - 1^k) + (3^k - 2^k) + \cdots + \big((n+1)^k - n^k\big)$$

여기에 합의 기호를 사용하면 다음과 같다.

$$(n+1)^k = 1 + \sum_{i=1}^{n} \big((i+1)^k - i^k\big)$$

이전에 했던 것처럼 이항정리(정리 38.2)를 이용하여 $(i+1)^k$를 전개하자.

$$(i+1)^k = \sum_{j=0}^{k} \binom{k}{j} i^j$$

마지막 항($j = k$ 번째 항)이 i^k이므로, 조절합에서 이 항은 상쇄되고 다음 항들만 남는다.

$$(n+1)^k = 1 + \sum_{i=1}^{n} \sum_{j=0}^{k-1} \binom{k}{j} i^j$$

이제 두 합의 순서를 바꾸면, 고차제곱수의 합 $F_0(n), F_1(n), \ldots, F_{k-1}(n)$이 나타남을 볼 수 있다.

$$(n+1)^k = 1 + \sum_{j=0}^{k-1} \binom{k}{j} \sum_{i=1}^{n} i^j = 1 + \sum_{j=0}^{k-1} \binom{k}{j} F_j(n)$$

우리가 모르는 온갖 종류의 값과 관련되어 보이는데, 이 공식의 좋은 점은 무엇일까? 그 답은, $F_0(n), F_1(n), F_2(n), \ldots$이 각각 바로 이전의 값들과 연관되어 있다는 데 있다. 이를 보다 명확히 하기 위해, 합의 마지막 항, $j = k-1$을 끄집어내고, 나머지는 반대쪽으로 이항하자.

$$\binom{k}{k-1} F_{k-1}(n) = (n+1)^k - 1 - \sum_{j=0}^{k-2} \binom{k}{j} F_j(n)$$

여기서 $\binom{k}{k-1} = k$이므로, 양변을 k로 나누면 점화식

$$F_{k-1}(n) = \frac{(n+1)^k - 1}{k} - \frac{1}{k} \sum_{j=0}^{k-2} \binom{k}{j} F_j(n)$$

을 얻는다. 이 식을 점화식이라 하는 이유는 각각의 F_k를 이전 것들의 조합으로 표현해 주기 때문이다. 따라서 이 식은 어떤 면에서 피보나치 수열을 다룰 때(39장) 사용한 점화식과 유사하다. 그보다는 매우매우 복잡하지만.

이 점화식을 이용하여 새로운 고차제곱수의 합의 공식을 찾아 보자. 점화식에서 $k = 4$라고 하면 다음을 얻는다.

$$F_3(n) = \frac{(n+1)^4 - 1}{4} - \frac{1}{4}\left\{\binom{4}{0}F_0(n) + \binom{4}{1}F_1(n) + \binom{4}{2}F_2(n)\right\}$$

당연히 $F_0(n)$은 쉽게 계산된다.

$$F_0(n) = 1^0 + 2^0 + \cdots + n^0 = \underbrace{1 + 1 + \cdots + 1}_{n \text{ 개 항}} = n$$

그리고 이전 학습을 통해 우리는 다음 사실을 이미 알고 있다.

$$F_1(n) = T_n = \frac{n^2+n}{2}, \qquad F_2(n) = R_n = \frac{2n^3+3n^2+n}{6}$$

이 값을 대입하면 다음을 얻는다.

$$\begin{aligned} F_3(n) &= \frac{(n+1)^4 - 1}{4} - \frac{1}{4}\left\{\binom{4}{0}F_0(n) + \binom{4}{1}F_1(n) + \binom{4}{2}F_2(n)\right\} \\ &= \frac{n^4+4n^3+6n^2+4n+1-1}{4} \\ &\qquad\qquad - \frac{1}{4}\left\{n + 4\frac{n^2+n}{2} + 6\frac{2n^3+3n^2+n}{6}\right\} \\ &= \frac{n^4+2n^3+n^2}{4} \end{aligned}$$

결론적으로

$$F_3(n) = 1^3 + 2^3 + 3^3 + \cdots + n^3 = \frac{n^4+2n^3+n^2}{4}$$

이다. 예를 들어, 다음이 성립한다.

$$\begin{aligned} 1^3 + 2^3 + 3^3 + 4^3 + \cdots + 10000^3 &= \frac{10000^4 + 2\cdot 10000^3 + 10000^2}{4} \\ &= 2{,}500{,}500{,}025{,}000{,}000 \end{aligned}$$

고차제곱수의 합을 위한 점화식은 매우 아름다우므로 우리의 발견을 정리의 형식으로 기록한다.

정리 50.1 (고차제곱수의 합 정리)

k가 음이 아닌 임의의 정수라고 하자. 모든 $n = 1, 2, 3, \ldots$ 에 대해

$$F_k(n) = 1^k + 2^k + 3^k + \cdots + n^k$$

을 만족하는 $(k+1)$차 다항식 $F_k(X)$가 존재한다. 이 다항식은 다음 점화식으로 계산할

수 있다.

$$F_{k-1}(X) = \frac{(X+1)^k - 1}{k} - \frac{1}{k}\sum_{i=0}^{k-2}\binom{k}{i}F_i(X)$$

증명 우리는 이전에 고차제곱수의 합을 점화식으로 계산할 수 있음을 보였다. 또한 점화식으로 계산한 고차제곱수의 합이 다항식인 것도 자명한 것이, 고차제곱수의 합은 단순히 다항식 $\frac{(X+1)^k-1}{k}$에 이전 결과의 적당한 상수배를 더한 것이기 때문이다.

이제 남은 것은 $F_k(X)$의 차수가 $(k+1)$임을 증명하는 것이다. 우리는 이를 위해 수학적 귀납법을 쓰려고 한다. 귀납법을 사용하기 위해, 먼저 $F_0(X) = X$의 차수가 맞는지 확인하자. 이제, $k = 0, 1, 2, \ldots, m-1$일 때 $F_k(X)$의 차수가 $k+1$라고 가정하자. 다시 말해, m보다 작은 모든 k에 대해 증명을 마쳤다고 가정하자. 이제 $k = m+1$일 때 점화식을 이용하여 계산하면 다음을 얻는다.

$$F_m(X) = \frac{(X+1)^{m+1} - 1}{m+1} - \frac{1}{m+1}\sum_{i=0}^{m-1}\binom{m+1}{i}F_i(X)$$

첫 부분을 전개하면 다음과 같이 시작한다.

$$\frac{(X+1)^{m+1} - 1}{m+1} = \frac{1}{m+1}X^{m+1} + \cdots$$

한편, 귀납법 가정에 의해 $i = 0, 1, \ldots, m-1$인 경우 $F_i(X)$의 차수는 $i+1$이다. 이 사실은 첫 부분에 있는 X^{m+1}가 뒤의 어느 항에 의해서도 상쇄되지 않음을 증명한다. 따라서 $F_m(X)$의 차수는 $m+1$이어야 하고, 이로써 귀납적 증명을 완성하였다. □

우리는 다음과 같은 고차제곱수의 합 다항식을 계산해 보았다.

$$F_1(X) = \frac{1}{2}(X^2 + X)$$

$$F_2(X) = \frac{1}{6}(2X^3 + 3X^2 + X)$$

$$F_3(X) = \frac{1}{4}(X^4 + 2X^3 + X^2)$$

이제 독자가 다음 고차제곱수의 합 다항식을 예상해 볼 차례이므로, 연습문제 50.2를 펼치고, 점화식을 이용해 $F_4(X)$와 $F_5(X)$를 계산해 보아라. 답이 맞는지 확인해 보는 것도 잊지 마시고.

혹시라도 저자는 쉬운 것만 하고 독자에게는 어려운 것만 준다고 오해하지 않도록, 그 다음 고차제곱수의 합 다항식을 소개한다.

$$F_6(X) = \frac{1}{42}(6X^7 + 21X^6 + 21X^5 - 7X^3 + X)$$

$$F_7(X) = \frac{1}{24}(3X^8 + 12X^7 + 14X^6 - 7X^4 + 2X^2)$$

$$F_8(X) = \frac{1}{90}\left(10X^9 + 45X^8 + 60X^7 - 42X^5 + 20X^3 - 3X\right)$$

$$F_9(X) = \frac{1}{20}\left(2X^{10} + 10X^9 + 15X^8 - 14X^6 + 10X^4 - 3X^2\right)$$

$$F_{10}(X) = \frac{1}{66}\left(6X^{11} + 33X^{10} + 55X^9 - 66X^7 + 66X^5 - 33X^3 + 5X\right)$$

독자는 이 목록을 이용하여 규칙을 찾고, 가설을 시험해 볼 수 있을 것이다.

삼차원 모양의 수

수론과 기하가 연관된 이전 학습에서, 우리는 삼각수와 사각수(1장과 31장), 짝수인 오각수 (연습문제 31.4) 등 여러가지 모양과 관련된 수에 대해 알아보았다.

삼각형, 사각형, 오각형은 평면도형이다. 즉 평면 위에 놓여진다. 한편 우리는 삼차원 세계에 살고 있으니, 이제 삼차원 모양의 수에 대해 살펴 보자. 밑면이 삼각형인 피라미드를 그림 50.1과 같이 만들어보자.

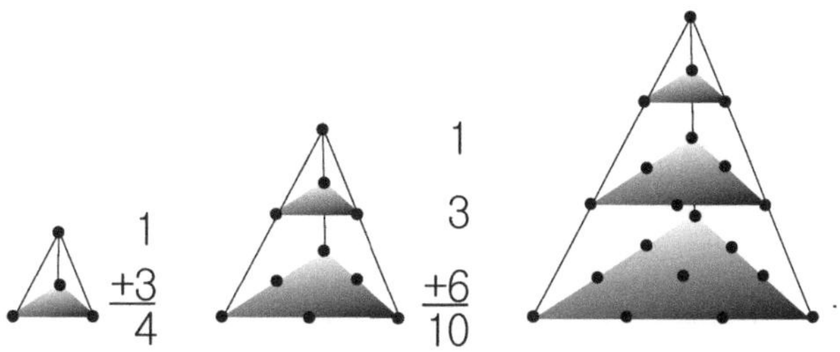

그림 50.1. 사면체 수 $\mathbb{T}_2 = 4$, $\mathbb{T}_3 = 10$, $\mathbb{T}_4 = 20$

이러한 입체도형을 일컫는 예쁜 수학용어는 사면체이다. 우리는 n번째 사면체 수를 n개의 층이 있는 사면체를 이루는 점의 수로 정의하고, 다음과 같이 표기한다.

$$\mathbb{T}_n = n\text{번째 사면체 수}$$

그림 50.1을 보면, 다음을 확인할 수 있다.

$$\mathbb{T}_1 = 1, \qquad \mathbb{T}_2 = 4, \qquad \mathbb{T}_3 = 10, \qquad \mathbb{T}_4 = 20$$

그림은 어떻게 사면체 수가 이루어지는지 보여 준다.

$$\begin{aligned}
\mathbb{T}_1 &= 1 \\
\mathbb{T}_2 &= 4 = 1 + 3 \\
\mathbb{T}_3 &= 10 = 1 + 3 + 6 \\
\mathbb{T}_4 &= 20 = 1 + 3 + 6 + 10
\end{aligned}$$

다섯 번째 사면체 수를 만들기 위해서는 이전 사면체의 바닥에 하나의 삼각형을 추가할 필요가 있다. 다시 말해, 우리는 이전 사면체 수에 다음 삼각수를 더하면 된다. 이 설명이 잘 이해되지 않는다면, $\mathbb{T}_4$가 처음 네 개의 삼각수 1, 3, 6, 10을 더하여 만들어지는 모습을 살펴 보아라. 따라서 $\mathbb{T}_5$는 $\mathbb{T}_4$에 다섯 번째 삼각수 $T_5 = 15$를 더해 다음과 같이 만든다.

$$\mathbb{T}_5 = \mathbb{T}_4 + T_5 = (1 + 3 + 6 + 10) + 15 = 35$$

일반적으로 n번째 사면체 수는 처음 n개의 삼각수의 합이 된다.

$$\mathbb{T}_n = T_1 + T_2 + T_3 + \cdots + T_n$$

우리는 n번째 삼각수를 다음과 같이 계산할 수 있으니

$$T_n = \frac{n^2 + n}{2}$$

사면체 수의 공식은 다음과 같이 더해서 찾을 수 있다.

$$\mathbb{T}_n = \sum_{j=1}^{n} T_j = \sum_{j=1}^{n} \frac{j^2 + j}{2} = \frac{1}{2}\sum_{j=1}^{n} j^2 + \frac{1}{2}\sum_{j=1}^{n} j$$

계산을 완결하기 위해 거듭제곱수의 합의 공식, 특히 제곱수의 합의 공식을 이용하면 다음과 같이 계산할 수 있다.

$$\mathbb{T}_n = \frac{1}{2}\left(\frac{2n^3 + 3n^2 + n}{6}\right) + \frac{1}{2}\left(\frac{n^2 + n}{2}\right) = \frac{n^3 + 3n^2 + 2n}{6}$$

흥미롭게도 사면체 수 다항식은 다음과 같이 인수분해 됨을 확인할 수 있다.

$$\mathbb{T}_n = \frac{n(n+1)(n+2)}{6}$$

따라서 n번째 삼각수와 n번째 사면체 수는 이항계수를 이용하여 표현할 수 있다.

$$T_n = \binom{n+1}{2}, \qquad \mathbb{T}_n = \binom{n+2}{3}$$

다시 말해, n번째 2차원 피라미드(삼각형)는 $\binom{n+1}{2}$개의 점을, n번째 3차원 피라미드(사면체)는 $\binom{n+2}{3}$개의 점을 갖는다. 그럼 4차원 피라미드를 채우기 위해서는 얼마나 많은 점이 필요하다고 생각하는가?

연습문제

50.1. 본문에서 우리는 $S_n = \frac{1}{1\cdot 2} + \frac{1}{2\cdot 3} + \frac{1}{3\cdot 4} + \frac{1}{4\cdot 5} + \cdots + \frac{1}{(n-1)\cdot n}$이 $\frac{n-1}{n}$과 같음을 보이기 위해 조절합을 이용하였다. 귀납법을 이용하여 이 공식의 다른 증명을 만들어 보아라.

50.2. **(a)** 점화식을 이용하여 다항식 $F_4(X)$를 계산해 보아라. $F_4(1)$, $F_4(2)$, $F_4(3)$를 계산하여 그 값이 각각 1, $1 + 2^4 = 17$, $1 + 2^4 + 3^4 = 98$과 같은지 확인하여 답을 점검하여라.

(b) $F_5(X)$를 찾고, (a)에서처럼 그 답을 점검하여라.

50.3. **(a)** $F_k(X)$의 최고차항의 계수가 $\frac{1}{k+1}$임을 보여라. 다시 말해, $F_k(X)$가 다음과 같음을 보여라.

$$F_k(X) = \frac{1}{k+1}X^{k+1} + aX^k + bX^{k-1} + \cdots$$

(b) $F_k(X)$의 최고차 다음 항의 계수(X^k의 계수)에 대한 비슷한 공식을 찾아 보아라.

(c) $F_k(X)$의 X^{k-1}의 계수의 공식을 찾아 보아라.

50.4. **(a)** $F_k(0)$의 값은 무엇인가?

(b) $F_k(-1)$의 값은 무엇인가?

(c) p가 소수이고 $p-1 \nmid k$일 때, 다음이 성립함을 보여라.

$$1^k + 2^k + \cdots + (p-1)^k \equiv 0 \pmod{p}$$

만일 $p-1$이 k을 나눈다면, 위의 값은 얼마인가?

(d) $F_k(-1/2)$의 값은 무엇인가? 구체적으로 $F_k(-1/2)$의 값을 추측할 수 있는 k의 값을 많이 찾아 보아라. (그리고 맞는지 증명해 보아라.)

50.5. 다음과 같은 놀라운 사실을 증명해 보아라.

$$(1+2+3+\cdots+n)^2 = 1^3 + 2^3 + 3^3 + \cdots + n^3$$

50.6. 다항식 $F_k(X)$의 모든 계수는 유리수이다. 우리는 적당한 정수를 곱해 모든 분모를 없애려고 한다. 예를 들어,

$$F_1(X) = \tfrac{1}{2}X^2 + \tfrac{1}{2}X, \quad F_2(X) = \tfrac{1}{3}X^3 + \tfrac{1}{2}X^2 + \tfrac{1}{6}X$$

이므로 $2 \cdot F_1(X)$와 $6 \cdot F_2(X)$는 모두 정수 계수를 갖는다.

(a) 다항식

$$(k+1)! \cdot F_k(X)$$

는 정수 계수를 가짐을 보여라.

(b) 이번 장의 예를 보면, $(k+1)!$이 $F_k(X)$의 계수의 분모를 모두 없애는 데 필요한 값보다 훨씬 크다는 것은 자명해 보인다. 실제 분모의 규칙을 찾을 수 있겠는가?

50.7. 한 변이 n개의 점으로 이루어진 정사각형을 밑면으로 하는 피라미드를 만드는 데 $F_2(n)$개의 점이 필요하다고 하자, 즉 $F_2(n)$은 n번째 사각 피라미드 수이다. 31장에서 우리는 삼각수이자 사각수인 수를 무한히 많이 찾았다. 사면체 수이자 사각 피라미드 수인 예를 찾아 보아라. 이런 수는 유한할까 아니면 무한할까?

50.8. **(a)** 처음 n개의 사면체 수의 합의 간단한 표현을 찾아보아라.

$$\mathbb{T}_1 + \mathbb{T}_2 + \mathbb{T}_3 + \cdots + \mathbb{T}_n$$

(b) (a)의 답을 하나의 이항계수로 표현하여라.

(c) 다음 문장을 이해하고 설명해 보아라. "수 $\mathbb{T}_1 + \mathbb{T}_2 + \cdots + \mathbb{T}_n$는 4차원 피라미드 모양을 만드는 데 필요한 점의 수이다."

50.9. n번째 삼각수 T_n은 이항계수 $\binom{n+1}{2}$와 같고, n번째 사각수 $\mathbb{T}_n$은 이항계수 $\binom{n+2}{3}$과 같다. 이는 공식 $\mathbb{T}_n = T_1 + T_2 + \cdots + T_n$이 이항계수를 이용하여 다음과 같이 쓸 수 있다.

$$\binom{2}{2} + \binom{3}{2} + \binom{4}{2} + \cdots + \binom{n+1}{2} = \binom{n+2}{3}$$

(a) 파스칼의 삼각형(38장 참고)에서 $\binom{2}{2}, \binom{3}{2}, \ldots, \binom{6}{2}$에 동그라미를 그리고, 이들의 합 $\binom{7}{3}$에 네모를 그려서, $n = 5$일 때의 공식을 설명하여라.

(b) 공식 $1 + 2 + 3 + \cdots + n = T_n$을 이항계수를 사용하여 쓰고, $n = 5$일 때의 공식을 (a)에서 사용한 파스칼의 삼각형을 이용하여 설명하여라. [도움말. $\binom{n}{1} = n$.]

(c) 이 공식을 일반화하여 이항계수$\binom{r}{r}, \binom{r+1}{r}, \ldots$의 합을 이항계수를 사용하여 써 보아라.

(d) (c)의 공식이 맞음을 증명하여라.

50.10. 이 연습문제와 다음 문제는 이번 장에서 학습한 k제곱수의 합의 정확한 공식을 도출한다. (제2 종) 스털링 수(Stirling number of the second kind) $S(k, j)$는 다음 다항식을 만족하는 정수이다.

$$x^k = \sum_{j=0}^{k} S(k,j)x(x-1)(x-2)\cdots(x-j+1)$$

예를 들어, $k = 1$이면 $x = S(1,0) + S(1,1)x$ 이므로

$$S(1,0) = 0, \quad S(1,1) = 1$$

이다. 비슷하게, $k = 2$이면

$$\begin{aligned} x^2 &= S(2,0) + S(2,1)x + S(2,2)x(x+1) \\ &= S(2,0) + (S(2,1) + S(2,2))x + S(2,2)x^2 \end{aligned}$$

이므로

$$S(2,0) = 0, \quad S(2,2) = 1, \quad S(2,1) = -1$$

이다.

(a) $j = 0, 1, 2, 3$에 대해 $S(3, j)$의 값과 $j = 0, 1, 2, 3, 4$에 대해 $S(4, j)$의 값을 계산하여라.

(b) 스털링 수가 다음 점화식을 만족함을 보여라.

$$S(k,j) = S(k,j-1) + jS(k,j)$$

(c) 스털링 수가 다음 공식에 의해 정의됨을 보여라.

$$S(k,j) = \frac{1}{j!}\sum_{i=0}^{j}(-1)^{j-i}\binom{j}{i}i^k$$

50.11. 다음과 같이 k제곱수의 합은 이전에 정의한 스털링 수를 이용한 공식으로 표현할 수 있음을 증명하여라.

$$1^k + 2^k + \cdots + n^k = \sum_{j=0}^{k} \frac{S(k,j)}{j+1}(n+1)n(n-1)(n-2)\cdots(n-j+1)$$

50.12 (미적분학을 아는 독자를 위해). $P_0(x)$가 다음과 같이 정의되는 다항식이라고 하자.

$$P_0(x) = 1 + x + x^2 + x^3 + \cdots + x^{n-1}$$

그리고

$$P_1(x) = \frac{d}{dx}\big(xP_0(x)\big), \quad P_2(x) = \frac{d}{dx}\big(xP_1(x)\big), \quad \text{그리고... 그리고...}$$

(a) $P_k(x)$는 어떤 식 같은가? $P_k(1)$의 값은 얼마인가? [도움말. 답은 이번 장에서 다룬 내용과 관계가 있다.]

(b) 다항식 $P_0(x)$는 14장에서 사용한 등비급수이다. 등비급수의 공식이 $x \neq 1$이면 $P_0(x) = (x^n - 1)/(x-1)$임을 상기해 보자. 이때 극한

$$\lim_{x \to 1} \frac{x^n - 1}{x - 1}$$

을 구하고, 그 값이 $P_0(1)$과 같음을 확인하여라. [도움말. 로피탈의 정리를 사용하여라.]

(c) 미분을 이용하여 $P_1(x)$의 공식을 찾아라.

$$P_1(x) = \frac{d}{dx}\left(x\frac{x^n - 1}{x-1}\right)$$

(d) (c)의 공식에 대해 $x \to 1$일 때의 극한을 계산하여라. 이 결과가 왜 $1 + 2 + \cdots + n$ 값에 대한 새로운 증명을 제공하는지 설명하여라.

(e) (c)의 공식에서 시작하여, 질문 (c)와 (d)를 $P_2(x)$에 대한 공식과 $x \to 1$일 때의 $P_2(x)$의 극한에 대해 답하여라.

(f) (e)의 공식에서 시작하여, 질문 (c)와 (d)를 $P_3(x)$에 대한 공식과 $x \to 1$일 때의 $P_3(x)$의 극한에 대해 답하여라.

50.13. $k(\geq 0)$를 정수라고 하고, $F_k(n) = 1^k + 2^k + \cdots + n^k$을 이번 장에서 학습한 k제곱수의 합이라고 하자. 그리고

$$\begin{aligned} A(x) &= \text{수열 } F_k(0), F_k(1), F_k(2), F_k(3), \ldots \text{의 생성함수} \\ &= F_k(1)x + F_k(2)x^2 + F_k(3)x^3 + \cdots \\ B(x) &= \text{수열 } 0^k, 1^k, 2^k, 3^k, \ldots \text{의 생성함수} \\ &= x + 2^k x^2 + 3^k x^3 + 4^k x^4 + \cdots \end{aligned}$$

라고 하자. $A(x)$와 $B(x)$의 간단한 표현을 찾아라.

더 읽을거리

독자들이 수론을 계속 공부하는 것을 도와줄 도서들을 몇 권 소개하고자 한다.

The Higher Arithmetic, H. Davenport, Cambridge University Press, Cambridge, 1952 (7th edition, 1999).
이 책에서 다룬 내용과 많이 겹치지만, 더 엄밀하게 설명되어 있는 아름다운 수론 입문서. 강추.

다음 네 권의 책은 수론의 대표적인 입문 서적들이다. 이 입문서들은 우리가 배운 내용보다 많은 내용을 다루고 있다. Ireland와 Rosen의 책은 추상대수학(abstract algebra)의 개념들을 사용한다.

An Introduction to the Theory of Numbers, G.H. Hardy and E.M. Wright, Oxford University Press, London, 1938 (6th edition, 2008).

A Classical Introduction to Modern Number Theory, K. Ireland and M. Rosen, Springer–Verlag, NY, 1982 (2nd edition, 1990).

An Introduction to the Theory of Numbers, I. Niven, H. Zuckerman, and H. Montgomery, John Wiley & Sons, NY, 1960 (5th edition, 1991).

A Course in Number Theory, H.E. Rose, Clarendon Press, Oxford, 1988 (2nd edition, 1994).

다음 책들은 특정 주제를 보다 심도 있게 다루고 있다.

The Little Book of Primes, P. Ribenboim, Springer–Verlag, NY, 1991.
모든 형태와 크기의 소수들과의 즐거운 만남

13 Lectures on Fermat's Last Theorem, P. Ribenboim, Springer–Verlag, NY, 1979.
페르마의 마지막 정리와 관련된 수 세기 동안의 연구를 소개하고 있지만 와일스의 놀라운 증명은 포함되어 있지 않다.

An Introduction to Mathematical Cryptography, J. Hoffstein, J. Pipher, and J.H. Silverman, Springer–Verlag, NY, 2008.
공개키 암호와 개별키 암호 시스템을 그 배경이 되는 대수학과 수론에 대한 설명과 함께 다룬 책.

Introduction to Analytic Number Theory, T. Apostol, Springer–Verlag, NY, 1976.
미적분학에서 배운 방법을 통해서 수론을 공부.

Rational Points on Elliptic Curves, J.H. Silverman and J. Tate, Springer–Verlag, NY, 1992.
모델, 하세, 지겔 정리의 특별한 경우에 대한 증명을 포함하고 있는 수론과 타원곡선 관련 책

부록 A

작은 합성수의 인수분해

다음 표는 $2, 3, 5$로는 나누어지지 않는 작은 합성수의 인수분해 목록이다. 이 표를 활용하려면, 주어진 수를 $2, 3, 5$의 거듭제곱으로 나눠 더이상 그런 약수가 없도록 만든 뒤,[1] 이 표에서 찾아도록 하자.

$49 = 7^2$	$77 = 7 \cdot 11$	$91 = 7 \cdot 13$	$119 = 7 \cdot 17$
$121 = 11^2$	$133 = 7 \cdot 19$	$143 = 11 \cdot 13$	$161 = 7 \cdot 23$
$169 = 13^2$	$187 = 11 \cdot 17$	$203 = 7 \cdot 29$	$209 = 11 \cdot 19$
$217 = 7 \cdot 31$	$221 = 13 \cdot 17$	$247 = 13 \cdot 19$	$253 = 11 \cdot 23$
$259 = 7 \cdot 37$	$287 = 7 \cdot 41$	$289 = 17^2$	$299 = 13 \cdot 23$
$301 = 7 \cdot 43$	$319 = 11 \cdot 29$	$323 = 17 \cdot 19$	$329 = 7 \cdot 47$
$341 = 11 \cdot 31$	$343 = 7^3$	$361 = 19^2$	$371 = 7 \cdot 53$
$377 = 13 \cdot 29$	$391 = 17 \cdot 23$	$403 = 13 \cdot 31$	$407 = 11 \cdot 37$
$413 = 7 \cdot 59$	$427 = 7 \cdot 61$	$437 = 19 \cdot 23$	$451 = 11 \cdot 41$
$469 = 7 \cdot 67$	$473 = 11 \cdot 43$	$481 = 13 \cdot 37$	$493 = 17 \cdot 29$
$497 = 7 \cdot 71$	$511 = 7 \cdot 73$	$517 = 11 \cdot 47$	$527 = 17 \cdot 31$
$529 = 23^2$	$533 = 13 \cdot 41$	$539 = 7^2 \cdot 11$	$551 = 19 \cdot 29$
$553 = 7 \cdot 79$	$559 = 13 \cdot 43$	$581 = 7 \cdot 83$	$583 = 11 \cdot 53$
$589 = 19 \cdot 31$	$611 = 13 \cdot 47$	$623 = 7 \cdot 89$	$629 = 17 \cdot 37$
$637 = 7^2 \cdot 13$	$649 = 11 \cdot 59$	$667 = 23 \cdot 29$	$671 = 11 \cdot 61$
$679 = 7 \cdot 97$	$689 = 13 \cdot 53$	$697 = 17 \cdot 41$	$703 = 19 \cdot 37$
$707 = 7 \cdot 101$	$713 = 23 \cdot 31$	$721 = 7 \cdot 103$	$731 = 17 \cdot 43$
$737 = 11 \cdot 67$	$749 = 7 \cdot 107$	$763 = 7 \cdot 109$	$767 = 13 \cdot 59$
$779 = 19 \cdot 41$	$781 = 11 \cdot 71$	$791 = 7 \cdot 113$	$793 = 13 \cdot 61$
$799 = 17 \cdot 47$	$803 = 11 \cdot 73$	$817 = 19 \cdot 43$	$833 = 7^2 \cdot 17$
$841 = 29^2$	$847 = 7 \cdot 11^2$	$851 = 23 \cdot 37$	$869 = 11 \cdot 79$
$871 = 13 \cdot 67$	$889 = 7 \cdot 127$	$893 = 19 \cdot 47$	$899 = 29 \cdot 31$
$901 = 17 \cdot 53$	$913 = 11 \cdot 83$	$917 = 7 \cdot 131$	$923 = 13 \cdot 71$
$931 = 7^2 \cdot 19$	$943 = 23 \cdot 41$	$949 = 13 \cdot 73$	$959 = 7 \cdot 137$
$961 = 31^2$	$973 = 7 \cdot 139$	$979 = 11 \cdot 89$	$989 = 23 \cdot 43$
$1001 = 7 \cdot 11 \cdot 13$	$1003 = 17 \cdot 59$	$1007 = 19 \cdot 53$	$1027 = 13 \cdot 79$
$1037 = 17 \cdot 61$	$1043 = 7 \cdot 149$	$1057 = 7 \cdot 151$	$1067 = 11 \cdot 97$
$1073 = 29 \cdot 37$	$1079 = 13 \cdot 83$	$1081 = 23 \cdot 47$	$1099 = 7 \cdot 157$
$1111 = 11 \cdot 101$	$1121 = 19 \cdot 59$	$1127 = 7^2 \cdot 23$	$1133 = 11 \cdot 103$
$1139 = 17 \cdot 67$	$1141 = 7 \cdot 163$	$1147 = 31 \cdot 37$	$1157 = 13 \cdot 89$
$1159 = 19 \cdot 61$	$1169 = 7 \cdot 167$	$1177 = 11 \cdot 107$	$1183 = 7 \cdot 13^2$

[1] 2,3,5의 배수는 쉽게 판별할 수 있다. 그렇죠?

$1189 = 29 \cdot 41$	$1199 = 11 \cdot 109$	$1207 = 17 \cdot 71$	$1211 = 7 \cdot 173$
$1219 = 23 \cdot 53$	$1241 = 17 \cdot 73$	$1243 = 11 \cdot 113$	$1247 = 29 \cdot 43$
$1253 = 7 \cdot 179$	$1261 = 13 \cdot 97$	$1267 = 7 \cdot 181$	$1271 = 31 \cdot 41$
$1273 = 19 \cdot 67$	$1309 = 7 \cdot 11 \cdot 17$	$1313 = 13 \cdot 101$	$1331 = 11^3$
$1333 = 31 \cdot 43$	$1337 = 7 \cdot 191$	$1339 = 13 \cdot 103$	$1343 = 17 \cdot 79$
$1349 = 19 \cdot 71$	$1351 = 7 \cdot 193$	$1357 = 23 \cdot 59$	$1363 = 29 \cdot 47$
$1369 = 37^2$	$1379 = 7 \cdot 197$	$1387 = 19 \cdot 73$	$1391 = 13 \cdot 107$
$1393 = 7 \cdot 199$	$1397 = 11 \cdot 127$	$1403 = 23 \cdot 61$	$1411 = 17 \cdot 83$
$1417 = 13 \cdot 109$	$1421 = 7^2 \cdot 29$	$1441 = 11 \cdot 131$	$1457 = 31 \cdot 47$
$1463 = 7 \cdot 11 \cdot 19$	$1469 = 13 \cdot 113$	$1477 = 7 \cdot 211$	$1501 = 19 \cdot 79$
$1507 = 11 \cdot 137$	$1513 = 17 \cdot 89$	$1517 = 37 \cdot 41$	$1519 = 7^2 \cdot 31$
$1529 = 11 \cdot 139$	$1537 = 29 \cdot 53$	$1541 = 23 \cdot 67$	$1547 = 7 \cdot 13 \cdot 17$
$1561 = 7 \cdot 223$	$1573 = 11^2 \cdot 13$	$1577 = 19 \cdot 83$	$1589 = 7 \cdot 227$
$1591 = 37 \cdot 43$	$1603 = 7 \cdot 229$	$1631 = 7 \cdot 233$	$1633 = 23 \cdot 71$
$1639 = 11 \cdot 149$	$1643 = 31 \cdot 53$	$1649 = 17 \cdot 97$	$1651 = 13 \cdot 127$
$1661 = 11 \cdot 151$	$1673 = 7 \cdot 239$	$1679 = 23 \cdot 73$	$1681 = 41^2$
$1687 = 7 \cdot 241$	$1691 = 19 \cdot 89$	$1703 = 13 \cdot 131$	$1711 = 29 \cdot 59$
$1717 = 17 \cdot 101$	$1727 = 11 \cdot 157$	$1729 = 7 \cdot 13 \cdot 19$	$1739 = 37 \cdot 47$
$1751 = 17 \cdot 103$	$1757 = 7 \cdot 251$	$1763 = 41 \cdot 43$	$1769 = 29 \cdot 61$
$1771 = 7 \cdot 11 \cdot 23$	$1781 = 13 \cdot 137$	$1793 = 11 \cdot 163$	$1799 = 7 \cdot 257$
$1807 = 13 \cdot 139$	$1813 = 7^2 \cdot 37$	$1817 = 23 \cdot 79$	$1819 = 17 \cdot 107$
$1829 = 31 \cdot 59$	$1837 = 11 \cdot 167$	$1841 = 7 \cdot 263$	$1843 = 19 \cdot 97$
$1849 = 43^2$	$1853 = 17 \cdot 109$	$1859 = 11 \cdot 13^2$	$1883 = 7 \cdot 269$
$1891 = 31 \cdot 61$	$1897 = 7 \cdot 271$	$1903 = 11 \cdot 173$	$1909 = 23 \cdot 83$
$1919 = 19 \cdot 101$	$1921 = 17 \cdot 113$	$1927 = 41 \cdot 47$	$1937 = 13 \cdot 149$
$1939 = 7 \cdot 277$	$1943 = 29 \cdot 67$	$1957 = 19 \cdot 103$	$1961 = 37 \cdot 53$
$1963 = 13 \cdot 151$	$1967 = 7 \cdot 281$	$1969 = 11 \cdot 179$	$1981 = 7 \cdot 283$
$1991 = 11 \cdot 181$	$2009 = 7^2 \cdot 41$	$2021 = 43 \cdot 47$	$2023 = 7 \cdot 17^2$
$2033 = 19 \cdot 107$	$2041 = 13 \cdot 157$	$2047 = 23 \cdot 89$	$2051 = 7 \cdot 293$
$2057 = 11^2 \cdot 17$	$2059 = 29 \cdot 71$	$2071 = 19 \cdot 109$	$2077 = 31 \cdot 67$
$2093 = 7 \cdot 13 \cdot 23$	$2101 = 11 \cdot 191$	$2107 = 7^2 \cdot 43$	$2117 = 29 \cdot 73$
$2119 = 13 \cdot 163$	$2123 = 11 \cdot 193$	$2147 = 19 \cdot 113$	$2149 = 7 \cdot 307$
$2159 = 17 \cdot 127$	$2167 = 11 \cdot 197$	$2171 = 13 \cdot 167$	$2173 = 41 \cdot 53$
$2177 = 7 \cdot 311$	$2183 = 37 \cdot 59$	$2189 = 11 \cdot 199$	$2191 = 7 \cdot 313$
$2197 = 13^3$	$2201 = 31 \cdot 71$	$2209 = 47^2$	$2219 = 7 \cdot 317$
$2227 = 17 \cdot 131$	$2231 = 23 \cdot 97$	$2233 = 7 \cdot 11 \cdot 29$	$2249 = 13 \cdot 173$
$2257 = 37 \cdot 61$	$2261 = 7 \cdot 17 \cdot 19$	$2263 = 31 \cdot 73$	$2279 = 43 \cdot 53$
$2291 = 29 \cdot 79$	$2299 = 11^2 \cdot 19$	$2303 = 7^2 \cdot 47$	$2317 = 7 \cdot 331$

부록 B

소수의 목록

2	3	5	7	11	13	17	19	23	29
31	37	41	43	47	53	59	61	67	71
73	79	83	89	97	101	103	107	109	113
127	131	137	139	149	151	157	163	167	173
179	181	191	193	197	199	211	223	227	229
233	239	241	251	257	263	269	271	277	281
283	293	307	311	313	317	331	337	347	349
353	359	367	373	379	383	389	397	401	409
419	421	431	433	439	443	449	457	461	463
467	479	487	491	499	503	509	521	523	541
547	557	563	569	571	577	587	593	599	601
607	613	617	619	631	641	643	647	653	659
661	673	677	683	691	701	709	719	727	733
739	743	751	757	761	769	773	787	797	809
811	821	823	827	829	839	853	857	859	863
877	881	883	887	907	911	919	929	937	941
947	953	967	971	977	983	991	997	1009	1013
1019	1021	1031	1033	1039	1049	1051	1061	1063	1069
1087	1091	1093	1097	1103	1109	1117	1123	1129	1151
1153	1163	1171	1181	1187	1193	1201	1213	1217	1223
1229	1231	1237	1249	1259	1277	1279	1283	1289	1291
1297	1301	1303	1307	1319	1321	1327	1361	1367	1373
1381	1399	1409	1423	1427	1429	1433	1439	1447	1451
1453	1459	1471	1481	1483	1487	1489	1493	1499	1511
1523	1531	1543	1549	1553	1559	1567	1571	1579	1583
1597	1601	1607	1609	1613	1619	1621	1627	1637	1657
1663	1667	1669	1693	1697	1699	1709	1721	1723	1733
1741	1747	1753	1759	1777	1783	1787	1789	1801	1811
1823	1831	1847	1861	1867	1871	1873	1877	1879	1889
1901	1907	1913	1931	1933	1949	1951	1973	1979	1987
1993	1997	1999	2003	2011	2017	2027	2029	2039	2053

2063 2069 2081 2083 2087 2089 2099 2111 2113 2129
2131 2137 2141 2143 2153 2161 2179 2203 2207 2213
2221 2237 2239 2243 2251 2267 2269 2273 2281 2287
2293 2297 2309 2311 2333 2339 2341 2347 2351 2357
2371 2377 2381 2383 2389 2393 2399 2411 2417 2423
2437 2441 2447 2459 2467 2473 2477 2503 2521 2531
2539 2543 2549 2551 2557 2579 2591 2593 2609 2617
2621 2633 2647 2657 2659 2663 2671 2677 2683 2687
2689 2693 2699 2707 2711 2713 2719 2729 2731 2741
2749 2753 2767 2777 2789 2791 2797 2801 2803 2819
2833 2837 2843 2851 2857 2861 2879 2887 2897 2903
2909 2917 2927 2939 2953 2957 2963 2969 2971 2999
3001 3011 3019 3023 3037 3041 3049 3061 3067 3079
3083 3089 3109 3119 3121 3137 3163 3167 3169 3181
3187 3191 3203 3209 3217 3221 3229 3251 3253 3257
3259 3271 3299 3301 3307 3313 3319 3323 3329 3331
3343 3347 3359 3361 3371 3373 3389 3391 3407 3413
3433 3449 3457 3461 3463 3467 3469 3491 3499 3511
3517 3527 3529 3533 3539 3541 3547 3557 3559 3571
3581 3583 3593 3607 3613 3617 3623 3631 3637 3643
3659 3671 3673 3677 3691 3697 3701 3709 3719 3727
3733 3739 3761 3767 3769 3779 3793 3797 3803 3821
3823 3833 3847 3851 3853 3863 3877 3881 3889 3907
3911 3917 3919 3923 3929 3931 3943 3947 3967 3989
4001 4003 4007 4013 4019 4021 4027 4049 4051 4057
4073 4079 4091 4093 4099 4111 4127 4129 4133 4139
4153 4157 4159 4177 4201 4211 4217 4219 4229 4231
4241 4243 4253 4259 4261 4271 4273 4283 4289 4297
4327 4337 4339 4349 4357 4363 4373 4391 4397 4409
4421 4423 4441 4447 4451 4457 4463 4481 4483 4493
4507 4513 4517 4519 4523 4547 4549 4561 4567 4583
4591 4597 4603 4621 4637 4639 4643 4649 4651 4657
4663 4673 4679 4691 4703 4721 4723 4729 4733 4751
4759 4783 4787 4789 4793 4799 4801 4813 4817 4831
4861 4871 4877 4889 4903 4909 4919 4931 4933 4937
4943 4951 4957 4967 4969 4973 4987 4993 4999 5003
5009 5011 5021 5023 5039 5051 5059 5077 5081 5087
5099 5101 5107 5113 5119 5147 5153 5167 5171 5179
5189 5197 5209 5227 5231 5233 5237 5261 5273 5279
5281 5297 5303 5309 5323 5333 5347 5351 5381 5387
5393 5399 5407 5413 5417 5419 5431 5437 5441 5443
5449 5471 5477 5479 5483 5501 5503 5507 5519 5521
5527 5531 5557 5563 5569 5573 5581 5591 5623 5639
5641 5647 5651 5653 5657 5659 5669 5683 5689 5693

한글 찾아보기

【 ㅇ 】

【 ㅊ 】

【ㅎ】

영문 찾아보기

【F】

【T】

【U】

친절한
수론
길라잡이

지은이 조셉 실버만
옮긴이 김병찬, 김지영, 이종규, 박부성
펴낸이 조경희
펴낸곳 경문사
펴낸날 2015년 3월 5일 4판 1쇄
2024년 8월 30일 4판 증보판 1쇄
등 록 1979년 11월 9일 제1979-000023호
주 소 04057, 서울특별시 마포구 와우산로 174
전 화 (02)332-2004 팩스 (02)336-5193
이메일 kyungmoon@kyungmoon.com

값 32,000원

ISBN 979-11-6073-735-6